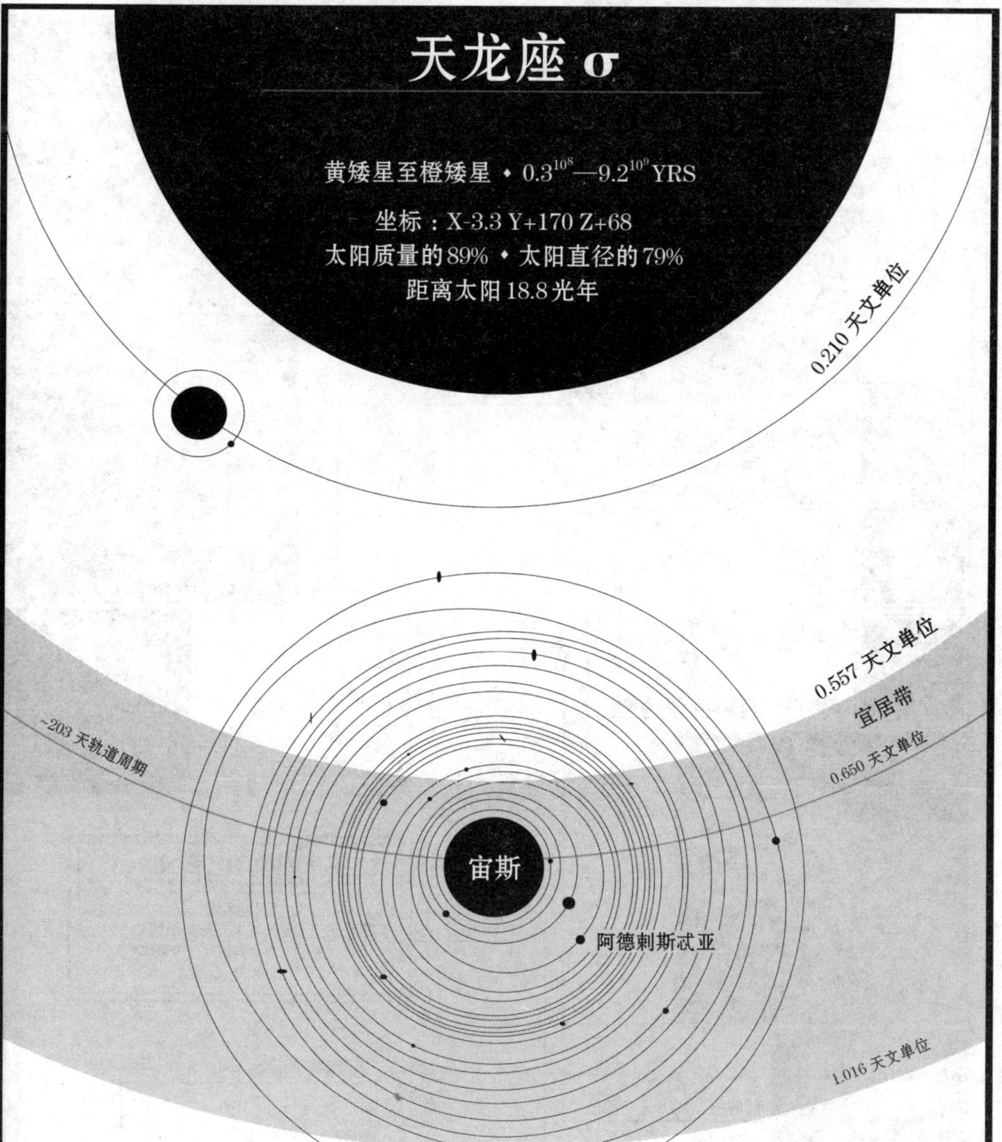

天龙座 σ
黄矮星至橙矮星 • 0.3^{10^8}—9.2^{10^9} YRS
坐标：X-3.3 Y+170 Z+68
太阳质量的89% • 太阳直径的79%
距离太阳18.8光年
0.210 天文单位
0.557 天文单位
宜居带
0.650 天文单位
~203 天轨道周期
宙斯
阿德剌斯忒亚
1.016 天文单位
1.306 天文单位
LAPSANG
TRADING COMPANY

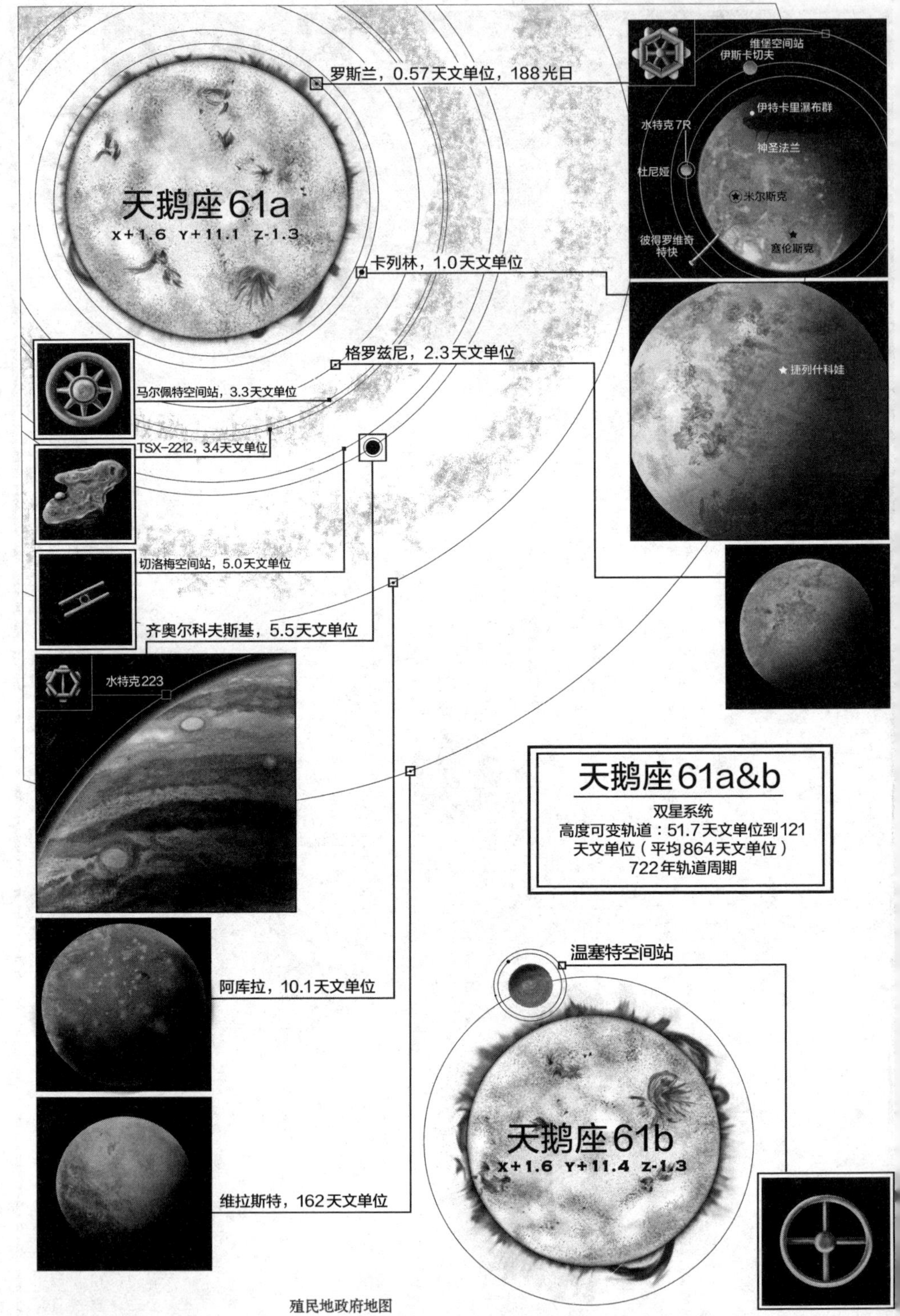
天鹅座61a
x+1.6 y+11.1 z-1.3
罗斯兰，0.57天文单位，188光日
维堡空间站
伊斯卡切夫
伊特卡里瀑布群
水特克7R
神圣法兰
杜尼娅
米尔斯克
彼得罗维奇特快
塞伦斯克
卡列林，1.0天文单位
捷列什科娃
格罗兹尼，2.3天文单位
马尔佩特空间站，3.3天文单位
TSX-2212，3.4天文单位
切洛梅空间站，5.0天文单位
齐奥尔科夫斯基，5.5天文单位
水特克223
天鹅座61a&b
双星系统
高度可变轨道：51.7天文单位到121天文单位（平均864天文单位）
722年轨道周期
温塞特空间站
阿库拉，10.1天文单位
维拉斯特，162天文单位
天鹅座61b
x+1.6 y+11.4 z-1.3

殖民地政府地图

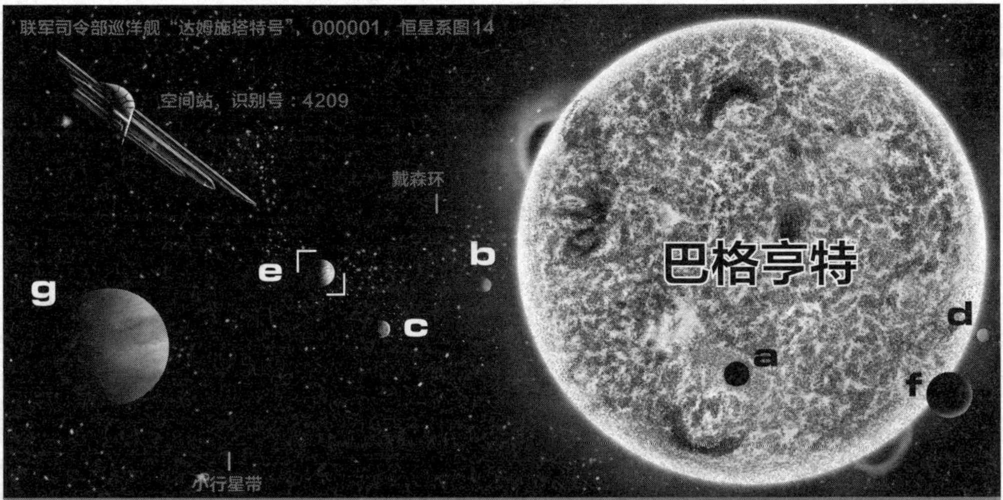
联军司令部巡洋舰"达姆施塔特号"，000001，恒星系图14
空间站，识别号：4209
戴森环
巴格亨特
a
b
c
d
e
f
g
小行星带

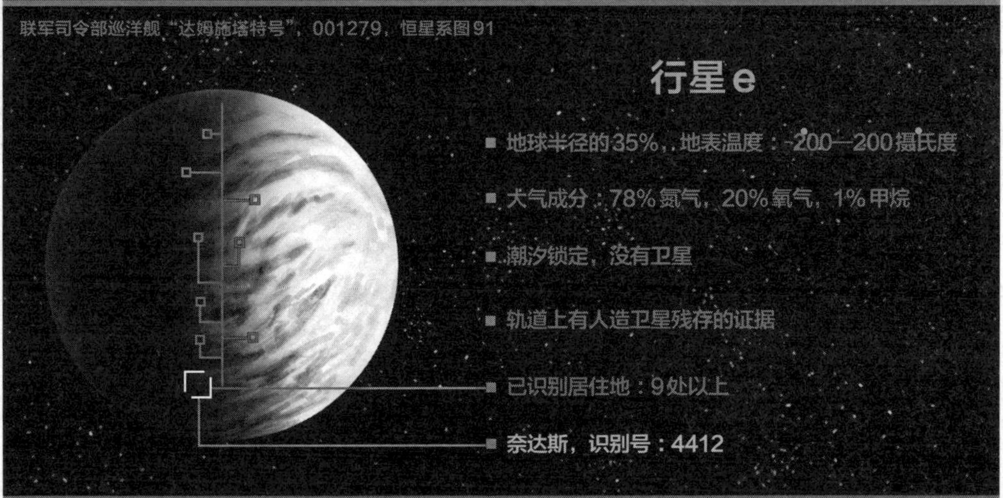
联军司令部巡洋舰"达姆施塔特号"，001279，恒星系图91
行星e
地球半径的35%，地表温度：-200—200摄氏度
大气成分：78%氮气，20%氧气，1%甲烷
潮汐锁定，没有卫星
轨道上有人造卫星残存的证据
已识别居住地：9处以上
奈达斯，识别号：4412

联军司令部巡洋舰"达姆施塔特号"，020135，恒星系图735
奈达斯

木卫三奥斯特德空间站

目录

第一部分

*　　*　　*　　*　　*　　*　　*

外生[①]

① 外生：天体生物学假说，认为地球上的生命起源于太空。——编者注

天神的血胤和后裔，安奇塞斯的儿子，
下到阿维尔努斯去是容易的，
黝黑的冥界的大门是昼夜敞开的。
但是你要走回头路，逃回到人间来，
这可困难，这可是费力的。[①]

——《埃涅阿斯纪》[②]第6卷第126—129节

① 引自杨周翰翻译的中文版本。——编者注

②《埃涅阿斯纪》：欧洲文学史上第一部史诗，由古罗马诗人维吉尔（前70—前19）撰写，堪称古罗马百科全书。埃涅阿斯是一名特洛伊英雄。——译者注

第一章

* * * * * * *

梦境

1

橙色的气态巨行星宙斯低低地挂在地平线上方，巨大而沉重，发出昏暗的红光。它周围有一些闪烁的星星，在黑暗的太空中显得很明亮。在宙斯的注视下，一片布满石头的灰色荒地向远方延伸。

在这片荒凉的土地上，有一小堆建筑物挤在一起。穹顶舱、隧道和带窗的围墙，算是外星环境中一处稍带温暖和生机的场所。

逼仄的实验室中，基拉努力将基因测序仪从墙上的凹室里取出来。这台机器虽然不大，但特别重，而且上面不好抓。

“该死。”她抱怨道，调整了一下站姿。

他们的大部分装备都会留在阿德剌斯忒亚[①]上，那是一颗和地球差不多大的卫星，四个月以来他们一直在上面考察。不过，他们只是留下大部分装备，而不是全部。基因测序仪是异种学家的基础装备，不管她走到哪里都会带上。而且，那些乘坐“雪山神女[②]号”很快将抵达这里的移民会带着更新、更好的型号，而不是公司发的这种轻便型的便宜货。

基拉再次用力一拉，手指打滑了，手掌被金属边缘划伤。她倒抽了一口气，放下基因测序仪，仔细检查自己的手，看到血从一道细细的口子往外渗出。她疼得龇牙咧嘴，暗自咒骂一声，用力拍打了一下基因测序仪。但这毫无帮助。她将那只受伤的手握成拳头，在实验室里踱步，喘着粗气，等待疼痛消退。

大多数时候，不听使唤的机器不会让她生气——只是大多数时候。但今天担忧和悲伤淹没了她的理智。他们明天早上会起飞离开这里，在运输

---

① 阿德剌斯忒亚：见附录三“ADRASTEIA”（第 799 页）。下文简称“阿德剌”。

② 雪山神女：印度教神话中主神湿婆的妻子，有很多名字。——编者注

船“费旦扎号”上集合。它早就等在阿德剌的轨道上了。再过几天，她和十人考察小组中的其他人就会全部冷冻休眠[①]，去往天鹅座61。26天后，队员们会分开行动，之后她就会有很长一段时间见不到艾伦……到底有多长，她也不知道，但至少几个月吧。如果不走运，很可能会超过一年。

基拉闭上眼，让脑袋往后仰。她叹了口气，最后发出一声呻吟。不管她和艾伦分开了多少回，难过依然没有减轻。事实上恰恰相反，她讨厌分开，非常讨厌。

他俩是去年在一颗巨型小行星上认识的，正山贸易公司[②]打算在那里采矿。艾伦去那里进行地质考察。他们一起在小行星上待了四天。最先引起她注意的是他的笑声和那一头紫铜色的乱发，但之后让她印象深刻的是他的细致入微。他十分擅长自己的专业，面对突发状况时也能镇定自若。

基拉那时已经单身很久了，觉得自己这辈子都不会遇到真命天子。但似乎发生了奇迹，艾伦进入了她的生活。就这样，她有了关心的人，而这个人也关心着她。

他们保持着联系，在星际传送长长的全息影像信息。由于运气好，再加上公司的通融，他们有几次还被派到了一起工作。

但这还不够，对两人来说都不够。

两周前，他们申请作为情侣参加同一个任务，但能不能得到公司的批准还是个未知数。正山贸易公司将业务扩展到了很多地方，项目太多，人员被分得很散。

如果他们的申请被拒绝了，他们唯一能长期生活在一起的办法就是换工作，找那种不需要经常出差的工作。基拉挺乐意的，她上周甚至已经在网上看了一些招聘信息，但是她觉得自己无法要求艾伦放弃工作和她在一起。现在还不行。

与此同时，他们只能等公司裁定。考虑到信息从半人马座 α 来回需要花费的时间和人力资源部低下的办事效率，他们最快也要下个月底才能收到回复。而那时候，她和艾伦早就登上飞船去往不同的地方了。

---

① 冷冻休眠：见附录三“CRYO”（第 801 页）。

② 正山贸易公司：见附录三“LAPSANG TRADING CORPORATION”（第 807 页）。

这可真令人烦躁。让基拉感到宽慰的是艾伦本人，他让这一切变得值得。她只是想和他在一起，不用操心其他琐碎的事情。

她记起第一次被他拥入怀中时那美妙的感觉，温暖而有安全感。她想起两人第一次相遇后，他给她写的信，想起他说的那些令人动情的真心话。从来没有人给过她这样的感觉……他总是为她留出时间，在大大小小的事情上帮助她。比如在她前往北极区前，他给她定制了一个微流控芯片①。这些回忆让基拉面露微笑。不过，她的手还很疼，没法忘记早上的破事。

“拜托，你这个小混蛋。”她说着，大步走向基因测序仪，用尽全身的力气猛地一拉。

随着一阵抗议般的刺耳声音，它终于动起来了。

2

晚上，队员们聚集在食堂，庆祝这次任务的结束。基拉一点欢庆的心情都没有，但传统毕竟是传统。不管任务做得怎么样，结束一场远征确实值得庆祝。

她穿上镶着金边的绿色晚礼服，又花了一个小时将头发弄卷，在头顶堆得高高的。这装扮并不算隆重，但她知道艾伦会欣赏这番努力的。他总是带着欣赏的目光看她。

她是对的。当他俩在她住处的走廊上碰到时，他满脸欣喜，伸手将她拥入怀中。她将自己的前额埋进他的衬衫，对他说：“你知道的，我们不是非出席不可。”

“我知道，”他说，“但我们还是应该露一下脸。”他在她额上印下一吻。

她挤出一个笑容：“好吧，听你的。”

“这才是我的好女孩。”他看着她笑了笑，将一缕散落的鬈发夹到她的左耳后面。

基拉也把他的一缕头发夹到他耳后。他的头发在他白皙皮肤的衬托下显得很有光泽，她每次看到都为之惊叹。和其他队员不一样，不管艾伦在

---

① 微流控芯片：又称芯片实验室，把样品制备、反应、分离、检测、细胞培养、分选、裂解等基本操作单元集成到一块几平方厘米甚至更小的芯片上。——编者注

野外或者飞船的全光谱灯照射下待多久，好像永远都不会被晒黑。

"好吧，"她低声说，"我们走吧。"

他们走到那儿，发现食堂都被人挤满了。调查队的其他八个队员围满了几张小桌子，扬声器里大声播放着雄吾钟爱的激摇①，玛丽·埃莉斯从柜台上的大塑料缸里取出潘趣酒②盛满每一个杯子，詹安在一旁手舞足蹈，就像喝了几公升的劣质酒。也许他真的喝多了。

基拉的双臂搂紧了艾伦的腰，尽力装出开心的样子。现在不是想那些丧气事的时候。

不要想……但她控制不住。

塞波径直朝他们走过来。为了今晚的场合，这位植物学家扎了个顶髻，但这只是让他那张瘦得皮包骨的脸棱角更加分明。"四个小时，"他一边走，一边打着手势说，饮料都从杯子里洒出来了，"四个小时，你们才把我的履带车从坑里挖出来！"

"抱歉，塞波。"艾伦说，听起来被逗乐了，"我告诉过你，我们没办法很快赶到你那里。"

"哼！我的防护服③里进了沙子，你知道那有多难受吗？我身上还有六处擦伤。你看！"他撩起自己破烂的衬衣边缘，将肚皮上的一条红色伤痕展示给他们看，就在防护服下端的接缝处。

基拉说："这样吧，为了补偿你，我打算在维堡请你喝一杯，怎么样？"

塞波举起手，朝她的方向一指："那样嘛……还算不错的补偿。但不能再让我的防护服里进沙子了！"

"不会有沙子了。"她应和道。

"还有你，"塞波说，手指转向艾伦，"你……懂的。"

当植物学家踉踉跄跄地走开后，基拉抬头看向艾伦："他刚才说的是什么意思？"

艾伦轻声笑起来："我也不知道。但是如果不和他一起共事了，我肯

---

① 激摇：见附录三"SCRAMROCK"（第 812 页）。

② 潘趣酒：一种果汁鸡尾酒。——编者注

③ 防护服：见附录三"SKINSUIT"（第 813 页）。

定会感觉很不习惯。”

“是啊。”

一番觥筹交错后，基拉退到房间里面，倚靠在角落。她舍不得再一次离开艾伦，也舍不得离开其他队员。他们在阿德剌上度过了四个月，已经亲同一家人。虽然这是一个奇怪、残缺的家庭，但他们之间的感情与真正的家人无异。她为离别感到伤心，离别的时刻越近，她就越感到心痛难忍。

她又喝下一大口橘子味的潘趣酒。她以前也这样——像这次阿德剌任务一样被公司派去探索自己不想去的殖民地。七年间从一个荒芜的岩石星球到另一个，她开始产生一种强烈的渴望……渴望朋友、家庭、伴侣。

现在，她又要将这一切抛在身后。

艾伦感同身受。当他在房间里来回走动、和其他队友交谈时，她能从他的眼睛里看出来。她觉得其他一些队员同样伤心，但是他们用刻意到一点也不走心的喝酒、跳舞和笑声来掩饰自己。

她一脸苦相，喝下杯中剩余的酒。是时候再倒一杯了。

激摇比之前更大声了。是“隔界和男孩们”乐队的歌，主唱正在大声唱着：“逃走吧。门口空无一人。嘿，门口空无一人。宝贝，是谁在敲门？”接着她的声调升高，变成波动的颤音，听起来就像声带快断了。

基拉把自己推离墙壁，准备前往潘趣酒缸边，这时她看到调查队的老大[①]门多萨推开人群朝她走来。这对他来说不难，因为他的身材就像个水桶。她经常好奇他是不是在高重力星球上长大的，比如辛扎尔[②]，但她开口问了之后，门多萨却一口否认，声称自己来自半人马座 α 的某个居住环。她不是很相信他的说辞。

“基拉，我们需要谈一谈。”他说着靠了过来。

“什么？”

“我们遇到难题了。”

她哼了一声：“总会遇到难题。”

门多萨耸了耸肩，从后裤兜里掏出一块手帕擦了擦前额。天花板上的

---

① 老大：见附录三“BOSS”（第 800 页）。

② 辛扎尔：见附录三“SHIN-ZAR”（第 812 页）。

一串彩灯照在他的前额上，使汗珠反射出点点亮光，他的胳肢窝里也都是汗迹。“你这个说法也没错，但是现在这个问题需要你去处理。我们的一架无人机在南边坠毁了，看起来是一场风暴造成的。”

“所以呢？派另外的人去呗。”

“他们都在很远的地方，而且我们也没时间打印一架新的去替换。无人机最后观察到的是海岸一带的一些有机物，在我们离开之前需要有人去检查一下。”

“哦，拜托。你真的想让我明天去那里？我已经把阿德剌上的所有微生物都做好分类了。”这样一次短途旅行会占据她本该和艾伦待在一起的上午时光，她脑子坏了才会放弃他俩剩下的最后一点共处时间。

门多萨凝视着她，脸上写着“你想惹毛我吗”。他说：“规矩就是规矩，基拉。我们不能冒着殖民地被某些有害物质侵害的风险，比如天祸[①]。你自己良心上也会过意不去的，你肯定会的。”

她还想再喝一口酒，却想起自己的杯子已经空了：“天哪，让伊万诺娃去吧。那是她的无人机，而且她和我一样会操作微流控芯片。还有——”

“你去。”门多萨声音坚定地说，“明早六点整，就这么定了。”接着他的表情柔和了些：“我很抱歉，但你是我们的异种学家，而且规矩——”

“规矩就是规矩。”基拉说，“好的，好的。我会去的。但我还是得说，那里没什么可看的。”

门多萨拍了拍她的肩膀：“很好，我也希望如此。”

他刚离开，基拉的视野里就蹦出了一条短信：“嘿，宝贝，你还好吗？——艾伦。”

她通过默念回复：“是的，我很好。只是突然要加班，之后再跟你说。——基拉。”

隔着房间里的人群，他朝她傻兮兮地竖起大拇指。她的嘴角挤出了一丝微笑。然后她将视线转移到潘趣酒的酒缸上，径直朝那里走去，她真的太需要再来一杯了。

玛丽·埃莉斯在酒缸前截住了她，之前她当过舞者，举手投足间展

① 天祸：见附录三“SCOURGE”（第 812 页）。

示出训练有素的优雅。和平时一样，她的嘴角上扬，仿佛随时准备狡黠一笑……或者说出一连串打趣的俏皮话（基拉确实听她说过不少）。她本来就挺高的，现在又穿了一双亮晶晶的黑色高跟鞋，应该是为了今晚特意打印的，现在她足足比基拉高出了一个头。“我会想你的，亲爱的。”玛丽·埃莉斯说。她弯下腰，在基拉两边脸颊上各亲了一下。

“我也是。”基拉说，感觉视线有些模糊。除了艾伦，玛丽·埃莉斯是整个团队里她最好的朋友。她们经常一起在野外度过漫长的一天，基拉研究阿德剌上的微生物，而玛丽·埃莉斯则研究这里的江水、湖水以及地下水沉积物。

“啊，高兴点儿。你会发信息给我的，对吧？我想知道你和艾伦过得如何。我也会发信息给你的。可以吗？”

“好的，我保证。”

在这个晚上剩下的时间里，基拉一直在努力不去想将来的事。她和玛丽·埃莉斯跳舞，和詹安相互说笑话，和菲泽尔互相嘲讽。她第一千次夸赞了雄吾的厨艺，和门多萨掰手腕（她输了），和伊万诺娃唱起了可怕的走调二重奏。只要情况允许，她都挽着艾伦。即便两人没有交谈或者对视，她也能感觉到他的存在，而他的触碰让她感到安慰。

等基拉差不多喝够了，她才听从其他人的劝说，拿出了六角手风琴。他们暂停音乐，所有人聚集在她周围——艾伦在她身边，玛丽·埃莉斯在她膝边。她弹奏起了太空人的利尔舞[①]舞曲。他们笑着、唱着、跳着，此刻一切静好。

3

已经过了半夜，派对依然进行得如火如荼，艾伦动了动下巴冲基拉示意。两人心照不宣地一起溜出派对。

他们相互倚靠着走在基地里，小心翼翼地端着杯子以免洒出酒。看到空荡荡的走廊，基拉感到有些不习惯。通常这里的墙壁都是看不到的，全被成堆的样本、供给品和闲置的设备挡住了。但是现在一切都不见了。在

---

① 利尔舞：一种爱尔兰舞蹈，风格轻快而活泼。——译者注

过去的一周里，她和小队里的其他人将这个地方清理干净，为离开做准备……要是身后没有传来音乐的回声，没有应急灯昏暗的光，这座基地看起来就像是被遗弃了。

基拉颤抖了一下，将艾伦抱得更紧了。外面狂风呼啸，一阵可怕的气流让房顶和墙壁都发出嘎吱声。

当他们来到水培区的门前时，艾伦没有按下按钮，而是低头看着基拉，嘴角扬起一丝微笑。

“怎么了？”她问。

“没事，只是和你在一起很高兴。”他在她的唇上轻啄了一口。

她也在他唇上轻啄了一口。潘趣酒让她有点儿心醉意迷。他笑了，昂起头，按下了按钮。

随着重重的轰隆声，门滑开了。

暖风吹过他们，送来水滴落的声音，也带来了一些开花植物散发出的淡淡香味。水培区是基拉在基地中最喜欢的地方。这里让她想起自己孩提时代在一个名为维兰德[①]的殖民行星上的家，那里有一排排长长的温室花园。在漫长的征途中，比如这次到阿德剌，他们需要按照标准程序种植一些可食用植物。一来他们可以检测当地土壤的土质，二来可以少带一些给养。不过主要还是因为公司提供的冻干食品太单调乏味了。

明天，塞波就会把这里的植物连根拔起，通通塞进焚化炉。在下一批移民到来之前，没有一株能幸存下来。倘若基地被破坏，让这些生物材料以无法控制的方式进入适宜生存的地方，后果会很严重。但在今晚，水培区里还种满了莴苣、萝卜、荷兰芹、番茄，一丛丛西葫芦藤，以及塞波在阿德剌上培育出的各种实验品。

但这些还不是全部。在昏暗的架子间，基拉看到远处有七只罐子排成了一条弧线。每只罐子中都有一根又细又长的茎秆伸出来，茎上长出的娇美的紫色花儿因自身的重量而下垂。每一朵花里都有一簇带着花粉的雄蕊，仿佛燃烧的烟花，天鹅绒一般柔软的花蕊上点缀着一些白色的斑点。

午夜星座！这是她最喜欢的花。她父亲曾经种过这种花，不过即便父

---

① 维兰德：见附录三“WEYLAND”（第 817 页）。

亲颇具园艺天赋，他仍然碰到了许多棘手的问题。它们性情不定，容易患疮痂病和凋萎病，营养稍不均衡就会死。

“艾伦。”她心潮激荡。

“我记得你曾说过非常喜欢这种花。”他说。

“但是……你是怎么做到——”

“种植它们？”他冲她微笑，显然对她的反应感到高兴，“塞波帮了大忙。他的存档里有种子，我们将种子打印出来，然后花了三个星期的时间，防止这难搞的玩意儿死去。”

“好美啊！”基拉说，丝毫没有掩饰声音里的喜悦。

他抱紧了她。“太好了，”他的声音闷在她的头发里，“我想为你做一些特别的事，趁着……”

趁着——这个词在她脑海里燃烧。她离开了他的怀抱，去端详那些花朵；它们浓浓的甜腻香味带着震撼心灵的力量，完全激起了她对童年的怀旧之情。“谢谢，”她转头面向艾伦，反复说着，“谢谢，谢谢，谢谢，谢谢。”她吻着艾伦的双唇，良久才分开。

“给你。”当他们两人分开时，艾伦说。他从其中一个种植土豆的架子下拉出一条隔热毯，将它铺在那些午夜星座连缀而成的弧形区域内。

他们坐在毯子上，相拥着啜饮潘趣酒。

外面，透过水培区透明的压力舱，能看到巨大的宙斯依然不怀好意地悬挂在头顶上。当他们第一次来到阿德剌的时候，这颗气态巨行星让基拉充满了恐惧。她的本能大喊着宙斯就要从天上坠落下来，将他们砸扁。看起来，任何一个有着如此大体积的东西，都不可能在没有支撑的情况下稳定地悬在头上。不过，随着时间的推移，她已经习惯了这样的景象，现在还能欣赏这颗气态巨行星的壮美。它自身已经足够引人注目了，不需要额外的附属物。

趁着……基拉抖了一下。趁着他们离开之前。趁着她和艾伦必须分开之前。他们早就用完了假期，等回到了天鹅座61，公司只会让他们休息几天。

“嘿，怎么啦？”艾伦问，语气里充满了怜爱。

“你知道的。”

"……是的。"

"分别从来都不容易。我以为会习惯，但——"她吸了口气，然后摇摇头。阿德剌是他们第四次一起共事的地方，也是迄今为止待在一起时间最长的一个站点。"我不知道下一次见面是什么时候，而且……我爱你，艾伦，每隔几个月就要和你分开，这感觉真的糟透了。"

他认真地盯着她，淡褐色的眼睛映射着宙斯发出的光："那我们就别分开啦。"

她的心猛地一跳，一瞬间，时间仿佛停止了。好几个月来，她一直害怕他说出上面那句话。等她回过神来后，她说："你这是什么意思？"

"我的意思是，我们不要再来回奔波了。我也受不了了。"他的表情是如此开朗、真诚，她的心里不禁燃起希望。他肯定不是……

"那怎么——"

"我们去申请'雪山神女号'上的舱位吧。"

她眨眨眼："以移民的身份吗？"

他热切地点点头："以移民的身份。公司员工基本上是有保障的，而阿德剌上肯定需要他们能招募的所有异种学家和地质学家。"

基拉笑了，然后看到了他的表情："你是认真的？"

"就像排查漏洞那样认真。"

"你这是酒后胡言乱语。"

他伸出一只手放在她的脸颊上："不，基拉。我没有。我知道这对我们两个人来说都是一个重大的决定，但我也知道你已经厌倦了从一块大岩石飞向下一块大岩石，而我不想再等六个月才能见到你。我真的不想。"

她的眼中盈满了泪水："我也不想。"

他歪着头："那我们就别分开了。"

基拉试着控制自己的情绪，笑着抬头看向宙斯。他的建议就是她希望的一切，她梦想的一切。她从未想到它来得这么快。但是她爱艾伦，如果这意味着他们能在一起，那这就是她想要的。她想要他。

"费旦扎号"飞过他们的头顶，发出流星般的光芒。它正运行在阿德剌和宙斯之间的低轨道上。

她擦了擦眼睛："我觉得成功的概率没有你说的那么大。殖民地真正愿意招募的是正式结合的夫妇，你知道的。”

“是的，我知道。”艾伦说。

这时，艾伦跪在她面前，从身前口袋里掏出一个小小的木盒，一种不真实的感觉让基拉伸手抓向了地面。他打开盒子，里面是一枚灰色金属戒指，上面镶嵌着蓝紫色的宝石，发出夺目的光彩。

艾伦紧张地咽了下唾沫，喉结随之动了一下。“基拉·纳瓦雷兹，你有一次问我，我在星际看到了什么，当时我说我看到了各种疑问。现在，我看到了你。我看到了我们。”他吸了口气，“基拉，你愿不愿意赏光和我共度一生？你愿不愿意当我的妻子，让我当你的丈夫？你愿——”

“我愿意。”她说，所有的担忧都被这温暖的洪流冲散了。她将手放在他的脖子后面，亲吻了他，一开始十分轻柔，接着逐渐热烈起来。“我愿意，艾伦·J. 巴恩斯。是的，我愿意嫁给你。是的，我一百一千个愿意。”

她看着他牵起自己的手，将戒指套在她的手指上。戒指又凉又重，但这个分量又让人很舒适。

“这戒指是用铁做的。”他轻声说，“我给詹安带了些矿石，他从中测出了铁。选择铁是因为它就像阿德剌的骨头。镶在上面的是一种叫特斯瑞特矿[①]的石头，不是很好找，但我知道你有多喜欢它。”

基拉下意识地点点头。特斯瑞特矿是阿德剌独有的，和蓝锥矿十分相似，但显得更紫。这是她到目前为止在这颗星球上最喜欢的石头。它确实十分稀有，艾伦肯定花费了很多时间和精力才找到体积这么大、品质这么好的矿石。

她拂开他前额上的一绺紫铜色头发，看着他柔和而美丽的双眼，心想自己何等幸运，在浩瀚的银河系中，他们居然找到了彼此。

“我爱你。”她低语道。

“我也爱你。”他说。

基拉笑起来，感觉自己有些歇斯底里，然后擦了擦眼睛。那枚戒指刮到了她的眉骨，她还需要时间来适应它的存在。“该死，我们真的要这么做吗？”

---

① 特斯瑞特矿：见附录三“TESSERITE”（第 815 页）。

“是的，”艾伦说，带着他那令人舒心的自信，“我们理当如此。”

“好的。”

他将她拥得更紧了，滚烫的身体紧贴着她。基拉回以相同的需要、相同的渴求，紧紧抱住他，仿佛要将自己挤进他的皮肤、他的血肉，直到两人合二为一。

在那排罐装花朵形成的弧形内，两人迷乱而急切地彼此交融，完全忘掉了悬挂在头顶上的那颗巨大而耀眼的橙色气态巨行星。

第二章

* * * * * * *

圣物匣

1

基拉抓紧了椅子上的扶手，此时她驾驶的亚轨道穿梭机正朝着302-01-0010号岛俯冲。这座岛地处南半球最大的陆地力高爸[①]洲的东海岸附近，位于南纬52度，在一个巨大的海湾之中，周围环绕着一些花岗岩礁石。那架坏掉的无人机失踪前发回来的最后一个地理位置就是此处。

正当穿梭机以7500千米的时速在阿德剌稀薄的大气层中行驶时，驾驶舱的前部被一片火海吞噬。火焰看起来似乎离基拉的脸只有几厘米，不过她并没有感到热。

火焰中，机身噼啪作响。她闭上眼睛，但那火焰仍然在她面前跳跃不止，火光比任何时候都更明亮。

“哦，太棒啦！”旁边的内加尔大叫道，基拉知道她此时正像恶魔一样咧嘴笑着。

基拉咬了咬牙。这艘穿梭机很安全，机身有磁盾[②]，能免遭外面地狱烈焰的破坏。在这个星球上的四个月里，它执行了上百次飞行任务，一起事故都没有发生过。盖格是驾驶它的伪智能体[③]，保持着几乎毫无瑕疵的纪录；它只出过一次故障，当时某个从小行星来的自命不凡的船长想复制一份盖格的副本，结果他和他的船员们都死了。尽管它的安全记录良好，基拉还是很不喜欢再次进入大气层。噪声和震动等让她感觉穿梭机快解体了。

另外，屏幕上的影像也对她的宿醉没有任何帮助。她离开艾伦的住处前曾吃下一片药，但直到现在她的头痛都还没有缓解。这是她自己的错，

---

① 力高爸：非洲伏都教的神灵之一，掌管活人与亡者世界的交界地。——编者注

② 磁盾：见附录三“MAG-SHIELD”（第807页）。

③ 伪智能体：见附录三“PSEUDO-INTELLIGENCE”（第810页）。

她应该知道的。她的确知道，但是昨晚她的情感战胜了理智。

她关掉了从穿梭机的摄像头传来的影像，专注地呼吸。

我们就要结婚了！这感觉仍然不真实。一整个早上，她的脸上都挂着傻乎乎的微笑，毫无疑问，她看起来就像个傻瓜。她摸了摸自己的胸骨，手指摸到了防护服下面那枚艾伦送给她的戒指。他们还没告诉其他人，所以她暂时把戒指穿起来戴在胸前，不过他们已经决定要在今晚宣布这个消息。基拉很期待见到大家的反应，尽管要宣布的消息算不上十分令人意外。

一登上“费旦扎号”，他们就会让拉文纳船长做公证。那样他俩就属于彼此了。他们可以一起建造未来。

结婚，转职，在一个星球上定居，建立她自己的家庭，帮忙建设新的殖民地。就像艾伦所说的，那将会是一个巨大的转变；但基拉觉得自己已经完全准备好了。那是她梦寐以求的生活，尽管在悄悄流逝的数年之中，这种生活似乎越来越遥不可及。

缠绵之后，两人过了好几个小时都睡不着，一直在不停地聊天。他们讨论了阿德剌上最适合居住的地方，将这颗卫星地球化需要经历的阶段，还有在这颗卫星内外所有可能进行的活动。说到自己想建造的居住舱时，艾伦讲述了大量的细节：“房子里必须有一个足够大的热水浴缸，但不会大到触及房间另一边，这样我俩就能好好洗热水澡啦，不用再忍受那种很小的淋浴喷头。”基拉耐心听着，被他的激情感染。相应地，她也说自己想要一间像维兰德上的那种温室，然后他们一致同意，不管两人想建造什么，最好是两个人一起实现。

令基拉遗憾的是，当时她喝了太多酒，艾伦求婚后发生的所有事都变得有些模糊。

她在眼屏上查找，提取前一晚的记录。她看见艾伦再次跪在她面前，听见他说“我也爱你”，一分钟后他就将她紧紧拥入怀中。当她还是个孩子时，她体内就安装了植入物，但她的父母没有给她买那种能记录所有感觉的系统——没有触觉、味觉和嗅觉。他们觉得这太奢侈，没有必要。有史以来第一次，基拉希望他们当初别那么务实。她想再次感受昨天发生的一切，她想一辈子都能感受到。

她决定了，一旦他们回到维堡空间站，她就用自己的奖金去安装一些必要的升级程序。像昨天那样的记忆太过珍贵，不能失去，她决定再也不漏掉一丝一毫。

至于她在维兰德上的家人……基拉脸上的笑意稍退。如果她生活在离家这么远的地方，他们肯定不会开心，但是她知道他们会理解的。毕竟他们的父母也是这么过来的：在她出生前，他们从半人马座 α 附近的斯图尔特世界[①]移民过来。她父亲总说，人类的伟大目标就是星际扩张。他们从一开始就支持她成为一名异种学家，基拉知道他们肯定也会支持她现在的决定。

她再次将注意力放到眼屏上，打开了从维兰德发来的视频。自从一个月前收到之后，她已经看了两遍，但此时，她突然有一种想看到自己的家和家人的冲动。

她的父母出现了，她知道他们肯定会出现。他们就坐在她父亲的工作台旁边。视频拍摄时间是一个清晨，光线从朝西的窗户斜射进来。从这个距离望出去，群山在地平线上露出参差不齐的轮廓，几乎都被云层盖住。

"基拉！"爸爸说，他看起来和平时一样。妈妈换了新发型，脸上带着一丝微笑。"恭喜你结束了本次勘探。留在阿德剌上的最后几天过得怎么样？在你之前和我们说过的那片湖区里又有了什么有趣的发现？"

"这里很冷，"妈妈说，"今早地面结霜了。"

爸爸做了个鬼脸："还好地暖还能用。"

"目前还能用。"她妈妈说。

"目前还能用。除此之外，没什么大新闻了。那天晚上亨森一家过来吃晚饭，他们说——"

这时书房的门砰的一声打开，伊莎出现在视野中。她穿着那件平常穿的睡衣，手上拿着一杯茶："早上好，姐姐！"

基拉面带微笑，看他们聊着在定居点的各种事情和每天的日常活动：农用机器人在照料庄稼时出现的各种问题，他们在看的各种节目，最近一批投放在这个星球生态系统中的植物的各种细节，诸如此类。

接着他们祝她一路顺风，视频到这里就结束了。最后定格的画面是爸

① 斯图尔特世界：见附录三"STEWART'S WORLD"（第 814 页）。

爸挥手作别，妈妈的脸也停留在了一个奇怪的角度，说了一句：“爱你。”

“爱你们。”基拉喃喃道，叹了口气。上一次去见他们是什么时候？两年前，还是三年前？至少有三年了，太久了。距离和旅途花费的时间让相聚十分不易。

她想家，但这并不意味着她满足于待在维兰德上。她曾敦促自己，去超越平凡和世俗，而且她做到了。七年来，她一直在深空中旅行。但她已经受够了孤独，受够了从一艘飞船到另一艘飞船上的禁闭生活。她准备好迎接新的挑战，过一种能平衡熟悉和陌生、安全和怪异的生活。

在阿德剌，和艾伦一起，她觉得自己也许能寻得这种平衡。

2

半途中，乱流开始减弱，电磁干扰随着等离子体一同消失了。连接上基地的通信器后，一行行黄色文字出现在基拉视野上方的一角。

她滑动信息，看看调查队的其他人都讲了些什么。他们的医生菲泽尔说话一如既往地令人讨厌，但除此之外没有什么有趣的信息。

一个新的窗口弹出：“飞行还顺利吧，宝贝？——艾伦。”

他的关心让她的内心突然变得柔软，而她对此毫无准备。她再次微笑着，用默念回复：“没事。你呢？——基拉。”

“在做最后的清理。有一些令人激动的东西。需要我去帮你清理你的住处吗？——艾伦。”

她微微一笑：“谢谢，还是等我回去吧，我会自己清理的。——基拉。”

“好的……我说，我们今天早上没有机会说话，我想确认一下：你昨晚答应的一切还作数吧？——艾伦。”

“你是问，我还愿意嫁给你并在阿德剌定居吗？——基拉。”他还没来得及回复，她接着发，“是的，我的答复还作数。——基拉。”

“很好。——艾伦。”

“你呢？你说的还作数吗？——基拉。”她发送这条消息的时候屏住了呼吸。

他的回复很迅速：“当然，我只是想确定你那边一切都好。——艾伦。”

她感觉自己的心更柔软了：“好得很。我很感激你还费心来确认一下。——基拉。”

“当然啦，宝贝。或者我应该说……未婚妻？——艾伦。”

基拉发出一阵愉快的笑声，但没想到显得有些哽咽。

“还好吗？”内加尔问，基拉能感觉到她的眼睛正看着自己。

“好得很。”

她和艾伦继续聊天，直到减速火箭启动，她才意识到自己身处的环境。

“我得去忙了。我们很快就要着陆。等下联系。——基拉。”

“好的，玩得开心。; -) ——艾伦。”

“好嘞。——基拉。”

接着基拉的耳朵里传来盖格的声音：“着陆倒计时，10……9……8……7……”

他的声音很平静，不带一丝感情，隐约有一股麦哲伦[①]式的文雅口音。她总会将他想象成海因莱因[②]。他说话的语调让她觉得，如果他是真人，他的名字就会是海因莱因。也就是说，有血有肉，有自己的身体。

他们在很短的时间内下降并着陆，这让她的胃部一阵翻腾，心脏也怦怦直跳。穿梭机沉入泥土时向左倾斜了几度。

“不要耽搁太久，好吗？”内加尔一边说，一边解开她的安全带。她全身上下干净利落，从她精致如雕像的脸庞，到连体服上的褶皱，再到她头顶用细辫子编成的一根宽辫子。领口上，她一如既往地戴着一枚金色别针：这是对某个已故同事的悼念。“雄吾说他正在做肉桂卷，作为起飞前的特别餐点。我们回去晚的话，就什么也吃不到了。”

基拉扯掉身上的安全带：“我马上就回来。”

“最好如此，亲爱的。我太想吃那些肉桂卷了。”

当她换上头盔时，空气处理后的臭味袭入鼻腔。阿德剌的大气层很厚，足够人类呼吸，但如果你真想直接呼吸，那肯定会死的，因为空气中含氧量不足。至少现在还不足，要改变这一切还需要数十年。没有足够的氧气也意味着阿德剌没有臭氧层，任何人要到户外探险就必须做好防护措施，

---

① 麦哲伦：指葡萄牙航海家费尔南多·麦哲伦。——编者注

② 海因莱因：指美国科幻小说家罗伯特·海因莱因。——编者注

对抗紫外线或者其他形式的辐射。否则，你肯定会遭受有生以来最严重的晒伤。

至少这里的温度还能忍受，基拉想。她甚至不需要将防护服上的加热器打开。她爬进窄小的气闸室，关上内门，门发出隆隆的金属碰撞声。

“大气转换启动，请稍等。”盖格在她耳朵里说。

指示灯变成了绿色。基拉转动外舱门中间的转轮，然后将门推开。密闭的空间随着一阵嘶嘶声被打开了，阿德剌天空略带红色的光线瞬间充满了整个气闸室。

这座岛由一堆丑陋的岩石和铁锈红的泥土构成，大到她都看不到远端那条边，只能看到近处的海岸。陆地的边缘之外是宽阔的灰色水面，像是一层被捶打过的铅，万里无云的天空散发出红彤彤的光，将波浪映照得格外闪耀。这是一片有毒的海，海水中镉、汞、铜的含量很高。

基拉从气闸室跳下来，关上了身后的门。她仔细看着坠落无人机的遥测数据，皱起眉头。它探测到的有机物没有和她想象中一样出现在水边，而是出现在南边一座几百米高的大山的山顶。

好吧。她行走在龟裂的土地上，每一步都小心翼翼。在她行走时，大段大段的文字出现在她面前，为她提供各种各样的信息——化学成分、气温、密度、可能的地质年代、不同地形的放射性等。她腰带上的扫描仪将各类读数传输到眼屏上，同时也将它们传回穿梭机。

基拉尽职尽责地查看那些信息，但没发现什么新鲜的。有几次她觉得不得不采集土壤样本，但得到的结果和往常一样枯燥：矿物质，有机物及有机物先期结构的迹象，还有少量厌氧细菌。

在山顶上，她发现了一块平坦的岩石，上一个冰期在上面留下了深深的凹槽。一小片地衣般的橙色细菌覆盖了这块岩石的大部分地方。基拉一眼就认出了这个物种——橙菌[①]，但她还是取样确认了。

从生物学上说，阿德剌没什么有趣的东西。她最重要的发现是北极冰盖下一种以甲烷为食的细菌。这种细菌的细胞壁上有不同寻常的脂质结构，但也仅此而已。当然，她会写一篇关于阿德剌生物群系的概述论文。如果

---

① 橙菌：见附录三“B.LOOMISII”（第 800 页）。

幸运的话，这篇概述论文还能在一些不怎么出名的期刊上发表，但这并没有多少可吹嘘的。

不过，在地球化的进程中，缺少较高级的生命形式是一件好事：这样就会让这颗卫星成为一块未加工的黏土，不管公司和定居者想怎么改造都可以。不像在埃多伦[1]——美丽而致命的埃多伦，他们不必持续不断地和当地的植物群和动物群做斗争。

基拉一边等微流控芯片完成分析，一边朝山顶走去。她看向那些伤痕累累的岩石与富含金属的海洋。

他们需要很长时间才能在海洋里培育出比基因拼接的海藻和浮游生物更高级的东西。想到这里，基拉皱了一下眉。

这里将会是我们的家。这想法令她冷静而清醒，但并不沮丧。维兰德的环境比这里更恶劣，基拉还记得自己小时候曾见证过那颗星球上的巨大进步：曾经贫瘠的土地变得肥沃，绿色的植物遍布各地；在不必补充氧气的情况下，人们能在有限的时间内在户外散步。她很乐观。阿德剌比银河系中99%的星球更适合居住。以天文学的标准来看，这里像是地球的完美替代品，比那些高重力的星球（比如辛扎尔）更像地球，也比金星更像地球，因为金星上只有飘浮在云间的空中城市[2]。

不管在阿德剌上会遇到什么困难，如果这意味着她能和艾伦在一起，那她就乐意面对一切。

我们就要结婚了！基拉露齿而笑，将手举过头顶，手指张开，直直地望着天空，觉得自己的情绪马上就要爆发了。她的感觉从来没有这么好过。

突然，她耳朵里响起哔的一声。

3

微流控芯片完成了分析。她看了上面的读数，如她所料，确实是橙菌。

基拉叹了口气，关闭设备。门多萨是对的，检查这些植物确实是他们的责任，但仍然是一项特别耗费时间的工作。

---

① 埃多伦：见附录三“EIDOLON”（第 802 页）。

② 空中城市：见附录三“CLOUD CITIES”（第 801 页）。

管他呢。回到基地，回到艾伦身边，然后他们就可以起飞前往“费旦扎号”了。

基拉转身离开山顶，接着出于好奇，她看向了无人机坠毁的地方。在穿梭机降落期间，内加尔为那个位置做了标记。

在那里。离海岸1.5千米的地方，靠近小岛中间的位置，她看到一小块由黄色框标记的土地，挨着……

“有意思。”

一堆锯齿状的石柱以近乎垂直的角度刺出地面。在去过的阿德剌的所有地方（已经是很多地方了），基拉都没见过这样的地形。

“彼得拉：选择视觉目标，分析。”

她的系统回应了。闪烁的光线框出了那堆石头，接着一长串元素列表在旁边出现。基拉扬起眉毛。即便她不是像艾伦那样的地质学家，也知道这么多元素聚集在这里绝对非比寻常。

“开始热量探测。”基拉低声说。她的面罩随之变暗，她面前的世界仿佛变成了一幅印象派画作，画中有蓝色、黑色，还有吸收了阳光热量的地面发出的柔和红色。和她想的一样，那堆石头整体上和周围的温度完全一致。

“嘿，看看这个。——基拉。”她将探测数据发给了艾伦。

不到一分钟后：“天哪！你确定你的设备是好的？——艾伦。”

“非常确定。你觉得这会是什么？——基拉。”

“我不知道，可能是一种熔岩……你能扫描一下吗？或者拿到一些样本？泥土、岩石，什么方便拿什么。——艾伦。”

“如果你真的需要，那我就去。不过我需要走一段距离。——基拉。”

“我不会让你白忙活的。——艾伦。”

“嗯……听起来不错，宝贝。——基拉。”

“那去吧。——艾伦。”

她得意地笑了笑，关掉了红外线模式，开始往山下走。“内加尔，你能听到吗？”

一阵静电的噼啪声后：“怎么了？”

“我还需要一个半小时左右。抱歉。”

“该死的！那些肉桂卷留在餐桌上的时间不会超过——”

“我知道，但我需要为艾伦调查某个东西。”

“什么东西？”

“一些石头，就在更远的岛中部。”

“你为了那玩意儿居然能放弃雄吾的肉桂卷？”

“抱歉，你知道的，就得这样。另外，我之前从没见过这样的玩意儿。”

一阵沉默之后。

“好吧，但是你最好给我麻利点儿，听到了吗？”

“收到，麻利点儿。”基拉说。她哈哈一笑，然后加快了步伐。

当路面变得稍微平坦时，她开始慢跑，十分钟后就跑到了倾斜的突出物那里。它们比她想的要大一些。

那堆石头整体最高的地方差不多有七米，底部有二十多米宽，甚至比穿梭机还宽。那些碎裂的石柱是黑色的，且带有棱面，让她想起玄武岩，但表面却像煤炭或者石墨那样有着油亮的光泽。

这些石头的外观让基拉感觉不太妙。它们太黑，太纯粹，太尖锐，和周围的地形格格不入——像在满是花岗岩的荒地中残存的尖塔。而且，虽然她知道有可能是自己的想象，但她总觉得突出物周围有一种令人不安的氛围，就像某种轻微的震动，却足以令人心烦意乱。如果她是一只猫，全身的毛肯定会竖起来。

她皱着眉头，挠了挠自己的前臂。

这片区域看起来确实不像发生过火山爆发。好吧，或许是陨石撞击？但是也没有道理。这里没有撞击形成的墙面或者陨石坑。

她一边围着基座走，一边扫描着。在岩石后方，她发现了无人机残骸：一长串碎裂、熔化的零件散落在地上。

雷击可真厉害，基拉想。无人机当时肯定飞得很快，坠落后才会变成这样。

她在防护服内扭了扭身体，还是感到有些不安。不管这堆石头是什么，她都决定留给艾伦去搞清楚。这样的话，在离开这个恒星系的路上，他就有事情可以做了。

她提取了土壤样本，然后继续探索，直到她发现一小块剥落的黑色岩石。她将石头举起来对着太阳。它明显有一种晶体结构，鱼鳞一样的图案让她想起了碳纤维织物。撞击晶体？不管是什么东西，它都不寻常。

她将石头装进一只样品袋，最后看了一眼那堆石柱。

地面上方几米处的一道银色闪光引起了她的注意。

基拉停下来，仔细看了看。

一根柱子开裂了，露出一条锯齿状的白色缝隙。她看了看眼屏：开裂处的缝隙太深了，无法得到确切的读数。扫描仪唯一能确定的是，那里不具有放射性。

无线电通信器发出嗞啦声，内加尔的声音传来。

"基拉，怎么样了？"

"差不多完成了。"

"嗯，赶紧的，好吗？"

"好的，好的。"基拉低声对自己说。

她盯着开裂处，考虑它值不值得自己费劲爬上去检查。她差点想联系艾伦询问，但最后还是决定不打扰他。如果她不去查看缝隙，她知道这个疑问会一直困扰着他，直到他们回到阿德剌（希望如此），他有机会亲自过来探查。

基拉不能这样对待他。她曾经见过他数次熬夜，仔细查看无人机发回来的模糊影像。

况且，要到达开裂处也不是很难。如果她从这里出发，走到那里，也许……基拉微微一笑。这个挑战对她来说很有吸引力。防护服没有壁虎垫[①]，但是没关系，这种程度的攀爬应该不需要。

她走到一根倾斜的石柱前，其顶部就在她头顶上方一米处。她快速吸了一口气，然后屈膝一跳。

她一抓住石柱，手指就被粗糙的边缘划破了。她抬起一条腿放到石柱顶部，轻呼一声，爬了上去。

基拉四肢着地，抓着这凹凸不平的石头，直到自己的心跳平缓下来，然后小心翼翼地在柱子上站直身子。

之后就相对简单了。她跳到另一根倾斜的柱子上，不断往前，就像在

① 壁虎垫：见附录三"GECKO PAD"（第 804 页）。

爬一架巨大、老旧又破烂的梯子。

最后几米有一点棘手。基拉不得不将手指插入两根柱子的交接处支撑自己，这样才能从一个立足点荡到另一个立足点。幸运的是，她试图触及的裂缝下有一个宽阔的岩架——宽到让她有足够的空间站立和移动。

她甩甩手，让手指的血流恢复通畅，接着走向裂缝，好奇会发现什么。

从近处看，那条发光的白色裂缝看起来像某种具有延展性的金属，就像一条纯银的矿脉。但这是不可能的，它一点也没有随时间失去光泽。

她将眼屏对准了那条缝隙。

铽？

基拉几乎不认识这个字，猜想可能是一种铂系金属[①]。她没有费心去查资料，但她知道对一种金属来说，以这样纯粹的形式出现十分古怪。

她俯身往裂缝的更深处看去，试图为扫描仪找到更好的角度……

砰！一声如枪击声的巨响传来，基拉吓了一跳。接着她的脚滑了一下，她感觉到脚下的石头移开，整座岩架都塌了。

她向下坠落——

她的脑海中闪现出自己坠落到地上后被摔得血肉模糊的画面。

基拉一边大叫，一边手脚乱挥，试图抓住面前的石柱，但是她没抓到，而且——

黑暗吞噬了她。耳朵里传来打雷的声音，坠落时她的脑袋撞在岩石上，闪电划过她的视野。她受到来自各个方向的重击，手和脚都传来阵阵疼痛。

折磨似乎持续了好几分钟。

然后，她突然感到自己处在失重状态——

一秒后，她猛然撞上了一个坚硬的锯齿状土丘。

4

基拉躺在地上，一脸震惊。

撞击让她喘不过气来。她试着深吸一口气，但她的肌肉一点儿也不听使唤。一时间，她觉得自己快要窒息了，接着她的横膈膜放松了，空气接

① 铽是镧系金属。——编者注

连涌入。

她大口喘息着，拼命吸入氧气。

在最初的几次呼吸之后，她强迫自己不再喘气。过度换气是没有意义的，这只会让肺更难发挥功能。

她看到面前只有岩石和阴影。

她查看眼屏：防护服完好无损，没有检测到任何漏洞。脉搏加快，血压升高，血氧水平偏高，皮质醇飙升（和预想的一样）。令人欣慰的是，她没有骨折，虽然右脚踝感觉像是被锤子敲过似的，而且她知道这地方还会疼痛和淤青好几天。

她动了动手指和脚趾，测试一下它们是否还能动。

她用舌头选了两剂诺拉登[①]。她用进食管吸入止痛药，一口咽下，尽量避开那甜得发腻的口味。诺拉登需要几分钟才能发挥药效，但是她已经感觉到疼痛逐渐消退，变为隐痛。

她躺在一堆碎石上，它们的边缘和棱角持续硌着她的背，让她感觉十分不舒服。她龇牙咧嘴地从土丘上爬起来，四肢着地。

地面出奇地平坦，还覆盖了一层厚厚的尘土。

基拉浑身都痛，但还是勉强起身站稳。这个动作让她有些头晕。她将手撑在大腿上，直到眩晕的感觉消失，之后才转身，抬头察看周围的环境。

一束光从边缘参差不齐的洞口照进来，这是她目前唯一的光源。借着这束光，她发现自己正身处一个圆形洞穴里，可能有十米宽——

不，不是洞穴。

一时间，她竟然搞不清楚自己看到的是什么，但这里给她一种十分不协调的感觉。地面是平整的，墙面也十分光滑。天花板是弯曲的，像是一个穹顶。在这个空间的中央，矗立着一根……石笋？齐腰高的石笋随着高度的上升而渐次变宽。

基拉的脑袋飞速运转着，她试图想象这个空间是怎么形成的。水的旋涡？空气的旋涡？但是那样的话，这里应该到处都是隆起和凹槽……这是一个熔岩气泡吗？但石头不是火山岩。

---

① 诺拉登：见附录三“NORODON”（第 809 页）。

然后她明白了。事实太不真实，以至于她没去想那种可能性，即使它已经显而易见。

这不是一个洞穴，而是一个房间。

“图勒[①]。”她低声说。她没有任何宗教信仰，但此时祈祷似乎是唯一合适的举动。

外星人。有智慧的外星人。一种害怕而又兴奋的情绪袭上了基拉心头。她的体表发热，浑身冒汗，脉搏也开始急速跳动。

人类迄今只发现了一处外星建筑：塔罗斯[②]七号的大灯塔[③]。基拉当时才四岁，但她依然记得那个消息被公之于众的时刻。高石市的街上一片死寂，每个人都在盯着自己的眼屏，试图消化这个大发现。是的，人类不是银河系中进化出的唯一有高等智慧的物种。第一支到达大灯塔的小队里有一个叫克赖顿博士的异种学家，那是基拉最初且最重要的启蒙者，让她也想成为一名异种学家。她有时候会做一些不切实际的白日梦，幻想自己发现了同样伟大的遗址，但这种情况真正发生的可能性微乎其微。

基拉努力呼吸。她需要让大脑保持清醒。

没有人知道建造大灯塔的外星人发生了什么。他们很早以前就死了或者消失了，而且人类没有发现任何可以解释他们的本质、起源或者意图的东西。这个房间是那些外星人建造的吗？

不管真相如何，这个房间都是具有历史意义的大发现。掉进这里可能是她这辈子做过的最重要的事情。她的这个发现很快就会成为所有殖民地上的大新闻，她本人则会接到采访和上镜邀请；每个人都会讨论它。天哪，她能发表各种论文……许多人毕生都只在研究比这小得多的议题。

爸爸妈妈会为她骄傲的，特别是爸爸；没有比找到外星人存在的证据更令他高兴的事了。

现在最关键的是，她需要确保能在这场大发现中活下去。就她所知，这个房间也有可能是一个自动化的屠宰场。基拉两次检查了眼屏上的读数，

---

① 图勒：见附录三“THULE”（第 815 页）。本书中常用作感叹词。——编者注

② 塔罗斯：古希腊语，意为“太阳”。——编者注

③ 大灯塔：见附录三“GREAT BEACON”（第 804 页）。

还是没有漏洞。很好。她不用担心来自外星有机物的污染了。

她打开了无线电通信器："内加尔，能听到吗？"

一片寂静。

基拉再次尝试，但是她的系统没办法连接到穿梭机上。可能是因为头顶有太多石头，她猜想。她一点儿也不担心。一旦防护服的网络连接断开，无法传回数据，盖格就会向内加尔发出警报，然后用不了多久，内加尔就会过来施以援手。

她确实也需要帮助。没有壁虎垫，她一个人肯定没办法从这里爬出去。墙有四米多高，没有任何可以抓住的地方。她能看到洞口的一小块天空，苍白而又遥远。她无法准确地计算出自己坠落了多深，但是看起来离地面已经相当远了。

至少不是直线下落的，否则她肯定早就已经死了。

基拉继续研究这个房间，但没有离开她站的地方。这间石室没有明显的入口或者出口。那个基座，也就是她一开始认为是石笋的东西，顶部有一个很浅的碗状凹陷。凹陷中积聚了灰尘，让她看不清石头的颜色。

等眼睛适应了黑暗，基拉看到墙壁和天花板上都有长长的蓝黑色线条。这些线条倾斜着交错在一起，组成了一种类似于原始电路板的图案，虽然线条之间的间隔比较大。

艺术？语言？科技？有时候三者很难区分。这是一座坟墓吗？当然，外星人有可能不埋葬逝者。她没办法知道答案。

"开始热量检测。"基拉低声道。

她的视野突然发生变化，房间变得暗淡，被阳光照射的那一小块地面变得显眼。没有射线，没有任何形式的人工热信号。

"结束热量检测。"

房间里可能安装有被动传感器，但如果真是这样，她的出现也没有引发明显的反应。尽管如此，她还是不得不先假定自己正被监视着。

基拉心里突然产生一个想法，她赶忙关掉了腰带上的扫描仪。据她所知，这个装置发出的信号可能会被外星人视为威胁。

她滚动查看扫描仪上的最后一组数据：此处的背景辐射[1]要高于正常水平，一是由于氡气的积累，二是因为这里的墙壁、天花板和地面都含有她在地表上记录到的矿物质及元素的混合物。

基拉再次看向那一小块天空。内加尔肯定很快会到达那堆石头的。她只会在穿梭机上待几分钟——而基拉可以利用这几分钟来检查自己生命中最重要的发现。因为她知道自己一旦被救出这个洞，就不能再进来了。按照法律，任何有关外星智慧生物的证据都必须上报给星际联盟[2]的有关部门。他们会隔离这个小岛（还有可能会将整个大陆的一部分一同隔离），然后派遣自己的专家团队来处理这处遗址。

这并不意味着她想要违反规定。尽管她很想四处走走，近距离地看看这些东西，但她知道，从道德层面上来说，自己有义务不再打扰这间石室。保持现状比实现个人野心更重要。

所以，虽然她心痒难耐，却一直站在原地。如果她能摸摸那些墙……

基拉再次回头看向基座，发现它的高度刚好到她的腰部。这是否意味着外星人和人类差不多高？

她感觉有些不适，于是改变了姿势。尽管吃了诺拉登，但腿上的伤还在痛。她打了个冷战，打开了防护服里的加热器。房间里不是很冷，只是她现在手脚冰凉，因为坠落而产生的肾上腺素正在消退。

房间的另一头，一堆跟她手掌差不多大的、缠结的线条引起了她的注意。和其他曲面墙上的线条不一样，那几条线——

咔啦！

基拉顺着声音传来的方向看去，正好看到一块甜瓜大小的石头从天花板的开口处朝她砸下来。

她尖叫一声，踉跄地朝前走去。两条腿绊在一起，接着胸口着地，重重地摔了一跤。

石头砸在她身后的地面上，扬起一片灰尘。

基拉过了一秒才重新呼吸。脉搏又开始狂跳，她全神贯注地倾听是否

---

① 背景辐射："大爆炸"遗留下来的电磁波辐射。——编者注

② 星际联盟：见附录三"LEAGUE OF ALLIED WORLDS"（第 807 页）。

有任何警报，以及随之而来的可怕攻击。

但什么都没有发生。没有警报响起，没有灯光闪烁，脚下也没有活动门板突然打开，也没有激光将她打成筛子。

她挣扎着再次站起来，忘掉了疼痛。脚下的尘土感觉挺软，消减了她的脚步声，她现在唯一能听见的就是自己微小的呼吸声。

基座就在她的正前方。

该死的，基拉想。她应该更小心的。她的指导老师肯定会因为她掉到洞里而狠狠教训她，即便这只是意外。

她又将注意力放在基座上。顶部那处凹陷让她想起水盆。灰尘下是更多的线条，划过凹陷内部的曲面，而且……当她近距离观察时，发现线条正发出微弱的蓝光，在花粉般的微粒下发出柔和的漫射光。

她的好奇心大涨。生物荧光？还是有某种人工能源为它供能？

她听见从外面传来的穿梭机的引擎声越来越大。她没有多少时间了，最多还有两分钟。

基拉咬住嘴唇。如果她能更仔细地观察一下“水盆”就好了。她知道自己即将要做的事情不对，但她没办法控制自己。她必须进一步了解这个令人惊讶的建筑。

她没有蠢到去触碰灰尘。那是新人才犯的错误，可能会导致自己被吃掉、感染或者被酸液溶解。她转而解下腰带上的一小罐压缩空气，将“水盆”边缘的灰尘轻轻吹开。

灰尘打着旋儿飞起，暴露出底下的线条。它们正在发光，是一种诡异的色彩，让她想到了放电。

基拉再次颤抖了一下，但不是因为寒冷。她感觉自己可能闯进了某种禁忌之地。

够了。她对命运的试探已经超过了明智的范围，是时候做出战略性后撤了。

她转身想离开基座，但她的腿猛地一抽，右脚牢牢地粘在地上。她惊叫起来，单膝跪地。就这样，她僵硬的脚踝处的跟腱撕裂了，痛得大叫。

基拉忍住泪水，低头看向脚踝。

灰尘。

一堆黑色灰尘覆盖了她的双脚，移动、翻腾着。它们从“水盆”中倾泻而出，掉下基座，落在她的脚上。就在她的注视之下，灰尘开始沿着她腿部肌肉的轮廓不断往上爬。

基拉大叫着，想抽回自己的腿，但灰尘将她定在原地，就像某种磁力锁一样牢固。她扯下腰带，将它对折，想用它拍去身上这些看起来平平无奇的东西，但一点儿也没有拍下来。

“内加尔！”她尖叫道，“救我！”

此时，基拉只听得到自己的心跳声。她将腰带抻直，试图像用刮刀一样在大腿上刮。腰带的边缘在灰尘上留下了浅浅的印记，但除此之外没有任何效果。

那团微粒已经到达她的大腿根部，她能感觉到它们挤压着大腿，就像一条条紧绷的、不断移动的带子。

基拉不想这么做，但也没有别的办法。她伸出右手，试图抓住灰尘，将其拉开。她的手指很快就陷进了那团微粒中，就像抓一团泡沫。她什么也抓不住，而当她想抽回手时，灰尘尾随而来，像攀缘植物的卷须一样裹住了她的手指。

“啊！”她在地板上使劲擦手，但没有用。

这时，她感觉有什么东西在挠她的手腕，心里一阵恐慌。她知道灰尘从手套接缝处钻进来了。

“紧急覆盖指令！密封所有袖口！”基拉艰难地说完这些话。她的嘴巴很干，舌头感觉是平时的两倍大。

她的防护服立刻响应，在每个关节处绷紧，包括脖子，和皮肤紧贴在一起。这还不足以阻挡灰尘。基拉感到一阵发痒的寒意沿着手臂窜到手肘，然后消失。

“求救！求救！”她大声喊道，“求救！内加尔！盖格！求救！你们能听到我说话吗？救我！”

在防护服外，流动的灰尘覆盖上了她的面罩，让她的视野一片黑暗。而在防护服之内，卷须爬过她的肩膀，漫过了脖子和胸膛。

一种莫名的恐惧攫住了基拉。恐惧和厌恶。她用尽全身力量猛地拉了一下腿，脚踝处有什么东西断了，但她的脚还是被定在地板上。

她尖叫起来，伸手在面罩上抓挠，试图将视野变清楚。

灰尘从脸的两侧朝中间涌来。她再次尖叫，然后紧紧闭上嘴巴，捏紧喉咙，屏住呼吸。

她的心脏像要爆炸了一样。

内加尔！

灰尘爬上了她的眼睛，就像一千只小虫子的脚。不一会儿，灰尘覆盖住她的嘴巴。当它挤进鼻腔时，那干涩、蠕动的触感比她想象中更加可怕。

……愚蠢……我不应该……艾伦！

基拉看到他的脸出现在面前，除了恐惧，一种铺天盖地的不甘淹没了她。事情不应该就这样结束！接着她感觉喉咙受到强烈的压迫，她张嘴尖叫，灰尘如激流般冲进了她的身体。

接着一切都变成了空白。

第三章

* * * * * * *

“情有可原[1]号”

1

首先是意识的苏醒。

接着她感觉自己被什么东西压住了，柔软且舒适。

后来，她听到了声音：不断重复的微弱的叽喳声，远处传来的隆隆声，再生空气的嗡嗡声。

最后回归的是自我意识，在黑暗深处逐渐升起。那是一个缓慢的过程；又浓又沉的黑暗像是一层厚厚的淤泥，抑制住了她的思想，将所有想法都压下去，埋在深处。不过，意识具有的天然浮力最后占了上风。不久，她醒过来了。

2

基拉睁开眼睛。

她正躺在基地医务室里的一张检查台上。在她上方，一对灯带在天花板上画出条纹，发出蓝白色的刺眼光芒。空气凉爽干燥，带着一股熟悉的溶剂的味道。

我还活着！

这有什么好惊讶的？她是怎么来到医务室的？他们不是就要离开这里、前往“费旦扎号”了吗？

她吞咽了一下，嘴里冷冻液的味道让她想吐。当她认出这种味道时，她的胃抽了一下。冷冻液？她居然被冷冻了？冷冻多久了？

到底发生了什么?!

---

① 情有可原：法律术语，指当事人因迫不得已做出违法行为时，可酌情判决。——编者注

基拉心底升起一丝恐慌，她坐起来，掀开盖在身上的毯子。“啊！”她穿着一件薄薄的医用长袍，两边都系着绳。

受冷冻液的影响，她觉得四周的墙面还在旋转。她向前一栽，从检查台掉到白色地板上，沉重的身体挣扎着，试图排出体内的毒素。但除了口水和胆汁，她什么都没有吐出来。

“基拉！”

她感觉有一双手将她翻过来。艾伦出现在她面前，用双臂温柔地抱起她。“基拉，”他又叫了她一声，憔悴的脸上带着关切，“嘘，好啦好啦。有我呢，一切都会好的。”

基拉感觉很糟糕，而艾伦看起来也很糟糕。他的双颊凹陷，眼睛周围有好些皱纹。她记得早上还没有这些皱纹。早上？

“过了多久了？”

艾伦瑟缩了一下：“快四个星期了。”

“不是吧。”基拉陷入恐惧，“四个星期？”她不敢相信，在眼屏上确认，上面显示：2257年8月16日，星期一，银河系标准时间[①]14时02分。

基拉大为震惊，又检查了两次时间。艾伦是对的。她能想起来的最后一天是7月21日。那一天，他们应该离开阿德剌。四个星期！

她感到有些迷茫，目光在艾伦的脸上搜寻，希望能找到答案：“为什么？”

他轻抚她的头发：“你还记得什么？”

基拉努力回想：“我——”门多萨让她去检查那架坠落的无人机，然后……接着……坠落，疼痛，发光的线条，还有黑暗，无处不在的黑暗。

“啊啊啊！”她使劲往后躲，紧紧抓住自己的脖子，心脏怦怦跳。她感觉好像有什么东西堵住了喉咙，令她窒息。

“放轻松，”艾伦说着，将一只手按在她的肩头，“放轻松。你现在安全了。呼吸。”

痛苦的几秒钟后，基拉松开脖子，急切地呼吸，拼命吸入空气。她浑身发抖，抓着艾伦，尽力抱紧他。她从不轻易恐慌，即使在参加星际文凭[②]

---

① 银河系标准时间：见附录三“GALACTIC STANDARD TIME”（第805页）。

② 星际文凭：见附录三“INTERPLANETARY DIPLOMA”（第806页）。

考试时。但这种快要窒息的感觉如此真实……

被她的头发蒙住，艾伦的声音变小了不少："是我的错。我不应该让你去检查那些石头。对不起，宝贝。"

"不，别说对不起。"她说，抬头看他的脸，"总得有人去做啊。况且，我还发现了外星人遗址。多么神奇啊！"

"非常神奇。"他勉强笑着回道。

"明白了吗？现在我们——"

医务室外面传来脚步声，菲泽尔走了进来。他又瘦又黑，留着一头似乎永远不会变长的浅色短发。今天，他穿着白大褂，袖口卷了起来，就好像刚做完一次检查。

看到基拉，他一边朝门廊后面靠去，一边朝外面大喊："她醒了！"接着，他经过墙边的三张病床，从小药柜里拿起一个微流控芯片，走过来蹲在基拉旁边，抓起她的手腕。"嘴巴张开，说'啊'。"

"啊。"

他快速地看了看她的嘴巴和耳朵，检查了她的脉搏和血压，在她的下巴上摸了摸，然后问："这里痛吗？"

"不痛。"

他很快地点点头："你会好起来的。要多喝水，人在冷冻休眠后需要补充很多水分。"

"我不是第一次冷冻休眠。"基拉说。此时她正在艾伦的帮助下重新回到检查台上。

菲泽尔撇了撇嘴："我只是在做分内之事，纳瓦雷兹。"

"嗯。"基拉挠了挠自己的前臂。虽然她很不想承认，但医生是对的。她已经脱水了，皮肤很干、很痒。

"给。"艾伦说着，递给她一个水袋。

基拉正喝水时，玛丽·埃莉斯、詹安和塞波都冲进了医务室。

"基拉！"

"你醒了！"

"欢迎回来，瞌睡虫！"

他们身后，伊万诺娃也出现了。她双臂交叉，一脸严肃："是时候醒来了，纳瓦雷兹！”

接着雄吾、内加尔和门多萨也走了进来。医务室里挤满了调查队的成员，基拉能感觉到他们身上传出的热量和他们的呼吸。这些人围拢过来，欢迎她的苏醒。

即便身边围满了朋友，基拉还是感到奇怪和不安，好像整个宇宙都脱轨了，变成一面倾斜的镜子。一部分原因是她昏迷了几周，一部分原因她猜测是菲泽尔给她开的药；还有一部分原因是，如果她允许自己回到脑海的最深处，她还能感觉到某种东西潜伏在那里，等着她……一种恐怖的、令人窒息的存在，就像有人把湿乎乎的黏土塞进她的鼻子和嘴巴里……

她用右手的指甲掐进左前臂，然后倒抽了一口气，鼻孔张开。没有人注意到她的举动，除了艾伦。他担忧地看了她一眼，把她的腰搂得更紧了。

基拉摇摇头，想赶走那些乱七八糟的想法。她环顾众人，问：“那么谁来告诉我究竟发生了什么事？”

门多萨开口了：“先陈述一下你经历了什么，然后我们就会告诉你这段时间发生的事。”

基拉愣了一会儿才明白，队员们不是专程来这里看她的。他们脸上都带着不安，当她仔细观察他们的脸时，她看到艾伦也带着同样的紧张表情。不管在过去的几周里他们要处理的事情是什么，看起来都相当棘手。

“呃，我说的内容会被记录在案吗，老大？”她问。

门多萨的表情仍然冷硬，毫无波澜，看不出他在想什么：“会记录在案，纳瓦雷兹，而且不仅仅是公司要看这些记录。”

该死。她吞了下口水，还能尝到舌根处冷冻液的味道。“我们能过一两个小时再谈吗？我感觉不是很舒服。”

“不行，纳瓦雷兹。”他有些犹豫，接着补充道，“和我们谈，总好过……”

“和其他人谈。”伊万诺娃说。

“对。”

基拉的疑惑加深了，担忧也多了一重。她看向艾伦，而他点点头，紧了紧手臂以示鼓励。好吧。如果他认为这是正确的事情，那就相信他。

她吸了一口气：“我最后记得的一件事，就是去外面检查无人机坠落前标记出的有机物。内加尔·伊斯法哈尼在驾驶穿梭机。我们降落到那座岛上，编号为——”

基拉没费多少时间，就将之后发生的事情大概讲了一下，讲到自己掉进了奇怪的石堆之下的那个房间里为止。她尽可能详细地描述那个房间，但之后的记忆变得不连贯，再往后的事就不记得了。（基座上的那些线条真的在发光吗？还是那只是她想象出来的？）

“这就是你看到的全部？”门多萨问。

基拉挠了挠手臂。“是我能记起的全部。我想我当时试图站起来，然后……”她摇摇头，“之后就记不起来了。”

探险队的老大皱着眉头，将手放进了口袋。

艾伦亲了一下她的太阳穴：“我很抱歉你经历了这些。”

“你有触碰任何东西吗？”门多萨问。

基拉想了想：“只碰了我掉下去的地方。”

“你确定？内加尔把你拉上来的时候，房间中央那根柱子上面和周围的灰尘上都有一些痕迹。”

“就如我刚才说的，我最后记得的就是试图站起来。”她抬起头，“你为什么不检查我眼屏上的记录？”

门多萨一脸苦相，这让基拉有些惊讶。“你掉下去的时候撞坏了防护服上的传感器，遥测技术没法用了。你的植入物也帮不上什么忙，你进入那个房间43秒后它们就停止记录了。菲泽尔说，头部受伤时这种情况很常见。”

“我的植入物损坏了吗？”基拉问，突然紧张起来。她的眼屏看起来还是正常的。

“你的植入物完好无损，”菲泽尔翘起嘴角说，“比你身上的其他部位好。”

她一下子僵住了，不愿让他看到这令她害怕：“我的伤有多严重？”

艾伦想回答，但是医生抢先开口了。“两根肋骨轻微骨折，右肘软骨碎裂和肌腱拉伤。脚踝骨折，跟腱断裂，多处有擦伤和撕裂伤，中度至重度脑震荡并伴有脑肿胀。”菲泽尔掰着手指列举伤势，“我修复了大部分损伤，剩下的几周内就会愈合。在此期间，你可能会感到有些酸痛。”

听到这里，基拉差点笑了。有时候幽默是唯一理性的回答。

“我真的很担心你。”艾伦说。

“我们也是。”玛丽·埃莉斯说。

“我知道。”基拉说，更紧地抱住了艾伦。她能想象他在过去的几周里等待她苏醒是怎样一种感受。“内加尔，你成功把我从那个洞里拉出来了？”基拉问。

内加尔伸出手在身前摆了摆：“呃，没费多大劲，但确实花了一些工夫。”

“但是你把我救出来了。”

“当然了，亲爱的。”

“下次如果有机会的话，我会给你买一整盒肉桂卷。”

门多萨拿过菲泽尔的检查凳坐了下来。他将双手放在膝盖上，手臂伸直。“她没有告诉你的是——你还是告诉她吧，快告诉她。”

内加尔搓了搓自己的手臂：“该死。呃，当时你没有意识，所以我必须将我们俩绑在一起，这样盖格将你拉上去的时候，我才能保证你的头不被扯掉，或者发生其他什么意外。那个通道不是很大，没有多少空间，所以——”

“她划烂了自己的防护服。”詹安说。

内加尔朝他伸出一只手。“没错，严——”咳嗽打断了她，她弯下腰猛咳了一会儿。她的肺有啰音，像得了支气管炎。“严重受损。我一边拽着牵引带，一边用一只手堵住裂缝，累得够呛。”

“也就是说，”门多萨说，“内加尔必须和你一起隔离。我们按照规定做了所有测试，包括没有规定的测试也都做了。测出来的结果都是阴性，但是你当时依然昏迷不醒——”

“那可真是太恐怖了。”艾伦说。

“因为不知道发生了什么事，我决定最好将你们俩都冷冻起来，直到我们能弄清楚状况。”

基拉瑟缩了一下：“很抱歉发生这样的情况。”

“别担心。”内加尔说。

菲泽尔拍拍胸膛：“怎么不问问我这个可怜人？你忘了我。冷冻很简单，但是我做完治疗工作后，也得在隔离区待差不多一个月，纳瓦雷兹。

一个月。”

“感谢你的帮助。”基拉说，“谢谢你。”她是真心诚意的。一个月的隔离对任何人来说都很难受。

“呸，你就不该多管闲事。你——”

“够了。”门多萨温和地说，医生停了下来，但是他伸出食指和中指朝她弹了弹。据基拉所知，这是一种粗鲁的手势——非常粗鲁。

她又喝了一口水，恢复了一些精神。“为什么你们等了那么久才让我们解冻？”她的目光转回到内加尔身上，“还是他们先将你唤醒了？”

内加尔又开始咳嗽：“两天前。”

环顾房间，基拉发现所有人都面色紧张，气氛也变得凝重起来。

“怎么了？”她问。

门多萨还没来得及回答，外面就传来火箭发射时的轰鸣声，比他们任何一架穿梭机的声音都大。基地的墙面在震动，好像发生了一次小型地震。

基拉吓得一缩，但是其他人看起来一点也不惊讶。“那是什么？”她看了看眼屏上从外面的摄像机传过来的数据。她只能看到离建筑物有一段距离的停机坪上往外蔓延的滚滚浓烟。

火箭起飞之后，轰鸣声很快减弱，消失在高空的大气层中。

门多萨伸出一根手指指着天花板：“问题就出在这里。内加尔把你带回来之后，我告诉了拉文纳船长，她给天鹅座61的职员发送了紧急快信。在那之后，‘费旦扎号’就处于无线电静默状态了。”

基拉点点头。这么做是对的，法律规定很明确：一旦发现外星智能生命，他们将采取一切必要措施，避免将外星人带到人类已定居的空间。不过，如果是某种拥有先进技术的物种，他们发现人类联盟的存在也不是什么难事。

“刚刚是拉文纳为了起飞，疯了似的喷射反物质能量。”门多萨说，“‘费旦扎号’上的机组人员本来也只打算在这里待几天而已。”他挥了挥一只手。“无论如何，当公司收到信息后，他们通知了联防部[①]。几天后，联军司令部[②]从

① 联防部：见附录三“DEPARTMENT OF DEFENSE”（第802页）。

② 联军司令部：见附录三“UNITED MILITARY COMMAND”（第816页）。

天鹅座61派出了巡洋舰[①] ‘情有可原号’。大约四天前，他们就到达了这个恒星系，而且——”

“而且从那之后，他们就成了我们甩也甩不掉的大麻烦。”伊万诺娃说。

“毫不夸张。”塞波说。

“那些混蛋。”内加尔低声道。

联军司令部。在维兰德和其他星球上，基拉见过很多联盟的军队，知道他们如何强行插手当地事务。她想，其中一个原因是这个部门相对较新；联盟，还有联军司令部，都是在大灯塔被发现后才建立的。政客们声称，考虑到大灯塔带来的影响，各部门需要联手。万事开头难，但基拉相信，联军司令部经常漠视其他星球的另一个原因，是地球和太阳系其他星球上存在帝国主义思想。他们认为忽视其他殖民地的权利没什么不妥的，因为这样做对地球最好，或是为了他们所谓的“更大的利益”。但是这究竟是对于谁的利益呢？

门多萨再次抱怨道：“‘情有可原号’的船长是一个狗娘养的家伙，长了一双猫一样的眼睛，名叫亨里克森，是一个极品。他主要担心内加尔在那处遗址里遭到了某种污染，所以就派了一个医生和一支异种学家小队下来，然后——”

“然后他们建了一个干净的房间，在过去的两天里不停地戳我们、扎我们，直到我们恶心地想吐。”詹安说。

“毫不夸张。”塞波说。

玛丽·埃莉斯点点头：“真令人恼火，基拉。你该庆幸自己当时处于冷冻休眠。”

“我想是吧。”她慢慢说道。

菲泽尔哼了一声：“他们用射线照射我们的每一寸皮肤，照了很多次。他们给我们拍了X光片，做了磁共振成像、CAT扫描、全血检测、DNA测序，检测了我们的尿液和大便，还进行了活组织检查；你可能会发现自己腹部有一个轻微的痕迹，那是他们提取肝样本留下的。他们甚至还分析了我们的肠道细菌。”

---

① 巡洋舰：见附录三“CRUISER”（第801页）。

“结果呢？”基拉问，从一张脸看到另一张脸。

“什么也没查到。”门多萨说，“开了健康无疫证明书，为内加尔，为你，为我们所有人。”

基拉皱眉：“等等，他们也检测了我？”

“你可别不信。”伊万诺娃说。

“怎么？你认为自己有什么特别之处，让他们不敢检测你吗？”菲泽尔问。他说话的语气让基拉很不爽。

“不是，我只是……”得知自己处于无意识状态时也被检查了一遍，让她感觉很奇怪，甚至感觉被冒犯了，即使他们确实需要采取这些措施来防止生物污染。

门多萨似乎注意到了她的不适，用那双浓眉之下的眼睛看着她：“亨里克森船长明明白白地告诉我们，他没把我们关起来的唯一理由，就是他们还没发现任何异常。他们真正担心的人是内加尔，但在确保万无一失之前，他们不打算让我们中的任何人离开阿德刺。”

“这可不能怪他们，”基拉说，“换成我也会这么做的。在这种事情上再小心也不为过。”

门多萨气呼呼地说：“我没有因为这个责怪他们，而是因为除此之外的一切。他给我们下了严格的禁言令，让我们不能将目前的发现告诉公司，否则就会被判重罪，最高可判20年监禁。”

“这个禁言令的期限是多久？”

他耸了耸肩：“无限期。”

基拉发表论文的计划泡汤了，至少短期内是不行了。“那我们要怎么解释没有按时从阿德刺回去？”

“‘费旦扎号’的引擎故障造成了不可避免的延期。我发了详细的细节给你，要记下来。”

“是，长官。”她再次挠了挠手臂，感觉自己需要润肤液，“啊，这是一件麻烦事，但还不算那么糟糕。”

艾伦露出痛苦的表情：“哦，有更糟糕的事，宝贝。糟糕得多。”

恐惧再次袭上基拉的心头：“糟糕得多？”

门多萨缓缓地点头，好像脖子快撑不住脑袋的重量了：“联军司令部不止封锁了那座岛。”

“是的。”伊万诺娃说，“事情可不会那么简单。”

菲泽尔猛地一拍柜台：“直接告诉她吧！他们封锁了整个该死的恒星系！我们不能在阿德剌上殖民了。呼！彻底没戏了！”

3

食堂里，基拉坐在艾伦旁边，研究着面前的全息影像，那是从轨道上传下来的“情有可原号”的实时影像。

那艘飞船肯定有500米长。它通体呈单调的白色，有着细长的腹部，一端是球根状的引擎，另一端是花瓣状的旋转舱板。居住区可以转动，这样当飞船往前推进时，船员可以平躺在船首。这种设计十分费钱，大部分飞船是没有的。在“情有可原号”的头部有几个端口，像一些闭上的眼睛：那是导弹发射口和主激光炮的目镜。

从头部往后四分之一处，左右两边各有一艘完全相同的穿梭机紧紧地贴在船壳上。那两艘穿梭机比调查队使用的那些都大得多。如果它们像一艘全尺寸飞船一样装备了马尔可夫引擎[①]，基拉也不会感到意外。

“情有可原号”最醒目的特点是腹部那一排排散热器，从居住区一路延伸到引擎。金刚石散热片的边缘在阳光的照射下闪着光，嵌入散热片的熔融金属也像银色血管般闪闪发亮。

总的来说，这艘飞船看起来就像一只巨大、致命的昆虫：瘦长、尖锐、亮晶晶。

“嘿。”艾伦开口道。基拉将注意力从眼屏转移到他身上，只见他拿出了订婚戒指，就像他要再次求婚一样。“我想你需要这个。”

尽管她很担心，但还是放松了一些，感觉到被他关爱着的温暖。“谢谢。”她说，将那枚铁戒指戴到自己的手指上，“还好我没有把它掉在那个洞穴里，真开心。”

“我也是。”然后他靠近了些，呢喃道，“我很想你。”

她吻了他：“抱歉让你担心了。”

---

① 马尔可夫引擎：见附录三“MARKOV DRIVE”（第 807 页）。

“恭喜你们两位，亲爱的。”玛丽·埃莉斯说，她伸出手指在基拉和艾伦之间来回摆动。

“哦，恭喜。”詹安说，其他人也送上了祝福，除了门多萨和菲泽尔：门多萨正通过无线电联系拉文纳，约定好明天的接送时间；菲泽尔正在用一把塑料黄油刀清理指甲。

基拉露出微笑，很高兴，但也有点难为情。“希望你别介意，”艾伦弯腰凑近她说，“在我以为你不会醒过来的时候，我把向你求婚的事都跟大家说了。”

她靠进他怀里，匆匆吻了他一下。天哪，她想。“没关系。”她低声说。

这时，雄吾走到桌子的另一边，跪坐下来，这样就不会给基拉造成压迫感。“你想吃点什么吗？”他问，“吃点东西会让你感觉好些。”

基拉不饿，但她知道他是对的：“我可以试试。”

他点点头，铲形下巴几乎碰到了胸口：“我去给你热些炖菜。你会喜欢的，好吃也好消化。”

等他走开，基拉把注意力转回到“情有可原号”。她又挠了挠胳膊，接着开始摆弄手上的戒指。

她还在为门多萨披露的事情发晕，先前体验到的那种分离感又来了，甚至更加强烈。她不愿之前四个月的工作都化为乌有，但她更不愿失去未来和艾伦在阿德剌上生活的机会。如果他们不能在这里定居，那么——

艾伦肯定已经猜到了她在想什么，因为他低头朝她靠过来，将嘴唇凑到她的耳边说：“别担心，我们会找到另一个地方的。银河系这么大呢。”

这就是她爱他的原因。

她将他抱得更紧了。

“我不理解的是——”她开口说道。

“在这个世界上，我不理解的事情有很多。”詹安说，“比如，谁会把自己的手绢忘在洗手池里？”他举起一块湿布。

基拉没理他：“联盟怎么保守住这个秘密？人们迟早会发现这个恒星系被标记为禁区。”

塞波跳起来，盘腿坐在一张桌子上。他身板很小，看起来像个孩子：“很简单，他们一周前就发布了旅行禁令。他们给出的理由是，我们在这里的生物圈里发现了一种传染性病原体，很像天祸。在局面得到控制之前……”

“天龙座 σ 已经被隔离了。”伊万诺娃说。

基拉摇摇头：“该死，我想他们不会让我们保留任何数据的。”

“是的。”内加尔说。

“就是这样。”詹安说。

“什么也不留。”塞波说。

“一点儿都不能留。”伊万诺娃说。

艾伦摩挲着她的肩膀：“门多萨说，等我们回到维堡，他会去跟公司说。他们也许会劝说联盟，将除遗址外的资料放出来。”

“希望渺茫。”菲泽尔说。他吹了吹指甲，然后继续清理。“联盟不会这么做的。他们会将你那个小小的发现当成一个秘密来保守，直到他们守不住为止。他们将塔罗斯七号公之于众的唯一原因，就是他们藏不住那座该死的灯塔了。”他冲基拉挥舞着黄油刀，“你让公司失去了整颗星球，高兴了吗？”

“我只是在做自己的工作，”基拉说，“最起码我赶在有人定居阿德剌之前发现了遗址。如果把整个殖民地隔离起来，那才是更大的代价。”

塞波和内加尔点点头。

菲泽尔哼了一声：“是的，但那也不能弥补我们的损失，你让我们的奖金都泡汤了。”

“他们取消了我们的奖金。”基拉平静地说。

艾伦一脸歉意：“公司说这是由于殖民项目失败了。”

“我也很难受，”詹安说，“我还有孩子要养，你们知道吧？那些钱本来能派上大用场。”

“我也是——”

“一样的。两个前夫和一只猫可不是——”

“如果你只是——”

“我不知道接下来该怎么办了——”

基拉听着这些话，脸都涨红了。这不是她的错，但也算是。因为她，整个团队都失去了奖金。当时她认为发现外星人遗址对公司有利，对团队有利，最后的结果却是害了他们。她看向食堂墙上印的商标：正山（Lapsang），那熟悉的带棱角的字体，第二个a上还印有一片叶子。公司总是投放广告，搞宣传活动，向顾客、殖民地和雇用公民吹捧自己对联盟的忠诚。“共创未来。”这是基拉从小听到大的口号。她嗤之以鼻。可不是吗？等真出事的时候，他们就像其他星际公司一样以利益为重。

“该死的，”基拉说，“我们干完了那些活儿，履行了合同，他们不应该处罚我们。”

菲泽尔翻了个白眼。“要是星际飞船能喷出彩虹，那该多好啊。我的天哪。哦，你感到愧疚。很抱歉，谁在意呢？这又不会让我们的奖金回来。”他怒视着她，“如果你一下穿梭机就摔倒了，摔断了脖子，那样才好。”

众人震惊，沉默了一会儿。基拉感觉到身边的艾伦浑身紧绷。“你把这话收回去。”他说。

菲泽尔将黄油刀扔进洗手池里。“我再也不想待在这里了。浪费时间。”说完，他朝地板上啐了一口。

伊万诺娃闪躲了一下：“该死的，菲泽尔！”

菲泽尔幸灾乐祸地笑笑，然后优哉游哉地走了。每一次任务中都会有这样的人，基拉早就知道。一个尖酸刻薄的混蛋，给每个人找不痛快，并以此为乐。

等菲泽尔离开之后，其他人又开始讲话。

“别理他。”玛丽·埃莉斯说。

“这种事有可能会发生在我们任何人身上——”

“他就是这样一个人——”

“你真该听听我醒过来的时候他都说了些什么。他——”

他们的谈话因门多萨出现在门口而停下。他给了所有人一个打量的眼神：“这里出什么问题了吗？”

“没有，长官。”

“我们很好，老大。”

他嘀咕了一声，然后朝基拉走去，低声说：“我为刚才发生的一切感到抱歉，纳瓦雷兹。在过去的几周里，大家的神经都绷紧了。”

基拉勉强地笑了一下：“没事，真的。”

门多萨又嘀咕了一声，在远处靠墙的位置坐下，房间里的气氛很快就变得正常。

虽然基拉这么说，但她不安的弦还是没有松开。菲泽尔的那番话戳中了她的要害。而且她还为自己和艾伦不确定的未来而烦恼。她曾在脑海里列出的未来几年要做的一切都因为这个该死的外星遗址被推翻了。如果那架无人机没有坠毁就好了。如果门多萨让她去检查时她没有同意就好了。如果……

雄吾碰了碰她的手臂，把她吓了一跳。

“给你。”他说，给了她一碗炖菜、一盘蒸熟的蔬菜、一片面包和半块巧克力。这肯定是他们仅剩的巧克力。

“谢谢你。”她喃喃道。他冲她微笑。

4

基拉不饿，只是觉得很虚弱，站不稳。这些食物也不太好吃。她太沮丧了，而且她的肚子一直在咕咕叫，因为焦虑和里面残存的冷冻液。

塞波就坐在旁边的桌子上，他说：“我们一直在想，这个遗址是不是修建大灯塔的外星人留下的。你怎么看，基拉？”

她注意到其他人也都在看着自己，吞咽了一下，放下手中的叉子，用最专业的口吻说道：“看起来……看起来不可能存在两个进化得如此接近的智慧物种。如果让我打赌，我会说是，但现在什么都还不确定。”

“嘿，我们在这里呢，”伊万诺娃说，“我们是人类哟。我们也来到了相同的星域。”

角落里，内加尔又咳嗽起来，声音沉闷、厚重，让基拉听了很不舒服。

詹安说：“是的，但我们不知道灯塔外星人的领土有多大。据我们所知，他们的领土可能有半个银河系那么大。”

“如果真的是同一个智慧物种，我们应该会发现更多证据。”艾伦说。

“啊，我们不是刚找到了吗？”詹安说。

基拉对此无法轻易给出结论：“当我处在冷冻状态时，关于那个地方，你们有没有更多的了解？”

“唔……”内加尔说，她用一只袖子挡着艰难地咳嗽着，“抱歉，喉咙一整天都很干……是的。我把你从洞里拉上来之后，做了一些地下成像。”

“还有呢？”

“那里还有另外一间石室，就在你发现的那间底下。不过它很小，只有一米宽。那里可能装有电源，但是如果不打开就没办法确定。热量探测器没有检测出任何热信号。”

“整个建筑有多大？”

“第一层就是你看到的大小，再加上往下12米的石室。除了这两个房间，那里看起来只有坚实的地基和墙壁了。”

基拉点点头，若有所思。不管是什么人建造了这座建筑，他们都是想长期使用的。

接着玛丽·埃莉斯用她长笛般高亢的声音说："你发现的建筑看起来和大灯塔不是同一种。换句话说，它太小了。"

大灯塔是在人类已知太空的边缘被发现的，距离太阳系366光年，距离维兰德约43光年。基拉不需要在眼屏上查询都知道，青少年时期的她花费了很多时间阅读关于那次探险之旅的资料。

大灯塔本身就是一个令人惊叹的建筑。简单地说，它就是一个洞，一个非常大的洞：直径有50千米，深30千米，被作为天线的网状液态镓包围。它每隔5.2秒就会发出强烈的电磁脉冲，同时伴有结构噪声，其中含有以三进制码不断迭代的曼德博集合①。

随大灯塔一同被发现的还有一种生物，它们被称作"海龟"，不过基拉觉得它们更像流动的巨石。尽管研究了23年，人们还是不清楚它们到底是动物还是机器（没人愚蠢到去解剖它们）。异种学家和工程师们一致认为，"海龟"不可能是大灯塔的建造者，除非它们遗失了所有的科技。但到底谁才是建造者依然成谜。

至于建造这个东西的最终目的，没人知道。唯一能确定的是，大灯塔已经有约1.6万年的历史，这也仅仅是基于放射性测定年代法得出的。

基拉担心她可能永远也没有办法弄清楚，大灯塔和她掉进去的那个房

---

① 曼德博集合：一种在复平面上组成分形的点的集合，以数学家本华·曼德博的名字命名，使用相同的复二次多项式来进行迭代。——编者注

间是不是由同一种生物建造的。即便她再活上几百年也不行。无穷的时间会慢慢揭秘，也可能永远没有答案。

她叹了口气，拿起叉子挠了一下脖子一侧，享受着金属尖端在干燥皮肤上的触感。

“谁在乎大灯塔啊，”塞波说着，从桌子上跳下来，“真正让我烦恼的是我们不能因为这个大发现而赚钱。不能谈论，不能发表，不能在脱口秀上露脸——”

“不能出售娱乐版权。”伊万诺娃戏谑地说。

大家都笑起来，詹安大声说：“说得好像有人想看你那张丑脸似的。”

伊万诺娃生气地将手套扔向他，他急忙躲开，然后一边笑着，一边将手套还给她。

基拉耸着肩，她的内疚感增加了：“抱歉给大家带来麻烦。只要能弥补我的过错，我什么都愿意去做。”

“是的，你这次真的捅了个大娄子。”伊万诺娃说。

“你当时必须要去里面探索吗？”詹安问，但语气不像认真的。

“别担心，”内加尔说，“本……本来……”

一阵咳嗽声打断了她，玛丽·埃莉斯帮她说完了那句话：“本来有可能会是我们中的任何一个人去。”

内加尔点头表示同意。

坐在墙边的门多萨说：“我只庆幸你没受重伤，基拉。你和内加尔都还好。我们很幸运，所有人都是。”

“我们还是损失了整个殖民地，”基拉说，“还有我们的奖金。”

门多萨的黑眼珠里闪过一丝光：“我倒是觉得你的发现比这些奖金更有价值，只是要花上几年，或许是几十年才能兑现。但是只要我们够聪明，损失总有一天会弥补的，就像死亡和税收一样必然。”

第四章

* * * * * * *

极度痛苦

1

很晚了，基拉发现自己越来越难以集中注意力。大部分的话语都变成了一串无意义的声音从她耳边溜过。最后，她强打精神看了一眼艾伦。他点点头，明白了她的意思，两人从椅子上站起来。

“晚安。”内加尔说。在过去的一两个小时里，她只能艰难地蹦出这一个字。她要是想再多说点，咳嗽就会打断她。基拉希望她没有生病，否则小队里的所有人都有可能染上同样的毛病。

“晚安，亲爱的。”玛丽·埃莉斯说，“明天会更好的。等着瞧吧。”

“你们要在9点前起床，”门多萨说，“联军司令部终于确定我们都没问题，所以我们会在11点起飞前往‘费旦扎号’。”

基拉抬起一只手，蹒跚着和艾伦一起离开了。

两人心照不宣地朝他的房间走去。进屋后，基拉脱下了自己的病号服丢在地上，然后爬上床，甚至没有费心去梳一梳头发。

虽然经过了四个星期的冷冻休眠，她还是精疲力竭。冷冻状态中的睡眠和真正的睡眠完全是两码事。没有什么比得上真正的睡眠。

艾伦躺在她旁边，床垫凹陷下去。他伸出一只手臂搂着她，牵着她的手。他的胸膛和双腿紧挨着她：一种温暖、舒适的存在。她轻哼了一声，往后倚靠在他的怀里。

“我差点以为我要失去你了。”他低声地说。

她转过脸来面对着他：“永远不会。”他亲吻了她，她回吻。过了一会儿，温柔的爱抚变得更加热切，他们热情地抱在一起。

两人温存一番，基拉从来没有感觉到和艾伦如此亲密，即便是他求婚那晚。她能在他身体的每一寸肌肤上感觉到他害怕失去她，能在他的每一次触碰和每一句呢喃中感受到他的爱意。

然后，他们跌跌撞撞地前往房间狭窄的淋浴间。两人没有开灯，就这样相互帮对方洗澡，低声说着话。

基拉一边让热水冲刷自己的后背，一边说："内加尔听起来不太好。"

艾伦耸耸肩："只是有点休眠后遗症[①]。联军司令部都说她没事了，菲泽尔也是这么说的。这里的空气很干燥——"

"是的。"

他们用毛巾擦干身体，在艾伦的帮助下，基拉全身涂满了乳液。乳液涂遍全身后，皮肤上的刺痛得到缓解，她松了一口气。

回到床上，关上灯后，基拉尽最大努力想睡着。但是她忍不住去想那个有电路板图案的房间、她的发现给团队（还有她自己）造成的损失，还有菲泽尔冲她说的那些话。

艾伦发现了。"别想了。"他喃喃道。

"呃，就是……菲泽尔说的——"

"别让他影响你。他只是生气和懊恼。其他人都不这样。"

"是的。"但基拉并不确定。她心里升起一种委屈的感觉，菲泽尔怎么敢这么说她！她只是做了她应该做的，换成其他人也会这么做。如果她不管那堆石头，他可能会是第一个站出来指责她的人。而且艾伦和她因为这个发现也失去了和其他人一样多的东西……

艾伦用鼻子蹭了蹭她的脖子："一切都会变好的，等着吧。"然后他就睡着了。基拉凝视着黑暗，听着他的呼吸变慢。

她还是感觉不对劲。胃更疼了，她用力闭上眼，试图不去想菲泽尔说的话，或者未来会发生什么。然而她还是忘不了食堂里的那些话，心中的愤怒就像燃烧的煤炭，让她时睡时醒。

2

黑暗。一个广阔的空间，荒凉而陌生。星星是冰冷的光点，在天鹅绒般的背景中像针一样刺眼。

在她前面，一颗星星变大了，她以比最快的飞船还快的速度冲过去。

---

① 休眠后遗症：见附录三"CRYO SICKNESS"（第 801 页）。

这颗星星呈暗淡的橙红色，就像火堆中即将燃烧殆尽的炭。它给她一种苍老和疲惫的感觉，好像它是在宇宙初始阶段形成的，当时万物明亮而灼热。

七颗行星围绕着这个昏暗的天体旋转：一颗气态巨行星和六颗类地行星。它们是褐色的，通体斑驳，有些病态，在第二颗和第三颗行星之间有一条碎石带，像晶砂一般闪着亮光。

一种悲伤的感觉袭上基拉的心头。她说不出为什么，但是这景象让她想哭，就像当年她祖父去世的时候。那是她人生中最糟糕的事情：彻头彻尾、完完全全地失去一个亲人，没有任何挽回的机会。

那是一种古老的悲伤，不过所有的悲伤最终都会变为隐痛，被更紧迫的情绪取代：愤怒、恐惧和绝望。恐惧占了主导地位，她由此得知危险正在逼近，隐秘而迅速。她发现自己无法动弹，因为一种陌生的黏土束缚了她的身体。

她感觉到威胁近在咫尺，随即恐慌发作。没时间等待，也没时间思考了。她只能努力逃开！

那颗星星越来越亮，直到发出一千颗恒星般的光芒，光如同利刃从日冕射出，照进黑暗。其中一道光刃照向她，她的视野全部变白，感觉像是被一柄长矛刺进了双眼，每一寸皮肤都被烧焦了。

她在虚空中尖叫，但那痛楚并没有停止，她再次尖叫起来——

基拉猛地坐起来。她气喘吁吁，汗流浃背，身上的毯子像塑料薄膜一样裹着她。基地的不同地方传来人们的尖叫声，她能从那些声音里听出他们的恐慌。

她身边的艾伦突然睁开眼睛："什——"

门外的走廊上传来脚步声，有人在捶门，詹安大喊："快出来！是内加尔！"

基拉体内升起一股冰冷的恐惧。

她和艾伦一起匆忙穿上衣服。她花了一秒钟思考那个奇怪的梦——梦里的一切都很奇怪。接着两人急匆匆从住处出来，朝内加尔的住处冲去。

等他们到达时，基拉听到了咳嗽声：低沉、湿润的撕裂声，让她想起了生肉在绞肉机里的声音。她颤抖了一下。

内加尔站在走廊中间，四周围了一堆人。她弯着腰，手放在膝盖上，咳得很厉害，基拉能听到她的声带都损伤了。菲泽尔站在她身边，手放在她的背上。“保持呼吸。”他说，“我们要把你送到医务室去。詹安！艾伦！架着她的手臂，帮忙送过去。现在得赶快，快——”

内加尔呕吐起来，基拉听见从她狭窄的胸腔里传出响亮而清晰的啪嗒声。

内加尔喷出一大口黑色的血，在甲板上留下一大摊扇形血迹。玛丽·埃莉斯尖叫起来，有几个人在干呕。基拉在梦中感觉到的恐惧又来了，且变本加厉。这很不妙，很危险。

“我们必须离开。”基拉说着，抓紧了艾伦的袖口，但他根本就没在听。

“回去！”菲泽尔大喊道，“所有人都回去！谁给‘情有可原号’打个电话。现在就打！”

“让出通道！”门多萨大吼道。

内加尔的嘴里喷出更多血，她单膝跪地，眼白变得出奇地大。她的脸涨成暗红色，喉部的起伏看起来像是她要窒息了。

“艾伦。”基拉说。但太迟了，他已动身去帮助菲泽尔。

她往后退了一步，接着又退了一步。没有人注意到她。他们都看着内加尔，想找到好的办法，同时又避免被喷到血。

基拉想尖声大叫着让他们离开，跑起来，赶紧逃。

她摇摇头，双手握成拳堵住嘴，害怕自己也会喷出血来。她头疼欲裂，皮肤也因为恐惧而起了鸡皮疙瘩：就好像有一千只蚂蚁爬过身上的每一寸。她的整个身体都因厌恶而发痒。

詹安和艾伦想扶起内加尔。她摇摇头，开始干呕。一次，两次，然后往甲板上吐出一团东西。它太黑了，不像血；能流动，所以不是金属。

基拉用手指抠着手臂，使劲抓着，随时都有可能爆发厌恶的尖叫。

内加尔向后倒去，接着那团呕吐物动了。它像是被电流击中的肌肉一样抽搐。

人们尖叫着跳开。艾伦向后退到基拉身旁，眼睛却一直没有离开那团不成形的呕吐物。

基拉干呕了一下，又朝后面退了一步。她的手臂像火烧一般疼：一条条火一般的线在皮肤上蠕动。

她低头看去，手臂上有深深的指甲印，深红色的印子周围是皱巴巴的皮肤。指甲印里，她看到有什么东西在抽动。

3

基拉倒在地上，尖叫起来。疼痛吞噬了一切。疼痛达到了她的感知极限，而这是她目前唯一感觉到的事情。

她拱起背，身体猛烈摆动，用手抓挠着地板，不顾一切地想要逃离来袭的剧痛。她再次尖叫，拼命尖叫，都破音了，喉咙像沾着一股滚烫的血。

她无法呼吸。疼痛过于强烈，皮肤像是在燃烧，感觉血管里装满了酸液，而肌肉正从四肢剥离。

人们围到她身边，黑影挡住了她头顶的光。艾伦的脸出现在她旁边。她的身体再次猛烈摆动，她趴在地上，脸颊紧贴着坚硬的地板。

她的身体放松片刻，接着她倒吸了一口气，然后身体僵硬，发出无声的哀号。她的嘴巴张开的幅度过大，导致脸上的肌肉都痉挛了，眼角也流出泪水。

他们将她翻过来，摁住她的手脚，但这没有让疼痛消失。

“基拉！”

她尽力睁开眼，透过一片模糊的视野，她看到了艾伦，还有他身后的菲泽尔。菲泽尔正拿着一支皮下注射器朝她靠过来。更后面则是詹安、雄吾和塞波，他们正将她的腿按在地上，伊万诺娃、玛丽・埃莉斯正把内加尔拖离甲板上那团呕吐物。

“基拉！看着我！看着我！”

基拉试图回答，但只是艰难地吐出了一些呜咽声。

菲泽尔将皮下注射器扎在了她的肩上。不管他注射的是什么药物，看起来都没有什么作用。她的脚后跟敲打在地板上，她还感到自己的头一下又一下地撞在地板上。

“天哪，有没有人帮帮她！”艾伦大喊道。

“小心！”塞波叫道，“地板上那团东西在动！该死——”

“医务室，”菲泽尔说，“将她送到医务室。快！抬起来，抬——”

他们把她抬起来，她感觉所有的墙都在旋转。她快要窒息了。她试着吸气，但面部肌肉依然痉挛。当艾伦和其他人抬着她沿着走廊往前走时，她的视野边缘聚集起红色的火花。她感觉自己在飘浮，所有事都变得虚无缥缈，除了痛苦和恐惧。

他们将她放到菲泽尔的检查台上，她被震了一下。她的腹部放松了一秒钟，刚好够她换一口气，接着肌肉又开始痉挛。

“关上门，别让那东西进来！”砰的一声，医务室的压力门锁上了。

“发生什么事了？”艾伦问，“是——”

“走开！”菲泽尔大声说。接着，他又在基拉的脖子上扎了一针。

似乎是作为回应，疼痛增加了三倍，基拉几乎不敢相信。她发出一声低低的呻吟，全身痉挛，无法控制自己的身体。她能感觉到气泡在嘴巴里聚集，阻塞了喉咙。她一阵作呕，浑身抽搐。

“该死。给我另一支注射器。在另一个抽屉里。不，是另一个抽屉！”

“医生——”

“别打扰我！”

“医生，她无法呼吸了！”

一阵器械的咔嗒声传来，然后几根手指强行将基拉的下巴掰开，有人往她的嘴里塞了一根管子，直通到她的喉咙。她又开始作呕。过了一会儿，甜美、珍贵的空气涌进了肺里，清空了视野里的黑暗之幕。

艾伦在她身边徘徊，脸上写满了担心。

基拉想说话，但是只能发出含糊不清的呻吟声。

“你会好起来的，”艾伦说，“坚持住。菲泽尔会帮你的。”他看起来快要哭了。

基拉从来没有如此害怕过。她身体里有什么东西不对劲，而且情况越来越糟了。

快跑，她想，快跑！赶紧离开这里，赶在——

黑色的线条划过她的皮肤，如有生命的黑色闪电一般扭动着、盘桓着。接着它们停在一处不动，而每一条线所处的地方，她的皮肤被剥离并撕开，就像昆虫蜕皮。

基拉的恐惧淹没了她，让她有一种大难临头的感觉。如果她可以尖叫出声，声音肯定能刺破天际。

纤维状的卷须从血淋淋的裂缝中窜出。它们像无头蛇一样乱窜，然后变成边缘锋利的尖刺，往不同的方向胡乱刺去。

那些尖刺穿过墙面，穿透天花板，发出金属尖锐的声音。灯带闪烁着，然后碎裂。阿德剌地表上的风呼啸着穿过整个房间，警报声响彻空中。

尖刺将基拉像提木偶一样拽来拽去，她掉到地上，看到一根尖刺穿过了雄吾的胸膛，接着有三根分别穿过了菲泽尔的脖子、手臂和腹股沟。尖刺往回收的同时，这两个人的血液也四处飞溅。

不！

医务室的门被打开了，伊万诺娃冲了进来。她惊魂未定，一对尖刺便穿进了她的肚子，她随之倒下。塞波试图逃跑，一根尖刺从后面穿过了他，将他钉在墙上，就像一只蝴蝶标本。

不！

基拉昏了过去。等她醒来，艾伦正跪在她旁边，前额紧挨着她的前额，双手紧紧地按在她的肩膀上。他的眼睛空洞无神，嘴角还淌着血。

基拉花了一点时间才反应过来，有十几根甚至更多的尖刺从她的身体里扎进他的身体，以这种骇人的方式将他俩合二为一。

她的心脏一阵狂跳，地板似乎变成了一个无底深渊。艾伦，她的队友，死了，因为她。这让她无法接受。

痛苦。她快痛死了，但她不在乎。她只想让这一切折磨快点结束——想要迅速地迎接遗忘的到来，享受遗忘带来的释怀。

最后，黑暗遮蔽了她的视野，警报声停止了。不管之前发生了什么，现在都结束了。

第五章

* * * * * * *

疯狂

1

基拉倏地睁开眼睛。

意识不是慢慢恢复的，没有渐变的过程。这次不是。前一刻还没任何意识，下一刻各种感官信息就蜂拥而至，明亮，尖锐，铺天盖地。

她正躺在一个高高的圆形房间底部——一个带天花板的管道，天花板有5米高，她够不到。这让她想起13岁那年邻居罗尚家的谷仓。管壁的中间位置有一面双向镜：一个宽大的银色长方形，里面映出一个鬼魅般的灰色人影。天花板边缘细细的灯带是现在唯一的光源。

两条机械臂在她上方优雅地挥动着，每条机械臂的末端连着一堆诊断仪器。当她看向它们时，它们停了下来，朝天花板缩去，进入待机状态。

管道内部一侧有一扇气闸门，上面有一个窗口，用来传递小物件。气闸门对面是一道压力门，通往……不知道通往哪里。压力门上也有一个窗口，大小相似，作用也差不多。那是光荣狱卒的工作窗口。这里没有床，没有毯子，没有洗手池，也没有卫生间，只有冰冷、光秃秃的金属。

她肯定是在一艘飞船上。不是“费旦扎号”，而是“情有可原号”。

也就是说……

上涌的肾上腺素让基拉喘着气坐直了身子。疼痛、尖刺、内加尔、菲泽尔、雄吾、伊万诺娃……艾伦！回忆汹涌而来，但基拉希望自己不要恢复任何记忆。她心如刀绞，发出一声悲鸣，接着用手、膝盖、额头支撑着倒在地上。甲板硌着她的皮肤，但她毫不在乎。

当她可以呼吸时，她开始痛哭，饱含了悲伤和痛苦。一切都是她的错。如果她没有发现那个该死的房间，艾伦和其他人就不会死，她也不会被某个异种感染。

那些尖刺。

那些撕裂并刺穿她皮肤的尖刺和卷须去哪儿了？基拉低头一看，心脏停跳了一拍。

她的双手是黑色的，照理说不应该这样。她的手臂、胸膛以及身体上其他能看到的部分也都是黑色的。她身上粘着一层光滑的纤维材料，比任何防护服都更紧。

恐惧爬满了基拉的心头。她抓住自己的前臂，拼命想把这外星有机体扯下来。即便指甲上有了新的坚硬贴片，她也没有掐断或者弄坏那层纤维。绝望中，基拉将手腕伸到嘴巴里撕咬起来。

她尝到了石头和金属的味道。她能感觉到牙齿的压力，但是不管用多大的力气咬，一点儿都不疼。

基拉挣扎着爬起来，心脏跳动得又快又乱，视野边缘逐渐变暗。“走开！”她大叫道，“鬼东西滚开！”恐慌中，她还在想同伴们都在哪里，而这是她在疯狂中的一个清晰的想法。

一条机械臂朝她伸下来，末端的操作钳上有一个注射器。基拉还没来得及闪躲，机械臂就在她耳后没被黑色物质覆盖的皮肤上扎了一针。

几秒后，一块厚厚的毯子看起来要落到她身上。她踉跄着往一旁倒去，于是，她伸出一只手——

2

基拉再次醒过来的那一刻，恐慌也再次袭来。

异种与她合为一体了。她被感染了，可能有传染性。这是每个异种学家都害怕的情况：没有做好生物防护而导致人员死亡。

艾伦……

基拉颤抖着，将脸埋进臂弯。她脖子以下的皮肤被上百万个令她恐惧的小东西刺痛着。她想再次看看自己的身体，却没有勇气。至少现在没有。

基拉泪流满面。失去艾伦之后，她感觉自己的心出现了一个大洞。他的死几乎不像是真的。他们还有很多计划，还有很多希望和梦想，如今这些都不会实现了。她再也不会看到他建起计划中的那座房子，再也不会和他在阿德剌南部的高山上滑雪，再也不会看着他当上父亲，再也不会做其他任何一件她曾想象过的事情了。

这种痛苦远比身体上的痛苦更甚。

她摸了摸无名指。那枚镶嵌着特斯瑞特矿石的铁戒指不见了。如此一来，他留下来的唯一有形的纪念品也消失了。

她想起很多年前的一个场景。温室里，父亲跪伏在她面前，一边为她包扎手臂上的伤口，一边说："痛苦都是我们自己造成的，基拉。"他用一根手指按在她的额头上。"我们让它痛到什么程度，它就只会痛到什么程度。"

也许吧，但基拉仍感觉十分糟糕。痛苦就是痛苦，它会一直宣示自己的存在。

她昏迷多久了？几分钟，还是几小时？……不，肯定不是几小时。她躺在自己倒下的位置，既不饿也不渴，只觉得痛苦将自己折磨得筋疲力尽。她浑身都痛，仿佛全身都布满瘀伤。

基拉闭上眼睛，注意到眼屏没有显示任何信息。"彼得拉，开启。"她说，但她的系统没有回应，甚至连闪光都没有。"彼得拉，强制重启。"眼前还是一成不变的黑暗。

当然了，联军司令部会关闭她的植入物。

她将脸埋进胳膊里，大声咆哮。联军的技术部门怎么会忽视了她和内加尔体内的有机体呢？异种很大，即便只做基础的检查项目，也能发现它。如果联军司令部认真做好自己的工作，就没有人会死。

"该死的。"她喃喃道。她的愤怒战胜了悲伤和恐慌，足以令她睁开双眼。

她再次看到了光秃秃的金属、灯带、双向镜。他们为什么要把她带到"情有可原号"上来？为什么要冒额外的风险？她想不通。

对于不可避免的事，她已逃避得够久了。基拉下定决心，低头看去。

她的身体还是被那层墨黑的涂层覆盖着。除此之外，什么都没有。这种材料类似于重叠的肌肉，当她移动时，能看到不同的纤维束在伸展和收缩。她更为惊恐的是纤维上似乎还出现了一丝闪光。这东西有知觉吗？现在还没办法知道。

基拉试探性地戳了戳手臂上的一个点。

她咬牙倒吸了一口凉气。她能感觉到自己的手指戳了手臂，仿佛那层纤维不存在。寄生物（她不知道是机械还是有机体）已经进入她的神经系统，成为它的一部分。她能感觉到循环空气在周围流动，也能感觉到身下的每一寸甲板对肉体的压力。她和一丝不挂差不多。

然而……她不冷，没有她想象的那么冷。

她仔细察看脚掌，和她的手掌一样覆盖着黑色。她又将注意力转移到上半身，发现前面的脖子上方是没有纤维的。纤维和皮肤之间的界线延伸到她耳后。而后面，纤维往上覆盖住整个后脑勺，还有——她的头发不见了。她只能摸到光滑的头颅轮廓。

基拉咬紧牙关。异种还偷了她的什么东西？

当她专注于身上各部分的感受时，她发现异种不仅与她的皮肤紧紧贴合，还进入了她的身体，充满各处，渗透到底，以一种不为人知的方式。

基拉感到一阵恶心。幽闭恐惧症发作，让她窒息。她被困住了，被嵌进外星物质里，无处可逃。

她弯下腰干呕起来。什么都没有呕出来，但舌头上粘着一层胆汁，同时胃里一阵翻腾。

她一阵战栗。她的身体内外都是这种物质，联军司令部要怎么给她消毒呢？她会被隔离好几个月，或许好几年。她不得不与它共存了。

她朝角落啐了一口唾沫，想也没想就拿前臂擦了擦嘴巴。一星唾沫渗进了那层纤维，就像水渗进布料。

好恶心！

一声微弱的嘶嘶声打破了寂静，好像是扬声器被打开了。一束新的光源打在了基拉的脸上。

3

一个全息影像占据了半个墙面，有几米高。影像里是一张没有放置东西的小桌子，呈战舰[①]的灰色。桌子在一个房间中央，这个房间同样很小，同样没有陈设品。桌子后面有一把椅子，椅背是直的，没有扶手。

一个女人走了进来。她中等身材，有一双黑冰一样的眼睛，白色的头发被梳成一个像是被钢铁铸成的发型。一个改革哈特派[②]信徒，或者其他

---

① 战舰：见附录三“BATTLESHIP”（第 800 页）。

② 改革哈特派：见附录三“REFORM HUTTERITES”（第 811 页）。

类似的人。维兰德的哈特派信徒不多：在定居点每月一次的聚会上，她看到过几个哈特派家庭。他们中的老人总是格外显眼，皮肤上布满皱纹，发际线后退，还有其他明显的衰老痕迹。她很小的时候看到他们还会感到害怕，但在青少年时期却对他们着了迷。

她没有过多注意她的脸庞，而是更关注她的衣服。那个女人穿着一件灰色的制服，和桌子一样的灰色，已经上浆熨烫过了，让每条褶看起来都能划破硬化钢。基拉不知道这种颜色的制服代表什么。蓝色是海军或者太空公司，绿色是军队，灰色是……

那个女人坐下来，在桌子上放了一个平板，用指尖将其推到桌子中央。“纳瓦雷兹女士，你知道这是哪里吗？”她的嘴唇又薄又平，活像一条孔雀鱼，当她开口说话时，下面那一排牙齿清晰可见。

“‘情有可原号’。”基拉的嗓子不舒服，感觉刺痛和肿胀。

“很好，纳瓦雷兹女士，根据《星际安全法案》①第52条，现要求你提供正式的证词。你要回答我的所有问题，要乐意配合，并最大限度地告知我们你所知的事实。这里不是法庭，但是如果你拒不配合，你会被指控妨碍公务。假如你的证词之后被证明是假的，那就是做伪证。现在告诉我你从冷冻休眠中醒来后记得的一切。”

基拉眨眨眼，感觉有些迷茫和困惑。她努力吐出每一个字：“我的小队……队员们怎么样了？”

“孔雀鱼”的嘴唇抿成了一条浅色的线：“如果你问谁活下来了，那么我告诉你有四个，门多萨、内加尔、玛丽·埃莉斯和詹安。”

至少玛丽·埃莉斯还活着。她的眼泪又要流下来了，但还是忍住了，她不想在其他女人面前流泪：“内加尔？她怎么……”

“视频显示，在那场……袭击之后，她吐出来的有机体和你身上的有机体融合了。据我们所知，两者难以区分。我们现在推测，内加尔吐出来的有机体被你身上的有机体吸引，因为你的更大、更完善——较小的蜂群加入较大的蜂群，如果你愿意这么想的话。除了内出血，内加尔看起来没有大碍，也没有感染症状，不过现在还没办法确定这一点。”

---

①《星际安全法案》：见附录三“STELLAR SECURITY ACT”（第814页）。

基拉内心的愤怒在膨胀，她将手握成拳头："为什么你们没有检测出异种？如果你们能——"

那个女人做出了一个打断的手势："我们没时间说这个，纳瓦雷兹女士。我明白你受了打击，但是——"

"你根本不可能明白。"

"孔雀鱼"用近乎轻蔑的眼神看着基拉："你不是第一个被异种感染的人，也绝不是第一个因此失去朋友的人。"

愧疚感让基拉低下头，她紧紧地闭上眼。热泪落到她拳头的背面。"他是我的未婚夫。"她喃喃地说。

"你说什么？"

"艾伦，他是我的未婚夫。"基拉说，声音提高了一点，挑衅地盯着那个女人。

"孔雀鱼"的眼睛都没眨一下："你是说艾伦·J. 巴恩斯？"

"是的。"

"我明白了。对此，我代表联军司令部向你表示慰问。现在，我需要你振作一点。你唯一能做的事就是接受神的旨意，向前看。你是要沉沦于此还是奋勇向前，纳瓦雷兹？"

"没有那么容易。"

"我没说这很容易。勇敢一点，要表现得像个专业人士。我知道你可以的，我看了你的资料。"

这话让基拉的自尊很受伤，但她绝对不会承认这一点。"是吗？那你到底是谁？"

"你说什么？"

"你的名字？你从来没有告诉我。"

那个女人的脸绷紧了，好像不想让基拉知道任何她的个人信息："茨切特少校。现在，告诉我——"

"你是什么？"

茨切特扬起一边的眉毛："人类，据我所知。"

"不，我是说……"基拉指着女人身上的灰色制服。

"亨里克森船长的特别专员，如果你一定要知道的话。这是在——"

基拉恼了，提高声调：“问你是军队哪个部门的是一个很过分的要求吗，少校？还是说这是机密？”

茨切特一脸平静，那训练有素的面无表情让基拉猜不出她的想法。“联军司令部情报部，舰队情报中心[①]。”

也就是一个间谍，或者更糟糕，一个政客。

基拉嗤之以鼻：“他们在哪里？”

“谁？纳瓦雷兹女士？”

“我的朋友们。那些……你们救下来的人。”

“在‘费旦扎号’的冷冻舱里，正在从这个恒星系撤离。就是这样。你满意了吗？”

基拉发出一阵狂笑。“满意？满意？！我想让这该死的东西离开。”她拉了拉手上的黑色覆盖物，“如有必要就把我的手砍掉，只要能让它离开。”

“好的，你把自己的要求说得很清楚，”茨切特说，“如果我们能移除异种，我们会的。但是首先你得告诉我发生了什么，纳瓦雷兹女士，而且是马上告诉我。”

基拉又咒骂了一句。她想咆哮，想怒吼，想痛打茨切特，让她体会哪怕一丁点儿自己的痛苦。但是，她知道这没有用，所以还是照做了茨切特的话，她告诉了少校她记得的所有事。说完这些事用不了很久，而在这场坦白之中她没有感到丝毫宽慰。

少校问了很多问题，大部分都集中在寄生物被吐出来之前的几个小时：有没有注意到什么不正常的事情？胃有没有不舒服，体温有没有升高或者思想是否遭到入侵？有没有闻到任何不寻常的味道？皮肤有没有发痒？有没有发疹？有没有莫名的饥渴或者渴求？

除了有些发痒，其他大部分问题的回答都是“没有”。这让少校有些失望，特别是基拉解释说，据她所知，内加尔没有出现相同的症状。

后来，基拉说：“你们为什么没有把我也冷冻起来？我为什么会在‘情有可原号’上？”她完全搞不懂他们的用意。在异种学领域，隔离第一个接触者是最重要的任务。一想到违反了这条规定，干这一行的任何人都会

① 舰队情报中心：见附录三“FLEET INTELLIGENCE”（第 804 页）。

出一身冷汗。

茨切特抚平了制服上一条看不见的褶皱。“我们试过冷冻你，纳瓦雷兹，”她看向基拉的眼睛，“我们试过，但失败了。”

基拉的嘴巴发干：“失败了？”

茨切特轻轻点了点头：“我们注射到你体内的冷冻液都被有机体净化了。我们没能让你进入冷冻状态。”

一种新的恐惧袭上基拉的心头。将异种冷冻是阻止它的最简单的方法。为阻止它的传播，除了冷冻，他们没有更快捷的办法了。而且，不进入冷冻状态的话，返回联盟的旅途对她来说就会难熬得多。

茨切特继续说：“当我们把你和内加尔从隔离区救出来后，我们的医疗团队就对你们俩进行了近距离观察。他们触摸过你们的皮肤，呼吸过相同的空气，用了相同的设备，然后——”茨切特往前倾，十分严肃，“他们回到了这里，‘情有可原号’上。现在你明白了吗，纳瓦雷兹？”

基拉的大脑转得飞快：“你认为你们被感染了？”

茨切特点点头：“自从内加尔被解除冷冻状态后，异种花了两天半的时间才出现。而你体内的那个花的时间就更短了。冷冻也许会减缓有机体的生长速度，也有可能不会。不管怎样，我们要做最坏的打算。减去你苏醒之后的这几分钟，我们还有12到48小时来搞明白怎么检测并治疗无症状的宿主。”

“这点时间不够。”

茨切特微微皱眉：“我们必须试试。亨里克森船长已经下令让手头没有要紧任务的船员都进入冷冻状态。如果我们到了明天的最后时刻还没想出一个解决方案，他就会让剩下的所有人都冷冻。”

基拉舔了舔嘴唇。难怪他们愿意将她带到“情有可原号”上，他们已经绝望了。“你们打算怎么处理我？”

茨切特将两手搭成尖塔形状：“我们的飞船主脑[①]毕晓普会继续为你做检查，只要他认为合适。”

基拉能明白其中的逻辑。飞船主脑一般会孤立于维生系统。无论如何，

---

① 飞船主脑：见附录三“SHIP MIND”（第813页）。

毕晓普是绝对安全、不会被感染的。

那么只剩下一个问题了。她体内的异种可不仅仅会带来微观层面的威胁。她抬起下巴："要是……要是它像在阿德剌上那样展开攻击呢？它能在飞船外壳上撕出一个洞。你们应该在地表上修建一个压力舱，在那里研究它。"

"纳瓦雷兹女士……"茨切特稍稍靠近她面前的平板，"不管是从战术上、政治上还是科学上来说，现在占据你身体的异种是联盟最感兴趣的东西。我们绝对不会将它留在阿德剌，即便这艘飞船和船员们要承担一定的风险。"

"那是——"

"还有，现在你所处的房间与飞船的其他部分完全隔离。假如异种企图像在你们的基地那样破坏'情有可原号'，或者显现出一点儿敌意，整个隔离舱就会被扔到太空中去。你能明白吧？"

基拉不由得咬紧了牙关。"是的。"她不能怪他们采取这些预防措施。他们是对的，但这并不意味着她必须喜欢他们。

"我就彻底把话说明白吧，纳瓦雷兹女士。联盟不会让我们中的任何一个人回家，包括你的朋友们，直到我们想出一个可靠的检测方法。我再重复一遍，这艘船上的任何一个人都禁止进入有人类定居的星球周围十光年以内的区域，除非我们能找到方法。否则，在我们被允许降落之前，联盟就会在半空中将我们轰成渣的，而且理当如此。"

基拉感觉自己十分对不起玛丽·埃莉斯和其他人，但是至少他们不会感觉到时间的流逝。她挺起胸膛："好的。所以你们需要我怎么做？"

茨切特笑着说："需要你真心配合我们，可以吗？"

"可以。"

"好极了。那么——"

"还有一件事：我想为朋友和家人录一段视频，以防我撑不到最后。我还要给艾伦的弟弟山姆录一段。我不会透露任何机密，但我应该跟他说一声。"

少校停顿了片刻，转动着眼珠，读着面前的什么东西。"这件事我们会安排。还要过一段时间我们才能被允许与外界通信，此时飞船处于静默期，直到接到司令部的命令。”

“我明白。哦，还有——”

“纳瓦雷兹女士，我们的时间非常紧迫。”

基拉举起一只手。“你能将我的植入物弄回来吗？如果没有眼屏，我在这里会疯掉的。”她差点笑出来，“反正我也快疯了。”

“不能。”茨切特说。

基拉立刻反击：“是不能还是不想？”

“不能。异种破坏了你的植入物。我很抱歉，我们修不了。”

基拉呻吟一声，感觉好像又失去了一个朋友。她所有的记忆……她将自己的系统设置为自动备份，每天结束后就会将数据上传到基地的服务器。如果服务器完好，那她的个人资料就还在。然而，从现在开始，发生在她身上的一切过往就都只能保存在她那脆弱的、易犯错误的脑组织中了。如果有得选，她宁愿失去一条手臂，也不愿失去植入物。如果她的眼屏还在，她就能在一个世界中拥有另一个世界。那一整个世界是可以深入探索的，其中既有真实的回忆，也有虚构的想象。如今眼屏没了，她只剩下自己的思想，稀薄，虚无，还有远处那无尽的黑暗。另外，她的感官弱化了，看不到紫外线或红外线，感受不到周围的磁场，不能和机器交流，最糟糕的是，她无法查资料了。

她被削弱了。那个东西使她退化到了动物的阶层，只是一具血肉之躯——原始的、没被增强过的血肉之躯。能达成如此效果，它肯定成功进入了她的大脑，切断了连接植入物和神经元的那条纳米线。

它还切断了什么？

一时间，基拉站着没说话，呼吸沉重。她身上的防护服像钢板一样坚硬。茨切特觉得还是别打扰她为妙。最后，基拉开口说道：“那给我一个平板，或者全息影像眼镜之类的，什么都行。”

茨切特摇摇头：“我们不允许异种进入我们的计算机系统。现在还不行，太危险了。”

基拉用力呼了口气，但她知道现在不该争吵。少校是对的。“该死的。”她说，“好吧，我们开始。”

茨切特拿起她的平板，站起来：“最后一个问题，纳瓦雷兹，你觉得你现在还是自己吗？”

这个问题听起来有些刺耳。基拉知道少校是什么意思。现在控制着基拉大脑的还是基拉自己吗？不管事实如何，如果她还想自由行走，现在就不能给出别的回答。

“是的。”

“好，这就是我们想听到的。”但茨切特看起来并不满意，“好吧，卡尔医生很快会过来看你。”

茨切特正准备离开时，基拉问了一个问题：“你们之前发现过类似的寄生物吗？”她说话时呼吸不匀，有些紊乱。“像这个异种一样。”

少校回头看了她一眼：“没有，纳瓦雷兹女士，我们没发现过。”

全息影像闪烁了一下，消失了。

4

基拉坐在压力门前，还在思考少校最后提出的那个问题。她要怎么确认自己的想法、行为或者情感还是自己的呢？许多寄生物都会改变宿主的行为。也许异种也改变了她。

如果真是这样，她甚至根本发现不了。

基拉确信有些事外星人操控不了，不管它们有多聪明。想法、记忆、语言、文化——这些都太复杂了，还要结合具体语境，外星人没办法完全理解。即便是人类，从一种文化过渡到另一种也是很难的。然而，强烈的情感、冲动、行为都很容易被篡改。就她目前所知，她的愤怒可能就是来源于这个有机体。最开始感觉不是，后来却感觉不可能不是。

必须保持镇定，基拉想。不管异种要对她做什么，她都没有办法控制，但是她可以注意自己的异常行为。

头顶有一盏聚光灯突然亮了，将她笼罩在刺眼的光芒下。远处的黑暗中有一些动静，是机械臂在向下运动，朝她伸过来。

在圆柱形管道的内壁，透过模糊的双向镜，她看到一个穿着联军司令部制服、矮小驼背的人站在控制台前。他留着棕色的胡须，眼眶深陷，眼神狂热地盯着她。

头顶的扬声器打开了，她听见那个男人用沙哑的声音说：“纳瓦雷兹女士，我是卡尔医生。我们之前见过，不过你应该不会记得。”

“你就是害死我大部分队友的人？”

医生把头歪向一边：“不，你才是害死他们的人，纳瓦雷兹女士。”

一瞬间，基拉的愤怒变成了仇恨：“哦，滚吧。滚！你怎么会检查不出异种？你看看它有多大。”

卡尔耸耸肩，在基拉看不到的屏幕上按了一些按键。“这就是我们现在待在这里的原因。”卡尔俯视着她，他长了一张猫头鹰似的圆脸，“别浪费时间了。喝下去。”其中一条机械臂递给她一袋橙色液体。“再过一段时间，你才能摄入固体食物。这个能让你在那之前维持正常状态。我可不希望看着你晕倒。”

基拉咽下一句脏话，拿起袋子一饮而尽。

接着，气闸室内侧的门打开了，基拉按照医生的指令，将袋子放进去。舱门关闭，气闸室将袋子砰的一声抛入太空。

从那以后，卡尔对她做了一系列严格的检查：超声波、光谱分析、X光、正电子发射计算机断层扫描（在此之前她喝了一杯乳白色液体）、微生物检测、反应物测试……卡尔在她身上全部测试了一遍，有的甚至不止一遍。

那些机器人（他称其为S-PAC[①]）就像他的助手。血液、唾液、皮肤、组织——只要能从她身上取下来，它们就会拿走。尿液无法取样，因为异种紧贴着她，而且不管喝多少水，她都没有尿意，这一点她倒是挺感激的。她可不想当着卡尔的面往桶里撒尿。

除了愤怒和恐惧，基拉还感受到一种几乎无法抵抗的好奇。研究这样的异种是她整个职业生涯中一直盼望的事情。要是这个机会的代价没有如此巨大就好了。

她密切关注医生正在进行的试验，记住它们的顺序，希望从中了解到一些他的发现。让她极为懊恼的是，他拒绝告诉她任何检测结果。每一次她问起，卡尔要么回避，要么断然拒绝，这始终无法让基拉的心情好转。

虽然缺乏交流，但从医生紧皱的眉头和喃喃的咒骂声中，基拉能判断出医生没有取得进展。

---

① S-PAC：见附录三“S-PAC”（第814页）。

基拉也有自己的推测。尽管相比于宏观生物学，微观生物学才是她的专业，但是她对两者的了解都足以得出一些结论。首先，考虑到这个异种的属性，它不能自然进化，所以它要么是一种非常先进的纳米机器，要么是某种基因改造的生物。其次，它至少拥有初步的意识。她能感觉到它对测试的反应：沿着手臂的一侧突然变得僵硬；在她胸前出现肥皂泡似的彩色微光，微弱得几乎看不见；纤维突然轻微弯曲。不过，不管它有没有知觉，她认为卡尔都是不知道的。

“别动，”医生说，“我们现在要试试别的。”

当一个S-PAC从机身里取出一把钝头手术刀，并朝着她的左臂伸过来时，基拉僵在原地。她能感觉到刀锋抵在她身上，就和玻璃一样尖锐。

S-PAC划上她的前臂时，异种表面出现了凹陷，但纤维拒绝分开。机器人加大力度再试了几次，最后放弃了，试着急速短切。

基拉看到纤维在刀刃下融合后变硬，看起来就像手术刀划过一块定型的黑曜石表面。刀刃发出一种细微、刺耳的声音。

“痛吗？”医生问。

基拉摇摇头，视线一直没有离开那把刀。

S-PAC往回缩了几毫米，然后又快又猛地将刀子捅向她的前臂。刀刃当的一声断开，一块金属碎片弹到她脸上。

卡尔皱起眉头。他转头对着基拉看不到的某个人（或者某些人）说话，然后回头看着她：“好的，再来一次，不要动。”

她照做了。S-PAC在她周围戳刺每一寸被异种覆盖的皮肤，快得就像一团模糊的影子。在每个受力点，有机体都会变硬，形成一块坚不可摧的盔甲。卡尔甚至让她抬起脚，让S-PAC戳刺脚掌。这让她不由自主地瑟缩。

所以异种能进行自我防护，真是好极了，她重获自由是难上加难了。从好的一面来说，她不用担心自己被划伤了。不过，在此之前，这也不是什么问题。

这东西在阿德刺现身时，尖刺竖立，卷须扭动……为什么现在它不像那样行动了？如果有什么可以刺激它做出带有攻击性的回应，那应该就是医生刚刚做的这些试验了。难道附着在她皮肤上以后，它就失去了行动能力吗？

基拉不知道，异种也不会告诉她。

当S-PAC完成工作后，医生站了起来。他咬着脸颊内侧，思考着。

“怎么样？”基拉说，“你发现了什么？化学成分？细胞结构？DNA？什么都行。”

卡尔摸了摸胡子：“这是机密。”

“哦，拜托。”

“把你的手放在头上。”

“我还能把机密告诉谁啊？我能帮你。告诉我！”

“把手放在头上。”

基拉咽下一句脏话，然后照做了。

5

下一轮检测强度更大，甚至可以说是折磨。碾压测试、剪切测试、耐力测试；插管，注射；让她暴露在极高和极低的温度之中（结果表明寄生物是一种很好的隔热体）。卡尔似乎到了发狂的临界点，一旦她的行动慢了一点，他就朝着她大吼大叫；基拉看到他冲助手（一个名叫卡明斯基的倒霉少尉）发火，还向他的其他手下扔杯子和纸。很明显，做完这些试验，卡尔没有知道他想知道的事，而对船上的人员来说，时间不多了。

第一个截止时间过去了，没有发生任何意外。12小时内，据基拉判断，异种没有出现在“情有可原号”的任何人身上。她知道，如果真的发生了这种事，卡尔不会通知她，但她能从他的行为举止中看出变化：一种新的专注和决心。医生恢复了精神。现在他们开始拼命赶在第二个截止时间前完成任务。36小时后，如果他们还是失败，飞船上的其他成员就必须冷冻休眠。

飞船夜晚降临，他们还在工作。

身穿制服的船员给医生带来一杯又一杯的饮料，基拉猜测是咖啡。夜越来越深，她看到他吃了几片药，是思提威[①]或者其他类型的抗睡眠药物。

基拉也越来越疲惫。“能分给我一些吗？”她朝医生示意。

---

① 思提威：见附录三“STIMWARE”（第814页）。

卡尔摇摇头："它会扰乱你大脑中的化学成分。"

"睡眠不足也会扰乱。"这句话让他想了一会儿，但他还是摇了摇头，让注意力回到面前那些仪器的面板上。"混蛋。"基拉嘟囔道。

酸和碱都对异种没有影响；电击也不会损伤它的皮肤（它似乎形成了一个天然的法拉第笼[①]）。当卡尔增加电压时，S-PAC的末端出现了电火花，机械臂被弹了回去，好像被人扔开似的。空气中弥漫着臭氧的气味，基拉看到S-PAC的操作钳熔在了一起，发出红光。

医生在观察室里走来走去，揪着胡子，看起来非常用力，感觉很疼。他的脸颊涨红，看起来很生气，也很危险。接着他停了下来。

过了一会儿，有什么东西被放进了囚室外的投递箱里。基拉好奇地打开它，发现是一副墨镜：激光防护镜。不安的感觉在她内心涌动。

"戴上它。"卡尔说，"伸出左手臂。"

基拉动作缓慢地照做了。戴上这副眼镜后，整个囚室呈一片淡黄色。

没受损的S-PAC的操作钳前端的凸起打开，露出一片小小的光滑棱镜。基拉内心的不安更强烈了，但她还是待在原地。如果这样做就有机会摆脱这东西，她会接受的，不管有多痛。否则，她知道自己一辈子都会被隔离。

S-PAC挪到基拉左臂上方。咔的一声，一束蓝紫色的光从棱镜中射出，在她脚边的甲板上打出一个点。灰尘的微粒在这束光中被照亮，闪着光，下面的格栅呈现樱桃红色。

S-PAC侧移，让那束光接触到她的前臂。基拉全身绷紧。

短暂的闪光后，一缕烟袅袅上升，接着……接着出乎她的意料，激光束在她手臂上弯曲，就像水流过石头。一流过手臂，激光再次恢复了几何精度，保持笔直地照向甲板，在格栅上形成一道红线。

机器人继续侧移。某一时刻，激光来到另一边，在她的手臂内侧弯折。基拉没有感到热度，仿佛激光不存在。

这并非不能实现，只是非常困难。许多材料都能弯折光线，被用于多种场景下。她小时候和朋友们玩过的隐形斗篷就是一个很好的例子。然而，

---

① 法拉第笼：防止电磁场进入或逃脱的金属外壳。——编者注

在瞬间探测激光的精确波长，然后制造一种能使它改变方向的涂层，这绝非易事。即便是全联盟最先进的组装机都没办法做到。

基拉再次改变了对异种的看法。

光线消失了。卡尔皱起眉头，抓着胡子。一个年轻人（她觉得应该是个少尉）凑近医生，对他说了些什么。医生转头，似乎是在朝他大吼；少尉往后缩，然后敬了个礼，快速答了一句。

基拉渐渐放松手臂。

“别动。”医生说。

她恢复原本的姿势。

S-PAC停在她手肘下几厘米的地方。砰的一声，几乎和枪声一样响，基拉尖叫起来。她感觉像是被一根烧红的尖刺戳了一下似的。她收回手臂，用另一只手捂住伤口。透过指缝，她看到了一个小指头大小的洞。

她惊呆了。在他们尝试的所有方法中，激光冲击波是第一个真正能让异种受伤的东西。

她的震惊几乎盖过了疼痛。她弯下腰，面孔扭曲，等待疼痛消退。

几秒钟后，她再次看向自己的手臂。异种正慢慢流进洞里，纤维像触手一样相互勾连，缝合了伤口。没过一会儿，手臂看起来就和之前一样了，感觉上也完全恢复正常。看来异种还能动。

基拉断断续续地呼出一口气。她刚才感觉到的是异种的痛，还是她自己的？

“再来一次。”卡尔说。

基拉咬紧牙关，伸出手臂，手握成拳。如果他们能切开异种，也许就能强制它离开她的身体。

“来吧。”她说。

砰。

金属镀层般的异种上出现了一个针头大小的洞，洞里冒出火星，喷出一小股蒸汽。她皱起眉头。异种已经适应了激光的频率。几乎没有停顿——

砰。

更疼了。“该死！”她抓着手臂，按在肚子上，牙齿紧紧咬着嘴唇。

“别乱动，纳瓦雷兹。”

她缓了几口气，回到刚才的位置。接着是快速地连放三枪，她整个手臂像被火烧一样疼。卡尔肯定想到了改变激光的频率来绕过异种的防卫。基拉激动地张开嘴，想和他说些什么——

砰。

基拉不由自主地躲了一下。好吧，卡尔玩上瘾了，是时候停止了。她想抽回手臂，但另一个S-PAC转过来，用操作钳抓住了她的手腕。“嘿！”

砰。

她的前臂上又出现了一个黑色的弹坑。基拉咆哮着想把手从S-PAC那里拉回来，但一点儿都拉不动。

“停下！”她朝医生大喊，“够了！”

他瞥了她一眼，然后继续盯着镜框边缘下方的监视器。

砰。

一个新的弹坑出现在上一个弹坑消失的位置。激光刺入了她手臂的更深处，烧伤了皮肤和肌肉。

“停下！”她大喊，但是卡尔没有理会。

砰。

第三个弹坑又重叠了上去。基拉非常恐慌，用尽全身的力气摆脱S-PAC的钳制。这本起不了什么作用——机器又大又坚固。但S-PAC操作钳后面的连接处断了，喷出一股液压油，操作钳随之脱离。

基拉吃惊地愣了一会儿，接着把手腕上的操作钳扯开。它哐的一声掉到地上。

卡尔冷冰冰地看着她。

“到此为止了。”基拉说。

第六章

* * * * * * *

呼喊和回声

1

卡尔医生冷冷地看着她 ："回到原来的位置，纳瓦雷兹。"

基拉给他比了个中指，坐到镜子下卡尔看不见的墙边。跟之前一样，聚光灯跟着她。

卡尔再次开口说 ："该死的，这不是一个游戏。"

她将中指举过头顶 ："如果我喊停后你不停手，我就不会再配合了。"

"我们没有时间耽搁了，纳瓦雷兹。回到原来的位置。"

"想让我再弄坏一个S-PAC吗？我真的会的。"

"最后警告一次，如果你不——"

"滚开。"

基拉能想象医生被骂后愣了一下，然后火冒三丈。这时，她对面的墙上出现一块长方形的反射光，双向镜则被遮蔽起来。她呼出刚才一直憋着的一口气。去他的星际安全。联军司令部不能想对她做什么就做什么！这是她的身体，不是他们的。然而，正如卡尔表现的那样，她一直任凭他们摆布。

基拉揉了揉前臂，仍然处于震惊中。她讨厌如此无助的感觉。

过了一会儿，她站起来，用脚碰了碰那个损坏的S-PAC。异种肯定强化了她的力量，就像外骨骼[①]或者士兵的战斗装甲。只有这样才能解释她能破坏这个机器。

至于她手臂上的灼伤，只剩下微弱的疼痛感让她想起它们曾经存在过。基拉想到，在那些测试中，异种一直在想尽办法保护她。激光、酸液、火焰等——寄生物将卡尔施加给她的所有折磨都阻挡开了。

---

① 外骨骼：见附录三"EXOSKELETON"（第 803 页）。

基拉第一次感到……不是感激，也许是欣赏。不管异种是什么东西，虽然她痛恨它害死了艾伦和其他队友，但它终归是有用的。从它的各种表现看来，它比联军司令部更关心她。

不久，又出现了全息影像。基拉又看到了那间灰色房间、那张灰色桌子，还有笔直地站在桌子前、穿着灰色制服的茨切特少校。这是一个缺乏色彩的女人，站在一个缺乏色彩的房间里。

少校还没开始讲话，基拉就说："我想要一个律师。"

"联盟还没有以任何罪名起诉你。在他们起诉你之前，你不需要律师。"

"也许吧，但我还是想要一个。"

那个女人看着她，基拉觉得对方的眼神像是在看原本一尘不染的鞋面上出现的尘垢。基拉确信她来自太阳系。"听着，纳瓦雷兹，你这是在浪费时间，而这些时间本该用于拯救许多人的生命。也许除了你，没有其他人被感染。也许还有一个人被感染了。也许所有人都被感染了。关键在于，我们没有办法判断。所以请停止抗拒，接着测试。"

基拉轻蔑地说："就算再给你几个小时，你也不会发现任何有关异种的有用信息，而你心知肚明。"

茨切特用手掌撑在桌子上，手指像鹰爪一样张开："我可不这么认为。现在请你理智一点，配合卡尔医生的工作。"

"不。"

少校的手指在桌子上轻敲。一下，两下，三下，然后停下。"不遵守《星际安全法案》就是犯罪，纳瓦雷兹。"

"是吗？那你们要怎么做？把我关进监狱吗？"

茨切特的眼神简直不能更锋利了："你不想走这条路的。"

"哦？"基拉点点头，"我也是联盟的一员，我通过正山贸易公司获得了企业公民[①]的身份。我享有一定的权利。你们想继续研究异种吗？很好，那么我想获取某种形式的计算机访问权限，我想和公司代理人谈谈。现在就给天鹅座61发一条快信。"

"我们不能这么做，你是知道的。"

---

① 企业公民：见附录三"CORPORATE CITIZENSHIP"（第801页）。

"那就难办了。这是我提出的条件。我让卡尔停手，他就得停手。不然你们就都离我远点儿，我才不管呢。"

一阵沉默。茨切特的嘴角抽搐了一下，然后全息影像消失了。

基拉猛地吐出一口气，转过身来，开始踱步。她做得太过火了吗？她不这么认为。要不要满足她的要求，现在就取决于船长了……亨里克森，他叫这个名字。她希望他比茨切特更公正一些。船长就应该那样。

"我怎么落到了这个地步？"她轻声说道。

回答她的只有飞船发出的嗡嗡声。

2

不到5分钟，双向镜变透明了。让基拉诧异的是，只有卡尔一个人在观察室。他闷闷不乐地看着她。

基拉挑衅地瞪了回去。

医生摁了一个按钮，讨厌的聚光灯又出现了。"好了，纳瓦雷兹。够了。我们——"

基拉转头背对他："滚开。"

"那是不可能的。"

"在我得到我想要的东西之前，我是不会配合的。就是这么简单。"

一个声音吸引她转过头去。医生将双手握成拳头砸在控制台上。"回到原来的位置，纳瓦雷兹，不然的话——"

"不然怎么样？"她嗤之以鼻。

卡尔的眉头皱得更深了，他肥胖的脸上，那双眼睛就像两个发光的点。"好吧。"他厉声说。

通信被切断了，两个S-PAC再次从天花板上的插槽里冒了出来。被她弄坏的那个已经修好了，它的操作钳看起来焕然一新。

当那两条机械臂像蜘蛛腿一样朝她伸过来时，基拉不安地蹲下。她想去拍打近一点的机械臂，但它闪避得如此之快，好似瞬移。在机器人中它的速度无可匹敌。

两条机械臂同时靠近了她。其中一条用冰冷而坚硬的操作钳抓住了她的下巴，另外一条拿着注射器猛扎过来。基拉感到耳后被扎了一下，接着注射器的针头就断了。

S-PAC放开了她，基拉快速爬到囚室中央，喘着气。怎么回事？双向镜里，医生皱着眉，在眼屏上看着什么。

基拉摸了摸耳后。那里几小时前还是裸露的皮肤，现在已经覆盖了薄薄一层异种的材质。她的头皮一阵刺痛，脖子和脸边缘的皮肤感觉像它在爬行。这种感觉越来越强烈，变成一团冰冷的火焰刺痛了她，好像异种在挣扎着移动。但它实际上没有动。

异种再一次保护了她。

基拉抬头看向卡尔。他正倚靠着面前的设备，俯视着她，眉头皱成一团，前额的汗水闪着光。然后，他转身离开了双向镜。

基拉松了一口气，这才发现自己已屏息良久。肾上腺素依旧在她身上流淌。

压力门外传来砰的一声巨响。

3

基拉僵住了。又怎么了？

某处的门闩被打开，气泵呜呜作响。接着门中间一排灯闪烁着黄光，门锁转动，从墙上松脱了。

基拉艰难地咽了一下。卡尔肯定不会派人进到这里来的！

门滑开时，发出了金属摩擦的声音。门后是一间很小的净化室，在经过化学喷雾喷洒之后仍然烟雾弥漫。她能看到烟雾中有两个巨大的阴影，天花板上的警示灯发出蓝色的光，给阴影打上了一层背光。

阴影动了——是装载机器人[①]，从头到脚裹着防爆装甲，乌黑、笨重，还因为常年使用而伤痕累累。它们没有携带武器，但在两个装载机器人中间有一张带轮子的检查台，床垫之下安装了一些存放医疗设备的架子。床的四个角都装有镣铐，还有皮带，用来约束那些不守规矩的病人。比如她。

基拉往后缩。“不！”她看了一眼双向镜，“你不能这样做！”

装载机器人迈着沉重的步伐进入囚室，地板哐哐作响。它们推着检查

---

① 装载机器人：见附录三“LOADER BOT”（第807页）。

台，车轮好似抗议般发出尖叫声。

基拉用余光看到S-PAC正从侧面逼近，操作钳大张着。她的心脏狂跳。

“公民纳瓦雷兹，”右边的装载机器人说，声音从嵌在它躯干里的廉价扬声器里传出来，带着静电干扰声，“转过身去，把手放在墙上。”

“不。”

“如果你拒绝，我们有权采取强制措施。你有5秒时间遵守指令。转过身去，把手放在墙上。”

“滚吧！”

两个机器人将检查台摆在房间中央，开始朝她走去。与此同时，S-PAC也从侧面迫近。

基拉做了她目前唯一能想到的事：像胎儿一样坐着，手臂抱在腿上，脑袋抵在膝盖上。异种能在面对手术刀时变硬，也许能再次变硬，不让那些机器人将自己绑在检查台上。拜托，拜托，拜托……

最开始它好像没有回应基拉的祈求。

接着，当S-PAC末端的钳子碰到她的身侧时，异种硬化并收缩了。好！基拉刚松了一口气，就感觉自己被固定为一个姿势，在肉和肉相互接触的地方，那些纤维开始缠绕，将她焊接成一个坚固的整体。

身侧的S-PAC松脱了，没办法在异种那光滑的、贝壳似的表面找到着力点。她急促地喘气，在双腿间狭小的空间里喷出火热的气息。

然后，装载机器人来到了她身前。巨大的金属手指夹住了她的胳膊，她感到自己被从地板上抬起来，前往检查台。

“放开我！”基拉大叫着，没有改变姿势。脉搏狂乱的节奏扰乱了她的思路，使她的耳朵充满了像咆哮的瀑布一样的声音。

机器人将她放到检查台上，冰冷的塑料接触到她的臀部。

因为她蜷着身子，所以镣铐不能将她的手腕或者脚踝固定住，皮带也不能。这些东西要用在躺着的人身上，而不是坐着的。

“公民纳瓦雷兹，不服从是一种犯罪行为。赶紧配合我们的工作，不然——”

“不！！！”

机器人抓住她的手臂和双腿，试图让她平躺，但异种不肯。两个机器人各有两百多千克的动力金属，却愣是没办法扯开她身上的纤维。

S-PAC也尝试从旁协助，但结果也是徒劳。操作钳在她的脖子和背上抓挠，像用沾油的手指企图抓起涂满油的玻璃。

基拉觉得自己好像被装在一只很小的盒子里，柔软的盒壁挤压着她，让她呼吸困难。然而，她还是保持蜷缩的姿态，拒绝让步。这是她唯一的反击方式，她宁可自己不久后昏过去，也不想让卡尔称心如意。

四个机器人稍微往回撤了一点，接着它们开始在她周围有条不紊地忙碌起来：从床垫下的架子上拿出医疗设备，调整诊断扫描仪以适应她目前的胎儿姿态，将工具摆在她脚边的一只托盘里……基拉意识到卡尔正准备继续他的试验，而自己无力反抗，她很愤怒。她可以弄坏S-PAC，但没办法弄坏装载机器人——它们太大了。如果她想试着破坏，就会被它们锁在检查台上，那她就更容易被它们摆布了。

所以基拉没有动，即使机器出于它们自己的理由时不时地摆弄她。基拉看不见它们在做什么，不过还能听见，也能感觉到。每隔几秒钟，就有某种仪器接触她的背部和身侧，以刮、推、钻等方式攻击异种的皮肤。有液体泼到她的背部和颈部，让她十分恼火。有一次她听到了盖革计数器[①]的嘀嗒声。另一次，她感觉到一个切割圆盘碰到了她的手臂，飞舞的火花照亮了面前的黑暗，皮肤变热。与此同时，扫描臂一直围着她转——嗖嗖、哔哔、嗡嗡，完美配合装载机器人和S-PAC的行动。

激光冲击波击在她的大腿上，基拉大叫一声。不……更多的冲击波袭来，打在她身上不同的地方，每一次击打都带来火烧般的疼痛。肉体及异种被灼烧的味道弥漫在空气中，刺鼻且令人不适。

她咬着舌头，不让自己再次叫出声，但铺天盖地的疼痛令她难以忍受。激光持续的滋滋声伴随着脉搏的节拍。很快，光是听到这些声音就令她畏缩。有时候异种会保护她，她会听见桌角、地板或者墙壁蒸发的声音。但是，S-PAC还是继续转换激光的波长，不让异种适应。

它简直就像一台从地狱来的文身机器。

机器人继续发射冲击波来进行切割，发出单调的、不规律的滋滋声，

---

① 盖革计数器：一种用于探测和测量电离辐射的电子仪器。——译者注

震动着她的牙齿，她的脉搏跳得更快了。闪烁的光线沿着她的身侧往下，试图将异种切下来，强迫它离开。基拉尖叫出声。她的血液飞溅，又嘶嘶地蒸发了。

基拉拒绝改变姿势。她一直尖叫，直到喉咙嘶哑，被血液润湿。她没办法控制自己，疼痛实在太剧烈了。

当激光沿着另一条路径射来时，她已经顾不上体面了。她再也不在乎自己是否显得脆弱，逃避痛苦成了她生存的唯一目标。她求卡尔停手，一直求、一直求、一直求，但都没有用。他甚至都没有回应过她。

在极大的痛苦之中，基拉的脑海里闪过很多记忆的碎片：艾伦；她爸爸在照料午夜星座；她妹妹伊莎在储物室的货架之间追着她；艾伦在笑；戒指被戴上手指的触感；她第一次做外派工作时的孤独；和一片星云迎面撞去的彗星。还有其他许多她识别不出来的回忆。

基拉不知道究竟过去了多久。她退回到自己的内心深处，认准一个想法：这也会过去。

……

机器停了下来。

基拉僵在原地啜泣着，几乎失去了知觉。她觉得自己随时都会被激光再次打中。

"待在原地，公民。"一个装载机器人说，"任何企图逃跑的行为都会遭到致命的打击。"S-PAC呜呜地缩回天花板，一串沉重的脚步声表明那两个装载机器人离开了检查台。但它们没有按原路返回。

相反，基拉听到它们朝气闸室走去，门哐当一声打开了。一阵冰冷的恐惧灌满了基拉的内心。它们要做什么？它们当然不可能是给囚室通风吧？它们不会。它们不能……

装载机器人进了气闸室，门在它们身后关上，这让基拉松了一口气，不过她的疑惑没有因此减少半分。

接着……一切回归寂静。气闸室的另一道门没有动，对讲机也没有打开。周围只有她的呼吸声、排气扇让气流循环的声音，以及远处飞船引擎的轰隆声。

4

基拉的啜泣慢慢停止了。当异种帮她包扎并治愈伤口时，疼痛逐渐减弱成隐痛。不过，她还是保持着蜷缩的姿势，怀疑卡尔正在蓄势待发。

很长一段时间她都等待着，想在“情有可原号”上的各种声音中找到自己会被再次攻击的迹象，但什么也没有发生。

过了一会儿，她开始放松下来。异种也和她一样放松下来，使她身体的各个部分相互分开。

基拉抬起头，环顾四周。除了那张检查台和一些新的焦痕，囚室看起来和之前一模一样……就像卡尔在过去的几小时里（或者更久）并没有折磨她。通过气闸室的窗口，她能看到装载机器人并排站立，被锁在曲面墙的挂载点上。它们站立着，等待着，注视着。

基拉现在明白了，联军司令部没想让机器人返回飞船的主体区域，担心它们会污染那里，但又不想让它们待在她够得到的地方。

基拉抖了一下，将双腿滑到检查台的一边，落到地板上。她的膝盖是僵硬的，她感觉不舒服，站不稳，好似刚刚结束了一场短跑。

伤口的痕迹荡然无存，异种表面看起来还是和之前一样。基拉用一只手按压了一下身侧，那是激光切割得最深的地方，突然的疼痛让她吸了一口气。原来她并没有痊愈。

她用满是仇恨的眼光看向那面镜子。

亨里克森船长到底允许卡尔做到什么程度？他们的下限是什么？如果他们真的很害怕异种，是不是任何措施都不为过？基拉知道政治家会怎么粉饰太平：“为了保护星际联盟，必须采取一些特别的措施。”

“必须采取”，承认错误时，他们总是用迫不得已的语气。

她不知道时间过去了多久，但是她知道肯定离最后期限很近了。这就是卡尔医生放弃折磨她的原因吗？因为在“情有可原号”的成员中出现了更多的异种？

基拉注视着关闭的压力门。如果真是这样，整艘飞船上肯定一片混乱。但是，她没有听到任何动静：没有尖叫，没有警报，没有压力失调。

她搓了搓手臂，感觉有点冷，让她想起赛里斯的那次压力失衡，那是她第三次离开维兰德执行任务。矿区前哨站的压力舱出了故障，差点杀死包括她在内的所有人……气体逃逸时的呼啸声至今仍是她的梦魇。

基拉全身都在变冷，好像血压在下降，心头涌上了一种可怕、不祥的感觉。她客观地意识到，这场折磨让她有些休克。她的牙齿直打战，她抱紧了自己。

也许检查台上有东西能帮到她。

基拉走过去查看——扫描仪、氧气面罩、组织再生器、微流控芯片等。没有什么东西有明显的危险性，也没有什么东西有助于缓解休克。床铺的一端摆着一堆装有各种药物的小药瓶，瓶子都被分子锁密封了，不可能轻易将其打开。床垫下面挂着一罐液态氮，因为冷凝作用，罐子上挂满了水珠。

基拉突然感到一阵头晕眼花，差点倒下，她用一只手扶在墙上。她上一次吃东西是多久之前的事了？很久了。联军司令部肯定不会让她饿死的。到了某个时刻，卡尔就会给她东西吃。

他必须这么做，不是吗？

5

基拉盼着卡尔再次出现，但是他没有，也没有任何人过来和她谈话。在她看来，这很好。这个时候，她只希望自己一个人待着。

不过，没有眼屏，一个人待着也是一种折磨。她只剩下思想和记忆，而这两者对现在的她来说可不那么令人愉快。

她试着闭上眼睛，但没有用。她脑海里不断浮现那两个装载机器人。如果不是它们，那就是在阿德剌上最后的恐怖时刻。那幅画面每次浮现，她就心脏狂跳、汗流浃背。

“该死的，”她喃喃道，“毕晓普，你在吗？”

飞船主脑没有回答。她不确定他有没有听到，也不确定他听到后是否被允许回答。

基拉非常想分散注意力，但是又没有其他事情可以做，于是决定拿自己做个实验。当面对威胁/压力/刺激时，异种能硬化。好吧。它是如何判断一个东西构成了威胁呢？是受到了她的影响吗？

基拉将头埋在双臂之间，埋在其他人看不到的地方，在双肘内侧集中思绪。然后，她想象一把刀的刀尖扎进自己的手臂，戳破了皮肤，钻进了肌肉和肌腱。

什么都没有发生。

她又尝试了两次，尽量想象得十分逼真。她调用了疼痛的记忆，就在第三次尝试的过程中，她感觉到肘部的异种硬化了，像伤疤一样的褶皱拉紧了她的皮肤。

在这之后，事情就变得容易了。每一次尝试都会让异种更加敏感，仿佛它正在学习、转化、理解。这可真是一种可怕的预想。

正这么想着，这东西在她全身紧缩起来。

基拉倒抽了一口气，大吃一惊。

她坐在那里，看着在掌心缠结的纤维，内心深处升起一股不安。她很担心，而异种回应了她的担心。在她没有试图将自己的情绪强加给这个生物时，它就已经读懂了。

这种不安感变成了她血液里的毒药。在阿德剌的最后一天，她十分沮丧，郁郁不乐；那天晚上，当内加尔开始吐血时，她十分害怕，难以想象的害怕……不！基拉不敢再想了。艾伦死了，这都是联军司令部的错。卡尔医生失败了，因为他的失败，异种按照它自己的方式出现了。他才是那个应该被责备的人，不是……不是……

基拉跳起来，开始踱步：朝这边走四步，又朝那边走四步。

行走帮助她将思绪从阿德剌的可怕往事转移开来，去想一些更熟悉、更让她安心的事情。她记起和父亲在家附近的小溪边坐着，听他讲自己在斯图尔特世界的生活；她记起内加尔在一次赛车比赛中赢了雄吾而欢呼雀跃；她记起在阿德剌那充满硫黄的天空下与玛丽·埃莉斯一起工作的漫长白天。

然后，她记起和艾伦躺在一起，不停地讲话，谈论生活、宇宙和他们想做的一切。

“总有一天，”他说，“等我老了，有钱了，我就会拥有一艘自己的飞船。你等着瞧吧。”

“你想要一艘自己的飞船做什么？”

他看着她，认真得不能再认真了：“我会来一次遥远的星际跳跃，要多远有多远，飞往银河系的边界之外。”

“为什么？”她小声问。

“去看看外面有什么。飞向深空，将我的名字刻在一颗空荡荡的行星上。去认知，去理解。我到阿德剌也是出于相同的理由，不是吗？”

艾伦的这个想法让基拉既害怕又兴奋，她更紧地依偎着他，两人温暖的体温驱散了她脑海中的宇宙虚空。

6

砰！

甲板在摇晃，基拉倏地睁开眼睛，肾上腺素激增。她正靠在曲面墙上。囚室里弥漫着飞船夜晚那暗红色的光。她无法判断现在是什么时候。

飞船再次晃动。她听到了尖叫声和砰砰声，还有听起来像是警报的声音。基拉浑身起了鸡皮疙瘩，异种也绷紧了。他们最害怕的事情还是发生了：出现了更多的异种。船上有多少人员被感染了？

她勉强坐起来，从她的皮肤——异种的皮肤上落下一些粉尘。

基拉吓了一跳，僵在原地。粉末是灰色的，很细，光滑如丝绸。孢子？她希望现在有一个防毒面具，不过那也没什么用。

接着她注意到自己坐在一个浅浅的凹陷里，形状和她躺着的姿势一样。不知怎的，她在甲板上下沉了几毫米，好像她身上那层黑色物质具有腐蚀性。这景象让她一头雾水，也让她更为厌恶。现在这东西又让她变成了一个有毒的物体。碰到她的人会有危险吗？如果——

囚室开始倾斜，她从一头被甩到另一头，和灰尘一起撞在墙上，灰尘如云雾般消散了。撞击使她喘不过气来。检查台在她旁边四分五裂。

这是推进器在紧急加速。但是为什么？推力变得越来越大……越来越大……感觉达到了2倍重力加速度（g），接着是3倍、4倍。她的脸颊紧贴着头骨，伸展着，仿佛身上盖了一张铅毯。

一阵奇怪的震动隔着墙传了过来，好似有人敲响了一面巨大的鼓，接着推力消失了。

基拉掉下来，四肢着地，大口喘息。

附近有什么东西击打着飞船的外壳，她听到了咔嗒咔嗒的声音，像是……枪声？

接着，基拉感觉到有个信号在召唤她，将她拖往飞船外的某个地方，就像她胸口有一根线被牵引着。

一开始，基拉不敢相信。她已经很久没有受到召唤了，很久不曾感受到让她履行神圣义务的召唤。接着，她为姗姗来迟的召唤欢欣鼓舞。现在能执行图案[①]的指令了，就像以前一样。

画面一转，她以熟悉的肉体站在一处现已消失的悬崖上，就在这一瞬间，她第一次感受到一种可以抗拒但无法忽视的冲动[②]。她转过身，顺应那股冲动，看到渐次变化的天空中有一颗红色星球在闪烁着、摇曳着。她知道那就是信号的来源。

她服从了信号的召唤，这才是唯一正确的事，因为她的使命就是服从，而她也愿意服从。

基拉回过神来，喘着气。她知道了。对人类来说，这不是一次感染事件，而是一次入侵。

异种的主人来找她了。

① 图案：见附录三“PATTERN”（第810页）。

② 冲动：见附录三“COMPULSION”（第801页）。

第七章

* * * * * * *

倒计时

1

基拉的肚子里像打了结。和另一个智慧物种的第一次接触（这曾是她的梦想）似乎朝着最糟糕的方向发展，且充满了暴力。

“不，不，不。”她喃喃道。

外星人为她而来，为异种而来。她能感受到召唤越来越强烈。他们找到她只是时间问题。她得赶紧逃，离开“情有可原号”。最理想的是乘坐飞船上的穿梭机，但是就算只有逃生舱她也很满足了。至少在阿德剌上，她还有一线希望。

头顶的灯带开始闪烁蓝光，闪得基拉双眼生疼。她朝压力门跑去，伸出手捶门。“放我出去！开门！”她朝双向镜大吼，“毕晓普！你必须放我出去！”

飞船主脑没有回复她。

“毕晓普！”她再次捶门。

门上的灯变成了绿色，锁旋转了一下，打开了。她猛地把门拉开，冲进净化室，但另一端的门还是锁着的。

她猛点旁边的控制屏。它发出哔哔声，锁转了几厘米，发出刺耳的摩擦声后停止了转动。

门被卡住了。

“该死的！”她用手猛拍墙壁。大部分门上都有手动的开门装置，但是这一扇没有。看来他们早就下定了决心，不让犯人从里面逃出来。

她回头看向那间囚室，脑海里闪过一百个点子。

那罐液氮。

基拉朝着检查台跑去，蹲下来，扫视架子上的设备。在哪儿呢？去哪儿了？当她发现那个罐子的时候，差点哭了。它看起来完好无损，让她松了口气。

她抓起那罐液氮，急忙冲回净化室的外门。接着她深吸一口气，然后屏住呼吸，这样她才不会因为吸入太多氮气而晕倒。

基拉把罐子的喷嘴对准门上的锁，打开了阀门。氮气喷射出来，白色的气体遮住了门。有一瞬间，她感到手上一阵寒冷，很快异种做出了调整，她的双手变得和之前一样温暖了。

她倒数10秒，接着关上了阀门。

合金制的锁变白了，结了一层霜。基拉用罐子的底部敲打锁，它就像玻璃一样碎裂开来。

基拉将罐子丢到一旁，猛拉那道门，不顾一切地想冲到外面。门开了，一阵震耳欲聋的喇叭声袭面而来。

外面是一条毫无陈设的金属走廊，闪烁着灯光。两具尸体躺在走廊的另一头，四肢扭曲、发软，恐怖异常。看到这些，基拉的脉搏狂跳，异种表面也出现了一条紧绷的线，就像一根快被拉断的金属丝。

这真是噩梦般的景象：人类和外星人相互杀戮。灾难一触即发。

穿梭机在“情有可原号”的哪里呢？她试着回想曾在基地看到的飞船影像。对接区在飞船中部的某个地方，所以那里就是她的目标。

没时间了。基拉深吸一口气，平复心情，然后轻手轻脚地快步向前，随时准备应对最细微的动静。

她只见过几次尸体：一次是她小时候，在维兰德，一台载货机上的超级电容器爆炸，杀死了两个刚好走在高石市主街上的人。一次是在赛里斯上发生的意外事故。当然，现在还有艾伦和她的队员们。前两次的影像深深印在她的脑海里，她甚至考虑过移除这两段记忆，但是她没有。她也不会移除最近的记忆，因为它们太过重要，已成为她的一部分。

她一边靠近尸体，一边看着。她必须看清楚。一个男人，一个女人。女人被一种能量武器射击而死。男人被撕裂，右臂与身体分离。弹坑布满他们周围的墙面。

一把手枪从女人的臀部底下露出来。

基拉忍住想吐的冲动，停下来去抽出手枪。计数器上显示为“7”，还剩7发。不多，但总比没有强。问题是这枪她用不了。

“毕晓普！”她举着枪低声说，“你能不能——”

手枪上的保险打开了。

很好。联军司令部仍然希望她活着。没有了眼屏，基拉不知道自己能不能用枪打中任何东西，但是她也不是完全不会，只要别打到窗户。那样她会死得很难看。

她还是用很低的音量说：“哪条路通往穿梭机？”飞船主脑肯定知道外星人在哪儿，也知道怎样才能更好地躲开他们。

一排绿色的箭头出现在墙顶，指向飞船的更深处。她跟着箭头通过迷宫般的房间，来到一个梯子前，这里通往“情有可原号”的中心。

当她爬过居住区一层又一层的甲板时，视重[①]随之减小。透过敞开的门廊，她能听见尖叫声和大喊声，有两次看到了拐角反射出机枪开火时的闪光。有一次，她听见了像是手榴弹爆炸的声音，还听见身后传来一连串压力门关上的声音。不过，她一直没看见船员们究竟在和什么东西搏斗。

爬到一半时，飞船突然大幅度倾斜，基拉不得不用双手抓住梯子，以免被甩出去。一种奇怪、旋转的感觉让她的胃部一阵翻涌，胆汁充满了嘴巴。“情有可原号”正在头尾对调，这对一艘又长又窄的飞船来说可不是什么好事。设计飞船的构架时，人们可没想过让它承受旋转力。

警报声变得更加尖锐。接着，从墙上的扬声器中传来一个低沉的男声：“倒计时7分钟后将执行自毁程序。这不是演习。再重复一遍，这不是演习。倒计时6分30秒后将执行自毁程序。”

基拉内心如坠冰窖：“毕晓普！不！”

同一个声音说：“我很抱歉，纳瓦雷兹女士。我没有其他选择。我建议你——”

不管他又说了什么，基拉都没听见，她根本没在听。她快被恐慌击垮了，但还是努力镇定自己。现在没时间情绪化。她突然目标明确，集中注意力，思维变得冷酷、机械、果断。她要在7分钟内赶到穿梭机那里。她能做到，必须能。

---

① 视重：物体与支持物相对静止并不受地球、支持物以外其他作用时，物体对支持物的作用力。——编者注

她继续往前爬，比之前移动得更快。如果她死在“情有可原号”上，那可就太倒霉了。

到达梯子顶部，一圈绿色箭头围绕着一扇紧闭的舱门。基拉将舱门拉开，来到一个球形的中转区，这里连接着不同的居住区。

她望向船尾，突然感到一阵眩晕，因为面前是一个又长又窄的竖井，从她所在的位置直坠而下。这个竖井看起来很恐怖，里面是黑色的金属和刺眼的光。在船首，所有甲板上的舱门都被打开了，犯下如此罪行的人通常会被送上军事法庭。

如果飞船发动引擎，所有被困在竖井里的人都会很快死去。

往船尾方向几百米处，她瞥见一群穿着动力装甲[①]的士兵正在和某种东西缠斗：一团莫可名状的物体，像打了结的影子。

一个箭头指向黑暗。

基拉颤抖着，朝战斗正在进行的远处冲去。为了不让自己反胃，她将竖井看成水平的通道，而不是垂直的。她沿着嵌在地板（墙面）上的梯子爬行，不让自己偏离路线。

“倒计时6分钟后将执行自毁程序。这不是演习。再重复一遍，这不是演习。”

到对接区要经过几层甲板？三层，还是四层？她只能估计。

飞船再次发出嘎吱声，她前面的压力门猛然关上，将前路堵住了。头顶的绿色箭头改变了方向，指着右边。这些箭头开始以一种能诱发癫痫的速度疯狂闪烁。

该死。基拉借着一个设备架荡过去，匆忙朝毕晓普提示的迂回路线爬去。快没时间了。穿梭机最好已经完成了离船的准备程序，不然她是逃不掉了……

前方传来人声，是卡尔医生在说话：“快！赶紧的，你这个傻瓜！没有——”一阵轰隆声打断了他，舱壁在震动。医生的声音变尖了，听不清在说什么。

---

① 动力装甲：一种科幻性质的单兵战斗装甲，类似于动力外骨骼。其概念最早出现在美国作家罗伯特·海因莱因的科幻小说《星船伞兵》中。——编者注

当基拉从窄小的舱口爬出时，她的心脏仿佛被揪住了。

她面前是一间储藏室：一排排架子上是放防护服的柜子，后面有一根贴着红色标签的氧气管。卡尔悬浮在天花板附近，头发炸开，一只手上绑着一根带子，带子上系着几个金属盒子，不断撞击着他的身体。一名死去的士兵被横着嵌进一个架子里，背上有一排烧伤的痕迹。

房间的另一头，飞船的外壳上被切开一个巨大的圆洞。深蓝色的光线从洞中照射进来，似乎是从一艘和“情有可原号”并排的小型登陆舰上发出来的。一只长着许多手臂的怪物在洞外移动。

2

当外星人挤入储藏室时，基拉吓得呆在原地。

它的体型是人类的两倍大，身体呈红色和橙色，半透明，像稀释的墨汁。它有类似躯干的部位：一米宽的尖卵形角质外壳上散布着几十个结块、疙瘩、触角，还有一些看起来像眼睛的小黑点。

六条以上的触手（她不确定到底有几条，因为它们一直在扭动）从尖卵形躯干的顶部和底部伸出来。触手上布满了环状纹路，尖端似乎长着纤毛和一组锋利的、爪子似的螯。其中两条触手上有白色荚状物，荚状物上有球根状的透镜。基拉对武器不甚了解，但是对于激光武器，她一看便知。

触手之间散布着四个较小的肢体，有坚硬的骨骼，上面居然还长着类似手的附属物。那些手臂紧紧贴在生物的外壳上，没有随之摆动。

基拉虽然感到震惊，但仍在努力辨认外星人的特征，就像她被指派研究其他任何生物时一样。碳基生物？应该是的。呈辐射状对称，没有可识别的头或脚……也没有脸。真奇怪。她还突然注意到一件事：这个外星人和异种没有任何相似之处。不管这个生物有没有知觉，是人造的还是天然的，它都迥异于与她的身体结合的异种。

外星人以一种令人不安的流动姿态走进了房间，仿佛它就出生在零重力环境中。它旋转着，扭动着，似乎并不想朝躯干所指的方向前进。

看到这一幕，基拉感觉异种有了反应：一种越来越强烈的愤怒，还有一种古老的、被冒犯的感觉。

掠夺者，错误肉体的多形态[①]！痛苦的闪光，明亮如爆炸的超新星。痛苦与再生无休止地循环，持续不断的刺耳声音：爆炸声、撕裂声，还有破碎声的回响。不该如此配对。掠夺者不理解图案的指令。它不能看，不能听，它寻求的是征服，而不是合作。

大错特错！！！

对异种来说，这可不是它期待的东西！恐惧和憎恨在基拉体内咆哮，她不知道哪些情绪是自己的，哪些情绪是异种的。她内心突然一阵紧张，异种的皮肤也起了波澜，准备变成尖刺射出，就像在阿德剌上一样，尖刺朝任意方向戳刺。但这一次，她没有感觉到疼痛。

"开枪打它！"卡尔喊道，"开枪啊，你这个傻子！开枪！"

掠夺者晃动了一下，看起来正将注意力在他们之间来回切换。一个奇怪的低语声萦绕在基拉耳边，宛如一片翻腾的云雾，她从中感觉到了情感的洪流：先是惊讶，接着依次迅速出现了赞赏、警惕和满足。低语声变得越来越大，她的脑袋里仿佛打开了一个开关，于是她听懂了那个外星人在说什么：警惕心灵之结[②]。目标已定位。将兵团[③]派到这个位置。消耗量不足。抑制和恢复应该是可行的，接着我们会——

"倒计时5分钟后将执行自毁程序。这不是演习。再重复一遍，这不是演习。"

卡尔咒骂一声，一脚踢在死去的士兵身上，猛拽他的爆能枪[④]，试图把它从尸体底下抽出来。

外星人那凝胶状的肌肉收缩后放松，一根带激光武器的触手随之转变了方向。基拉听到砰的一声，一束脉冲激光打在士兵的爆能枪上，枪侧面爆出一段白热的尖刺状金属后，接着便飞到房间的另一边去了。

外星人转向她，武器微微一动，又是砰的一声，一阵剧痛袭上她的

---

① 多形态：见附录三"MANYFORM"（第 807 页）。

② 心灵之结：见附录三"KNOT OF MINDS"（第 806 页）。

③ 兵团：见附录三"ARMS"（第 799 页）。

④ 爆能枪：见附录三"BLASTER"（第 800 页）。

胸膛。

基拉痛苦地号叫，一时间，她感觉自己的心跳都快停止了。异种的尖刺正要朝外冲，但没有冲出去。

夸温：愚蠢的二形态！你亵渎了绝迹者[1]。水中的脏物，这——

她慌忙摸向通往舱门的梯子，想离开这里，逃出生天，虽然她没有地方可去，也没有地方可躲。

砰。子弹带着高温刺伤了她的腿，伤口很深，让她十分痛苦。

接着是第三声“砰”。她左边的墙上出现一个焦黑的弹坑。异种已经适应了激光的频率，像护盾一样保护着她。也许——

基拉似乎陷入了一阵恍惚，转过身，不知怎的在身前举起手枪。她艰难地瞄准外星人，枪管在手上晃晃悠悠。

“开枪啊，见鬼！”医生唾沫横飞地大喊。

“倒计时4分30秒后将执行自毁程序。这不是演习。再重复一遍，这不是演习。”

恐惧蒙蔽了基拉的一部分视野，将她眼中的世界缩小成一个狭小的圆锥体。“不！”她大叫道。恐慌令她抗拒目前发生的一切。

枪响了，仿佛它是自动射击的。

外星人迅速滑过储藏室的天花板，躲开了子弹。它的速度惊人，每一条触手似乎都拥有独立的思维。

基拉大叫着，不停扣动扳机，后坐力重重地撞在手掌上，但枪声却很微弱、很遥远。

掠夺者也用激光武器向空气中发射了两次，火花飞舞。它从放防护服的锁柜上面一路爬过来，然后停下来，黏附在红色氧气管旁边的墙上——

“等一下！停下来！停下来！”卡尔大叫，但是基拉听不见，也不在意，她没办法停下。先是艾伦，然后是异种，现在是这个。她已经不能忍受了，现在只希望掠夺者滚开，不管要冒多大的风险。

她又开了两枪。

她的视线中，枪口的方向出现了一抹红色，然后——

---

① 绝迹者：见附录三“VANISHED”（第816页）。

……

雷鸣声传来，一把看不见的锤子将基拉撞到了对面的墙上。爆炸粉碎了异种的一根尖刺。她能感觉到它的一块碎片旋转着飞过整个房间，仿佛她同时出现在了两个地方。

等视野变得清晰后，基拉看到储藏室里一片狼藉。掠夺者遭受严重损毁，堆成一团，但其中几条触手还在虚弱地扭动，身上各处伤口都流出了橙色的脓液。卡尔被炸到了架子上，胳膊和腿上露出了骨头的碎片。异种那落单的碎片就在她面前的舱壁上：被撕裂的纤维覆盖在皱起的面板上。

更重要的是，船体上有一个锯齿状的洞，其中一颗子弹击中了氧气管，引发了爆炸。透过那个洞，她能看到黑色的太空，幽暗而恐怖。

一阵旋风朝基拉袭来，以不可阻挡的力量将她往前拉。吸力将卡尔、掠夺者、异种的碎片，以及一股船体碎片组成的细流都吸出了飞船。

储物箱砸中了基拉。她发出一声呼喊，风夺走了她嘴里的空气。她拼命想抓住一个着力点，任何一个着力点都行。但是她动作太慢了，墙面都离她太远。在赛里斯沙滩上的记忆在她脑海里一闪而过，如水晶般清晰。

船体上的裂缝变大了。“情有可原号”正在自行解体，裂开的两半朝着不同的方向飘走了。然后，往外散逸的气体裹挟着她，翻滚过血迹斑斑的架子，经过裂缝，冲向虚空。

一切归于寂静。

第八章

* * * * * * *

飞船外

1

星星和飞船像万花筒一样在她身边旋转，令她眼花缭乱。

基拉张开嘴巴，让肺里的空气出来。如果你被抛入太空，你也应该这么做，否则你的软组织就有损坏的风险，还有可能得肺栓塞。

不妙的是，她现在只有大概15秒钟的时间，之后就会失去意识，死于窒息或者动脉堵塞。没有多少选择的余地。

出于本能，她想吸气，手臂胡乱挥舞，想抓住什么东西。

但什么也没抓到。

她的脸上刺痛，皮肤上的水分蒸发。那感觉越来越强烈，变成一股冰冷的火焰，从脖子往上爬，也从发际线往内爬。视线变得模糊，她很确定自己要晕过去了。

恐慌接踵而至，深深的、压倒一切的恐慌。基拉最后一点经过训练习得的知识从脑海中飞走了，只剩下动物的生存本能。

她尖叫起来，而她听见了自己的尖叫声。

基拉为之一震，停了下来，然后出于纯粹的本能反应，她吸入了一口气。空气——珍贵的空气，填满了她的肺。

基拉不敢相信，摸了一下自己的脸。

异种自行覆盖了她的整个面部，在她的嘴巴和鼻子上形成了光滑的表面。她用指尖感受到了覆盖在她眼睛上的小小的穹顶外壳。

基拉又吸了一口气，还是不敢相信。异种能为她提供多久的空气？一分钟？几分钟？即便超过三分钟也没有什么用，因为除了迅速膨胀的放射性尘埃云，“情有可原号”什么也不会留下。

她现在在哪里？很难确定。她还在旋转，无法将注意力集中在某个东西上。闪闪发光的阿德剌掠过，它后面是宙斯巨大的轮廓，然后是“情有可原号”的破碎船体。那艘巡洋舰旁边飘浮着另一个飞行器：一个巨大的蓝白色球体，表面覆盖着更小的球体，还有一组她见过的最大的引擎。

她正疾速远离“情有可原号”的中段，但飞船前部在朝她倾斜，她前面闪烁着一排金刚石散热片。两个散热片已经损坏了，从脉管里露出一条条银色金属。

那些散热片看起来够不到，但基拉依然努力尝试，不想放弃。她在持续旋转的状态中伸出手臂，想去拉最近的散热片。恒星、行星、飞船、散热片从她面前一次又一次地闪过，她仍然不停地伸手去抓……

手指滑过金刚石的表面，没办法抓牢。她大叫着胡乱扒拉一通，还是没有成功。第一个散热片旋转着飞远了，接着是下一个，再下一个，她的手指依次滑过每一个。有一个散热片被安装在比其他散热片更高的位置上，就在损坏的电枢上面。她的手掌擦过散热片抛光的边缘，粘在了上面，好像手掌上有壁虎垫。经过一阵猛烈的晃动，她终于停了下来。

她的肩关节传来一阵火辣辣的疼痛感。

基拉如释重负，抱住散热片，手掌慢慢拿开。一层柔软的纤毛覆盖了她的手掌，在无重力的太空中轻轻晃动。要是异种一开始就阻止她不被吸出“情有可原号”就好了。

她用目光搜寻飞船的后半部分。

它就在离她几百米的地方，而且还在不断飘远。那两艘穿梭机还对接在飞船中部，看起来都完好无损。无论如何，她都得想办法抵达那里，而且要尽快。

她真的只有一个选择。图勒！她在散热片上站稳，然后用尽全力一跳。拜托了，她希望自己能跳上去。如果失败，就没有第二次机会了。

她和“情有可原号”的船尾之间是一道深不可测的裂口。她凝视着这道裂口，能看到暗淡的线条沿着船体呈环状辐射。线条是蓝色和紫色的，出现在核聚变引擎的周围——是电磁场。她的眼屏似乎又恢复了，至少恢复了一部分。

有意思，虽然也不能立刻派上用场。

基拉将注意力放到外星人的飞船上。它在阳光下闪耀着，就像一颗抛光过的石英珠，整体呈球状或者近似球状。仅从外观看，她没法判断哪里是居住区、哪里是燃料箱，但它看起来能容纳大量船员。它的四周有四面圆形窗户，船首附近还有一面，被一大圈透镜、端口和各类传感器围着。

引擎看起来和她熟悉的任何一种火箭引擎没什么差别（牛顿的第三定律同时适用于人类和异种）。然而，除非它是在极近的星域发射的，否则外星人肯定也装备了马尔可夫引擎。她想知道它们是怎么悄无声息地潜入“情有可原号”的。它们是跳跃进了重力井[①]吗？即便是联盟最强大的飞船也没有掌握这种特殊的技巧。

基拉依然能感受到那股奇怪、渴求的牵引力，它似乎就源自这艘外星飞船。她的一部分自我想追随它，看看会发生什么，但那是她疯狂的那部分自我，所以被她无视了。

她同样能感受到异种分离出去的那块碎片离她很远，逐渐消失在太空中。它会变回灰尘吗？

在她前面，“情有可原号”的后半部分开始偏离原本的运动轨迹。罪魁祸首是从船体脱离出来的一根液压管道，断裂后将好几升水喷入了太空。她估算出自己和飞船之间的角度变化，再参照她的速度，意识到她将与飞船偏离大约一百米。

一阵无助感攫住了她。

要是她能飘向那里，而不是直直往前，她就会没事的，但是——

她往左移动。

基拉能感觉到身体右侧有一股短暂的推力。她伸出一只手来保持平衡时，朝后看了一眼，看到一片薄雾在身后蔓延开来。异种在推她！一时间，她感到欣喜，然后又记起自己目前的处境很危险。

她将注意力再次放到目标上。只要再往左边一点，接着再往上偏几度，再……完美！她脑中每冒出一个想法，异种都回以精准的推力，重新调整她的位置。好！现在加快速度！加快速度！

她在加速，但还达不到她想要的速度。所以异种的能力到底是有限的。

她试着猜测过去了多长时间。一分钟？两分钟？不管过去了多久，都太久了。即便用紧急覆写指令，穿梭机的系统也还需要几分钟才能启动并准备

① 重力井：因天体质量引起时空弯曲产生的引力场。——编者注

起飞。也许她可以用穿梭机上的姿态控制推进器[①]将自己和“情有可原号”拉开数百米的距离，但是无法避免遭受喷焰的灼伤。

一步步来。她必须先进入一艘穿梭机，再考虑怎么离开的问题。

一条细细的红线扫过飞船的后半部分，沿着被截断的船中部向上移动——一束激光切开了飞船。甲板爆炸了，化成一缕缕蒸汽，并开始结晶。她看到男人和女人被喷射到太空中，他们呼出的最后一口气变成一团微小的云，飘浮在扭曲的脸面前。

激光眼看就要到达对接区，却突然转向，切开了更远的那艘穿梭机。泄漏的空气喷涌而出，将那艘严重受损的穿梭机从“情有可原号”上推挤出去。接着船翼上被划破的燃料箱喷出一股火苗，穿梭机旋转着离开了，仿佛一只失控的陀螺。

“该死的！”基拉大叫道。

破损的甲板骤然脱离船体，使得“情有可原号”的船尾朝她侧着翻滚而来。她在灰白色外壳上呈弧线移动，以危险的速度往前疾冲，撞到了剩下的那艘穿梭机的机身。机身侧面印着大号字体：“瓦尔基里[②]号”。

基拉咕哝一声，伸展双腿和胳膊，试图抓住机身。

她四肢紧贴在穿梭机上，爬过机身来到侧面的气闸室。她按下“开门”按钮，控制面板上亮起了绿灯，门也缓慢地滑开了。

“拜托，拜托！”

当门和外壳的缝隙足够大后，她便挤入气闸室，激活了紧急增压系统。空气从各个方向填充进来，呼呼声逐渐消失。异种提供的面罩看来没有妨碍她的听力。

“倒计时43秒后将执行自毁程序。这不是演习。”

“见鬼！”

等气压读数变得正常，基拉打开气闸室的内门，朝驾驶舱走去。

控制台和屏幕都已经激活了。只看了一眼，基拉就发现引擎已经点燃，

---

① 姿态控制推进器：航天工程中运用的提供少量反推力，以帮助姿态控制的推进器，有时还提供推进力。下文简称“RCS 推进器”。——编者注

② 瓦尔基里：北欧神话中一群侍奉主神奥丁的侍女。——编者注

所有飞行前的检查项目和流程都已经完成。毕晓普！

她猛地坐到驾驶座上，手忙脚乱地系好安全带。

“倒计时25秒后将执行自毁程序。这不是演习。”

“让我离开这里！”她透过面罩大喊，“起飞！起——”

“瓦尔基里号”颠簸着从巡洋舰上分离。当穿梭机的引擎轰鸣时，一千吨的重量朝她挤压过来。异种随即变硬，但她还是觉得疼。

球状的外星飞船从“瓦尔基里号”前面一闪而过，接着基拉瞥向500米外“情有可原号”的前部，她看到一对棺材形状的逃生舱从船首喷射而出，前往阿德剌荒无人烟的地表。

毕晓普用异常平静的语气说：“纳瓦雷兹女士，我在‘瓦尔基里号’的系统里为你留下了一段视频，包含了一切关于你、你的情况和这次袭击的信息。请在方便时尽快观看。不幸的是，我只能帮到这儿了。一路平安，纳瓦雷兹女士。”

“等一下！什么——”

屏幕闪了一下变成白色，那股拉扯着基拉胸膛的牵引力消失了。片刻之后，穿梭机被范围不断扩大的碎石击中，颠簸起来。有几秒钟，“瓦尔基里号”似乎要解体了。她头顶的一块面板闪烁了一下，然后熄灭了，从她身后某处传来砰的一声，接着是空气逃逸发出的尖锐呼啸声。

新的警报声响起，头顶亮起一排红灯。随着引擎的轰鸣声逐渐停止，压在她身上的重量也消失了，自由落体那令人反胃的感觉又回来了。

2

“纳瓦雷兹女士，船尾的外壳上有很多漏洞。”穿梭机上的伪智能体说。

“好的，谢谢。”基拉低声道，解开安全带。她的声音透过面罩发出来，听起来很奇怪。

她做到了！她简直不敢相信。但是她现在还不安全。

“关闭警报。”她说。

警报声立即消失了。

基拉循着尖啸声朝穿梭机后部走去，很庆幸自己有面罩，至少她不需要担心因气压太低而昏倒。不过，她转念一想：往后余生，她的脸是不是都要被这层东西覆盖着呢？

首先，她得确保自己能活下去。

尖啸声将她引到了乘客舱的后部。她在那里的天花板边缘发现了七个洞。那些洞都很小，还没有铅笔芯粗，但足以在几小时内排尽穿梭机里的空气。

“计算机，你叫什么名字？”

“我的名字是安多。”它听起来像盖格那样的伪智能体，但不是。军队有专属的伪智能体，内置专门的驾驶飞船的程序。

“修理箱在哪里，安多？”

伪智能体为她指出了一个小柜子。基拉取出修理箱，用里面的东西混合出一种快速凝固、散发恶臭的树脂（面罩似乎无法隔绝气味）。她用树脂封住小洞，然后在每个洞上都粘了六层超光速胶带[1]。这种胶带比大多数金属都强韧，需要用喷灯才能去除。

她一边收拾修理箱，一边说：“安多，损伤报告。”

“照明电路出现短路，2-20-3-n线路和1-5-1-n线路搭在了一起。还有——”

“跳过数据报告，‘瓦尔基里号’还具备航行能力吗？”

“是的，纳瓦雷兹女士。”

“核心系统有损伤吗？”

“没有，纳瓦雷兹女士。”

“核聚变引擎怎么样？喷射口不是正对着爆炸的方向吗？”

“没有损伤，纳瓦雷兹女士，我们已经偏离了‘情有可原号’的原航线。爆炸没有正对着我们。”

“路线是由你设置的吗？”

“不是，纳瓦雷兹女士，是飞船主脑毕晓普设置的。”

直到这时，基拉才放松下来。直到这时，她才允许自己去想，也许，仅仅是也许，她真的会幸存下来。

面罩皱起，从脸上剥离。整个过程就像撕掉了一张巨大的黏性绷带，

---

① 超光速胶带：见附录三“FTL TAPE”（第 804 页）。

她忍不住痛得叫起来。

几秒后，她的脸恢复原貌。

基拉试探性地摸着自己的嘴巴、鼻子，还有眼睛边缘。令她惊讶的是，眉毛和睫毛似乎都还保留着。

她想不出所以然来。

基拉检查了一下穿梭机的内部：控制台、一排排座位、存储柜，还有她旁边的四个空的冷冻舱。这些冷冻舱她是用不了了。

见此情形，她心里突然充满绝望。她是从飞船上逃了出来，但没什么用。她无法冷冻休眠，所以实际上她还是被困住了。

第九章

* * * * * * *

选择

1

基拉沿着墙壁走到“瓦尔基里号”的前部，坐进驾驶座，系好安全带。她看了看显示器：“情有可原号”已经看不见了，外星飞船被那艘联军司令部的巡洋舰的爆炸摧毁后不见踪影。“安多，这个恒星系里还有其他飞船吗？”

“没有。”

这是一个好消息。“安多，‘瓦尔基里号’上有马尔可夫引擎吗？”

“有。”

又是一个好消息。这说明穿梭机有超光速[①]航行的能力。即便如此，如果不冷冻休眠，她可能还是会死。这得看引擎的速度。“安多，如果紧急加速至马尔可夫极限[②]，‘瓦尔基里号’需要多久才能到达天鹅座61？”

“78.5天。”

基拉咒骂了一声。“费旦扎号”只需要26天。她想，穿梭机慢也不足为奇，它本来就只用于短程空间跳跃。

别恐慌，她还没有完全失去运气。接下来，她问了一个决定性的问题。

“安多，‘瓦尔基里号’上有多少餐包？”

“‘瓦尔基里号’上有107个餐包。”

基拉让伪智能体给她计算。没有眼屏令她十分懊恼，她甚至没办法自己做基础的数学运算。

加上减速时需要的时间，前往天鹅座61的旅途共需81.74天。就算每天节省一半，这些食物也只够基拉支撑8个星期，这样她就会有25.5天没

---

① 超光速：见附录三“FTL”（第804页）。

② 马尔可夫极限：见附录三“MARKOV LIMIT”（第808页）。

有任何食物。水不是问题，穿梭机的回收装置还不至于让她脱水而死。但缺少食物……

基拉听说有人没有食物也能坚持一个多月并幸存下来。她也听说过有些人坚持不到一个月就饿死了。这是没法确定的事。她的身体状况不错，异种也会帮她，所以她有可能成功，但这确实是一场赌博。

她揉着太阳穴，感觉有些头疼："安多，播放毕晓普留给我的视频。"

她面前的显示屏上出现了一个面容严肃的男人，他是飞船主脑的虚拟形象。他眉头紧皱，看起来既关切又生气："纳瓦雷兹女士，没有时间了。外星人正在干扰我们的通信设备，他们还打下了我发射的信号无人机。形势不妙。现在你是唯一的希望了，纳瓦雷兹女士。我在这则信息里附上了所有传感器收集到的数据，还有卡尔医生的记录、阿德剌的记录，等等。请转交给有关部门。'情有可原号'的解体应该会将干扰源一并摧毁。"

接着毕晓普靠近屏幕，尽管他的脸是虚拟的，基拉仍然能感觉到他的人格力量从屏幕里散发出来：一种压倒一切的勇猛和智慧，以及坚定的决心。"我为你之前的遭遇道歉，纳瓦雷兹女士。我们的目的是正当的，而且这次袭击也证明，我们的担心是必要的，但我还是对你遭受的一切表示歉意。无论如何，现在只能指望你了。我们所有人都指望你了。"

他退回原本的位置："还有，纳瓦雷兹女士，如果你见到武史将军，请告诉他……告诉他我记得夏天的声音。毕晓普下线。"

一种奇异的惆怅袭来。尽管飞船主脑拥有智能，但他们仍像未经过增强的普通人类那样，不会对懊悔和思乡之情免疫，也不该免疫。

她看着手掌上的纤维纹路："安多，描述一下外星飞船首次出现的情景。"

"63分钟前，卫星探测到一个不明飞行器，它绕过宙斯，切入了我们的航线。"驾驶舱显示屏上出现了一个全息影像，是一颗气态巨行星和它的众多卫星，还有一条虚线，标示出了掠夺者的飞船从宙斯到阿德剌的航行路线。"该飞行器加速到了25g，但是——"

"见鬼。"25g是常人难以想象的加速度。

安多继续说："它的火焰排气不足以产生可观察到的轨迹，飞行器接着做了一次翻转，减速7分钟，然后与联军司令部飞船'情有可原号'的轨道同步。"

一阵冰冷的恐惧攫住了基拉。掠夺者能那样腾挪翻转，唯一的方式就是减少飞船的惯性阻力[①]。这在理论上是可行的，但人类目前还做不到，工程上的难度仍然很大（首先，仅能源需求量就让人望而却步）。

她的恐惧加深了。这真是噩梦般的场景。他们最终接触了另一个智慧物种，但是那个物种怀有强烈的敌意，能绕着人类的任何飞船飞行，甚至是无人飞船。

安多还在说："不明飞行器不回应我们的呼叫，并采取敌对行动——"

"停。"基拉说。她知道接下来发生的一切。她思考了一会儿。掠夺者肯定是跳跃到了这个恒星系中与宙斯相对的另一端，这是唯一能避免被"情有可原号"侦察到的方式。或者掠夺者是从气态巨行星内部出发的，但这不太可能。不管使用哪种方式，它们都十分谨慎，用宙斯作为掩护，而且正如安多的全息影像展示的那样，它们还等到"情有可原号"飞进阿德剌背面的轨道才开始加速。

她在阿德剌上发现异种几周后，掠夺者就出现了，这肯定不是巧合。太空如此广袤，不会出现这样的机缘巧合。要么掠夺者一直在监视阿德剌，要么当她坠入遗址时就有信号被发送出去了。

基拉揉着脸，突然感觉有些疲惫。好吧，她不得不假定掠夺者的增援部队会随时出现。现在没有时间了。

"安多，我们的通信还受到干扰吗？"

"没有。"

"那么——"她欲言又止。如果她给天鹅座61发送超光速信号，会把掠夺者引到人类居住的其他地方吗？也许会，但如果它们想找人类，迟早都会找到——也许它们已经在监视人类居住的所有星球了。而且联盟需要尽早得到有关外星人的情报。"那么给维堡空间站发送求救信号，包括所有关于'情有可原号'被袭击的信息。"

"无法执行。"

"什么？为什么？解释一下。"

"超光速天线损坏，无法维持稳定磁场。我的后勤机器人无法修理它。"

---

① 惯性阻力：非定常运动改变流体的惯性引起的阻力。——编者注

基拉皱着眉说：“改用轨道上的通信卫星发送求救信号。卫星28G[①]，访问码——”她飞快地说出公司的授权信息。

“无法执行。卫星28G没有应答。该地区的残骸表明它已经被摧毁。”

“该死的！”基拉重重地倒在椅子上。她甚至无法给“费旦扎号”发送信息。它一天前刚离开，但是在她看来，没有超光速通信，它仿佛已经飞到了银河系的另一端。她还是可以发送亚光速信号（她会的），但那需要花费11年时间才能到达天鹅座61，这对她和联盟来说都毫无帮助。

她做了个深呼吸平复情绪。保持冷静，你能渡过难关的。“安多，给天鹅座61发送亚光速加密报告，标记为仅允联军司令部高级官员阅读。使用可行的最佳发送方式。附带我、阿德剌和‘情有可原号’被攻击的所有相关信息。”

在几乎察觉不到的停顿之后，伪智能体说：“信息已发送。”

“很好。现在，安多，我想在所有可用的紧急通信频道发送一则广播。”

一声细微的咔嗒声后，安多说：“准备好了。”

基拉向前倾，让嘴巴和麦克风挨得更近：“这里是基拉·纳瓦雷兹，在联军司令部飞船‘瓦尔基里号’上。有人能听到吗？完毕。”她等待了几秒钟，接着重复这句话。然后，她又重复了一遍。联军司令部可能对她不是很好，但是如果不确认是否还有幸存者，她还是无法安心离开。那一对逃生舱从“情有可原号”上逃离的情景还在她的脑海里回荡。如果有人活着离开了，她需要知道。

她刚想让安多继续自动发送消息，这时扬声器里有了噼啪声，一个男人的声音传来，听起来离她很近。“这里是下士伊斯卡，你现在在哪个位置，纳瓦雷兹？完毕。”

基拉有些惊讶，也宽慰了一些，还有越来越强烈的担忧。她其实没想过会收到任何人的回答。现在该怎么办？“我还在轨道上。完毕。呃，你在哪里？完毕。”

“在阿德剌靠近行星的一面。”

接着又有一个声音传来，听起来是一位年轻的女性：“这里是列兵赖

---

① 卫星28G：见附录三“TWENTY-EIGHT G”（第816页）。

斯纳，完毕。”

又有三个声音传来，都是男性：“技术军士奥尔索。”“少尉亚瑞克。”“海军士官萨姆森。”

最后回答的是一个生硬、紧绷的声音，令基拉愣住了：“少校茨切特。”

总共有六个人幸存了下来，其中军衔最高的是少校。问过几个问题之后，基拉清楚了这六个人都是降落在阿德剌上的。他们的逃生舱散落在赤道的大陆上，之前调查队的基地也设在那个大陆上。那些救生舱降落在离基地尽可能近的地方，但是推进器太小，最近的也有数十千米，而茨切特的最远，相距700千米。

“好的，计划是什么，长官？”伊斯卡问。

茨切特沉默了一会儿，接着说：“纳瓦雷兹，你给联盟发信息了吗？”

“是的，”基拉说，“但要过十年才能送达。”她解释了超光速天线和通信卫星的情况。

“见鬼。”奥尔索咒骂道。

“别废话了。”伊斯卡说。

他们能听到茨切特吸了口气，在逃生舱中换了个姿势。“该死。”这还是基拉头一次听到她说脏话，“这可不妙。”

“是的，”基拉说，“我检查了‘瓦尔基里号’上食物的存量，不是很多。”她报出了安多给她的数字，接着说：“联军司令部什么时候会再派飞船来调查？”

茨切特那里发出更多挪动的声音，她似乎找不到一个舒服的姿势：“不会很快，至少要一个月，也许更久。”

基拉用拇指抠着手掌。事情变得更糟了。

茨切特继续说：“我们可等不起啊。我们的首要任务是警告联盟注意那些外星人。”

“异种叫它们掠夺者。”基拉提供了这个信息。

“是吗？”茨切特带着尖酸的语气，“纳瓦雷兹女士，你还有什么信息愿意和我们分享吗？”

“只有一些奇怪的梦，我接下来会写在报告里。”

“快写吧……我再说一次，我们必须警告联盟。纳瓦雷兹，掠夺者和你携带的异种，比我们任何人的性命都重要。因此，根据《星际安全法案》的特别条款，我命令你立刻驾驶‘瓦尔基里号’前往天鹅座61，不得拖延。”

“长官，不！”亚瑞克说。

伊斯卡怒吼道：“小声点儿，少尉。”

一想到要抛弃幸存者们，基拉无法接受：“听着，如果我必须在不冷冻休眠的情况下前往天鹅座，我会的，但是我不会就这样抛下你们。”

茨切特不屑地说：“你可真伟大，但我们不能让你浪费时间环绕阿德刺逐个救我们。那需要花费半天以上的时间，而掠夺者可能会追上我们。”

“我愿意承担这些风险。”基拉轻声说。这确实有风险，她惊讶地意识到了这一点。

她仿佛能看见茨切特在摇头：“啊，我不愿意，纳瓦雷兹。另外，穿梭机只能携带四个冷冻舱，我们都知道。”

“抱歉，少校，我不能就这样飞走、抛下你们。”

“该死的，纳瓦雷兹。安多，指令覆写，授权——”茨切特开始背诵一长串不明意义的密码。

“无法覆写，”伪智能体说，“‘瓦尔基里号’上所有的指令功能都听从于基拉·纳瓦雷兹。”

如果说少校的声音和之前有什么区别，那就是变得更冷了：“这是谁授权的？”

“飞船主脑毕晓普。”

“我明白了……纳瓦雷兹，理智一些，做你该做的事。那比我们所有人都重要。情况不一样——”

“情况永远不一样。”基拉喃喃道。

“你说什么？”

她摇摇头，虽然没人能看到：“没什么。我马上下来找你们。即使——”

“不！”茨切特和伊斯卡几乎异口同声地说。

茨切特继续说：“不，无论如何你都不能让‘瓦尔基里号’降落，纳瓦雷兹。我们承担不起你陷入困境的后果。另外，即便再次起飞之前穿梭机在基地充满能量，推进器回到轨道也需要消耗相当大的能量。一旦你抵达天鹅座61，你需要使用每一点德尔塔-V[①]去减速。”

“我不想等在这里什么也不做，”基拉说，“你也没法强迫我离开。”

通信线路中是一阵尴尬的沉默。

一定能找到办法救他们，至少能救其中几个，基拉想。她想象独自在阿德刺上，饥肠辘辘，还要躲过掠夺者的追捕。那可真是可怕的境况，即便是卡尔医生，她都不希望他发生这种事。

想到卡尔，她的大脑停滞了片刻。他脸上的恐惧、他喊出的警告、他刺出皮肤的骨头……如果她没有射击氧气管，他可能已经活着离开“情有可原号”了。不，如果没有那场爆炸，掠夺者可能会杀死他们俩。即便如此，她还是感到愧疚。卡尔也许是个混蛋，但是没有人应该遭受那样的死法。

接着她打了个响指，声音在驾驶舱里出奇地大。“我知道了，”她说，“我知道该怎么带你们离开阿德刺了。”

“怎么做？”茨切特谨慎地问。

“基地有一艘空投穿梭机。”基拉说。

“什么穿梭机？”奥尔索说，他的嗓音很低沉，“‘费旦扎号’离开时带走了。”

基拉很不耐烦，没等他说完就说：“不，是另外一艘。是我发现异种那天由内加尔驾驶的。因为担心它被污染，所以他们把它遗弃了。”

一阵尖锐的敲击声从扬声器里传来，基拉知道那是茨切特的指甲弄出来的。那个女人说：“要把那艘穿梭机升空，需要做什么？”

基拉想了一下：“可能只需要将能量充满。”

“长官，”奥尔索说，“我离基地只有23千米，能在50分钟内到达。”

茨切特立即回道：“去吧。行动。”

一声微弱的咔嗒声后，奥尔索下线了。

接着伊斯卡以试探性的语气说：“长官……”

“我知道，”茨切特说，“纳瓦雷兹，我需要和下士谈谈。你待在原地。”

“好，但是——”

通信中断了。

---

① 德尔塔-V：见附录三“DELTA-V”（第802页）。

2

基拉一边等待，一边细看穿梭机的控制台。过了好几分钟，茨切特还是没有打过来，基拉就解开安全带，在穿梭机的储物柜里翻来翻去，终于找到了一件防护服。

她不需要这个，异种的保暖效果还不错。但自从在“情有可原号”上醒来后，她就觉得自己赤身裸体。穿上一件像样的衣服让她心生宽慰，也让她更有安全感。不管是不是犯傻，感觉确实不一样了。

接着她走向穿梭机的小型厨房区。

她很饿，但也知道口粮有限，她不能放任自己吃掉一个餐包。基拉转而拿起一袋自热切尔茶[①]——她的最爱，将其带回了驾驶舱。

啜饮切尔茶时，她看了一眼太空中“情有可原号”及掠夺者的外星飞船之前所在的区域。

除了黑暗什么都没有。所有人都死了，不管是人类还是外星人。连一团尘土都没有留下。爆炸摧毁了飞船，将它们的原子分散到各个方向。

外星人。智慧生物。这依然使她不知所措。此外，她还参与杀死了一个外星人……也许她可以和这种长着触手的外星人谈判，也许双方能协商出和平的解决方案。然而，任何解决方案都可能牵涉她。

想到这里，她的手背上出现了褶皱，交叉的纤维像打结的肌肉。自从遇见了掠夺者，异种还没有完全安定下来。它似乎对她的情感状态比之前更加敏感了。

别的不说，“情有可原号”上的袭击事件至少结束了一个争论：人类不是唯一有自主意识的、会使用暴力甚至杀戮的物种。远不止如此。

基拉转移视线，透过前面的观察口，望向阿德刺闪闪发光的表面。意识到包括茨切特在内的六名船员都在那表面的某个地方，她感觉有些奇怪。

六个人，但是这艘穿梭机只能搭载四个冷冻舱。

基拉突然想到了什么，她再次打开通信器，然后说：“茨切特，你能听到吗？完毕。”

“怎么了，纳瓦雷兹？”少校听起来有些恼火。

---

① 切尔茶：见附录三“CHELL”（第 800 页）。

“基地有两个冷冻舱。你还记得吗？我和内加尔用过的那两个。其中一个可能还在那里。”

“知道了。基地里还有能派上用场的东西吗？食物、装备之类的？”

“我不确定。我们还没有清理完那个地方。水培区里可能还有一些活着的植物，厨房里也许还有一些餐包。有许多测量设备，但是不能当饭吃。”

“收到。通话完毕，下线。”

又过了半小时，线路再次接通，少校的声音传来：“纳瓦雷兹，你在听吗？”

“是的，我在。”基拉快速回应道。

“奥尔索找到了那艘空投穿梭机，它和冷冻舱似乎都还能正常运行。”

图勒！“太好了！”

“现在，我说一下接下来要做的事，”茨切特说，“一旦他给穿梭机补充好燃料——这也许会用……7分钟——奥尔索就会去找萨姆森、赖斯纳和亚瑞克。他需要跑两趟，然后他们会去轨道上和你会合。穿梭机将依靠自身的能量返回基地，而你，纳瓦雷兹女士，需要给安多下达指令，让他驾驶‘瓦尔基里号’离开。你明白了吗？”

基拉一脸愤怒。为什么少校总是让她如此火大？“我之前提到的冷冻舱呢？还在基地吗？”

“严重损毁了。”

基拉皱起眉头。异种出现时肯定用尖刺扎破了冷冻舱。“明白了。那你和伊斯卡——”

“我们会留下来。”

基拉产生了一种奇怪的感情。她不喜欢少校，一点儿也不。但她忍不住钦佩这个坚强的女人。“为什么是你？不应该是——”

“不，”茨切特说，“如果你受到攻击，就会需要作战人员。我着陆时摔断了腿，帮不上什么忙。至于下士，他自愿留下。他会在接下来的几天徒步走到基地，到了之后，他会驾驶穿梭机飞出来，将我带回去。”

“……我很遗憾。”基拉说。

“别这样，”茨切特严肃地说，“现实无法改变。无论如何，这里需要有人留守，以防外星人回来。我是舰队的情报员，最适合做这项工作。”

“当然，”基拉说，“对了，如果你在塞波的工作台上找找，也许能找到一些种子包。我不知道你们能不能找到容器，但是——”

“我们会找找的，”茨切特说，接着语气稍有缓和，“谢谢你的提醒，虽然你有时候很讨厌，纳瓦雷兹。”

“不用谢，彼此彼此。”基拉用手掌摩擦着控制台的边缘，观察异种表面是如何弯曲和拉伸的。她想：如果她处在茨切特的位置，会有勇气做出同样的决定吗？

“穿梭机起飞时，我们会通知你的。茨切特下线。”

3

“关闭显示器。”基拉说。

她端详着自己在玻璃上的倒影，好似她昏暗、幽灵般的替身。自从异种现身之后，这是她第一次有机会好好观察自己。

她几乎认不出自己了。脑袋不是正常的形状，在纤维层下显得光秃秃的，没有一根头发，黑乎乎的。她两眼深陷，嘴角有细纹，让她想起了妈妈。

她又凑近了一些。在异种融入皮肤的地方，形成了精细的分形[①]图案。这让她莫名产生了一种似曾相识的感觉。这种感觉是如此强烈，以至于她以为自己身处另一个时空，她不得不晃动自己才回过神来。

基拉觉得自己看起来很惊悚，活像一具从坟墓里爬到人间作祟的尸体。她感到满心嫌恶，移开了目光，不想再看到异种带来的各种影响。她庆幸艾伦没有看见现在的她；假如她是这个样子，他怎么可能会喜欢她、爱她呢？她想象他脸上厌恶的表情，和她现在的表情如出一辙。

一时间，她的眼中盈满泪水，她眨眨眼，愤怒地将眼泪逼了回去。

她戴上从储物柜里翻出来的带檐帽子，竖起连体服的衣领，尽可能遮住身上的异种。接着她说：“打开显示器。开始记录。”屏幕亮起来，边框上的摄像头旁亮起了一盏黄灯。

“嗨，妈妈，爸爸，伊莎……我不知道你们什么时候会看到这段视频，

---

① 分形：一个粗糙或零碎的几何形状，可以分成数个部分，且每一部分都（至少近似地）是整体缩小后的形状。——编者注

也不知道是否真的有那么一天，但是我希望你们能看到。这里的情况不是很好，我不能告诉你们很多细节，以免你们被联盟的人找麻烦，但是艾伦死了。还有菲泽尔、雄吾、伊万诺娃和塞波。”

基拉需要看向别处一会儿才能继续录视频。“我的穿梭机坏了，不知道还能不能安全到达天鹅座61。假如我失败的话，妈妈、爸爸，我把你们列为保险受益人。你们会在附件里找到那些信息。

“还有，我知道这听起来可能有点奇怪，但是你们得相信我。你们必须做好准备，真的要做好准备。风暴即将来临，而且会很严重，比2237年那次还要严重。”他们会明白的。人们总说，只有世界末日才会比那年的风暴还要糟糕。“最后一件事：我不希望你们三个因为我而悲伤。特别是你，妈妈。我了解你的。别那样，别在家以泪洗面。你们所有人都是。要去外面，微笑着生活。看在我的分上，也看在你们自己的分上。拜托了，向我保证你们会好好活着。”

基拉停顿了一会儿，然后点点头：“我很抱歉。我很抱歉让你们经历这些。我只希望能回去看你们，当这场旅行……爱你们。”

她按下了停止键。

她坐在那里好几分钟，什么都没做，只是盯着空白的屏幕。接着她强迫自己为艾伦的弟弟山姆录了一段视频。因为她不能告诉他异种的事，所以她将艾伦的死归咎为一场发生在基地的意外。

到最后，基拉发现自己又哭了。她不再强忍眼泪了。过去的几天里发生了太多事，哭出来也是一种解脱，虽然只有一小会儿。

她的手指仿佛还能感受到艾伦送给她的那枚戒指的重量。它的丢失让她的眼泪流得更加汹涌。

她混乱的情绪让连体服下的异种躁动不已，在她的手臂、大腿和背的上半部都出现了珠子状的肿块。她龇牙低吼了一声，轻拍自己的手背，那些肿块就消退了。

等基拉再一次镇定下来，她为死去队友的家人们也录制了相似的视频。她不认识他们的家人，甚至都不知道他们是否还有亲人，但还是觉得有必要这么做。这是她欠他们的。他们是她的朋友……而她杀死了他们。

录最后一段视频不比录第一段轻松多少。录完后，基拉让安多将它们发送出去，然后她闭上眼睛，精疲力竭。她能在脑海中感受到异种的存在（在她从“情有可原号”上逃亡之后，她时不时感到轻微的压力），却感知不到它的一丁点儿想法或者意图。不过，她依然确信，异种是有意识的，而且它一直在观察。

……

扬声器里突然传来一阵静电噪声。基拉吓了一跳，意识到自己刚才恍神了。一个声音传了出来，是奥尔索。

“你能听见吗？完毕。重复一遍，纳瓦雷兹，你能听见吗？完毕。”

“我能听见，”她说，“完毕。”

“我们正在给空投穿梭机补充燃料，等充满后，很快就会飞离这个荒无人烟的岩石星球。14分钟后和你会合。”

“我会做好准备工作的。”她说。

“收到。完毕。”

时间过得很快。基拉通过后置摄像头，看到一个闪耀的光点从阿德剌的表面升起，画出一道弧线，朝着“瓦尔基里号”而来。等它挨近了，那熟悉的外形就映入了基拉的眼帘。

“我能看到他们，”基拉报告说，“看起来没有任何问题。”

“很好。”茨切特说。

空投穿梭机追上了“瓦尔基里号”，两个飞行器用RCS推进器缓慢对接，气闸室对上气闸室。“瓦尔基里号”产生了微弱的抖动。

“对接成功。”安多说，声音听起来十分高兴。

随着嘶嘶的气流声，气闸门猛然打开。一个长着鹰钩鼻、留着寸头的男人将头伸进入口。“是否允许我登船，纳瓦雷兹？”

“允许。”基拉说。虽然这只是礼节，但是她很感谢他能这样做。

当那个男人朝她飘过来时，基拉伸出一只手示意他先别过来。短暂的犹豫之后，他还是照做了。“我猜你是技术军士奥尔索？”她说。

“你猜得很对。”

奥尔索身后跟着列兵赖斯纳（一个矮小的大眼睛女人，看起来像刚毕业就来联军司令部任职了）、海军士官萨姆森（一个红头发的瘦如竹竿的男人）和少尉亚瑞克（一个体格魁梧的男人，右臂上缠着大绷带）。

"欢迎来到'瓦尔基里号'。"基拉说。

他们都有些怀疑地看着她，接着奥尔索说："很高兴来到这里。"

亚瑞克咕哝一声说："我们欠你一次人情，纳瓦雷兹。"

"是的，"赖斯纳说，"谢谢你。"

在将空投穿梭机送回阿德剌之前，奥尔索走到"瓦尔基里号"后部嵌入船体的一排柜子前。基拉甚至都没有注意到它们。奥尔索输入一串代码，柜子打开了，露出放置在几个架子上的枪：爆能枪和其他类似的枪械。

"现在我们来谈谈。"萨姆森说。

奥尔索选出四把枪，又拿了一些电池包、弹夹和手榴弹，接着将它们放在空投穿梭机上。"给少校和下士。"他解释说。

基拉点点头，表示理解。

等武器被安全地存放好，所有人也都回到"瓦尔基里号"上后，空投穿梭机断开连接，朝底下的卫星飞去。

"我猜你们在基地里没发现任何额外的食物。"基拉对奥尔索说。

他摇摇头："没有。我们用逃生舱带了一些餐包，但是那些都留给少校和下士了。他们比我们更需要。"

"你是说比我更需要吧。"

他谨慎地看着她的眼睛："是的，我觉得是这样。"

基拉摇摇头："没关系。"无论如何，他都是对的。"好吧，让我们开始吧。"

"大家各就各位！"奥尔索大声说。另外三个人正在系安全带时，奥尔索来到驾驶舱，和她并排坐下。

然后基拉说："安多，用最大推力驶向天鹅座61最近的港口。"

控制台上显示出目的地的影像。一个被标记出的点闪烁着：气态巨行星齐奥尔科夫斯基[①]轨道上的水特克公司[②]能量补给站。这也是"费旦扎号"前往天龙座 σ 时停留过的补给站。

基拉停顿了一会儿才说："出发。"

---

① 齐奥尔科夫斯基：指苏联火箭专家康斯坦丁·齐奥尔科夫斯基。——编者注

② 水特克公司：见附录三"HYDROTEK CORP."（第 806 页）。

穿梭机的引擎启动，发出轰鸣声，坚实的2g推力压在他们后背，起初还算轻柔，接着推力迅速增大。

“我们走。”基拉喃喃道。

4

安多保持2g的加速度推进3小时后，降低到更好控制的1.5g，这样他们在舱室里就会更舒服些。

联军司令部的四名军人在接下来的一小时里检查了穿梭机的各个部位。他们检查了基拉修补过的地方。“平民能补成这样已经很不错了。”萨姆森勉强承认。他们两次清点了餐包数量；将所有武器、电池和子弹编目；检查了防护服和冷冻舱的状况，确保飞船能正常有序地航行。

“如果我们冷冻休眠时出现故障，”奥尔索说，“你可能没时间叫醒我们。”

接着他和其他人脱到只剩内衣，亚瑞克、萨姆森和赖斯纳进入了各自的冷冻舱，开始给自己注射诱发休眠的药剂。他们不能再继续保持清醒了，不然就需要吃饭，而他们必须为基拉省下食物。

赖斯纳紧张地笑了笑，朝他们挥挥手。基拉也朝他挥了一下手，但他没看到。“天鹅座61见。”她说着，冷冻舱的顶部缓缓降低，最后盖上。

等其他人都进入了无意识状态，奥尔索才走到柜子前，拿出一把步枪，递给基拉。“给你。这违反了规定，但是你也许需要这把枪。假如你真的遇到紧急状况……总比赤手空拳好。”他用戏谑的表情看着基拉，“我们都躺在你周围，帮不上什么忙，所以管他呢，还是给你一个保命的机会吧。”

“谢谢，”她说，接过步枪，它比看起来要重，“我想是的。”

“不客气。”他冲她眨眨眼，“你可以问安多，他能告诉你怎么用这把枪。另外还有一件事，是茨切特的命令。”

“什么？”基拉突然警惕起来。

奥尔索指着自己的右前臂，那里的皮肤要比上臂的颜色浅一点，两者之间有一条明显的界线。“看到这个了吗？”

“看到了。”

他指着左大腿中间一处相似的色差：“还有这个呢？”

“看到了。”

“几年前被弹片伤到，我失去了这两处的肢体，只能让它们重新长出来。”

“肯定很痛。”

奥尔索耸耸肩：“呃，没有你想象的那么痛啦。我想说的是……一旦你的食物吃完了，你觉得自己撑不下去了，你就打开我的冷冻舱，切点儿肉。”

“什么？不！我不能这么做。”

下士看了她一眼：“和任何实验室制造出来的肉没什么两样。只要我在休眠状态，我就不会有事。”

基拉的脸皱成一团：“你真想让我吃人肉吗？天哪，我知道现在和过去在太阳系时不一样，但是——”

“不，”奥尔索说，抓着她的肩膀，“我希望你活下来。我们可不是在玩游戏，纳瓦雷兹。整个人类可能都处在危险之中。如果为了生存，你需要切下我的一条胳膊去吃，那你就该这么做。要是不够，两条胳膊都拿去，还有我的腿。你明白了吗？”

说到最后，他几乎是在大喊。基拉紧紧闭上眼睛，点点头，没办法直视他的脸。

过了一秒，奥尔索放开了她：“嗯。很好……只是，别切得过多。”

基拉摇摇头：“我不会的，我保证。”

他打了个响指，向她比了个手枪的手势。“很好。”他爬进最后一个冷冻舱，躺进托架，“你自己一个人真的可以吗？”

基拉把步枪靠在旁边的墙上：“没事，还有安多陪着我呢。”

奥尔索露齿一笑：“这就对了，我们可不希望你闷得发疯。”接着他拉上冷冻舱的盖板，冷冻液很快覆盖了窗口内侧，再也看不到他了。

基拉呼出一口气，小心翼翼地坐在步枪旁边，体会1.5g压在她身上的额外重量。

这会是一次漫长的旅途。

5

“瓦尔基里号”保持1.5g航行了16小时。基拉趁此机会将自己从异种那里接收到的景象详细描述出来并录制成视频，然后让安多同时发给茨切特和联盟。

她也尝试查看毕晓普从“情有可原号”传来的视频，特别是卡尔医生对异种做的那些实验。令她十分恼火的是，那些文件有密码保护，标记为“仅供授权人员查看”。

这一尝试失败之后，基拉打了个盹。随后，她醒了过来，躺着观察裹在她皮肤上的异种。

她摩挲着前臂上一条游移的线，手指感受着纤维的触感。她将一只手滑到保温毯之下，接着伸到连体服之下，摸了摸自己之前不敢触碰的地方：胸部、肚子、大腿，然后是大腿之间。

这种行为毫无快感可言，就是一次临床检查，仅此而已。此时，她对性的兴趣近乎负值。然而，让基拉惊讶的是，即便覆盖着纤维，她的皮肤也十分敏感。她双腿之间的皮肤像蛋壳一样光滑，但她依然能感觉到每个熟悉的褶皱。

她从紧咬的牙齿间呼出一口气，将手缩了回来。够了。在这方面，她的好奇心已经得到了足够的满足。

她转而拿异种做起了实验。首先，她试图诱使异种在前臂内侧形成一排尖刺，结果失败了。纤维以一阵搅动回应了她的指令，但拒绝执行。

她知道异种能做到，它只是不想做而已。或许是因为它没有感受到足够的威胁。即便她在脑海里想象一个掠夺者就在面前，也不能说服异种产生一枚尖刺。

基拉有些泄气，将注意力转移到脸上，想知道能不能召唤出面罩。

答案是可以，但需要费一番工夫。只有当她强迫自己接近恐慌边缘、心脏狂跳、细密的冷汗布满前额时，她才能成功地将意图传达给异种，也只有在这时候，异种才会流经她的脸，她的头皮和脖子才有异种爬过的触感。一时间，她感觉透不过气来，而那一刻的恐慌是真实的。接着，她稳住情绪，脉搏也变得平缓。

基拉随后又做了数次尝试，异种变得更加配合。只要集中精力，她就能得到相同的回应。这在目前的情况下很容易做到。

等面罩就位，基拉躺了一会儿，盯着周围的电磁场：从“瓦尔基里号”的核聚变引擎以及由它供能的发电机上发出的巨大而朦胧的光圈；穿梭机内部更小、更亮的光圈，细小的能量线将各个镶板串联起来。她发现这些电磁场具有一种奇异的美感。半透明的细线让她想到了曾在维兰德见过的极光，只是形状更规整。

最后，她自我诱发的恐慌实在难以维持，只能让面罩自面部脱离，而电磁场也就从视野中消失了。

至少她不是完全孤单一人。她有安多，还有异种——沉默的同伴、搭便车的寄生物、致命的活体衣服。不是友谊，而是亲谊[①]。

在推进器关闭之前，基拉吃了一个餐包。这是她在重力环境下进食的唯一机会，之后会有很长一段时间没有重力，她不能浪费这个机会。

她坐在小小的厨房区旁边吃东西。吃完后，她又奖励了自己一袋切尔茶，她在过去一个小时里几乎一直惦记着它。

穿梭机上只有她的呼吸声和推进器枯燥的轰鸣声，而后者也很快就会消失。她用余光看到“瓦尔基里号”后部的冷冻舱，冰冷而静止，从外面完全看不出里面有冷冻的人。虽然奥尔索他们此时只是一些冰块，但说自己是穿梭机内唯一的活人也挺奇怪的。

这种想法令她不适。她颤抖着，将脑袋重重地靠在地板/墙上。她疼得龇牙咧嘴，眼里涌出泪水。“该死的。”她低声说。由于重力的增加，她移动得太快，结果受伤了。她的关节也疼，腿和胳膊上有十几处青肿和擦伤隐隐作痛。异种能使她免受重伤，但似乎会忽略轻微、慢性的不适。

基拉不知道那些生活在辛扎尔或其他高重力行星上的人是怎么忍受高重力的。为了活下来，他们做了基因改造，甚至能在重力井里生活。但是，她仍然难以想象他们真的能过得舒适。

“警报，”安多说，“倒计时5分钟后将进入零重力状态。”

基拉处理了茶包，然后从穿梭机的储物柜里取出七张保温毯，拿到驾驶舱。她坐在驾驶座上，周身裹着毯子，为自己制造了一只金色的茧。她用胶带在椅子旁边粘了那把步枪、一个星期的餐包、湿纸巾，以及其他一些她可能用到的必需品。

接着舱壁产生一阵微弱的抖动，火箭推进器被关闭，留给她一份难得

① 亲谊：原文 skinship 指通过身体接触产生的感情。——编者注

的宁静。

基拉的腹部开始往上升，连体服也从她的皮肤上飘浮起来，好像充气了一样。为了防止把午饭（虽然量不大）吐出来，她沉入层层包裹的椅子中。

“关闭非必需系统。”安多说。船员区的灯光逐渐熄灭，只留下控制面板上微弱的红色线条。

“安多，”她说，“将驾驶舱里的气压降低到相当于地球上海拔2400米的数值。”

“纳瓦雷兹女士，在这样的气压下——”

“我知道会有副作用，安多。我就指望它了。现在按我说的做。”

基拉听到身后通风机的嗡嗡声越来越大，当空气开始从天花板上的排气孔溜走时，她感觉到了一股微风。

她按下通信器：“茨切特，推进器关闭了。我们将在三小时内转换到超光速空间。完毕。”这段时间需要让核聚变反应堆尽可能地降温，散热器需要将穿梭机上的其他部分也冷却到接近冰点。即便如此，在超光速航行中，穿梭机也会出现两三次过热，这取决于它的活跃程度。如果发生过热，“瓦尔基里号”必须回到亚光速空间航行足够长的时间，释放多余的热能，否则她和穿梭机里的所有东西都会被焖熟。

超光速航行后，“瓦尔基里号”和阿德剌之间拉开了一段距离，使茨切特的回复三分钟后才送达：“收到，纳瓦雷兹。穿梭机有问题吗？完毕。”

“没有。面板上都是绿灯。你那边怎么样？”基拉知道，少校仍然待在逃生舱里，等伊斯卡来救她。

……“一切正常。我用夹板固定了我的腿，这样就能稍微走动了。完毕。”

基拉十分同情，仿佛也感受到了她的痛苦。那肯定痛得要命。“伊斯卡还要多久才能到达基地？完毕。”

……“明晚，如果没有发生任何意外的话。完毕。”

“那就好，”基拉说，“茨切特，艾伦的遗体呢？”这个问题在过去的几天里一直困扰着她。

……“他的遗体和其他人的一样，都被转移到‘情有可原号’上了。”

基拉紧闭双眼沉默了一会儿。至少艾伦得到了国王级别的火葬：一艘燃烧的船将他送往来生。“明白了。完毕。”

在接下来的几个小时里，她们断断续续地相互发信息。少校给了基拉很多建议，让她的旅途变得更轻松一些；基拉给了她一些在阿德剌上生存的建议。基拉想，即便是少校，也会感受到环境的压力。

接着基拉说：“茨切特，告诉我，关于异种，卡尔究竟发现了什么？别扯什么机密之类的废话。完毕。”

……通信器的另一端传来叹气声。“异种由一种我们从未见过的半有机物材料组成。目前的结论是，它是高精度纳米组装机[①]的集合体，我们无法分离出单独的个体。我们收集的样本太少，无法对其展开研究。那些样本非常抗拒检测。将一些分子放在微流控芯片上，它们会破坏芯片、吃出一条路或者让其短路。明白了吧？”

“还有别的吗？”基拉说。

……“没有，我们几乎没有进展。卡尔尤其痴迷于寻找异种的能量来源。看起来它没有从你身体里汲取营养。事实上恰恰相反，它能为你提供能量，这意味着它肯定有另一种产生能量的方式。”

这时安多说：“5分钟后进入超光速空间。”

“茨切特，我们即将到达马尔可夫极限。看来我们的聊天就要到此为止了。祝你和伊斯卡好运。希望你能撑下来。”短暂的停顿之后，基拉说，“安多，把后摄像头的画面转过来。”

她前面的显示屏启动了，展示出穿梭机后面的景象。宙斯和它的卫星们，包括阿德剌，是屏幕右边一簇明亮的光点，在黑暗中独自闪耀。

艾伦的脸出现在她的脑海里，她哽咽了。

“再见了。”她轻声说道。

她移动摄像头，直到那颗恒星出现在屏幕上。她紧盯着它，知道自己以后可能再也见不到了。天龙座σ，天龙座的第18颗恒星。第一次看到它被计算机列入报告时，她就喜欢上了这个名字，听起来能让她体验激动人心的冒险，也许还有一些危险……现在它比任何东西都要不吉利，好似一条即将吞噬全人类的巨龙。

---

① 纳米组装机：见附录三“NANOASSEMBLER”（第808页）。

“把前摄像头的画面转过来。”

屏幕上的景象切换成了穿梭机前的星球。没有眼屏，她花了一分钟才找到目标：屏幕中央那个橘红色的小点。隔着这么远的距离，双星系统中的两颗恒星重合成了一个光点，但她知道那是前方离她最近的一颗星球。

基拉突然自内心深处意识到天鹅座61是多么遥远。光年比想象中更长，即便乘着所有现代技术之便，那也是一段漫长而可怕的距离，而穿梭机不过是一粒穿越在虚空中的尘埃。

……“收到，纳瓦雷兹。一路平安，茨切特下线。”

穿梭机后部发出微弱的呜呜声，是马尔可夫引擎启动了。

基拉朝那边看去。虽然她看不到引擎，但能想象出它的样子：一个黑色球体，巨大而沉重，安置在阴影盾[①]的另一边，像一只凶恶的蟾蜍蹲在两道墙之间。和往常一样，一想到那台机器她就毛骨悚然。也许是因为它那几克珍贵的反物质含有致命的放射性，一旦磁瓶[②]失灵，反物质就能在瞬间将她杀死。也许是因为这台机器的运行机制——通过物质和能量转换，以抵达超光速空间。不管是哪个原因，引擎都让她心神不宁，她想知道人在超光速航行中睡觉会发生什么奇怪的事情。

这一回，她能搞清楚了。

呜呜声变大了一些，安多说：“进入超光速空间倒计时，5……4……3……2……1。”

呜呜声达到峰值，那些星星都消失了。

---

① 阴影盾：见附录三“SHADOW SHIELD”（第812页）。

② 磁瓶：一种特殊构形的磁场，控制核聚变产生的高温高压。——编者注

第十章

* * * * * * *

退场[①] I

1

银河没有出现，取而代之的是一艘穿梭机的扭曲映像——一大团深色、昏暗的东西，只有驾驶舱里还亮着微光。基拉能在前窗上看到自己：一抹苍白的肉色飘浮在控制台上，就像一张被剥离的脸。

她从来没有亲眼见过马尔可夫气泡[②]。以往的每次星际跳跃，她都处于休眠状态。她挥了挥手，那畸形的分身也做出了相同的动作。

完美的镜面让她着迷。它已超过了原子级的光滑，达到了普朗克粒子水平的光滑。不存在比它更光滑的东西，因为气泡是空间本身弯曲形成的。在气泡的另一边，在这无限薄的膜壁另一端，是奇异的超光速空间，那么近，却又那么远。那边是她永远看不到的景象，没有人类可以看到。但她知道它就在那里——另一片广阔的领域，只凭借重力和时空本身的架构同我们熟知的现实相连。

"爱丽丝镜中奇遇。"基拉喃喃道。这是太空人惯用的俗语，直到现在她才真正觉得贴切。

和平常的时空不一样，气泡不是完全不可渗透的。有一些能量从内向外泄漏（内外压力差巨大）。不是很多，但有一些，而这也是好事，有助于减少超光速航行中积累的热量。没有这种泄漏，"瓦尔基里号"以及其他普通飞船都只能在超光速空间待几个小时。

基拉想起她高中物理老师曾说过的话："用比光速更快的速度运动，就好比沿着一个直角走直线。"这句话一直萦绕在她的脑海中，她学到的数学知识越多，就越意识到这句话是多么正确。

---

① 退场：戏剧表演中，演员谢幕后离开场地的情景。——编者注

② 马尔可夫气泡：见附录三"MARKOV BUBBLE"（第 807 页）。

她又盯着自己的影子看了几分钟。接着，她叹了口气，把前窗调暗，直到影子变得晦暗不明。“安多，从《勃兰登堡协奏曲》开始，循环播放J.S.巴赫的作品全集，音量调到3。”

当轻柔而精微的起始和弦响起时，基拉放松了下来。巴赫的音乐结构总是让她入迷：一个主题接一个主题，建造、探索、转换，体现了冷峻、利落的数学之美。每当一个乐章收尾时，她的心灵都得到了极大的抚慰。其他作曲家都没有给过她这样的感觉。

音乐是她唯一允许自己享受的奢侈品。它不会产生热量，而且因为她不能用植入物阅读或者打游戏，她需要做一些事让自己在接下来的日子里不会发疯。如果她的六角手风琴还在，她可以拿来练习，但是她没有……

无论如何，巴赫音乐那抚慰人心的特质能在低压的船舱中助她入眠。这一点很重要。她睡得越多，时间就会过得越快，需要的食物就会越少。

她把右臂举到面前。异种的颜色比周围的环境更黑，一个黑影中的黑影，不像真实存在的东西，更像一片虚无。

它应该有一个名字。她走了狗屎运才能从“情有可原号”上逃出来。按理说，掠夺者早就杀死她了。即便没死在掠夺者手里，大爆炸形成的急剧减压也会杀死她。异种救了她好几次。当然，如果没有遇到异种，她也绝不会陷入危险的境地……不过，基拉还是对它心存感激。感激且自信，因为有了它，她比任何一个穿动力装甲的士兵都更加安全。

一起经历这么多事情后，异种值得拥有自己的名字。但要叫它什么呢？这个有机体是一个自相矛盾的集合体：它是盔甲，但也是武器；它能变得坚硬，也能变得柔软；它能像水一样流动，也能像金属横梁一样坚硬；它是机器，但也有生命。

它有如此多的存在形式，没有一个词能囊括所有。基拉换了个思路，聚焦到异种最明显的特征：它的外表。那种材质的表面总是让她想到黑曜石，虽然没有黑曜石那般通透闪亮。

“黑曜石。”她喃喃道。她通过自己的意识将这个词传给异种，仿佛这样就能让它明白。黑曜石。

异种回应了。

一串不连贯的影像和感觉朝她涌来。一开始她十分困惑。每个单独的影像或感觉都没有意义，但当它们连在一起重复出现后，她开始理解不同碎片之间的关系。它们组成了一种语言，这种语言没有词语，而是由影像和感觉之间的联系组成。她明白了：异种早就有名字了。

那是一个十分复杂的名字，由相互关联的概念组成，她明白自己可能需要好几年时间才能完全理解。然而，当这些概念从她脑海中闪过时，她不由自主地给它们匹配了文字。她毕竟只是人类，语言和意识一样是她的一部分。因为她没有弄明白那个名字的全部含义，所以文字无法充分表现它的微妙之处。但她还是提炼出了最宽泛、最明显的意思。

软刀。

她的嘴角浮上一丝浅笑。她喜欢这个名字。“软刀。”她大声说出来，让这个词萦绕于舌尖。她感受到了异种的情绪：如果算不上满意，那就是还能接受。

知道有机体有名字（不是她取的那个），让基拉对它有所改观。她不再将它视为入侵者或者潜在的致命寄生物，而将它视为一个……旅伴。

这是一个极大的思想转变，而且完全出乎她的意料。不过，她后知后觉地意识到，名字改变并重新定义了一切，包括他们之间的关系。这让她联想到为宠物命名，一旦为宠物取好了名字，就必须那样叫它，而你必须饲养这只动物，不管你原先是否打算这么做。

软刀……

“你是为了什么被制造出来的？”她问，但是没有回答传过来。

无论如何，基拉知道一点：不管是谁选择了这个名字，无论是异种的制造者还是异种本身，它都拥有优雅和诗意的品位，并欣赏她总结为“软刀”的这些概念内在的矛盾。

那是一个奇怪的宇宙。她了解得越多，就越觉得它奇怪，而且她怀疑自己永远也找不到这些问题的答案。

软刀。她闭上眼睛，感受到一种奇怪的舒适感。伴随着巴赫那轻柔的旋律，她任由自己缓缓滑入梦乡，她知道自己——至少暂时是安全的。

2

天空布满宝石，她感到四肢和感官都很陌生。她在寂静的黑暗中滑翔，而她并不孤单；同伴们和她一起移动。她知道它们是谁，也关心它们。

她和同伴们来到一扇黑色大门前，它们停下，她则在内心哀悼，因为他们从此不会再见面。她继续独自穿过大门，来到一处神秘之地。

她做了个手势，古老的光自上洒向她，带着祝福和吉兆。接着肉体与肉体分离，她走到自己的发源地，蜷缩着身体，充满期待地等待着。

但是等待的召唤并未出现。一束束光线闪耀又消退，将古老的圣物匣留在冰冷、黑暗和死寂中。灰尘聚集。石头转移。头顶，星星缓慢地变换位置，组成陌生的图形。

接着是碎裂……

坠落。轻轻地坠落到汹涌大海的蓝黑色海域。在亮光和波浪间穿行，在炽热和冰寒中飘荡，轻柔地跌落和泅游。在黑暗旋涡的褶皱中出现了一个巨大的物体，就在哀伤之界[①]上面：那是一堆坑坑洼洼的石头，扎根在那岩石上……扎根在那岩石上……

基拉醒了过来，困惑不已。

周围依然一片漆黑，一时间，她不知道自己身在何地，也不知道自己怎么到了这里，只知道她从一个高得吓人的地方坠落下来——

她尖叫着，四肢胡乱摆动，手肘撞到了驾驶座旁边的控制台。她被撞得完全清醒过来，随后意识到自己仍然在“瓦尔基里号”上，而巴赫的音乐还在播放。

“安多，”她低声问道，“我睡了多久？”黑暗中，她很难分辨现在是什么时间。

“14小时11分钟。”

那个奇怪的梦残留在她的脑海中，有一种苦乐参半的怪异感觉。为什么软刀一直向她传递梦境？它到底想告诉她什么？那些是梦境还是记忆？有时候两者的差别十分细微，几乎可以忽略。

……接着肉体与肉体分离。她想到另一个问题：假如她与软刀分离，她会死吗？从它展示的景象来看，这可能是一种解释。这个想法让她的嘴

① 哀伤之界：见附录三“PLAINTIVE VERGE”（第810页）。

里泛起一丝酸涩的味道。肯定有某种办法能让她摆脱这个生物。

基拉想知道软刀能否理解自她发现它以后发生的事。它意识到它杀死了她的朋友们吗？艾伦呢？

她回想起软刀第一次强加给她的影像：正走向灭亡的太阳、毁掉的行星、碎石带。寄生物就是来自那里吗？那里发生了一些事：算是某种意义上的灾难。这就能说得通了，但除此之外，还是一片扑朔迷离。软刀又引出了掠夺者，至于它的创造者是不是掠夺者（或者大灯塔）就不清楚了。

她颤抖了一下。银河系中发生了这么多事，人类却懵然不知。灾难、争斗、遥远的文明，想想就令人畏惧。

她的鼻子有些发痒，打了个大喷嚏，下巴都撞到了胸口。接着又打了一个，在驾驶舱昏暗的红光中，她看到了一缕缕灰色的尘土离开她的身上，朝着通风口飘去。

她谨慎地摸了一下胸骨。一层薄薄的粉末覆盖着她，就和上次掠夺者袭击期间她在"情有可原号"上醒来时一样。她摸了摸身下，座位上没有出现凹陷。软刀没有分解椅子的任何部位。

基拉皱起眉头。在"情有可原号"上，它肯定吸收了甲板，因为它需要甲板的部分或全部材料：金属、塑料、微量元素，或者其他什么。也就是说，它有过某种意义上的饥饿感。但现在呢？没有凹陷，却仍有灰尘。为什么？

啊，原来如此。她吃过东西。每次她或者软刀吃过东西，灰尘就会出现，所以它是在……排泄吗？

如果是这样，就能得出一个令人不悦的结论：寄生物控制了她的消化系统，处理和回收她产生的排泄物，再排出它不需要的东西。灰尘就相当于外星人的德尔普[①]——防护服会将使用者的粪便制成一种由高分子聚合物包裹的垃圾颗粒，这种颗粒就叫作德尔普。

基拉露出一脸苦相。她也许想错了，她也希望自己想错了，但她觉得真相就是这样。

这就引出了另一个问题：软刀这件外星设备是如何洞悉她的生物学机

① 德尔普：见附录三"DERP"（第 802 页）。

制并与之充分融合的呢？连接神经系统是一码事，融合进消化系统及其他基本的生物学过程要难上好几个数量级。

在银河系中，大部分生命都由固定的元素构成，即便如此，每个外星生物群落都进化出了自己的语言，用来表达酸液、蛋白质以及其他化学物质。软刀应该是无法和她融合在一起的。那就表明，软刀的制造者或创造者的科技水平比她一开始想的要先进很多，假如它们就是掠夺者……

当然了，也许软刀只是无脑地执行命令，最后可能会让她中毒，让她因为某种可怕的化学反应而死。

但无论如何，她什么都阻止不了。

基拉依然没有感觉到饥饿，至少现在没有，而且她也不必上厕所。所以她再次闭上眼睛，让思绪回到梦境中，筛选重要的细节，寻找任何有助于解开疑问的蛛丝马迹。

"安多，开始录音。"她说。

"开始。"

基拉缓慢、小心翼翼地讲述整个梦境，试图包含每个信息碎片。发源地……哀伤之界……那些记忆在她的脑海中回响，就像远处的锣声。基拉感觉软刀还有很多东西想分享给她。它似乎想让她明白某件事，而现在这件事还不甚明了。也许如果她再次入睡，它就会给她传递新的影像……

3

在那之后，时间变得模糊，似乎更慢，又似乎更快了。更快是因为在她睡着或半梦半醒的恍惚阶段，不经意间，一大段时间流逝了；更慢是因为在她清醒的几个小时里，所有的事情都千篇一律。她听着无休无止循环播放的巴赫音乐，思考自己在阿德剌上收集的数据（试图弄清楚这些数据是否和软刀有关或者有怎样的关联），停留在更快乐的记忆深处。什么都没有变化，除了她的呼吸、血流和迟钝的思维。

她吃了一丁点儿东西。她吃得越少，就越不想动。她的内心一片平静，身体也逐渐变得遥远和虚幻，仿佛它只是一个全息影像。有几次她想离开驾驶座，却发现自己既没有站起来的意志力，也没有足够的能量来驱使。

她清醒的时间越来越短，大部分时间都在有意识和无意识之间徘徊，不确定自己有没有睡着。有时候她会从软刀那里接收到浮光掠影，只留下印象模糊的色彩和声音，但它没有再和她分享与哀伤之界类似的记忆。

有一次，基拉注意到马尔可夫引擎的轰鸣声停止了。她从裹住全身的保温毯中抬起头，看到驾驶舱窗外的点点繁星，这才明白过来，穿梭机为了降温跳出了超光速空间。

过了一段时间，当她再次抬起头时，繁星不见了。

假如穿梭机是在其他时间返回正常空间，她就不会看到那些繁星了。

尽管她吃得很少，餐包还是在不断减少。软刀排出的灰尘堆积在她身边，形成了一个柔软的基座，紧贴着她的身体，仿佛一团浓密的泡沫。其余的灰尘从她身上飘离，沿着天花板来到通风口，形成了一条条纤细的线。

直到有一天，餐包一个都没有了。

她看着空荡荡的抽屉，一时不知道怎么面对眼前的景象。接着她回到驾驶座，系好安全带，深深地、缓慢地吸了一口气，她的喉咙和肺部感到一阵冰凉。她不知道自己在穿梭机上度过了几天，也不知道还有多久才能到达目的地。安多应该知道，但是她不想问。

也许她能撑到最后，也许不能。即使知道了剩下的天数，也不会改变结果。而且，她害怕自己听了安多的回答后，会失去撑下去的力量。现在唯一的办法就是撑下去，为旅途的时长忧心只会让航行变得更加凄惨。

现在面对最棘手的问题：没有食物了。一瞬间，她想到了穿梭机后部的冷冻舱，还有奥尔索的建议，但和之前一样，她的大脑抗拒这个主意。她宁愿饿死也不愿意吃人。也许随着自己不断消瘦，她会改变想法，但是她确信自己不会。

她从藏在脑袋边的一个瓶子中取出一片褪黑素，咀嚼之后吞了下去。如今睡眠是她的朋友，比平时更加亲密。只要她能睡着，她就不需要食物。她只希望自己还能再次醒来……

接着，她的思绪越来越模糊，坠入了虚无。

4

饥饿感袭来，如同她料到的那样，尖锐而且无休无止，就像一头怪物用尖爪在抓挠她的肠胃。痛感起起伏伏，如潮水一般规律，且一浪高过一浪。她咬紧嘴唇，嘴里分泌着唾液，有关食物的想法让她倍感折磨。

她已经预料到了这些，也做好了更坏的打算。

然而，饥饿感停止了。

它再也没有出现。她的身体变得寒冷，感觉自己被掏空，仿佛前胸贴着后背。

图勒，她在心中默念，向太空人的神明做最后一次祈祷。

接着她睡着了，不再醒来，缓慢地做着梦，梦见奇怪的星球、奇怪的天空，还有在那些被遗忘的空间里如花朵般绽放的螺旋状碎片。

然后，一切归于寂静，归于黑暗。

第二部分

* * * * * * *

升华

我站在梯子上俯视着她，一片细碎的雪花轻抚我的脸庞，我观察着她的宇宙……在这个世界里，如果依然能将丝线连在一颗星星上，即便是一只蜘蛛也拒绝倒下、死去……这个信息应该传递给那些将在严寒中与虚空展开最后搏斗的人。我想仔细地记录下这些，当作留给未来人们的信息：教他们怎么在冰天雪地之中渴求一轮小小的太阳。

——洛伦·艾斯利[1]

---

① 洛伦·艾斯利（1907—1977）：美国人类学家、教育家、作家。——译者注

第一章

* * * * * * *

觉醒

1

一声沉闷的爆炸声传来，声音大到足以穿透最深的睡眠。

接着是当啷声和咔啦声，伴随着一阵寒冷的气流和一道耀眼的亮光，灯光在搜寻着什么。四周回响着各种声音，遥远而又混乱，但能辨别出是人类发出的。

基拉恢复了一小部分意识。一种原始的本能驱使她清醒，催促她睁开眼睛——睁开眼睛！趁现在还来得及。

她挣扎着想动，但身体不听使唤。她的意识漂浮在身体中，被肉体困住，但无法操控肉体。

接着她感觉自己吸了一口气，各种感官如洪水般回归。声音的音量和清晰度似乎都翻了一倍，好似她从耳朵里拿出了耳塞。她的皮肤上有刺痛感，软刀的面罩正从脸上爬走，接着她喘了口气，睁开双眼。

一束炫目的光照在她身上，她蹙了蹙眉。

“我的天！她还活着！”一个男人的声音，年轻、激动。

“别碰她。去叫医生。”一个女人的声音，沉稳、冷静。

别……别叫医生，基拉想。

那束光始终聚焦在她身上。她试图用手遮住双眼，但是铝箔毯让她的手动不了。它紧紧地裹在她的胸膛和脖颈上。她是什么时候裹的呢？

一个女人的脸出现在视野里，脸很大，肤色很浅，就像布满坑洞的月球。“你能听见我说话吗？你是谁？你受伤了吗？”

“什——”基拉的声带拒绝配合，她只能发出一些含混不清的刮擦声。她试图挣脱铝箔毯，但做不到。她颓然地缩回去，头晕目眩，精疲力竭。什么……哪里……

一个男人的身形挡住了灯光，她听见他带着明显的口音说：“那么，让我看看。”

“阿西[1]。”女人一边让开一边说。

几根手指，温暖、纤细的手指，搭在了基拉的手臂、腰间和下巴上，接着她被人从驾驶座里拉了出来。

“哇，看防护服！”年轻男人惊叹道。

“之后再看吧，先帮我把她挪到医务室去。”

更多的手摸了过来，他们把她转过来，让她的头正对着气闸室。她试图撑起软绵绵的身子，医生（她猜测是医生）说：“不，不。放轻松。你现在不能动。”

基拉恍恍惚惚地飘浮着通过了气闸室……经过一个白色的、有着像手风琴一样褶皱的压力管……接着是一条棕色的走廊，墙上有一些破旧的灯带……最后来到一个满是抽屉和设备的小房间。墙边是一个医疗机器人[2]吗？……

2

一阵加速带来的颠簸让基拉完全恢复了意识。几周以来，她第一次感受到了那令人舒适的重力。

她眨眨眼，看看周围，警惕起来。她正躺在一张倾斜的床上，腰间绑着安全带，让她既不会飘浮也不会掉到地上。床单盖到她下巴以下（她依然穿着连体服）。头顶的灯带亮着，一个医疗机器人吊在天花板上。此情此景让她想起自己在阿德剌的医务室中醒来……

但这里不一样，不像医务室。房间更小，比储藏室大不了多少。

坐在金属洗手池边沿的是一个男孩。是她之前听到的那个人吗？他高高瘦瘦的，卷起了橄榄色连体服上的衣袖，露出满是肌肉的前臂。他的裤腿也卷了起来。裤管和鞋子之间能看到红色的条纹袜。他看起来刚成年，但是没办法看出确切的年龄。

在她和这个孩子之间站着一个深色皮肤的高个男人。从他脖子上挂着

① 韩语中的感叹词，意为“该死的”，表达沮丧或不满的情绪。——编者注

② 医疗机器人：见附录三“MEDIBOT”（第 808 页）。

的听诊器来看，他是医生。他的双手很长，一刻也不得闲，手指像游鱼一般飞快地动着。他没有穿连体服，只穿着一件蓝灰色的高领毛衣和一条与之相配的宽松长裤。

这两人的衣服都不是标准的制服。他们肯定不是军人，也不是水特克公司的职员。要么是独立的承包商，要么是自由职业者，她拿不准。如果这里不是矿区，那到底是什么地方？

医生注意到了她在观察。“啊，女士，你醒了。”他抬起头，一双圆圆的大眼睛认真地看着她，“你感觉怎么样？”

“还不——”基拉的声音有些嘶哑。她停下来，咳嗽了一阵，接着试着再次开口：“还不错。”令她惊讶的是，她确实还不错。她浑身僵硬、酸痛，但身体的一切机能都还算良好。甚至在某些方面更好了，她的感官比平时更加敏锐。她怀疑软刀是不是在这次旅行中和她的神经系统更紧密地结合在一起了。

医生皱起眉，他看起来是那种容易紧张的人。“这很奇怪，女士，你的核心体温低得吓人。”他举起注射器，“有必要抽血——”

“不！”她的语气比她预想的强烈。她不能让医生检查，否则他会注意到软刀。“我不想做任何血液检查。”她掀开床单，解开安全带，下了床。

当她的脚接触到甲板时，她膝盖一弯，整个人朝前倒去。如果医生没有冲过来接住她，她肯定会摔个脸着地。“别担心，女士。我扶着你，我扶着你。”他扶着她回到床上。

房间另一边，男孩从口袋里拿出一根口粮棒，开始大嚼大咽。

基拉举起一只手，医生后退了一步。她说：“我很好。我自己能站起来，只是还需要些时间。”

他带着探究的神情注视着她：“女士，你在零重力环境中待了多久？”

她没有回答，只是再次弯下身去。这一次她的腿撑住了，尽管她用一只手扶在床上。她对肌肉的表现感到惊讶（也很高兴），它们几乎没有萎缩。每一秒她都能感到力量正缓慢地回到肢体上。

“大约11个星期。”她说。

医生的浓眉向上挑起：“你最后一次吃东西是多久之前的事了？”

基拉快速回想了一下。她有些饿，但是还可以忍受。她本该早就饿得不行了。甚至更严重一点，她本该早就饿死了。她之前估计自己抵达天鹅座61时会虚弱得站不起来。

应该是因为软刀。它让她进入了类似于休眠的状态。

“我记不得了……好几天了吧。”

“不好玩。”男孩从满是食物的嘴里挤出这句话。这绝对是她刚刚在“瓦尔基里号”上听到的那个声音。

医生转头瞥了他一眼：“你还有口粮棒，对吗？分一根给我们的客人吧。”

男孩从一个口袋里拿出另一根口粮棒，扔给了基拉。她接住后撕开铝箔咬了一口。这东西还挺好吃的：香蕉、巧克力和其他什么东西的混合体。她吞咽的时候肚子都跟着咕咕叫。

医生打开一个抽屉，递给她一个装满液体的银色袋子：“给，等你吃完就喝下这个。它能为你补充电解质，还能给你提供急需的营养。”

基拉谢过医生。她狼吞虎咽地吃完剩下的口粮棒，接着喝下那袋液体。它尝起来有土腥味和一丝金属味，就像带着淡淡铁锈味的糖浆。

接着医生再次举起注射器：“现在我要从你身上抽血了，女士。我需要检查——”

“啊，这里是哪里？你们是什么人？”

男孩又咬了一口口粮棒，说：“你在超光速民用船‘壁鱼号’上。”

医生被抢话了，看起来有些恼火：“是的。我的名字是维沙尔，这位是——”

“我叫特里格。”男孩拍了拍胸膛说。

“好的。”基拉说，但还是很困惑。原来这是一艘民用船。“但是——”

“你叫什么？”特里格冲她扬起下巴问道。

基拉想都没想便脱口而出：“卡明斯基少尉。”如果他们查一下相关记录，很快就能发现她的真名，但是她的直觉告诉她要谨慎行事，直到摸清情况。她总可以说自己是因为饥饿而导致头脑不清醒。“我们离齐奥尔科夫斯基近吗？”

维沙尔似乎吃了一惊：“离……不，一点儿也不近，卡明斯基女士。”

“它在天鹅座61的另一端。”男孩说完，把口粮棒吃完了。

“啊？”基拉一脸的难以置信。

医生点点头说："是的，是的，卡明斯基女士。你的飞船在回到正常空间后失去了动力，惯性滑行横穿了整个恒星系。如果我们没有把你救下来，谁知道你还会漂流多久？"

"今天几号？"基拉突然担心地问。医生和男孩都奇怪地看着她，她知道他们在想什么：为什么她不直接在眼屏上查看日期呢？"我的植入物坏了。今天几号？"

"16号。"特里格说。

"11月？"基拉说。

"11月。"他确认道。

她的旅程所用的时间比原计划超出了一周。已经过了88天，而不是81天。按理说，她本该已经死了，结果却撑了下来。她想到了茨切特和伊斯卡下士，一种奇怪的不安折磨着她。他们被救下来了吗？现在还活着吗？在她乘坐"瓦尔基里号"的旅程中，他们可能早就已经饿死了，或者已经被掠夺者杀死了。她无从知晓。

不管真相如何，她决心余生都不会忘记他们的名字和事迹。这是她唯一能纪念他们牺牲之举的方式了。

维沙尔发出啧的一声："以后你随便问什么都行，但请先让我为你检查，卡明斯基女士。"

基拉内心升起一阵恐慌，这是软刀在她醒来后第一次做出回应：一阵冰冷的刺痛感从大腿升到胸口。她的恐慌变得更加强烈，还染上了一层恐惧的色彩。必须冷静下来。如果"壁鱼号"的船员知道她身上是什么东西，肯定会把她隔离起来，她可一点儿也不急着享受上次那种特殊的乐趣。无论如何，如果向平民泄露软刀存在的证据，联军司令部一定不会放过她。救援者对软刀了解得越多，她就会为他们和自己制造更多的麻烦。

她摇摇头："谢谢，但是我很好。"

医生犹豫了，看起来有些懊恼："卡明斯基女士，如果不做完检查，我就没办法治好你。只是做一个简单的血液检查，还有——"

"不要血液检查！"基拉抬高了音量。软刀形成一小片尖刺，使她胸前的连体服往外凸起。她铤而走险，做了自己唯一能想到的一件事：用意念让那片区域的软刀变硬。

奏效了。

尖刺停住了，她双手交叉捂在胸口，希望维沙尔和男孩没有留意到。她的心脏怦怦狂跳，令她有些不适。

从医务室外传来一个新的声音 ：“你是什么人？正统哈特派吗？”

一个男人从门口走了进来。他比她矮一些，犀利的蓝色眼眸与他太空人的棕色皮肤[①]形成了鲜明对比。他下巴和脸颊的胡楂看起来有一天没刮了，但是头发梳理得干净整齐。他看起来四十出头，当然也可能有六十岁了。基拉猜他应该还年轻，因为他的鼻子和耳朵没有显露太多岁月的痕迹。

他穿着一件针织衫，外面套了一件军用背心，右大腿上绑着一把老旧的爆能枪。基拉注意到，他的一只手一直没有远离枪的握把。

这个男人身上散发着指挥官的气场。还没等他进来，男孩和医生似乎就已经挺直了腰背。基拉之前见过他这种类型的人 ：强硬，不说废话，不满足于半遮半掩的陈述。另外，要她说，他肯定宁愿在背后捅她一刀，也不愿他的飞船或船员发生任何坏事。

这让他显得有些危险，但如果他不是一个彻头彻尾的混蛋，如果她不和他虚与委蛇，尽可能地坦诚，他可能会公正地对待她。

“差不多吧。”基拉说。她对宗教没那么虔诚，但这个借口挺方便的。

他哼了一声 ：“随她吧，医生。如果她不愿意做检查，那就别检查了。”

“但是——”维沙尔开口说。

“就这么定了，医生。”

维沙尔点头表示同意，但是基拉能看到他正在压抑怒火。

接着那个蓝眼睛男人对她说 ：“船长法尔科尼，愿为您效劳。”

“我姓卡明斯基。”

“名字呢？”

基拉短暂地犹豫了一下 ：“埃伦。”这其实是她母亲的名字。

“你穿了一件很别致的防护服啊，埃伦。”法尔科尼说，“不是联军司令部的标准装备。”

她拽着连体服的袖口，往手臂下面拉 ：“这是我男朋友送我的礼物，

---

① 太空人的棕色皮肤：见附录三“SPACER’S TAN”（第 814 页）。

定做的。我坐‘瓦尔基里号’离开时只找到了这件衣服，当时时间很紧。”

“哈。那你怎么……呃，移除它？”他指了指自己的脑袋一侧。

基拉有些难为情地摸着自己的头皮，明白他指的是她皮肤上纵横交织的纤维。“可以这样剥掉。”她用手指比画，装作拉起软刀的边缘。不过她没有拉起，因为根本做不到。

“你有头盔吗？”特里格问。

基拉摇摇头：“现在没有。不过我可以使用标准防护服的头盔。”

“好酷。”

接着法尔科尼说：“目前的情况是这样的，埃伦。我们已经把你的船员转移到我们的飞船上了。他们都很好，但在我们停泊之前，还是让他们继续休眠，因为飞船现在已经满员了。我猜联军司令部应该迫不及待想询问你，而你也迫不及待想向他们报告，但现在只能等了。我们的传输器几天前坏了，现在无法发送数据，只能接收。”

“你们能使用‘瓦尔基里号’上的设备吗？”基拉刚问出口就后悔了。该死，还没弄清楚状况，不能给他们提供方便之门。

法尔科尼摇摇头：“我的轮机长[1]说，当核聚变引擎重启时，穿梭机的几处损伤导致电力系统短路。计算机也被烧坏，反应堆关闭了，诸如此类。你的同伴们很幸运，冷冻舱的电池没坏。”

“所以司令部没有人知道我们五个还活着吗？”基拉说。

“尤其不知道你还活着，”法尔科尼说，“但他们知道穿梭机上至少有四个人。热成像仪看得清清楚楚。这就是为什么联军司令部签署了一份开放式合同，允许任何一艘飞船在‘瓦尔基里号’飞出恒星系前与它会合。你们很幸运，我们当时还有多余的德尔塔-V。”

基拉觉得面前出现了多种可能性。如果联军司令部不知道她还活着，而奥尔索和其他人仍在休眠，也许，仅仅是也许，她有机会避免被联军司令部和联盟“人间蒸发”。

“我们还有多久到港口？”她问。

---

① 轮机长：见附录三“MACHINE BOSS”（第 807 页）。

“一周。我们在朝恒星系内的罗斯兰[1]前进。货舱里有一群乘客要去那里。”船长扬起一边的眉毛，“因为追赶‘瓦尔基里号’，我们已经偏离航线太远了。”

一周。她能在整整一周内都隐瞒软刀这个秘密吗？她必须隐瞒，没有其他选项。

法尔科尼说：“你的航行路线表明你是从天龙座 σ 过来的。”

“是的。”

“发生了什么事？那种老旧的引擎每天只能推进……多少……0.14光年吧？不休眠的话，那可是一段长得要死的旅程。”

基拉犹豫着没有说话。

“你被水母[2]袭击了吗？”特里格问。

“水母？”她一脸困惑地问，庆幸自己还有时间思考。

“你知道的，那些外星人。水母，水母，我们都是这么叫的。”

他的话让基拉内心升起一阵恐惧。她的目光在他和船长身上来回逡巡：“水母。”

法尔科尼倚在门框上：“你肯定没听过。你离开天龙座 σ 后，一艘外星飞船突然出现在罗斯兰附近——我想想啊，两个月前？——攻击了三艘不同的飞船，并摧毁了其中一艘。接着它们就开始成群结队地出现在各地：辛扎尔、埃多伦，甚至太阳系内，还把金星轨道上的三艘巡洋舰都打成了筛子。”

“在这之后，”维沙尔说，“联盟就正式向这些入侵者宣战了。”

“战争。”基拉平静地说。她最害怕的结果还是出现了。

“它正在演变成一场恶战。”法尔科尼说，“水母们全力攻击我们。它们在联盟中摧毁了许多飞船，轰掉了反物质农场[3]，派军队登陆殖民地，还有其他诸如此类的行动。”

“维兰德受到攻击了吗？”

---

① 罗斯兰：见附录三“RUSLAN”（第 811 页）。

② 水母：见附录三“JELLY”（第 806 页）。

③ 反物质农场：见附录三“ANTIMATTER FARM”（第 799 页）。

船长耸耸肩："鬼才知道。也许吧。超光速通信现在不太靠谱。水母们把能破坏的通信站点都破坏了。"

基拉颈后传来一阵刺痛："你是说它们现在就在这里？"

"是的！"特里格说，"共有七艘！较大的战舰有三艘。另外还有四艘小巡洋舰，每艘都配有两支爆能枪——"

法尔科尼举起一只手，特里格顺从地住嘴了。"过去几周里，它们一直在天鹅座61B[①]和这里之间骚扰来往的飞船。联军司令部正尽全力拖住水母，但他们还是没有足够的兵力。"

"那些水母想要什么？"基拉问，感觉有些应付不过来。她的连体服下面，软刀又开始蠢蠢欲动。她努力让自己冷静下来。她必须想办法和家人联系，弄清楚他们是否安全，也让他们知道自己还活着，就先不管后果如何了。"它们是想征服我们，还是……"

"真希望我能告诉你。它们看起来不像要把我们赶尽杀绝，但我们现在只知道这么多。它们攻击这里，攻击那里……要我说，它们是想麻痹我们，再采取下一步重大的行动。不过，你还没有回答我的问题。"

"啊？"

"天龙座 σ 发生了什么？"

"哦。"基拉收起散乱的思绪，"我们被攻击了，我猜应该是水母干的。"

"我们？"法尔科尼说。

"'情有可原号'。我们在巡航，亨里克森船长将船停在阿德剌附近，去寻找那里的调查队。当天晚上，我们被伏击了。我的男朋友，他——"基拉破音了，接着继续说，"他没能活下来，大部分船员都没活下来。在'情有可原号'失去控制前，只有几个人上了穿梭机。当它爆炸时，上面的外星人也被炸死了。我们五个抽签决定谁休眠，而我输了。"

蒙混过关了。基拉能感觉到法尔科尼相信了她的话。不过，他没有放松下来，至少还没有彻底放松。他用中指敲击着爆能枪的握把，看起来像是习惯性的动作，不是故意为之。

"你见过任何一个水母吗？"特里格问，听起来挺兴奋。他从口袋里

---

① 天鹅座61为双星系统，由天鹅座61A和天鹅座61B组成。——编者注

拿出另一根口粮棒，拆开包装袋。“它们是什么形状的？有多大？非常大还是……有点儿大？”他迅速咬了几口，脸颊都鼓了起来。

基拉不想再撒谎：“是的，我看到了一个。挺大的，还有很多触手。”

“那不是唯一的一种。”维沙尔说。

“哦？”

“没人知道它们是同一个物种，是近亲，还是完全不同的东西，但是看起来五花八门。”

特里格含着食物说：“有些有触手，有些有手臂，有些爬行，有些滑行。有些似乎只能适应零重力环境，有些看起来只适合在重力井里活动，有些能适应两种环境。目前我们发现了七种不同类型的水母，但是可能还有更多。我收集了联盟的所有报告。如果你感兴趣，我可以——”

“好了，特里格。”法尔科尼说，“这个等下再说。”

特里格点点头，缄口不言，尽管他看起来有些失望。

法尔科尼用那只空闲的手摸着下巴，眼光锐利得令人不安：“你们肯定是最先被水母攻击的人员。你是在……什么时候？8月中旬离开天龙座 σ 的？”

“是的。”

“你那时能向联盟发送警报吗？”

“只能用亚光速通信。怎么了？”

法尔科尼不置可否地沉吟了一声：“我只想知道，联盟是不是在水母现身前就知道它们的存在了。我猜应该不知道，但是——”

头顶响起一个短暂而响亮的声音，船长的双眼失焦，他将注意力转移到了眼屏上。维沙尔和特里格也做了同样的动作。

“怎么了？”基拉问，注意到了几个人紧张的神情。

“又来了一些水母。”法尔科尼说。

3

一个腰板挺直的高个子女人急匆匆地朝法尔科尼走来，拍了拍他的肩膀。她看起来比他年长一些，到了会考虑注射第一轮STEM针剂[①]的年龄。

---

① STEM 针剂：见附录三“STEM SHOTS”（第 814 页）。

她的头发在脑后紧紧地扎成一个马尾，深褐色工作服的袖子卷起。和法尔科尼一样，她腿上也绑着一把爆能枪。

她说："船长——"

"我看到了。又出现了两艘……不，三艘水母飞船。"法尔科尼的冰蓝色眼睛变得澄明，他看向特里格，打了个响指，"你把卡明斯基女士带到下面的货舱去，保证每个人的安全。我们可能会做一次紧急加速。"

"是。"

船长和那个女人消失在走廊里。特里格目送他们，直到再也看不见两人。

"那是谁？"基拉问。

"尼尔森女士。"特里格说，"她是我们的大副。"他从柜台上跳下来。"我们走吧。"

"等一下。"维沙尔说着，拉开了一只抽屉。他递给基拉一个小容器。她发现里面有一对隐形眼镜，漂浮在装满液体的透明胶囊里。"在等待植入物修好的时间里，你可以用这个上网。"

基拉已经很久没用过眼屏了，简直迫不及待。她把容器放进口袋："谢谢你，这可真是帮了大忙。"

医生点点头，露出一丝微笑："这是我的荣幸，卡明斯基女士。"

特里格蹦着走了起来："好了，我们现在可以走了吗？"

"好的，走吧，走吧！"医生说。

4

基拉跟着特里格走进狭窄的棕色走廊，努力甩掉心中不祥的预感。走廊呈弧形，在无疑是船体中线的地方围成一个圆环。甲板看起来曾在飞船不加速时旋转以提供人造重力，但现在没有转；房间和家具的朝向和引擎的推力方向严格保持一致，和她在医务室看到的一样。

"你的防护服多少钱？"特里格指着她的手问道。

"你喜欢吗？"她说。

"是的，看起来质地不错。"

"谢谢。这种防护服能让人在极端环境中存活，比如埃多伦。"

特里格的眼睛发亮："真的吗？这可真酷。"

她干笑了一下："不过我不知道这个花了多少钱，就像我之前说的，这是别人送的。"

说话间，两人来到走廊墙面上一扇向里开的门前，特里格转身进去。经过那道门后，两人来到第二条走廊，通往飞船的中部。

"'壁鱼号'经常运送这么多乘客吗？"基拉问。

"不是，"特里格说，"但是有很多人乐意付钱给我们，让我们把他们载到罗斯兰，因为那里更安全。我们也会从被水母摧毁的飞船上救人。"

"是吗？听起来好危险。"

特里格耸耸肩："总比坐以待毙好。再说了，我们很需要钱。"

"是吗？"

"是的。我们用光了最后一点反物质才来到天鹅座61，而那个应该付钱给我们的人还拖欠着，所以我们就被困在这里了。我们想赚到足够的钱，返回太阳系或者半人马座α。"

他一边说，一边带她走到一扇压力门前。"啊，别在意。"特里格说，朝墙面上的一小块地方挥手。他看起来有些尴尬。"这算是一个老梗了。"

在基拉看来，那面墙一片空白："什么？"

特里格愣了一会儿。"哦，对，你的植入物坏了。"他朝她伸出一根手指，"我忘了，别在意。用眼屏会在墙上看到一小段影像，船长觉得挺好笑的。"

"他现在还觉得好笑吗？"什么事能让像法尔科尼这样的男人笑出声呢？基拉真希望自己戴着那副隐形眼镜。

特里格拉开压力门，领着她走进一个长长的、幽暗的竖井里，它连接飞船的各层甲板。竖井中部有一段梯子，薄薄的金属格栅隔开了每层甲板，但格栅的孔洞很大，她可以看到四层甲板下的井底。

基拉的头顶传来一个她没听过的男声："警告：倒数30秒后将开始自由落体。"他的声音里带着狂热的颤音，宛如特雷门琴[①]的琴声，听起来讲话者似乎随时都要痛哭出声、大笑起来或者怒不可遏。那声音让基拉紧张起来，软刀的表面也变得好像铺满了鹅卵石。

---

① 特雷门琴：电子乐器，演奏时不需要身体接触，声音飘忽不定。——编者注

“这里。”特里格说着，抓住墙上一个方便的把手。基拉也学着抓住。

“那是你们的伪智能体吗？”她指着天花板问。

“不是，是我们的飞船主脑格列戈罗维奇。”特里格骄傲地说。

基拉挑了挑眉：“你们居然还有飞船主脑！”“壁鱼号”看起来既不够大也不够好，不像装有飞船主脑的样子。法尔科尼是怎么说服一个飞船主脑加入他们团队的？她半认真半戏谑地想这其中是否涉及绑架。

“是的。”

“他似乎和我之前遇到的飞船主脑……不一样。”

“他没有任何问题，是个很好的飞船主脑。”

“我相信他是。”

“那当然了！”特里格坚持说，“最好的。他比任何飞船主脑都聪明，除了最老的那些。”他咧嘴一笑，露出歪斜的门牙。“他是我们的秘密武器。”

“聪——”

警报声响起，是短促的哔哔声。接着地板似乎在往下掉，基拉紧抓扶手，感觉墙面和地板在她周围旋转。当她将视角从垂直调整到水平时，她的眩晕感消失了。她正飘浮在一个水平的长管道里。

她早就受够了自由落体。

在她身后，也就是管道后部，基拉听见了一阵抓挠声。她转头看到一只白中带灰的暹罗猫从一扇开着的门中冲出来，撞到了梯子上。它用爪子抓住梯子，动作娴熟轻松，从梯子的横杠上跳起来，跃向管道的另一头。

基拉惊讶地看着那只猫顺着梯子飘起，边飞边缓慢转身，活像一枚安装着牙齿和爪子的长长的绒毛导弹。它经过她面前，怒目而视，翠绿色的眼睛里闪烁着恶毒的憎恨。

“那是我们的船猫①，毛毛裤先生。”特里格说。

它更像一个凶狠的小恶魔，而不是什么“毛毛裤先生”，但她暂时相信了他。

没过几秒钟，她又听到后面的房间里传来噪声：这次是一种金属质感的咔嗒声，让基拉想起了……蹄子？

---

① 船猫：见附录三“SHIP CAT”（第 813 页）。

接着一团棕色和粉色相间的东西迅速通过门口，弹到了梯子上。它一边尖叫，一边蹬着粗短的腿，直到一只蹄子碰到梯子。等站稳后，那个生物跟在猫后面跳了过来。那是一只猪。

这景象过于超现实了，基拉目瞪口呆。生活的怪异总能给她带来惊喜。

猫落在管道的另一端，迅速通过一扇开着的门冲了出去。过了一会儿，猪也这么离开了。

“那是什么？”基拉缓过神来问道。

“那是我们的船猪朗西布尔。”

“你们的船猪？”

“是的。我们在它的蹄子上装了壁虎垫，所以它能在自由落体时自由移动。”

“但为什么会有一只船猪？！”

“因为这样我们就能挣钱养家[①]了。”特里格咯咯笑出声，但基拉的脸抽搐了一下。她经历了88天的超光速航行，还得忍受这种糟糕的双关语？这公平吗？

格列戈罗维奇平淡的声音在他们头顶响起，听上去仍然好似一位神秘的神祇：“准备在1分24秒后恢复推力。”

“你们的飞船主脑到底为什么如此特别呢？”基拉问。

特里格耸耸肩，在自由落体时，这个动作看起来很奇怪。“他非常、非常大。”他注视着她，“就算装在一艘主力舰上都绰绰有余。”

“你们怎么做到的？”她说。根据她在“壁鱼号”上的观察，任何生长超过两年的飞船主脑都不会想在这艘船上服役。

“我们救了他。”

“你们救——”

“他之前被装在一艘矿业运输船上。那家公司在天鹅座61B附近开采铱矿，将其运回这里。运输船被流星体击中，坠落在一颗卫星上。”

“啊。”

“是的，坠落还损坏了通信系统，所以没办法发出求救信号。”

---

① 原文 bring home the bacon 为俚语，字面意思是将培根带回家。——译者注

警报声再次响起，随着重力的回归，基拉的双脚又踏在了金属甲板上。她再次感叹自己的肌肉在零重力环境中过了这么久，居然还能有这么好的状态！

“那又如何？”基拉皱眉问，“运输船的热成像应该很容易被探查到。”

“原本应该是的。”特里格说着，开始顺着梯子往下攀爬，“问题是，那颗卫星上都是火山。背景里都是热量，看不见那艘船。公司以为它已经被毁了。”

“见鬼。”基拉一边说一边紧随其后。

“是的。”

“他们被困在那里多久？”来到井底时，基拉问。

“五年多。”

“哇，在休眠状态下待了这么久！”

特里格停下来，一脸严肃地瞪着她：“他们没有休眠。飞船受损严重，所有冷冻舱都坏了。”

“图勒。”她自己的那次旅程已经长得要命了。基拉无法想象五年里从不休眠的感觉。“那艘船的船员们后来怎么样了？”

“在坠落时死亡，或者被饿死。”

“格列戈罗维奇也不能休眠吗？”

“不能。”

“也就是说，他在五年的大部分时间里都是独自待着？”

特里格点点头：“如果我们没有发现那处坠落点，他可能会在那里待上几十年。真的是纯属偶然，我们只是在正确的时间看了一眼屏幕。当时我们没有飞船主脑，只有一个伪智能体，还不是很好的那种。船长把格列戈罗维奇转移过来，然后他就成了我们的飞船主脑。”

“你们就这样把他接过来啦？他自己怎么看待这件事的？”

“他没怎么说。”基拉还想追问，特里格用眼神制止了她，“我是说他不怎么健谈，你明白吧？天哪，我们不会蠢到带一个不愿和我们同行的飞船主脑。你在想什么？觉得我们都不想活了吗？”

“那家矿业公司没有因此找你们麻烦吗？”

他们从主井中走出来，来到另一条和之前差不多的走廊上。

“他们可管不了。”特里格说，“他们已经终止了和格列戈罗维奇的合约，将他列在了死亡清单上，所以他是自由的。只要他想，就可以和任何飞船签约。另外，即使他们想让他回去，他也不想离开‘壁鱼号’。他甚至不愿让技术人员将他带到斯图尔特世界好好做一次检查。我觉得他是不希望再次陷入孤独了。”

基拉深有同感。飞船主脑也（勉强算）是人类，但是他们比普通大脑更加庞大，为了防止完全失去理智，他们需要刺激。对于一个独自困守五年的飞船主脑来说……她怀疑自己在“壁鱼号”上是不是真的安全。

特里格在两扇大型压力门前停了下来，走廊两边各有一扇。“在这里等一下。”他打开左边的门，走了进去。基拉短暂地瞄到了一个巨大的货舱，里面堆放着一排排设备，一个娇小的金发女人正在给控制台上大型设备的四周铺衬垫，而那些设备看起来很像是从“瓦尔基里号”上拿过来的。在那个女人旁边的甲板上，有很多联军司令部配发的爆能枪……

基拉皱起眉头。难道“壁鱼号”的船员拆了那艘穿梭机？这应该是违法的吧？“不关我的事了。”她自言自语道。

特里格回来了，手上拿着一张毯子、一副壁虎垫和一个薄膜包装的餐包。“给你。”他将那些东西递给她，“控制室和引擎室你都不能进去，除非我们中的某个人和你同行，或者你得到了船长的允许。”他用大拇指指向他刚离开的房间。“左舷舱也一样。你现在在右舷舱。化学厕所在后面。随便找个地方待着就行。从现在起你可以照顾自己了吗？”

“我觉得可以了。”

“好，我现在得回控制室了。如果你有什么问题，直接问格列戈罗维奇，他会转告其他人的。”说完，特里格沿着他们来时的路匆匆离开了。

基拉吸了一口气，接着拉开一扇门，朝右舷舱走去。

第二章

* * * * * * *

“壁鱼号”

1

基拉首先注意到的是气味：很久没洗澡的人身上散发出的体味、尿味、呕吐物和腐烂食物混合而成的臭味。通风口的排气扇正以最大速度转动，她能感觉到整个货舱里有一阵微弱的风在流动。即便如此，也没办法消除这些味道。

接着是声音：持续不断的交谈声，音量很大，很吵；孩子的哭泣声；男人的争论声；音乐声。在“瓦尔基里号”上经过漫长的寂静后，这些噪声令她难以忍受。

右舷舱是一个很大的房间，墙壁是曲面的，她猜测这里和左舷舱呈镜像对称，像半个甜甜圈围绕着“壁鱼号”的核心部分。粗壮的肋骨沿着外墙排成弧线，甲板和天花板上嵌着D形环和其他挂载点。甲板上拴着不计其数的箱子，而箱子之间就是乘客。

用“难民”来形容他们更恰当，基拉想。货舱内挤满了两三百人。人员混杂，有年轻人，也有老人，穿着各式各样奇怪的衣服：从防护服到闪闪发光的长袍，再到能折射光线的晚礼服。甲板上铺着毯子和睡袋，用壁虎垫或绳子固定住。床铺周围散落着衣服和垃圾，不过有些人会选择清理自己的那块地方，那是混乱中显得有序的小领地。

基拉意识到，假如飞船关闭引擎，这里将变得一团糟。

一些难民瞥了她一眼，其他人则要么无视她的存在，要么根本没有注意到她。

基拉小心翼翼地向前走，朝货舱的后部走去。在离她最近的箱子后面，她看到七个人躺在被固定在甲板上的睡袋中。他们看起来受伤了，有几个男人的手上有烧伤的痕迹，他们每个人身上都缠着或多或少的绷带。

他们后面是一对留着黄色莫西干发型的夫妇，正试图让两个年幼的女儿安静下来。那对姐妹一边转圈跑着，一边大喊大叫，手上挥舞着从餐包上扯下来的铝箔长条。

这里还有其他的夫妇，大部分都没带孩子。一个老男人靠墙坐着，一边弹奏着一个类似小竖琴的乐器，一边用低沉的声音给旁边三个闷闷不乐的少年唱歌。基拉只听清了几句歌词，但是她认出歌词来自一首有关太空人的古老诗歌：

> 到那外太空探索寻觅吧，
> 等我们在一处偏远海岸登陆之后，
> 就接着寻觅下一个更遥远的地方。

货舱的后部附近有一个七人小团体，围在一个小小的铜质仪器旁，专心致志地听着从中发出的冷静、不疾不徐的嗡嗡报数声："2，1，1，3，9，5，4——"他们看起来被这声音摄住了心魄，其中一些半闭眼睛站着，像听音乐一样前后摇摆，另一些则盯着地板，对世界上其他一切事物都视而不见，或是只和同伴们以眼神交流。

基拉不知道为什么这些数字这么重要。

七人团体旁边，她发现了一对身穿长袍的熵主义[①]者。这对男女相向而坐，闭着眼睛。基拉有些惊讶，停下来观察他们。

她上一次看到熵主义者是很早以前的事了。尽管他们声名在外，但其实人数不多。也许只有几万人，不会更多了。很少能看见他们乘坐普通的商用飞船旅行。他们肯定失去了自己的飞行器。

基拉还记得自己小时候，一个熵主义者带着种子[②]、基因库和其他有用的设备来到维兰德，帮助居民过上更好的殖民地生活。他和大人们处理好事情后，走到外面，来到高石市的主街上。当时暮色昏沉，他空手在空气中画出闪闪发光的图案，逗乐了她和其他孩子——这出即兴烟火表演如今依然是基拉最珍惜的回忆之一。

---

① 熵主义：见附录三"ENTROPISM"（第 802 页）。

② 种子：见附录三"SEED"（第 812 页）。

这次经历差点使她相信魔法的存在。

虽然熵主义者是世俗的，但是他们总带着神秘的色彩。基拉并不在意。她喜欢宇宙带给她的奇观，而熵主义者多少是一种证明。

她又观察了一会儿那对男女，接着继续朝前走。想要找一个隐蔽的空地是很难的，但最后她还是在两个箱子之间发现了一段狭长的楔形区域。她铺开毯子，用壁虎垫将其固定在甲板上，然后坐下来。在接下来的几分钟里，她什么都没做，只是休息，整理思绪……

“哦，法尔科尼又捡回了一只脏兮兮的流浪猫。”

基拉看到对面有一个矮小的鬈发女人背靠一个箱子坐着，手上织着一条长长的、有条纹的围巾。女人的那头鬈发在基拉心中激起一种嫉妒和失落的感觉。

“我想是吧。”基拉说，她一点儿也不想闲聊。

女人点点头。她旁边一团毛绒毯子动了一下，一只很大、耳尖带黑色的黄褐色猫抬起头，用冷漠的眼神看着基拉。猫打了个哈欠，露出长得惊人的牙齿，接着又懒洋洋地躺下去了。

基拉心想，不知道毛毛裤先生是怎么看待这位入侵者的。“它好可爱。”

“它的确很可爱，对吧？”

“它叫什么名字？”

“它有很多名字，”女人说，又拉出一截毛线，“现在它叫胡鲁斯坦迪[①]，意思是倾听者。”

“还真是……恰如其名。”

女人暂停编织，解开了围巾上的一个毛球：“是的。现在告诉我，你给了法尔科尼船长和他那群快活的流氓多少钱，才得到了登上这艘飞船的特权？”

“他们没有向我收费。”基拉略感疑惑地说。

“是吗？”女人挑起一边的眉毛，“对了，你是联军司令部的人。他们肯定不会敲诈军人。不会的，绝对不会。”

基拉环视货舱里的其他乘客：“等等，你是说他们是为了钱才去救援

---

① 原文为冰岛语。——编者注

的？那可是非法的！”——也是不道德的。任何被困在太空中的人都有权获得救援，不需要提前支付费用。以后可能要补缴，这要看情况，但一定不会在救援时收取费用。

女人耸耸肩：“你去跟法尔科尼说吧。去一趟罗斯兰，每个人要付3.4万比特币[①]。”

基拉张大嘴巴，停顿了一会儿，然后闭上嘴。3.4万比特币是一趟行星际旅行价格的两倍，都快赶上恒星际旅行了。她皱起眉头，意识到“壁鱼号”的船员完全是在敲诈这些难民：不给钱，就让你在太空中漂流。

“你看起来不是特别生气。”她说。

女人用奇怪的戏谑眼神看着基拉：“通往我们目标的旅程很少是笔直的，它往往一波三折，但这会让我们的旅程变得更加有趣。”

“真的吗？你觉得敲诈很有趣？”

“我不会想得那么极端。”女人冷冷地说。她旁边的胡鲁斯坦迪睁开一只眼睛，露出狭长的瞳孔，接着又闭上了，抖了抖尾巴尖。“不过，这总比孤零零坐着数鸽子强。”她给了基拉一个严肃的眼神，“先说清楚，我没养鸽子。”

基拉不知道女人是在开玩笑还是认真的。她试图转移话题，于是说：“你怎么会在这里的？”

女人歪着头，手里的织针飞转，发出啪嗒啪嗒的声音。看起来她不需要看着织针，以催眠的节奏摆动着毛线，从不放慢，从不踌躇。“我们怎么会在这里的？嗯？这重要吗？也许有人会说真正重要的是无论何时何地都能安心自处，而不要纠结于自己曾经身处何方。”

“我想是吧。”

“我这个回答你不太满意吧，我知道。这么说吧，我去天鹅座61是为了和一个老朋友见面，结果我乘坐的飞船遭到了袭击。这种事情稀松平常。还有——”她冲基拉眨眨眼，“我喜欢待在会发生趣事的地方，这是我一个非常糟糕的习惯。”

“啊，顺便问一下，你怎么称呼？你还没告诉我。”

---

① 比特币：见附录三“BITS”（第800页）。

“你也没有告诉我啊。”女人说，眼睛往上凝视着基拉。

“呃……埃伦。埃伦·卡明斯基。”

“很高兴认识你，埃伦·卡明斯基。名字是有力量的，在把自己的名字告诉别人前应当小心谨慎。你永远不知道别人什么时候会拿你的名字来对付你。总之，你可以叫我伊娜烈[①]。因为我就是伊娜烈。”

“但这不是你的真名吧？”基拉半开玩笑地说。

伊娜烈点点头：“哦，你可真是个小机灵鬼。”她低头看向那只猫，低声说：“为什么最有趣的人总是藏在箱子后呢？为什么呢？”

那只猫动了动耳朵，没有回答。

2

当伊娜烈失去交谈的兴趣后，基拉撕开餐包，狼吞虎咽地吃着无味的食物。每吃一口，她都觉得自己变得更加正常、更加清醒。

吃完后，她拿出维沙尔给她的小容器，戴上了隐形眼镜。千万别移除或弄坏眼镜。基拉努力将自己的想法传达给软刀。拜托了。

一开始，基拉不确定软刀有没有听懂。不过，开机画面很快就在她眼前闪出，她这才松了口气。

因为没有植入物，这副隐形眼镜可使用的功能很有限，但足以让她创建一个游客账号，并登录飞船的主程序。

她调出双星系统的星图来确认水母的位置。目前，天鹅座61内部和周围有十艘外星飞船。其中两艘在卡列林（天鹅座61A的第二号行星）附近拦截了一艘货运拖船；三艘外星飞船正加速前往远处小行星带上的矿石加工设施（这意味着它们离切洛梅居住环更近了）；还有两艘较大的飞船正忙于追逐天鹅座61B外的采矿无人机，离这里约86天文单位[②]。

那三艘新来的外星飞船已经抵达天鹅座61A的远端（高于轨道平面），和外围的小行星隔着大小不等的距离。

至少到目前为止，没有一艘外星飞船对“壁鱼号”构成直接威胁。

---

① 伊娜烈：见附录三“INARË”（第806页）。

② 天文单位：计量天体间距离的单位，1天文单位 $=1.496\times10^{8}$ 千米。——编者注

如果集中精神，基拉能感受到在“情有可原号”被攻击时感受到的冲动——一种吸引她前往每一艘不同的外星飞船的召唤。不过，那种感觉很轻微，如淡去的愧疚一样轻微。她由此得知，水母只是在发送召唤信号，却不会接收信息。否则，水母就会知道她（和软刀）的确切位置了。

这让她稍微松了口气，但也让她很纳闷。首先，它们是怎么做到的？除了她，恒星系里还没有人发现这个信号。这就表示……要么它很难被侦测到，要么水母使用了某种人类不熟悉的技术。

这也引出了另一个问题：“情有可原号”被摧毁后，水母没有理由认为她还能活下来，它们为什么还要发出召唤呢？是为了寻找另一个和软刀类似的异种，还是它们真的仍在寻找她？

基拉打了一个寒战。一切都不确定。除非她愿意当面问水母，但这是她再也不愿意经历的事情。

忽略那股冲动以及它代表的责任让她感到一丝愧疚。这种愧疚感不是她自己的，而是软刀的，这让她很吃惊，因为软刀憎恶掠夺者。

“它们对你做了什么？”她轻声问道。软刀的表面闪过一丝微光，除此之外再也没有其他反应了。

基拉确信在接下来的几个小时里，她都不用担心遭受水母的攻击。她拿开星图，开始搜索有关维兰德的新闻。她需要知道家里发生了什么。

不幸的是，法尔科尼是对的：在水母干扰超光速通信前，只有极少的信息被发送到天鹅座61。大约一个月前的报告显示，维兰德所在的恒星系外围发生了几场小规模战斗，但之后她能找到的只有谣言和猜测了。

她回想起家人，他们很坚强，毕竟都是移民。如果水母出现在维兰德……她能想象父母拿起爆能枪和水母火拼的场面。但她希望他们不会这样做。她希望他们能聪明点儿，低调地活下去。

接着她想到了“费旦扎号”，不知道调查队还剩下几个人。他们安全回去了吗？

系统信息显示，离开天龙座σ刚好26天后，超光速民用船“费旦扎号”就抵达了天鹅座61。没有受损报告。“费旦扎号”在维堡空间站停泊了几天，又过了一个星期就动身飞往太阳系。她搜索了一下乘客的名单，但不出所料，没有任何公开的信息。

有一会儿，基拉想给玛丽·埃莉斯等人发信息。万一他们几个还没飞出恒星系呢。但是她克制住了冲动。她一登录自己的账号，联盟就会知道她在哪里。也许他们没有盯着系统，但是她还没有做好冒险的准备。还有，除了“对不起”，她能对自己的前队友们说些什么呢？“对不起”不能弥补她造成的伤害和痛苦。

她将注意力转移到新闻上，决心了解全局。

情况很不乐观。

一开始是一些小规模战斗，很快就升级为一场全面入侵。报告很少，而且时间间隔很长，但足以让天鹅座61的人了解到人类居住的空间里发生了什么：斯图尔特世界轨道上的空间站被烧毁；埃多伦的飞船在加速到马尔可夫极限前被炸毁；外星人的武装力量登陆人类的勘测站或矿区前哨站……类似事件的叙述枯燥冗长，她无法一一读完。

基拉的心一沉。水母在她发现异种后不久就出现了在了阿德剌，这不会是巧合。从某种意义上说……这一切都是她造成的。就和艾伦的死一样。就好像——她用掌根按压太阳穴，然后摇摇头。别想了。就算她是第一类接触者，将战争归咎于自己也无济于事。这种想法只会让她发疯。

她继续查看，一页页地浏览，试图将这三个月来的信息都塞进脑袋里，直到眼睛都花了。

值得表扬的是，联盟似乎以恰当的措施对入侵迅速做出了反应。当暗处的怪物们发起攻击时，人类相互指责又有什么用呢？联盟调动了预备役，征用了民用船，在地球和金星上通过了强制性法案。

以基拉怀疑论者的角度看，这些措施只是联盟扩大权力的一种方式罢了。如此难得的紧急事态可不能浪费。而以她现实主义者的角度看，这么做是有必要的。

所有专家似乎都认为，水母的科技水平至少比人类先进一百年。它们的马尔可夫引擎能让它们自由进出超光速空间，更快速地飞抵恒星和行星，连最先进的联军司令部战舰都比不上。它们的动力装置与提供推力的核聚变引擎分离，通过某种未知的机制为减少惯性阻力提供所需的巨大能量。然而，它们没有使用任何散热器，没人知道是怎么做到的。

当军队登上第一艘水母飞船时，他们发现了有人造重力的房间和甲板。不是通过大范围圆周运动制造的重力，而是真正的人造重力。

物理学家们并不意外。他们解释说任何一个可以改变惯性阻力的物种，理论上都能模仿自然产生的引力场。

虽然外星人依然使用爆能枪、导弹和动能弹[①]，没有配备任何新式武器，但它们的飞船具有极强的机动性，加上高精度、高效能的武器，令它们十分难以对付。

鉴于水母高超的科技水平，联盟通过了一项法案，要求各地居民回收并上缴他们能找到的任何外星装备的碎片。正如联盟的发言人（一个油腔滑调的男人，脸上挂着假笑，眼距有点宽）所说："每一块小碎片都很有价值。每一块都能起重要作用。帮助我们就是帮助你自己，我们掌握的信息越多，和外星人战斗的胜算就越大，解除它们对殖民地和母星的威胁。"

基拉厌恶"母星"这个词。从词义上讲没错，但是这个词令她感到十分压抑，仿佛他们都应该恭敬顺从地对待那些留在地球上的幸运儿。地球不是她的母星，维兰德才是。

虽然水母占据优势，但这场太空战争不是彻头彻尾的一边倒。人类也打了几场胜仗，但是从全局来看，胜仗寥寥无几，而且都是惨胜。地面战斗的情况也好不到哪儿去。在基拉看到的视频里，即使是一个动力装甲兵也很难和外星人一对一战斗。

维沙尔说得对。水母确实是五花八门的，不只是她在"情有可原号"上见到的那种触手怪物。一些很大、很壮实；一些很小、很灵活；一些像蛇一样；一些让她想到昆虫。但不管外形如何，它们都能在真空中行动自如，敏捷、强壮，非常难对付。

当基拉仔细研究那些图像时，她眼睛后面的压力越来越大，接着突然出现一段信息——

在黑暗的太空中，一大群掠夺者朝她冲来。它们有着触手和坚硬的外壳，全副武装，身披盔甲。画面一闪，她正在攀爬一面岩石陡坡，用爆能枪扫射几十只疾冲而来的足多爪利的生物。

① 动能弹：依靠弹丸本身的动能而非爆炸来毁伤目标的弹药。——编者注

画面再次一闪。这次是在深海中，在哈达瓦里[①]的狩猎处，三个身影从黑暗的阴影处出现。一个身影粗壮又硕大，身上是盔甲一般的皮肤，暗如午夜，几乎隐形。一个身影尖锐又细长，伸出很多乱糟糟的腿和爪子，头上是黄铜色的冠，现在呈扁平状，以便在水中游动。还有一个身影瘦长又柔软，肢体和身体贴成一线，拖着一条鞭子似的、会释放电流的尾巴。虽然无法猜出单个是什么，但这三个生物有一个共同点：它们都是自己族群里第一个孵化且唯一存活下来的……

基拉喘着气，闭上眼睛。一阵刺痛从她的前额传到后脑勺。

过了一分钟，疼痛才慢慢消退。

是软刀用意念在努力和她交流，还是这些图像勾起了它某种久远的回忆？她不确定，但是她很感激能获得这些额外信息，不管这些信息多么令人困惑。

“下次别附赠我偏头痛了，可以吗？”她说。就算软刀理解了她的意思，她也无从判断。

基拉接着观看视频。

她从软刀的记忆中辨认出了几种水母的类别，但大多数都是全新且陌生的。她有些费解。软刀被困在阿德剌多久了？当然，它待在那里的时间不可能长到足够让水母进化出新的类型……

她转而去翻阅和自己专业相关的资料。看起来异种学家们都认为：所有入侵的异种都拥有相同的碱基生化编码。虽然看起来五花八门，但本质都是相同的元素。也就是说，不同类型的水母属于同一个物种。

“你们可真活跃。”她喃喃地说。水母是做了基因改造，还是生理可塑性极高呢？即便软刀知道，它也不曾透露。不管什么原理，知道人类的敌人只有一种，让她宽慰了一些。

不过，现在还有很多其他谜题。水母的飞船通常都是双数航行，没人知道为什么。它们在阿德剌上就没有成对出现，基拉想。同样地——

---

① 哈达瓦里：见附录三“HDAWARI”（第 805 页）。

……转移之巢[①]，圆润外形，意志坚定……

又一阵刺痛传遍头部，基拉疼得龇牙咧嘴。软刀的确想和她交流。转移之巢……依然没有多少信息，但至少她现在知道了一个名字。她在脑海里记下软刀展示给她的所有东西。

要是没这么晦涩就好了。

没有人知道外星人来源于哪个星球或哪个恒星系。反向计算它们飞船的超光速轨迹之后，人们发现水母可能从任何方向跳出来。也就是说，它们能在不同的时间点返回正常空间，从容不迫地改变路线，以隐藏自己的初始地点。假以时日，它们返回正常空间后发出的光被天文学家侦测到，就能判断水母从何而来了。但那需要好几年，甚至数十年。

不过，水母也不能飞得太快。它们的飞船在超光速空间肯定比人类飞船快，但也没有夸张到只用不到一个月的时间就航行数百光年。那么，为什么它们的文明发出的信号没有到达太阳系或者人类的殖民地呢？

至于为什么水母会发动攻击……最明显的理由是征服，但没有人能确定，原因很简单：迄今为止，人类还未成功破解水母的语言。从目前最有力的证据来看，它们的语言以气味为基础，和人类以声音为基础的语言完全不同，即便是最聪明的人类想破解它也不知从何下手。

基拉停下阅读，突然想到一件事。连体服下的软刀变得坚硬。在“情有可原号”上，她能明白水母在说什么，就像在听一个人用英语说话。她也能用相同的语言回应，如果她愿意的话。基拉对此毫不怀疑。

一股寒意窜过基拉的四肢，她打了个寒战，如坠冰窖。这是不是意味着她是唯一一个能和水母交流的人类呢？

似乎是的。

她茫然地盯着眼屏，思考着。如果她帮助联盟和水母沟通，情况会有所不同吗？她不得不相信，自己发现了软刀至少是外星人入侵的部分原因。这才说得通。也许水母在报复人类，因为它们认为软刀被人类摧毁了。向外星人暴露自己也许是迈向和平的第一步，也许不是。在获得更多信息

① 转移之巢：见附录三“NEST OF TRANSFERENCE”（第 808 页）。

之前，她无法确定。而现在，她不知道该去哪里获取信息。

但是基拉确信，如果她把自己交给联盟处置，就会被整日关在狭小无窗的房间里，被人无休无止地做实验，时不时为他们提供翻译服务，如果她够幸运的话。而如果她选择回到正山公司……后果可能也差不多，而且战争还会持续白热化。

基拉发出喊叫，刻意压低音量。她感觉自己被困在了一个十字路口，无论选择哪条路都有危险，而且她找不到解决方法。未来变成了一片黑色的虚空，看不见也猜不透。

她将眼屏最小化，将身上的毯子裹得更紧了，一边咬着两颊内侧，一边思考。

“该死的。”她低声说。我要怎么做？

在所有的问题、不确定性和星际大事件中（在海量的选择中，任何一种都可能造成毁灭性的后果，不仅仅对她个人来说），有一个事实显而易见：她的家人很危险。即便她已经离开维兰德，即便她好几年没有回去，他们对她来说依然十分重要。她对他们来说也同样重要。她必须帮助他们。如果她还能帮到更多的人，那就更好了。

但是该怎么做呢？以标准的超光速航行，也需要四十几天才能到达维兰德。四十几天能发生很多事情。而且，基拉不希望家人接近软刀，她担心自己会不小心伤到他们，而要是被水母发现她在哪里……她就把自己和身边的人都变成了活靶子。

她沮丧地将指关节压在甲板上。要想帮助家人，她能想到的唯一可行的方式，就是帮联盟结束这场战争。这又将她带回到那个该死的问题：怎么做？

在犹豫不决的煎熬中，基拉推开毯子站起来，她再也不能这样干等下去了。

3

基拉的脑袋嗡嗡作响，被那些思绪纷扰。她顺着货舱后面的墙漫游，试图耗掉多余的能量。

她突然心血来潮，转身朝熵主义者跪坐的地方走去，就在那群倾听一连串冗长数字的人旁边。那两个熵主义者看不出年龄，他们的太阳穴和发际线周围都是银发。他们穿着典型的渐变长袍[①]，背部中央、袖口、下摆都饰有一个富有艺术风格的标志：一只起飞的凤凰。

她一直都很崇拜熵主义者。他们因科学研究而闻名，无论是应用型还是理论型，在几乎所有领域的最高层次研究者中都有他们的追随者。实际上，人们中流传着一个玩笑，如果你想在某方面取得重大突破，第一步就是成为熵主义者。他们的科技一直领先其他人五到十年。他们的马尔可夫引擎是目前速度最快的，有传言说他们还发明了其他更加先进的奇特引擎，不过基拉不是特别相信这种古怪的说法。熵主义者吸引了大量顶尖人才，她听说甚至包括飞船主脑，但他们不是仅有的致力于探索宇宙奥秘的聪明人。

尽管如此，这些谣言也有可信之处。

许多熵主义者都做了激进的基因改造。基于他们奇特的外表，至少理论上是这样。普通大众都知道他们的衣服里装满了微型科技，其中一些近乎奇迹。如果有人能帮她进一步了解软刀和水母（至少在技术层面上），那就是熵主义者。还有一点对基拉来说十分重要：熵主义者的组织是无国界的，不归任何政府管辖。他们在联盟的无政府地区[②]设有研究室，而总部就在辛扎尔周围的某个地方。如果熵主义者发现了软刀的存在，他们不太可能将她交给联军司令部，只会向她提没完没了的问题。

基拉想起了她做研究时的老大祖巴列夫，他曾在赛里斯对她说："如果你有机会和一个熵主义者交谈，最好不要谈论宇宙的热寂[③]，记住了吗？假如聊起这个话题，你就脱不开身了，他们会缠着你聊上一整天。知道了吧？我警告过你了，纳瓦雷兹。"

想起这句话，基拉在那对男女面前停下来。"打扰了。"她说，感觉自己又变回了那个七岁的小女孩，第一次被介绍给那个拜访维兰德的熵主义

---

① 渐变长袍：见附录三"GRADIENT ROBE"（第 804 页）。

② 无政府地区：见附录三"FREEHOLDING"（第 804 页）。

③ 热寂：猜想宇宙终极命运的一种假说。根据热力学第二定律，作为一个"孤立"的系统，宇宙的熵会随着时间的流逝而增加，由有序走向无序，当宇宙的熵达到最大值时，宇宙中的其他有效能量已经全数转化为热能，所有物质温度达到热平衡。这种状态称为热寂。——编者注

者。他看起来很有那个年龄的风度：一座由肉体和衣物构成的巨塔俯视着她……

两人闻声转向她。

“找我们有什么事，囚徒[①]？”男人说。

这是基拉不喜欢熵主义者的一点：他们把所有人都称作囚徒。虽然这个宇宙不完美，但也不至于是一座监狱。毕竟，人总要存在于某处，不妨就在这个宇宙。

“我能和你们谈谈吗？”她问。

“当然，请坐。”男人说。他俩为她挪出了一点地方。两人的动作十分协调，就像同一具身体的两个部位。她过了一会儿才意识到，他们是一个蜂巢主脑[②]。虽然很小，但仍是蜂巢主脑。她已经有一段时间没有遇到过了。

“这是求知者薇拉。”男人指着他的搭档说。

“这是求知者乔鲁斯。”薇拉用镜像般的动作指着搭档说，“你想和我们谈什么，囚徒？”

基拉一边思考，一边听着数数的声音。飞船主脑格列戈罗维奇可能在听，所以她绝不能说一些和之前在医务室编的故事相悖的话。

“我叫卡明斯基。”她说，“我是随停泊在‘壁鱼号’上的穿梭机来的。”

薇拉点点头：“我们猜的——”

“——也是这样。”乔鲁斯补完了句子。

基拉一边抚平连体服上的褶皱，一边斟酌用词：“我在过去的三个月里和外界失联，所以想知道当下发生的事。你们对生物工程学了解多少？”

乔鲁斯说：“我们比一些人知道得多——”

“——也比一些人知道得少。”薇拉说。

基拉知道这是他们一贯的谦虚：“看完所有类型的水母后，我在思考一个问题。有没有可能制造一种有机防护服或者有机动力装甲？”

两个熵主义者皱起眉头。看到同样的表情同时出现在不同的脸上，基拉感觉怪怪的。“你似乎已经有了非比寻常的防护服，囚徒。”乔鲁斯说，

---

① 囚徒：见附录三“PRISONER”（第 810 页）。

② 蜂巢主脑：见附录三“HIVE MIND”（第 805 页）。

他和同伴同时指着软刀。

“这个？”基拉耸耸肩，仿佛它无关紧要，“这是我的一个朋友帮我定制的，其实没看起来那么厉害。”

两个熵主义者接受了她的说法。薇拉说：“那么现在回答你的问题，囚徒，这是有可能的，但是……”

“不切实际。”乔鲁斯说。

“肉体不如金属或复合材料强韧，”薇拉说，“即使是金刚石和碳纳米管做成的防护服，保护性能也不见得比普通装甲更好。”

“也很难为它提供动力，”乔鲁斯说，“有机体的活动不能在需要的时间内提供充足的能量。除了超级电容器、电池、迷你反应堆，还需要其他能量来源。”

“即便不需要考虑能量，”薇拉说，“使用者和防护服之间的结合也是个难题。”

“但是植入物已经使用了有机电路。”基拉说。

乔鲁斯摇摇头：“我说的不是这个。如果防护服是有机体，它是有生命的，那就会一直存在交叉污染的风险。”

薇拉说：“防护服上的细胞可能会在使用者的身体上扎根，生长在它不该出现的地方。这可能会比任何自然形成的癌症都更加糟糕。”

“反过来说，”乔鲁斯说，“使用者的细胞可能最终会扰乱防护服的机能。为了避免出现这种后果，避免使用者的免疫系统在人与防护服的结合处攻击防护服——”

“——就需要根据使用者的DNA进行设计，这样一来，一件防护服就只能给一个人使用。这也是不切实际的。”

基拉说：“所以那些水母——”

“根据我们的理解，它们没有穿有机防护服，”薇拉回答说，“除非它们的科技比我们看到的更加先进。”

“我明白了。”基拉说，“另外，除了已经公布的资料，你们了解它们的语言吗？”

薇拉回答说：“很遗憾——”

“——不了解，”乔鲁斯说，“抱歉。关于外星人，还有很多未解之谜。”

基拉皱起眉头。耳边再次响起数字的嗡嗡声，声音很大，令人分神。她做了一个鬼脸："他们在做什么？你们知道吗？"

乔鲁斯不屑地说："打扰其他所有人，就是这样。我们——"

"——曾请求他们降低音量，但他们说已经不能再低了。如果他们之后不能表现得——"

"——更配合点，我们可能就得找他们严肃地谈一谈了。"

"是啊。"基拉说，"但他们是什么人？"

"他们是拜数教①徒。"薇拉和乔鲁斯同时说。

"拜数教徒？"

"拜数教是一种发源于火星的宗教，就在人们定居到火星上的最初几十年内发展出来的。拜数教徒崇拜数字。"

"数字？"

两个熵主义者同步地快速点了点头："数字。"

"为什么？"

薇拉微笑道："什么东西不可以崇拜呢？因为他们相信数字蕴含了生命、宇宙乃至一切的深层意义。确切地说——"

乔鲁斯微笑道："——他们相信数字。他们相信，如果列举得足够久，就能说出每个整数，也许能在时间的尽头说出终极数字。"

"那是不可能的。"

"那不重要。事关信仰。播报数字的人是最高算术师②，也被称为'Pontifex Digitalis'，是——"

"——很糟糕的拉丁词。意为'毛地黄教皇'，他们很多人——"

"——都这么叫他。他——"

"——和来自拜数院③的助手们（他们很喜欢这些头衔）背诵每个新的数字，从不停止或者间断。"薇拉用一根微弯的手指指向那些拜数教徒，

① 拜数教：见附录三"NUMENISM"（第 809 页）。

② 最高算术师：见附录三"ARCH ARITHMETIST"（第 799 页）。

③ 拜数院：见附录三"COLLEGE OF ENUMERATORS"（第 801 页）。

“他们认为聆听数字播报[①]是——”

“——一项非常重要的宗教活动。再加上——加上——”

“——他们相信一些数字比另一些数字更有意义，比如包含某个数列的数字、质数，等等。”

基拉皱起眉头：“听起来很奇怪。”

薇拉耸耸肩：“也许吧。但是这让他们安心，我们对大多数事情都是如此。”

这时，乔鲁斯挨近基拉：“你知道他们怎么定义神吗？”

基拉摇摇头。

“神是被分成同等两半的事物中更大的那一半，”两个熵主义者将重心放到脚跟上向后仰，轻声发笑，“这不是很好笑吗？”

“但……这毫无意义。”

薇拉和乔鲁斯耸耸肩：“信仰通常都没有什么意义。现在——”

“——你还有什么问题我们能帮上忙的吗？”

基拉伤感地笑着说：“除非你们碰巧知道生命的意义。”话音刚落，基拉就知道自己说错话了，他俩会把这句话当真。

果不其然。乔鲁斯说：“生命的意义——”

“——对每个人来说都不一样。”薇拉说，“对我们来说很简单，那就是努力去理解万事万物，我们——”

“——将找到一种能否定热寂的方法。而对你来说，生命的意义是什么——”

“——我们并不知道。”

“恐怕是这样。”基拉控制不住话头，“你们把很多尚未定论的东西都当成事实，比如热寂。”

他们异口同声地说：“如果我们错了，那就是错了，但我们的探求是值得的。即便我们相信的东西是错误的——”

“——我们的成功将会使所有人受益。”乔鲁斯说。

基拉歪着头：“有道理。无意冒犯。”

---

① 数字播报：见附录三“ENUMERATION”（第 803 页）。

两人的怒气平息，扯了一下长袍的袖口。乔鲁斯说：“也许我们能帮助你，囚徒。意义来源于目的——”

“——而目的的外在形式有很多种。”薇拉将手指拢成尖塔状。令人惊讶的是，乔鲁斯没有做相同的动作。她说：“你有没有想过，我们人类所有的一切都来源于恒星大爆炸的残骸？”

乔鲁斯说：“生命源自尘土。[①]”

“我们诞生于死星的尘土。”

“我听说过这种说法，”基拉说，“这是一个不错的设想，但是好像和我们的话题不相关。”

乔鲁斯说：“我们的话题是——”

“——这个说法在逻辑上的延伸。”薇拉停顿了一下，“我们有意识，我们有知觉，我们都是由天上相同的物质构成的。”

“囚徒，你还没有明白吗？”乔鲁斯说，“我们就是宇宙的意识本身——我们、水母以及所有拥有自主意识的生物。我们观察宇宙，就是宇宙在观察自己，观察并学习着。”

“总有一天，”薇拉说，“我们，广而言之即宇宙，会学着突破现有的领域，将自己从不可避免的灭绝中拯救出来。”

基拉说：“方法就是逃离热寂。”

乔鲁斯点点头：“没错，但这不是重点。重点是观察和学习的行为是我们共享的——”

“——无论我们有没有意识到这一点。因此，它赋予了我们做一切事情的目的，不管——”

“——这些事情看起来多么微不足道。从目的中诞生了意义。对宇宙本身来说，根据你自己的意识——”

“——它感受到了你的每一次伤痛和担忧。”薇拉微笑道，“无论你在生命中做了什么选择，其重要性都要超越你自己，大至整个宇宙，你该为此感到宽慰。”

“听起来有些狂妄自大了。”基拉说。

---

① 原文为拉丁语。——译者注

“也许吧。”乔鲁斯回答说，“但是——”

“——也许这就是真相。”薇拉说。

基拉低头看向自己的双手。她的问题仍然没有得到解决，但不知为何她现在觉得这些问题变得易于处理了。她是宇宙意识的一部分，这种想法让她感到宽慰，尽管是以一种很抽象的方式。不管她之后做什么，也不管她身上会发生什么，比如再次被联军司令部隔离起来，她依然是比她自身更宏大的目的的一部分，没有人能从她这里夺走这一真理。

“谢谢。”她由衷地说。

两个熵主义者低下头，用指尖轻点前额：“不客气，囚徒。愿你的道路永远通往知识。”

“知识带来自由。”她说，接上了这句祝福语。虽然他们对自由的定义和她不同，但是她能理解。

接着基拉回到箱子之间的位置，打开眼屏，带着重燃的斗志一头扎入信息的海洋。

4

进入飞船的夜晚，货舱里的光线被调成微弱的红光。基拉难以入睡，思绪纷乱，在“瓦尔基里号”上待了那么久，她的身体也很难平静下来。另外，虽然她很喜欢有重力的感觉，但再次感受重力还是让她觉得奇怪。她的脸颊和屁股因为抵在甲板上而感到疼。

她想起了茨切特，然后想起了调查队里的所有人。希望联军司令部的人已经唤醒了处于休眠中的那几个人。待在冷冻舱里太久并不好，基本的生物功能，比如消化和内分泌，过了一定的时间就会出问题。而且，詹安总是容易出现休眠后遗症……

最后，基拉睡着了，但还是思虑重重，梦境比平时更加生动。她梦见自己在家里，还是小时候——她很多年都没有回想起这些陈年往事了，但是梦境十分鲜活，好似正在发生的事情，时光兜兜转转又回到了原地。

她在西边温室一排排植物之间追着妹妹伊莎。伊莎一边跑一边尖叫着挥手，棕色的马尾辫在颈后甩来甩去……父亲在做红糖米布丁[1]，那道菜是他们家族自地球移民时从圣阿马罗[2]带来的，这也是她家后院有一个火坑的原因。炭灰烤红糖，红糖淋布丁，这是她最喜欢的食物，因为它带着往日的味道……

接着她的思绪回到了最近发生的事情上，从阿德剌到艾伦，再到她对水母的担心，一锅回忆的大杂烩。

艾伦说："你能扫描一下吗？或者拿到一些样本？"

接着是内加尔："你为了那玩意儿居然能放弃雄吾的肉桂卷？"

基拉回答了她，和之前如出一辙："抱歉，你知道的，就得这样。"……就得这样……

在基地，她从冷冻休眠中醒了过来。艾伦抱着她："是我的错。我不应该让你去检查那些石头。对不起，宝贝。"

"不，别说对不起。"她说，"总得有人去做啊。"

不知何处传来"隔界和男孩们"乐队的歌，主唱在大声嘶吼："门口空无一人。嘿，门口空无一人。宝贝，是谁在敲门？"

基拉醒来时一身冷汗，心怦怦直跳。还是晚上，货舱里有几百个睡着的人，背景里的白噪声是他们的呼吸声。

她深深地呼出一口气。

总得有人去做啊。她颤抖了一下，用手摸了摸头。那光滑的触感还是让她十分吃惊。

"总得有人。"她低声说，接着闭上眼，被突如其来的对艾伦的思念淹没。一时间，她仿佛能嗅到他的气息……

基拉知道他会怎么做，也知道他会希望她怎么做。她抽了抽鼻子，擦掉眼泪。好奇心曾驱使他俩来到星辰之间，但在满足好奇心的过程中，他

---

① 红糖米布丁：见附录三"ARROSITO AHUMADO"（第 799 页）。

② 圣阿马罗：见附录三"SAN AMARO"（第 811 页）。

们必须承担一定的责任。她身上的责任比他的更大（异种学是比地质学更需要冒险的专业），但无论如何，事实不会变：对于那些探索未知领域的人来说，他们有义务保护留在身后、生活在熟悉界限内的人。

她的脑海里回响起熵主义者的话：意义来源于目的……这时她知道她的目的是什么了，那就是利用自己能理解水母语言的优势，在两个物种之间斡旋，达成和平。或者，如果做不到，她就帮助联盟赢得这场战争。

但是，要以她自己的方式来赢得这场战争。假如她去罗斯兰，联盟会将她重新隔离，这对任何人来说都没有好处（尤其是对她自己）。不，她需要在外面，不能被困在实验室里，被人像微生物一样放在培养皿里仔细观察。她需要去能连进水母计算机网络的地方，并尽可能多地获取数据。最好能直接用语言和一个水母交流，但她估计不冒风险是做不到的。至少现在还做不到。如果她能接触外星飞船上的传输器，那也许会有转机。

她下定了决心，早上就去和法尔科尼谈谈，让他把飞船转向比罗斯兰更近的港口。他们也许能打捞些水母的科技产品供她检查，如果进展顺利，也许可以登上一艘失灵的水母飞船。说服法尔科尼需要费一番工夫，但基拉觉得很有希望。任何一个头脑清醒的人都不会忽视她所说之事的重要性，而且法尔科尼虽然作风强硬，但似乎是个通情达理的人。

她闭上双眼，决心更加坚定了。即便这是一个错误，她也会拼尽全力阻止那些水母。

也许那时她就能拯救家人，并弥补自己在阿德刺上犯下的罪行。

第三章

* * * * * * *

假定

1

当光线照亮货舱，基拉发现自己身上除了脸以外，到处都覆着一层细细的尘土。考虑到她吃下的东西，她原本以为会有很多灰尘。幸运的是，毯子盖住了大部分尘土，她趁伊娜烈和其他人都没注意时清理干净。

她打开眼屏，查询关于水母飞船活动的消息。情况很糟糕。卡列林附近的两艘水母飞船依然在侵扰货运船，有未经证实的报告说，外星人在卡列林上那处小型人类定居点登陆了。同时，位于小行星带的水母飞船摧毁了七个矿石加工点，随后以超高速飞往切洛梅。它们轰炸这个居住环，摧毁了它的大部分防御装置，又继续飞向另一组采矿设施。

居住环被损坏得惨不忍睹，但大部分都是表面损伤，结构基本上还算完整，这让人放下心来。假如居住环被毁……一想到几千个人全被暴露在太空中，基拉不寒而栗。很少有这么骇人听闻的事。就在她观看新闻视频时，三艘不同类型的飞船从切洛梅离开，帮居民撤离。

基拉将注意力转移到天鹅座61B上，点进了置顶的新闻：一艘水母飞船在夜里爆炸，留下了一堆碎片和硬辐射①。

一群自称“尖叫的狮蛤②”的矿工声称对此事负责。很显然，他们操纵了一架无人机，飞上水母飞船然后自爆，破坏了飞船的内部安全壳③。

从战争全局来看，这次对外星飞船的破坏只是一件小事，但基拉认为这十分鼓舞人心。水母虽然具备优势，可人类也不是吃素的。

然而，这依然无法改变整个恒星系都在遭受攻击的事实。基拉能听

---

① 硬辐射：高穿透力的量子辐射，通常辐射频率高，波长短。——编者注

② 狮蛤：见附录三“LION CLAM”（第 807 页）。

③ 安全壳：核反应堆外围一层防止核泄漏的防护装置。——编者注

到货舱里到处都有人在谈论切洛梅上的状况（似乎很大一部分人都来自那里），也在谈论摧毁水母飞船。

将新闻先放在一边，也忽略那些喋喋不休的交谈，基拉开始考虑让法尔科尼在哪里将自己放下去。要找一处相对近的地方，同时又不在水母的火力范围之内。没多少选择：绕行在齐奥尔科夫斯基的轨道外的小型居住环；位于卡列林的第三个拉格朗日点[①]的燃料工厂；位于恒星系第四颗行星格罗兹尼的研究前哨站……

她很快就定下了马尔佩特空间站，这是一个位于内侧小行星带的矿点。天鹅座61内有两个这样的小行星带，而“壁鱼号”现在就位于两者之间。选择马尔佩特主要是因为公司在那里有代理人，联军司令部派了几艘飞船来保护矿点，包括联军司令部飞船“达姆施塔特号”。

基拉想，她也许能利用公司摆脱联军司令部，并说服其中一方或者双方将她送到一艘水母飞船上。另外，相比罗斯兰或维堡空间站一名坐在办公室里的官员，一位积极抗击外星人的联军司令部指挥官更能赏识她提供的帮助。

不管怎么看，这都是她最好的选择。

想到自己将要面临的风险，她有些迟疑。她现在要做的事情可能会产生各种可怕的后果，最终适得其反。接着她挺起了肩膀。不要紧。想让她放弃，可不是这么一点儿精神上的打击就能做到的。

眼屏一角出现了一个旗帜图标，提醒她收到了一条新信息：“你为什么一直掉灰？哦，花里胡哨的肉袋子。你的赘生物堵塞了我的过滤器。——格列戈罗维奇。”

基拉露出一丝苦笑。看来她没有办法继续隐瞒软刀的秘密了。她默念着回复：“好了，好了。你别指望我这么容易就回答你。”

“我需要马上见船长。私下里。这是一件生死攸关的事情。——基拉。”

一秒钟后出现了回复：“你的傲慢引起了我的兴趣，我会持续关注你的

---

① 拉格朗日点：天体力学中限制性三体问题的5个特解，分别简写为L1、L2、L3、L4、L5。此处指L3。在每个由两大天体构成的系统中，按推论有5个拉格朗日点，但只有两个是稳定的。——译者注

信息。——格列戈罗维奇。”

她皱起眉头。这算是答应还是拒绝？

没过多久，基拉就知道了答案。不到五分钟，她曾在另一个货舱里看到的那个娇小的金发女人就出现在了门口。她穿了一件橄榄绿的夹克，一对袖子被剪掉了，露出肌肉虬结的手臂，这种肌肉只有在经过基因改造或者长年举重并控制饮食的人身上才能看到。尽管如此，她的脸精致秀丽，很有女人味。她肩上挂着一把难看的射弹枪①。

那个女人往嘴里伸进两根手指，发出哨声：“喂！卡明斯基！过来这里。船长想见你。”

在众人的注视下，基拉站起身，走到了门口。女人快速扫了她一眼，然后用下巴示意外面的走廊：“你走前面，卡明斯基。”

压力门刚在她们身后关上，女人就说：“把你的双手放在我能看到的地方。”

基拉照做了，两人沿着主井往上爬。有了隐形眼镜后，她现在可以看到飞船的共享眼屏了：门、墙壁、灯上都是五光十色的投影，有时候甚至出现在空气中。这些投影将“壁鱼号”昏暗的内部变成了闪闪发光的现代风格建筑。

这里还有其他类型的共享眼屏。她逐一浏览，看着主井变幻出各种景象：一座城堡；一张新艺术②风格的建筑布局图；不同外星景观（一些看起来温暖且诱人，一些则充满了风暴，偶尔有闪电闪耀其中）；甚至还有一幅噩梦般的抽象的分形图案，让她想起软刀带给她的不适。

她猜想，最后那幅图才是格列戈罗维奇的最爱。

最后，基拉选定了第一个眼屏。它最简洁，而且氛围轻松愉快。

“能问一下你的名字吗？”她说。

“可以。我叫‘给老娘闭嘴然后继续往前走’。”

两人来到那层设有医务室的甲板，女人戳了一下她的后背，说：“这里。”

---

① 射弹枪：相对于激光枪而言，发射普通子弹的枪。——编者注

② 新艺术：19 世纪末 20 世纪初流行于欧洲和美国的装饰艺术和建筑风格，采用基于花、叶等自然形状的复杂设计和曲线图案。——编者注

基拉从梯子上下来，挤过压力门，来到走廊上。她停下来，看到了前一天特里格让她无视的那面墙上的共享眼屏。

这张图足足占据了两米高的镶板。画面中，一支穿着动力装甲的长耳大野兔部队，向穿着同样装备的部队（也是长耳大野兔）冲锋，双方爆发了一场恶战。领导那支更近的部队的是……那只名叫朗西布尔的猪，它还多了一对獠牙。而指挥另一支部队的不是别人，正是毛毛裤先生，它两只毛茸茸的爪子各挥舞着一支火焰喷射器。

“看在图勒的分上，这是什么？”基拉说。

女人露出一丝尴尬的表情：“我们在酒吧里跟‘脓液太阳号’的船员们打赌输了。”

“呃……这个还不算太糟糕。”基拉说。作为在酒吧打赌输掉的惩罚，这已经算是网开一面了。

女人点点头：“如果我们赢了，船长打算让他们画——你不想知道。”

基拉也这样觉得。毕竟女人只要用射弹枪的枪管轻轻一推，就能让基拉再次回到走廊上。她想自己是否应该将双手举过头顶。

两人走到飞船另一边的压力门前，停了下来。女人在门中间的轮子上猛拍了一下，不一会儿就传来了法尔科尼的声音：“门没锁。”

她转动轮子时，它发出悦耳的哐啷声。门倏然打开，基拉吃惊地发现他们的见面地点不是控制室，而是舱室。准确地说，是法尔科尼的舱室。

房间很小，多走几步就会撞到家具。床铺、洗脸池、柜子、墙，一切都简单到不能再简单了，即便用眼屏看。房间里唯一的装饰品是内置桌板上一棵多节的盆栽，叶子是银灰色，树干被扭成S形。

基拉不禁感到惊讶。盆栽很难在飞船上活下去，然而这棵树看起来很健康，受到了精心的培育。

船长正坐在桌子后面，他的全息显示屏上打开了几个窗口。他衬衣上面几颗纽扣没有扣上，露出黝黑的肌肉，但真正引起她注意的是他卷起袖子后露出的前臂。那片裸露的皮肤上是扭曲而斑驳的疤痕组织，看起来像是部分熔化的塑料，坚硬又富有光泽。

基拉的第一反应是厌恶。为什么？一般来说，烧伤的伤疤很容易就能治好。即使法尔科尼是在一个没有医疗设施的地方受的伤，他之后为什么不去处理这些疤痕呢？为什么要让自己显得……畸形？

朗西布尔正躺在法尔科尼的腿上。船长挠着它的耳后，它半闭着眼睛，心满意足地甩着尾巴。尼尔森站在船长旁边，双臂交叉，脸上带着不耐烦。

“你想见我？”法尔科尼说。他笑了笑，似乎觉得基拉的不适很有趣。

她重新评估了对他的第一印象。如果他想用伤疤扰乱她的心神，那么他比她想象的更聪明、更危险。从盆栽也能看出他更有教养，即便他是一个喜欢剥削他人的混蛋。

“我需要和你单独谈谈。”她说。

法尔科尼指着尼尔森和金发女人：“不管你想说什么，都可以在她们面前说。”

基拉有些恼火地说：“我要说的事情很重要……船长。我跟格列戈罗维奇说过，这是一件生死攸关的事情，我可不是在开玩笑。”

嘲弄的微笑没有从法尔科尼的脸上退去，但是他的双眼变得犀利，像是蓝色的冰刺。“我相信你，卡明斯基女士。但如果你认为我会独自见你，没有任何目击者，你肯定会认为我是一个天生的傻瓜。她们要在场。这可没得谈。”

基拉听到身后的肌肉女正在调整握枪的姿势。

基拉咬紧嘴唇，思考是否要坚持自己的要求。看起来不太行，所以最后她妥协了。“好吧，”她说，“至少把门关上，可以吗？”

法尔科尼点点头：“我想这一点我们可以做到。斯帕罗？”

陪基拉过来的女人将压力门关上，不过没有拉上门闩，也没有上锁——一出现紧急状况就可以轻易打开。

“好。那么，你想要说什么？”法尔科尼说。

基拉吸了一口气：“我的名字不是卡明斯基。我叫基拉·纳瓦雷兹。而且这也不是防护服，这是一种外星有机体。”

2

法尔科尼爆笑出声，声音大到惊扰了朗西布尔。那只猪哼哼唧唧地抬头看向主人，脸上挂着似乎是担心的表情。

“好……好啊。”法尔科尼说，“故事编得不错。真的挺好笑的，女士……”他又仔细端详了一遍她的脸，笑容消失了。“你是认真的？”

她点点头。

旁边传来咔嗒一声，基拉用余光看到斯帕罗用射弹枪瞄准了她的头。

“你能别这样吗？”基拉说，声音都绷紧了，“讲真的，这绝对不是一个好主意。”她已经能感受到身上的软刀准备行动了。

法尔科尼举起一只手挥了挥，斯帕罗不情不愿地放下枪：“证明一下。”

“证明什么？”基拉困惑地问。

“证明这是一个外星产物。”他指着她的手臂说。

基拉犹豫了：“你保证不开枪，可以吗？”

“这要看情况。”斯帕罗怒道。

基拉在心中劝诱软刀用面罩盖住她的脸。为了不吓到他们，速度比平时慢。即便如此，法尔科尼还是浑身僵硬，尼尔森从枪袋里抽出了半截枪。

朗西布尔睁圆了湿漉漉的大眼睛看着基拉。它抽了抽长鼻子，往她所在的方向嗅了嗅。

“该死的。”斯帕罗说。

几秒钟后，基拉已经证明了自己的话。她让软刀放轻松，收回面罩，再次露出自己的脸。舱室里冰冷的空气袭上她裸露的皮肤。

法尔科尼站得笔直，笔直得过分。基拉很担心：要是他决定将她抛入太空，结束这一切，该怎么办？

接着他说：“解释一下。你最好把话说清楚，纳瓦雷兹。”

于是基拉开始讲述。她讲的大部分都是事实，但是她没有说在阿德剌是软刀杀死了艾伦和其他队员，而是将其归咎于水母的攻击——一部分原因是避免吓到法尔科尼，还有一部分原因是她不想讨论自己在整起事件中扮演的角色。

等她说完，舱室里陷入了长久的沉默。

朗西布尔哼了一声，开始扭起来，想要跳下去。法尔科尼将那只猪放到地板上，把它朝门口的方向推了推：“让它出去吧，它需要用盒子了。”

那只猪小跑着经过基拉，从斯帕罗打开的门缝出去了。

等斯帕罗关上那扇门，法尔科尼说：“格列戈罗维奇？”

几秒钟后，飞船主脑的声音从天花板上传来：“她的故事经查属实。

新闻报道里确实提到，前往阿德剌执行调查任务的小队中有一个叫基拉·纳瓦雷兹的高级异种学家。在超光速民用船‘费旦扎号’的乘客名单上也发现了‘纳瓦雷兹’这个名字。她的生物特征符合公开的数据。”

法尔科尼用手指在腿上轻敲。“你确定这个异种不具有传染性？”他直截了当地问基拉。

她点点头：“如果它有，那么我剩下的队友都被传染上了，还有‘情有可原号’上的船员。联军司令部仔仔细细地把我检查了好几遍，船长。他们没有发现任何它会传播的风险。”她又扯了个谎，但这很有必要。

他皱起眉：“我还是……”

“这是我的专业领域，”基拉说，“相信我，我比绝大部分人都更了解其中的风险。”

“好吧，纳瓦雷兹，先假设这是真的。假设你说的都是真的。你发现了一处外星遗址，在里面发现了这个有机体。几周后，水母就出现了，开始四处攻击人类。我没理解错吧？”

接下来是一阵令人不安的沉默。“是的。”基拉说。

法尔科尼把脑袋朝后仰，目光灼热，让人有些紧张：“似乎你跟这场战争的关系比你说的这些要深得多啊。”

他说中了她的恐惧，这令她不适。该死。她真希望他没有这么聪明。“我不知道你在说什么。我已经把我知道的一切都告诉你们了。”

“嗯，那么你为什么要告诉我们？”法尔科尼身体前倾，将手肘支撑在膝盖上，“你到底想要什么？”

基拉舔了舔嘴唇。这是整个计划中最微妙的部分。“我想请你让‘壁鱼号’转向，将我送到马尔佩特。”

这一次法尔科尼没有大笑。他和尼尔森交换了一下眼神，然后说：“这艘飞船上的每个人都付了钱，让我带他们去罗斯兰。我们为什么要改变航向？”

基拉本来想就付钱的问题说两句，但忍住了。现在不是造成敌对关系的时候。她小心地组织语言，开口说道：“因为我能理解水母的语言。”

尼尔森扬起眉毛说：“你能干吗？”

接着基拉讲述了自己在“情有可原号”上遇到一个水母的经历。她没有讲软刀传达的梦境和回忆，现在可不能让他们觉得她疯了。

“那你为什么不去罗斯兰？”斯帕罗说，她的声音尖厉。

“我需要到一艘水母飞船上去。”基拉说，“而我最好的机会就是在这里。如果我去了罗斯兰，联盟会再次将我拘禁。”

法尔科尼挠着下巴：“这个理由不足以解释为什么我们需要改变航向。当然了，假如你说的是真的，这些情报是很重要，没错。但是，七天对于整场战争来说根本不算什么。”

“会起作用的。”基拉说，但她发现他没有被说服。她改变了策略：“听着，正山贸易公司在马尔佩特有代理人。如果你能带我去见他，我保证公司会付给你一笔巨款，以感谢你的协助。”

“真的吗？”法尔科尼扬起眉毛，“有多少？”

“为了感谢你让公司得到一项独一无二的外星科技吗？有了那些钱，你想买多少反物质就能买多少。”

“真的吗？”

“是的，确实如此。”

尼尔森放下双臂，用低沉的语调说：“马尔佩特也不是很远。只需要花几天时间，然后我们依然可以将所有人带到罗斯兰去。”

法尔科尼不屑地说：“改变航向的话，万一维堡空间站的联军司令部官员拿我兴师问罪，我要怎么回答？那些人眼巴巴地等着接手从‘瓦尔基里号’救出来的所有人。”他的语调傲慢又平缓，好像他承认了飞船上的传输器没有坏，同时又挑衅基拉敢不敢发出质疑。

她看着他：“你就告诉他们飞船出了点儿故障，需要协助。我敢肯定他们会相信你的，你很擅长编故事。”

斯帕罗哼了一声。法尔科尼的嘴角浮起若有若无的微笑：“好啊，纳瓦雷兹。你只要答应我一个条件，我们就可以成交了。”

“什么？”基拉谨慎地问道。

“你必须让维沙尔给你好好做一次检查。”法尔科尼的表情变得平静而冷峻，“我不能让你带着异种继续待在我的飞船上，除非医生能查明一切确实没问题。你没意见吧？”

“我没意见。”基拉说。她其实也没有多少选择。

船长点点头："那就好。关于费用，你最好不是在瞎扯，纳瓦雷兹。"

3

出了法尔科尼的舱室，斯帕罗护送基拉径直前往医务室。维沙尔在那里等着他们，穿着全套的防护装备。

"有必要穿成这样吗，医生？"斯帕罗问。

"待会儿就知道了。"维沙尔说。

基拉能看出医生有些生气。透过他头盔的面罩，她能看到他的脸绷得紧紧的，消瘦且苍白。

没等医生要求，基拉便自己坐上了检查台。她感觉需要说点什么来缓和一下气氛，于是开口道："不好意思，没有做好生物防护，但我认为异种没有传染的风险。"

维沙尔忙着准备需要的工具，从水槽下老旧、笨重的微流控芯片开始："你没法确定。你是异种学家，女士，应该知道要按规定办事。"

他的指责刺痛了她。是的，但是……他没有说错，可她没有多少选择，现在不也一样吗？基拉只是在脑袋里这么想，不想在这里展开争论。

她一边等待，一边用脚后跟踢着检查台底部的抽屉。斯帕罗懒洋洋地站在门口看着。

"你在飞船上具体做什么？"基拉问她。

斯帕罗很平静，面无表情："我举起重物，然后放下它们。"她举起左臂，绷紧肱二头肌和肱三头肌，展示自己的肌肉。

"我明白了。"

维沙尔开始问基拉一连串问题，她都尽力回答了。在这一点上，她没有保留。科学是神圣的，她知道医生只是在做自己的工作。在维沙尔的要求下，基拉展示了如何让软刀的表面硬化成她想要的样子。

接着，医生在头顶的医疗机器人的控制屏幕上点了点。医疗机器人朝基拉移动，机械臂像折纸般伸展开来。基拉的记忆闪回到"情有可原号"上的囚室，还有墙上的S-PAC，她不由自主地退缩了一下。

"不要动。"维沙尔急忙说。

基拉低下头，将注意力放在呼吸上。她最不希望发生的事就是软刀将医疗机器人当成威胁，将其撕成碎片。要是发生这种事，法尔科尼船长肯定很不高兴。

接下来的两个小时里，维沙尔用了很多卡尔用过的检测方法，也许更多。他很有创造力。医疗机器人在她身上戳刺，运行各种诊断程序；维沙尔则以自己的方式观察她的耳朵、眼睛、鼻子，用棉签和刮刀取样后放进微流控芯片里。总的来说，这一切都让基拉感到不舒服。

他一直戴着头盔，面罩锁得紧紧的。他们没怎么说话。维沙尔下指令，基拉不说一句废话地照做了。她只想让这些折磨早点结束。

到了某个时候，她的肚子开始咕咕叫，这才想起来自己还没有吃早饭。维沙尔听到后，毫不犹豫地从边上的一个小橱柜里拿了一根口粮棒给她。当她咀嚼吞咽时，他用锐利的眼神饶有兴趣地看着她。

“不可思议。”他低声说着，将微流控芯片放在她嘴边，看着读数。

他继续含糊不清地自言自语：“……3%扩散”“不可能，那会——”“三磷酸腺苷？这完全说不……”基拉一点儿都听不懂。

最后他说：“纳瓦雷兹女士，这次必须进行血液检查，好吗？但是唯一能抽血的地方是——”

“我的脸，”她点点头，“我知道。你该怎么做就怎么做吧。”

他有些犹豫：“头部或脸上都不好抽血，会伤到很多神经。你展示过异种会听从你的命令移动——”

“算是吧。”

“但它确实能移动。所以我想问你：你能不能移开它，露出其他部分的皮肤，比如这里？”他拍了拍她的手肘内侧。

这想法出乎基拉的意料。她从来没有这样想过。“我……不知道。”她诚实地说，“也许可以。”

门口的斯帕罗打开一条口香糖，丢进嘴里：“试试吧，纳瓦雷兹。”她吹起一个巨大的粉色泡泡，直到它啪的一声破掉。

“给我一分钟。”基拉说。

医生坐回自己的凳子上，等待着。

基拉无比专注地将注意力集中到自己的手肘内侧，默想着推开软刀。

软刀表面发出了微光。基拉更加努力地集中注意力，接着微光变成了涟漪，而软刀的纤维一层接一层地相互交融，形成了黑色玻璃质地的表面。

然而软刀还是覆盖在她的手臂上，腾挪流转之间散发着液体的光泽。但是当她摸到变软的地方时，手指却能从表面陷进去，紧贴下面的皮肤。

基拉屏住呼吸。她的心怦怦直跳，既紧张又激动。她耗费的心力过大，难以持久，所以她的注意力一涣散，软刀就立刻变硬，回到平时那种有纹理的样子。

基拉有些沮丧，但也大受鼓舞，于是再次尝试，驱使意识一遍又一遍地传向软刀。“拜托了，该死的。”她嘟囔道。

软刀似乎对她的意图感到困惑。它在她的手臂上翻腾，被她的意识攻击激怒。基拉推得更用力了。软刀的翻腾加剧，接着一阵冰凉的刺痛传到了她的手肘内侧。软刀一点点地往关节旁边撤，让她苍白的皮肤暴露在冰冷的空气中。

“快。”基拉从咬紧的牙关中蹦出一个字。

维沙尔迅速冲上前，将注射器扎进基拉的手肘。她感觉到一股轻微的刺痛，接着他拔出针头。“搞定。”他说。

基拉依然在用全力让软刀往后退，她伸出手指摸了摸手臂，触及裸露的皮肤。她尽情享受再次抚摸自己皮肤的感觉，这种简单的快乐之前似乎要永远离她而去了。触感和软刀并无二致，但是意义远不止如此。没有了那层隔开皮肤的纤维，她感觉自己更正常。

然后，心力已经耗费过多，软刀再次回到原位，盖住了手肘内侧。

“我的天哪。”斯帕罗说。

基拉长舒一口气，好像跑完了一段楼梯。她全身就像过电一般刺痛。如果她多加练习，也许，只是也许，她有可能彻底摆脱软刀。自从她在“情有可原号”上醒来之后，这是她第一次产生了真切的希望。

基拉的眼睛里盈满了泪水，她眨眨眼，不想让斯帕罗和医生看到。

采集血液后，维沙尔又做了一些测试，全程都在自言自语。在他零零碎碎的言语中，基拉开始神游天外。对面墙上有一个斑点——形状像八角，也许是一只被平底玻璃杯拍死的蜘蛛——她盯着那里，放空了大脑。

……

基拉一惊，意识到维沙尔没说话，而且已经安静了好一会儿。“怎么了？”她说。

医生看着她，好像忘了她还在这里。“我不知道该拿你身上的异种怎么办，”他轻轻地前后摆动了一下脑袋，“它和我之前研究过的任何东西都不一样。”

“怎么说？”

他把凳子往后挪了挪。“我可能几个月后才能回答你的问题。这个有机体有……”他犹豫了一下，“它用一种我无法理解的方式和你的身体互动。这根本不可能！”

“为什么不可能？”

“因为它没有使用DNA或RNA，对吧？水母也没有，但是——”

“你能判断它和水母有没有关系吗？”

维沙尔沮丧地摇摇头：“不，不能。如果有机体是制造品，这是最有可能的，那么制造者可以采用它想要的任何分子排列，对吧？它们不会局限于自己的生理构造。但是这都不重要。没有DNA或RNA，异种怎么知道如何与你的细胞互动呢？我们体内的化学机制和它的应该完全不同啊！”

“我也想知道。”

“是的，还有——”

医务室的主控制台发出一阵短促的哔哔声，接着扬声器传来法尔科尼的声音：“嘿，医生，出结果了吗？你们那里可真安静啊。”

维沙尔一脸苦相。接着他解开脖子上的密封圈，摘掉了头盔。“我现在能告诉你的是，纳瓦雷兹女士没有患上麻疹、腮腺炎或者风疹。她的血糖水平很健康，虽然她的植入物无法运作，但当初的安装工作做得相当不错。牙龈正常，耳朵没有堵塞。你还想知道什么？”

“她有传染性吗？”

“没有。但我不确定异种有没有。它会排出灰尘——”听到这里，斯帕罗一脸警觉。“那些灰尘似乎完全无害。但谁又说得准呢？我手上没有我需要的工具。要是在我那个老实验室就好了……”维沙尔摇了摇头。

“你问过格列戈罗维奇了吗？”

医生翻了个白眼：“是的，我们受神庇佑的飞船主脑屈尊看了数据。

他没帮上什么忙，除非算上他引用的忒修斯悖论[1]。”

“异种的一切——”

一阵激动的哼叫声打断了船长的话，朗西布尔小跑着冲进了医务室。这只棕色小猪来到基拉旁边，嗅了嗅她的脚，接着匆忙冲回斯帕罗身边，在她的小腿之间喘气。

斯帕罗弯下腰挠了挠朗西布尔的耳后。猪抬起鼻子，看起来几乎像是在微笑。

法尔科尼继续说：“异种的情况和她说的相符吗？”

维沙尔摊手：“据我看来，我不明白这是一个有机物细胞、一台纳米组装机，还是某种奇怪的混合物。它的分子结构似乎每一秒都在变化。”

“那么我们会突然口吐白沫、倒地不起，还是会在睡梦中被它杀死？这是我想知道的。”

基拉不安地调整姿势，想起了艾伦。

“这……不太可能，目前看来。”维沙尔说，“所有的检测结果都无法表明异种是近在眼前的威胁。但我必须警告你，凭现有的设备，还没有办法确定这一点。”

“明白了，”法尔科尼说，“好。那么，我想我们必须冒这个险了。我相信你的判断，医生。纳瓦雷兹，你在听吗？”

“是的。”

“我们马上就将航线转向马尔佩特。预计到达时间不到42小时。”

“明白。谢谢你。”

他哼了一声：“这不是为了你，纳瓦雷兹……斯帕罗，我知道你在听。把我们的客人带到C甲板层的空闲舱室里，接下来她都可以待在那里。最好把她和其他乘客隔开。”

斯帕罗在门框边上站直：“是，长官。”

“哦，纳瓦雷兹？如果你想的话，欢迎到我们的厨房用餐。晚餐会在七点整准时开始。”说完，他切断了通信。

---

① 忒修斯悖论：如果忒修斯的船上的木头被逐渐替换，直到所有的木头都不是原来的木头，那这艘船还是不是原来的那艘船。——编者注

4

斯帕罗又吹破了一个口香糖泡泡："好了，乡里别[①]，我们走。"

基拉一开始没有照做。她看着维沙尔说："你可以把检查结果转发给我吗？我自己也想看一看。"

他点点头："好的，当然可以。"

"谢谢。也谢谢你检查得这么细致。"

听到这句话，维沙尔似乎有些惊讶。接着他微微鞠了一躬，发出悦耳的笑声："当风险是死于外星人入侵时，我怎么能不细致呢？"

"说得很对。"

然后基拉跟着斯帕罗回到了走廊上。"你有什么放在货舱里需要去取的东西吗？"那个娇小的女人问。

基拉摇摇头："没有。"

两人一起走向飞船的下一层。就在她们往前走的时候，推力警报器响了，脚下的甲板倾斜并扭转，这是"壁鱼号"在转入新的航线。

"这是厨房。"斯帕罗指着一扇带标记的门，"你饿了可以自己进去找东西吃。只是——别——动——巧克力。"

"有什么问题吗？"

女人哼了一声："特里格一直在吃，还说他觉得我们其他人不想吃……好了，这就是你的舱室。"她在另一扇门前停了下来。

基拉点点头，走了进去。她身后，斯帕罗在原地看着她，直到门关上。

基拉感觉自己不像乘客，而更像一个囚犯。她观察着周围的环境，这间舱室只有法尔科尼那个房间的一半大。一边是床铺和储物柜，另一边是洗脸池、镜子、坐便器以及一张装着显示屏的桌子。墙壁是棕色的，和走廊一样，只有两盏灯，两边各一盏：金属笼里的白色光源。

她试着打开储物柜，发现是锁着的。她靠在上面，然后柜门就打开了。里面除了一条叠起来的蓝色薄毯，别无他物。

基拉开始脱连体服，脱到一半停了下来。法尔科尼会不会在监视这间舱室？想了一会儿，她决定不管了。她穿着同一件衣服在88天里航行了

---

① 乡里别：见附录三"GROUND-POUNDER"（第805页）。

11光年，真的够了。

基拉产生了一种近似宽慰的感觉。她拉开连体服的拉链，先抽出双臂，接着抬脚从连体服里走出来。一股灰尘从裤管落下。她将连体服搭在椅背上，走到洗脸池边，想用海绵擦身。看到镜中的自己后，她停住了。

即便在“瓦尔基里号”上，基拉也没看过自己的全貌，只瞥到过一部分——显示屏玻璃质感的表面照出来的昏暗、幽灵般的影子。她之前没太在意，其实只需要低头看就能知道软刀在她身上的情况。

现在从镜子里几乎能看到她的全身，看到自己被外星有机体改变……以及寄生的样子，她吓了一跳。它占据了任何人都没有权利占据的身体部位，即便是她的孩子，假如她怀有孩子的话。由于这么多天里每天只吃一半口粮，她的脸和身体比记忆中更加消瘦，瘦了太多，但这没有困扰她。

她能看到的只有异种。富有光泽、黑漆漆、纤维状的异种像收缩膜一样紧贴在她身上，看起来就像一张可怕的肌肉解剖图，她的皮肤和筋膜都被剥离了。

基拉用手在奇怪的光滑头皮上摩挲。她的呼吸停住了，心头一绞。她感觉自己要吐了。她凝视着镜子，痛恨自己看到的影像，但又无法移开目光。感应到她的这种情绪后，软刀的表面变得粗糙。谁还会像艾伦那样被现在的她吸引呢？泪水盈满基拉的眼眶，接着沿脸颊滑落。

她感觉自己很丑。

不成样子。

形单影只。

没有人来安慰她。

基拉颤抖地吸了一口气，稳住自己的情绪。她哀悼过，也会继续哀悼，但逝者已矣，整日以泪洗面也无济于事。现在并非穷途末路，还有一条路摆在她面前：一线希望，虽然十分渺茫。

基拉强迫自己将视线从镜子里移开，拿起洗脸池边的一块布擦洗自己，接着来到床上，蜷缩进毯子里。在有微光洒入的昏暗中，她再次尝试让软刀从一小块皮肤上移开（这一次是左手的手指）。

和上次比起来，软刀似乎更能明白她想达成什么目的。没那么费力了，有时费力的感觉消失了，她和软刀配合默契。她大受鼓舞，于是更加用力。

软刀从她的指甲往后退去，发出剥皮般的黏腻声响。它停在每根手指的第一个关节处，不管她怎么努力，都无法再劝诱它更进一步了。

她让软刀回归原位。

她又尝试了三次用意念让软刀后退，露出手指，每次它都做到了。每次成功都让基拉感觉自己和软刀的神经连接得更紧密，效率也更高。

她尝试了身体的其他部位，软刀同样遵守了指令，不过有些地方更困难些。要想彻底摆脱软刀的束缚需要更强的力量，但她没有泄气。她还在学着与它交流，想到有可能摆脱它（即使需要很长时间），她的心情放松了许多，在毯子里露出傻笑。

摆脱软刀不能解决她所有的问题（联军司令部和联盟依然想观察她，没有了软刀，她只能任凭他们摆布），但能解决当前最大的问题，让她有一天（肯定有办法！）重新过上正常的生活。

她再次用意念让软刀后退。让它固定在某个位置，就像让两块磁铁的同极挨在一起。突然，房间另一边的响声引起了她的注意，她手上突起一根尖刺，穿过毯子，扎在了桌面上（她感觉到那根尖刺就像她伸出的手指）。

“该死。”基拉嘟囔道。有谁看到了吗？经过一番努力，她说服软刀收回尖刺。她看向桌子，尖刺在桌面上留下了一道长长的划痕。

基拉无法再保持注意力了，放弃了实验，走到桌子前。她抽出内置显示屏，将它和眼屏连接，开始浏览维沙尔发来的文件。

这是她第一次看到软刀的测试结果，它们简直不可思议。

软刀的材料由三个基本元素构成：一、纳米组装机，塑造和重塑软刀及其周围材料的形状，但能量来源未知；二、树状细丝，遍布各处，其行为模式表明软刀就像一个高度互联的处理器（很难断定它是否具有传统意义上的生命，但可以肯定它不是死物）；三、一种非常复杂的高分子，维沙尔发现它附着在几乎每一个纳米组装机和树状细丝上。

和软刀身上的许多谜题一样，这种分子的作用仍然成谜。它似乎与软刀的修复和构筑无关。分子的长度说明它包含了大量潜在信息，至少比人类DNA包含的信息多出两个数量级，但还是无法确定这些信息有什么用途，也许根本没用。

基拉想，软刀唯一真正的功能可能是保护并传递这种分子，但这也说明不了什么。从生物学的角度来看，人类和DNA的关系就是如此，而人类能做的远不止繁衍。

基拉把测试结果来回看了四遍，才将它存进记忆库。维沙尔是对的：要想进一步了解异种，还需要更好的设备。

也许熵主义者可以帮上忙……她将这个想法存档，作为备选。如果她真的决定这么做，那就到马尔佩特再去找熵主义者检测软刀。

然后，基拉浏览新闻，仔细阅读关于水母的生物学研究，渴望了解最新的学术成果。这些信息同样不可思议。什么都可以从外星人的基因组中推断出来，比如它们是杂食性动物，它们那等同于人类DNA的物质似乎大部分都是自定义编码（自然过程从未产生过如此干净利落的基因序列）。

对比维沙尔的发现，水母的生理构造和软刀没有任何相似之处，也没有任何迹象表明它们具有相同的生物学起源，但这本身说明不了什么。基拉知道很多人造有机体（大部分是单细胞生物）和地球上衍生的生命没有明显的化学相关性。所以这说明不了什么……但能引发一些联想。

基拉一直看到下午，然后休息了一会儿，飞快去了一趟厨房，给自己泡了一杯切尔茶，从橱柜里拿了一个餐包。她可以去吃冰箱里的新鲜食物，不过那样她会过意不去，因为这种东西在太空中很稀有，而且价格不菲。如果没有得到允许就拿去吃很不礼貌，即便那颗橘子勾得她口水直流。

当她回到舱室时，她发现一条信息正等着她："你的回答有些地方值得推敲，肉袋子。你有什么事还没说出来？是的，我很想知道。在你拖着这具掉灰的躯壳离开我们之前，至少回答我这个问题：你到底怎么了，被寄生者？——格列戈罗维奇。"

基拉抿紧嘴唇，不想回答。只有傻子才想在智力比赛中胜过飞船主脑，但惹怒他就更愚蠢了。

"我独自一人并且很害怕。你呢？——基拉。"

这是一次精心策划的冒险。如果她在他（格列戈罗维奇肯定是男性）面前表现得脆弱，可能会分散他的注意力。这值得一试。

令她惊讶的是，飞船主脑没有回答。

她继续阅读。不久，"壁鱼号"调到零重力，做了一次翻转，然后减速驶向马尔佩特空间站。和往常一样，零重力使基拉的嘴里涌上了胆汁的味道，她再次怀念有重力的环境，不管那是模拟重力还是别的什么。

近七点，基拉关闭眼屏，穿上连体服，决定冒险出去和船员共进晚餐。

还能发生更糟的事情吗？

5

基拉进入厨房的那一刻，闹哄哄的谈话声戛然而止。她停在门口，所有人都看着她，她也看着每个人。

船长坐在最近的桌子边，一条腿抵在胸口，一只手放在膝盖上，另一只手拿着勺子往嘴里送食物。他对面是尼尔森，和往常一样坐姿端正。

远一点的桌子边坐着医生和一个她所见过的块头最大的女人。她不胖，只是健硕宽厚，骨架和关节比大部分男人的都要大上三分之一。她的每根手指都比基拉的大一倍，五官很平，脸很圆，还有一对巨大的颧骨。

基拉记得这张脸，她在穿梭机上醒来时看到过。她立刻反应过来，这个女人以前是辛扎尔的居民，她不太可能认错。

在联盟鲜少见到辛扎尔人。辛扎尔是唯一坚持独立的殖民地（为此付出了巨大的代价，不管是飞船还是人命）。基拉在公司任职这么久，在不同的外派星球上只见过几个辛扎尔人，而且都是男人。他们每个人都坚强、可靠，和预想的一样强壮。他们也很能喝，比你按照他们的体型估算的还能喝。基拉在矿区最先学到的教训，就是千万不要试图在酒桌上喝倒一个辛扎尔人，否则，你很快就会因酒精中毒被送到医务室。

理智上，基拉理解他们为什么要基因改造，不这样做就没办法在辛扎尔的高重力环境中生存，但她从来没有真正习惯他们那迥异的外表。她在公司培训期间的室友雪瑞妮就没有这种烦恼，雪瑞妮还在宿舍的墙上投射了一张辛扎尔流行歌手的照片。

和大部分辛扎尔人一样，“壁鱼号”厨房里的这个女人是亚裔。毋庸置疑，她是韩国人。很多韩国人都移民到了辛扎尔上（基拉在课堂上学过七个殖民地的相关历史）。她穿着一件皱巴巴的连体服，膝盖和手肘处都打着补丁，胳膊上沾有油渍。基拉很难通过她的脸猜测她的年纪。她可能才二十出头，也可能已经四十岁了。

特里格坐在厨房柜台的边缘，咀嚼着似乎永远不会断供的口粮棒。斯帕罗正用勺子从炉子上的锅中舀出肉丸，还是穿着之前那件外套。毛毛裤先生一边蹭着她的脚踝，一边可怜巴巴地喵喵叫。

一股令人垂涎欲滴的香气弥漫在空气中。

“你到底要不要进来？”法尔科尼说。他的话打破了魔咒，其他人重新动了起来，开始交谈。

基拉想知道其他船员是否知道软刀的事。她很快得到了答案。就在她往厨房后部走去的时候，特里格问：“你的防护服真的是外星人做的？”

基拉意识到所有人的目光都聚焦在她身上，犹豫了一下，然后点了点头：“是的。”

那孩子的脸都发光了：“真酷！我能摸一下吗？”

“特里格，”尼尔森用警告的口吻说，“够了。”

“是，长官。”特里格说，两颊涨红了。他羞涩地瞟了一眼尼尔森，接着把手上最后一根口粮棒塞进嘴里，从柜台上跳了下来。“你骗了我，纳瓦雷兹女士。你说防护服是你朋友做的。”

“是的，我很抱歉。”基拉有些尴尬地说。

特里格耸耸肩：“没事，我理解。”

斯帕罗从炉子边走过来。“剩下的都是你的。”她对基拉说。

当基拉去拿碗和勺子时，那只猫对着她发出嘶嘶声，然后跑到一张桌子底下躲起来。法尔科尼用中指指着它说：“看起来它很讨厌你。”

是的，谢谢你，我看到了，基拉想。她一边将肉丸舀进碗里，一边说：“你告诉联军司令部我们要改变航向时，他们说了什么？”

法尔科尼耸耸肩：“嗯，他们确实挺不高兴的。”

“我们的乘客也挺不高兴的。”尼尔森说，更像是说给船长听的，“我刚被货舱里的所有人吼了半小时，那里的气氛相当糟糕。”她看向基拉的神色似乎在说这都怪她。

在基拉看来，这种反应并非毫无道理。

法尔科尼用指甲剔着牙：“我知道了。格列戈罗维奇，从现在起，你要注意观察那些乘客的动静。”

“是，长官。”飞船主脑回答，声音里带着令人不安的咝咝声。

基拉拿着碗在最近的空椅子上坐下，看着辛扎尔人。“不好意思，我还不知道你的名字。”基拉说。

辛扎尔人面无表情地看着她，然后眨了眨眼：“穿梭机后面的那些洞是你补的吗？”她的声音平静而粗犷。

“我尽力了。”

辛扎尔人嘀咕了一声，将视线移回到自己的食物上。

好吧，基拉想。船员们并不打算欢迎她。这没关系。她在大部分外派星球上都被当成局外人。现在和那时又有什么区别呢？等到了马尔佩特空间站，她就不用再忍受他们了。在那之后，也许她再也没机会和“壁鱼号”的船员打交道了。

接着，特里格说：“华是太阳系这一侧最好的轮机长。”

至少这个孩子看起来还算友好。

辛扎尔人皱了皱眉。“华钟。”她郑重地说，“我的名字不是华。”

“哦，你知道我没办法正确发出那个音。”

“试试。”

“华——冲。”

轮机长摇摇头。在她继续开口前，斯帕罗过来坐在华钟的腿上。她靠在这个大块头女人身上，而华钟以占有的姿态用一只手环抱她的腰。

基拉扬起一边的眉毛：“所以这就是你说的‘举起重物，然后放下它们’？”她似乎听到另一张桌子边的法尔科尼在忍住笑。

斯帕罗也学她的表情，挑起一条修得异常精致的眉毛。“所以你的听力没问题，不错。”她伸长脖子，在华钟的脸颊上印上一吻。轮机长啧啧出声，像被惹怒了，但基拉看到她的嘴角扬起一丝微笑。

基拉趁机开始吃东西。肉丸是热的，味道浓郁，百里香、迷迭香、盐和其他几种她没尝出来的调料搭配得恰到好处。这些番茄是新鲜的吗？她闭上眼睛，尽情享受美味。很长一段时间以来，她只吃预制的脱水食物。

“嗯——”她说，“谁做的？”

维沙尔抬起头：“你很喜欢吗？”

她睁开眼，点点头。

一时间，医生不知所措，接着露出温和的笑容：“我很高兴，今天是我掌勺。”

基拉回以微笑，又吃了一口。她很久没有发自内心地笑了，自从……

伴随盘子和镀银餐具的碰撞声，特里格换了桌子，坐到她旁边："船长说你是在阿德刺的一处遗址发现异种的。外星人的遗址！"

她吞下嘴里塞满的食物："是的。"

特里格几乎从长凳上跳起来："它长什么样？你录视频了吗？"

基拉摇摇头："数据都存在'瓦尔基里号'上，但我能给你描述一下。"

"那就拜托了！"

然后，基拉讲述了自己是如何发现软刀的发源地以及里面是什么样的。特里格不是唯一的听众，她能看到其他船员都在看着她，包括已经听过全过程的人。她尽量不去在意。

等她说完，特里格说："哇，水母制造的东西离我们真近啊，很早以前就在了，是吧？"

基拉有些不确定："呃，也许吧。"

斯帕罗从华钟的怀里抬起头："为什么说'也许'？"

"因为……异种似乎不太喜欢水母。"基拉用手指滑过左手背，努力用语言描述梦境，"我不明白确切的原因，但我觉得水母对它不好。还有，维沙尔从异种上得到的数据，无法与已公布的水母的生物学数据相匹配。"

维沙尔放下正送往嘴边的杯子："纳瓦雷兹女士说得对。我也查过了，已知的数据中没有这种生物。至少从我们目前所有的资料来看是这样。"

尼尔森说："你认为制造防护服的物种或文明也制造了大灯塔吗？"

"也许吧。"基拉说。

法尔科尼将叉子叮当一声放到了餐盘里，摇摇头："好多'也许'啊。"

基拉发出不置可否的声音。

特里格说："医生，你怎么没发现她穿着一件外星人做的防护服？"

"是啊，医生，"斯帕罗说，扭头看了一眼维沙尔，"你的视力可不太好。以后我都不放心让你做检查了。"

即便维沙尔的肤色很深，基拉也能看出他涨红了脸。维沙尔说："她身上没有被异种寄生的症状，就算血液检查也没有——"

特里格打断了他："也许货舱里的一些怪家伙就是水母伪装的，你也没办法知道，对吧？"

医生抿紧嘴唇，但没有发火。他只是盯着自己的食物说：“确实如此，特里格。也许我真的漏掉了什么。”

“是的，有可能——”

“我们知道你尽力了，医生。”法尔科尼斩钉截铁地说，“没必要为此感到内疚。毕竟以前没人遇到过这种事。”基拉看到他旁边的尼尔森给了维沙尔一个同情的眼神。

基拉感觉有些对不起医生，主动转移了话题。“这么说你喜欢烹饪？”她用勺子舀起一颗肉丸问道。

过了一会儿，维沙尔才点点头，对上她的目光：“是的，是的，我很喜欢。但是我的厨艺比不上我母亲和姐姐们的。和她们一比，我这一手就很丢脸啦。”

“你有几个姐妹？”她想到了伊莎。

他伸出三根手指：“三个，纳瓦雷兹女士，都比我大。”

之后，一阵不自然的沉默笼罩了整个厨房。只要她待在这里，船员们似乎都不太想说话。连特里格也变得安静，虽然基拉很确定他能喋喋不休地再问一千个问题。

接着尼尔森的话让她有些吃惊：“我听说你来自维兰德，纳瓦雷兹女士。”在所有船员中，她的口音听起来比较标准，基拉没办法判断她来自哪里。

“是的，确实如此。”

“你在那里有家人吗？”

“有几个，不过我已经很久没回去了。”基拉决定趁此机会问一个问题，“如果你不介意的话，我能问一下你来自哪里吗？”

尼尔森用餐巾纸擦了一下嘴角：“我在很多地方待过。”

“她来自金星！”特里格脱口而出，眼睛闪闪发光，“最大的空中城市之一！”

尼尔森将嘴唇抿成一条线：“是的，谢谢你的解说，特里格。”

那孩子似乎意识到自己多管闲事了，低下头，将视线转移到自己的碗里。“我的意思是……”他嘟囔道，“我也不是很清楚，所以……”

基拉细细打量大副。金星几乎和地球一样富饶，很少有金星居民愿意跑出太阳系四处漂泊，也肯定不会待在像“壁鱼号”这样一艘如生锈小桶的飞船上。“那些城市和影像里一样壮观吗？”基拉问。

一时间，尼尔森似乎要无视这个问题。然后，她快速地说：“住久了就习惯了……但的确很壮观。”

基拉一直很想去游览那些飘浮的城市。这又是一个被软刀打破的梦想。要是——

一阵兴奋的哼叫声扰乱了她的思绪，朗西布尔小跑着冲进了厨房。它径直冲向法尔科尼，倚靠在他的腿上。

尼尔森发出恼火的声音：“谁又把笼子打开了？”

“是我，大姐大。”斯帕罗举起手。

“它只是想和我们待在一起，你难道不想吗？”法尔科尼说着，挠了挠它的耳后。朗西布尔抬起鼻子，半闭着眼睛，露出幸福的表情。

“它只是想要我们的食物。”尼尔森说，“船长，它不应该待在这里。猪不属于厨房。”

“除非被做成培根。”华钟说。

“在朗西布尔面前不许说培根。”法尔科尼说，“它是我们的一员，和毛毛裤先生一样。它俩和你们享受同等权利，包括进入厨房。明白了吗？”

华钟说：“明白，船长。”

“但还是不卫生，”尼尔森说，“要是它又想去洗手间呢？”

“它现在是一只训练有素的猪，肯定不会像之前一样出糗。对吧，朗西布尔？”那只猪快乐地哼哼了两声。

“既然你都这么说了，船长，那好吧。但感觉还是很别扭，要是我们正在吃火腿或猪肉——”法尔科尼给了她一个眼色，她举起双手，“我就这么一说，船长。那就好像、好像……”

“同类相食。”特里格说。

“是的，谢谢你。同类相食。”

得到尼尔森的赞同后，特里格看起来很高兴，脖子也红了一圈。他紧盯着盘子，努力憋笑。基拉也暗自露出笑容。

法尔科尼将盘子里的一块食物丢给了朗西布尔，它开心地吃了起来。“我上次检查过了，我们的飞船上没有任何……呃，猪肉制品，所以我认为你们的担心是多余的。”

“多余的，”尼尔森摇摇头，“我投降。和你争论就像和一堵墙吵架。”

“一堵十分英俊的墙。”

当他们两人斗嘴的时候，基拉看向维沙尔：“这只猪是什么情况？新来的吗？”

医生摇摇头：“不算冷冻休眠时间的话，它登上飞船已经有六个月了。船长从埃多伦带上来的。从那以后，他们就常因为猪的事吵架。”

“但为什么要带一只猪？”

“你应该自己去问船长，女士。我们不比你知道得更多。这是宇宙的一个未解之谜。”

6

在晚餐余下的时间里，尴尬成了常态。除了“把盐递给我”“垃圾放哪里”“给朗西布尔一点儿吃的”这些简洁实用的交流外，他们没有讨论更严肃的话题。而这只会让基拉意识到自己是多么格格不入。

通常，如果晚餐遇到冷场，她就拿出六角手风琴弹奏几曲。有时买几杯饮料，挡下试图以笨拙手法来搭讪的人。当然，是在认识艾伦之前。但在这里就没必要了，明天快结束时，她就要离开“壁鱼号”，然后根本不需要担心法尔科尼和他的这些散漫的船员了。

基拉吃完东西，正准备将碗放到水槽里时，响起了短促而洪亮的哔哔声。所有人闻声愣在原地，每个人的眼睛都失去了焦距，因为他们正专注地看着自己的眼屏。

基拉也看向眼屏，却没有看到任何警报。“怎么了？”她问，注意到法尔科尼的姿势突然变得紧张起来。

斯帕罗回答道：“是水母，有四个，正前往马尔佩特空间站。”

“预计到达时间？”

法尔科尼的眼睛变得清澈，转头看向她：“明天中午。”

第四章

* * * * * * *

兵棋[1]

1

四个闪烁的小红点如箭头穿过恒星系，指向马尔佩特空间站。一组由亮绿色的点连成的线显示出水母精心策划的运动轨迹。

基拉点击眼屏，对准马尔佩特空间站并拉近镜头。只见一颗被挖空的小行星上，毫无章法地堆砌着传感器、穹顶舱、对接舱及散热器。行星内（从外面很难看清）是一个旋转的居住环，大部分居民就生活在那里。

离马尔佩特空间站几千米处是水特克能量补给平台。

这两个空间站之间挤满了飞船。这些飞船上有不同的标记：蓝色的是民用船，金色的是军用船。基拉没关眼屏，问道："它们能阻止水母吗？"

隔着透明的眼屏，法尔科尼皱起眉头："说不准。'达姆施塔特号'是唯一有真枪实弹的军舰，其他都是本地的飞船。PDF[2]小艇之类的。"

"PDF？"

"行星防卫军。"

斯帕罗咂舌："是的，但那些都是小型飞船，纳鲁级别[3]的。"

特里格向基拉解释说："纳鲁级别的飞船只能装载三只鱿鱼、两三只爬虫、两三条鲷鱼。当然，有的飞船上还有重型螃蟹。"

"当然有啦。"斯帕罗不带感情地笑道。

维沙尔附和道："没错，但从它们的孵化舱里会爬出增援部队。"

"孵化舱？"基拉问，感觉完全一头雾水。

华钟回答道："它们有机器，能孵化出新的战士。"

---

① 兵棋：普鲁士军队于19世纪开发的策略游戏，可用于推演战术。——编者注

② PDF：见附录三"PDF"（第810页）。

③ 纳鲁级别：见附录三"NARU-CLASS"（第808页）。

“我……我从来没看到过相关的新闻。”基拉说。

法尔科尼哼了一声：“联盟为了不吓到人们，就没宣扬出去，但是我们几周前听到了风声。”

孵化舱的概念对基拉来说有些熟悉，就像一段快被遗忘的记忆。要是她能登录水母的计算机系统，就能了解到很多东西。

斯帕罗说：“水母很自信，以为只靠这四艘飞船就能打败马尔佩特和‘达姆施塔特号’。”

“别漏了那些矿工，”特里格说，“他们有很多武器，而且他们不会逃跑。我向上帝发誓他们绝对不会逃走。”

基拉一脸疑惑地看着他，特里格耸耸肩：“我是在天鹅座61B的温塞特空间站长大的。我了解那些矿工。那些太空老鼠像钛一样硬。”

“是啊，”斯帕罗说，“但他们这次可不是跟饿到半死的人类打架。”

尼尔森有些不安：“船长，我们还来得及改变航向。”

为了看清法尔科尼的脸，基拉关闭眼屏。他正盯着她看不到的屏幕，显出心烦意乱的神色。“不确定改变航向有没有用。”他嘟囔道。法尔科尼摁下厨房墙上的按钮，天鹅座61的全息影像出现在空气中。他指着被标记为红点的水母说：“即便我们这时候掉头逃走，我们也跑不过它们。”

“是跑不过，但如果我们和它们拉开一段距离，也许它们就会觉得不值得追上来。”尼尔森说，“之前这么做都奏效了。”

法尔科尼一脸苦相：“我们已经烧了很多氢，现在能不能飞到罗斯兰都是个问题。至少旅程的一半都得靠惯性滑行了。在整个过程中，我们都是活靶子。”他摸了摸下巴，眼睛还是看着全息影像。

斯帕罗说：“你在想什么，船长？”

“我们得让‘壁鱼号’名副其实了，”他将一颗离马尔佩特空间站有一段距离的小行星标亮，“这里。这颗被命名为TSX-2212的小行星上有一套开采设备。听说那里有居住舱、燃料箱，什么都有。我们可以飞到那颗小行星，等战斗结束。如果它们决定追过来，我们还可以藏在隧道里。只要它们没有朝我们丢核弹之类的东西，我们就还有机会。”

基拉在眼屏上查询“壁鱼”的名词解释。很显然，这是地球上的英国对“蜗牛”的称呼，可能源自盎格鲁-撒克逊语。她看向法尔科尼，再次对他的幽默感产生怀疑。他把自己的飞船命名为“蜗牛号”?

当船员们还在讨论各种可能的结果时，基拉坐着思考。

然后她走向法尔科尼，弯下腰在他耳边说：“我能和你单独谈谈吗？”

他几乎都没有正眼看她：“什么？”

“去外面。”她指着门口。

法尔科尼犹豫不决，接着猛然从椅子上站起来，吓了基拉一跳。“马上回来。”他对其他人说，跟着她走出了厨房。

基拉转头看向他：“你必须让我登上一艘水母飞船。”

看着船长脸上难以置信的表情，基拉觉得她经历的一切都值了。“不，绝对不行。”说完，他准备转身回去。

她拉住他的手臂不让他走：“等一下，听我说完。”

“在我动手之前，松开你的手。”他说，脸上挂着很不友善的表情。

基拉放开了他：“你想一想，我不是让你们拿枪开火。你说过联军司令部有可能会击退那些水母。”他有些不情愿地点点头。“如果他们弄坏了一艘水母飞船，我是说如果，你就可以把我送上去。”

“你疯了吧。”法尔科尼的半个身子已经在厨房里了。

“我不是疯了，而是下定了决心。我说过，我需要登上一艘水母飞船。如果我能上去，就能查出它们为什么攻击我们、它们在自己的通信系统里说了什么，诸如此类的信息。想想这样做可能带来的益处吧。”她看到法尔科尼的脸上还是带着不情愿的表情，继续说：“听着，你一直在水母的眼皮底下航行，这说明你要么蠢得不行，要么无路可退。而你就算有一大堆缺点，愚蠢也绝不是其中之一。”

法尔科尼转过身：“你想说什么？”

“你需要钱。你需要一大笔钱，否则你不会让你的飞船和船员冒这么大的风险飞到这里。我说错了吗？”

他的眼里闪过一丝不安：“也不完全错。”

她点点头：“好。那你为什么不考虑成为获取水母一手信息的第一人呢？你知道我的公司愿意为此付多少钱吗？足够你建造一个属于自己的居住环，就有那么多。水母飞船上有些科技是我们人类还无法逆向研发的。我可以去看看它们是如何制造人造重力的。那种技术肯定能值些比特币。”

“一点点吧。”他嘟囔道。

“见鬼，你的货舱里有两个熵主义者，让他们跟我一起去调查。有了他们的帮助，”她摊开手，“谁知道我们能发现什么呢？这不仅关乎这场战争，我们可以让人类的技术水平直接向前跃进一百年乃至更多。”

法尔科尼转过头正对着她。他的中指以不规则的节奏敲着爆能枪的握把。“我明白。但即便联军司令部破坏了一艘飞船，里面的水母也未必全会被杀死。”他指了指下方，“我还要考虑货舱里的所有人。如果我们的飞船参与战斗，许多人都会受伤。”

基拉脱口而出：“当你向他们收救援费时，你考虑了他们的安全吗？”

法尔科尼似乎被冒犯了：“那并不意味着我希望他们死。”

“‘壁鱼号’呢？装载武器了吗？”

“武器数量足够抵挡一两个星际走私者，但它不是战舰。要是我们冲上去和水母战斗，别指望能活下来。它们会把我们撕成碎片的。”

基拉往回站了一点，双手叉腰：“那你想怎么做？”

法尔科尼细细打量着她，她能看出他在脑海中算计。接着他说：“我们还是朝那颗小行星航行，因为如果发生了最糟糕的情况，我们需要躲在那里。但是，假如某一艘水母飞船被打坏了，而且计划看起来可行，我们就登上那艘飞船。”

想到这种可能性，基拉心里充满罪恶感。“那就这样。”她平静地说。

法尔科尼一边大笑起来，一边用手捋着短而硬的头发：“该死，如果我们成功登上水母飞船，就领先联军司令部一大步了，他们肯定会疯掉的。他们都不知道该给我们颁发一枚奖章还是把我们关进禁闭室。”

自从在“壁鱼号”上醒来后，基拉第一次跟着大笑起来。

2

等待是一种折磨。

基拉和船员们一起待在厨房里，观察着水母的动向。她很快觉得，让她出去挨枪子儿都比坐在这里等消息强。前途未卜的感觉驱使她咬起指甲，但她嘴里满是软刀那轻微的金属味，她的牙齿被外面的纤维弹开了。

等牙齿又一次被弹开后，基拉将双手放在屁股下，防止自己再去咬指甲。这让她开始纳闷：为什么过去几个月里她的指甲都没有长？软刀没有替代它们，当她让软刀退开的时候，她看到了左手的指甲，是和之前一样的健康的粉色。她能想到的唯一解释就是，自从软刀附体后，它一直在维持指甲原有的长度。

基拉再也坐不住了，想了个借口，朝特里格走去。“飞船上有多余的衣服或者能打印衣服的打印机吗？”她拉了拉身上的连体服，“这件我穿了好几个月，该换了。”

特里格眨了眨眼，将注意力从眼屏切换到她身上。“当然，”他说，“我们的衣服都不怎么好看，但是——”

“简单普通的就可以。”

他们离开厨房，特里格带着她来到走廊内环的储物柜。当他在里面翻找时，基拉说：“看起来尼尔森和船长经常争吵。他们平时也这样吗？”如果她被困在“壁鱼号”上的时间比预期长，那她希望能进一步了解这些船员，特别是法尔科尼。她把希望都寄托在他身上了。

特里格的头咚的一声撞到了柜子：“不，船长做事从不急躁，就是这样。大部分时候他俩相处得挺好的。”

“这样啊。”这孩子很喜欢聊天，只要她适时给些鼓励，“你来‘壁鱼号’多久了？”

“差不多五年了，不算休眠时间的话。”

“是吗？”基拉扬起眉毛，他上船时一定很小，“法尔科尼为什么把你带上船？”

“在温塞特时，船长找我给他带路，后来我就问他能不能带上我。”

“你不喜欢在空间站生活吗？”

“烂透了！压力失调，食物短缺，能量不足，什么情况都有。一——点——也——不——好。”

“法尔科尼是一个好船长吗？你喜欢他吗？”

“他是世界上最好的船长！”特里格从柜子里探出脑袋，手上拿着一堆衣服，用莫名有些受伤的表情看着她，好像她正在攻击他，“没有比他更好的船长了。绝对没有，女士！我们被困在这里不是他的错。”话音刚落，他好像意识到自己说得太多了，于是紧闭双唇，将衣服递给她。

“哦？”她将双手交叉，“那是谁的错？”

他不自在地耸耸肩：“谁都没错。这不重要。”

“这很重要。水母就要来了，我孤注一掷，你们也是。我想知道跟我合作的人是什么样的。我想要真相，特里格。告诉我真相。”

她严厉的语气起了作用。特里格马上蔫了，说：“这不是……听着，通常是尼尔森女士制订我们的工作计划。所以船长去年才雇用了她。”

“她才来了一年？”

他点点头：“除去休眠时间，肯定比这少很多。”

“你喜欢她担任你们的大副吗？”基拉对这个问题的答案早就了然于胸，但她还是很好奇他会怎么说。

特里格扭了扭身子，双颊通红。“我是说，呃……她很聪明，而且不像华钟那样使唤我。她还知道很多关于太阳系的事。所以，呃，是的，我觉得她很好……”他脸上的红晕变深了，“呃，不是那种好，而是，呃，作为一个大副。有她在船上，我……我们都觉得很幸运……你知道的，作为一名船员，不是，呃——”

基拉放过了他，接过话头：“我明白了。但是这次前往天鹅座61的工作计划不是尼尔森制订的，对吗？”

特里格摇摇头。“我们平常接的粗活——送货、送信之类的赚不了多少钱。所以船长接了新的工作，但没完成任务。不过，这种事可能发生在任何人身上。真的。”他看着她很认真地说。

“我相信你。”基拉说，“很抱歉听到你们没成功。”她听出话外之意：那份工作想必上不了台面。尼尔森也许只接合法的工作，但对于“壁鱼号”这样一艘整修过的老旧飞船来说，根本收不了多少佣金。

特里格做了个鬼脸：“是的，谢谢你。情况有些糟糕，但就是这样。话说回来，你觉得这些衣服还行吗？”

基拉觉得最好别把孩子逼得太紧。她接过了那些衣服，翻看起来：两件衬衣、一条裤子、一双袜子，还有一双能在零重力环境中使用的带壁虎垫的靴子。“这些衣服都很好，谢谢。”

特里格留下她，回厨房去了。基拉一边思考，一边往自己的舱室走。为了能给船员发工资并维持飞船的运行，法尔科尼愿意违法。这是她之前就知道的。不过，她相信特里格说的——法尔科尼是一个好船长。那孩子看起来很真诚，应该不会撒谎。

当她走进舱室时，桌上的显示屏开始闪光。又来了一条信息。她惶惶不安地点开了它。

“我是虚空中心的火花，我是划破黑夜的疯狂尖叫，我是你的末日梦魇，我至高无上，我是圣言，充满光明。你想玩个游戏吗？是/否。——格列戈罗维奇。”

通常，飞船主脑都有些古怪，而且容量越大就越古怪。不过，假如飞船主脑的古怪程度呈正态曲线，格列戈罗维奇则远远高于峰值。她不确定他原本就是这种个性，还是因为处在孤绝状态下太久而变成这样的。

法尔科尼肯定不会疯狂到和阴晴不定的飞船主脑一起航行……对吧？

不管怎样，最好谨慎行事：“否。——基拉。”

回复信息瞬间弹了出来：“:-(——格列戈罗维奇。”

基拉试着忽略不祥的预感，收起连体服，在小水槽里洗新衣服，放在床头晾干。

她又确认了一遍那四艘水母飞船的位置——航行轨道仍没有变化。接着她花半小时和软刀一起练习，让它从自己身上的不同部位移开，提升自己的控制力。

最后她精疲力竭，滑到毯子下，关上灯，尽量不去想明天将要面对的事。

3

飞舞的泥沙纷纷落入哀伤之界的紫色深处，柔软如雪花，寂静如死亡。冰冷的海水中充满了不安的近味[①]，而她自己也变得不安。她面前隐隐约约出现了一些古老的岩石，高高矗立在深海秘会[②]旁边。在那岩石上蹲着一个庞然大物，肢体四处挥舞着，全身遍布一千只没有眼睑的眼睛，凶狠地瞪着她。当面纱般的泥沙沉落之后，一个名字也随之沉入她的脑海，是一句耳语，载着沉重的恐惧与仇恨……克汀——伟大而强大的克汀，巨大

---

① 近味：见附录三“NEARSCENT”（第 808 页）。

② 深海秘会：见附录三“ABYSSAL CONCLAVE”（第 799 页）。

而古老的克汀。

与她（鱼群首领[①]恩马尔）结合的肉体渴望转身逃离，躲开盛怒的克汀。但太晚了……

飞船的黎明来临，舱室里渐亮的光让基拉醒了过来。她躺在床上揉了揉眼睛，盯着天花板。

克汀。为什么这个名字会激发如此强烈的恐惧？这种恐惧不是源于她，而是源于软刀……不，不对。是来自软刀曾经寄生的生物留在它身体里的记忆。

软刀在警告她，但警告她什么呢？它展示的一切都发生在它被闲置在阿德剌很久之前。

她想，也许软刀只是在担忧。或者，也许它是想让她了解水母有多危险，但她已经了解了。

“如果你能说话就好了。”她嘟囔道，用一根手指抚摸胸前的纤维。很明显，软刀对它周围发生的事有所了解，但同样明显的是，它在理解上还存有几道鸿沟。

她打开一个文件，将这个梦详细记录下来。基拉知道，不管软刀想告诉她什么，都不能忽略它的担忧，如果它真的在担忧的话。关于软刀的一切，她都不确定。

她起床，身上落下薄薄的灰尘，令她打了个喷嚏。她用手挥开灰尘，走到桌子前，打开了恒星系的实况星图。

那四艘水母飞船离马尔佩特空间站还有几个小时的路程。“达姆施塔特号”和其他飞船已经就位，在离空间站几小时航程的位置组成了防御阵型，这样他们就有足够的空间用以战斗和机动。

马尔佩特空间站有一个质量投射器[②]，能将金属、石头和冰块扔到恒星系深处。它巨大而笨重，无法瞄准移动的小目标，比如飞船。不过，不

① 鱼群首领：见附录三“SHOAL LEADER”（第 813 页）。

② 质量投射器：一种利用电磁加速并投射物体的工具，最早见于英国作家约翰·芒罗的科幻小说《金星之旅》。——编者注

管现在空间站是谁在指挥，都在用它以推进器允许的最大速度瞄准水母。

基拉梳洗一番，穿上新衣服（现在已经干了），急忙走向厨房。那里空无一人，只有毛毛裤先生。它坐在柜台上，舔着水槽上的水龙头。

“喂！”基拉说，“走开！”

猫耷拉着耳朵，愤怒地瞪了她一眼，然后跳下台子，沿着墙小跑过来。基拉伸手以示友好，猫却炸开了毛并伸出尖爪。

“好吧，你这个小混蛋。”基拉嘟囔道。

她一边吃东西，一边在眼屏上观察水母的进攻路线。这样做毫无助益，但她控制不住自己。这是目前计算机系统中最有趣的节目。

“壁鱼号”已经离法尔科尼提到的小行星TSX-2212很近了。通过飞船前部发来的影像，它就在他们正前方，看起来只是一个明亮的小点。

当维沙尔进来时，基拉抬头看向他。他冲她打了个招呼，然后给自己泡了一杯茶。

“你在看吗？”他问。

“是的。”

他拿着马克杯，走回门口：“高兴的话，跟我来吧，纳瓦雷兹女士。我们正在控制室观看战事。”

基拉跟着他来到主井，往上走一层，接着来到一个有磁屏蔽装置的小房间。法尔科尼和其他船员围着一个桌子大小的全息影像或坐或站。墙上堆满了电子设备，房间的不同位置上固定着几把防撞椅。房间里很闷，充满了汗味和冷掉的咖啡味。

当她跟着维沙尔进来时，法尔科尼瞥了她一眼。

“有什么新情况吗？”基拉问。

嚼口香糖的斯帕罗吹破一个泡泡说：“军用通信线路[①]里有很多谈话声。看起来联军司令部正在和马尔佩特周围的平民合作，给水母准备了一堆恶毒的惊喜。”她朝特里格点点头：“你说对了。应该是一场精彩的演出。”

基拉的颈后一阵刺痛：“等等，你们连上了联军司令部的通信频道？”

斯帕罗收起脸上的表情，瞥了法尔科尼一眼。沉默之中，气氛变得有

---

① 军用通信线路：见附录三“MILCOM”（第808页）。

些紧张。然后，船长用轻快的语调说："你知道怎么回事，纳瓦雷兹。飞船之间聊聊闲话，消息就传开了。太空中没有多少秘密。"

"……当然。"基拉不相信他的话，但她不打算追究。这让她好奇法尔科尼做了多少见不得光的事，还有斯帕罗是否参过军，这就说得通了……

尼尔森说："水母马上进入射程，很快就要交火了。"

"我们什么时候能抵达那颗小行星？"基拉问。

格列戈罗维奇回答："预计14分钟后抵达。"

于是基拉找了一把空的防撞椅，和船员们一起等待。

全息影像中，那四个红点散开，采用经典的侧翼战术围绕马尔佩特空间站。接着，在外星人和防御飞船之间，白色线条开始闪烁。法尔科尼将"壁鱼号"的望远镜观测到的实时画面调过来——由箔条和白垩粉形成的花朵在黑暗中盛开，中间那块丑陋的石头就是马尔佩特空间站。

斯帕罗发出一声赞叹："掩护得不错。"

被吸收的激光在云层中闪着光，从"达姆施塔特号"和其他比它更小的联军飞船上发射出许多导弹。水母进行反击，小小的火花忽明忽暗，是定点防御激光炮摧毁了导弹。

然后，马尔佩特的质量投射器开火了，朝其中一艘水母飞船抛去了一发精炼铁块。铁块没打中目标，沿着空间站的长轨道消失在了深空里。那发炮弹的速度相当快，他们在全息影像里只看到了一个小图标。

更多的箔条和白垩粉占据了空间站附近的星域。有些火力来自基地，有些则来自周围的飞船。

"哇！"法尔科尼说。他看到一道白热的针状光线从一片看似空无一物的区域发射出来，疾速穿越大约9000千米的距离，从一艘球形的水母飞船中间穿过，宛如喷灯穿过塑料泡沫。

那艘受损的飞船迅速失控，像陀螺一样摇摇晃晃，然后在炫目的光芒中爆炸了。

"好极了！"斯帕罗大叫道。

直播画面暂时变暗，以适应光线的激增。

"那是什么？"基拉问，后脑勺传来的一阵刺痛让她瑟缩了一下……

飞船在太空中燃烧，微尘在黑暗中发光，不计其数的死者……

法尔科尼看了一眼天花板："格列戈罗维奇，把散热器收起来，我可不想它们被炸碎了。"

"船长，"飞船主脑说，"在这个范围内，溢出的粒子损坏我们关键的温度调节装置的可能性是——"

"你收起来就是。别冒险。"

"……是，长官。正在收。"

又是一道白热的针状光线划过屏幕，但只射中了一艘水母飞船，其他水母飞船都以近乎不可能的速度做螺旋式运动闪躲开了。

华钟对基拉说："那是卡萨巴榴弹炮[①]。"

"这名字……我没听说过。"基拉说，她不想花时间查了。

"用炸弹爆炸的能量发射弹丸，"华钟说，"不过这里的炸弹——"

"是核弹！"特里格说，他似乎因为这个事实极度兴奋。

基拉扬起眉毛："该死，我甚至不知道还有这种东西。"

"是的，"斯帕罗说，"我们很久之前就发明了卡萨巴榴弹炮。出于明显的原因，我们不常使用，但是制造它们十分简单，释放的等离子体能以光速运动。近距离内，谁都没有办法躲避，即便是这些古怪的外星混蛋。"

屏幕上又出现了一些爆炸的闪光：这一次是人类的飞船，在水母的激光和导弹的攻击下，马尔佩特周围的辅助飞船像爆米花一样爆开。

"该死的。"法尔科尼说。

又一发卡萨巴榴弹炮摧毁了第二艘水母飞船，使屏幕变暗。就在"壁鱼号"的船员们欢呼的时候，剩余两艘水母飞船中的一艘径直朝"达姆施塔特号"发射激光，另一艘则朝马尔佩特旁边的能量补给平台开火了。

能量补给平台爆发出一只巨大的氢火球。

质量投射器又开火了，等离子体经由加速管道从阀门射出。炮弹没有击中那艘摧毁能量补给平台的水母飞船——水母还没有蠢到或大意到在炮弹的路径航行。但是那发炮弹击中了基拉没有注意到的另一个东西：一颗飘浮在马尔佩特附近的人造卫星。

那颗人造卫星消失在一阵闪光里，在冲击中直接蒸发了。过热的物

---

① 卡萨巴榴弹炮：见附录三"CASABA-HOWITZER"（第 800 页）。

质喷射在附近的水母飞船上，飞船的外壳上是密密麻麻、数以千计的微流星体。

“西巴[①]。”华钟倒抽了一口气。

法尔科尼摇摇头：“得给发射那枚炮弹的人涨工资。”

那艘被损坏的水母飞船飞快地驶离马尔佩特，然后它的引擎冒出火花，彻底停转。飞船失去了动力，旋转着飘向远方。船体一侧出现一个巨大的裂口，从里面喷出气体和正在结晶的水。

基拉带着强烈的兴趣看着那艘飞船。就是它了，她想。只要它不爆炸，他们也许就能登上去。她马上在心里感谢图勒，然后瞥了一眼法尔科尼。他注意到了，但没有回应。基拉在想他那双冷酷的蓝眼睛里到底在盘算着什么。

“壁鱼号”绕到了小行星TSX-2212后面，开始减少推力，此时“达姆施塔特号”和剩下的唯一一艘水母飞船还在决斗。幸存的辅助飞船冲上去支援联军司令部的巡洋舰，但它们不是外星飞船的对手，只能稍微分散一些火力。

“飞船马上就要过热了。”斯帕罗指着“达姆施塔特号”说，它正在收回散热器——和“壁鱼号”一样。就在她说这句话的时候，巡洋舰腰部的气阀突然喷发出一股没有燃烧的推进剂。“看吧，”她说，“他们在抛掉液氢，这样就能让激光武器持续开火。”

最终一战来得很快。一艘小型飞船（基拉觉得是一艘有人操控的采矿钻机）径直朝那艘水母飞船冲过去，试图撞击它。

采矿钻机当然无法接近水母飞船。在它靠近之前，外星人就已经将它炸成碎片。然而，那些碎片依然在之前的轨道上绕行，迫使水母飞船离开由箔条组成的防护云，以免被撞。

“达姆施塔特号”开始加速的时间甚至比水母飞船还要早，在没采取防御手段前就紧急燃烧推进剂。水母飞船还没做出反应，它就冲破了后者的火力覆盖范围，迅速锁定外星飞船，用主激光炮重击了外星飞船的中心位置。

---

① 韩语中的脏话，相当于“该死的”。——编者注

水母飞船的一侧发出亮光，喷射出烧蚀的物质，接着那艘飞船消失在反物质湮灭[①]的火球中。

基拉松开了她死抓着防撞椅的手。

“就这样了。”法尔科尼说。

维沙尔在空中做了个手势：“谢天谢地。”

“只剩下九艘水母飞船了。”斯帕罗说，指着星图中剩下的图标，“希望它们不会找过来算账。”

“就算它们过来，那时候我们也早就离开了。”尼尔森说，“格列戈罗维奇，设定一条前往马尔佩特空间站的航线。”

基拉再次看向船长，这一次他点点头。“暂停。”他挺直身体说，“格列戈罗维奇，为我们规划一条拦截那艘受损水母飞船的路线。全速前进。”

“船长！”尼尔森说。

法尔科尼环视着震惊的船员们：“打起十足的精神，伙计们。我们去打捞一艘外星飞船。”

---

① 湮灭：一种物理现象。当正反物质相遇时，双方就会相互湮灭抵消，发生爆炸并产生巨大能量。——编者注

第五章

* * * * * * *

死亡边缘[①]

1

法尔科尼向大家讲解计划时，基拉一直保持沉默。船长需要负责说服船员们，他们相信的人是他，不是她。

“长官，”斯帕罗用从未如此严肃的语气说，“那艘飞船上可能还有活着的水母。我们不确定它们是否都死了。”

“我知道，”法尔科尼说，“但是那里应该只有一两个大鱿鱼怪物。对吧，特里格？”

那孩子点点头，喉结也随之上下移动：“是的，船长。”

法尔科尼满意地点点头：“很好。它们肯定不会全都活着。不可能，绝对不可能。就算可能还剩下两个在垂死挣扎，我们的胜算也不小。”

这时，飞船发出一阵轰隆声。“壁鱼号”恢复了推力，重力又回来了。

“格列戈罗维奇！”尼尔森说。

“我很抱歉，”飞船主脑说，听起来像是马上就要笑出来了，“看来船长带领我们选择了一次不错的冒险之旅。对啊，胜算不小。”

斯帕罗说：“一旦交火，胜算很快就会变小了，而我们还需要操心那么多乘客。”

法尔科尼看着她，表情如钢铁一样冷峻：“你没必要告诉我这个……你觉得你能搞定这件事吗？”

斯帕罗想了一会儿，咧嘴一笑：“管他的。但是你得付给我双倍的危险作业报酬。”

“成交。”法尔科尼毫不犹豫地说。他看向尼尔森：“你还是不同意。”这不是一个疑问句。

---

① 原文为拉丁语。——译者注

大副向前倾，手肘放在膝盖上：“那艘飞船已经损坏了，随时都有可能爆炸。而且上面可能有等着杀死我们的水母。为什么要冒这样的风险？”

“因为，”法尔科尼说，“我们干了这一票——跑完这一趟，就能还清债务了。我们能得到需要的反物质，然后离开这个该死的恒星系。”

尼尔森冷静得出奇：“还有呢？”

“这是一次能为战争做出贡献的好机会。”

过了一会儿，尼尔森点点头：“好吧。但是如果我们一定要这么做，我们要想个聪明的点子。”

“那交给我。”斯帕罗说着跳了起来。她指着基拉：“如果水母看到你，会认出你身上的东西吗？”

“也许……会，有很大可能。”基拉说。

“好吧。等我们确认飞船上没有危险之后，你才能出现。你可要记好了。特里格，你跟我走。”这个娇小的女人带着特里格匆忙走出了指挥中心。华钟稍后也跟上了，朝引擎室走去。当飞船靠近外星飞船时，她要亲自监督“壁鱼号”的运转系统。

“预计抵达时间？”法尔科尼问。

“16分钟后。”格列戈罗维奇回答。

2

“我们要去哪里？”基拉一边小跑着跟在法尔科尼、尼尔森和维沙尔身后，一边问道。

“去了你就知道了。”船长说。

沿着飞船的曲面墙走了一半，尼尔森停在一扇窄门前。她在检修面板上输入一串代码，不一会儿那扇门就打开了。

门内是一间狭窄的储藏室，宽度不超过1.5米。左边的墙上有一个架子，放着各式各样的步枪、爆能枪（基拉认出有些是“瓦尔基里号”上的）和其他武器。右边的墙上是一排为爆能枪的超级电容器准备的充电口，还有枪带、枪套、弹药和弹夹。储藏室后部放着一张小长凳，上面的架子上堆满了维修武器的工具（由一个透明的塑料盖固定住）。架子上方还有闪着光的全息影像，里面是一只独角兽猫咪躺在一个瘦骨嶙峋的、粉色头发的男人怀里休息，男人下方印有一行花式字体，写着“鲍伊永生”。

这间军械库让基拉大吃一惊：“这里的枪可真多。”

法尔科尼咧嘴一笑：“枪这种东西多多益善。就像今天，你永远不知道自己会在太空中遇到什么。”

“星际走私贩。”尼尔森说，拿起一把短步枪，光看枪口就挺吓人。

“电子狂人。”维沙尔打开一盒子弹说。

“多齿的大型动物。”法尔科尼说着，往基拉手里塞了一把步枪。

她想起新闻内容，犹豫了：“用爆能枪对付水母不是更有效吗？”

法尔科尼摆弄着她那把步枪侧面的显示屏：“当然。爆能枪也更容易在船体上打出窟窿。我们不知道你怎么想的，但我不想被吸入太空。在飞船外，我们使用爆能枪；但登船后，我们就用射弹枪。子弹的杀伤力也不小，而且子弹不会穿透惠普尔盾[①]。”

基拉很不情愿地接受了他的说法。每艘太空飞船都在船体外层建有惠普尔盾。它由不同的材料制成交错的防护层，用来粉碎来袭的投射物（自然的或者人造的）。在太空中，微流星体是一种常见的威胁，而且按常理来说，子弹飞得更慢，每克包含的能量也更少。

“还有，”维沙尔说，“激光会反弹，我们得考虑一下乘客。即便是激光的很小一部分能量反射到人的眼中——”他摇摇头。“很糟糕，基拉女士。非常糟糕。”

法尔科尼站直身子。“这是一个原因，还有就是子弹不会被敌方的反制措施弄得失灵。凡事总是有得有失嘛。”他拍了拍基拉的步枪，“我把它和你的眼屏连在一起了。‘壁鱼号’上的所有人都被标记为友军，所以你不用担心会误伤我们。”他冲她露齿一笑：“你不一定用到它，这只是以防万一。”

基拉点点头，还是有些不安。她能感觉到软刀正在适应握枪的感觉，一种可怕的熟悉感袭上了她的心头。

瞄准目标的刻度线出现在她的视野中央，是一个红色的圆圈。她将视线聚焦于军械库中的不同物体，摸索着刻度线的使用方法。

---

① 惠普尔盾：飞船的薄金属外壳，用以缓冲高速陨石碎片的撞击。——编者注

尼尔森递给她两个备用弹匣，基拉接过来放在一侧裤袋里。

“你知道怎么装上去吗？”尼尔森问。

基拉点点头。她在维兰德上不止一次和父亲一起射击。“应该可以。”

“装给我看。”

于是基拉拆下弹匣又装上，反复几次。

“不错。”尼尔森说，看起来很满意。

“我们走吧。”法尔科尼说，拿了最大的一把枪。基拉甚至不知道这是什么枪，肯定不是爆能枪。枪管几乎有她的拳头那么大，对于步枪来说也太大了。

“那是什么玩意儿？”她说。

法尔科尼发出恶魔般的笑声：“这是榴弹枪，不然还能是什么？几年前我在一个民兵剩余军火交易市场上买的。它的名字是弗朗西丝卡。”

“你给你的枪取了名字。”基拉说。

“当然了。如果你要将自己的性命托付给某样东西，这是常用的礼节。飞船有名字，刀剑有名字，现在枪支也要有名字。”法尔科尼再次大笑起来，基拉想这艘飞船上除了格列戈罗维奇是不是还有别的疯子。

“爆能枪太危险，榴弹枪就不危险吗？”她说。

法尔科尼冲她眨眨眼：“只要你清楚自己在做什么。”他拍了拍弹鼓：“这些宝贝都是震荡型手榴弹，没有弹片。只有在紧挨着你的地方爆炸，它们才能将你炸成碎片。”

通信频道里传来华钟的声音：“船长，你在听吗？”

“是的，请说。完毕。”

“我有个分散水母注意力的点子。如果我们放出维修无人机，让它们——”

“去做吧。”他说。

“你确定吗？要是——”

“是的，去做吧。我相信你。”

“收到，船长。”

信号断了。接着，法尔科尼拍了拍维沙尔的肩膀：“医生，你已经准备好需要的一切了吗？”

维沙尔点点头："我曾宣誓不会伤害任何人，但这些外星人太缺乏怜悯之心了。有时候避免伤害最好的办法就是将伤害最小化。如果这意味着要向水母开火，那就开吧。"

"要的就是这种精神。"法尔科尼说，沿着走廊往回走。

"那我要做什么？"基拉问，跟着他爬过主井的梯子。

"你要躲开水母的视线，确保安全。"法尔科尼回答，"还有，战斗不是你的专长。"

基拉不打算认同："但这是你们的专长吗？"

"我们可是经过历练的。"法尔科尼在D甲板停下，再往下就是乘客所在的货舱了，"你继续往前，去——"

"长官，"格列戈罗维奇说，"'达姆施塔特号'正在联系我们。他们想知道，'你们为什么蠢到要去追一艘水母飞船？'原话引用完毕。他们听起来很恼火。"

"该死的，"法尔科尼说，"好吧，拖延几分钟。"他指着基拉："你去找那两个熵主义者。如果要借助他们的智慧，我们没多少时间了。"他没等基拉回答，就匆忙带着尼尔森和维沙尔离开了。

基拉继续走下梯子，小跑着穿过走廊，来到右舷舱。她转动轮子，推开门，惊讶地发现那两个熵主义者就在门口等着她。

他们鞠了一躬，薇拉说："飞船主脑格列戈罗维奇——"

"——让我们来见你。"乔鲁斯说。

"很好。跟我来。"基拉说。

他们刚到D甲板，零重力警报就响了。三人及时抓住扶手才没有飘走。

"壁鱼号"前后翻转，将他们推向外墙。推力恢复后，格列戈罗维奇说："八分钟后对接。"

基拉能感觉到那艘外星飞船越来越近，距离的急速减少让外星飞船传来的召唤增强了。召唤让基拉的后脑勺隐隐抽痛，持续牵引着她内心的罗盘。虽然她能无视召唤，但没法弱化它。

乔鲁斯说："囚徒卡明斯基——"

"纳瓦雷兹。我的名字是基拉·纳瓦雷兹。"

两个熵主义者交换了一个眼神。薇拉说："我们十分困惑，囚徒纳瓦雷兹，就和——”

“——货舱里的所有乘客一样。我们的航线——”

“——通向哪里？还有你为什么召唤我们俩？”

“听着。”基拉将目前的状况简短地讲了一遍，感觉她好像已经把软刀的事告诉了所有人。两个熵主义者一边听，一边震惊地睁大了眼睛，表情完美同步，但他们没有打断她。她最后问：“你们乐意帮忙吗？”

“这是我们的荣幸。”乔鲁斯说，“获取知识——”

“——是一件最值得做的事。”

“嗯。”基拉说，接着，不出于任何目的，她将维沙尔的测试报告发给了他们，“这个，你们在等待的时候可以看。一旦确定水母飞船上安全，我们就会找你们。”

薇拉说：“如果发生冲突——”

“——我们会——”

但是基拉已经走开了，没有听完剩下的话。她跑回昏暗的走廊，看到船员们聚集在对接口的气闸室前面。

占据中间位置的是特里格和斯帕罗，两人看起来像一对破旧的金属柱子，每一根都有两米多高。据基拉所知，这是军用级别的动力装甲，民用装甲通常不会在肩膀上安装导弹包……船员们是从哪里得到这种装备的？华钟在两人之间走动，调整他们的装甲，不断给特里格提出建议：“——还有，不要因为兴奋而走得太快。那里没有太多空间，你会伤到自己的。大部分工作交给计算机，那样你会轻松很多。”

那孩子点点头。他的脸很苍白，上面布满汗珠。

看到特里格的装备，基拉有些不解。法尔科尼真的要让他冲到前面成为焦点吗？那样他可能会受伤。斯帕罗她倒是能理解，但是特里格……

尼尔森、法尔科尼和维沙尔正忙着将一排箱子固定在甲板上，就在特里格和斯帕罗之后。箱子大到足够让他们藏在后面，在战斗中做掩护。

没穿外骨骼的人（包括华钟）都穿着防护服。

轮机长走到斯帕罗身边，用力扯了扯推进器背包，她那较小的女式装甲跟着移动了一下。轮机长轻而易举就能挪动那几百千克的装备。“别动。”华钟低声说，又扯了扯。

“你才别动。”斯帕罗低声说，艰难地掌握平衡。

华钟用手掌拍了拍斯帕罗的护肩：“阿西！小鬼。要对你的前辈放尊敬点！你真的想在战斗中失去动力吗？”

斯帕罗低头冲轮机长微笑。她似乎很喜欢这种牢骚。

“嘿。”基拉突然说话，吓了众人一跳。她指着特里格：“他穿这个干什么？他还只是个孩子。”

“早就不是了。我后年就满二十岁了。”特里格说，他的声音很沉闷，因为戴上了头盔。

法尔科尼转头看着她。他的防护服是哑光黑的（面罩没有合上），手上拿着弗朗西丝卡：“和我们中的任何人相比，特里格都更熟悉外骨骼。他还穿着动力装甲，这比没穿安全多了。”

“好吧，但是——”

船长皱眉：“我们还有事要做，纳瓦雷兹。”

“那联军司令部那边怎么办？他们会找麻烦吗？你怎么跟他们说的？”

“我告诉他们我们要去打捞失事飞船。他们不是很高兴，但是这又不违法。现在你快走开，等安全之后我们就会叫你。”

当她准备离开的时候，华钟匆忙走过来，递给她一副耳塞。“这样我们就能保持联系了。”轮机长说，点了一下她的太阳穴。

基拉心怀感激地转身离开，但是她只走到了走廊的第一个拐角处。在那里，她坐下来，戴上耳塞，打开眼屏。

“格列戈罗维奇，”她说，“我能收到外面传来的影像吗？”

过了一会儿，她的视野中突然弹出一个窗口，显示外星飞船就在船尾。外星飞船一侧有一道狭长的裂口，露出几层甲板的横切面：半明半暗的房间，里面有很多模糊不清的影子。她试着分辨那些影子是什么，但球形飞船腰部的阵阵蒸汽遮蔽了飞船的损伤情况。

通过耳塞，基拉听见尼尔森说：“船长，水母正在启动它们的推进器。”

不一会儿，法尔科尼说：“自旋稳定[1]？是修复系统生效了吗？”

华钟回答：“不知道。”

---

① 自旋稳定：一种保持航天器自旋轴在空间定向的技术。——编者注

“热成像扫描。有没有活着的生物？”

“无法确定。”格列戈罗维奇说。基拉的眼屏上，水母飞船中的影像换成了印象派的红外热成像。“热信号太多，无法辨识。”

法尔科尼咒骂一声：“好吧。我们得更加小心了。特里格、斯帕罗带路，你跟上她。就像华钟说的，让计算机来做最难的工作。等维修无人机发回一切安全的信号，你再进入房间。”

“是，长官。”

“我们就在你身后，所以不要担心。”

随着基拉眼屏上外星飞船的膨胀，发出耀眼的光芒，召唤带来的疼痛也成倍增加。她用掌根揉着胸口，感觉就像胃里在灼烧，很难保持不动。而这种不适感无法通过打嗝、吃药或喝水来消除。她在意识深处感觉到软刀的确信：对他俩来说，唯一的治疗方式就是遵照指令去往召唤的源头。

基拉打了个冷战，内心涌上一股紧张的情绪。不知道即将发生什么令她恐惧。她觉得很奇怪，几乎想吐，好像要发生可怕、无法挽回的事情。

软刀回应了她的忧虑。基拉感觉到它在收缩，熟练而高效地变厚、变硬。它准备好了。这一点她十分肯定。她想起那些有关战斗的梦境，软刀在漫长的岁月里曾经无数次面对致命的危险。尽管它熬了过来，但她不确定和它共生的生物是否也熬了过来。

水母只要将她一枪爆头，不管有没有穿透软刀，巨大的冲击力都会杀死她。软刀再怎么重塑组织也救不了她。那就是终点。她无法像在游戏里那样存档、读档，有无数复活的机会。不，她只有一条命。孤注一掷，不成功便成仁。当然，其他人也一样。没有人能未卜先知。

虽然软刀让她身陷险境，基拉却对它充满了感激。没有软刀，她会更加脆弱，就像一只没有壳的乌龟，在空中挥舞四肢，暴露在敌人面前。

她将手中的步枪抓得更紧了。

船外，旋涡状星云消失在水母飞船巨大的白色船体后，那船体闪着光，就像鲍鱼的壳。

基拉努力抑制内心的又一股恐惧。她的衣服下，软刀竖起尖刺，小而尖利的钉刺在她的皮肉上翻搅。她不知道外星飞船到底有多大，但上面只能搭载三个长着触手的外星人。只有三个，而且应该都死了。应该……

外星飞船离得如此近，那股冲动比以往任何时候都要强烈。她发现自己身体前倾，压在走廊的墙壁上，仿佛要爬过去。

她强迫自己放松下来。不，她不打算向欲望屈服，那是最愚蠢的事。不管它有多诱人，她都不会让它控制自己的行为。它的确很诱人。如果她是响应召唤，疼痛就会消失，而且从古老的记忆中，她知道随之而来的奖赏会带来怎样的满足感……

基拉再次努力忽略被侵扰的感觉。软刀可能会觉得必须服从，但她不会。她的自我保护本能很强烈，不可能听从外星人的信号去做任何事。

或者说这只是她一厢情愿的想法。

在她的内心不断斗争时，"壁鱼号"关闭了引擎。基拉在空中飘了一会儿，接着软刀附在她接触的墙面和地面上，把她固定住，就像之前她从"情有可原号"被吸出后，它将她固定在散热器上一样。

"壁鱼号"用RCS推进器绕着膨胀的水母飞船移动，来到船体上突出的三米宽的穹顶。根据之前看过的视频，基拉认出这是外星人的气闸室。

"所有人准备！"法尔科尼大声说。基拉听见拐角处拔出武器的咔嚓声和电容器接上电的嗡嗡声。"合上面罩。"

接下来，什么都没有发生，仿佛经过了无穷无尽的时间，基拉只觉得紧张和期待，还有越来越响的脉搏声。

从摄像机里看，穹顶越来越近了。当"壁鱼号"只离它几米远时，一层厚厚的、皮革一样的膜从穹顶缩回，露出光滑的、珍珠母般的内表面。

"看来它们正盼着我们来呢，"斯帕罗说，"很好。"

"至少我们不需要割出一个入口。"尼尔森说。

华钟嘟哝道："也许是，也许不是。这有可能是自动的。"

"集中精神！"法尔科尼说。

格列戈罗维奇说："对接倒计时，3……2……1。"

"壁鱼号"和外星飞船对接，甲板颠簸了一下。接着是一片寂静，完完全全、令人惊讶的寂静。

第六章

* * * * * * *

近和远

1

基拉一惊，这才想起来要呼吸。她快速地吸气两次，试图冷静下来，这样才不会昏过去。快好了，只需要再过几秒钟……

她的眼屏闪动了一下，但不是从船外传来的影像，而是入口上方的摄像头拍到的气闸室前厅的景象：格列戈罗维奇让她观察他们的动向。

“谢谢。”她低声说。飞船主脑没有回复。

法尔科尼、华钟、尼尔森和维沙尔都猫着腰躲在箱子后面。穿着动力装甲的斯帕罗和特里格站在他们前面，面对着气闸室，就像一对巨人，双臂举起，武器瞄准前方，蓄势待发。

通过气闸室内门和外门的窗口，基拉看到了水母飞船色彩斑斓的弧形表面。它看起来天衣无缝，牢不可破。

“维修机器人已部署。”华钟用异常冷静的语气宣布，然后在胸前画了个十字。

穿过气闸室前厅，维沙尔朝地球方向（基拉猜测）鞠了一躬，尼尔森摸了一下防护服下的什么东西。基拉默默朝图勒祈祷。

“嗯？”法尔科尼说，“我们需要撞开吗？”

似乎是在回应这句话，穹顶开始旋转，仿佛在眼眶内转动的眼球，转出的……不是虹膜，而是一根圆管，长三米多，直通球体内侧。另一端是又一层皮革般的膜。

基拉想，幸好水母携带的微生物没有感染人类的风险，至少现在还没发现此类事件。但她依然希望她和“壁鱼号”的船员能采取恰当的防护措施。在处理外星有机体的问题上，再谨慎也不为过。

一根压力软管从“壁鱼号”的气闸室向外伸出几厘米，对接到圆管上。

“对接后密封正常。”格列戈罗维奇宣布。

作为回应，内膜收回了。摄影机的角度让基拉没法看清楚水母飞船的内部。她能看到一片昏暗的空间被微弱的蓝光照亮，让她想起强大的克汀曾经统治的那片深海。

“天哪！里面真大！”维沙尔大声说。基拉抑制住绕过拐角亲眼看一看的冲动。

“打开气闸室。”法尔科尼说。

锁扣砰的一声打开，声音在走廊里回荡，接着气闸室的内外两道门都打开了。

“格列戈罗维奇，”法尔科尼说，“启动猎杀者[①]。”一对嗡嗡作响的球形无人机从天花板落下，飞进了外星飞船，它们那高辨识度的嗡嗡声很快就消失了。

“从外面看没有任何东西在移动。”华钟说，“解除警报。”

接着法尔科尼说：“好的。猎杀者也没有发现任何异常。我们走。”

“注意你的6点方向。”斯帕罗大声说。穿着动力装甲的两人朝气闸室走去，沉重的脚步震动着甲板。

就在这时，基拉感觉到了一阵交织着疼痛、恐惧以及剧毒的近味。“不！等等！”她大喊一声，但太迟了。

“发现敌人！”斯帕罗大声说。

她和特里格开始朝气闸室里开火，发出一连串射弹枪和激光枪的射击声。即使在拐角另一侧，基拉也能感觉到子弹的冲击力。枪声很激烈，全是他们自己发起的物理攻击。

斯帕罗和特里格用激光枪击落迎面而来的炮弹，两人面前形成一片半球形的火花。箔条和白垩粉从他们的外骨骼上炸开，闪光的烟雾向外扩张成近乎完美的球体，直到碰到墙壁和天花板并彼此交融。

接着，一团火从法尔科尼那巨大的榴弹枪中窜出。霎时间，一道刺眼的蓝白色光线照亮了气闸室深处，飞船中响起沉闷的爆炸声。爆炸撕开了烟雾，视野变得清晰。在浓淡不匀的烟雾中，气闸室内部和周围的景象一览无余。

---

① 猎杀者：见附录三“HUNTER-SEEKER”（第806页）。

一个白色的小东西嗖的一下从外星飞船里飞了出来，速度快得令基拉没有看清。接着摄像机的信号中断了，一股冲击力向她袭来，将她的头撞向墙壁，牙齿震得生疼。空气被过量增压，发出巨大的脉冲声，已经远超人耳所能承受的范围；她能感觉到那声音穿透了骨头和肺部，令耳朵产生尖锐的刺痛。

她没有下命令，软刀自动爬上了她的脸，将她全身覆盖住。她的视野闪了一下后恢复了正常。

基拉因肾上腺素飙升而发抖。她手脚冰冷，心脏在肋骨之间怦怦跳，仿佛想逃出胸腔。尽管如此，她还是鼓足勇气探出头来。即使不该这么做，她也必须知道发生了什么。

令她恐惧的是，她看到法尔科尼和其他人悬浮在空中，可能死了或者昏迷了。尼尔森防护服的肩部破了，血液汩汩流出，维沙尔的大腿上刺进了一块金属。特里格和斯帕罗的情况看起来要好些，她能看到他们的脑袋在头盔里移动，但是两人的动力装甲都被锁住了，无法操作。

他们后面是气闸室，穿过气闸室则是外星飞船的内部。她瞥了一眼深深的、黑暗的舱室，背景里隐现一些奇怪的机器，然后她就看到一个长着触手的怪物进入她的视野，挡住了光线。

那个水母几乎占满了整个气闸室。它看起来受伤了，触手上有十几道伤口，正往外流出橙色的脓液。它身上的甲壳裂开了一条缝。

错误肉体！

基拉呆愣地看着水母爬到“壁鱼号”的内部。如果她逃跑，只会引起水母的注意。她的步枪太小了，基本不可能杀死水母，而如果她朝它开火，它肯定会回击……

她试着吞咽，但嘴里和尘土一样干燥。

水母进入前厅，发出轻柔的、枯叶般的脚步声。这声音让基拉的头皮感到一阵冰冷的刺痛，她记得这是很久之前听过的声音。伴随声音而来的是由恐惧到愤怒、轻蔑和不耐烦的近味。

软刀的本能是回应这种气味，基拉能感觉到这种渴望，但是她用尽全力克制住了。

船员们没有一个还能动弹，水母正从他们飘浮的身体之间经过。

基拉想到货舱里的孩子们，下定了决心。这都是她的错，登上水母飞船是她的主意。她不能让外星人进入货舱。她不能袖手旁观，眼睁睁看着它杀死法尔科尼和其他船员。即使这意味着她要付出自己的生命，她也必须做点什么。

她思考了片刻，接着将眼屏上的瞄准刻度线对准水母，举枪准备开火。

这个动作引起了水母的注意。白色烟雾在它周围升腾，它开始旋转，扭动触手，喷出脓液。基拉朝烟雾中盲射，但就算打中了，她也看不见。

外星人伸出一条触手，裹住了穿着动力装甲的特里格的脚踝。

"不！"基拉大叫道，但是已经太晚了。水母拖着特里格，将他作为肉盾，返回了自己的飞船。

袅袅的轻烟飘进了前厅的通风口。

2

"格列戈——"基拉开口道。

但飞船主脑已经开始回答："我还需要几分钟时间将斯帕罗的装甲重新连上网。我们没有猎杀者了，点式防御激光摧毁了所有维修机器人。"

剩下的船员仍然虚软无助地飘浮着。他们给不了任何帮助，而货舱里的难民又太远了，而且毫无准备。基拉的脑袋飞速运转，考虑着各种选择。每过一秒，特里格活下来的概率都在下降。

格列戈罗维奇用轻柔得几乎不合适的声音说："拜托了。"

基拉知道她必须做什么。这不再是她自己的事了，不知怎的，现在事情倒更容易了，尽管恐惧还堵在她的血管里。她需要更多的火力，用步枪打水母没多大用。

她示意软刀从墙上松开，再将她推向法尔科尼的榴弹枪弗朗西丝卡，最后用手臂勾住榴弹枪的带子。

榴弹枪顶部的计数器显示，弹匣里还有五发榴弹。

应该够了。

她用力握紧榴弹枪，转身面对气闸门。白色的气流从气闸门细如发丝的缝隙里逃逸，但船体似乎没有立刻解体的危险。

在失去勇气前，基拉踩到一个箱子上，跳了出去。

3

基拉猛冲过短管道，朝外星飞船跑去。同时，她留心观察水母飞船的气闸门边缘，准备一发现动静就开枪。

图勒！她到底在做什么？她是异种学家，不是士兵。她不是联军司令部里那种经过基因改造、肌肉虬结的杀人机器。

然而，她就这么冲了过来。

一瞬间，她想到了家人，愤怒让她坚定了信念。她不能被水母杀死，也不能让它们伤害特里格……她感到软刀怀着相似的愤怒：旧仇添新恨。

等她走出外星飞船的气闸室，那微弱的蓝光裹住了她。

一个巨大的东西从后面猛地撞向她，将她撞到一堵曲面墙上。该死的！伴随着身体左侧的剧痛，恐惧很快又回来了。

她用余光瞥见一个触手纠缠在一起的庞然大物。接着，水母朝她走来，用带状的手臂扼住了她的喉咙。它的触手结实而强壮，如同电缆。近味充斥她的鼻腔，强烈得令她窒息。

一条扭动的手臂裹住她的脖子，猛地一拉。这个动作如此粗暴，本该让她一命呜呼、身首异处。但是，软刀及时变硬了。当她天旋地转的时候，视野中房间里那些奇怪的凹处和墙角都变得一片模糊。

基拉的胃一阵痉挛，她吐在了软刀那可伸缩的面罩里。

呕吐物无处可去，充满了她的口腔——温热、苦涩、灼痛，然后全部倒回她的喉咙。她噎住了，出于纯粹、不合时宜的本能，她试着吸一口气，但感觉像是吸入了一升灼热的液体。

基拉陷入了恐慌：盲目的、没来由的恐慌。她抓挠、抽打、撕扯着面罩。惊慌之中，她只模模糊糊地感觉到软刀的纤维被自己撕开了。

冷空气拍在她脸上，她终于将嘴里的呕吐物吐了出去。她剧烈而痛苦地咳嗽着，胃随着一阵阵痉挛收紧。

空气闻起来满是盐水和胆汁的味道。如果软刀没有盖住她的鼻子，她应该早就被熏得昏过去了。

她试着重新掌控自己的身体，但是身体不配合。咳嗽让她弯下腰，她只能看到缠绕在自己身上的斑驳的橙色肉体和餐盘大小的吸盘。

那橡胶般的手臂开始绷紧，它和基拉的腿一样粗，但要强壮得多。为了防御，她让软刀变得坚硬（或许是它自己变硬的）。但是不管怎样，当水母想捏碎她时，她能感觉到软刀在积聚力量。

卡法：去死，二形态！去死。

基拉无法停止咳嗽，每一次呼气，触手就缠得更紧，让呼吸变得更加困难。她拼命扭动身子想逃开，但那都是徒劳。她绝望地确信自己就要死了。她很清楚。水母会将她杀死，然后将软刀带回它的同类那里，这就是她的最终结局。这个领悟令她异常恐惧。

基拉眼里满是深红色的火花，她感觉自己在失去意识的边缘徘徊。她在脑海中请求软刀，希望它做点什么，只要能帮到她，做什么都行。拜托了！但是她的意识似乎不起作用，而被捏的感觉越来越强烈，让她觉得骨头都要断了，她将被外星人捏成血肉模糊的肉块。

触手越缠越紧，将她肺里最后一丝空气挤了出去，她呻吟着。她眼里的火花消失了，一同消失的还有她内心的紧迫感和绝望。她感觉全身充满了温暖，令人舒适的暖意，而她曾经担心的东西似乎再也不重要了。她之前到底为什么那么担心呢？

……

……

……

她悬浮在一个分形图案前。它呈暗蓝色，蚀刻在一块耸立的岩石上。它十分复杂，已经超出了她能理解的范围。在她观察它的时候，它不断变换形状，边缘闪着光，根据某种逻辑未知的规律生长、演化。她的视野远比人类的广，能看到无限长的边界辐射出磁力线——电磁能量的闪光暴露出巨大的能量释放。

基拉知道这就是软刀效力的图案，也许它就是图案本身。她还意识到图案中隐藏了一个和异种本质有关的选择题：她会跟随图案，还是忽略图案、蚀刻出新的线条——属于她自己的线条？

要回答这个问题，就需要她还未掌握的信息。这是一场裸考，而她也不清楚命题范围。但是当她凝视这不断变化的形状时，基拉记起了自己的痛苦、愤怒和恐惧。她和软刀的所有情绪突然爆发。不管这个图案意味着什么，她确信掠夺者是邪恶的，她想活下去，她需要拯救特里格。

为了这些目标，基拉愿意去战斗，去杀戮，去破坏，阻止掠夺者。

接着她的视野缩小并聚焦，她感觉自己要坠落到分形图案中。它在她面前扩展出无数层细节，绽放成一整个不断变幻的宇宙……

疼痛唤醒了基拉。可怕的、灼热的疼痛。躯体周围的压力消失了，她拼命往肺里吸了一口气，然后失声尖叫。

她的视线变得清晰，看到触手仍然缠绕着她。不过她的躯体上冒出一串棘刺——黑色、闪亮，缠绕出熟悉的分形图案，刺穿了外星人那条正在抽搐的肢体。她能感受到那些棘刺，就像感受自己的手臂或腿，虽是新的器官，却十分熟悉。棘刺上是温热的肉体、骨头和喷射的液体。有一瞬间，软刀刺穿艾伦和其他人的场面浮上心头，基拉打了个寒战。

基拉没有多想，大叫着用手臂劈砍触手。她感到软刀伴随她的动作重塑了形态。她的手臂切开了水母透明的肉体，好像划开的是空气。

橙色的液体喷溅了她一身，闻起来有一股苦涩的金属味。基拉感到恶心，摇摇头，试图甩掉脓液。

切断触手后，她脱离了外星人的掌控。水母在垂死挣扎中飘往房间另一端，将那截断肢留在身后。断肢在空气中扭动，好似一条无头蛇。断肢的中心部位能看到骨头。

软刀自动收回了棘刺。

基拉一颤。也就是说，软刀最终决定和她一起战斗了。很好。也许她还有机会。至少她不用担心误伤队友。现在还不用。

她扫视周围的环境。

和外星人一样，这个房间没有明显的上下之分。发光的是前半部分一片水平的区域。曲面墙上突出一堆神秘的机器，又黑又亮。在这昏暗空间的三分之二处，一个很大、藤壶一样的壳若隐若现，基拉猜那是飞船内部的一道门。

看到那道门，基拉有一阵强烈的似曾相识的感觉。她的视线游离，另一艘类似的飞船上的墙壁幽灵般出现在她面前。一瞬间，她仿佛身处两个不同的地方、两个不同的时代——

她晃了晃脑袋，影像消失了。“停！”她冲软刀怒吼。现在不是分心的时候。

如果不是在这种紧要关头，基拉会很乐意将这个房间仔仔细细翻一遍。这是每个异种学家梦寐以求的：一艘货真价实的外星飞船，里面装着活生生的外星人，包括大型生物和微生物。仅一平方厘米的空间就足够她研究一辈子。更重要的是，基拉只是很想知道，一直都是。

但现在不是时候。

房间里没有特里格的踪迹。这意味着还有一个甚至更多的水母活着。

基拉发现法尔科尼的榴弹枪飘浮在不远的墙边。她朝那边移了过去，手掌贴在船体内侧。

她杀死了一个外星人！她，基拉·纳瓦雷兹。这个事实让她震惊得有些分神，也给了她一种坚定的满足感。

“格列戈罗维奇，”她说，“你知道他们往哪儿——”

飞船主脑又没等她说完就回答了：“继续往前。我不能给你指出确切的方位，但你前进的方向是正确的。”

“收到。”基拉抓起榴弹枪说。

“乔鲁斯、薇拉在帮我救斯帕罗。我在干扰所有发送频率，这样即便水母发现了你，它们也可能无法将消息传出去。不过，它们依然可以用激光进行视距通信①。你要小心。”

当他说话时，基拉示意软刀将她推向藤壶一样的壳。在真空中，软刀能给她提供相当的推力，足够她在几秒内跨过这段距离。

现在，那股冲动变得和头痛一样强烈，持续潜伏着。她皱起眉头，试图集中精神抵抗它。

那个壳分成三个楔形部分缩回舱壁，露出一个长长的竖井。更多的门毫无规律地分布在竖井里，竖井的尽头有一组灯光在闪烁：可能是计算机的控制台，也可能只是一件艺术品。谁知道呢？

基拉朝竖井内移动，手上的榴弹枪时刻准备着。特里格可能在任何一个房间里，她必须搜遍所有房间。引擎位于飞船后部，但除此之外，基拉

---

① 视距通信：发射端和接收端在“能互相看见”的距离间传输信号。——编者注

对其他设备的位置毫无头绪。水母有没有中央指挥站呢？她不记得新闻报告里有没有提到过……

附近的墙边有一个身影闪过，基拉迅速扭头，看到一个螃蟹模样的外星人从一扇打开的门里走出来。

那个水母朝她发射了一连串激光。所有光线都弯曲着避开了她的躯干，她毫发无伤。人类的肉眼无法观察到激光的行进路线，但有了脸上的面罩，她能看清纳秒内的脉冲：白热的光线一闪而过。

基拉毫不犹豫地举起榴弹枪开火。或者应该说，是软刀为她开火。她甚至没有意识到自己扣动了扳机，只感到枪托打在肩膀上，让她向后转去。这该死的枪威力跟炮一样大。

砰！

榴弹在一阵明亮的白光中爆炸，基拉的视野变暗，几乎全黑。她的各个器官感受到了爆炸的威力：她的肝很疼，肾也疼，然后是整个身体，筋腱、韧带、肌肉。这些基拉之前都没有注意到的部分，纷纷宣示自己的存在，仿佛在齐声抱怨。

她在伸手可及的范围内乱抓。纯粹出于偶然，她摸到了墙上的一个隆起。软刀吸附到那石头般的光滑表面，阻止她翻滚。她大口喘着气，悬在那里，再次找到了方向感，脉搏快速跳动着。在她面前悬浮着水母那截流着汁液的断肢。橙色的薄雾笼罩着整个通道。

那个生物刚才想干什么？偷袭她？基拉想到了一种解释，这让她的心一沉。螃蟹被派来拖住她，并且其他水母知道它挡不住，在别处为她准备了一个更大的惊喜。

她用力吞咽，口腔里那呕吐物酸酸的味道依然浓烈。她现在能做的就是继续搜寻，希望外星人不会预测她的每一步行动。

基拉看了一眼榴弹枪，还剩四颗榴弹。她得利用好每一颗。

她让自己转过来，看着刚才出现外星人的藤壶门。上面的楔形部分已经松动了。穿过门之后是一个球形房间，里面有半满的绿色液体。类似海藻的丝带漂浮在静止的水中，像昆虫一样微小的生物在弧形液面上游走，留下线形和环形的痕迹。她的脑海中冒出“楔虫”这个词，以及令人满足的松脆口感……水池底部是某种容器或工作台。

只要这艘飞船处于零重力状态，这些水本该滴滴分明地飘浮在半空，在房间内部自由地游荡。但是，这些水被吸附在半个房间里，和任何星球上的水池一样静止且平稳。

基拉意识到这就是水母的人造重力。这里似乎是一个局域力场，因为她没有感觉到房间的入口处有任何东西。

她对人造重力不是很感兴趣。她真正想研究的是楔虫和那些海藻一样的生物。光是几个细胞就够她做一整套基因分析的。

但是她必须继续前进。

她快速检查了几个房间，没有发现特里格的踪迹，她也看不出每个房间是用来做什么的。也许这是洗手间，也许那是神龛，也许和她猜想的完全不同。软刀什么都没说，而没有它的帮助，任何解释都说得通。缺乏语境是处理异域文化（不管是人类还是其他文明）的难点。

基拉能确定的是，自从知道软刀盯上它们后，外星人就改变了飞船的布局。房间的排列看起来完全不同了。

她能看到很多打斗留下的痕迹：弹片打出的孔洞、激光枪灼烧的痕迹、材料熔化的混合物——这些都是它们在马尔佩特和联军司令部交火的证据。灯光闪烁，鲸歌般的警报声从飞船某处传来。空气中有……警惕、危险和恐惧的味道。

竖井尽头出现了岔路。基拉的直觉告诉她应该往左走，所以她选择往左走，被绝望驱使着前进。他在哪里？她开始担心现在是不是已经太晚了。

她又经过三道随处可见的藤壶门，第四道门通往又一个球形房间。房间感觉很大，向前延伸的墙壁几乎看不出是弯曲的，但是很难判断这个空间到底有多大。空气中弥漫着一团浓烟，将原先的蓝光变得更加昏暗，很难看到一臂之外的东西。

基拉内心升起一股恐惧。这个房间是一处完美的偷袭地点。

她必须看清周围。要是……她集中精神，全力保持专注，接着眼球上传来痒痒的感觉。她的视野扭曲，好似一条正在被拧干的床单，然后突然变平整了，浓烟似乎在退散（虽然房间另一端还是看不清），一切都变成了黑白色调。

这个房间有三十多米宽，可能更宽。和其他房间不同，这里贯穿了某种支架：骨基质般的苍白脚手架。房间后半部的内圈有一条黑色走道。走道两边的墙上装着一排排……容器？这些容器巨大而坚硬，在电力作用下发出嗡嗡声，隐藏的电路使它们散发出明亮的磁场。

恐惧中带着好奇，基拉看向最近的一个容器。

容器正面是一种透明的材料，呈乳白色，像鸡蛋皮。透过它，基拉看到了一个模糊的形状，朦朦胧胧，卷曲盘绕，难以辨认。

里面的物体动了一下，无疑是一个活物。

基拉倒抽了口气，猛地后退，举起榴弹枪。容器里是一个水母，它的触手环绕着自己，在一种黏性液体中轻柔地上下浮动。

她差点就朝它开枪了，但她留意到它对她突然举枪的动作没有反应，而且她也不希望制造任何动静吸引外星人的注意。这些容器是孵化舱、冷冻舱、睡眠舱还是某种育婴室？她环视整个房间，开始数数，面罩下的嘴唇嚅动着：1，2，3，4，5，6，7……总共有49个，其中14个较小。如果每个容器里都有一个水母，那么这里就有49个外星人，足以打败“壁鱼号”上的所有人。

特里格。

她等一下再来操心这些容器。

基拉撑在门的边缘，接着蹬了一下，朝支架的一根杆子飘去。正当她飘在空中时，一根银色的棒子从房间深处的烟雾中射出。她猛地抬起手臂，将棒子撞到一边。软刀在她的前臂处硬化，防止手腕骨折。

她的动作和来自棒子的撞击让她旋转起来。基拉试着抓住支架的杆子，有一会儿，她的手指只是在空气中胡乱挥舞——

她本该失手，本该继续旋转，但她够到了杆子。软刀再次施以援手，让她的手指自然地延伸出卷须，缠住那根杆子，让她停了下来。停住的那一刻，她牙关一紧。

有意思。

在她身后，基拉看到一个长着螯的东西在杆子之间腾挪跳跃。阴影中，它看起来很暗，几乎是黑色的。尖刺、螯和奇怪的小肢体以意想不到的角度从它身上冒出来。这是一种她从来没见过的水母。很难判断它究竟有多大，但肯定比她大。它的一只螯夹着另一根银色的棒子，棒子有一米长，表面如镜子般明亮。

她用弗朗西丝卡朝它开火，但是它移动的速度太快，即便有软刀的帮助，她也没办法打中它。榴弹在房间的另一端爆炸，摧毁了一个容器，发出一道闪电般的亮光。

通过这束亮光，基拉看到了两个东西：房间后部，一个笨重的人形物体被拴在支架的杆子上，那是特里格；另一个就是外星人，此时它正将第二根棒子掷向她。

她没能及时躲开。那根棒子砸到了她的肋骨，尽管软刀尽力保护她，撞击还是让她一阵眩晕，痛得直抽气。她半边的身子麻木了，手也握不住榴弹枪，它飘到了一边。

特里格！她一定要想办法救那孩子。

外星人突然伸出螯朝她袭来。它不像她看到的其他水母，没有任何触手，橡胶似的柔软身体上长着一簇像是眼睛和其他感觉器官的东西。一个大体上算是脸的东西让她分清了它身体的前后。

绝望之中，基拉试图和软刀一起发起攻击。穿刺！劈砍！撕裂！她希望软刀使出全部实力。

它确实做到了，但和她想象的不太一样。

从她的身体上冒出一簇簇尖刺，朝各个方向随机射出，狂乱且毫无章法。每射出一次，她身上都好像中了一拳，将她推向和那些致命尖刺相反的方向。她试着用意念引导它们，虽然她能感受到软刀在回应她的指令，但他们之间的协调性很差——就像一头失明的野兽在追逐猎物时横冲直撞，在错误的外部刺激下做出过度反应。

外星人瞬间做出反应。它在空中扭转，脱离了尖刺的运动轨迹，从而避开了被刺穿的命运。与此同时，空气中涌现一股震惊、恐惧和某种基拉觉得是崇敬的近味。

科威提：理想态[①]！多形态生命体！住手！

基拉收回尖刺，正要扑向榴弹枪，一个柔软的、滑滑的东西爬到她抓着的杆子附近：一根粗壮的触手探了过来。基拉用手猛砍，但动作太慢了。

---

① 理想态：见附录三“IDEALIS”（第 806 页）。

那象鼻一样的壮实肌肉拍了她一下，她头朝下被甩了出去，直到背部撞到另一个支架。

即便有软刀，撞击还是很疼。基拉忍住疼痛，集中精神稳住自己，软刀也帮她紧紧抓住支架的杆子，不让她转走。

这个长螯的怪物抓住远处一个分岔的杆子，躲开了尖刺的攻击。它举起有骨头的触手，冲她挥舞，像一个疯狂的响板舞者一样夹动它的螯。

基拉看到了那条触手的主人——另一个长得像鱿鱼的水母，从她被撞飞前所在的杆子后面冒出来。鱿鱼的触手上有像脉搏一样跳动的光带，在黑暗中亮得惊人。其中一条触手拿着……不是激光枪，而是一种枪管扁平的长武器。是便携式轨道炮[①]吗？

十米开外，基拉看见了那把榴弹枪。她扑了过去。

砰的一声巨响，就像两块甲板撞到了一起。接着她的肋骨感到一阵剧烈的痛楚。她的心脏怦怦直跳，一瞬间，眼前一片漆黑。

基拉惊慌失措，用软刀朝各个方向猛击。但这毫无用处，又一阵剧痛袭向她的右腿。她感到自己旋转起来。

当她撞到榴弹枪时，她的视线清晰了一些。她抓起它，同时看到了那个螃蟹一样的外星人正朝她跳过来。

软刀继续发射尖刺，但外星人轻而易举地躲过了。它分节的身体展开，露出手臂，锯齿状的锐利尖刺朝她的脑袋袭来。它手臂的末端之间产生电光，和电弧一样明亮。

基拉像旁观者一样分析出，外星人想砍她的头，为了切断她和软刀的联系。她举起步枪，但动作太慢、太慢了。

就在外星人撞过来时，它身上喷出烧蚀的血肉。基拉看向房间另一边，穿着动力装甲的特里格正缓慢地放下手臂。

接着外星人劈头盖脸地倒到基拉身上。它的几条腿搭在她的脑袋上，柔软的腹部盖住了她的脸，她眼前一片黑。她左前臂疼痛难忍，好像被突如其来的重量夹住了手臂两侧。疼痛异常强烈，她不但能感觉到疼痛，还能看见疼痛，那是她的手臂发出的一大片耀眼黄光。

---

① 轨道炮：利用电磁力产生动能推进弹丸的动能杀伤武器。——编者注

基拉在面罩下尖叫，用另一条手臂不停地捶打外星人，一拳又一拳。外星人的肌肉在她的拳头下松弛了，骨头或者类似骨头的东西碎裂了。

那疼痛好像永不止息。

和出现时一样，基拉手臂上的疼痛突然消失，长螯的外星人瘫软下来。基拉颤抖着将尸体推开。在暗淡的光线下，它看起来像一只死去的蜘蛛。

她的前臂以不自然的角度从肘部垂下，一道锯齿状的伤口深深地切入手臂，穿过软刀和下面的肌肉。但她眼看着黑色的线条在伤口处来回缝补，感觉到软刀开始愈合伤口，修复她的手臂。

正当她分神时，另一个水母冲向特里格，缠住他的动力装甲。他的四肢上各有一条触手，扭动并拉扯着，想将外骨骼和特里格本人撕成碎片。

几秒钟后，基拉确信它能做到。

水母附近有一根杆子。基拉举起榴弹枪瞄准杆子，快速地祈求图勒保佑特里格平安，然后她开枪了。

砰！

冲击波炸断了水母的三条触手，轰开了它的甲壳，恶心的脓液四溅。断了的触手扭动着飞远了。

特里格也被弹开了。有一会儿，他一动不动，然后他的动力装甲突然动了一下，重新调整了姿势，手臂和腿上的微型姿态喷气机发动起来。

基拉朝特里格飘去，几乎不敢相信他还活着——他们俩都活了下来。别伤害他，别伤害他，别伤害他……她在脑海里乞求软刀，希望它能听从。

当她靠近时，特里格的面罩退去，露出了他的脸。他面色苍白，汗流不止，那蓝光让他看起来病得不轻。

他盯着她，瞳孔因为恐惧而放大：“这是什么东西？！”

基拉低头看到软刀还伸着尖刺：“我以后再跟你解释。你没事吧？”

特里格点点头，甩开鼻子上的汗水：“没事，我不得不重启外骨骼。花了很长时间……我的，啊，手腕可能断了，但我还是可以——”

法尔科尼的声音突然出现：“纳瓦雷兹，你能听见吗？完毕。”基拉听见他那边有尖叫声和“砰！砰！砰！”的枪击声。

“我能听见。完毕。”她说。

“你找到特里格了吗？你们在哪——”

“他在这里。他很好。”

几乎同时，特里格说：“我很好，船长。”

“那就赶紧滚到左舷舱来。这里又出现了一个水母，是凿穿船体闯进来的。我们已经牵制住了它，但没办法——”

基拉和特里格已经出发了。

4

“抓住把手。”特里格喊道。基拉用一只手臂钩住他外骨骼顶部的把手，他启动推进器，两人飞向了来时的门。

这一次藤壶门没有打开，他们差一点就撞上了，幸好特里格及时刹住。他举起一只手臂，向周围的墙壁发射激光。三次快速的切割后，他破坏了门的控制机关，楔形部分松开并快要脱落，基座的密封处渗出白色的液体。

他们飞过开口处，一个楔形部分的边缘刮到了基拉的后背，令她战栗。

到了房间外面，那股冲动又持续蛊惑着她，令她无法忽视。它指引基拉走向附近舱壁的弧形部分，接着继续往前。基拉坚信，只要追踪这个信号，她就能找到源头，也许到那里之后她就能喘口气，并找到一些关于软刀的性质和起源的答案……

“谢谢你来救我。”特里格说，“我以为我完蛋了。”

她沉吟了一声：“我们再快点吧。”

其他门也都没有自动分开。特里格几秒钟就切开了它们，但是每一次耽搁都加深了基拉的恐惧和紧迫感。

他们经过灯光闪烁的控制台，沿着圆形竖井，飞过那个液体中漂浮着海藻、液面上有微型昆虫的房间。接着，他们朝飞船的气闸室飞去，那里悬浮着第一具水母的尸体，此时正往外流出脓液和其他液体。

他们到达气闸室后，基拉就松开了特里格。“别开枪！”特里格喊道，“是我们。”

这个提醒很有用。维沙尔、尼尔森和两个熵主义者都在“壁鱼号”的前厅等着他们，手中的武器都对准了气闸室。医生的腿上缠着绷带，他被弹片击中了。

当他们飘到视线中时，尼尔森松了口气。“快。”她说着让出一条路。

基拉跟着特里格来到飞船中央，接着向船尾最底层的货舱走去。等他们走近时，就听到了激光枪和射弹枪的声音，还有乘客惊恐的尖叫声。

来到右舷舱，他们停在压力门后，以防万一，偷偷从门口望去。

所有难民都挤在货舱一端，他们用箱子当作掩体，虽然这个掩体十分单薄。长着触手的水母潜伏在货舱另一端，它也躲在一个箱子后面，将自己压平。水母旁边的船体上有一个不规则的洞，直径大约0.5米。风呼啸着穿过洞口，把一块松动的壁板扯了过去，堵住了洞的一部分。不幸中的万幸。透过狭窄的口子，能看到黑暗的太空。

法尔科尼、斯帕罗和华钟分散在货舱中部，抓住船体的肋骨，时不时地朝水母射击。

基拉意识到，难民要想离开，就一定会被水母击中；而水母要想移动，就必定会被法尔科尼他们击中。

即便打开舱门，几分钟后，空气也会散尽。没有时间了。她已经能感觉到空气的稀薄，风中带着危险的寒意。

“待在这里。”基拉对特里格说。他还没来得及回答，她就深吸了一口气，压下心中的恐惧，跃向法尔科尼。

水母用激光枪开火了，基拉听到了七次哔哔声。它本不应该打偏的，但基拉只感到自己被打中了一下：一根白热的针深深地刺进了她的肩膀。她还没来得及喘气，疼痛就消退了。

法尔科尼和斯帕罗试图掩护她，赶紧开枪。

基拉落到法尔科尼旁边，他抓住她的手臂，让她不至于飘远。“该死的！”他怒吼道，“你想什么呢？”

“想帮忙。给你。”她将榴弹枪递给他。

船长的眼神一亮。他从她手上接过武器，没有丝毫犹豫就把它架在船体的肋骨上，朝水母开火。

砰！一道白光罩住了水母藏身的箱子。金属碎片飞溅到周围的墙壁上，产生滚滚浓烟。

几个难民尖叫起来。

斯帕罗扭过头冲法尔科尼说：“小心！不要离平民太近。”

基拉指着几乎没有凹陷的箱子说：“这是用什么做的？钛？”

“压力容器。”法尔科尼说，“生物防护箱。制造这该死的东西是为了重返大气层。”

斯帕罗和华钟又朝水母开了几枪。基拉待在原地。她还能做什么？水母离这里至少有15米远，她没法——

难民中又传来了一连串尖叫声。基拉转头看去，只见一个小小的身体在空中扭动，是一个七岁的女孩。女孩不知怎么松开了手，飘离了甲板。

难民中冲出一个男人，扑上去想拉住女孩。“待在底下！”法尔科尼大喊，但是已经太晚了。那个男人抓到了女孩，冲力让两人失去控制，朝货舱中部翻滚而去。

基拉惊得来不及反应，斯帕罗先冲了出去。这个穿着动力装甲的女人离开她藏身的船体肋骨，打开推进器全速朝那两个难民飞去。

法尔科尼咒骂一声，想冲过去阻止斯帕罗离开掩体，但是失败了。

水母喷出一阵扇形的墨色烟雾，隐藏其中。基拉用强化的视力仍能看到水母的触手那纠缠的轮廓，它正爬向墙边的检修梯。

基拉朝烟雾里开枪，华钟也一样。水母因为枪击而畏缩了一下，但还是用一条触手绕住梯子的一节横杆，轻而易举就把它拽了下来。它迅疾得如同出击的蛇，将横杆扔向斯帕罗。

那节扭曲的金属击中了斯帕罗的腹部，正好在动力装甲的缝隙处。半节横杆从她的背部穿出。

华钟尖叫起来，那是一种可怕的高音，不像她那种体型的人发出来的。

5

一阵狂怒赶走了基拉的恐惧。她用船体肋骨的边缘助推，扑向水母。

在她身后，法尔科尼喊了什么。

她冲向水母，水母伸展触手，好像要给她一个欢迎的拥抱。它发出蔑视的近味，基拉第一次用它的语言回答它。

基拉：去死吧，掠夺者！

基拉一瞬间感到震惊，软刀不仅让她理解了外星人的语言，还让她学会了用外星语言交流。然后她做了自认为正确的事：她用手臂突刺，也用意念突刺，将所有恐惧、痛苦和愤怒都贯注到这个动作中。

就在这一刻，基拉感觉自己大脑里的某种东西碎裂了，就像一根玻璃棒断成了两半，接着碎片和零件都在意识中找到了合适的位置——如同拼图滑进指定的卡槽。随着碎片的拼合，她产生了一种深刻的完整感。

她惊讶地发现，软刀在她的手指周围融合成固体，从她手上伸出一片平整的薄刀刃，刺穿了外星人的甲壳。这让她松了一口气。外星人猛烈地左右摇摆，触手在无助的发狂中扭动、打结。

然后，在她和软刀的协同下，刀刃的末端像针垫一样戳出黑色的尖刺，穿透了水母的身体。

她的冲力将外星人推回远处那面墙上。他们受到墙面阻挡，而软刀射出的纳米微针将水母钉在了船体上。

外星人抽搐了一下，停止了抖动。它的触手还在以慵懒的节奏扭动着，像微风中荡漾的三角旗。死亡的近味弥漫整个货舱。

第七章

* * * * * * *

图标与指示符

1

基拉等了一会儿才收回刀刃和尖刺。水母像泄了气的气球一样瘪下去，脓液从它身上不计其数的伤口中流出。

那阵烟雾已经消散，飘入了太空。基拉一脚踢开水母，它的尸体被狂风吸到了洞口，卡在松动的壁板上，堵住了洞的大部分。呼啸的风声减弱为尖细的哨声。

基拉转身，看到那些难民都一脸震惊和恐惧地盯着她。她有些后悔，意识到现在没办法再隐藏软刀的存在了。不知是福是祸，这个秘密还是泄露了。

她不再看那些难民，起身前往特里格、法尔科尼和华钟所在的地方，他们正围在虚弱的斯帕罗身旁。

华钟将前额贴在斯帕罗的面罩上，低声说着什么，基拉听不清。斯帕罗装甲的背后冒出烟雾，一根裸露的电线冒着火花。贯穿她身体的杆子周围涌出一圈白色的医疗泡沫[①]。这种泡沫能止血，但基拉不确定它能否挽救她的生命。

“医生，下来。快来！”法尔科尼说。

基拉吞了一口唾沫，嘴巴有些发干。“我能帮上什么忙吗？”她走近了些，还是听不清华钟的低语。轮机长红着的眼眶噙满泪珠，脸色苍白，只有两颊因为激动而泛红。

“抓住她的脚，”法尔科尼说，“别让她动。”他望向那些陆续从掩体后走出来的难民，大喊：“趁空气耗尽前离开这里！去另一个货舱。快滚！”

他们照做了，远远地避开斯帕罗和基拉。

---

① 医疗泡沫：见附录三“MEDIFOAM”（第 808 页）。

“格列戈罗维奇，空气含量还有多久降低到50%以下？”基拉问。

飞船主脑迅速回复：“以现在的速度，12分钟。如果水母被吸出去了，那不会超过40秒。”

基拉抓住斯帕罗的靴子，感觉有些凉。她一时纳闷自己是怎么感觉到的，因为连来自太空的严寒也没有引起她的注意。

接着她意识到自己有些恍惚。战斗已经结束，她体内的肾上腺素开始消退。也许过不了几分钟，她就会倒下。

维沙尔飞过货舱门口，带着一个正面缝着银色十字架的挎包。“让开。”他说着，撞到了基拉旁边的箱子。

她让开了。维沙尔绕着斯帕罗转了一圈，透过她的面罩往里看，和华钟一样。接着他来到她的腹部被杆子刺穿的地方。他脸上的皱纹更深了。

“你能——”特里格开口说。

“安静。”维沙尔厉声说。

他仔细看了杆子几秒钟，然后移到斯帕罗的背部，查看杆子的另一端。“你，”他指着特里格，“切断这里和这里。”他用中指在杆子上比画了两条线，离斯帕罗前后各一掌：“用激光，别用脉冲。”

特里格挡在斯帕罗旁边，这样激光就不会击中其他人。透过他的面罩，基拉看到他满脸汗水、眼神呆滞。他举起一只手臂，将金属手套上的发射器对准杆子。“注意激光。”他说。

杆子被切割的部位烧成白热状态，砰砰蒸发了，产生了一股刺鼻的塑料味。杆子的一端脱落，法尔科尼接住脱落的部分，把它轻轻推向货舱另一端。然后特里格在杆子的另一端重复这项操作。华钟抓住断开的部分，恶狠狠地甩开，它撞在墙上。

“很好，”维沙尔说，“我锁住了她的装甲。现在可以移动她了，只是不要让她撞到任何东西。”

“送医务室吗？”法尔科尼问道。

“十万火急。”

“我来。”华钟说，她的声音像碎石一样坚硬和粗糙。不等他们同意，她就抓住斯帕罗装甲上的把手，拖着坚固的金属外壳走向打开的压力门。

2

华钟带着斯帕罗离开货舱，特里格和维沙尔护送她们。法尔科尼留在后面，基拉和他在一起。

“快。”他喊道，向剩下的难民示意。他们困惑地拥出货舱。看到斯帕罗想保护的女孩和男人安然无恙，基拉松了口气。

最后一批难民离开后，她跟着法尔科尼来到外面的走廊。他锁上身后的压力门，将破损的货舱隔离开来。

基拉让软刀收回面罩，因为摆脱它而松了口气。她的视野中渗出色彩，让她周围的环境恢复了真实感。

一只手搭在她手腕上，令她吃了一惊。是法尔科尼，他的目光凝重得令人不安：“刚才那些尖刺是怎么回事？你没有提起过。”

基拉将手挣脱。关于软刀，当然还有关于她的队友是怎么死的，现在还不是解释的时候。“我不想吓到你。”她说。

他的脸色阴沉下来：“你还有什么没有——”

就在这时，四个难民（都是男人）走了过来，他们的靴子上装有壁虎垫。每一个都面露不悦之色。“嘿，法尔科尼。”领头的说。这个人强壮健硕，留着一圈胡楂。基拉依稀记得在货舱见过他。

“干什么？”法尔科尼没好气地说。

“我不知道你们想干什么，但我们之前可没同意去追那些水母。你向我们收那么多钱已经让人火大了，现在还要把我们拖入战斗？我不明白她到底是什么情况，但肯定不正常。”他指着基拉，“说真的，你怎么回事？这里有妇女和儿童。如果你不把我们带到罗斯兰——”

“你会干吗？”法尔科尼厉声问道。他看着他们，双手仍然放在榴弹枪的把手上。枪里没有子弹，但基拉觉得没必要说出来。“带着一个被惹怒的飞船主脑从这里飞走吗？”

“我不建议您这么做。”格列戈罗维奇的声音从上面传来，带着一丝窃笑。

男人耸耸肩，将指关节捏得喀喀响：“是啊，是啊。你知道吗，聪明人，我宁愿带着你那个疯狂的飞船主脑赌一把，也不愿像你那个船员一样被水母做成烤肉串。而且我不是唯一有这种想法的人。”他举起一根手指朝法尔科尼晃了晃，然后和其他人回到了另一个货舱。

“谈得很愉快。”基拉说。

法尔科尼咕哝了一声，赶紧回到飞船中心，沿着主井往上飘，基拉跟在他后面。他问：“那艘飞船上还有其他水母吗？”

“我想没有了，但是我很确定特里格和我发现了它们的孵化室。”

船长抓住C甲板入口的把手，医务室就在这一层。他停下来，举起一根手指：“特里格，你能听见吗？……纳瓦雷兹说你们发现了孵化舱？……你听好了，烧掉它们，尽快。不然我们的麻烦可就大了。”

“你要派他再回去？”基拉说，此时法尔科尼正穿过入口，走向邻近的走廊。

船长点点头：“必须有人去做这件事，只有他的装甲还能正常运转。”

基拉有些生气。那孩子的手腕受伤了，如果他再受到攻击……

她还没有说出自己的担忧，就和法尔科尼来到了医务室前。尼尔森在房间外面飘浮着，一只手放在华钟的肩膀上，安慰轮机长。

“有什么消息吗？”法尔科尼问。

尼尔森一脸担忧地看向他：“维沙尔刚把我们赶出来。他正在救她。”

华钟点点头，眼睛都哭红了：“是的，我的小斯帕罗还活着。”

法尔科尼的姿势稍稍放松下来，一只手摩挲着头发：“她就那样跳出来，真是太蠢了。”

“但很勇敢。”尼尔森坚定地说。

法尔科尼点点头：“是的，很勇敢。”然后他对华钟说：“货舱的漏洞需要修复，但我们没有维修机器人了。”

华钟缓慢地点点头：“等维沙尔结束手术，我立刻去修理。”

“那得等好一会儿。”法尔科尼说，“最好现在就去。如果有什么消息，我们会告诉你的。”

“不，”华钟用她低沉的嗓音说，“斯帕罗醒来的时候，我想待在她身边。”

法尔科尼的下巴绷紧：“飞船的外壳有个该死的窟窿，华钟。那里需要修补，马上。我应该不用专门向你强调。”

“我确定修补窟窿可以再等几分钟。”尼尔森用安抚的语气说。

“实际上，没办法等。”法尔科尼说，“水母闯进来时割断了一根冷却管。等你过去再换一根时，我们早就被水淹死了。而且我不希望乘客在另一个货舱里随意走动。”

华钟摇摇头：“在斯帕罗醒来之前，我绝对不会离开这里。”

“我的天——”

轮机长像没听到他的话一样，继续说：“她醒来的时候肯定希望我在这里。如果我不在的话，她肯定会很失望，所以我要等。”

法尔科尼将靴子固定在甲板上，让自己站直，在零重力环境中轻微摇晃：“作为你的船长，我在给你下直接命令，宋。你明白我的意思吗？”华钟盯着他，面色凝重。“我命令你去货舱修好那个西巴缺口。”

“是，长官。只要等——”

法尔科尼怒视着她：“只要等？等什么？！”

华钟眨了眨眼：“只要等——”

“不，你马上去，让这艘飞船重新运作起来。立刻，马上，不然你就当自己被开除了，我会让特里格来负责引擎室。”

华钟双手握拳，有那么一刻，基拉以为她会打法尔科尼。然后，基拉从她的眼神和下垂的肩膀看出，她妥协了。

华钟脸色阴沉地飘下走廊，在走廊尽头，她头也不回地说：“如果我不在的时候斯帕罗出了什么事，我会找你算账的，船长。”

“这就是我来这里的原因。”法尔科尼紧张地说。当华钟消失在拐角处时，他才放松了一些。

“船长……”尼尔森说。

他叹了口气：“我待会儿再和她说说。她现在脑子不清楚。”

“这能怪她吗？”

“不能。”

基拉说：“她俩在一起多久了？”

“很久了。”法尔科尼说。然后他和尼尔森开始讨论飞船的状态，试图弄清哪些系统被破坏了、难民能在另一个货舱内待多久，等等。

基拉越听越不耐烦。想到特里格一个人在外星飞船上，她就心烦意乱。她迫切想从水母的计算机中找出答案，趁它还没被烧坏。“听着，”她打断了他们的讨论，“我去看看特里格是否需要帮助，然后调查一下周围。”

法尔科尼怀疑地看了她一眼：“你能行吗？你看起来不在状态。”

“我很好。”

“……那好吧。确认飞船安全后就通知我。我会让那两个熵主义者过去，如果他们对水母科技感兴趣的话。”

3

基拉来到D甲板，沿着船体弧形的内墙飞往那间连通“壁鱼号”和外星飞船的气闸室。她再次让软刀覆盖住整张脸，然后带着一丝恐惧，穿过水母气闸室的白色短管，进入前方的阴影处。

令她疼痛的召唤还是那样强烈，但她暂时忽略了它。

当她来到那个放着孵化舱的房间时，发现特里格正绕着那些云雾缭绕的孵化舱，用安装在前臂上的火焰喷射器逐一灼烧。他将火焰喷射到大一些的孵化舱上，里面的东西猛烈摆动：一堆不知道是手臂、腿、螯还是触手的混合物。

“一切都顺利吗？”等他烧完后，基拉问。

他竖起两个大拇指：“还剩十几个。船长派我过来还算及时，当时至少有两个孵化舱即将完成孵化。”

“太好了。”基拉说，“我现在要去周围调查一下。如果需要帮助，就说一声。”

“你也是。”

基拉一边离开房间，一边呼叫法尔科尼：“你现在可以让两个熵主义者过来了。现在飞船上应该安全了。”

“收到。”

基拉开始四处探查。她感觉自己比之前更加不耐烦，但谁也不知道这艘水母飞船上有什么危险，她得尽量小心，避免落入陷阱。她紧挨着墙壁行走，不管在哪里，都确保自己有一条明确的逃生路线。

警报声似乎是从船首传来的，所以基拉往那个方向走去，穿过弯弯曲曲的走廊和半明半暗的房间，房间里一般都注了半满的液体。因为不再担心自己会有生命危险，所以基拉注意到飞船某处传来几阵近味。

一个说：……往前……

另一个说：……同形态准许级别斯法尔[①]……

还有一个说：……虚空之影[②]……

还有其他近味。也有文字：分岔的线条重复了近味里的信息。基拉能读懂这些线条，心中燃起希望。水母还在使用一种软刀能看懂的文字。

最后她来到了飞船的最前端：一个半球形的房间与船首相连。房间大部分都是空荡荡的，只有中间一个扭曲的枝形结构。它由一种红色材料做成（她在船上见到的唯一红色），带有小凹坑组成的纹理。总的来说，它让她想起了珊瑚。这个结构引起了她的专业兴趣，于是她绕道去细看。

当她试图触碰一个分枝时，一股无形的力量将她的手推开了。她皱起眉头。天然的重力场都带有引力（至少表面上如此）。但是这个……水母肯定使用了惯性技术来增加枝形结构周围时空的流动和密度，以此制造出一片正压区域。这意味着它们的人造重力是推力而非引力。比如，它会把她推到地板上。不过，她可能是错的。这远远超出了她的专业领域。

必须让那两个熵主义者看看这个。

尽管力场很强，但基拉用软刀将自己固定在了地板上，能用手穿过这个力场。珊瑚状的结构（赘生物？雕塑？）摸上去很冷，像带有凝结的水汽一样滑溜。尽管材料上有凹坑，但摸起来是光滑的。她轻轻敲击，那东西发出叮的一声尖锐脆响。感觉上，它很像碳酸钙。但这毕竟是和水母有关的东西，所以基拉也不确定这是什么。

离开那个东西之后，她顺着一股难以言明的哀伤来到了一堵覆盖着玻璃板的墙面前，上面点缀着灯光。她站在那里，内心的疼痛是如此强烈，以至于她的眼里流出泪水。

她眨了眨眼，仔细查看玻璃板，想着要从哪里入手。她摸了摸玻璃板，害怕自己无意中激活了某个机器或程序，但什么也没有发生。她希望软刀能告诉她怎么操作这个控制台。也许它不知道。

她在玻璃上摸索，还是没有任何反应。接着，她第一次尝试有意识地制造近味。令她欣喜的是，软刀轻松地照做了。

---

① 斯法尔：见附录三“SFAR”（第 812 页）。

② 虚空之影：见附录三“ASPECT OF THE VOID”（第 800 页）。

基拉：打开……启动……访问……计算机……

她尝试了所有眼屏上常用的词汇和短语，但玻璃仍然是暗的。基拉开始怀疑面前的到底是不是计算机。也许这块面板只是一种装饰，但感觉不像。发出召唤的传输器显然就在附近。附近应该有某种控制装置。

她想回到孵化室，从死去的水母尸体上砍下一截触手。也许只有DNA或触手的指纹才能启动计算机。

她将这个想法作为备选。最后，她试着说——

基拉：二形态……多形态……理想态……

万花筒般的色彩在面板上绽放：图标、指示符、图像和文字令人眼花缭乱。与此同时，一阵阵刺鼻的近味飘过。

她的鼻子痒痒的，右边太阳穴后方产生一阵刺痛。话语朝她扑面而来，有些是文字，有些是气味，携带了信息和不属于她的记忆。

……大分裂[①]……

刺痛加剧，她什么也看不见了——

漫天繁星下的战斗和杀戮。星球被攻占又失守，飞船燃烧，尸体残损。掠夺者在四处互相屠戮。

她为肉体而战，且不是孤军奋战。在古老的圣物匣里，还有六个同胞，它们待在那里，随时准备响应召唤。和她一样，它们与掠夺者结合，掠夺者却带着它们参加了战争。

在一些战斗中，她和她的同胞是盟友。在另一些战斗中，它们却相互为敌。这也是对图案的歪曲。在之前服务的所有分形图案中，它们都无意相互敌对。

这场冲突把一个探索者[②]从晶状的茧中唤醒了。它看到了战争带来的折磨，并按照惯例根除所有恶行。大分裂吞噬了新老肉体。

六个同胞中，三个死于战斗，一个掉入中子星的内核，一个发疯后自杀，一个在超光速空间失踪。探索者也死了，它最后已经无力和成群结队

① 大分裂：见附录三“SUNDERING”（第 815 页）。

② 探索者：见附录三“SEEKER”（第 812 页）。

的肉体相抗衡。

所有同胞中只有她活了下来，只有她依然带着图案，以纤维形态活着。

基拉弯下腰，低声哭泣，思绪翻涌。一场战争。曾经发生了一场可怕的战争，软刀和它的同类曾在这场战争中战斗。

她甩掉眼泪，努力重新看向面板。更多话语向她涌来。

……现在，兵团……

她又开始大哭。

克汀。强大的克汀。它沐浴在海底火山口的热浪中，它那数不胜数的触须和触角以同一节奏轻轻摇曳着。

克汀：说出你的消息。

她的肉体回答——

恩马尔：旋向[1]鱼群已被特菲尔[2]摧毁。

在那块隆起的岩石上，可怕的克汀身上涌现脉动的色带，在哀伤之界的紫色深处发出亮光。它挥舞着手臂敲打岩石，从突出的地方升起一团黑色的泥浆，上面散布着破碎而腐烂的甲壳。

克汀：叛徒！异教徒！亵渎者！

基拉吓得后退，看着脚边的甲板，又回到了现实中。她的头阵痛，渴望一粒止痛片。

这些回忆让她感觉到，软刀对恩马尔抱有一种……不是喜爱，而是尊重。它似乎不像憎恨其他水母一样憎恨恩马尔。这很奇怪。

她深吸一口气，鼓起勇气再次来到面板前。

---

① 旋向：指往银河系旋臂旋转靠近的方向。——编者注

② 特菲尔：见附录三“TFEIR”（第 815 页）。

……旋涡[1]……一种混杂着饥饿、危险、扭曲的印象——

……远味[2]，低声[3]……超光速通信——

……形态……不同类型的水母——

……沃纳威人[4]……接收到这个词后，基拉停了下来，感觉就像撞到了一堵墙上。她从软刀那里得知，沃纳威人是水母的自称，这让她有些惊讶。她不清楚这是一个种族、一个物种还是一种文明的称呼，但至少从软刀传达的信息来看，有一点毫无疑问：这就是水母的自称。

基拉：沃纳威人。她仔细感受这个词对应的近味。口头表达上没有对等的词，只有用近味才能准确说出这个名字。

怀着忐忑的心情，她继续研究面板上的东西。令她感到轻松一点的是，闪现的记忆变得越来越短，间隔越来越长，尽管它们从未完全停止。这让她既高兴又担忧：不断侵入的影像让她无法集中注意力，但它们毕竟带来了有价值的信息。

她接着研究。

自上次软刀和水母相遇后，水母的语言似乎没有发生太大的变化。但基拉碰到的术语依赖语境，而大部分时候语境是缺失的。这就像让她尝试理解一个陌生领域的技术类术语，而且要难上一千倍。

这让她的头痛加剧了。

她试着有条不紊地工作，记录每个动作以及计算机抛给她的每条信息，但这些信息实在是太多了。太多、太多了。至少她的眼屏一直在录制影音文档。也许等她回到舱室，就能更好地理解她看到的东西了。

可惜她没办法复制近味以备日后研究。基拉希望自己有植入物，它能记录全面的感官信息。但她没有植入物，这是无法改变的事实。

基拉皱起眉头。她原以为能在水母的计算机上更容易地获取有用的信息。毕竟，对她来说，外星人的语言不难理解。至少软刀让她如此认为。

---

① 旋涡：见附录三“WHIRLPOOL”（第 817 页）。

② 远味：见附录三“FARSCENT”（第 803 页）。

③ 低声：见附录三“LOWSOUND”（第 807 页）。

④ 沃纳威人：见附录三“WRANAUI”（第 817 页）。

最后，她只能在面板上随意地按下图标，希望不会意外地排出飞船内的空气、发射一枚导弹或者触发飞船的自毁程序。那后果就不堪设想了。

"废物，给点儿反应。"她一边嘟囔，一边用掌根击打面板。

唉，敲敲打打没有用。

她庆幸没有迹象表明伪智能体或其他形式的数字助手在保护计算机系统，也没有迹象表明水母有类似飞船主脑的东西。

基拉真正想找的是水母版的维基百科或百科全书。显而易见，像它们这样的高级物种应该在计算机中储存了许多科学和文化知识。但她痛苦地意识到，当涉及外星物种时，没有什么事情是显而易见的。

当按按钮没有产生效果时，她停下来重新思考。肯定还有其他办法……近味之前能发挥作用，也许会再次奏效。

她在心里清了清嗓子。基拉：打开……打开……外壳[①]记录。"外壳"似乎是飞船的意思。

什么都没发生。

她用不同的字眼再试了一次。在她第三次尝试时，显示屏弹出了一个新窗口，基拉闻到了些微欢迎的气味。

成功了！

基拉开始阅读，渐渐露出了笑容。正如她希望的，那是消息日志；不是维基百科，但和维基百科差不多。

大多数条目她都看不懂，但她还是逐渐明白了一些事。首先，水母的社会高度分化、等级森严。一个水母的等级由各种复杂的因素决定，包括它属于哪个兵团、拥有什么形态。基拉不了解具体情况，但兵团似乎是某种政治或军事组织。至少她是这么认为的。

她许多次遇到了"二形态"这个词。一开始，她以为这是软刀的代名词。但她读得越多，越觉得它不太可能指软刀。

后来，她恍然大悟地意识到"二形态"是水母对人类的称呼。她花了点儿时间思考它们为什么取了这个名字。那是指男人和女人，还是别的什么？有趣的是，软刀似乎不认识这个词。不过它又怎么可能认识呢？彼时

---

① 外壳：见附录三"SHELL"（第 812 页）。

的人类才刚刚登上银河系的舞台。

明白了这个关键词，日志变得更好理解了。基拉的好奇心不断上涨，阅读起飞船的航行报告、战斗报告以及联盟对天鹅座61及其他恒星系的战术评估。日志中无数次提到了旅行时间，从软刀处得知，它和距离有关。水母离这里最近的基地（基拉不确定它是一个恒星系、一颗行星还是一个空间站）就在几百光年之外。这让她感到奇怪，为什么联盟的望远镜没有观察到外星人的蛛丝马迹。水母文明存在的时间肯定远不止两三百年，而且它们所在恒星系发出的光很久以前就到达了人类居住的空间。

她继续阅读，试图找到各种信息的汇合点，拼凑出完整的意思。

反常的是，她读得越多，就越困惑。日志里没有提到任何发生在阿德刺上的事件，也没有提到软刀，但是上面有她从没听说过的攻击行动：不是水母攻击人类，而是人类攻击水母。她还读到水母似乎认为人类才是战争的发起者，因为他们先破坏了……伊里斯塔。她认为“塔”指的是空间站。

起初，基拉难以相信水母（沃纳威人）是受害者。十几个不同的场景闪过她的脑海。也许像“情有可原号”这样的深空巡洋舰与水母偶然遭遇，出于某种原因，发起了敌对行动。

基拉摇摇头。召唤让人心烦意乱，就像一只不停在她耳边嗡嗡叫的苍蝇。她读到的内容说不通。水母似乎确信自己是在为生存而战，好像二形态对它们构成了亡族的威胁。

当她继续深挖这些档案时，基拉开始注意到一项被反复提及的……搜寻任务。它们正在寻找某种东西，一种极为重要的装置。不是软刀——这一点她倒是十分确定，因为它们没有提到理想态。但不管那是什么东西，水母相信有了它，不仅能击败联盟、大获全胜，还能征服整个银河系。

出于恐惧，基拉的颈后一阵刺痛。什么东西拥有如此强大的力量？一种未知的武器？一种比软刀更先进的异种？

她只知道，到目前为止，水母都不知道这个东西在哪里。外星人似乎相信它位于反旋向星团中。她认为“反旋向”指与银河系自转方向相反。

她突然注意到一句话：当绝迹者创造了理想态。她反复读了好几遍，确保自己读懂了。也就是说，软刀是一种被制造出来的东西。水母的意思是别的物种制造了软刀，还是绝迹者也是水母？

然后她偶然发现了那个东西的名字：蓝色权杖[1]。

一时间，飞船的声音似乎消失了，她能听见的只有自己的脉搏跳动的声音。她知道这个名字。软刀传来一阵痉挛，随之而来的是一波信息流。它是明白的，向基拉传来一段回忆：

她看到了一颗星球，就是她之前见过的那颗红色星球。接着她的视野扩大，红色星球旁边出现了一堆其他的星球，但她不知道这是哪个星座。她觉得它们在天空中的排列方式十分怪异。

画面一转，她看到了蓝色权杖。可怕的蓝色权杖。它一挥，肉体和纤维被撕成碎片。

它一挥，一排排机器在气浪中被摧毁；

它一挥，一座座闪光的塔倒塌在坑坑洼洼的地上；

它一挥，飞船像烟花一般炸开。

另一个地方……另一个时间……一个高大而粗陋的房间，窗外能看见一颗云雾缭绕的褐色行星。它后面悬挂着那颗红色星球，因为相距很近而显得巨大。通过最大的窗户，她看到至高者[2]站在黑暗中，背景是旋涡形星光。枯瘦的肢体，强大的意志，强者中的强者。至高者的一对手臂交叉着，另一对手臂捧着蓝色权杖。她为那已失传的感到悲伤。

基拉一个激灵回到现实中。“该死。”她有些头晕，不堪重负。她确信自己刚才见到了一个以至高者形态出现的绝迹者，而它肯定不是水母。

这意味着什么？……她难以集中注意力，召唤引起的疼痛在干扰她。

蓝色权杖的力量令人恐惧。如果水母得到了它……基拉想到这里就浑身发抖。软刀也在发抖。人类必须先找到它。

她担心自己漏掉了什么信息，于是往回翻到消息日志的第一页，从头再看一遍。

她的头随着脉动胀痛，控制室的灯光周围出现了闪烁的光晕。基拉的

---

① 蓝色权杖：见附录三“STAFF OF BLUE”（第 814 页）。

② 至高者：见附录三“HIGHMOST”（第 805 页）。

眼睛湿润了。她眨眨眼，但光晕没有消失。

“够了。”她低语道。如果说有什么变化，那就是召唤变得更强烈了。它以一种不可阻挡的节奏在她的脑袋中敲打、拉扯、刺探着——将她引向面板，仿佛让她去完成一项尚未完成的古老使命……

她努力将注意力转回显示屏。肯定有办法——

又一阵疼痛感让她喘息不已。

恐惧和沮丧变成了愤怒，基拉大声喊道：“停下！”

软刀泛起涟漪。她感到它在回应召唤，将她愤怒的拒绝化为回声，以一种听不见也看不见的能量辐射出去，向外蔓延、蔓延……蔓延整个恒星系。

在这瞬间，基拉知道自己犯了大错。她冲上前，捏紧拳头使劲砸向玻璃面板，用意念向软刀示意：趁传输器还没有接收并传播她的回应，不顾一切地打碎它、砸烂它、摧毁它。

软刀从她的手臂流过手指，如一张树根织成的网蔓延到墙上，它寻找并试探着，越挖越深。显示屏闪了一下，靠近手的几块显示屏忽明忽暗，接着熄灭了，在她的手掌上留下一圈暗淡的光晕。

基拉感觉手指延伸出去的卷须就在召唤的源头附近。她用脚抵住墙，猛拉手臂，把显示屏中央的传输器扯了出来。那是一个紫色的水晶圆柱体，里面嵌着细密的蜂窝状银色纹路，这些纹路晃动着，就像因为受到热浪冲刷而扭曲。

她用软刀的卷须握住圆柱体，使劲一捏，那一大块水晶顿时碎裂开了。当软刀像挤压热蜡一样挤压水晶时，卷须之间抽出银色的茎。那股冲动从急切的渴望减弱为隐约的意愿。

她还没完全恢复便闻到一股近味，它浓烈得就像回响在她耳边的尖叫声。夸尔：玷污者！亵渎者！堕落者！

基拉知道有人来了。她身后有一个水母，离她很近，因为她能感觉到脖子后面有气流。她僵住了。她的脚还抵着墙，没办法快速转身——

砰！

基拉瑟缩了一下，半蹲半转身，软刀突出尖刺。

她身后，一个外星人在半空中翻倒了。它是棕色的，外表有光泽，身体分节，大小如人类男性。它那扁平的、没有脖子的脑袋上有一堆眼睛，眼球边缘呈黄色。疑似嘴巴的甲壳质部位冒出螯和触角，两排双关节的腿（每一条都和她的前臂一样长、一样粗）从覆盖甲壳的腹部伸出，不断挥舞着。它类似龙虾尾的尾部后面，拖着一对至少一米长的触角状附肢。

橙色脓液从它的脑袋底部渗出。

砰！砰！

外星人带有甲壳的身侧出现两个孔。血液和内脏喷洒到地面上。它旋转着飘离，最后蹬了一下腿，然后一动不动了。

房间的另一端，法尔科尼放下枪，枪管里正冒出一缕烟："你到底在干什么？"

4

基拉从半蹲的姿势站起来，收回了全身的尖刺。她的心跳如此剧烈，她缓了好一会儿才开口说："刚才……"

"是的。"法尔科尼将手枪放回枪套，"它刚才差点吃掉你的脖子。"

"谢谢你。"

"有空请我喝一杯，我们就算扯平了。"他飘过去检查那个还在渗出液体的外星人尸体，"你认为这是什么东西？水母养的狗？"

"不，"她说，"它有智慧。"

他看了她一眼："你怎么知道？"

"它刚才说了什么。"

"有意思。"他指着她那条溅满血的手臂，"我再问一次：你到底在干什么？我在通信器里呼叫你，你一直没回答。"

基拉看着自己在墙上扯出来的洞。恐惧让她心跳加快。她（更确切地说是软刀）真的回应了召唤吗？事情的严重性让她越来越害怕。

她还没来得及回答，耳朵里便传来哔的一声，接着格列戈罗维奇说："出大事了，我亲爱的寄生虫们。"他疯狂地笑了一声。"恒星系的所有水母飞船都准备过来拦截'壁鱼号'了。我能否建议展开一次不受限制的恐怖行动，然后速速撤退？"

第八章

* * * * * * *

无处可藏

1

法尔科尼咒骂一声，毫不掩饰地怒视基拉：“是你干的好事？”

“是的。你最近在忙什么，肉袋子？”格列戈罗维奇说。

基拉知道自己瞒不住刚才的事。虽然底气不足，但她还是挺胸说：“这里有个传输器，我把它摧毁了。”

船长眯起眼睛：“你……为什么这样做？而且为什么水母会知道？”

“它们不是这么叫自己的。”

“你说什么？”他没好气地问。

“我们的语言里没有对应的词，但相近的表达是——”

“我一点儿也不在乎水母怎么叫自己。”法尔科尼说，“你最好解释一下为什么它们来追我们。长话短说。”

基拉尽可能简短地向他讲述了关于召唤的事，以及她怎么不小心回应了召唤。等她说完，法尔科尼的表情镇定得令她害怕。她曾在那些计划捅人的矿工脸上见过这种表情。

“先是尖刺，然后是这个——关于异种，你还有什么没告诉我们的，纳瓦雷兹？”他说。

基拉摇摇头：“没有要紧的事。”

法尔科尼沉吟道：“没有要紧的事。”他拔出手枪对准了她，基拉愣了一下。“我真该把你留在这里，让你现场直播，这样水母就能找到你了。”

“……但你不会这么做？”

两人僵持了一会儿，然后法尔科尼把枪口移开。他将手枪放入枪套。“不会。如果水母真的那么想抓你，那么把你留给他们就不是什么好主意。但你别以为我想让你回到‘壁鱼号’上，纳瓦雷兹。”

她点点头：“我理解。”

他打开眼屏，说：“特里格，回到‘壁鱼号’上去，立刻。乔鲁斯、薇拉，如果你们想从水母飞船上得到任何东西，最多还有五分钟时间，之后我们就会快速离开这里。”

接着他转身，准备离开。“说说，”看到基拉跟上来，他说，“你发现了什么有用的东西？”

“很多，我想。”她说。

“有没有能帮助我们活下来的信息？”

“我不知道。水母是——”

“不紧急的信息就省省吧。”

基拉将嘴边的话咽了回去，跟在匆忙离开水母飞船的法尔科尼后面。特里格在气闸室等着他们。

“守在这里，等那两个熵主义者登船。”法尔科尼说。

特里格敬了个礼。

他们从气闸室来到控制室。尼尔森已经在那里了，正研究投射到中间桌子上的全息影像。“情况怎么样？”法尔科尼一边问，一边坐进防撞椅，系好安全带。

“不好。”尼尔森说。她用捉摸不透的表情看着基拉，然后调出天鹅座61的星图。七条弧形虚线横跨整个恒星系，在“壁鱼号”当前的位置交会。

“什么时候会被追上？”法尔科尼问。

“最近的水母飞船会在四小时后到。”她神色凝重地看着他，“它们正在以最大的推力航行。”

法尔科尼用手指在头皮上揉搓：“好吧。好吧……我们最快能多久到马尔佩特？”

“两个半小时。”尼尔森有些犹豫，“就凭那里的飞船，绝对打不赢七艘水母飞船。”

“我知道，”法尔科尼严肃地说，“但是我们没有选择的余地。如果我们走运，那些飞船可以拖住水母，让我们有时间跳出这片星域。”

“我们没有反物质。”

法尔科尼咬牙切齿地说：“我们会搞到反物质的。”

“长官，”格列戈罗维奇说，“‘达姆施塔特号’在呼叫我们。我必须提醒你，非常紧急。”

“该死。拖住他们，直到我们起航飞往马尔佩特。”法尔科尼在身旁的控制台上按下一个按钮，“华钟，维修得怎么样了？”

轮机长过了一会儿才回复：“快好了。我正在测试新的冷却管。”

“快点儿。”

“是，长官。”她似乎还在生船长的气。

法尔科尼伸手指着基拉：“你，说清楚。你在这里还发现了什么？”

基拉尽最大的努力做了概述。听完后，尼尔森皱眉说：“所以水母认为自己才是被攻击的一方？”

“有没有可能是你理解错了？”法尔科尼问。

基拉摇摇头：“我理解得很清楚。至少那一部分很清楚。”

“还有那个蓝色权杖，”尼尔森说，“我们不明白它是什么东西。”

“我认为那是个实际存在的权杖。”基拉解释道。

“但它能拿来做什么？”法尔科尼说。

“我和你一样只能猜测。也许是某种控制模块？”

“可能用作某种仪式。”

“不。水母似乎相信它能帮它们赢得战争。”接着基拉不得不再次解释她是怎么不小心回应召唤的。到目前为止，她都没有深入地想过，但当她在尼尔森面前再次提到那些事时，她感到了一种深深的羞愧和自责。虽说她无法预知软刀会回应召唤，但这仍是她的错。“是我搞砸了。”她最后说。

尼尔森冷漠地看着她：“别误会，纳瓦雷兹，但我希望你离开这艘飞船。”

“我就是这么计划的。”法尔科尼说，“我们将她移交给联军司令部，让他们来处理。”他略带同情地看着基拉。“也许他们能把你藏在一艘信使飞船上，带你离开这个恒星系，躲开水母的追捕。”

她点点头，内心一阵痛苦。这是最好的办法了。该死的。虽然追踪水母飞船也许是值得的，因为她获取了不少信息，但看起来她和“壁鱼号”上的船员都要为这次行动付出代价。她又想到了群星中的那颗红色星球，她想在银河系的星图上找到它的位置。

基拉突然下定决心，坐到防撞椅上，系好安全带，然后在眼屏上调出最大、最详细的银河系模型。

通信器响起，是华钟：“都搞定了。”

法尔科尼朝全息影像靠近了一些：“特里格，让那两个熵主义者回到‘壁鱼号’上。”

不到一分钟，特里格的声音响起：“都回来了，船长。”

“关闭舱门，我们要起航了。”接着法尔科尼呼叫医务室，“医生，我们得走了，如果现在恢复推力，斯帕罗会有危险吗？”

维沙尔听起来很紧张：“没事，船长，但加速度请不要超过1g。”

“我会看着办的。格列戈罗维奇，脱离外星飞船。”

“收到。哦，我的船长，正在脱离。”

“壁鱼号”脱离外星飞船，并使用RCS推进器飞到安全距离，船身发生了几次颠簸。“外星飞船上有很多反物质呢，”法尔科尼看着实时的脱离影像说，“可惜没人知道怎么提取出来。”

“我可不想尝试，可能会被炸飞的。”尼尔森冷冷地说。

“确实。”

接着，“壁鱼号”的火箭推进器喷出火焰，甲板一阵抖动。加速度将他们压进座位里，久违的重力感回来了。

基拉目不转睛地看着眼屏中闪闪发光的群星。

2

基拉听到法尔科尼和某人争吵的声音。她没有细听，全神贯注地研究星图。从银河系的俯视图着手，她将包含太阳系在内的星域放大，然后慢慢搜索反旋向的恒星系（正如水母在日志中提到）。一开始，这看起来毫无希望，但在群星之中，基拉两次感受到了从软刀那里传来的熟悉感，这给了她希望。

这时，维沙尔出现在控制室的门口，基拉停下了对星图的研究。他看起来精疲力竭，脸刚刚洗过，依然泛着红。

“怎么样？”法尔科尼说。

医生叹了口气，猛地坐进一把椅子：“我已经尽力了。那根杆子捅坏了她一半的器官。她的肝脏会愈合，但是脾脏、肾脏和一部分肠子都需要更换。把这些新器官打印出来需要一两天的时间。斯帕罗还没醒，正在慢慢恢复。华钟陪着她。”

“把她放进冷冻舱里会好些吗？”尼尔森问。

维沙尔有些犹豫：“她的身体很虚弱。最好让她自己恢复体力。”

“假如我们没得选择呢？”

医生摊手说：“也能做到，但不是最佳方案。”

法尔科尼继续在通信器里和人争吵（关于外星飞船、民用许可以及在马尔佩特停泊的事），基拉再次将注意力转回到眼屏上。她知道自己离答案越来越近了。她在模拟的群星中飞行、旋转，寻找熟悉的图形，感觉快要认出来了。那种感觉将她拉向中心，那里的星星似乎挨得更紧密……

“该死的。”法尔科尼说着，一拳砸在控制台上，“他们拒绝让我们停泊在马尔佩特。”

基拉分了神，看向他：“为什么？”

他不带感情地笑了笑：“你说呢？因为整个恒星系的水母飞船都在追我们。不知道马尔佩特希望我们做什么，我们没有别的地方可去了。”

基拉舔了舔嘴唇：“告诉联军司令部，我们在水母飞船上得到了非常重要的信息。这就是水母追我们的原因。告诉他们……这些信息关乎整个银河系的安危，联盟也脱不了干系。如果他们还是不让我们去马尔佩特，你可以试试报我的名字，但如果不需要，我更希望——”

法尔科尼嘟囔道：“好吧，可以。”他打开通信器，说：“帮我接‘达姆施塔特号’上的联络官。是的，我知道他很忙。这是紧急情况。”

基拉清楚联军司令部总会知道她和软刀的事。但是如果可以避免，她觉得没必要在整个恒星系广而告之。而且，一旦联军司令部和联盟知道她还活着，她剩下的选择就寥寥无几了。她不安地将注意力转回到星图上，试图忽略正在发生的事情。无论如何，事情超出了她的控制……那里！某个星星排列出的图形吸引了她的注意。她停下来，脑海中似乎回荡着铃声，那是来自软刀的确认。基拉知道自己找到了她想要找的东西：七颗星星组成了皇冠的形状，在中心附近，那颗古老的、红色火花般的星星标出了蓝色权杖的位置。至少软刀认为它就在那里。

基拉盯着那里，一开始难以置信，接着越来越相信了。不论软刀传来的情报是否过时，知晓那个恒星系的所在已经比之前的一无所知好太多了。这一次，她，乃至全人类，比水母领先了一步。

基拉十分激动，准备宣布自己的发现。一阵响亮的哔哔声打断了她，投射于房间中央的全息影像里出现几十个分散的红点。

“又来了一些水母。”尼尔森说，声音中带着听天由命的味道。

3

“该死的。我不敢相信。”法尔科尼说。他第一次显得手足无措。

基拉欲言又止。

就在他们跳入正常空间时，那些红点开始移动，朝不同的方向推进。

“也许你不需要相信。”格列戈罗维奇说。他的声音听起来很奇怪，似乎带着些许困惑。

“你这是什么意思？”法尔科尼身体前倾，眼神恢复了以往的犀利。

飞船主脑过了一会儿才回答：“最新出现的这批不速之客，其行为十分出人意料。它们在……计算着……计算着……它们不仅在飞向我们，也在飞向其他水母飞船。”

“增援部队？”尼尔森问。

“不确定。”格列戈罗维奇说，“它们的引擎特征不同于我们之前见过的所有水母飞船。”

“我知道水母有不同的派系。”基拉说。

“也许吧。”格列戈罗维奇说，过了一会儿才继续说，“天哪……好吧。这难道不有趣吗？”

全息影像的主显示区域转换到恒星系的另一个地方。实时转播画面中，三艘飞船正向一艘飞船汇聚。

“你让我们看的是什么？”法尔科尼问。

“这是从切洛梅上传来的影像。”格列戈罗维奇说。他用绿色轮廓线勾勒出其中一艘飞船。“这是一艘水母飞船。”又用红色轮廓线勾勒出其他三艘飞船。“这是新来的飞船。还有这个——”每艘飞船上都出现了一串数字。“这是它们的加速度和相对速度。”

“图勒！”法尔科尼大喊道。

“这不可能。”维沙尔说。

“的确如此。”格列戈罗维奇说。

新来的飞船很快，其加速度比有史以来记录到的所有水母飞船都快，有60g、100g，甚至更大。即便透过屏幕，它们的引擎也亮得刺眼——从好几光年之外也能看到那一束束明亮的火炬。

那三艘飞船很快飞到了它们追赶的那艘水母飞船附近。当它们会合时，水母放出了一些箔条和白垩粉的云雾，计算机用红色线条标出了不可见的激光。入侵者们还击，导弹在交战双方之间来回发射。

“这倒是解开了一个疑问。”尼尔森说。

接着，新来的其中一艘飞船冲到最前面，毫无预警地撞向了水母飞船。

一阵核能闪光之后，两艘飞船都不见了踪影。

“哇！”特里格惊呼。他从走廊进来，坐在尼尔森旁边。他换下了动力装甲，穿上了平时那不合身的连体服，左手腕裹着泡沫石膏。

“格列戈罗维奇，”法尔科尼说，“你能给其中一艘飞船特写吗？”

“请稍等。”飞船主脑说。有几秒钟，“壁鱼号”的扬声器里播放了一段毫无意义的候车室音乐，接着全息影像变了，出现了新来的飞船模糊的定格画面。飞船颜色很暗，几乎是黑色，布满了橙红色的管道。船体不对称，有奇怪的凸起、尖角和粗糙的隆起。与飞船相比，它更像一个肿瘤，像是自然生长的，而不是人工建造的。

基拉从没有见过这样的东西，她想软刀也一样。那扭曲的形状让她胃里一阵不适，她无法理解为什么要制造这样一种扭曲、不对称的机器。这肯定不是水母的杰作。它们制造的大部分东西都光滑洁白，呈放射状对称。

“快看。”法尔科尼说，他将全息影像转到恒星系。在整个天鹅座61，那些红点似乎正冲向水母和人类。水母已经改变航向，以应对即将到来的威胁，这就意味着“壁鱼号”暂时还有喘息的机会。

“船长，这是怎么回事？”特里格说。

“我不知道。”法尔科尼说，“所有乘客都回到货舱了吗？”

特里格点点头。

“那些飞船不是水母的。”基拉说，“肯定不是。”

“水母会认为那些是人类的飞船吗？”尼尔森说，“这就是它们认为人类先攻击了它们的原因？”

维沙尔说：“我不明白。”

“我也是。”法尔科尼说，“但是目前我们好像还有很多不明白的地方。”他用指尖在腿上轻轻敲了几下，然后看向基拉：“我想知道它们是不是因为你发出的信号才跳跃到这里来的？”

“那说明它们一直等在天鹅座61外。”尼尔森说，“那……不太可能。”

基拉同意她的观点。但新来的飞船恰好在这个节骨眼上出现似乎更不可能。就像水母突然出现在阿德剌，宇宙浩渺，不可能发生这种巧合。

这让基拉全身发痒。这里有什么事不对劲，但她不清楚是什么。她在眼屏上打开一个信息窗口，给船长发了一条短信：“我可能找到了蓝色权杖的位置。——基拉。”

他微微睁大眼睛，但没有其他反应：“在哪里？——法尔科尼。”

“离这儿约六光年。我真的需要和马尔佩特的负责人谈谈。——基拉。”

“我正在争取。他们还没做出决定。——法尔科尼。”

有一会儿，所有人都没说话，只是看着全息影像。法尔科尼调整了一下坐姿，然后说：“我们得到了马尔佩特的停泊许可。基拉，他们知道我们手上握有机密，但我没告诉他们你是谁，也没说你的……呃，防护服。没必要一上来就亮出所有底牌。”

她轻轻微笑：“谢谢……它有名字。”

“什么有名字？”

“防护服。”他们都看着她。“我不能完全理解它给我的信息，但我知道它自称软刀。”

“酷毙了。”特里格说。

法尔科尼挠了挠下巴：“我得说，这名字很适合它。你的生活很奇妙，纳瓦雷兹。”

“可不是嘛。”她低声自言自语。

这时又响起了警报声，格列戈罗维奇以悲伤的语调说：“来了。”

两艘新来的飞船正径直朝马尔佩特飞去。预计抵达时间比“壁鱼号”早几分钟。

“意料之中。”法尔科尼说。

4

接下来的两个小时里，基拉和船员们坐在一起，看着那些奇怪的、扭曲的飞船穿越整个恒星系，所到之处引发一片混乱。它们无差别地攻击人类和水母，表现出不顾自身安危的自杀倾向。

四艘新来的飞船迅速穿过靠近恒星的反物质农场。飞船从一排排带翼卫星上疾驰而过，用激光和导弹轰击它们，所有卫星都在反物质湮灭的闪光中爆炸。一些卫星安装有点式防御炮塔，成功地击中了两艘飞船。受损的飞船迅速撞向炮塔，最后两败俱伤。

“也许它们只是无人机。”尼尔森说。

“也许吧，”格列戈罗维奇说，“但是不太可能。飞船破裂时有气体逸出，上面肯定有活着的生物。”

“那是另一种外星人！”特里格说，“肯定是！”他几乎从座位上跳了起来。

基拉没有特里格那么激动。新来的飞船哪里都感觉不对劲。光是看着它们就让她感到不自在，而软刀对它们一无所知又加深了她的不安。她现在非常依赖软刀的专业知识，这让她有些吃惊。

“至少它们不比那些水母更难对付。”法尔科尼说。这话没错，新来的飞船看起来没有武装得很好，不过它们的速度和鲁莽弥补了这个不足。

那两艘肿瘤般的飞船继续穿过太空，朝马尔佩特疾速前进。当它们和“壁鱼号”一起靠近时，“达姆施塔特号”和六艘较小的飞船在马尔佩特周围摆出防御阵型。“达姆施塔特号”的散热器拖着一条银色的冷却剂，因为在和水母飞船作战时，散热器被打坏了。但不管破损与否，这艘联军司令部的巡洋舰都是这个空间站唯一的希望了。

当“壁鱼号”离马尔佩特还有五分钟路程时，交火开始了。

第九章

* * * * * * *

杀人恩典[①]

1

攻击迅速而凶猛。两艘畸形的外星飞船从不同方向朝“达姆施塔特号”和马尔佩特空间站俯冲。一阵阵烟雾和箔条模糊了视野，接着联军司令部连发三枚卡萨巴榴弹炮。但它们没有退缩。其中一艘外星飞船猛地掉转方向，躲过了一枚卡萨巴榴弹炮，接着继续往前，直冲向马尔佩特。

“不！”尼尔森大喊道。

但是外星飞船没有撞上空间站并爆炸。相反，它慢了下来，凭借残留的动能滑进了站内的一个对接口。那艘长长的肿瘤状飞船撞开了对接装置和气闸室，深深地钻进了空间站内部。它很大，几乎是“壁鱼号”的两倍。

另一艘飞船没能完全躲过卡萨巴榴弹炮。炮弹像一柄致命的长矛烧焦了船体，飞船倾斜着飞向小行星带，从被烧的一侧冒出了滚滚浓烟。

一队采矿飞船从防御飞船中出列，追了上去。

“我们的机会来了。”法尔科尼说，“格列戈罗维奇，开始对接。”

“那东西怎么办？”尼尔森指着卡在空间站边缘的外星飞船说。

“轮不到我们操心，”法尔尼克说。“壁鱼号”已经关闭了引擎，通过推进器朝着指定的气闸室飞去。“如果有必要，我们可以再次起飞，但是现在我们得去补充能源。”

尼尔森点点头，脸上因为担心而紧绷着。

“格列戈罗维奇，空间站里是什么情况？”基拉问。

“一片混乱，有人员受伤。”飞船主脑回答说。全息影像中弹出了几个窗口，传来马尔佩特站内的实时影像：食堂、隧道、露天广场。镜头前，

---

① 杀人恩典：源自美国作家克莉丝汀·卡修的奇幻小说《杀人恩典》，恩典指上苍赐予的特异能力。——编者注

穿着防护服的男男女女成群结队地跑过，用手枪和爆能枪不停地开火。空气中弥漫着浓浓的白垩粉，一些基拉从未想象过的生物在烟雾中穿行。有的四脚着地潜行着，体型和惠比特犬一样又细又瘦，眼睛却和她的拳头一样大。有的用畸形的肢体蹒跚而行，手臂和腿像骨折后在糟糕的状态下愈合了；悬空的触手漫无目的地扭动着；一排排伪足上长着令人作呕的肥肉，一颤一颤的。无论外形多么不同，这些生物的皮肤都是红色的，像生肉一样，渗出淋巴液似的液体。它们粗糙的表皮上点缀着一块块浓密的、铁丝般的黑色毛发。

这些生物没有携带武器，不过有一些的前肢上长着骨质尖刺和锯齿。它们战斗的方式像野兽，扑向正在逃跑的矿工，将他们按倒在地，撕咬他们的肚肠。手无寸铁的怪物很快就被杀死了，但还是咬死了几十个人类。

“这些都是什么东西？”维沙尔说，声音里的恐惧和基拉内心的感觉如出一辙。特里格在她对面，脸都吓绿了。

“你是异种学家，”法尔科尼说，“从你的专业角度看那是什么？”

基拉犹豫了一下：“我……我不知道。它们肯定不是自然进化而来的。我是说，它们太诡异了。我甚至怀疑它们有没有能力造出那些飞船。”

“你的意思是别的物种制造出了那种东西？”尼尔森说。

法尔科尼扬起一边眉毛：“也许是水母？失败的科学实验？”

“但是为什么水母要将袭击行动怪罪到人类头上？”维沙尔说。

基拉摇摇头：“我不知道。真的不知道。对不起。我对目前的状况没有一点儿头绪。”

“我来告诉你。”法尔科尼说，“是战争。”他在眼屏上查看了什么东西。“‘达姆施塔特号’的船长想见你，纳瓦雷兹。他们还需要一点儿时间完成对接，现在外面还在打扫。这段时间里，我们得赶紧补充能源并进行维修，还要把乘客从货舱里放出来。他们得想别的办法去罗斯兰了。我还得四处打听一下，看能不能搞到一些反物质。”

2

基拉和特里格、维沙尔、尼尔森一起去帮忙。这总比坐在这里等要好。当他们飘下“壁鱼号”的主井时，基拉思绪纷乱：软刀传来的有关权杖的景象……还有软刀称为至高者的存在，既不像水母，又不像新出现的畸形生物。这是否说明一共有三种智慧生物？

华钟正要去引擎室，在梯子上和他们会合了。尼尔森问起斯帕罗的情况，轮机长只是咕哝了一声，然后说："她还活着，在睡觉。"

他们来到右舷舱，特里格拧动舱门上的旋转轮盘，一开门就传来乱哄哄的责问声。尼尔森举起手，等人群安静下来。

她说："我们已经在马尔佩特空间站对接。计划有变，'壁鱼号'不能带你们去罗斯兰了。"难民们正要掀起新一轮怒吼，她补充道："我们会把票价的90%退还给你们。事实上，现在应该已经到账了。请查收信息。"

基拉精神一振，这是她第一次听说会退钱。

"这也许是最好的办法，"特里格向她坦白说，"罗斯兰不是……很欢迎我们。在那里降落要冒很大的风险。"

"是吗？法尔科尼居然会退钱，我很惊讶。他不像是会做这种事的人。"

特里格耸耸肩，露出狡黠的微笑："是的，不过我们留下的钱足够加满液氢了。另外，我从水母飞船上拿了些东西。船长打算把它们卖给收藏家，大赚一笔。"

基拉皱起眉头，回想那艘飞船上的所有科技。"你拿了——"她刚想问，一阵尖锐的金属摩擦声打断了她。货舱的外壁被打开，露出一条宽阔的登船通道，它连接着货舱和马尔佩特空间站。装载机器人在外面等着，几个海关官员站在附近，手里拿着写字板。

难民们开始收拾自己的物品，离开"壁鱼号"。在零重力环境中，收拾东西十分困难，基拉不自觉地跟在那些飘远的睡袋和保暖毛毯后面，怕它们飘出舱外。难民们看起来很怕她，但没有反对她出现在附近。基拉猜测这主要是因为他们的注意力更多地放在离开"壁鱼号"上。不过，还是有一个人朝她走来——一个壮硕的红发男人，穿着一身皱巴巴的正装。她认出这是在和水母战斗时跳出来救女孩的人。

"之前我没有找到机会，"他说，"但是我想感谢你救了我的侄女。如果不是你和斯帕罗……"他摇摇头。

基拉低下头，眼里意外地泛起泪花："很高兴我能帮上忙。"

他犹豫了一下说："如果你不介意的话，我想问一下你是什么？"

"……一种武器，只能说这么多了。"

他抬起头："无论如何，谢谢你。如果你去罗斯兰，可以来找我们。我叫霍弗，费利克斯·霍弗。"

他们握了握手，基拉看着他走回到侄女身边，离开了。她有些哽咽。

货舱里充斥着愤怒的声音。她看到乔鲁斯和薇拉被五个拜数教徒（三男两女）围起来。这些人推搡着两人，喊着"至尊数"[①]之类的话。

"喂，停下来！"尼尔森一边说，一边朝他们的方向走去。

基拉急忙赶过去。她还在半路上，就看到一个拜数教徒（塌鼻梁、紫头发的男人，前臂有一排皮下植入物）一拳砸在乔鲁斯的脸上，打歪了他的嘴。

"别动！"基拉咆哮道。她冲进人群，一把抓住那个男人的双臂，按在他的身体两侧，两人一起撞到了墙上。软刀在她的指示下抓住墙壁，稳住了他们。

"怎么回事？"尼尔森问道，将拜数教徒和熵主义者隔开。

薇拉举起双手，摆出息事宁人的架势："只是一个小小的——"

"——神学争论。"乔鲁斯说完，往地上啐了一口血。

"别在这里争论，"尼尔森说，"下了飞船再吵。你们都给我下去。"

那个紫色头发的男人猛拉基拉的手臂："滚开，你这个瘦巴巴的娘们儿。还有你，放开我，你这拥有拙劣恩典的贱人。"

"你答应我要守规矩，我才会放开你。"基拉说。她很享受软刀带给她的力量，在它的帮助下，制住这个男人轻而易举。

"守规矩？我来教你怎么守规矩！"他的头猛地往后一砸，撞到了她的鼻子。

基拉疼得眼前一黑，不禁大叫一声。她感到男人扭动着想要挣脱。

"别动！"她的眼里涌出泪水，血堵住了她的鼻子和喉咙。

男人又将脑袋往后一砸，这一次撞到了基拉的右脸颊。她感到很痛，非常痛。她松开手，男人趁势扭开了她的手臂。她又抓住了他，男人朝她挥了一拳，两人一起翻滚。

---

① 至尊数：见附录三"NUMBER SUPREME"（第 809 页）。

“够了！”基拉愤怒地大喊。

话音刚落，她的胸口就射出一根尖刺，从男人的肋骨之间穿过。他难以置信地盯着她，接着剧烈抽搐，眼球往后一翻。红色的斑点从他的衬衣渗出。货舱另一头，另外四个拜数教徒大叫起来。

基拉的愤怒瞬间被恐惧替代：“不！对不起，我不是有意的。我不是——”那根尖刺滑溜溜地收了回去。

“接着！”维沙尔说，从墙边丢给她一根绳子。基拉想也没想便抓住了绳子，医生将她和那个拜数教徒一起拉了过来。“扶稳他。”维沙尔说。他撕开男人的衬衫，用一个小的敷抹器往伤口上喷了医疗泡沫。

“他会不会——”基拉问。

“他死不了。”维沙尔说，手上还在忙活，“但我必须把他弄到医务室里。”

“特里格，来帮一下医生。”尼尔森说着也飘了过去。

“是，长官。”

“至于你们，”尼尔森指着剩下的拜数教徒说，“在我将你们赶出去之前，快滚。”他们刚开口抗议，就被尼尔森一个怒视瞪了回去。“等你们的朋友没事了，我们会通知你们的。现在快滚。”

特里格扶着那个男人的脚，维沙尔扶着他的头。他们将他带离现场，就像华钟带着斯帕罗一样。

3

基拉悬浮在墙边，脑袋发晕。剩下的难民一脸恐惧地看着她，目光充满敌意，但她不在乎。在她的脑海里，那个失去意识的拜数教徒变成了艾伦，在她怀里流血而死，周围的空气呼啸着从墙上的洞里逃逸。

她失控了。虽然只是一瞬间，但她有可能杀死那个男人，就像当初杀死她的队友一样。这一次她不能怪罪到软刀身上，因为她确实想伤害那个拜数教徒，直到对方再也伤不到她。软刀只是回应了她的渴望。

“你还好吗？”尼尔森问。

基拉过了一会儿才回答：“是的。”

“你需要去处理一下伤口。”

基拉摸了一下自己的脸，疼得皱眉。疼痛减弱了一些，但她能感到鼻子肿胀且错位了。她试着将鼻子复位，但是软刀已经将伤口愈合了太多，很难再扶正。显然，对软刀来说，只要她不流血就行了。

“该死的。”她喃喃道，备受打击。要想扶正鼻子，她得再拧断一次。

“你就在这里等吧，”尼尔森说，“这样更好，不是吗？”

基拉麻木地点点头，看着尼尔森飘离飞船监督乘客下船。

那两个熵主义者走了过来。薇拉说：“我们为造成——”

“——这场混乱道歉，囚徒。是我们的错，我们不该告诉那些拜数教徒——”

“——宇宙中有比实数集合更大的无穷数。这似乎冒犯了他们——”

“关于至尊数的理念。”

基拉挥挥手：“没关系。别担心。”

那两个熵主义者同步地点点头。“看起来——”乔鲁斯说。

“——我们必须分别了。”薇拉说，“所以我们想来谢谢你分享关于你的防护服的信息，还有——”

“——给了我们探索水母飞船的机会——”

“——我们想把这个送给你。”乔鲁斯说着，递给她一枚宝石般的圆币。它像是蓝宝石制成的，上面嵌着分形图案。

这个图案很熟悉，令基拉打了个激灵。虽然不是她在梦里见过的那种，但十分相似。“这是什么？”她问。

薇拉摊开手，摆出祝福的手势：“进入我们组织的大本营新星基地①的通行证，它位于辛扎尔周围的轨道上。我们知道——”

“——你觉得自己有义务协助联盟，我们也没有办法劝阻。但是——”

“——如果你愿意的话——”

“——我们组织将保证你的安全，新星基地——”

“——有人类所有定居点中最先进的实验室。地球上最好的实验室也不会有更好的装备……或更坚固的防御系统。如果有人能帮你摆脱这个有机体——”

“——那就是新星基地的人。”

---

① 新星基地：见附录三“NOVA ENERGIUM”（第 809 页）。

避难所，基拉脑海里蹦出这个词。她很感动，将圆币收进口袋里，说：“感谢你们。虽然我现在没法接受你们的邀请，但这对我来说很有意义。”

薇拉和乔鲁斯将双手插进袖子里，握住前臂，放在胸前：“愿你的道路永远通往知识，囚徒。”

“知识带来自由。”

接着两个熵主义者离开了，基拉再次孤身一人。她没有独自沉思很久，那个自称伊娜烈的女人和那只念不出名字的猫便停在了她身边。伊娜烈带着一只装饰着花卉图案的巨大毛毡手提包，没有携带其他行李。猫栖息在她的肩膀上，在零重力环境中，它的每一根毛发都竖着。

伊娜烈呵呵一笑：“你看起来玩得很开心嘛，埃伦·卡明斯基。”

“那不是我的真名。”基拉现在没有心情聊天。

“当然不是。”

“你找我有事吗？”

“为什么一定要有事呢？”伊娜烈说，“好吧，是的，我想告诉你，吃下那条路，不然路就会吃了你[1]。转述一句古老的名言。”

“这是什么意思？”

伊娜烈头一次看起来十分严肃：“我们都看到了你的能力。在这个悲惨的计划中，你扮演的角色要比大多数人都重要。”

“那又怎么了？”

伊娜烈歪着头，眼神深不可测，好像她来到了山顶，发现前面有一个巨大的裂口：“只有一点：我们为严酷的形势所逼。很快，留给你或我们中任何人的只剩必需品。在这个结果发生之前，你必须做出决定。”

基拉皱起眉，几乎要生气了：“我要做出什么决定？”

伊娜烈微微一笑，轻轻拍了拍基拉的脸颊，把基拉吓了一跳：“当然是决定你想变成什么人。我们做的所有决定不都是为了这个吗？现在我真的要走了。得罪什么人，逃离什么地方，你都要想好，旅行者。多想想。快想想。吃下那条路。”她蹬离墙边，飘出了船舱，飘到了马尔佩特空间站。

---

① 原文 eat the path， or the path will eat you 为作者虚构的谚语，意思是另辟蹊径，突破极限，不然就会遭到毁灭。——编者注

在她背上，那只毛发浓密的大猫一直盯着基拉，发出一声悲怆的哀嚎。

4

吃下那条路。这句话萦绕在基拉的脑海里。她翻来覆去地咀嚼这句话，试图理解其中的含义。

货舱的另一边，华钟带着两个装载机器人连推带拉地运送“瓦尔基里号”上的四个冷冻舱。透过蒙着冰霜的窗口，基拉瞥到了奥尔索那蓝色、死人般苍白的脸。至少她没有到需要吃他的地步。等他们被联军司令部的人唤醒、得知休眠期间发生的事情后，他们肯定会惊掉下巴……

“你真是行走的灾难，”法尔科尼走过来说，“这就是你的真实面目。”

她耸耸肩：“可能是吧。”

“过来。”他从口袋里掏出一条手帕，往上啐了一口唾沫，还没等基拉允许就开始给她擦脸。她想躲开。“别动，你脸上都是血。”

她试着不动，像个弄脏了脸的小孩。

“好了，”法尔科尼说着往后退了一步，“现在好点儿了。不过你的鼻子得复位。你想让我帮忙吗？我在这方面很有经验。”

“谢谢，但我还是想找个医生。”她说，“软刀愈合了伤口，所以……”

法尔科尼皱了皱眉：“明白了。好吧。”

飞船外面，值勤官面前的难民们发出一连串惊呼，基拉看到人们对着空间站墙上的显示屏指指点点。“又怎么了？”她问。还有多少坏消息？

“我们去看看。”法尔科尼说。

基拉打开眼屏，查看本地新闻。肿瘤似的外星飞船继续在这个恒星系横冲直撞，它们已经摧毁了大部分水母飞船——当然它们自己也损失惨重。但头条新闻是关于罗斯兰的。六艘新来的飞船轰炸了维堡空间站和行星剩余的防御力量，最后降落在首都米尔斯克。

只有一艘没有降落。

那艘飞船朝罗斯兰的太空升降舱[①]——彼得罗维奇特快撞去。尽管行星上有轨道大炮，尽管联军司令部战舰“尊越号”驻扎在维堡空间站附近，

---

① 太空升降舱：见附录三“SPACE ELEVATOR”（第 814 页）。

尽管这座巨型建筑的顶部和底部都装有数不清的激光武器和导弹系统，尽管无数工程师和物理学家在设计时殚精竭虑……尽管存在所有这些因素，那艘外星飞船还是成功撞击并切断了太空升降舱的电缆，断裂处位于离小行星四分之三距离的平衡锤。

基拉看到，升降舱上半部（包括平衡锤）以大于逃逸速度的速度冲出了罗斯兰，下半部则开始向罗斯兰弯曲，像一根巨大的鞭子缠上一只球。

“图勒。”基拉喃喃道。电缆较高的部分会在大气中折断或烧毁，然而下面靠近地面的电缆将会经历毁灭性的坍塌。它将摧毁落地点周围的大部分航天发射场，以及向东延伸的长长的带状陆地。虽然从数值上看，坍塌造成的破坏面积不大，但对靠近基地的人来说，这将是一场末日级别的灾难。一想到他们多么害怕和无助，基拉就感到不适。

仍连接罗斯兰的那段电缆闪着小小的火花。

“那些是什么？”她问。

“我打赌是运输舱。”法尔科尼说，“大多数都能平安返回地面。”

基拉打了个冷战。在阿德剌的调查任务开始之前，攀登太空运送带①是她和艾伦短暂的登岸假中最难忘的经历之一。从电缆向下俯瞰，景色美轮美奂。他们可以一直看到遥远的北方那个叫作神圣法兰②的地方……“很庆幸我没在那里。”她说。

“为他们祈祷。”法尔科尼指了指维堡空间站的方向，“‘达姆施塔特号’的阿卡维船长准备见我们。”

“我们？”

法尔科尼冲她快速点点头：“联络官说他们有问题想问我。也许和我们在水母飞船上的那场冒险有关。”

“哦。”知道自己不会独自面对联军司令部，基拉稍感宽慰。虽然法尔科尼不是她的朋友，但她知道他会保护她。而且她救了特里格和斯帕罗之后，他应该对她有所改观。“好吧，我们走。”

“您先请。”

---

① 太空运送带：见附录三“BEANSTALK”（第 800 页）。

② 神圣法兰：见附录三“NUMINOUS FLANGE”（第 809 页）。

第十章

* * * * * * *

“达姆施塔特号”

1

出了“壁鱼号”的气闸室，法尔科尼带着基拉进入一条隧道，马尔佩特空间站就建在这条隧道上面和内部。他们围着空间站飘了大半圈，基拉这才意识到他们不是去位于中心附近的旋转的居住环。

“阿卡维想在‘达姆施塔特号’上见我们。”法尔科尼说，“我想他们觉得那里更安全，周围没有跑动的怪物。”

基拉不知道自己是不是该紧张，接着又觉得这种担心是多余的。见面地点不重要。至少在“达姆施塔特号”上，她不会处于零重力状态。

到处都是和新来的飞船战斗的痕迹。空气中弥漫着烟味，墙上都是焦痕和弹坑。他们所到之处，人们都瞪大眼睛盯着他们，好像还没从震惊中缓过神来。

隧道穿过一个巨大的穹顶，穹顶内部有很多关着的门，门上写着“伊晨制造”。在门前，基拉看到了一个未知外星人的残骸。它被子弹打成了筛子，血肉四溅，但她依然可以看出它大致的外形。和其他外星人不同，它背上有黑色的甲壳，可能是骨头或外壳，很难分辨；三条双关节的腿，如果她没数错的话；长长的肉食性下颚；凸出的胸腔上是第二副下颚吗？

基拉走近了些，希望手上有微流控芯片和解剖刀，能不受打扰地好好研究这个生物样本。

法尔科尼拍了拍她的肩膀，打断了她的思绪：“我们不能让阿卡维等。这不太好。”

“好吧……”基拉将目光从尸体上移开。她只想做自己的工作，但整个宇宙都在密谋阻止她。她不擅长战斗，只想学习。那她为什么要捅那个拜数教徒呢？虽然他是个烦人的混蛋，但也罪不至此……

两名动力装甲兵在“达姆施塔特号”的气闸室外等着他们。“不允许携带武器。”挨得近的士兵举起一只手说。

法尔科尼做了个鬼脸，但没有反驳，解开腰带上的枪套，将手枪交给了那个士兵。压力门缓缓打开。

“梅里克少尉会带你们过去。”士兵说。

梅里克是个一脸紧张的瘦削男人，下巴上闪着油光，前额上的绷带渗出血。他正在里面等着他们。“跟着我。”他说完就带着他们往联军司令部巡洋舰的深处走去。

“达姆施塔特号”的布局和“情有可原号”相同。基拉回想起自己听着警报声和枪声在走廊里奔跑，感到一阵不适。经过飞船中央位置，来到旋转的生活舱，他们又能正常行走了，基拉很高兴。

梅里克将他们引到一间中间有一张桌子的小会议室，说：“阿卡维船长马上就来。”说完他就走了，还关上了身后的压力门。

基拉依然站着，法尔科尼也是。他似乎和她一样觉得联军司令部的人在监视他们。两人没等很久，门再次开启，四个人鱼贯而入：两名士兵（站在入口处）和两名军官。

从制服上的杠就能认出谁是船长。他中等身材，深色皮肤，脸上有胡楂，看起来劳累过度，似乎已经好几天没睡好觉了。让基拉惊讶的是，他的面部十分对称，堪称完美，像一个活的人体模型。她花了好一会儿才明白过来，船长的整个身体都是人造生物体[①]。

另一个军官看起来是大副。他很瘦，下巴却不小，凹陷的脸颊布满了伤疤一样的皱纹。他留着短发，发际线很高，眼里闪着猛虎出击时的深邃金光。基拉听说过有一些士兵为了在战斗中视力表现更佳，选择去做基因改造，但是她从没见过真人。

阿卡维走到桌子前，坐在那一边唯一的椅子上。他向两人示意：“请坐。”大副仍站在他身边，十分守规矩，背挺得笔直。

基拉和法尔科尼照做了。椅子硬邦邦的，没有垫子，坐起来很不舒服。

阿卡维双臂交叉，用近似厌恶的表情看着他们俩：“该死的，你们俩真是一对倒霉玩意儿。你觉得我说得对吗，科伊奇大副？”

---

① 人造生物体：见附录三“CONSTRUCT”（第801页）。

“是，长官，你说得对。”黄眼睛的男人回答说。

船长点点头：“没错。让我把话说清楚，法尔科尼先生以及这位叫什么都无关紧要的女士，我没时间浪费在你们俩身上。真正的外星人正在入侵，我有一艘受损的飞船需要处理，昨天司令部不知道为什么还一直催我把‘瓦尔基里号’的所有人运回维堡空间站。你们改变去罗斯兰的航线来马尔佩特，让他们气疯了。如果这还不够，你们登上那艘水母飞船真是捅了个大马蜂窝。我不知道你们要说什么鬼话，但是你们只有30秒时间来说服我。”

“我能明白水母的语言。”基拉说。

阿卡维眨了两次眼睛，然后说：“对此我很怀疑。你还有25秒。”

她抬起下巴：“我的名字是基拉·纳瓦雷兹，曾作为首席异种学家随队前往天龙座σ调查宙斯的卫星阿德剌。四个月前，我们在阿德剌上发现了外星产物，这东西导致了‘情有可原号’的毁灭。”

阿卡维和科伊奇交换了一个眼神。接着，船长放下交叉的手臂，身子往前倾了一些。他用手指在下巴下搭出尖塔形状。“好吧，纳瓦雷兹女士，现在我准备洗耳恭听了。你接着说。”

“我需要先给你看一样东西。”她举起一只手，手掌朝上，“你必须保证自己不会反应过度。”

阿卡维不屑地说：“我严重怀疑你在——”

他没再说下去，因为他看到基拉手上冒出一束尖刺。基拉听到身后响起了士兵举起武器的声音，知道他们一定瞄准了她的脑袋。

“这很安全。”她说着，努力让尖刺保持不动，“大部分时候。”她放松下来，让手掌恢复原状。

接着她开始讲述自己的经历。

2

基拉说谎了。

不是所有的话都是谎话，而是——就像她也没跟“壁鱼号”上的人说实话一样，她将她的朋友和队友在阿德剌上的死亡归咎于水母。这很愚蠢，如果阿卡维将奥尔索或他的同伴解冻并询问一番，她的谎言就会不攻自破。不过，基拉也很无奈，此刻她还无法承认是自己杀了队友，特别是杀了艾伦。别的不说，法尔科尼知道后对她的看法肯定会变得更糟。

除此之外，她按照自己的理解尽可能陈述了事实，包括她发现了蓝色权杖。她也给他们看了维沙尔的检测报告、她在水母飞船上用隐形眼镜录下的所有视频，还把软刀的记忆讲述给他们听。

等她说完，所有人都陷入了长时间的沉默。她能看到阿卡维和科伊奇的眼球在快速移动，他们正私下里互发信息。

“对于这一切，你有什么要说的，法尔科尼？”阿卡维问。

法尔科尼苦笑了一下：“她刚才说的‘壁鱼号’上的事都是真的。不管我提供的信息有没有用，我想补充的只有一点，今天基拉救了我的两名船员。如果你们需要，可以查阅我们的记录。”他没提及她捅伤一个拜数教徒的事，基拉对此十分感激。

“哦，我们会的。”阿卡维说，“你就放一百个心吧。”他的视线依然聚焦在眼屏上。“等我一分钟。”

又是一阵令人不安的停顿，然后这位联军司令部的船长摇摇头：“维堡空间站指挥部确认了你的身份，也确认了在阿德剌上发现外星产物的事，但细节是机密。”他看了一眼基拉：“我想跟你确认一下，你也不了解刚刚出现的那些梦魇①？”

她摇摇头：“是的。但我说过，我很确定异种不是水母制造的，而是出自别的群体或物种之手。”

“梦魇？”

“我不知道，但是……如果让我猜，我会说不是。”

“嗯。好吧，纳瓦雷兹，这超出了我的职责范围。现在水母和梦魇正忙着相互厮杀。等它们战火减弱后，我们就会把你送到维堡空间站，让司令部决定怎么处理你。”

船长正准备站起来，基拉说：“等等，你不能这么做。”

阿卡维扬起一边眉毛：“你说什么？”

“如果你把我送到维堡，那只是在浪费时间。我们必须找到蓝色权杖。

---

① 梦魇：见附录三“NIGHTMARES”（第 808 页）。

水母似乎相信，只要得到它就能赢得这场战争。我也这么认为。如果它们先得到权杖，一切就完蛋了。我们都会死。我们所有人。”

“即便这是真的，你指望我能做什么呢？”阿卡维问，双手抱胸。

“去找权杖，”基拉说，“赶在水母之前。”

“什么？”法尔科尼说。他和其他两个男人一样吃惊。

她继续说：“我告诉你了，我知道它在哪里，而水母还不知道。我很确定它们已经在找了，如果我们现在动身，也许能抢先一步。”

阿卡维捏了捏鼻梁，好像头疼发作了：“女士……我不知道在你眼里军队是怎么运作的，但是——”

“你想想，联军司令部和联盟会不想去找权杖吗？”

“那要看舰队情报中心会根据你的说法做出什么决定了。”

基拉努力克制沮丧的情绪。“如果我说对了而他们没去找，那后果他们可承担不起，这你很清楚。如果有一支远征军准备出发去寻找权杖——”她吸了口气，“那我肯定会一起去。他们需要我去现场翻译。除我之外没人能做到……所以把我送到维堡是浪费时间，船长。等情报部审核我说的一切是否属实也是浪费时间，而且他们浪费不起。我们得去找权杖，现在就出发。”

阿卡维盯着她看了半分钟，然后摇摇头，咬了咬下嘴唇：“该死的，纳瓦雷兹。”

“现在你知道我的难处了吧。”法尔科尼说。

阿卡维伸出一根手指指着他，好像要把他臭骂一顿。接着他似乎重新考虑了一下，将手指收回拳头里：“也许你是对的，纳瓦雷兹，但我还是必须向上级汇报。这种事我自己决定不了。”

基拉恼怒地大叫了一声：“难道你还不明白，这是——”

阿卡维将椅子往后推，站起来说：“我不想坐在这里和你吵架，女士。我们必须等候司令部的指示，谈话到此为止。”

“好吧。”基拉说着，身子往前倾，“但是你要告诉他们——告诉你的上级，如果他们把我限制在天鹅座61，整个恒星系都会遭殃。现在水母知道我在这里，你也看到了信号发出后它们是如何回应的。为了阻止它们得到这个，”她拍了拍自己的前臂，“唯一的办法就是让我离开这个恒星系。

假如联军司令部送我去太阳系，那又要浪费两个星期的时间，只会吸引更多的水母前往地球。”

好了，她说出了那个魔法词：地球。那个几乎被神话了的母星是每个加入联军司令部的人宣誓要保护的地方。它引起了她想要的反应。阿卡维和科伊奇看起来很不安。

“我会告诉他们的，纳瓦雷兹，”船长说，“但不要抱太大希望。”接着他指着那两个士兵。“带她出去。给她找一间空闲的舱室，确保她别出来。”

“是，长官！”

两个士兵一左一右站在她身边，基拉无助地看向法尔科尼。他看起来很生气，对事情的走向很不满意，但她能看出他不会去和阿卡维争辩。“很遗憾事情变成这样。”他说。

基拉站起来，耸了耸肩：“是的，我也很遗憾。感谢你为我做的一切。帮我和特里格道别，可以吗？”

“我会的。”

接着，两个士兵陪着她走出会议室，留下法尔科尼一个人坐在那里，独自面对阿卡维和那个有着虎兽[1]眼睛的大副。

3

两个士兵护送基拉穿过巡洋舰，她强忍着怒火。他们给她安排的舱室比“壁鱼号”上的那间还小。他们一走，门就锁上了。

“啊！”基拉大喊。她用步子丈量了房间——长和宽都只有两步半，接着倒在床上，将脑袋埋进臂弯里。

这正是她不希望发生的事情。

她检查了一下眼屏，还能用，但无法连上“达姆施塔特号”的网络。这样她就没办法知道恒星系内发生的事了，也没办法联系任何一位“壁鱼号”的船员。

她能做的只有等待，所以她等待着。

这并不容易。

---

① 虎兽：见附录三“TIGERMAUL”（第 815 页）。

她从六种不同的角度回想自己和阿卡维的对话，试图找出自己还能拿什么来说服他，但什么也想不出来。

接着，在寂静的房间里，这一整天发生的事情都压到了她身上。早上的事仿佛一周前了，自那以后发生了太多事情。水母、那股冲动、她回应的信号、斯帕罗……被她捅伤的那个拜数教徒现在怎么样了？她在这件事上想了好一会儿，接着水母飞船上的战斗场景突然闪过脑海。她并不冷，但还是打了个寒战。

她继续发抖，颤抖让她的肌肉紧绷。作为回应，软刀在她身上搅动，但它不知道要怎么帮忙，她能感觉到它的困惑。

基拉爬上床，用毯子裹紧自己，牙齿也跟着打战。她总能在危急关头化险为夷。很少有东西能吓到她，但水母的力量超出了她的承受范围。她依然记得呕吐物堵塞在喉咙里，甚至堵住她的气管的感觉。图勒！她差点就死了。

但她没死，这个事实让她稍感宽慰。

没过多久，一个像是很怕她的船员送来了一盘食物。她艰难地下床，拿到托盘，然后把枕头当靠背，坐在床上吃了起来。一开始她吃得很慢，后来逐渐加快了速度。每吃一口，她就感觉自己多恢复了一点儿力气。等她吃完，房间看起来不再那么灰暗和阴沉了。

她不打算放弃。

如果联军司令部不肯听她的，也许恒星系最高级别的联盟官员能被她说动。（她还不确定那会是谁，罗斯兰总督？）毕竟联军司令部仍然听命于政府部门。在马尔佩特也还有公司的代理人。代理人可以为她安排法律援助，这样她就有谈判的筹码了。实在不行，她还可以向那两个熵主义者寻求帮助……

基拉将手伸进口袋里，摸出乔鲁斯送她的那枚圆币。她将它倾斜，欣赏光线反射在分形图案上的样子。

不，她绝不会放弃。

她放回圆币，打开眼屏，开始草拟一份备忘录，将自己对软刀、水母、蓝色权杖的了解全部写进文档。当局必须理解她的发现有多么重要，并认识到这值得冒险一试。

她才写了一页半，便听到一阵尖锐的敲门声。“请进。”她说着把脚放下床沿，身体坐直。

门开了，阿卡维船长走了进来。他拿着一个杯子，闻起来似乎装着咖啡。他完美雕刻的脸上带着严肃的神情。

在他身后，一名勤务兵和两名士兵守在门口。

“今天的惊喜接连不断。”船长说着，坐到了基拉对面唯一的椅子上。

“怎么了？”基拉突然感到恐惧。

阿卡维把杯子放在旁边的搁板上：“恒星系里所有的水母都死了。”

“这是……好事？”

“天大的好事，”他说，“这意味着它们对超光速通信的干扰也消失了。”

基拉明白了。也许她终于能和家人通信了！“你们收到了联盟从其他地方发来的消息。”这不是一个问句。

他点点头：“当然了，不过不是什么好消息。”他从胸前的口袋里取出一枚闪着蓝光的硬币，看了一会儿，然后放回原位。“梦魇不止攻击了天鹅座61。它们攻击了所有的人类定居点。总理[①]已经正式签署了针对梦魇和水母的格杀勿论令[②]。也就是说，只要看见它们就开火，不用请示上级。”

“梦魇首次出现是什么时候？”

“不清楚。位于联盟另一边的殖民地还没有传来任何消息，所以我们不知道那些地方发生了什么。我们最早收到有关梦魇的报告是在一周前。来，你看看。”

阿卡维点击墙上的一块面板，一个显示屏亮了。

显示屏里播放了几段视频：在土星某一颗卫星的轨道上，两艘梦魇飞船撞进一座工业设施；一艘民用运输船被一枚长长的红色导弹击中后爆炸；火星地表某处的摄像头拍摄到，梦魇拥挤着穿过一个居住舱的狭窄走廊，士兵躲在掩体后向它们开火；金星的某座空中城市附近，被摧毁的船只碎片像雨点一样穿过奶油色的云层——连续不断的炮火齐射向几千米外另一个宽阔的圆盘形平台，将其摧毁；地球上，正在下雪的沿海地区，一

---

① 总理：见附录三“PREMIER”（第 810 页）。

② 格杀勿论令：原文为拉丁语，源于海事法，针对海盗与奴隶贩子。——编者注

个还在发光的巨大弹坑出现在一大片建筑物中。

看到这里，基拉倒抽了一口气。地球！她对这个地方没有太多的感情，但看到它遭受攻击还是震撼不已。

“不只是梦魇的视频。”阿卡维说着又在面板上点了一下。

现在视频中出现了水母。一些水母在和梦魇交战，另一些和联军司令部或平民交战。这些视频是从联盟各处发来的：太阳系、斯图尔特世界、埃多伦等。基拉甚至看到了像是在辛扎尔拍到的画面。

令她沮丧的是，有一个片段是在莱瑟姆的轨道上录制的，莱瑟姆是距离维兰德最远的一颗气态巨行星。视频中，两艘水母飞船在低层大气中扫射一处氢气加工站。

基拉一点儿也不惊讶。战火已经蔓延到了各处，那里又岂能避免？她只希望战斗没有波及维兰德的地表。

阿卡维终于停止播放这一连串恐怖视频。

基拉绷紧了身子。她感到痛苦、伤心、脆弱。视频里显示的一切，从某种层面来说都是她的错。“你知道维兰德的情况吗？”

他摇摇头：“所有的视频都给你看了，还有报告称本恒星系的一颗卫星上可能有水母的军队，但未经证实。”

基拉没能从这番话中得到任何安慰。她决定等连上网络后自己去搜索。“整体情况有多糟糕？”她低声问。

“很糟糕，”阿卡维说，“我们快撑不住了。它们明天不能打垮我们，后天不能打垮我们，但照这个速度，我们战败是不可避免的。我们的飞船和士兵损伤的速度远比我们能替换的速度快。梦魇喜欢执行自杀式袭击，我们没有任何有效的防护措施。”那个发光的陨石坑再一次出现在屏幕上。“这还不是最糟糕的。”

基拉稳住自己：“哦？”

阿卡维把身体往前倾，眼里闪着奇怪、坚定的光：“我们的姐妹飞船‘尊越号’在25分钟前击毁了恒星系内最后一艘梦魇飞船。就在它们将要归西之前，你知道那些恶心、丑陋的外星人做了什么吗？”

“不知道。”

“我来告诉你。它们发出了一段广播，而且不是一般的广播。”他脸上露出邪恶、严肃的微笑，“我播放给你听。”

扬声器里传出嘶嘶的静电噪声，接着是一种恐怖的、充满病态和疯狂的噼啪声。基拉震惊地发现它居然在用英语说：“……死。你们都会死！变成巨口的肉体！”那声音开始大笑，然后广播戛然而止。

“船长，”基拉说，小心地组织语言，“联盟有没有暗中进行什么生物工程项目？”

阿卡维沉吟了一声：“有好几十个，但没有一个能造出那样的生物。你应该懂的，你自己就是生物学家。”

“事到如今，”基拉说，“我什么都不确定了。好吧，所以这些……梦魇能使用我们的语言。也许这就是水母认为人类发动了战争的原因。总之，这些东西肯定一直在观察我们、学习我们。”

“肯定是，这让我非常不安。”

基拉看了他一会儿，思考着：“你来这里不仅是为了告诉我这些事吧，船长？”

“是的。”阿卡维抚平裤子上的褶皱。

“司令部说了什么？”

他低头看着自己的手：“司令部……司令部的头儿是个名叫沙尔·达博的女人。沙尔·达博少将是罗斯兰军事行动的负责人。她人不错，但是我们并不总是意见一致……我和她谈过了，谈了很久，还有……”

“还有？”基拉问，保持着耐心。

阿卡维留意到了，咬了下嘴唇，加快了语速：“上将也认为目前事态严峻，所以她将你提供的所有信息都转发到了太阳系，让地球中心[①]来决断。”

“地球中心！”基拉挥舞双手厉声说，“那要花好长时间，至少……”

“大概九天后才能得到回复，”阿卡维说，“假设母星的那些蠢蛋即刻做出回复，丝毫没有拖延。但他们不拖延简直就是奇迹，彻头彻尾的奇迹。”他的眉间皱起。“即使他们反应迅速，也没什么用。在过去的一个月里，水母每隔几天就会跃入这个恒星系。它们一出现，就会开启干扰装置，阻断我们和半人马座 α 之间的通信。也就是说，我们得等一艘信使飞船

① 地球中心：见附录三“EARTH CENTRAL”（第 802 页）。

从太阳系飞到这里，才能收到命令，而这需要18、19天的时间。”

他往后一靠，端起杯子：“在收到回复前，达博上将希望我将你、你的防护服和那些来自‘情有可原号’的休眠士兵统统带回维堡。”

基拉盯着他，试图看出他的动机：“而你不同意她的命令？”

他喝了一小口咖啡：“这么说吧，现在达博上将和我的意见不太一致。”

“你想去找权杖，是吗？”

阿卡维指着全息影像中仍在发光的弹坑。“你看到这个了吧？太阳系里有我的朋友和亲人。很多人的朋友和亲人都在那里。”他用双手握住杯子，“人类无法同时打败两个敌人，纳瓦雷兹。我们已经无路可退，还有一把枪抵着我们的脑袋。在这种时刻，即便是糟糕的选择也值得一试。如果你说的蓝色权杖真实存在，那意味着我们还有一线生机。”

她没有掩藏自己的愤怒：“我就是这个意思。”

“是的，但是你说的这些还不够。”阿卡维说。他又呷了一口咖啡，她等着他把话说清楚。“如果我们去找权杖，就是违抗军令，或者至少是藐视上级。假如你还不清楚的话，擅自离开战场依然足以判死刑。临阵脱逃也一样。即便不是这种情况，你说的可是一项往返至少需要六个月的深空任务。”

“我知道这会——”

“六个月。”阿卡维重复道，“而且谁知道路上会发生什么。”他轻轻地摇摇头。“‘达姆施塔特号’今天遭受了重创，纳瓦雷兹。我们现在的状态不适合飞到银河系的另一头。我们只是一艘飞船。如果飞到那里后，发现有一整支水母舰队在等着我们，那该怎么办？砰——我们也许会失去目前唯一的优势：你。该死，我们甚至都无法确定你是不是真的能明白水母的语言。也许是你的防护服扰乱了你的大脑。”

他转着杯子里的咖啡：“你要搞清楚状况，纳瓦雷兹。事关重大，对我，对我的船员，对联盟……即便你刚入伍时我就认识你了，也不可能仅凭你的一面之词就飞到鬼才知道的什么地方去。”

基拉双手抱胸：“那你来这里干吗？”

“我需要证据，纳瓦雷兹，而不能仅仅靠你嘴上说的。”

“我不知道怎么给你证据。我已经告诉了你我知道的一切……你有没有从水母飞船上搜来的计算机？我也许可以——”

阿卡维摇摇头：“没有。而且，我们依然没办法证实你说的话。”

基拉翻了个白眼：“那你到底想要什么？如果你不相信我——”

“我的确不相信。”

“如果你不相信我，那这场对话有什么意义呢？”

阿卡维一边摩挲着下巴，一边端详她：“你的植入物坏了，是吗？”

“是的。”

“太遗憾了。不然一次神经元扫描[①]就能很快解决问题。”

基拉心中燃起怒火：“抱歉让你失望了。”

他似乎不打算放弃：“我问你，当你将异种延伸出去时，延伸的那部分你还能感觉到吗？比如你从墙上拉下水母的传输器时，所有那些小触手的触感你都能接收到吗？”

这个问题有些不搭边，基拉愣了一秒才回答：“是的，它们就像我的手指或脚趾。”

“嗯，好的。”接着阿卡维解开右手的袖扣，卷起袖子，把基拉吓了一跳，“我也许有办法打破僵局，纳瓦雷兹女士。无论如何，这都值得一试。”他用指甲抠进裸露的手腕内侧，剥开外皮，露出一块长方形区域，基拉忍不住皱眉。她知道阿卡维的身体是人造的，但看起来过于逼真了，剥开人皮的既视感还是让她的头皮一阵发麻。

阿卡维的前臂里露出电路、线圈以及各种金属零件。他从中拽出一根电线，说：“这是直连神经的上行链路，和我们用在植入物上的一样。也就是说这是拟真神经元，而不是传输数据的线路。如果异种可以与你的神经系统交互，那它应该也可以和我交流。”

基拉花了些时间考虑。这似乎不太可能，但在技术上是可行的——她必须做出让步：“你明白这样做有多危险吧？”

阿卡维将线路的一端递给她，它看起来像光纤，但她知道不是。“我的人造生物体中有一堆内置的防护装置，如果碰到电涌[②]什么的，它们会保

① 神经元扫描：见附录三“WIRE SCAN”（第 817 页）。

② 电涌：超出正常工作电压的瞬间过电压。——编者注

护我。”

“如果异种决定爬进你的大脑，它们是没办法保护你的。”

阿卡维神情严肃地将线递给她：“我宁愿为阻止水母和梦魇而死，也不愿坐以待毙。就算只有一丝成功的希望……”

她深吸了一口气：“好吧。如果你出了什么事——”

“你不会因此被追责。不用担心。试一试，希望能奏效。”他的眼里出现一丝笑意，“相信我，我不想死，纳瓦雷兹女士，但是我愿意承担风险。”

她伸出手，握住神经连接线的一端。这条线带着体温，触感光滑。她闭上眼，将软刀推往神经连接线，鼓励它与线相遇、融合并合为一体。她手掌上的纤维起了波澜，接着……手臂上掠过一丝轻微的抖动。“你能感觉到吗？”她问。

阿卡维摇摇头。

基拉皱眉，集中注意力回想在水母飞船上的经历，试图让这段回忆通过她的手臂传达给阿卡维。展示给他看，她不停地催促软刀告诉他……拜托了。她尽力将一种紧迫感传达给软刀，让它明白为什么这如此重要。

“有感觉吗？”她的声音听起来很紧张。

“什么也没有。”

基拉咬紧牙关，将船长的安全抛在脑后，想象她的思维顺着自己的手臂像巨浪般涌向阿卡维。她用尽了所有的精神力量，而就在她达到极限、想要放弃的时候，脑袋里的一根线似乎断了。她感觉到另一个空间、另一个存在触碰了她，就像两个植入物直接连接，只是更加混乱。

阿卡维僵住了，大张着嘴巴。“哦。”他说。

基拉再次向软刀表达了意愿——展示给他看。她重新调动在水母飞船上的记忆，尽可能回想更多的细节。结束后，船长说：“再来一次。放慢点。”

基拉刚要回忆，突如其来的影像打断了她的思绪：一组星球；至高者站在黑暗中，背景是旋涡形星光；一对交叉的手臂；蓝色权杖，那可怕的蓝色权杖……

“够了。”阿卡维喘着粗气说。

基拉松开了那根神经连接线，切断了两人之间的联系。

船长仰头靠在墙上。他脸上的皱纹让他看起来和正常人无异。他将数据线收回前臂，封好检修面板。

“怎么样？”基拉说。

“真让人意外。”阿卡维放下袖子，扣上袖扣。接着他拿起杯子，喝了一大口咖啡。他做了个鬼脸。“该死的。我很爱喝咖啡，纳瓦雷兹。但自从我被困在这人造生物体里，咖啡就再也不像从前那么好喝了。”

“是吗？”

“是啊。失去身体可不像被纸划伤那么简单，绝对不是，女士。我是在……14年前，在谷神星[①]造船厂和庞德工会[②]的一场小规模战斗中失去身体的。你知道他们为什么取名叫‘庞德工会’吗？”

“不知道。”基拉说，试图掩饰自己的不耐烦。难道和软刀连接的时候，他的脑袋受了什么刺激？

阿卡维露出微笑：“因为他们总是一整天坐在那里不工作，思考官僚机构的内部运作，绞尽脑汁地以权谋私。[③]在合同谈判期间，工会和造船厂之间的关系变得很紧张，所以我的小队被派去解决问题。安抚凶猛的野兽，息事宁人，进行该死的维和。我们最终与一群抗议者对峙。我知道他们意味着麻烦，但他们毕竟是公民，你懂吧？如果我们是在战场上相遇，我绝对不会手软。我们设置警戒线，部署无人机，封锁周边，迫使人群疏散。整整9码[④]的距离。但我犹豫了，因为我想避免事态升级。那里还有孩子，我的天哪。”

阿卡维从杯子的边缘看向她：“人群被激怒了，然后用微波射线把我们的无人机摧毁了。那些混蛋一直都在计划伏击我们。我们的侧翼开始受到攻击……”他摇摇头：“我在第一波扫射中就倒下了。死了4个士兵和23个平民，还有大量伤者。我知道抗议者不怀好意。如果我当时立刻动手，如果我没有迟疑，我本该能挽救这些人的性命。而且，我能像以前一样好好品尝一杯咖啡。”

---

① 谷神星：火星和木星轨道之间的主小行星带中最亮的天体，也是海王星轨道以内最大的小行星。——编者注

② 庞德工会：见附录三“PONDER UNION”（第 810 页）。

③ 庞德（ponder）有“仔细思考、沉思”的意思。——译者注

④ 1 码 =0.9144 米。——编者注

基拉抚平膝盖边毯子上的褶皱。“你要去找权杖。”她平静地说。这个想法令人畏惧。

阿卡维把剩下的咖啡一饮而尽：“错。”

“什么？我以为——”

“你误会了，纳瓦雷兹。是我们。”阿卡维给了她一个令人不安的笑容，“这也许是我做过的最糟糕的决定，但如果我只是坐在这里等着一群外星人来消灭我们，那我肯定死不瞑目。最后一个问题，纳瓦雷兹，你真的把全部信息都告诉我们了吗？有没有一丁点儿遗漏？我的船员将会为此冒着生命危险。见鬼，我们搭上的可远不止自己的性命。”

“我觉得没有遗漏。”基拉说，“但是……我确实有一个建议。”

“我怎么觉得有点儿紧张呢。”阿卡维说。

“你应该带上‘壁鱼号’。”

船长支支吾吾起来，差点把杯子摔在地上：“你居然建议我带一艘民用船及其船员——一帮星际走私者，去执行一项军事任务，寻找一件上古外星神器，你是认真的吗？我没听错吧，纳瓦雷兹？”

她点点头：“你没听错。你不能让天鹅座61毫无防备，所以你得将‘尊越号’留在这里，而马尔佩特的采矿飞船没有一艘适合长途旅行。即便有，我也不了解他们的船员，无法信任他们。”

“而你信任法尔科尼和他的船员？”

“参与战斗吗？当然了，用我的生命担保。就像你说的，等我们抵达权杖所在的位置时，可能需要增援，而‘壁鱼号’虽然不是一艘巡洋舰，但也能战斗。”

阿卡维哼了一声：“那就是一堆破铜烂铁。一旦跟水母飞船交火，它坚持不了几分钟。”

“也许吧，但是你没考虑到一点。”

“哦，是吗？愿闻其详。”

基拉往前靠：“冷冻休眠对我不起作用了。所以你必须想清楚：在你冷冻休眠期间，你能接受我和异种在这艘最先进的联军司令部飞船上待几个月吗？”阿卡维没有回答，但是她能看出他眼里的忧虑。接着，她补充道：“别以为你可以把我关起来，我已经被关得够久了。”她抓住床沿，用意念让软刀收紧，将复合材料捏得粉碎。

阿卡维凝视着她，久到让她感到不自在。然后他摇摇头："即使我同意了，像'壁鱼号'这样的旧货船也跟不上'达姆施塔特号'的速度。"

"这可说不准，"她说，"你为什么不亲自确认一下？"

船长又哼了一声，但她看到他双眼失焦并看向眼屏，喉结上下移动，通过默念发出命令。他挑高了眉毛。"看起来你的朋友们——"他给这个称呼加了重音，"充满了惊喜。"

"'壁鱼号'能跟上吗？"

他歪着脑袋："勉强可以。想必走私者必须飞得足够快。"

基拉克制住了想为"壁鱼号"的船员辩护的冲动："看，今天不是所有的意外都是坏事。"

"也未必是好事。"

"还有——"

"还有？你还要搞什么？"

"'壁鱼号'上有两个熵主义者——乔鲁斯和薇拉。"

阿卡维扬起两条形状完美的眉毛："熵主义者，嗯？乘客还真是五花八门啊。"

"你也许会想让他们一起去。如果我们要去寻找外星科技，他们的专业能力就能派上用场。我可以翻译，但我不是物理学家或者工程师。"

他嘟囔道："我会考虑一下的。"

"所以你同意带上'壁鱼号'了吗？"

船长喝完最后一滴咖啡，站了起来："看情况。可没你想的那么简单。等我做出决定后，会通知你的。"

接着他离开了，空气中残留的咖啡香味成了他来过这里的唯一证据。

4

基拉呼出一口气。他们真的要去找蓝色权杖了，她也将亲眼看到软刀展示的那个恒星系了！这不太像真的。

她想知道那颗古老的红色星球叫什么名字。它肯定有名字。

基拉坐不下去了，她站起来，开始在房间狭小的空间里踱步。如果阿卡维开口询问，法尔科尼会同意和“达姆施塔特号”一起去吗？她不确定，但她希望他会同意。基拉希望“壁鱼号”的船员能一起前往，理由除了她告诉阿卡维的那些，还有一份私心。经过在“情有可原号”上的遭遇，她不愿被困在联军司令部的飞船上长达数月之久，其间接受医生和机器持续不断的监控。

不过她不像之前那么脆弱了。她摸了摸前臂上的纤维，感受着它的轮廓。既然她可以控制软刀（至少有时候可以），需要时她的战斗力抵得上一个动力装甲兵。而且她能从一间和“情有可原号”那差不多的隔离室轻松逃脱……想到这里，她不再感到无助了。

一个小时过去了，基拉听见巡洋舰内回荡着砰砰声和隆隆声。她猜想有人在修理或者补充物资，但很难确定到底在干什么。

接着她的眼屏上弹出一个通话窗口。她接受了，视频里的阿卡维站在几个控制台前，看起来大为火光。

“纳瓦雷兹，我和法尔科尼船长就你目前的情况进行了一次友好的通话。在谈到合作条件时，他简直是个十足的混蛋。我已经答应给他‘壁鱼号’最大容量的反物质以及所有船员的赦免令，但他依然不置可否，只说要和你谈过之后再决定。你愿意和他通话吗？”

基拉点点头：“把他接进来吧。”

阿卡维的脸消失了（但基拉确定他在监听），眼屏中出现法尔科尼的脸。和往常一样，他的眼睛像两个明亮的冰块。“基拉。”他说。

“法尔科尼，赦免令是怎么回事？”

他脸上显出为难的神色：“我以后跟你说。”

“阿卡维船长说你想跟我谈谈？”

“是的。你这个疯狂的想法……是认真的吗，基拉？你真的确定吗？”

他的问题和阿卡维的十分相似，基拉差点笑了：“我非常确定。”

法尔科尼将头歪向一边：“确定要拿自己的生命去冒险吗？还有我的？特里格的？以及朗西布尔的？”

基拉再也忍不住露出微笑：“我不能给你任何保证，法尔科尼——”

“我不是让你保证什么。”

“——是的，我认为这值得用生命去冒险。”

他仔细看了她一会儿，然后用力点了点头：“好吧，我就想知道这个。”

通信被切断了，基拉关上了眼屏。

大约10分钟后，有人敲响了她的房门，一个女人的声音传来：“女士？我来护送你去‘壁鱼号’。”

基拉松了口气，惊讶于这份宽慰带给她的力量。她赌赢了。

她打开门，看到了一个矮小、神色慌张的女人，应该是一位下级军官。她说：“请往这边走，女士。”

基拉跟着她离开“达姆施塔特号”，朝太空港走去。当她们离开巡洋舰时，两名驻守在门前的动力装甲兵加入了她们，低调地和她们保持距离。基拉想，穿着动力装甲其实很难做到低调。

距离“壁鱼号”越近，景象就越熟悉。货舱门依然打开着，装载机器人正忙碌地进进出出，将装满食物和各类物资的箱子放进船舱。

特里格在那里，还有尼尔森和法尔科尼。船长放下手里的写字板看了她一眼：“欢迎回来，纳瓦雷兹。看来我们要因为你去旅行了。”

“是啊。”她说。

第十一章

* * * * * * *

曝光

1

他们离开马尔佩特空间站的过程仓促且迅速。基拉经历过许多次远征，每次准备的时间都几乎和旅途需要花费的时间一样长。这次却不一样。船员们为“壁鱼号”即将到来的旅途做准备，火急火燎地完成通常需要几天才能完成的工作。阿卡维船长下达了命令，马尔佩特港务局会尽其所能提供帮助，让他们快了不少。

装载机器人将右舷舱装满物资，船外的管道往“壁鱼号”的储能罐输送液氢，船员们将空的空气罐替换成满的，清除垃圾，补充水源。

基拉也在尽力帮忙。一忙起来，大家就很少说话。休息时间到了，基拉瞅准机会将维沙尔拉到一边，躲在别人听不见的地方。“那个拜数教徒怎么样了？”她问，“他还好吗？”

医生眨眨眼，好像已经忘了这件事：“那个——哦，你说鲍勃吗？”

“鲍勃？”基拉很难将那个紫色头发的男人和“鲍勃”联系起来。

“是的，是的。”维沙尔揉着太阳穴说，“他就像太空鸟一样疯狂，但除此之外一切都还好。再休息几天，他就完全康复了。他似乎不介意你刺伤了他。”

“不介意？”

医生摇摇头：“不介意。这也许是出于男人的尊严，不过他信誓旦旦地说要——我引用他的原话，纳瓦雷兹女士，‘踢爆她的石头脑袋’。我觉得他是认真的。”

“我想我得提防他一下。”基拉假装没事地说，但她仍然记得软刀刺进鲍勃虬结肌肉时的感觉。是她干的。而这一次，她不能像在阿德刺害死队友后那样声称“不知者无罪”了。

“确实。”

接着，他们继续为“壁鱼号”的启程做准备。

很快——快到令基拉吃惊，法尔科尼就在通信器上对巡洋舰说：“我们就等你们了，‘达姆施塔特号’。完毕。”

过了一会儿，大副科伊奇回复道：“收到，‘壁鱼号’。阿尔法小队很快就会过去。”

“阿尔法小队？”通话结束后，基拉问法尔科尼。他们正在货舱监督最后一批储备食物被送上来。

他苦笑道：“阿卡维坚持要让他的人登上我们的船进行照看。这我可阻止不了。我们必须做好准备，以防他们找麻烦。”

尼尔森说：“如果他们想找麻烦，我们绝对能摆平。”她严厉地看了一眼基拉，然后将视线转回前方。

基拉希望自己没有得罪大副。即使得罪了，她也无能为力，事已至此。至少尼尔森没有故意针对她。

阿尔法小队几分钟后就到了：四名穿外骨骼的士兵，后面拖着一些用带子捆着的箱子。和他们一起来的还有一些装载机器人，它们带着一些冷冻舱和几只长塑料箱。为首的士兵来到法尔科尼面前，先敬了个礼，然后说：“我是霍斯中尉，长官。请求登船。”

“允许登船。”法尔科尼说，“左舷舱还有空间，可以挪东西腾出位置。”

“是，长官。”霍斯举起一只手一挥，一个装载机器人走到前面。机器人推着板车，上面放着一个密封瓶，悬挂在金属框架的减震弹簧上。

基拉忍住没有离开。她知道所有以行星为基站的空间站都不允许销售反物质。如果磁瓶失效，由此引发的爆炸不仅会摧毁港口（并引爆其他所有停泊船只的反物质），还会摧毁附近所有定居点、城镇、城市等。见鬼，地球甚至不允许任何装有马尔可夫引擎的飞船降落，除非将飞船里的反物质卸到高轨道的某个能量补给站。

密封瓶也让法尔科尼感到紧张。“沿着走廊可以走到梯子，我的轮机长在那里等你。”他对装载机器人说。它从他面前飘过时，法尔科尼让开了一大段距离。

“还有一件事，长官。”霍斯说，“桑切斯！把它们拿过来！”

一名士兵带几个拖着长塑料箱的装载机器人上前。箱子上用红色字体印着两种文字，上面是西里尔文[1]，下面是英文。

英文写着“RSW7-莫洛托克”[2]，后面的商标是一颗爆炸的超新星，以及“卢岑科国防工业”[3]。文字两边各有一个黄黑相间、代表放射性物质的图标。

“阿卡维船长送来的一个礼物。”霍斯说，“本地制造的，所以不是联军司令部的装备，但在紧要关头能派上用场。”

法尔科尼严肃地点点头：“放到门边，我们等会儿会运送到发射口。”

基拉背地里小声问尼尔森：“这些是我想的那种东西吗？”

大副点点头：“卡萨巴榴弹炮。”

基拉试着吞咽，但是嘴巴太干了。导弹里充满了裂变物质，那几乎和反物质一样令她恐惧。核裂变产生的是肮脏、可怕的核能。关停一个核聚变反应堆后，留下的只有通过中子撞击产生的放射性物质。关停一个核裂变反应堆后，就要处理一堆致命、也许会爆炸的不稳定元素，漫长的半衰期意味着它们在未来几千年里都十分危险。

基拉甚至不知道这艘飞船上有导弹发射器。在他们启程追逐那艘水母飞船前，她就应该向法尔科尼问清楚“壁鱼号”上都装了什么类型的武器。

士兵列队缓缓经过，防护服上的喷气机喷出小股气体。特里格站在船长旁边，睁大眼睛看着，基拉能看出他有一大堆问题想问他们。

过了几分钟，两个熵主义者出现了，手上拿着旅行袋。

“没想到还能在这里见到你们。”法尔科尼说。

“嘿！”特里格说，“欢迎回来！”

两个熵主义者抓住墙上的扶手，使劲点了点头：“我们很荣幸能参与这场远征。”他们看着基拉，长袍兜帽下的眼睛闪闪发光：“这是一次能获取知识的机会，而我们绝不能错失。只要是熵主义者，都不能错过。”

“这太好了。”尼尔森说，“只是说话时别玩接龙了。那令我头疼。”

两人再次点头，然后特里格带着他们前往舱室。

“你们有足够的冷冻舱吗？”基拉问。

---

① 西里尔文：斯拉夫民族广泛采用的文字。——译者注

② RSW7-莫洛托克：见附录三“RSW7-MOLOTÓK”（第 811 页）。

③ 卢岑科国防工业：见附录三“LUTSENKO DEFENSE INDUSTRIES”（第 807 页）。

“现在有了。”法尔科尼说。

经过一连串最后的准备，通往右舷舱的门关上了，而格列戈罗维奇用他平常那种精神错乱般的语调说：“我是你们的飞船主脑。请确保您的所有行李物品都安全地放置在头顶的行李架上。把自己绑在柱子上吧，亲爱的朋友们。飞船即将起航，RCS推进器即将点火。我们即将前往未知之地，去扼住命运的喉咙。”

基拉朝控制室走去，坐进防撞椅里，系上安全带。其他船员们也在这里，除了华钟（她依然留守在引擎室）和斯帕罗（她还在医务室内养伤）。两个熵主义者在自己的舱室里，而阿尔法小队在左舷舱，依然穿着外骨骼。

“壁鱼号”的RCS推进器缓慢地将他们从马尔佩特空间站推离，飞船尾部没有正对着空间站，避免推进器残留的辐射烧到对接口。

基拉给法尔科尼发了条短信。“你是怎么说服所有人的？——基拉。”

“费了点儿工夫，但他们知道其中的利害关系。而且，我们得到了反物质、赦免令以及一个前所未有的探寻外星科技的机会。傻子才会拒绝呢。——法尔科尼。”

“尼尔森看起来并不乐意。——基拉。”

“她就是这样的人。假如她乐意我们飞向未知的地方，我才感到惊讶呢。——法尔科尼。”

“格列戈罗维奇呢？——基拉。”如果他不同意，法尔科尼应该没办法坐着“壁鱼号”飞往任何地方。

船长开始用手指敲击大腿一侧。“他似乎觉得这次旅程会很有趣。他自己说的。——法尔科尼。”

“无意冒犯，但格列戈罗维奇做过精神评估吗？这是对飞船主脑的强制要求，不是吗？——基拉。”

望向房间另一头，基拉能看清法尔科尼微妙的表情变化。“是的，当飞船主脑被装进一艘新的飞船后，每半年（真实的时间）做一次。之后，如果评估结果正常，每年做一次……我们救出格列戈罗维奇时，正在赶一个任务，所以花了些时间才带着它停泊。那时他已经稳定下来，足以通过评估了。——法尔科尼。”

“他通过了？！——基拉。”

“高分通过。而且每次都是如此。——法尔科尼。”他斜视了她一眼。“我知道你在想什么，但是评估飞船主脑的标准不同于评估人类大脑的标准。他们‘正常’的范围比我们要宽泛许多。——法尔科尼。”

她想了一会儿。“那心理医生呢？从那个卫星上被救出来之后，格列戈罗维奇有没有看过心理医生？——基拉。”

法尔科尼几不可闻地哼了一声。“你知道有多少心理医生够资格治疗飞船主脑吗？很——少。大多数都在太阳系，而且大多数本身就是飞船主脑。你去分析一个飞船主脑试试，看你能得到多少结果。他们会反过来把你分析透彻，而你丝毫不会察觉。这就好比一个三岁小孩试图和一个伪智能体下象棋。——法尔科尼。”

“所以你什么也没做？——基拉。”

“我不止一次建议过格列戈罗维奇接受心理治疗，但他都拒绝了。——法尔科尼。”他微微耸肩。“对他来说最好的治疗方式就是和大家待在一起，我们对他一视同仁。他现在比之前好多了。——法尔科尼。”

这听起来没有船长想象的那么有用。

“你放心让他管理整艘飞船吗？——基拉。”

法尔科尼的眼神更锐利了。“是我在管理‘壁鱼号’，谢谢。而且我对他很放心。他曾经无数次帮我们摆脱困境，他是我船员中极为重要且珍贵的一员。还有别的问题吗，纳瓦雷兹？——法尔科尼。”

基拉认为现在最好别去惹怒他，所以她轻轻摇了摇头，将视野切换到船外摄像头捕捉到的景象。

当“壁鱼号”与马尔佩特空间站拉开到安全距离后，推进器的警报响起，接着主火箭点火了。基拉吞咽了一下，仰头靠到椅子上。他们启程了。

2

“达姆施塔特号”在“壁鱼号”出发后几小时才动身。修理飞船和补充船员们所需的大量食物都需要很多时间，因此拖慢了进程。即便如此，明天一早，这艘巡洋舰就会追上“壁鱼号”。

他们需要一天半的时间达到马尔可夫极限，然后……想到这里，基拉打了个冷战。然后他们会进行超光速航行，将联盟远远甩在身后。前路令人生畏。她经常因为工作去偏远的定居点，但从来没有像这次那样远。很少有人能飞到那么远的地方，因为经济效益很低，只有科考队和执行某些调查任务的人才会前往广阔的未知之地。

他们前往的恒星是一颗不起眼的红矮星，被发现至今还不到20年。远程分析结果显示，它周围至少有五颗行星，排列方式和软刀展示给她看的一样，但是联盟的望远镜没有观测到任何科技活动的迹象。

60光年是一段远得吓人的距离，给飞船和船员带来了不小的压力。一路上，飞船必须无数次进出超光速空间，排出多余的热量。同时，在前往那颗遥远恒星的路上，船员要冷冻休眠三个多月，虽然还算安全，但依然会损害他们的身体和精神。

所有船员中属基拉承受的伤害最大。她可不想刚从天龙座 σ 过来就再经历一场半梦半醒的休眠。从时间上纵向比较，这次需要忍受的时间和之前差不多，因为“瓦尔基里号”比“壁鱼号”和“达姆施塔特号”慢很多。基拉只希望这次不必通过饿肚子来诱发软刀休眠。

想到等在前面的种种问题，基拉很头疼，所以她索性就不想了。“联军司令部对我们的离开有什么反应？”她解开安全带问道。

“意见很大，”法尔科尼说，“我不知道阿卡维是怎么跟维堡的人说的，但他们肯定是不乐意的，因为他们威胁说如果我们不掉头回去，会接受各种法律制裁。”

格列戈罗维奇咯咯笑起来，笑声回荡在飞船里：“这真可笑，他们的无能狂怒。他们似乎相当……惊慌。”

“这能怪他们吗？”尼尔森说。

法尔科尼摇摇头：“万一我们失败了，我可不想向太阳系那边解释他们如何以及为何失去了一整艘巡洋舰，还失去了基拉和异种。”

接着维沙尔说：“船长，快看本地新闻。”

“哪个频道？”

“RTC[①]。”

基拉用眼屏搜索那个频道，新闻很快出现在面前。她看到某个人的植

---

① RTC：见附录三“RTC NEWS”（第811页）。

入物录制的飞船内部的影像。视频里有尖叫声，一个男人的身体从画面中飞过，撞到了另一个更矮小的人。基拉马上意识到，她看到的是“壁鱼号”的船舱内部。

该死。

一团纠缠、蠕动的影子出现在镜头里：一个水母。录视频的人将焦点对准了外星人，此时它正往屏幕外丢什么东西。又响起一阵尖叫声。这尖叫声，基拉想起来了。

接着她看到自己飞过，像一支从天而降的黑色标枪，和水母缠斗在一起。从她的皮肤上冒出一根锋利的尖刺，刺穿了那个挥舞触手的外星人。

视频定格在这里，画外音里，一个女人说：“这套战斗服是联军司令部先进武器计划的产物吗？可能是。其他乘客证实了这个女人是几天前从一艘联军司令部的穿梭机里被救出来的。我们不禁想：联盟还向公众隐瞒了什么科技？接下来的事件发生在今天早上。再次提醒观众：以下视频含有暴力画面。”

视频开始播放，基拉又看到了自己。这一次是她试图制服那个紫发拜数教徒。他用头撞伤了她的脸，接着她像刺死水母一样刺伤了他。

从旁观者的视角看，这个画面比基拉以为的还要可怕。难怪那些难民会用那样的眼神看她，换作是她，也会做出同样的反应。

记者的画外音又出现了：“这是正当防卫还是危险的失控行为？观众自己决定。后来有人看到埃伦·卡明斯基被押送到了联军司令部巡洋舰‘达姆施塔特号’上，而且应该不会面临暴力犯罪的指控。我们尝试采访了曾和她说过话的乘客。这是我们的采访结果——”

又一段视频开始播放，基拉看到镜头凑近马尔佩特走廊上的两个熵主义者。“不好意思，打扰一下。不好意思。”屏幕外的记者说，“你们能告诉我们一些关于埃伦·卡明斯基的事吗？那个在‘壁鱼号’上杀死水母的女人？”

“我们没什么可说的，囚徒。”薇拉和乔鲁斯异口同声地说。两人低下头，整个人埋进兜帽之下。

接着费利克斯·霍弗出现了，手上牵着他的侄女：“当时那个水母想攻击娜拉，是那个女人救下了她。她救了我们所有人。在我看来，埃伦·卡明斯基是一个英雄。”

然后镜头切换到伊娜烈。她站在太空港上，一脸得意地织着围巾。那只耳尖带黑色的猫趴在她的肩膀上，正从她那头鬈发里探出头来。

“她是谁？”伊娜烈说，脸上的微笑让人不安，“哎呀，她是群星的愤怒。这就是她的真实面目。”接着她大笑着转身离开：“那么再见啦，小虫子。”

基拉刺伤水母的影像再次出现，记者的画外音响起：“群星的愤怒。这位神秘的埃伦·卡明斯基究竟是谁？她是最新研发的超级士兵吗？她那件战斗服又是什么？是某种处于试验阶段的生物武器吗？不幸的是，我们可能永远没办法弄清楚了。”镜头给基拉的脸切了个近景，深色的眼睛让人有些害怕。“不管真相如何，有一件事我们是十分确定的，撒雅①：水母一定很怕她。如果真的是这样，本人深表感激。群星的愤怒，星辰之怒——不管她的真实身份是什么，我庆幸她是站在我们这一边的……RTC新闻为您播报，我是记者辛娜尔·阿卜塞。”

“该死的。”基拉说着，关上了眼屏。

“看起来我们离开得正是时候。”法尔科尼说。

“是的。”

特里格在房间另一边戏谑道：“星辰之怒。哈！我以后可以这样叫你吗，纳瓦雷兹女士？”

“你要是这么叫我，就等着挨打吧。”

尼尔森将几缕散落的头发绑进马尾辫：“这也许不是什么坏事。越多人知道你，联盟就越难隐藏你和软刀的存在。”

“也许吧。”基拉不确定地说。她对政府的可靠程度不抱信心。如果他们想要让她消失，肯定不会在意公众的感受。而且，她讨厌被曝光。这样一来，她就更不可能匿名行事了。

3

“壁鱼号”沿着航线向前推进，船员们分散在飞船各处，继续为未来行程中可能面对的情况做准备。正如特里格所说：“距离我们上一次超光速航行已经好几年了！”现在要重新整理物资，测试和预热系统，分散的

---

① 撒雅：见附录三“SAYA”（第811页）。

物品要存储起来（在漫长的零重力时期到来之前，他们必须确保将联军司令部在搜查过“壁鱼号”后留下的每一支笔、每一个杯子、每一张毯子都归置妥当），还有其他所有大事小事都需要一一处理。

时间已经很晚了，但法尔科尼坚持让他们继续尽力做准备：“我们不知道明天会发生什么，也许会跟另一批潜伏在附近的敌人撞个正着。”

他的话很难反驳。应华钟的请求，基拉来到货舱和她一起拆装着维修机器人的箱子。这些都是马尔佩特空间站送给他们的，用以替换他们在登陆那艘水母飞船时失去的维修机器人。

沉默了几分钟后，华钟看向基拉说：“谢谢你杀死了那个东西。”

“你是说水母？”

“是的。”

“不客气。我很高兴能帮上忙。”

华钟沉吟了一声：“如果你当时没在那里……”她摇摇头，露出难得一见的表情。“总有一天，我会请你喝韩国烧酒、吃一顿牛肉作为答谢。我们几个一起好好喝一杯。你、我，还有小斯帕罗。”

“我很期待这一天。”接着基拉说，“你同意和我们去找蓝色权杖吗？”

华钟没有放慢拆包装的速度：“假如‘壁鱼号’出现破损，我们离太空港还很远，我觉得，有‘达姆施塔特号’随行是一件好事。”

“那关于这项任务呢？”

“总得有人去做。阿西。我还能说什么？”

等她们拆完最后一个箱子，基拉的视线里弹出了一条短信。“有空来水培区找我。——法尔科尼。”

“5分钟后见。——基拉。”

她帮华钟处理掉多余的包装，然后找了个借口匆忙冲出货舱。到了主井后，她问：“格列戈罗维奇，水培区在哪里？”

“再上去一层，走到走廊尽头，先左拐，再右拐，然后就到了。”

“谢谢。”

“不客气[1]。”

---

① 原文为德语。——译者注

基拉走近水培区时，阵阵花香扑面而来——花、药草、水藻和其他生气蓬勃的绿色植物。这气味让基拉想起维兰德上的温室，以及父亲精心培育“午夜星座”的样子。她突然生出一股渴望，想跑到户外被活生生的生物包围，而不是被困在一艘飞船上，只能闻到汗味和机油味。

压力门打开后，香味变得愈加浓烈，她走进了一团潮湿的空气中。房间里挂满了一串串植物，还有培养藻类的、晃动的深色大缸。房间顶部的喷嘴给所有的绿色植物蒙上了一层水雾。

她被眼前的景象震惊，定在原地。这个水培区和阿德剌上的那个很像。在那里，她和艾伦度过了大把时光，包括最后那个他求婚的特别夜晚。

一阵悲伤袭上心头，如花香般强烈。

法尔科尼站在房间里靠后的地方，正在一个工作台旁弯腰修剪一株植物。它开出的花朵是下垂的，花瓣娇美，呈蜡白色——基拉不认识这种花。法尔科尼的袖子向上卷起，露出手臂上的伤疤。基拉没想到法尔科尼居然对园艺工作有兴趣。她后知后觉地想起他房间里的盆栽。

“你找我？”她问。

法尔科尼剪下植物上的一片叶子，接着又是一片。他的动作干脆利落，咔嚓一声，刀起叶落。在进入超光速空间之前，所有植物都要经过这样的处理。在这么长的旅程中，它们无人照看，无法生存，而且让它们活着会产生太多没用的热量。一些特殊品种也许会被冷冻休眠——她不确定“壁鱼号”上有什么样的设备，但是他们能保留下来的植物也只有这些了。

法尔科尼放下剪刀，双手放在工作台上。

“当你刺伤那个拜数教徒的时候——”

“鲍勃。”

“对，他叫鲍勃。”法尔科尼的脸上没有笑意，基拉也没有，“究竟是你还是软刀刺伤他的？”

“我认为是我们俩。”

他嘟囔道：“不知道这算好消息还是坏消息。”

基拉的心里涌起一阵歉意：“那只是一场意外，以后绝不会发生了。”

他低头斜视了她一眼：“你确定？”

“我——”

“这不重要。我们不能再让这样的意外发生了。我不希望我的任何一个船员受伤，既不被水母所伤，也不被你的防护服所伤。你明白我的意思吗？”他紧盯着她。

“我明白。”

他看起来不相信她：“明天，我希望你去找斯帕罗谈谈。照她说的做。她或许有办法帮你控制软刀。”

基拉不安地将重心换到另一只脚上：“我不想和你争辩，但斯帕罗不是科学家。她——”

“我认为你需要的不是科学家，”法尔科尼皱起眉头说，“你需要的是纪律和规划。你需要训练。面对拜数教徒时你失控了，在水母飞船上也失控了一回。如果你不能好好控制那玩意儿，那为了所有人的安全着想，从现在起你就应该被隔离起来。”

他说得没错，但他的语气激怒了她：“你认为我能接受多少训练？我们后天就要离开天鹅座61了。”

“你又不需要休眠。”法尔科尼反驳道。

“是，但是——”

他的目光变得严厉：“尽你所能。去找斯帕罗。把你自己的事情处理好。我不是在和你商量。”

基拉颈后传来一阵刺痛，她挺起胸膛：“你是在对我下命令吗？”

“既然你这么问，那就是。”

“还有其他事吗？”

法尔科尼重新看向工作台：“没有了。你出去吧。”

基拉出去了。

4

在那之后，基拉不太想和其他船员交流了。工作时她没说话，吃晚饭时她也没说话。

她回到舱室里。灯光暗了下来，眼屏也关闭了，房间显得更加无遮无拦、局促和简陋。她坐在床上，盯着破旧的墙壁，越看越厌烦。

基拉很想生气。她确实生气了，但她不能怪法尔科尼。换作是她，也会这么做。即便如此，她也认为斯帕罗帮不上什么忙。

她用手蒙住脸。她内心想要相信不是她在回应水母飞船上的召唤，也不是她想要刺伤鲍勃——是软刀不知怎的扭曲了她的思想，驱使她按照它的意愿行事。它要么出于无知，要么想在她心中埋下恶作剧的种子。

但她心里很清楚，没人逼她做任何事。这两件事都出于她自己的意愿。把错误归咎于软刀只是借口罢了——她想在残酷的现实面前为自己开脱。

她颤抖着深吸一口气。

当然，不是所有事情都错了。知道蓝色权杖的具体位置绝对是一件好事，基拉身上的每一根纤维都希望自己没有误解软刀传来的信息，而找到蓝色权杖将带来巨大的好处。即便有这么好的消息，啃食她内心的内疚感也没有减弱丝毫。

尽管十分疲惫，基拉还是无法躺下休息。她思绪纷乱，兴奋不已。于是她激活房间的控制台，查看有关维兰德的新闻（和阿卡维说的一样），接着把所有关于梦魇的资料都读了一遍。资料不是很多。它们最近刚刚出现在包括天鹅座61在内的星域，还没有人来得及深入分析。至少在这些信息发往天鹅座61时是这样的。

她在那里坐了大约半小时后，视野角落出现了一则格列戈罗维奇发来的短信。“船员们都聚集在食堂，你也可以参加，带刺的肉袋子。——格列戈罗维奇。”

基拉关掉了消息，继续阅读。

差不多15分钟以后，一阵响亮的敲门声惊动了她。门外传来了尼尔森的声音：“基拉？我知道你在里面，来和我们一起吃。你需要吃点东西。”

基拉的嘴巴很干，张嘴尝试了三次才让嘴巴里有足够的水分说话：“不用了，谢谢。”

“胡说。开门。”

“……不用了。”

压力门外的轮子开始转动，一阵金属的咔啦声和吱吱声传来，接着门自动打开了。基拉靠在椅背上，双臂交叉，觉得自己被冒犯到了。出于习惯，她上了隐私锁。照理说应该不会有人闯进来，即便她知道一半船员可能有门锁的覆写权限。

尼尔森进来后俯视着她，一脸愠怒。基拉怀着戒心对上了她的视线。

“跟我走，”尼尔森说，“食物还是热的。虽然只是用微波炉加热的口粮，但吃点东西会让你感觉好一点儿的。”

“没事。我不饿。”

尼尔森仔细打量了她一会儿，接着关上了舱门，并且出乎基拉的意料，坐在了床的另一头：“不，你有事。你要在这里待多久？”

基拉耸耸肩，软刀表面也出现了小小的尖刺：“我很累。就是这样。我不想见任何人。”

“为什么？你在害怕什么？”

有一瞬间，基拉不打算回答。接着，她挑衅地说：“害怕我自己。可以吗？你开心了吗？”

尼尔森似乎没感受到基拉的怒气：“你就是搞砸了。每个人都有搞砸的时候，重要的是你怎么面对这一切。逃避从来不是解决问题的答案，从来不是。”

“是的，但是……”基拉苦苦寻找合适的话。

“但是？”

“我不知道自己能不能控制软刀！”基拉脱口而出，她终于说出口了，“如果我又生气，或者情绪激动，或者……我不知道会发生什么，而且……”她很痛苦，说不下去了。

尼尔森不屑地说：“胡说，我不信。”基拉有些惊讶，还没来得及反驳，这位大副就说：“你完全有能力和我们一起共进晚餐而不杀掉任何人。我懂，我懂，软刀不好控制。”她凝视着基拉。“你之所以失控，是因为鲍勃撞坏了你的鼻子。这种行为足以让任何人愤怒。是的，你不该刺伤他。也许你也不该回应水母飞船上的信号。但你已经做了，木已成舟，事已至此。你现在知道要注意哪些东西，也就不会重蹈覆辙了。你只是害怕面对所有人，你就是在害怕这个。”

“你错了。你不明白什——”

“我明白的事可多着呢。你搞砸了，不敢出门直视他们的眼睛。那又怎么样？你最不该做的就是躲在这里，假装什么事都没发生过。假如你想重新赢得他们的信任，那就走出去，直面一切。我可以向你保证，他们会敬佩你这样的行为，甚至连法尔科尼也会。每个人都会搞砸，基拉。”

“不是这样的，”基拉低吼道，“你刺伤过多少人？”

尼尔森的表情和声音都变得尖酸起来：“你以为自己很特别吗？”

“我没见过别人感染异种。”

尼尔森啪的一声用手拍墙，把基拉吓了一跳。“看，你没事。”尼尔森说，“你没有刺伤我。神奇吧。每个人都会搞砸，基拉。每个人都有自己的烦心事要处理。如果你不是那么固执，你会明白的。看到法尔科尼手臂上的伤疤了吗？告诉你吧，那可不是避免犯错得到的奖励。”

“我……”基拉欲言又止，羞愧难当。

尼尔森用一根手指指着她：“特里格也不容易。维沙尔、斯帕罗、华钟也一样。而格列戈罗维奇则塞满了明智的人生决定。”她虽然语带嘲讽，但说的都是事实。“每个人都有自己的难处，处理这些问题的方式就决定了你是个什么样的人。”

“那你有什么难处吗？”

“我？我来这里可不是为了讨论我的事。振作起来，基拉。你不该是这副样子。”尼尔森站起身来。

“等一下……你为什么在乎我的事？”

尼尔森的表情终于柔和了些：“因为我们都是这样过来的。我们会跌落低谷，然后相互扶持着再站起来。”她打开门。“来吗？食物还是热的。”

“好，我去。”虽然这么做并不容易，但基拉还是站了起来。

5

已经过了半夜，但所有人都在厨房里，除了斯帕罗和那些士兵。尽管大家都欢迎基拉，但她总觉得他们在审视她……介意她的在场。船员们没有说任何不开心的事，唯一一次话题中出现那个拜数教徒，还是特里格顺带提及的，而基拉按照尼尔森之前的建议坦然地接受了。

大家对她满怀善意。华钟给她端来了一杯茶，维沙尔则说：“你明天去我那里一趟？我给你治鼻子。”

法尔科尼哼了一声，几乎没有看她：“如果麻醉剂对你不起作用，那你会疼个半死。”

“没事。”基拉说。当然有事了，但自尊心和责任感不允许她承认。

大家都累坏了，大多数时候厨房里很安静。每个人都沉浸在自己的世界里，眼睛盯着眼屏。

基拉正要开始吃东西，两个熵主义者突然坐到她面前。他俩探过身来，热切的脸上是热切的双眼：好似身体各异的双胞胎。

“怎么了？”她说。

薇拉说：“囚徒纳瓦雷兹，我们发现了——”

“——最激动人心的事。当我们正要穿过马尔佩特时，我们——”

“——偶然撞见了一个梦魇的尸体，然后——”

“——我们成功提取了组织样本。”

基拉来了精神：“哦？”

两个熵主义者一起抓着桌子边缘，用力到指甲泛白：“我们花了很长时间——”

“——研究那个样本。结果显示——”

“什么？”她问。

“——结果显示，”乔鲁斯接着说，“梦魇的基因结构——”

“——无论和软刀还是水母——”

“——都不一样。”

两个熵主义者坐回到椅子上，因为这项发现而面露明显的欣喜之情。

基拉放下叉子：“你们的意思是它们毫无相似性？”

薇拉摇摇头：“相似性是有的，但是——”

“——只有基本化学元素是相同的。除此之外，身体完全不同。”

这验证了基拉最初的直觉，但她依然有疑问：“我看到一个梦魇长有触手。这是怎么回事？”

两个熵主义者同时点点头，看起来很高兴：“是的，外形有相似之处，但本质上不同。你也许还看到了——”

“——手臂、腿、眼睛、皮毛，还有其他——”

“——部位，能让人联想起地球生物。但是从我们的检测结果来看——”

“——梦魇不包含任何地球生物的DNA。”

基拉盯着盘子里那堆浸湿的口粮思索着：“那它们是什么？”

两个熵主义者同时耸耸肩。“不知道，”乔鲁斯说，“它们深层的生物结构看上去——”

“——未成形、未完善、相互矛盾——”

“——就像肿瘤。”

“呃……我可以看一下你们的检测结果吗？”

“当然可以，囚徒。”

她抬头看向他们：“你们把结果分享给‘达姆施塔特号’了吗？”

“我们刚刚发给他们了。”

“很好。”阿卡维应该知道他们要面对的是什么样的生物。

两个熵主义者回到了自己的桌子边，基拉一边缓慢地吃东西，一边仔细查看他们发来的文件。她非常惊讶，在没有正规实验室的情况下，他们居然能收集到如此多的数据。他们长袍里配置的科技令人称奇。

当四名身穿橄榄绿制服的士兵出现时，基拉暂停了浏览。即使没穿动力装甲，他们也十分健硕。他们的身体隆起，布满了不自然的肌肉，就像活的人体解剖图，强壮、力量、速度呼之欲出——这都是军队在前线部队中使用全套基因改造技术的结果。虽然他们中没有一个人看起来和华钟一样曾在高重力环境中长大，但基拉毫不怀疑他们和华钟一样强壮，甚至比她还强壮。他们让她想起曾经见过的缺乏肌肉生长抑制素的动物的照片。他们是霍斯、桑切斯……她不知道另外两个人的名字。

他们没有留下来吃东西，只用热水泡了茶或咖啡，还拿了一些零食。“我们就不妨碍你们了，船长。”霍斯走的时候说。

法尔科尼随意地向他们敬了个礼。

关于梦魇的生物学细节艰深复杂，许多费解的地方令基拉感到困惑。两个熵主义者说的都是真的，但梦魇的诡秘之处他们连皮毛都还没有沾到。相比之下，水母由于进行过基因改造，在这方面显得更简单。但是梦魇……基拉从未见过和它们类似的东西。她不断看到熟悉的化学序列的片段，但只是看起来熟悉。梦魇的细胞结构甚至谈不上稳定，至于它们为什么会这样，基拉丝毫没有头绪。

她的盘子很早就空了，她还在阅读资料，直到一个杯子啪的一声放到她的盘子旁边，她吓得站了起来。

法尔科尼站在她旁边，一只手拿着几个玻璃杯，一只手拿着一瓶红酒。他问都不问，就往她的杯子里倒了半杯红酒："来。"

接着他走了一圈，把杯子分给船员和熵主义者，并往里面倒酒。

当所有人都拿到酒后，他举起自己的杯子。"基拉，事情没有朝我们预想的方向发展，但如果没有你，我们很有可能都死了。没错，这一天过得很艰难。没错，你激怒了每一个水母。没错，我们之所以要去那个鬼地方都是因为你。"他停顿了一下，眼神变得坚定，"但我们还活着，特里格还活着，斯帕罗还活着，我们都得感谢你。所以这杯敬你，基拉。"

一开始没有人响应，接着尼尔森举起杯子。"说得好！"她说完，其他人也开始附和。

突如其来的眼泪模糊了基拉的视线。她举起自己的红酒杯，有些哽咽地说了"谢谢"。她第一次感到自己在"壁鱼号"上没有那么格格不入了。

"往后我们就不搞这些虚礼了。"法尔科尼说完坐了下来。

人群中有几人发出笑声。

基拉看了一眼手中的酒——半杯，不是很多，她一饮而尽，然后坐回到椅子上，好奇接下来会发生什么。

食堂的另一边，法尔科尼警惕地看着她。

1分钟过去了。5分钟过去了。10分钟过去了。基拉依然什么也没有感觉到。她做了一个厌恶的表情。在过去几个月都没有喝过酒的情况下，她本该至少有一丁点儿头晕。但是没有。软刀消解了酒精带来的影响。即便她想喝醉，也办不到。

意识到这一点后，基拉很生气。"该死的。"她低声说。没有人能掌控她的身体，即便是软刀。如果她想文身、变胖、生孩子或做其他任何事，那都是她的自由。如果不能，那她和一个奴隶有什么区别？

怒火让她想走上前去，抓起一瓶红酒一口气喝光，只是为了喝醉，只是为了证明她能喝醉。

但她没有这么做。自从那件事发生之后，只要想到软刀会在她喝醉后失控，她就心生畏惧。而且，她也不太想喝得酩酊大醉。

所以她没有再要酒喝，满足于现状，而不是以身试险。她还发现，虽然法尔科尼给所有人都添了第二轮酒，但唯独没有给她添。他理解她，对此她很感激，但也有些不满。不管是否危险，她想自己选。

“剩下的谁要？”法尔科尼举起最后一瓶酒问道，里面还剩四分之一。

华钟从他手里接过酒：“我，我还要喝。我体内还有多余的酶。”船员们大笑起来，基拉也松了口气，因为她不用再去想那些酒了。

她用手指玩转着酒杯，脸上浮现出淡淡的笑意，身体感觉轻飘飘的。尼尔森是对的，让她出来面对船员是一件好事。躲避终究不是办法。

她得记住这个道理。

6

等基拉终于返回舱室时已经是深夜了，桌上的控制台亮着绿灯。她走向桌子时，脚趾撞到了床角。“啊！”她低声说，更多是出于条件反射，而不是真的疼。

不出所料，消息是格列戈罗维奇发来的。“我知道你能做什么，但依然不知道你是什么。我再次好奇地问你，你到底是什么？哦，花里胡哨的肉袋子。——格列戈罗维奇。”

她眨眨眼，然后回复。“我就是我。——基拉。”

他几乎立刻回复。“啊，多么平淡！多么无聊！——格列戈罗维奇。”

“真苛刻。有时候我们就是得不到想要的答案。——基拉。”

“起伏和咆哮，沸腾和泡沫；你无法掩饰你话语中的空洞。你心中若有答案，便有自信。但你没有答案，所以没有自信。基座碎裂，雕像也岌岌可危。——格列戈罗维奇。”

“无韵诗？你是认真的吗？这就是你最大的本事了？——基拉。”

格列戈罗维奇好一会儿都没回复，基拉第一次觉得自己占了上风。

“当一个人被关在果壳里时，就很难找到乐趣了。——格列戈罗维奇。”

“但你也许称得上是无限空间之王。[①]——基拉。”

“除非我不会做噩梦。——格列戈罗维奇。”

“除非无限空间不是噩梦。——基拉。”

---

① 源自莎士比亚的戏剧《哈姆雷特》第2幕第2场台词：“倘若不是因为我总做噩梦，那么即使把我关在一个果壳里，我也会自认为是无限空间之王。”——译者注

"……——格列戈罗维奇。"

她用指甲敲击着控制台。

"你很痛苦，是吗？——基拉。"

"为什么会痛苦？大自然从不关心那些在它肮脏的深处蠕动和爬行的东西。风暴肆虐万物，无人能幸免。你不能，我不能，天上的星星也不能。我们裹上斗篷，埋头专注于自己的生活。但这场风暴永不停歇，永不消退。——格列戈罗维奇。"

"真乐观。想那么多也没用，不是吗？像你说的那样，我们能做的只是埋头专注于自己的生活。——基拉。"

"那就别想了。做个无梦的沉睡者。——格列戈罗维奇。"

"也许我会的。——基拉。"

"这无法改变现状，问题依然存在：你是什么？哦，触手女王。——格列戈罗维奇。"

"你再这么叫我，我就想办法往你的营养液里倒辣酱。——基拉。"

"一个空洞的声音说出了空洞的承诺。恐惧的脑子无法接受自己的极限。在承认自己的无知之前，它会尖叫着逃跑，无法面对威胁其自身存在的东西。——格列戈罗维奇。"

"你都不明白自己在说什么。——基拉。"

"否认，否认，否认。这不重要。不管怎样，你的真实身份迟早会暴露。当那一刻到来时，就得由你来选择是否相信。我不在意你怎么选，不管答案是什么，我都会做好准备。在那之前，我会时刻密切地关注你，哦，你这个形体不定的人。——格列戈罗维奇。"

"随便你吧。你不会找到任何线索。——基拉。"

她轻击关掉了显示屏。绿灯没有再亮起，她松了口气。飞船主脑的玩笑让她感到不安。不过，她很庆幸自己没有动摇。虽然格列戈罗维奇语气肯定，但他错了。她知道自己是谁，只是不知道这该死的异种是什么。

够了，她真的受够了。

她从口袋里掏出熵主义者送的那枚宝石一样的圆币，将它放入抽屉。放在抽屉里总比她随身带着安全些。接着，她长舒一口气，脱下自己的破衣服。用湿毛巾快速地擦完身后，她倒进床铺，裹上毯子。

基拉忍不住回想之前的画面。水母和梦魇的尸体不断闯入她的脑海，有时她好像还能闻到法尔科尼的榴弹爆炸时产生的刺鼻气味。她一次次想起软刀刺进水母身体时的感觉，接着她刺伤拜数教徒以及艾伦死在她怀里的场景也混了进来……她做了那么多错事。

最后她艰难地睡着了。尽管她对格列戈罗维奇说自己不会做梦，但她还是做梦了，而梦境里出现了软刀传达的影像。

夏夜的金色光芒中，饥饿的森林里充满了尖叫声。她坐在某个土堆上，一边观看紫色树木间上演的生命戏剧，一边等待她的同伴回来。

一个像蜈蚣一样的生物从幽暗的矮树丛里窜出来，迅速钻进一丛树根下的洞里。追逐它的捕食者有着长长的手臂、蛇一样的脖子、树懒一样的身体，脑袋像长着牙齿的虫子，腿则向后弯曲。捕食者朝那个洞猛扑过去，但还是太慢了，没有抓到猎物。

蛇颈树懒懊恼地蹲在洞口，用长满疙瘩的钩状手指抠着那个洞，咧开的嘴里发出愤怒的嘶嘶声。它挖啊挖，越来越躁动不安。那些树根太结实了，地面又多是岩石，很难挖得动。接着它将一根长长的手指伸进洞里，试图将那个蜈蚣一样的生物拉出来。

洞中发出一声尖叫，蛇颈树懒猛地抽回手，指尖滴出黑血。

它嚎叫一声，但不是因为痛，而是因为愤怒。它甩着脑袋，踩着灌木丛，把叶子、花和果实都踩碎了。它又嚎叫起来，然后抓住最近的树干使劲摇晃，树被它巨大的力量晃得左摇右摆。

闷热的树林里回响起一阵咔嚓声，接着一串带尖刺的荚果从树冠上掉下来，砸在蛇颈树懒的头和肩膀上。它大叫一声，瘫倒在泥土里，抽搐着，蹬着腿，嘴巴大张，嘴角冒出白沫。

不久，它不再蹬腿。

又过了一会儿，那个蜈蚣一样的生物冒险从洞里缓慢而谨慎地走出来。它爬到蛇颈树懒松软的脖子上，坐在那里，触角抽动着。接着它弯下身子，开始啃噬蛇颈树懒喉部的软肉。

……

又是熟悉的场景转换。梦中，她蹲在一个潮起潮落的池塘边，凸起的火山岩为她遮挡了炽热的阳光。池塘上漂浮着一个透明的球体，和她的拇指差不多大。

球体非活物，也非死物，介于两者之间，还未实现的潜在状态。

她充满期望地看着它，等待它切换到不同的状态，从潜在状态变为现实状态。

开始了。球体内部有光线在轻柔地移动，而球体也开始搏动，仿佛试探性地吸入第一口气。看到第一个生命的诞生，她的期待被喜悦和惊讶取代。这里发生的一切将改变之后所有的分形轨迹，先是这里，然后——只要给它足够的时间和运气，将走向遥远的浩瀚星海中。

她觉得这样很好。

第十二章

* * * * * * *

训练课

1

基拉醒来时感觉自己意外地睡得很好。她坐起来，身上落下一层厚厚的灰尘。她伸了个懒腰，吐出掉进嘴里的灰尘——尝起来是石板的味道。

她想站起来，然后意识到自己正坐在床上的一个坑里。昨晚，软刀吸收了大部分毯子和床垫，以及床垫下由复合材料制成的架子，只剩下几厘米厚的架子将她和底下的回收装置分隔开来。

基拉猜想前一天的战斗后，软刀肯定需要补充能量。实际上，它变厚了，就好像它已经适应了危险处境。她胸膛和前臂上的纤维尤其坚硬和厚实。软刀的适应能力总是让她惊讶。

“你知道我们正处于战争中，对吗？”她低声说。

她打开控制台，发现一条未读短信。“起床后来见我。——斯帕罗。”

基拉做了个鬼脸。她一点儿也不期待斯帕罗的计划。如果她能帮忙控制软刀，那很好，但基拉觉得她做不到。不过，如果她不想惹恼法尔科尼，就必须配合斯帕罗，而她也确实需要找到更好地控制软刀的方法……

基拉关掉了斯帕罗的短信，给格列戈罗维奇写了一条。“我的床铺和毯子需要更换。昨晚软刀吃了它们。当然，我希望这件事对一个像你这样的飞船主脑没有造成太大的麻烦。——基拉。”

格列戈罗维奇几乎立刻就回复了。有时候她真的嫉妒飞船主脑的思考速度，但接着她又想起拥有一副躯体的各种好处。

“也许你应该给你那贪婪的水蛭吃点比塑料自助餐更好的东西。那玩意儿对正在长身体的寄生虫不好。——格列戈罗维奇。”

“你有什么建议吗？——基拉。”

“哦，我当然有了。如果你那迷人的小共生体坚持要啃噬我的骨头，我宁愿让它待在离必要系统较远的地方，比如维生系统。机械房里存放着用于打印和维修的原材料，应该很对你的外星操控者的胃口。问问华钟，她能告诉你那个房间在哪里。——格列戈罗维奇。”

基拉扬起眉毛。他竟然真的想帮忙，但还是忍不住奚落她。

“好吧，谢谢你。等我的外星操控者占领了整个飞船系统，我一定会在飞船解体前救你的。——基拉。”

“哈哈哈。这真是我在本世纪听到的最好笑的笑话。你快笑死我了……为什么你不像只猴子一样制造一些麻烦呢？那好像是你最拿手的。——格列戈罗维奇。”

她翻了个白眼，关上了对话窗口。接着，她穿上那件老旧的连体服，花了点时间整理思绪，然后启动摄像头，为家人录制了一段视频，时长和她在“瓦尔基里号”上录制的差不多。只有在这时，基拉才没有试着掩盖真相。“我们在阿德剌发现了外星产物，”她说，“实际上是我发现的。”她将之后发生的一切都告诉了他们，包括在“情有可原号”上遭遇的袭击。既然现在公众知晓了软刀的存在，基拉觉得不管联军司令部和联盟如何界定这些信息的保密等级，她也没有必要向家人隐瞒细节。

之后她又给艾伦的弟弟录制了一段相似的视频。

录完视频后，她的眼里已经盈满了泪水。她任凭眼泪流下，然后用掌根把脸擦干。

取得“壁鱼号”传输器的权限后，基拉将这两段视频放在队列中，等待最近的超光速中继站将其发往天鹅座61。

联盟很可能会拦截任何从“壁鱼号”发出的信号。同样，水母也有可能干扰她家人所在恒星系的通信系统（就像它们在天鹅座61时那样），让她的视频无法送到她家人手上。但她必须一试。知道有这样一份录像存在，能让基拉心里舒服些。只要还保存在联盟计算机的某处电路或者记忆库中，它们就有可能到达预定的接收方。

不管怎样，她已经尽力履行了自己的义务，于是卸下了心头的重担。

她又花了几分钟时间将最近从软刀那里接收到的梦境记录下来。接着，尽管她预感和斯帕罗的见面不会愉快，她还是匆忙而又无奈地离开房间，朝厨房走去。

当她在主井里爬梯子时，腹部突然感到一阵尖锐的疼痛。她倒抽一口气，有些吃惊，停在了原地。

这可真是奇怪。

她等了一会儿，疼痛消失了。她猜想可能是前一天晚上吃坏了肚子，或者是轻微的肌肉拉伤。没什么可担心的。

她继续攀爬。

到厨房后，基拉把水放到炉子上，然后给维沙尔发短信。“斯帕罗喜欢茶还是咖啡？——基拉。”她心想，准备一份表示和解的礼物准没错。

水刚烧开，医生就回复了。“咖啡，越浓越好。——维沙尔。”

“感谢。——基拉。”

她沏了两杯：一杯切尔茶，一杯加浓咖啡。接着，她拿着两个马克杯走到医务室，敲响了压力门。

“我可以进去吗？”

“门没锁。”斯帕罗说。

为了不洒掉饮料，基拉小心翼翼地用肩膀推开门。

斯帕罗坐在检查台上，精心修剪过指甲的双手交叠在肚子上，面前是一个全息影像显示屏。考虑到伤势，她看起来还不错；皮肤有血色，眼神机敏锐利。她的腰部裹着几层绷带，裤腰处夹着一个方形的小装置。

“我还在想你什么时候会出现。”她说。

“现在方便吗？”

“我们只有这点时间。”

基拉举起两个马克杯：“维沙尔说你喜欢咖啡。”

斯帕罗接过那杯咖啡：“嗯，是的。虽然喝完想撒尿，而现在上厕所简直是折磨。”

“你想换成切尔茶吗？我这杯是。”

“不。”斯帕罗深吸了一口咖啡的热气，“不用了，这很好。谢谢。”

基拉将医生的凳子拉过来坐下：“你感觉怎么样？”

“相对来说还好。”斯帕罗做了个鬼脸，“我的腰奇痒无比，医生说他也无能为力。另外，我还不能正常消化食物，他给我输了营养液。”

“在我们离开之前，他能治好你的伤吗？”

斯帕罗又喝了一口。“今晚做手术。”她看着基拉，“顺便感谢你杀死了水母，我欠你个人情。”

“换成是你，也会这么做的。”基拉说。

这个表情冷酷的娇小女人笑道：“也许吧。但如果没有你身上的异种，我就算挺身而出也没什么用。你生气时真可怕。”

基拉不喜欢这种表扬：“我只希望自己当时能早点儿到。”

“别苛责自己。”斯帕罗的笑意更浓了，“我们给了水母一次迎头痛击，不是吗？”

“是的……你听说过梦魇了吗？”

“当然。”斯帕罗指着显示屏，“我刚才就在看那些报道。很遗憾罗斯兰的太空运送带被摧毁了。假如他们有完善的防御系统，这场灾难本可以避免。”

基拉对着切尔茶吹气：“你在联军司令部服过役吗？”

“准确地说是联军司令部海军陆战队。欧罗巴指挥部[①]第十四师。服役七年。呜啦[②]，宝贝。”

“所以你才能连上军用通信线路。”

“你懂的。用的是我以前那个中尉的登录信息。”斯帕罗狡黠地笑了笑，“反正他是个混蛋。”她狠狠地划了一下显示屏，清除了影像。“他们真应该经常更新通信码。”

“所以你还负责安保，是吗？你不仅仅负责把东西拿起来又放下。”

“不，不全是。”斯帕罗挠了挠身侧，“大部分时候我都很无聊。吃喝拉撒睡，循环往复。有时候会更刺激。收拾一些人，让他们好好守规矩；在法尔科尼做交易时掩护他；在飞船停泊期间看守货舱；诸如此类。这才是生活，强过在虚拟现实里等着变老。”

基拉深有同感。当她决定以研究异种为事业时，也是这么想的。

“时不时地，”斯帕罗说，眼里闪着光，“我会身处险境，就像昨天那样。然后你就会发现自己终究是肉体凡胎，对吗？”

“是的。”

---

① 欧罗巴指挥部：见附录三“EUROPA COMMAND”（第 803 页）。

② 呜啦：美国海军陆战队士兵打招呼或打气的口头语。——译者注

斯帕罗严肃地盯着她："说到收拾人，我看了你对鲍勃动手的视频。"

又一阵细微而短暂的疼痛袭上腹部，基拉没在意："你认识他？"

"我见过他。维沙尔收治了他，给他缝针时他一直骂骂咧咧的……货舱里到底发生了什么？"

"法尔科尼肯定跟你说过了。"

斯帕罗耸耸肩："是的，但我想听你说。"

基拉的切尔茶表面油光黑亮，她能看到自己扭曲的倒影。"长话短说？我受伤了，想让他停下来，然后我反击了，或者说软刀为我反击了……其中的差别很难说清。"

"你当时很生气吗？鲍勃的愚蠢行为刺激你了？"

"……是的，我被激怒了。"

"嗯。"斯帕罗指着基拉的脸，基拉也看着她，"你的鼻子被打断时肯定疼得昏天黑地。"

基拉下意识地摸摸鼻子："你的鼻子被人打断过吗？"

"三次，不过都弄直了。"

基拉努力想找到合适的措辞："听我说……请不要误会，斯帕罗，但我真的认为你无法帮我控制软刀。我来这里是因为法尔科尼坚持要我来，但是——"

斯帕罗歪着头："你认为军队是干什么的？"

"我——"

"我告诉你吧。军队接受任何自愿入伍的人，只要他们满足基本条件。也就是说，在征兵名册里，你可以找到割喉咙就和握手一样快的家伙，也可以找到胆小到连苍蝇都不敢杀死的人。军队的职责就是教会这两种人什么时候以及如何使用暴力。除此之外，就是教他们怎么执行命令。

"一个受过训练的士兵不会因为被打断鼻子就刺伤对方，那属于滥用武力。如果你身在联军司令部却做出这种事，把你送上军事法庭都算你走运了，前提还得是你没有害死自己或队友。情绪失控是一个借口，非常低级的借口。你绝不能情绪失控，除非有生命危险。暴力是一种手段，不能看重，也不能看轻。而使用暴力时需要十分小心，就像……医生使用手术刀一样。"

基拉扬起一边眉毛：“你说起话来更像哲学家，而不是士兵。”

“怎么？你以为所有锅盖头[①]都是傻子吗？”斯帕罗笑了笑，又严肃起来，“所有优秀的士兵都是哲学家，牧师或教授也一样。当你面对生死时，就得变成哲学家。”

“在你服兵役期间，有没有参与军事行动？”

“哦，当然了。”她看着基拉，“你认为银河系很和平，大部分地区确实如此。如果不考虑这次出现的水母，你现在在暴力冲突中受伤或死亡的概率比历史上任何时候都要低。不过和以前比起来，的确有更多的人参与战斗——战斗和死亡。你知道为什么吗？”

“因为人口更多了。”基拉说。

“答对了。虽然阵亡百分比降低，但是总数一直在上涨。”斯帕罗耸耸肩，“所以，是的，我们参与了许多军事行动。”

基拉喝了第一口切尔茶，口感浓郁，水温刚好，入喉带着肉桂般的辛辣余味。她的肚子又疼了，基拉揉了揉，没多想：“好吧。但我还是不明白你要怎么帮我控制软刀。”

“也许帮不上忙。但是我能帮你控制自己，算是退而求其次吧。”

“我们没有多少时间。”

斯帕罗拍了拍胸脯：“我确实没有。但在我们所有人都冷冻休眠时，你有大把的时间。”

“但大部分时间里我都在睡觉。”

“大部分，不是全部。”斯帕罗露出不易察觉的微笑，“那可是一个大好机会啊，纳瓦雷兹。你可以练习，让自己变得更好。这不是我们所有人都希望的吗？成为最好的自己。”

基拉狐疑地看着她：“听起来像征兵广告语。”

“是啊，也许它就是。”斯帕罗说，“那你告我啊。”她小心翼翼地将腿挪到检查台边，放下来。

“需要帮忙吗？”

斯帕罗摇摇头，皱着眉站了起来。“我可以的，谢谢。”她从床边拿起

---

① 锅盖头：美国海军陆战队士兵的谐称。——译者注

一副拐杖，“那么，你想入伍吗？”

“我想我没有选择的余地，但是——”

“你当然有。”

“是的，我愿意一试。”

“优秀。”斯帕罗说，“这才是我想听到的！”然后，她拄着拐杖蹒跚向前：“这边走！”

基拉摇摇头，放下手中的杯子，跟了上去。

主井里，斯帕罗一只手穿过拐杖中间，开始小心地爬下梯子。她皱着眉，明显感到不适。“谢天谢地，还好有止痛药。”她说。

她们沿着主井来到最底层的甲板。在那里，斯帕罗带着基拉进入左舷舱。

基拉以前没有细看过左舷舱。这里和右舷舱的布局呈镜像，最主要的区别是这里的所有物品和设备都固定在地板上。那四名士兵占据了通道之间的区域。他们在这里放置了动力装甲、冷冻舱、睡袋、各式武器，以及只有图勒才知道的东西。

霍斯正在放置于两个架子间的一根杆子上做引体向上，另外三名士兵正在空旷的甲板上练习投掷武器和缴械。看到基拉和斯帕罗后，士兵们都停下来，挺直腰背看着她们。

“哟，哟。”其中一个人说。他有一对浓眉，裸露的手臂上用蓝色线条文满了基拉不认识的文字。他走动的时候文身也随之扭动，仿佛长长的波浪。他指着斯帕罗：“你是那个被水母刺穿的人吧？”

“没错，大兵。”

接着，他指着基拉：“你是那个一下就刺穿水母的人吧？”

基拉点点头：“是的。”

基拉一时摸不准他会有怎样的反应。接着他露出一个大大的笑容，牙齿上的纳米植入线闪闪发光。“优秀。干得漂亮！”他冲两人竖起大拇指。

另一个士兵走过来。他更矮一些，肩膀厚实，手掌几乎和华钟的一样大。他看着基拉说：“也就是说，因为你，我们才开始了这趟疯狂的旅行？”

她抬起下巴：“恐怕是。”

“嘿，我不是在抱怨。如果这次旅行能让我们领先水母一大步，我完全赞成。是你说服了老阿卡维，所以我对你没意见。”他伸出一只熊掌似的手，“尼述下士。”

基拉和他握手，感觉他的握力能将岩石捏碎：“基拉·纳瓦雷兹。”

下士冲有文身的士兵扬起下巴：“这个丑大个是列兵塔图坡阿，那个是桑切斯——”他指着一个脸型瘦长、眼神忧郁的士兵说：“当然，你已经见过中尉了。”

“是的，我见过。”基拉和塔图坡阿以及桑切斯握手，“很高兴认识你们。你们能来真是太好了。”她不确定自己高不高兴，但这么说符合礼节。

桑切斯说：“我们到了那个恒星系后，会有什么等着我们，女士？”

“我希望是蓝色权杖。”基拉说，“很抱歉我只能告诉你这么多，因为我也只知道这么多。”

霍斯走过来：“好了，到此为止。别打扰两位女士了，她们看起来还有事要忙。”

尼述和塔图坡阿向她们敬礼，回去接着练习擒拿，而桑切斯则在一边监督练习。

斯帕罗刚要走，突然停下来，看着塔图坡阿：“顺便提一句，你的动作做错了。”

塔图坡阿眨眨眼：“女士，你说什么？”

“你想把他丢出去的时候，动作做错了。”她指着下士。

“我想我们知道该怎么做，女士。无意冒犯。”

“你应该听听她的意见，”基拉说，“她也在海军陆战队服过役。”

旁边的斯帕罗身子一僵，基拉突然意识到自己说错话了。

霍斯往前走了一步：“是吗？女士，您以前效力于哪个部队？”

“这无关紧要。”斯帕罗说。她转头又对带文身的男人说：“你得把重心放在前脚，往前跨一步，再用力转过身。你很快就会发现区别的。”

接着，斯帕罗继续往前走，留下四个满脸疑惑的士兵看着她远去。

“对不起。”当两人走出他们的视线之后，基拉说。

斯帕罗咕哝了一声：“就像我刚说的，无关紧要。”拐杖一端卡在了货架边，她猛地将它拽了出来。“就在前面。”

经过一堆装着补给和设备的箱子，基拉看到货舱后部有三样东西：一台跑步机（经过改进，能在零重力环境中使用）；一台健身器（有拉力绳、滑轮和倾斜的把手），她曾在“费旦扎号”上用过这类健身器；令她惊讶的是，这里还有一套完整的力量训练器（哑铃、杠铃和固定好的杠铃片——有红色、黄色、绿色、蓝色等，好似巨型赌博筹码）。飞船每携带一千克物品，就要消耗不少燃料，所以这些器械算是小小的奢侈品。基拉没想到“壁鱼号”上居然还有这种东西。

“你的？”她指着力量训练器问。

“嗯。”斯帕罗说，“还有华钟的。要让她在正常重力环境中保持身材，需要进行大量的训练。”她长叹一口气，坐到长凳上，左腿伸向前方。她一手按着身侧的绷带：“你知道受伤后最糟糕的是什么吗？”

“不能锻炼？”

“答对了。”斯帕罗指着自己的身体，“你知道，这不是偶然发生的。”

基拉没地方坐，就蹲在了长凳旁边。“真的吗？你没像他们那样做过基因改造？”她示意那些士兵，“我读过一些资料，说你们在联军司令部经过强化之后，想吃什么就吃什么，身材一点儿也不会走样。”

“没那么简单，”斯帕罗说，“如果你不想做手术，还是需要做有氧运动。而且，如果你想要一等一的力量，还是得努力锻炼。基因改造有用，但不是魔法。至于那些猩猩……军队里分等级。不是所有人都会做相同的基因改造，我们船上的士兵等级是R-7，这意味着他们做了整套强化手术。虽然他们是自愿的，但长期来说有害健康。联军司令部最多让这样的人服役15年。”

“啊，这我倒没听说过。”基拉说着，转头看向那些力量训练器材，“我们来这里干什么？你有什么计划？”

斯帕罗挠了挠尖下巴：“还没看出来吗？你要接受力量训练。”

“我要干什么？”

短发女人咯咯笑着说：“是这样的，纳瓦雷兹。我对你不是特别了解，但我确实知道你每次失控时都面临巨大的心理压力，恐惧、愤怒、沮丧等等。我说得对吗？”

“对。”

“那好。这个游戏的名字叫‘不适感’。我们要给你施加一些精心校准过的压力，然后观察你和软刀有什么反应。好吗？”

“……好吧。”基拉审慎地说。

斯帕罗指着健身器：“我们从简单的开始，因为我觉得你现在只能做这个。”

基拉想争辩，但她说得不无道理。于是基拉放下自尊，坐了下来。在斯帕罗的指示下，基拉一个器材接一个器材地测试自己和软刀的力量。先是在健身器上，接着自由举重。

基拉觉得测试结果很不错。在软刀的帮助下，她推得动如外骨骼那样沉重的物体。她的体重是最大的限制因素，杠铃稍有晃动她就会失去平衡。

斯帕罗看起来不太满意。基拉艰难地放下杠铃，上面的杠铃片数量多到近乎荒谬。斯帕罗发出啧的一声：“见鬼，你真的不知道自己在做什么。”基拉怒吼一声，站直身子，将杠铃丢到架子上，瞪着斯帕罗。“软刀在保护你，让你不至于身体变形。”

“所以你告诉我哪里做错了。”基拉说。

“抱歉，美人。我们来这里的目的不是这个。再加20千克，试着用软刀支撑在地上，像三脚架那样。”

基拉试了一下。她确实举起来了，但这个重量已经超出了她的膝盖能承受的范围，她光是在这一根足以砸死她的杠铃下保持平衡就已经费尽心力，再也没有多余的注意力去控制软刀了。她可以让腿上的纤维变硬——这还是能做到的，但让软刀同时挤出多余的支撑物超出了她的能力，而软刀似乎不想自行提供额外的帮助。

实际上恰恰相反。基拉能感觉到软刀在连体服下变形，生成尖刺以应对压力。她试着让自己保持不动（进而让软刀保持不动），但没有完全成功。

“是啊。”当基拉把杠铃放到架子上时，斯帕罗说，“跟我想的一样。那好，过来，走到垫子上。”

基拉照做了。她一就位，斯帕罗就丢给她一个小小的、硬硬的物体。基拉想也没想就躲开了，与此同时，软刀伸出一对卷须将这不明物体啪的一声挥开了。

斯帕罗在长凳上躺平，手上拿着一把小型爆能枪。她脸上所有的表情都消失了，取而代之的是即将为自己的生命而战的平静眼神。

在那一瞬间，基拉意识到这个女人只是在虚张声势。斯帕罗对待基拉就像对待一颗随时会爆炸的榴弹一样谨慎。

斯帕罗挣扎着坐起来，眼周的皮肤因为疼痛而抽紧。“就像我说的，你需要训练，还有纪律。”她把爆能枪放进口袋里。

基拉在舱壁旁边发现了斯帕罗丢给她的东西：一颗白色的药球[①]。

“抱歉，”基拉说，“我——”

“不用放在心上，纳瓦雷兹。我们知道目前的问题是什么。所以我们才来这里，我们必须修正它。”

基拉摸了摸光滑的脑袋：“你无法修正天生的自我保护机制。”

“哦，我们当然可以！”斯帕罗厉声说，“这是我们和动物的区别。我们可以选择负重行军30千米；也可以选择忍受各种糟心事，因为我们知道明天会有转机。不管你现在必须做什么训练来控制你所谓的大脑，但是肯定有一种方法能让你受惊后不至于反应过激。看在老天的分上，我曾见过当定点防御系统被一大批导弹袭击时，我们的士兵还在外面喝着咖啡，他们是我见过的最冷静、最淡定的混蛋。他们还用纸牌打赌会有多少导弹越过防御系统。如果他们能做到，你绝对也可以，即便你体内住着外星寄生物。”

基拉有些羞愧，点点头，深吸一口气，努力集中精神，收回软刀的最后几处隆起：“你说得对。”

斯帕罗猛地抬头：“我当然说得对。”

基拉突然问：“维沙尔给你打兴奋剂了吗？”

“肯定还不够……我们再试试别的吧。”

接着斯帕罗让基拉站上跑步机，让她一边冲刺，一边诱导软刀完成某些任务（主要是让它按照斯帕罗的指令变换外形）。基拉发现自己在心跳剧烈、呼吸急促时无法专注；她受到的干扰太大，无法将想法传达给软刀。而且，软刀有时候会像一个过于热心的助理试图解读她的想法，导致射出的部分比她设想的长。幸运的是，它没有变成刀刃或尖刺，也没有对斯帕

① 药球：也称重力球、健身球，通常重2—3千克，用于辅助病人的损伤恢复、康复治疗和力量训练。——译者注

罗造成威胁（但斯帕罗依然远远地待在安全范围内）。

在一个多小时的时间里，这位前海军陆战队士兵在基拉身上做了全面的测试，如同之前的维沙尔和卡尔。这次不仅仅是测试，还有训练。她让基拉探索软刀的极限、它和基拉交互的极限，而当她找到这些极限后，她继续施压，让基拉超越极限。

在此过程中，基拉一直感觉到腹部有奇怪的疼痛。她开始担心了。

基拉很讨厌斯帕罗让她做一件事：用刀尖一次次戳自己的手臂，让软刀不再为了保护她而变硬。斯帕罗是这么说的："如果你以后还会对一丁点儿不适反应过激，那就是在浪费资源。"

所以基拉不停地戳自己的手臂，全程咬着嘴唇。做起来并不容易，因为软刀一直想摆脱她的精神控制，阻止或者推开下落的刀刃。"别这样。"她低声说，感觉受够了。她再次戳刺，但没有刺到手臂，而是刺到了软刀，内心希望软刀能感受到刀刃带给她的痛苦。

"喂！小心！"斯帕罗说。

基拉看到自己的手臂上冒出一排半米长的棘刺。"啊！该死！"她大声说，尽快将棘刺收回来。

斯帕罗表情严肃，将长凳往后挪了几厘米："这不太好啊，纳瓦雷兹。再来一次。"

基拉照做了。她感到很痛，也觉得任务很难，但她没有放弃。

2

当斯帕罗宣布休息时，基拉已经浑身酸痛，汗流浃背，饥肠辘辘。基拉身心俱疲，和软刀较劲这么长时间绝非易事，而且没有取得多大的成效。尽管不想承认，但这让她十分苦恼。

"这才刚刚开始。"斯帕罗说。

"你不应该逼得这么紧，"基拉擦了擦脸说，"你可能会受伤的。"

"已经有人受伤了。"斯帕罗用尖酸的语气说，"我只是为了防止再发生同样的事。在我看来，我们施压的程度正好。"

基拉怒视着她："你在军队里的人缘一定很好吧。"

"让我告诉你军队里是怎么回事。有一次我们训练的时候，一个来自斯图尔特世界的蠢货，他叫伯克，我们正在地球上执行任务——你去过地球吗？”

“没有。”

斯帕罗微微耸了耸肩：“那是一个疯狂的地方。很美，但是不管你去哪里，都有活着的生物想杀死你，就像在埃多伦。总之，我们当时在进行手动射击演习，这意味着不能借助植入物或眼屏。伯克做得十分艰辛，但最终摸到了门道，开始击中目标。突然，砰的一声，他的枪卡住了。

“他试着清除枪管里的堵塞物，但无济于事。问题是，伯克的脾气就像过热的开水壶。他愤怒得一边咒骂一边跺脚，还把步枪扔到了泥地里。”

“连我都知道不应该这么做。”基拉说。

“是的。我们的靶场安全官和三名演习中士就像天启四骑士一样来到伯克面前，把他臭骂了一顿，然后让他把枪捡起来，穿过营地。营地的诊疗所后面有一个大黄蜂窝。你被大黄蜂蜇过吗？”

基拉摇摇头。她曾在维兰德上见过许多蜜蜂，但没见过大黄蜂。殖民地改造委员会还没有完成对它的改造。

斯帕罗的嘴角微翘，露出淡淡的微笑：“它们可是一群饱含仇恨和愤怒的小子弹，能把你蛰成筛子。教官命令伯克站在蜂窝下，用步枪捅蜂窝。当那些大黄蜂拼命蜇他的时候，伯克必须清除枪管里的堵塞物，拆分零件，擦干净，再组装回去。而在整个过程中，一名用外骨骼把自己从头到脚都包裹起来的中士就站在附近，还冲他喊，‘你现在还生气吗？’”

“听起来……相当极端。”

“一个士兵在训练时吃点儿苦，总好过在枪林弹雨中失控。”

“那有效果吗？”基拉问。

斯帕罗站了起来：“当然了。伯克最后成了最优秀的士兵之一——”

一阵脚步声传来，接着塔图坡阿的方脸出现在架子的拐角处：“你们没事吧？刚才听到你们这边声音不小，有点儿担心。”

“我们没事，谢谢。”斯帕罗说。

基拉抹去额头上的汗水：“只是在锻炼。”她的腹部再次传来绞痛，她疼得皱了下眉。

塔图坡阿狐疑地盯着她：“好吧，既然你这么说的话，女士。”

3

回主井的路上，基拉和斯帕罗一直没有说话。到了主井里，斯帕罗拄着拐杖休息了一会儿。“明天同样的时间再来。”她说。

基拉张了张嘴，还是闭上了。不久，飞船就会进入超光速空间。无论下一次训练多困难，她都会挺过去的。

“好吧，”她说，“不过要注意安全。”

斯帕罗从胸前的口袋里拿出一条口香糖，拆开包装塞进嘴里：“不行。规则不变。你要是刺伤我，我就朝你开枪。简单有效，你说是吧？”

确实是，但基拉不会承认：“你是怎么活到现在的？”

斯帕罗哈哈大笑：“从来没有安全一说，只有不同程度的风险。”

“你没有回答我的问题。”

“这么说吧，我处理风险的经验比大多数人都丰富。”她的话不言而喻：因为她没得选。

“我觉得你只是喜欢刺激。”基拉的腹部又感到一阵针刺般的疼痛。

斯帕罗又一次大笑起来：“也许是吧。”

她们来到医务室，华钟已经等在门口，一只手上拿着一个基拉不认识的小机器。“阿西，”当斯帕罗一瘸一拐地走过去时，华钟说，“你不应该像这样四处走动，对你的身体不好。”她用那只空闲的手臂揽着斯帕罗的肩膀，将她扶进房间。

“我很好。”斯帕罗小声抗议道，但是很明显她比表现出来的还要累。

房间里，维沙尔帮着华钟将斯帕罗扶到检查台上。这个娇小的女人躺上去，闭上眼休息了片刻。

“给，”华钟说，将小机器放在水槽边的窄小台面上，“你需要这个。”

“这是什么？”斯帕罗说，眼睛睁开一条缝。

“加湿器。这里的空气太干燥了。”

维沙尔带着疑虑检查了那台机器：“这里的空气和——”

“太干燥了，”华钟坚持说，“对她不好，会生病的。需要提高湿度。”

斯帕罗微微一笑：“你说不过她的，医生。”

维沙尔有一瞬间似乎想要反驳，但接着举起双手往后一退：“如你所愿，宋女士。我也不在这里工作。”

基拉走到维沙尔面前，低声问："你有空吗？"

医生点点头："如果是你找我，当然有空了，纳瓦雷兹女士。你有什么问题吗？"

基拉瞟了一眼另外两个女人，她们看起来正忙着聊天。她把声音放得更低："我一直肚子痛。不知道是吃坏了肚子，还是……"她的声音越来越小，不想说出最坏的可能。

维沙尔的表情严肃起来："你早餐吃了什么？"

"我还没有吃。"

"啊，好吧。请站到这里，纳瓦雷兹女士。看看我能做什么。"

基拉站到医务室的一角，感觉有点不好意思，因为斯帕罗和华钟正看着医生用听诊器检查她的胸口，然后用双手按压她的肚子。"这里痛吗？"他问，手按在她的胃上。

"不痛。"

他的手往下移了几厘米："这里呢？"

她摇摇头。

他的手又往下移动了些："这里？"

她猛地吸了一口气，这足以回答他了。"是的。"她说，声音因为疼痛而紧绷。

维沙尔的眉间出现一道皱纹。"等我一分钟，纳瓦雷兹女士。"他说着拉开旁边一个抽屉，开始翻找起来。

"叫我基拉就行。"

"啊，好的。当然了，基拉女士。"

"不，我的意思是……呃，算了。"

房间另一边，斯帕罗用口香糖吹破一个泡泡："你永远没法让他屈服。我们的医生就像钛杆子一样死硬。"

维沙尔低声嘟囔了一句，用的是基拉听不懂的语言。接着他带着一个奇怪的设备回到她身边："请躺在地上，解开你的连体服。当然不用全部解开，一半就可以。"

基拉躺在凹凸不平的甲板上。当他将冰冷的凝胶涂抹在她的下腹部时，她保持一动不动的姿势。原来是超声波检查。

医生咬着下唇内侧，仔细观察眼屏上传来的影像。

基拉期待维沙尔检查完后能给她一个答复，但他只是伸出一根手指对她说："现在有必要做一次抽血化验，基拉女士。能请你让异种从手臂上移开吗？"

这可不太妙啊。基拉再次遵从了他的指示，试图忽略心中那种像虫子蠕动般的不安感。或许她只是因为体内的疼痛而不安。

当尖细的针头刺进裸露的皮肤时，她感到有点儿疼。在医务室的计算机进行诊断分析的几分钟里，没有人说话。

"啊，出来了。"医生说，然后开始阅读眼屏上的报告，眼珠不断地来回游移。

斯帕罗说："那么，是什么情况，医生？"

"如果基拉女士愿意告诉你，那我尊重她的选择。"维沙尔说，"然而，她现在依然是我的病人，而我依然是她的医生，所以我要为她的病情保密。"他指着门口对基拉说："你先过去，亲爱的。"

"好的，好的。"斯帕罗说，但她掩饰不了眼里好奇的火花。

来到走廊后，两人将身后的门关上，基拉说："情况有多严重？"

"一点儿也不严重，基拉女士。"维沙尔说，"你只是来月经了。你感觉到的疼痛是子宫痉挛，相当正常。"

"我……"基拉一时不知所措，"这不可能。我一到青春期就选择了停经。"而她生命中唯一一次重新激活它是在大学里，和他在一起的愚蠢的六个月里……一段讨厌的记忆浮现在她的脑海。

维沙尔摊开手掌："我知道你说的是实话，基拉女士，但是报告不会出错。你确实处在经期。这一点毋庸置疑。"

"这不可能。"

"的确不可能。"

基拉用手指按压太阳穴，眼睛后方隐隐作痛。"异种肯定以为我停经是某种损伤，所以它……帮我激活了。"她在走廊上走来走去，双手叉腰，"该死。从现在开始我又得来月经了吗？你有没有办法让我停经？"

维沙尔有些犹豫，接着做了个无可奈何的动作。"如果异种会给你疗伤，那我没办法阻止它的修复行为，除非我切除你的卵巢，然后——”

“是的，异种不会让你这么做的。”

医生看向眼屏：“我们可以试试激素疗法。但我必须提醒你，纳瓦雷兹女士，这可能会引起不良反应。而且我不能保证疗效，因为异种可能会干扰你的吸收和代谢。”

“好吧……好吧。”基拉又开始走来走去，“好吧，不管了。如果我觉得更痛了，也许可以吃止痛片。”

医生点点头：“如你所愿。”他将一根长手指放到下唇上，说：“呃，有一点需要注意，纳瓦雷兹女士，我为提到这个郑重道歉。实际上，现在的你完全可以受孕，但作为你的医生，我必须——”

“我没打算怀孕。”基拉说，语气比预想的更严厉。她笑了一下，但听起来她并不觉得这很好笑：“即使我想，我认为异种也不允许。”

“是这样，基拉女士。如果这种事真的发生了，我不能保证你自身的安全，也不能保证胎儿的安全。”

“知道了，感谢你的关心。”她一边思索，一边用脚后跟在甲板上磨蹭，“你没必要向‘达姆施塔特号’报告这件事吧？”

维沙尔扭了扭手腕：“他们是希望我报告，但我不会泄露病人的隐私。”

“谢谢。”

“这是应该的，基拉女士……你想让我现在帮你的鼻子复位吗？不然我只有明天才有空了。我接下来还得忙着治疗斯帕罗。”

“她跟我说过这事。那就明天吧。”

“如你所愿。”他转身回到医务室，留她一个人站在走廊里。

4

怀孕。

基拉的腹部抽痛了一下，但不是因为子宫痉挛。自从经历了大学那件事之后，她曾发誓再也不会要孩子。遇到艾伦后，她重新考虑了一下，那只是因为她真的很爱他。但是现在想到怀孕只会让她很反感。如果她怀孕了，在异种的影响下会生出什么混种怪物呢？

她想拨弄头发，但只摸到了头皮。好吧，她又不会意外怀孕。只要不和任何人上床就行，也不是很难。

一时间，她的思绪停留在技术层面上。还能有性生活吗？如果她让软刀从两腿间撤离，那么……还是可以实现的，但不管和谁，那个人必须拥有巨大的勇气。如果她突然失去对软刀的控制，它合上了……哎哟。

她低头看自己，至少不需要担心血流下来。在回收身体产生的废物这方面，软刀一如既往地高效。

医务室的门打开了，华钟从里面走出来。

“你有空吗？”基拉说，“能不能帮我一个忙？”

轮机长盯着她：“搞什么？”其他人这样说话会显得无礼，但基拉知道华钟只是在提问。

基拉向她解释了自己需要什么，想要什么。两者是有区别的。

“这边走。”华钟说着，缓步往飞船中心的方向走去。

当她们爬下梯子时，基拉好奇地看着轮机长：“如果你不介意的话，我可以问问你是怎么来到‘壁鱼号’上的吗？”

“法尔科尼船长需要一名轮机长，我需要一份工作，所以我就来了。”

“你在辛扎尔有家人吗？”

华钟点点头：“有很多兄弟姐妹和表堂亲，我会给他们寄钱。”

“你为什么离开那里？”

“因为——”华钟说着，从梯子上来到甲板上，这一层刚好在货舱上面。她举起双手，指尖合拢。“砰。”她打开手掌，五指分散。

“呃。”基拉不确定轮机长指的是真正的爆炸还是比喻，但她觉得最好别再问了，“你回去过吗？”

“就一次。”

离开主井后，两人经过狭窄的过道，来到一个靠近船壳的房间。

这是一个狭小的机械车间，里面有很多基拉不认识的设备，但摆放得井井有条。溶剂的气味刺痛了她的鼻子，臭氧的气味使她的舌头上有一种像镍一样的苦味。

“警告：根据星际联盟的标准，这里有致癌的化学物质。”华钟一边说，一边小心地穿过各种机器。

“癌症很好治。”基拉说。

华钟哈哈一笑：“他们还是要求我们走程序——官僚主义。”她来到车间深处一面满是抽屉的墙前，拍了拍，“这里，金属粉末、塑料、有机基质、碳纤维等，你需要的原材料都在这里了。”

“有没有什么是我不能拿走的？”

“有机物。金属很容易补充，但是有机物很难，也更贵。”

“好的，我不拿有机物了。”

华钟耸耸肩：“你可以拿一些。不管你要拿什么，千万不要把任何东西混在一起。不然，我们之前做的分类工作就都白费了。”

“明白。我不会的。”

接着她给基拉演示了怎么解锁抽屉并打开里面的袋子：“你现在明白了吧？我去看看能不能给你打印一些你需要的东西。”

“谢谢你。”

华钟离开后，基拉将手指放进一堆铝粉，告诉软刀：吃。

至于它到底有没有吃，基拉也不知道。

她将袋子密封，关上抽屉，用墙上自动取物盒里的湿纸巾擦干净手指。然后，等她的手指干燥之后，她又尝试了钛粉。

她一个抽屉接一个抽屉地试遍了飞船的所有物资。软刀看起来不太喜欢金属，它显然已经在晚上吃饱了。但它偏爱稀有元素，如钐、钕、钇等。也喜欢钴和锌。令她惊讶的是，它忽略了所有生物化合物。

做完这一切，基拉就离开了，留下还在那里工作的华钟——她正俯身操作飞船的主打印机。

基拉回到厨房，做了一份迟到的早餐，悠闲地吃了起来。现在快中午了，她已经完成了今天要做的事。斯帕罗的训练（如果可以说成训练的话）让她耗费了不少体力。

她的腹部又开始抽痛，脸上露出痛苦的表情。好极了。

她抬头看到尼尔森走了进来。大副从冰箱里拿了点吃的，然后坐到了基拉对面。有一会儿，她们各自吃着东西，没说话。

然后尼尔森说：“你把我们带到了一条奇怪的路上，纳瓦雷兹。”

吃下那条路。“我无法反驳……对你造成困扰了吗？”

尼尔森放下叉子：“如果你是在问我的感受，我不喜欢离开整整六个月。当我们回来的时候，联盟的战况会更加糟糕，除非发生了奇迹，外星人停止袭击。”

“但如果我们找到蓝色权杖，也许能帮上忙。”

“是的，我明白其中的道理。”尼尔森喝了一口水，“当我加入‘壁鱼号’时，我可不是为了参与战斗、追寻外星遗址或者去银河系未开发的地方远征。但我们还是走上了这条路。”

基拉挠挠头：“是的，我一开始也不是为了这些……除了远征。”

“还有外星遗址。”

基拉不禁露出微笑：“是的，还有这个。”

尼尔森也微微一笑，接着说了一句让基拉惊讶的话：“我听说斯帕罗今早把你折腾得够呛。你还好吗？”

虽然是个简单的问题，却让基拉心头一软：“还行，但是很耗体力。”

“可以想象。”

基拉做了个鬼脸。“还有，现在……”她苦笑着说，“你肯定不会相信的——”她跟尼尔森说了月经的事。

大副一脸同情：“那太不方便了。不过至少你不用担心流血。”

“是的，算是一点儿安慰吧。”基拉举起杯子，佯装敬酒。尼尔森也做了相同的动作。

接着大副说：“听着，基拉，如果你想找人聊天，除了格列戈罗维奇……你可以来找我。我的大门永远为你敞开。”

基拉看了她好一会儿，心中充满感激之情，然后点点头：“我会记住的，谢谢你。”

5

这一天剩下的时间里，基拉一直在飞船各处帮忙。进入超光速空间前，他们还有很多事要做：检查线路和过滤器、运行测试、常规清洁，等等。基拉不介意做这些工作，这让她觉得自己有用，让她不去想太多。她甚至帮助特里格修理了她舱室里那张损坏的床。她很庆幸这么做了，因为她知道，如果一切顺利，她会在这张床上睡好几个月，在软刀诱发的休眠里，沉浸在死亡般的睡梦中。

想到这里，她心生恐惧，所以她更卖力地工作，试图抛开这些思绪。

当飞船的夜晚降临时，除了士兵，所有人都聚在厨房里，斯帕罗也在。“我以为你今天做手术。”法尔科尼说，浓眉下的眼里透露着责备。

“我推迟了。”她说。所有人都知道她为什么想来这里。在进入超光速空间前，晚餐是他们所有人作为一个团队碰头的唯一机会。

“这样安全吗，医生？”法尔科尼问。

维沙尔点点头：“只要不吃固体食物，她就没事。”

斯帕罗坏笑道：“还好今晚是你做饭，医生。我们不用等太久。”

维沙尔脸上掠过一丝阴霾，但他没有反驳，只是说：“我很高兴你可以做手术，女士。”

基拉的眼屏上突然弹出一条短信。“斯帕罗告诉我，你们俩正在训练。听起来她把你累得够呛。——法尔科尼。”

“的确如此。她很严格，但很尽责。——基拉。”

“很好。——法尔科尼。”

“她觉得训练效果怎么样？——基拉。”

“她说在军队里带过比你更差的新兵。——法尔科尼。”

“谢谢……我想这算是夸奖吧。——基拉。”

他笑着回复。“相信我，从她嘴里说出来，那绝对是夸奖。——法尔科尼。”

房间里的气氛比昨天轻松，但还是有一种潜在的紧张感让他们的对话处于躁动的边缘。没人愿意讨论接下来要做的事，但它就像一种不言自明的威胁悬在他们头上。

最后基拉鼓足勇气说：“好了，我知道打探隐私很没礼貌，但我有个问题必须问。”

“不，你没有。”法尔科尼呷了一口杯子里的红酒说。

基拉仿佛没听见他的话，接着说：“阿卡维提到过，你们要求得到赦免令才同意加入，赦免什么？”船员们有些不自在地挪了挪脚，两个熵主义者则饶有兴趣地盯着他们。“特里格，你说过你们在罗斯兰遇到些麻烦，所以……我只是好奇。”基拉往后靠，等着他们的反应。

法尔科尼怒视着自己的杯子：“你就是忍不住瞎打听，是吧？”

尼尔森用安抚的语气说："我们应该告诉她，现在也没必要保密了。"

"……好吧，你来告诉她。"

基拉想：是多严重的事呢？走私？盗窃？暴力攻击？……谋杀？

尼尔森叹了口气，然后好像看穿了基拉在想什么，说："不是你想的那种事。那时我还没来船上，船员遇到了很大的麻烦，因为他们进了一大批蝾螈卖到罗斯兰。"

一时间，基拉怀疑自己是不是听错了："蝾螈？"

"是的，整整一蝾螈吨[1]。"特里格说。斯帕罗大笑出声，接着痛得脸一抽，伸手捂住身侧。

"别，"尼尔森说，"别逗她笑。"

特里格咧嘴一笑，埋头继续吃东西。

"当时罗斯兰有一个儿童节目，"法尔科尼说，"叫什么《雅尼蝾螈》[2]，非常受欢迎。"

"是吗？"

他做了个鬼脸："所有的孩子都想要一只蝾螈当宠物。所以装一飞船的蝾螈带过去卖似乎是个非常好的主意。"

尼尔森翻了个白眼，然后摇摇头，马尾辫也跟着摇来摇去："如果当时我在'壁鱼号'上，肯定不会同意干这种事。"

法尔科尼强烈反驳："那是一桩好买卖。你要是在船上，肯定比我们任何人都更快抓住机会。"

"为什么不直接在实验室里培养呢？"基拉困惑地说，"或者对某些生物进行基因改造，比如青蛙之类的？"

"有人这么做过，"他说，"但有钱人家的孩子想要真正的蝾螈，从地球进口的，你懂的。"

基拉眨眨眼："那个……肯定不便宜。"

---

① 蝾螈吨：特里格自创的谐音梗，原文 newt-ton 与科学家牛顿的名字 Newton 同音，由 newt（蝾螈）和 ton（吨）组合而成。——编者注

② 《雅尼蝾螈》：见附录三"YANNI THE NEWT"（第 817 页）。

法尔科尼点点头，脸上露出冷笑："确实[1]。我们本该大赚一笔。只是——"

"这该死的东西没有自毁开关！"斯帕罗说。

"它们没有——"基拉刚想开口，就停了下来，"当然了，因为它们来自地球。"在殖民地生长的所有大型生物（还有很多微生物）都有内置在基因里的自毁开关，便于控制它们的数量，防止任何一种生物破坏新生的食物链或当地的生态系统（如果存在的话）。但在地球上生长的动植物没有这种开关，它们只是存在着，杂乱无章地混合、竞争，至今仍无法控制。

法尔科尼向她伸出一只手："是的，我们找到了一家养殖蝾螈的公司——"

"名字叫芬克-诺特的虔诚蝾螈商场[2]。"特里格很乐意补充细节。

"——但我们没有告诉他们要把蝾螈卖到哪里去。没必要让星际贸易委员会[3]知道我们在做什么买卖，对吧？"

"我们都没想到要问问自毁开关的事，"斯帕罗说，"而等我们卖掉它们的时候，已经太晚了。"

"你们卖了多少？"

"七十七……万七千七百七十七。"

"七十六。"斯帕罗说，"别忘了被毛毛裤先生吃掉了一只。"

"是的，七十六。"特里格说。

基拉无法想象这么多蝾螈聚在一起的场面。

法尔科尼继续讲故事："跟你想的一样，一些蝾螈逃了出去，因为在自然界没有天敌，它们消灭了一大堆罗斯兰上的昆虫、蠕虫、蜗牛，等等。"

"我的天。"没有昆虫之类的生物，殖民地几乎不可能正常运转。在将无菌或贫瘠的土地变肥沃的初级阶段，光是蠕虫就能发挥巨大的作用。

"是的。"

---

① 原文为西班牙语。——译者注

② 芬克-诺特的虔诚蝾螈商场：见附录三"FINK-NOTTLE'S PIOUS NEWT EMPORIUM"（第 803 页）。

③ 星际贸易委员会：见附录三"INTERSTELLAR TRADE COMMISSION"（第 806 页）。

“就像蝾螈弹[①]。”特里格说。

斯帕罗和尼尔森叹了口气。维沙尔说：“我们整个旅途都得忍受这样的双关语，基拉女士。一点儿都不好笑。”

基拉看了看特里格：“嘿，一只非常聪明的蝾螈叫什么？”

他咧嘴一笑：“什么？”

“当然是蝾螈顿[②]。”

“船长，作为惩罚，我可以把这两个人都扔出去吗？”尼尔森说。

“准许了。”法尔科尼说，“但要等我们到达目的地。”

此话一出，厨房里的气氛变得有些阴沉。

“卖掉蝾螈后发生了什么？”基拉问。违反生物隔离协议的惩罚因地而异，但通常是高额罚款和/或监禁。

法尔科尼咕哝了一声：“你觉得呢？当地政府向我们发布了逮捕令。幸运的是，逮捕令只在那颗行星上有效，不是恒星级或星际级的。当那些蝾螈制造麻烦的时候，我们早就溜了。但是，确实……他们对我们的行为不是很满意。他们最后还取消了那个叫《雅尼蝾螈》的节目，因为很多人都对蝾螈痛恨不已。”

基拉轻笑出声，接着哈哈大笑起来：“不好意思，我知道不该笑，但是——”

“是啊，是有点儿好笑。”维沙尔说。

“是的，好笑极了。”法尔科尼说，转头面向基拉，“他们追回了我们在那次买卖中赚的所有比特币，最后我们只剩下食物、燃料和推进剂。”

“我能想象你们有多受……蝾螈气[③]。”她说。

尼尔森用手掌捂着脸：“图勒，现在船上有两个双关语大师了。”

“给我这个。”法尔科尼说着，伸手想去拿枪套里的手枪，它正挂在维沙尔的座位后面。

医生笑起来，摇摇头：“不行，船长。”

---

① 蝾螈弹：原文 newt-tron bomb 与 neutron bomb（中子弹）同音。——编者注

② 蝾螈顿：原文 Newton 也与牛顿有关，-ton 为名词后缀。——编者注

③ 蝾螈气：原文 newter 与 neuter（阉割）同音，此处表示挫败感。——编者注

“唉，你们这些叛变者。”

“你想说蝾螈反叛者[1]？”

“够了！不要再说双关语了，否则我就立刻把你们冻起来。”

“好——的。”

尼尔森对基拉说：“我们还有其他一些小麻烦，都是些违反星际贸易委员会法规的事，但属蝾螈事件最严重。”

斯帕罗不屑地说：“还有切洛梅。”面对基拉询问的眼神，她说：“在半人马座 α，一个叫格里菲思的人雇我们把一大批……呃，敏感货物送到切洛梅站。当我们把货送到时，找不到接头人。原来那个白痴被空间站的保安逮捕了，所以保安也想抓我们。格里菲思声称我们未能交货，不能付款，而我们为了到这里已经用光了所有反物质，所以只能干瞪眼。”

“于是，”法尔科尼喝空了杯子里的酒，“我们最后被困在了天鹅座61，不能降落在切洛梅站，也不能降落在罗斯兰。我指的是合法的着陆。”

“明白了。”总的来说，没有基拉想的那么糟糕，涉及走私和一点点生态恐怖主义……她原本想的是更糟糕的事。

法尔科尼挥挥手：“不过现在都被赦免了。”他凝视着她，因为喝多了，眼神有点迷离：“为此我们都要感谢你。”

“不用谢。”

当桌上的大部分食物都被吃完后，华钟离开旁边的斯帕罗，消失在门后。她回来时带着朗西布尔和毛毛裤先生，一只胳膊下还夹着基拉拜托她做的东西。

“给。”华钟将六角手风琴递给基拉，“我刚打印好。”

基拉笑着接过乐器：“谢谢你！”现在她有别的事可以做了，在无人陪伴的飞船上，她可以做的不只是盯着自己的眼屏。

法尔科尼扬起一边眉毛：“你会弹？”

“会一点儿。”基拉说着，用手拂过琴弦，试试音准。接着她表演了一小段《基娅拉的荒唐事》[2]作为暖场曲目。

---

① 蝾螈反叛者：原文 newtineer 与 mutineer（反叛者）发音相近。——编者注

② 《基娅拉的荒唐事》：见附录三“CHIARA’S FOLLY”（第 801 页）。

音乐给房间里带来了欢欣的气氛，船员们纷纷聚拢过来。“嘿，你会弹《托克斯帕夏》[1]吗？”斯帕罗问。

“我会。”

基拉一直弹到手指都发麻了，但是她一点儿也不在乎。有一会儿，她不再为未来担忧，感觉生活很美好。

毛毛裤先生还是和她保持距离。当夜色更深时，她已将六角手风琴放在一旁多时，暖暖的朗西布尔趴在她的腿上。她挠着它耳后，它则高兴地晃着尾巴。一种莫名的情愫流淌过基拉的心头，自从艾伦和其他队友死后，她头一次感觉自己放松了下来，真正的放松了下来。

也许法尔科尼冷酷强硬，飞船主脑十分古怪，斯帕罗某种程度上是个施虐狂，特里格只是个孩子，华钟也有她古怪的地方，而维沙尔（基拉不知道该怎么评价维沙尔，但他看起来人不错），即便如此，又怎么样呢？世上没有什么是完美的。不过基拉很确定一件事：她会为法尔科尼和他的船员们战斗，就像在阿德剌为她的团队战斗一样。

6

他们一直在厨房待到很晚，超过了本该待的时间，但没有一个人出声抱怨，尤其是基拉。

那晚在她的演示中结束了——应熵主义者的要求，她向大家展示了软刀如何在表面变换出不同的形状。

她在手掌上让软刀形成一个笑脸。法尔科尼说：“你可以和手说话。”

所有人大笑起来。

不知道什么时候，斯帕罗、维沙尔和华钟都离开厨房，去了医务室。没有他们，厨房明显安静了很多。

斯帕罗的手术还需要一些时间。在手术还远未结束之前，基拉回到了自己的房间，倒在新床垫上睡着了。她第一次没有做梦。

---

①《托克斯帕夏》：见附录三“TOXOPAXIA”（第816页）。

7

随着早晨的到来，她心里涌现一股担忧。还有几小时，飞船就会跳进超光速空间。基拉躺了一会儿，试着让自己接受即将面临的状况。

是我自己走到这个地步的。比起认为自己是被情势所逼的受害者，这个想法让她感觉好一些，但也没有很好。

她坐起来，查看眼屏。没有重要新闻（除了罗斯兰上发生了一场小型战斗），没有短信，她的肚子也没有抽痛。她松了一口气。

她给斯帕罗发了个短信：“你还想继续训练吗？——基拉。”

一分钟后：“是的，在医务室做。——斯帕罗。”

基拉洗了脸，穿好衣服，朝医务室走去。

当医务室的门打开后，基拉被斯帕罗虚弱的外表震惊了。这个女人的脸憔悴苍白，手臂上插着静脉注射针。

基拉有些吃惊地说：“你这个样子能冷冻休眠吗？”

“我盼着休眠呢，”斯帕罗冷冷地说，“医生觉得没问题，长远来看，休眠也许能让伤口愈合得更快。”

“你真的想继续……这种训练吗？”

斯帕罗狡黠一笑：“当然了。我已经想了很多种方法来考验你的耐力。”

她说到做到。两人再次回到了临时健身房，基拉又做了一系列控制软刀的严格训练。斯帕罗给训练增加了不少难度。在让人分心这方面，她颇具天赋。每当练到最难的部分时，她就会用语言、噪声及出其不意的动作来干扰基拉。基拉失败了。她一次接一次地失败，因为无法保持情绪稳定而沮丧。在接收到如此多的干扰后，她的注意力会无可避免地涣散；而注意力一涣散，软刀就会随之接管，它会自作主张决定如何采取最佳行动。

软刀的决策体现了它的性格：它有些冲动，还热衷于钻空子。它身上有一种求知的意识，充满了无限的好奇心，尽管经常具有破坏性。

训练就这样继续。斯帕罗不停地干扰她，基拉则努力保持冷静。

一个小时后，她的脸上布满汗珠，感觉自己几乎和斯帕罗一样虚弱了。“我的表现如何？”她一边问，一边从甲板上站起来。

“别看恐怖电影。我只有这一个建议。”斯帕罗说。

“啊。”

“怎么？你还想要点心和夸奖吗？你没有放弃，继续保持这个状态，也许有一天你会让我大开眼界。”斯帕罗躺回长凳上，闭上眼睛，“现在靠你自己了。当我们都变成植物人后，你知道自己要做什么了。”

“我得不断训练。”

“但你一个人训练会很难。”

“我能行。”

斯帕罗将眼睛睁开一条缝，微笑道：“纳瓦雷兹，我相信你。”

接下来的几个小时则是紧张忙碌的准备工作。基拉帮维沙尔给飞船宠物注射镇静剂，然后将朗西布尔和毛毛裤先生放到一只刚好能放下它们的冷冻舱里。

不久，推进器警报响起，“壁鱼号”关闭了引擎，这样在到达马尔可夫极限前能尽可能地冷却下来。旁边的“达姆施塔特号”也执行了相同的操作，那艘巡洋舰的金刚石散热器在这个恒星系微弱的星光中闪闪发光。

“壁鱼号”的系统一个接一个地关闭，飞船内部按部就班地变得寒冷和黑暗。

左舷舱的四名士兵率先进入冷冻舱。他们知会了船员们一声，然后他们的个人系统就从飞船的内部网络中断开了，陷入了死一般的沉寂。

接下来是熵主义者。他们的冷冻舱在自己的舱室。

“我们要进入——”

“——休眠之所[①]啦。一路平安，囚徒们。”他俩在舱盖关闭前说。

基拉和“壁鱼号”的船员们聚集在飞船中心附近、控制室正下方的避难区。隔壁是一个封闭的房间，里面放着一副带装甲的石棺，那就是格列戈罗维奇所谓的“家”。

基拉站在避难区门边，眼看着斯帕罗、华钟、特里格、维沙尔和尼尔森脱得只剩内衣，然后走进冷冻舱，她感到有些无助。舱盖关闭几秒后，内部就雾化了。

法尔科尼等到最后才休眠。“你一个人没事吧？”他一边问，一边脱下衬衫。

---

① 休眠之所：见附录三“HIBERNACULUM”（第 805 页）。

基拉移开了目光："我觉得可以。"

"一旦格列戈罗维奇休眠，我们的伪智能体莫文就会接管导航和维生系统，但是如果发生了什么意外，不要犹豫，唤醒我们。"

"好的。"

他脱掉靴子，放进储物柜里："我说真的。即使你只想和谁谈谈，也可以唤醒我们中的任何人。我们本来也会反复进出超光速空间。"

"如果需要的话，我向你保证我会的。"她看着只穿着内裤的法尔科尼，他比她想象的更加强壮：厚实的胸膛、有力的双臂、宽厚的脊背。显然，不是只有斯帕罗和华钟在使用货舱里的力量训练器。

"很好。"接着他沿着墙朝她飘过去。他离得很近，基拉都能闻到他身上的汗味，带着一股干净、健康的麝香。他的胸膛上有一团浓厚的黑色毛发。一瞬间——只有一瞬间，基拉想象自己的手指从毛发中穿过。

法尔科尼注意到了她的视线，直直地看着她："还有一件事，因为你是唯一醒着的人——"

"即使醒着，也不会太久。"

"你依然比其他人清醒的时间长。因此，当我们都在休眠时，我将指定你为'壁鱼号'的代理船长。"

基拉吃了一惊。她想说些什么，但还是改了主意："你确定吗？即便在发生这么多事情之后？"

"我很确定。"法尔科尼坚定地说。

"这是否意味着我现在也是一名船员了？"

"我想是的。至少在这次旅行中。"

她思索了一会儿："代理船长的职责都有哪些？"

"不多，"说着，他走到冷冻舱前，"你将有权登录特定系统，还能覆写指令。在某些紧急状况中可能会用到。"

"……谢谢你。非常感激。"

他点点头："只是千万别弄坏我的飞船，纳瓦雷兹。它就是我的一切。"

"不是一切。"基拉说，指着周围的冷冻舱。

法尔科尼的脸上露出一丝微笑："是啊，不是一切。"她看着他弯下腰躺进冷冻舱，将冷冻液的针头插入静脉，给头顶和胸膛贴上电极。他再一次看向她，朝他微微敬了个礼："我们将在陌生星光的照耀下再见，船长。"

"是，船长。"

接着舱盖罩住了法尔科尼的脑袋，避难区一片寂静。

"现在只剩下你和我了，脑盒子[①]。"基拉说着，看向格列戈罗维奇所在的石棺。

"一切都将过去。"飞船主脑说。

8

14分钟后，"壁鱼号"跃入超光速空间。

基拉在舱室的显示屏上看到了整个转换过程。上一刻他们还被群星包围，下一刻只剩下映照在球面上的黑色镜像。

她默默打量了飞船镜像好一会儿，然后关闭显示器，用双臂抱住自己。

他们终于上路了。

---

① 此处基拉为了配合格列戈罗维奇口中的meatbag（肉袋子），用headcase（脑盒子）指代装飞船主脑的石棺，该词本义为"疯子"。——编者注

第十三章

* * * * * * *

退场Ⅱ

1

“壁鱼号”外，“达姆施塔特号”沿着与之平行的航线航行，被包裹在自身的能量防护罩中。同处于超光速空间的两艘飞船可以相互通信，只是有些困难：数据传输速率很慢，还会丢失。而且，因为他们不想引起水母（或者任何潜在监听人员）的注意，两艘飞船之间只会偶尔发送电磁脉冲来确认彼此的位置。

“壁鱼号”内充斥着让基拉恐惧的寂静。她沿着昏暗的走廊向前飘，感觉自己更像一个幽灵。格列戈罗维奇依然醒着，还能说话：一个在船舱内无处不在的低语者，很难代替可以和她面对面交流的人。聊胜于无，虽然有些怪异，但基拉很感激他的陪伴。

飞船主脑需要自行进入休眠。他那巨大无比的大脑产生的热量比大多数人全身产生的热量都要多。然而，就像他说的：“我会和你一起等待，哦，触手女王，直到你入睡，而我也会沉入遗忘之境。”

“我们现在被困在同一个果壳里了，不是吗？”

“确实如此。”他的叹息声在飞船里久久挥之不去。

基拉旁边的一面显示屏上出现了一个印记，这是她第一次看到飞船主脑用这种符号来代表自己。她研究了一会儿这个符号（她的眼屏识别不了），然后说：“既然你还没睡，不应该是你成为‘壁鱼号’的代理船长吗？”

一阵如汩汩流水般的笑声包围了她：“飞船主脑是不能成为船长的，愚蠢的肉袋子；而船长也不能成为飞船主脑。你知道的。”

“这只是一种传统。”基拉说，“没有什么站得住脚的理由——”

“有许多冠冕堂皇的理由。出于安全和理智的考虑，任何飞船主脑都不该成为飞船的掌控者……尽管飞船已成为我们的肉体。”

“这听起来可真让人沮丧。”

基拉几乎能听见格列戈罗维奇耸肩的声音："没必要和现实对抗。另外，我迷人的寄生虫，上有政策、下有对策嘛。"

"什么意思？"

"实际上，大多数飞船都是飞船主脑掌控的。不然怎么能飞起来呢？"

她抓住舱室门旁的一个扶手，停下来："'达姆施塔特号'上的飞船主脑叫什么名字？"

"她是最干脆利落、最讨人喜欢的霍尔兹查·优布托。"

"听起来很拗口。"

"我没有舌头，没有喉咙，所有名字对我来说都是一样的。"

2

在舱室里，基拉调暗光线，降低温度。是时候放松身心了。只要软刀允许，她很快就可以休眠，但休眠不是她唯一操心的事情。她也得训练软刀。斯帕罗是对的，法尔科尼也是对的。她需要尽量掌控软刀，而就像掌握所有技能一样，熟能生巧。

在接下来的三个月里，"壁鱼号"至少需要六次跳出超光速空间，以释放多余的热量。每一次脱离都是她训练的好机会，和斯帕罗陪她做的训练一样。当飞船处于超光速空间时，她会尽量减少活动量，但她仍然计划每周和软刀训练一次。这样她在到达目的地前就有十二节训练课，她希望能借此取得巨大的进步。

基拉不确定软刀能否每周都带着她进入和脱离休眠状态，但这值得一试。如果软刀不能……她就不得不减少训练量。抛开她制造的热量和消耗的资源不说，训练的关键是能减少她清醒独处的时间。真正的孤绝感能在短到惊人的时间内造成严重的心理损伤。对于任何执行长途任务的小型飞船船员来说，这都是一个问题，完全独自一人只会让这个问题加剧。无论如何，她都必须密切关注自己的心理健康……

至少在这次旅行中，她不用担心饿死。"壁鱼号"上食物充足，不过她还是决定不吃太多，只在训练后，在超光速航行中休息时吃一些。而且，饥饿似乎能触发软刀驱使她休眠。

吃下那条路。

确定行动方案后，基拉设置了每周的闹钟，在接下来的一个小时中和软刀进行第一段训练课程。

这次训练中，她没有通过身体运动引发生理及心理的紧张。她发现了另一种同样具有挑战性的考验：在尝试用大脑解开难题时，诱导软刀变出不同的形状。在这方面，数学方程式是一种特别好的刺激。她也会回想在水母飞船上被触手牢牢缠住，无法动弹，或者被拜数教徒打断鼻子后疼痛难忍的场景。这些恐怖的回忆使她心跳加速，血管里的肾上腺素激增，接着她用尽全力让软刀按她的想法变换形状。

第二种训练方法不是特别健康，她只是训练内分泌系统在身体遇到危险时做出过激反应。但是，她必须和软刀在极端条件下配合，而目前她没有太多选择。

当精神力量被训练耗尽时，基拉就弹奏新六角手风琴来放松自己。它的琴键像珍珠一样，琴体外侧装饰着旋涡形的镶嵌物。这些设计图案是华钟加上去的，基拉对此十分感激。停止弹奏后，她就用手指沿着旋涡状的装饰物摩挲，欣赏它在昏暗的应急灯下反射出的阵阵红光。

格列戈罗维奇聆听着她弹奏的音乐。他变成了她一直在场的隐形旅伴。有时候他会发表评论（一句褒奖或一个建议），但大多数时候他似乎很满足于当一个充满敬意的听众。

第一天过去了，第二天也悄悄流逝。时间似乎变得很慢，好似一个常见的伸缩装置，让基拉感觉自己被困在了一个无形的地狱里。她的思维变得缓慢迟钝，手指也找不到六角手风琴上的正确琴键。

她将乐器放在一边，接着再次打开巴赫的协奏曲，让音乐带她入眠。

格列戈罗维奇的声音将她从休眠中唤醒。飞船主脑缓慢而轻柔地说："基拉……基拉……你醒着吗？"

"怎么了？"她低声问。

"我得离开你了。"

"……好的。"

"你一个人可以吗，基拉？"

"是的，我可以。"

"好的。那么晚安了，基拉。祝你做个好梦。"

3

基拉躺在床上，让软刀将自己固定住。床的侧边有绑带，可以让她在零重力环境中睡觉。她一开始用了绑带，但当她意识到软刀可以将她固定住、不需要她时刻留意时，她就解开了。

基拉的意识在朦朦胧胧之间，近乎无意识。她让软刀覆盖住脸庞，充当面罩，也隐隐约约感觉到软刀将自身各处相互绑定，把她的手脚并拢，将她裹在一个保护壳里，黑如墨汁，硬如钻石。

她本可以阻止，但她喜欢这种感觉。

睡觉。她催促软刀休息，进入休眠，不再活跃。软刀没有立刻明白她的意思，但饥饿感渐渐减轻了，熟悉的寒意爬上了她的四肢。接着，巴赫的旋律从意识中淡出，整个宇宙都缩进了她的大脑……

她的梦境一片混乱，充斥着愤怒和绝望，还有潜伏在阴影里的丑陋形态。

在一个灰色和金色相间的巨大房间里，从一排排的窗户向外望，能看见远处黑暗的宇宙。星星在深处闪烁，在微弱的星光下，房间里的抛光地板和雕刻着装饰图案的金属柱子闪着光。

在她曾经的肉体看来，这个似乎永无尽头的房间的隐蔽角落里什么都没有，但她能感觉到未知、不友好的智慧物种在盯着她……带着无法餍足的饥饿感。恐惧的碎片附在她身上，不管她怎么做，都无法缓解内心的不安，因为贪婪的观察者们还藏在暗处，但她已经能感觉到它们正在靠近。

那些阴影扭曲着，剧烈翻腾着，化作不可名状的形体。

……一些画面闪现：一只无形的盒子里装着一个未兑现的承诺，正遭受着无意识的怒火冲击；一颗被黑色笼罩的行星，正孕育着邪恶的智慧生物；黄昏的天空中降下一束束火焰，美丽而又可怕，看着令人心碎。高塔倒塌，血液在真空中沸腾，地壳颤抖、开裂，肥沃的土地上溢出滚滚岩浆……

还有更糟糕的东西，一些看不见的东西。莫名的恐惧袭来，古老而陌生。梦魇带着扭曲的尖角，以错误的形状现身……

4

“哔……哔……哔……”一阵渐强的闹钟声将基拉唤醒。她眨眨眼，脑子还是蒙的，睡眼惺忪，好一阵没缓过来。接着，空间感和自我感归位，她发出了一声呻吟。

“计算机，关闭闹钟。”她低声说。即便蒙着面罩，她的声音也十分清晰。刺耳的闹钟声归于沉寂。有几分钟，她躺在黑暗和寂静中无法动弹。一周了。感觉比平时更加漫长，好像她被永远固定在了床上，又好像她刚闭上眼睛。

舱室里像地下室一样沉闷、压抑……她的心跳加速了。

“很好，来吧，你。”她对软刀说。

基拉用意念指示面罩离开自己的脸，将四肢从纤维构成的网里解绑。然后，她费了一番工夫和软刀拉扯，在绷紧和放松间反复训练。

当她最终停下来时，她的胃咕咕直叫。即使没开灯，她的大脑也完全清醒过来。她喝了几口水，试着再次入睡，但这次入睡的时间比她想的更长，至少半天都是醒着的。最终，她的精神和身体都放松下来，再次沉入舒适的梦境中。

在她睡着的时间里，她时不时发出呻吟，被梦境折磨得焦躁不安。但没有什么能打破睡眠的魔咒，“壁鱼号”带着她飞向了未知的太空深处。

5

此后，记忆变得模糊而混乱。周围一如既往地空旷，加上软刀诱发的不同寻常的休眠，让基拉搞不清状况。她感觉和周围的事物脱节，好像一切都是梦境，而她则是脱离肉体的精神，从旁观察。

在某一时刻，她感觉到了自己的肉体，那是她和软刀训练期间。训练似乎永无止境。她控制软刀的能力变强了吗？有进步吗？……基拉不确定，但她一直坚持训练。别的不说，天生的倔强性格不允许她放弃。她相信这些训练的价值，如果她继续努力，一定能产生好的结果。

当软刀出现问题时，她只有这么想才能安慰自己。失败有很多种形式：软刀拒绝按照她的想法行动；或者它反应过度了（这是基拉最担心的）；或者它服从指令，但只是大体服从，在细节上却没做到。她让它在手上形成一朵玫瑰花的形状，但它只能产生一个拱形。

这是一项艰苦又让人沮丧的劳动，但是她坚持了下来。而且，虽然软刀有时候似乎也会很沮丧（她能从软刀的反应滞后或摆出的形状看出来），但她能感应到软刀配合的意愿，而这赋予她继续的勇气。

“壁鱼号”退出超光速空间后，基拉离开舱室，在飞船内游荡。她会去厨房喝一杯切尔茶，在零重力跑步机上跑步，使用那些器械锻炼。锻炼不足以保持肌肉或者骨骼，这一点需要靠软刀来保持，但在沉闷的训练周里，这算是一种愉快的休息方式。

接着飞船的系统会再次断开，跃入超光速空间的警报会响起，她就会再次退回到自己的黑暗洞穴中。

6

一个月过去了。这一个月以来，基拉有时候感觉自己陷入了无休止的循环：闭上眼、醒来、将四肢解绑、训练，然后又是闭上眼、醒来、将四肢解绑、训练。

她快要达到忍耐的极限了。她很认真地考虑过唤醒格列戈罗维奇、法尔科尼或尼尔森，找他们说说话。但如果真这样做，她也只能进行几小时的对话，而且会造成巨大的不便，甚至会拖慢整个旅程（具体拖慢多久取决于他们产生了多少热量）。不管她感到多怪异、多孤独，她都不愿意去冒这个险。和她需要人类陪伴的欲望比起来，找到蓝色权杖更加重要。

7

两个月过去了。快到目的地了，她这么告诉自己。她用一根口粮棒和一杯热巧克力庆祝。

和软刀的训练开始变得容易。或许只是她希望如此。她可以用之前没想到的方式来控制软刀并使它变形。这也算一种进步，不是吗？

她是这么想的。但她现在感觉和任何实体都变得疏离，所以不相信自己的判断。

现在剩下的路程没有那么漫长了……

没有那么漫长了……

第三部分

* * * * * * *

天启

在奥尔曼的别墅里，在奥尔曼的别墅里
一根孤独的蜡烛矗立着，噢噢，噢噢
在这一切的中央，在这一切的中央
你的眼睛

在行刑的那天，在行刑的那天
只有女人跪在地上微笑，噢噢，噢噢
在这一切的中央，在这一切的中央
你的眼睛
你的眼睛

噢，噢，噢
噢，噢，噢

——大卫·鲍伊[1]

---

① 大卫·鲍伊（1947—2016）：英国摇滚歌手。——译者注

第一章

* * * * * * *

往昔罪行

1

这一次唤醒基拉的不是警报声，而是一束缓慢亮起的晨光。

她睁开眼睛。一开始，她什么都不担心：她只是躺在原地，感觉很平静，精神焕发，安心地等待着。接着她看到那只猫坐在她的脚边：白中带灰的暹罗猫，耳朵耷拉着，眼睛微闭。

那只猫发出嘶嘶声，然后跳到了甲板上。

“基拉，你能听见我说话吗？……基拉，你醒了吗？”

她转过头，发现法尔科尼坐在她旁边。他嘴边的皮肤是青色的，像是生病了，他的脸有些憔悴，眼眶深陷。他冲她微微一笑：“欢迎回来。”

她的记忆涌了回来：“壁鱼号”、超光速、水母、蓝色权杖……

基拉大叫一声，试着一下子坐起来，但胸口和手臂的压力阻止了她。

“现在是安全的，”法尔科尼说，“你可以出来了。”他用指关节轻敲她的肩膀。

她低头看到纯黑色的纤维包裹着她的身体，将她固定住。放开我！基拉想，一阵幽闭恐惧症的感觉突然袭来。她扭了扭肩膀，又叫了一声。

随着一声干脆、顺滑的声音，软刀松开了保护性的包裹，将她从坚硬的外壳中释放出来。从她身体两侧泻下小股灰尘，在空气中形成灰色轻烟。

法尔科尼打了个喷嚏，揉了揉鼻子。

基拉从床铺上小心翼翼地坐起来，肌肉有些不听使唤。她再次感知到了重力：一种令人愉快的感觉。她想讲话，但嘴巴太干了，说出来的话像是青蛙的呱呱声。

“给。”法尔尼克说着，递给她一个水袋。

她感激地点点头，对着吸管喝水，然后再次试图讲话：“我们……我们到了吗？”因为长时间没说话，她的声音很粗哑。

法尔科尼点点头："差不多吧。飞船有几处地方发出了警告，但我们都完好无损。新年快乐，欢迎来到2258年。巴格亨特[1]就在前面。"

"巴格亨特？"

"士兵们是这么称呼那颗恒星的。"

"那个恒星系里有……有水母或梦魇吗？"

"看起来没有。"

他们成功甩开了外星人，这让基拉松了口气："很好。"基拉意识到巴赫的协奏曲还在播放。"计算机，关闭音乐。"话音刚落，扬声器就沉默了。"多久了……"

"我们到这里多久了？呃，30分钟左右吧。我马上就过来了。"法尔科尼舔了舔嘴唇，看起来仍然想吐。基拉知道这些症状，冷冻休眠后的恢复过程总是很难受，而且在冷冻舱里待的时间越长，感觉越糟糕。

她又喝了一口水。

"你感觉怎么样？"他问。

"还行……有点儿怪怪的，但还行。你呢？"

他站起来："就像10千克的袋子里装了20千克的屎，不过应该没事。"

"我们的传感器有什么发现吗？或者——"

"你可以自己去看。这个恒星系曾经肯定有人居住过，你没有把我们带到无人之境。我要去控制室，等你好了就来和我们碰头。"

当他走向门口的时候，基拉说："所有人都醒了吗？"

"是的。虽然吐得很厉害，但我们都在。"接着他离开了，门在他身后关上。

基拉花了一点时间整理思绪。他们都做到了，她做到了，难以置信。她将手掌打开又合拢，转动肩膀，轻轻地绷紧全身的肌肉。经过几天的休眠，她全身僵硬，但各部分功能都还算正常。

"嘿，脑盒子，"她说，"你完好无损吧？"

短暂的停顿后，格列戈罗维奇回答了。虽然他的声音是合成的，但仍听得出有些迟缓和虚弱："我之前是破碎的，现在还是破碎的，但碎片组

---

① 巴格亨特：见附录三"BUGHUNT"（第800页）。

成的破碎图案没有变。”

基拉低声说：“好吧，你很好。”

她想查看一下眼屏……但什么都没出现。又试了两遍之后，她眨眨眼，但没有感觉到医生送给她的隐形眼镜。她用指尖戳了戳右眼，还是没有感觉。“糟了。”她说。在过去长达几周的睡眠里，软刀肯定将那副镜片移除或者吸收了。

基拉急切地想看一看他们到达的恒星系，穿好衣服后，她往脸上拍了些水，匆忙走出了舱室。她顺路去厨房拿了些水，还拿了两根口粮棒。她一边吃，一边往控制室走。

所有的船员都在那里，还有那两个熵主义者。和法尔科尼一样，其他人看起来也很憔悴：头发蓬乱，黑眼圈浓重，从表情来看已经吐过了。斯帕罗看起来最虚弱，基拉想起她在进入休眠前动过手术。

那些发生在天鹅座61的事现在都变得遥远而模糊，但基拉知道，从船员的角度看，他们才刚刚离开那个恒星系。对他们来说，过去三个月仿佛并不存在。对她来说，这三个月却是实实在在的。即便在软刀制造的休眠中，她也能感觉到时间的流逝。她能感觉到每个小时、每一天都在飞船后延伸，和他们在太空中留下的尾迹一样真实。天鹅座61不再鲜活可见，而阿德剌更是遥不可及。

时间不可避免地积累，冲淡了她沉痛的悲伤。回忆起阿德剌上的死亡事件，她依然会心痛，这种痛永远不会消失，但那些原本历历在目的场景在淡化、褪色，不再让她痛不欲生了。

当基拉走进控制室时，所有人都看了她一眼，接着继续看向投射在中央桌面上的全息影像。影像展示的是他们当前所处恒星系的模型。

基拉靠在桌子边缘，仔细观察影像。七颗行星围着中间那颗小小的、昏暗的恒星：一颗气态巨行星，六颗类地行星。类地行星都挤在恒星附近，最远的那颗也只在0.043天文单位外。接着出现一段间隔和一片稀疏的小行星带，气态巨行星就在0.061天文单位外。在靠近恒星巴格亨特的地方，第二颗和第三颗行星之间，还有一片更加稀疏的小行星碎片带。

基拉认出了这个地方，脊椎上感到一股寒意。她知道这里，她曾在梦中见过。在遥远的过去，她的另一个肉体（软刀）曾在这些行星之间来回穿梭了许多次。

除了熟悉感，基拉还感到释然。他们的目的地不是她想象出来的，她也没有误解软刀的意思，而软刀也没有欺骗她。她没有说错蓝色权杖的位置……假如这么多年过去后它还在这个恒星系的话。

在全息影像里，“达姆施塔特号”和“壁鱼号”都用明亮的光点标识出来了，但基拉也看到了第三个接近马尔可夫极限的光点。由于恒星的质量很小，而行星的轨道十分紧凑，如果推进器使用1g的加速度，大约两天后飞船就能到达巴格亨特（已经考虑到减速的时间，否则只需要1.5天）。

“那是什么？”她指着第三个光点问。

法尔科尼说：“那是‘达姆施塔特号’一退出超光速空间就留下的中继信标。这样如果我们发生了意外，还能往外发射信号。”

这很合理，虽然信号要经过很长一段时间才能被联盟接收到。超光速信号的传输速度越快，强度就越弱。一个强得可以完整到达天鹅座61的信号，其速度必须比“壁鱼号”这样的飞船还要慢。具体时间她需要计算，但是等那个信号到达目的地时，肯定是好几年后了。

法尔科尼指着全息影像：“这个恒星系里有人工建筑的迹象。”

尽管皮肤覆盖着软刀，基拉还是起了一身鸡皮疙瘩。先是异种，现在还有这个？找到塔罗斯七号的大灯塔那样的重要遗址，是她儿时的梦想。但当下的情况不是她希望发生的，即便如此，如果人类在水母和梦魇的战争中幸存下来，他们还是能学到很多东西！

她清了清嗓子：“目前……有正在进行的人为活动吗？”

“很难说。看起来还没有。”法尔科尼放大了第二颗和第三颗行星之间的碎片带，“看这里。格列戈罗维奇，把你刚才跟我说的话再说一遍。”

飞船主脑马上说：“这堆飘浮物的成分似乎表明它们是人工制造的。其中的金属含量出奇地高，还有其他物质。如果不出意外的话，按照反照率[①]，这些物质不可能是自然产生的。”

“所有的都是？”基拉惊讶地问。这堆东西的数量多得惊人，她一辈

---

① 反照率：天体表面全部被照明的部分向各个方向散射的光流与入射到该天体表面的光流之比。反照率可能定量地表明覆盖在其表面上的物质的特性。——译者注

子甚至好几代人都研究不完。

华钟一边观察，一边改变全息影像的视角："也许这是个戴森环[①]。"

"我想不出有什么材料可以坚固到能制成如此巨大的环。"维沙尔说。

华钟摇摇头："不一定是实体环，可以是分布在恒星周围的许多人造卫星或空间站。明白吗？"

"哦。"

尼尔森说："你们认为这东西有多少年头了？"

"很老，"格列戈罗维奇低声说，"非常古老。"

房间里出现一阵令人不安的沉默。接着特里格问："你们觉得这里的外星人发生了什么事？一场战争？"

"我敢肯定不是什么好事。"法尔科尼说着，看向基拉，"你得告诉我们往哪儿走，我们怕是在这里转到天荒地老都找不到权杖。"

基拉看着全息影像，脑海里没有蹦出任何答案。软刀不愿意或者不能告诉她。它已经帮他们找到了恒星系，接下来他们得靠自己了。

她沉默了好一会儿，然后法尔科尼说："基拉？"他听起来有些担心。

"给我一点儿时间。"她思索着。软刀展示的有关蓝色权杖的大部分回忆，似乎都发生在这个恒星系的某颗行星上面或周围。那是一颗褐色行星，被盘旋的云层围绕……

在那里。第四行星。它是褐色的，也有云层，勉强算是在巴格亨特的宜居带上。她查看了一下，没有证据表明这颗行星的轨道上有任何空间站。哦，好吧。这不能说明什么，可能空间站只是被摧毁了。

她标识出那颗行星："我无法告诉你们确切的位置，但是我们可以从这里开始。"

"你确定吗？"法尔科尼问。她看了眼法尔科尼，他举起了手。"那好吧，我会告诉阿卡维的。我们要找什么？城市？建筑？"

她为他列出一个清单："遗址、雕塑、公共设施，任何人造的东西。"

"明白了。"

---

① 戴森环：戴森球的变体。戴森球是美国物理学家弗里曼·戴森提出的理论，指包裹恒星开采恒星能源的人造天体。——译者注

格列戈罗维奇调整航线，他们周围的墙壁似乎在旋转。

“船长，”尼尔森说着站了起来，看起来比之前更糟糕了，“我想去……”

他点点头：“有消息我会通知你的。”

大副双手抱胸，好像感觉很冷，接着离开了控制室。

有一会儿，所有人都没有说话，因为法尔科尼正向“达姆施塔特号”发送语音信息。然后，他沉吟了一声，说：“好了，我们有一个计划。基拉，我们会把行星表面的实时影像发给你。你需要观察这些影像，判断我们应该在哪里登陆。这颗星球被巴格亨特潮汐锁定①了——恒星系里的所有行星都是。但是也许我们够走运，能在它面对我们的一面找到降落点。同时，我们也打算去一下小行星带。看起来那里飘浮着很多冰块，我们可以去弄点氢气来补充燃料箱。”

基拉看向维沙尔：“我需要一副新的隐形眼镜。软刀在路上把它弄没了。”

医生从椅子上站起来：“那你跟我来吧，基拉女士。”

她跟着他走向医务室。想到他们已经离联盟如此遥远，她不由得产生不安感和流亡感。不只如此，这里是外星人的领地，即便外星人很早之前就灭亡了。

“绝迹者”，她记起了从水母飞船上听到的词。但是绝迹之后又去哪里了呢？软刀的制造者是水母、梦魇，还是某个更古老的物种？

她希望他们能在这颗行星上找到答案。

医务室里，维沙尔给了她一副新的隐形眼镜。基拉说：“你能帮我再多打印几副吗？在回去的路上，这一副可能也会消失。”

“当然。”他点点头，“你的鼻子还需要复位吗，基拉女士？我现在可以帮你。只需要——”他将双手平行放置，然后做了个干脆的扭转动作。“咔的一声就好了。”

“不用了，以后再说。”她现在可不想忍受疼痛。而且，她有些不情愿修复鼻子，但她说不上为什么。

① 潮汐锁定：又称同步自转或受俘自转，重力梯度使某一个天体永远以同一面对着另一个天体。——编者注

2

基拉来到厨房，给自己沏了杯切尔茶，接着坐在一张带长凳的桌子旁戴隐形眼镜。幸运的是，之前那副里的所有数据都上传到了飞船的服务器，什么都没有丢失。

她提醒自己以后要将所有数据备份到至少两个不同的地方。

刚连上网，消息提示音就响了，她的视野角落出现了来自格列戈罗维奇和“达姆施塔特号”飞船主脑霍尔兹查·优布托的消息。基拉打开后发现是这两艘飞船用望远镜拍到的第四行星（标记为行星e）的图像。第一组图像后面有一条注释：“如果你需要不同形式的图片，尽管开口。——霍尔兹查·优布托。”

接着基拉开始研究行星e的地表。需要研究的有很多，它的直径是地球的0.7倍，密度和地球的差不多。这意味着星球上有水，也许还存在原生生命。她认为这颗行星一定有名字，但软刀没有传来任何信息。

大部分图像来自行星的暗面。从他们现在的位置看过去，只能看到一丝晨昏线。晨昏线是最有可能建造城市或设施的地方，因为相对于亮面的酷热难耐与暗面的寒冷刺骨，它的温度最适宜。

行星较近的一面呈褐色和橙色。巨大的峡谷划破了地表，还有一些黑色的斑块，基拉觉得可能是巨大的湖泊。两极有冰，离恒星较远的极点冰更多。

飞船的望远镜不是最大的那种（“壁鱼号”和“达姆施塔特号”都不是科考飞船），而且考虑到飞船和行星的距离，图像的分辨率不高。但基拉还是仔细查看每一张图像，寻找任何眼熟的地方。

不幸的是，她没有找到。这里有居住点的痕迹（格列戈罗维奇和霍尔兹查·优布托帮她画出了辅助线）：北半球某个区域边上有暗淡的线条，可能是公路或者运河，但没什么重要的东西。

她沉浸在图像中，几乎没注意过周围的环境。当她端起切尔茶准备喝的时候，茶水早就凉了。这让她有些恼火，但她还是喝了一口。

厨房门被人打开，特里格从外面进来了。“嘿，”他说，“你看到格列戈罗维奇发现的东西了吗？”

基拉眨眨眼，收回眼屏时视线有些失焦：“没有，他发现了什么？”

“看这里。”他跳到桌子旁，打开内置的显示屏，上面弹出一张像是空间站局部的图像。空间站已经破损且被弃用了。它的形状迥异于人造物，长长的，呈锯齿状，像自然形成的晶体。空间站显然没有自转以向居住者提供重力。也就是说，外星人有人造重力，或者不介意零重力环境。

“那么，”基拉缓慢地说，“有一点可以确定。”

“是什么？”特里格问。

“它既不像水母飞船，也不像梦魇飞船。要么它们改变了风格，要么——”

“另一个外星物种。”特里格两眼放光，好像这是他听过的最好的消息，“是绝迹者，对吗？船长跟我说过。”

“没错。”她抬起头，“你很高兴吗？”

“因为这很酷！”他指着显示屏，“你觉得存在多少外星文明？我是说整个银河系内。”

“我不知道……格列戈罗维奇是在哪里拍到这个空间站的？”

“它就飘浮在戴森环里。”

基拉喝完了最后一口切尔茶：“顺便问一下，你的手腕怎么样了？”特里格拿掉了石膏。

特里格把手腕转了一圈：“好得差不多了。医生说他几周后再给我看看，真正的时间，而不是飞船时间。但除了需要复诊，我感觉没事了。”

“很高兴听到你这么说。”

特里格去取食物了，基拉继续研究行星e的图像。又传来了一批新的。

这很像她去阿德剌前做的准备工作。出于习惯，她开始寻找动植物存在的迹象。行星e的大气中也有氧气（这让她心怀希望）以及氮气。热成像扫描显示晨昏线附近似乎有植被，但是对于被潮汐锁定的星球来说，考虑到复杂纷乱的大气对流，很难得出确定的结论。

当她埋头工作的时候，船员们在厨房里进进出出。基拉会和他们聊上几句，但大部分时间她都专注于图像。尼尔森一次也没有出现，基拉想知道大副是不是还没从冷冻休眠中恢复。

新的图像不断传来，随着两艘飞船靠近行星e，分辨率也越来越高了。

飞船的下午，基拉收到了一条从“达姆施塔特号”上发来的短信：“有兴趣吗？——霍尔兹查·优布托。”随信附着一张南半球某处的图像，图中是一个处于群山保护下的建筑群，正好在晨昏线上。看到图像的瞬间，基拉感到一阵古老回忆的寒意：恐惧、不确定，还有因悔意而产生的悲伤。她看见至高者走上神坛，在永恒的黎明中熠熠生辉——

基拉倒抽了一口气，突然感到十分确定。在和法尔科尼通话之前，她使劲咽了下口水："我找到它了。或者说……我找到了某个线索。"

"给我看看。"法尔科尼研究了一番星图后说，"我好像一直在问一个问题，但现在还得问一次——你确定吗？"

"就像我在启程前说的，我非常确定。"

"好吧，我会跟阿卡维说的。"通信线路中断了。

基拉又沏了一杯切尔茶，在等待的时候，她捧着杯子暖手。

不到10分钟，法尔科尼的声音出现在飞船各处的对讲机里："所有人听着，计划有变。根据基拉提供的线索，我们的目的地在行星e上。飞船会径直飞往这颗行星，放下基拉和一支小队去调查。然后，'壁鱼号'和'达姆施塔特号'折回小行星带补充燃料。只需要四五个小时就能从行星e飞到小行星带，所以飞船不会离得太远。完毕，下线。"

3

基拉回到控制室。下午剩下的时间里，她都待在那里，看着屏幕上不断弹出新的发现。这个恒星系中有很多人造建筑，不管是在行星上还是太空中，那是消失的文明留下的遗址。没有一座建筑看起来还有能量。在气态巨行星附近飘浮着像是飞船残骸的物体。而行星e附近，一组报废的人造卫星停留在同步轨道[①]上——假如行星没被潮汐锁定的话。当然还有戴森环（假设它就是戴森环），看起来里面也满是科技遗物。

"这个地方——"薇拉说。

"——是一个无与伦比的宝库。"乔鲁斯说。

基拉附和道："我们得花好几个世纪来研究这里的东西。你们认为是这里的外星人建造了大灯塔吗？"

两个熵主义者点点头："也许吧，很有可能。"

---

① 同步轨道：人造卫星垂直于行星赤道上方的正圆形同步轨道。——编者注

今天的晚餐非常简单，因为没人费心做饭。除了基拉，所有人都还没从冷冻休眠中恢复。结果，所有人吃的都是飞船上的预制口粮棒，虽然还算健康，但单调乏味。

那几个士兵还是没有加入他们，尼尔森也没有。大副的缺席带来的影响非常明显，没有她这样一个冷静、沉稳的人，餐桌边的对话变得更加犀利、大胆。

“明天，”维沙尔说，“你过来找我，斯帕罗女士，我帮你检查一下。我必须确保你的新器官功能正常。”

斯帕罗学维沙尔的样子快速地点点头，说：“好的，医生。”接着嘴角显现狡黠的笑意：“这样你就有借口摸我了，是吧？”

维沙尔的脸颊唰地变红了，他结结巴巴地说：“女士！我不会……这，不。不会的。那样很不专业。”

特里格满嘴都是食物，他大笑起来：“哈哈！快看，他脸红了。”

斯帕罗也大笑起来，华钟的大脸上也露出了一丝淡淡的笑容。

他们继续调侃医生，基拉能看出他越来越沮丧，越来越生气，但一直没有发火，也没喝止他们的行为。她无法理解。即使他只是站起来为自己说话，其他人也会消停，或者至少收敛一些。她曾在矿区前哨站多次看到这种场景。不懂得反击的人总是会遭受更多的欺负，这是自然法则。

法尔科尼没有直接干涉，但基拉注意到他不经意间转移了话题。当他们谈论新的话题时，维沙尔靠到椅背上，仿佛希望没人注意到他。

与此同时，基拉走向两个熵主义者，他们正弓着背把玩着桌上一个蓝色的长方形物体，试图找出钥匙孔或者开关来打开它。

她坐到薇拉旁边。“这是什么？”她指着那个长方形物体问，它有她的两个拳头那么大。

两个熵主义者在长袍下用猫头鹰般的眼睛盯着她。“我们是在水母飞船上——”乔鲁斯说。

“——发现它的。”薇拉说，“我们认为这是一个——”

“——计算机的处理器或控制模块，但老实说——”

“——我们也不是很确定。”

基拉回头看向法尔科尼：“船长知道你们有这个东西吗？”

两个熵主义者笑了，脸上的笑容如同镜像。“他不知道，”他们说，声音如同立体声音响发出的，“但他知道我们从那艘飞船上拿了一些设备。”

“我可以看看吗？”基拉说着，伸出手去。

过了一会儿，两个熵主义者才勉强同意她拿走那个物体。它比看起来要重一些，表面坑坑洼洼的，还带着一股……盐的味道？

基拉皱起眉头：“我不知道软刀认不认识这个东西，它什么都没告诉我。你们是在哪里找到的？”

两个熵主义者播放了他们用植入物录制的视频。

“虚空之影。”基拉说。翻译过来有些拗口；翻译是准确的，但无法转达水母语言中的感觉。“是房间的名字。我没有进去，但看到了标识。”

薇拉小心翼翼地拿回长方形物体：“这里的——”

“——‘虚空’指什么？还有——”

“——‘影’又是什么？”

她有些犹豫：“我不确定。也许……是交流的意思？抱歉，我只知道这么多。”

两个熵主义者点点头：“你已经让我们了解到更多的信息。我们会继续思考这个问题。愿你的道路永远通往知识，囚徒。”

“知识带来自由。”基拉回道。

吃完晚饭后，人们陆续离开。她设法在水槽边和法尔科尼单独待了一会儿。“尼尔森还好吗？”她压低声音问道。

他的犹豫印证了她的猜测：“没事，她明天就好了。”

“真的吗？”她怀疑地看着他。

“真的。”

她不相信：“你觉得我给她送杯茶过去怎么样？”

“这恐怕不是个好主——”正在擦干盘子的法尔科尼停了下来，“我不打算阻止你了。我认为奥黛丽会谢谢你的。”他伸手在橱柜里摸索，找出一包东西递给她。“这是她爱喝的姜茶。”

一瞬间基拉想知道他是不是在陷害她，接着又觉得无所谓了。

泡好茶后，她按照法尔科尼指示的路线找到了尼尔森的舱室，一路上尽量不让两个杯子里的茶水洒出来。

基拉敲了敲门，没有人回应。接着她又敲了一次，说："尼尔森女士？是我，基拉。"

"……走开。"大副的声音十分虚弱。

"我给你带了姜茶。"

几秒后，门开了，尼尔森穿着酒红色的睡衣和颜色相配的拖鞋站在门前。她平时整洁的马尾辫此时成了一个松散的发髻，脸上有黑眼圈，太空人的棕色皮肤显得苍白、毫无血色。

"看到了吗？"基拉说着，拿起一只杯子，"就像我说的。我想你应该想喝点热的东西。"

尼尔森盯着那只杯子，仿佛它是个新奇的物品。接着她的表情缓和下来，不过只是缓和了一点点，她接过那杯茶，从门边让开："或许你还是进来吧。"

尼尔森的舱室内干净整洁。唯一私人化的东西是桌上的一张全息照片，上面有三个孩子（两个男孩和一个女孩）。墙上，通过眼屏能看到铜质边框的椭圆形窗户，从窗口望出去是一片无边无际的云海：橙色、棕色和淡奶油色的云朵。

基拉坐在房间里唯一的椅子上，而尼尔森坐在床边。"我不知道你喜不喜欢蜂蜜……"基拉拿出一个小袋子。变幻的云彩吸引着她，让她分心。

"我喜欢。"

当尼尔森搅拌茶水时，基拉仔细打量着她。她从来没见过大副如此脆弱的模样。"如果你想吃东西，我可以去厨房帮你拿，很快就回——"

尼尔森摇摇头："我咽不下去。"

"还是休眠后的不良反应吗？"

"可以这么说吧。"尼尔森说。

"你还需要什么吗？也许可以从医生那里取些药？"

尼尔森喝了口茶："谢谢你，不必了。我只需要好好睡觉，那样我就会——"她突然呼吸急促，剧痛让她的脸皱成一团。她弯下腰，脑袋埋进膝盖，喘着粗气。

基拉惊慌地来到她身边，但尼尔森伸出一只手制止了她。基拉停下来，不知道接下来要做什么。

正当她想要叫维沙尔过来的时候，尼尔森直起身。她的眼里泛着泪光，表情紧绷。“该死的，”她低声说，接着提高了音量，“没事，我很好。”

“好什么，”基拉说，“你甚至都动不了。这不像是休眠后遗症。”

“是的。”尼尔森靠向床后的墙壁。

“那你是怎么了？痛经？”基拉想不出为什么船上还有女人和她一样开启了经期，但如果是真的……

尼尔森发出一阵短促的笑声：“我倒是想啊。”她对着茶吹气，然后喝了一大口。

基拉还是很担心，转身坐回到椅子上，认真看着尼尔森：“你想和我谈谈吗？”

“不太想。”

两人陷入了尴尬的沉默。基拉喝了一口茶。她想逼问尼尔森，但知道那样做将是一个错误。“你看到我们在这里找到的东西了吗？太神奇了。我们研究起来得花好几百年。”

“只要我们没被外星人消灭。”

“这我倒没想到。”

尼尔森从杯沿上看向基拉，目光锐利而又热切：“你知道我为什么同意这次旅行吗？我本可以和法尔科尼据理力争。如果我非常坚持，本可以说服他拒绝阿卡维的提议。在这种事情上他总是听我的。”

“不，我不知道。”基拉说，“为什么？”

大副指着桌上全息照片里的几个孩子：“因为他们。”

“那是你和你的兄弟吗？”

“不是，那是我的孩子们。”

“我不知道你结婚了。”基拉有些惊讶地说。

“我甚至都有孙子了。”

“你在开玩笑吧！真的吗？”

尼尔森微微一笑：“我的真实年龄比看起来大很多。”

“我没想到你注射过STEM针剂。”

“你是说我的鼻子和耳朵吗？”尼尔森摸了摸它们，“我大概10年前修复过，在我居住的地方流行这么做。”她看向墙上显现的窗户，望得出神，仿佛看到了金星上的云层。“为了保护家人，来巴格亨特是我唯一能做的事。所以我同意来这里。我只希望……呃，现在不重要了。”

“什么不重要？”基拉轻声问。

尼尔森的脸上浮现出悲伤的神色，然后她叹了口气：“我只希望在我们出发前，我可以和他们说说话。谁知道我们回去后会变成什么样呢？”

基拉理解她的心情：“他们在太阳系吗？”

“是的。金星和火星上。”尼尔森捏了一下手掌，“我女儿依然在金星上。你应该看过新闻，水母不久前袭击了那里。幸运的是，袭击点离她挺远的，但是……”

“她叫什么？”

“扬。”

“我相信他们都会没事的。在所有他们能去的地方中，太阳系可能是最安全的。”

尼尔森给了她一个“别说废话”的表情：“你看到地球上发生了什么。我觉得现在任何地方都不安全。”

为了转移她的注意力，基拉说：“那你是怎么来到‘壁鱼号’上的——离你的家人那么远？”

尼尔森盯着杯子里的倒影。“有很多原因……我工作的出版公司宣布破产，新的管理层重组公司，解雇了一半职员，取消了我们的养老金。”尼尔森摇摇头，“我为他们工作了28年，努力就这样付诸东流了。没有养老金已经够糟心了，我还失去了健康保险，考虑到我的……呃，特殊情况，这是一个巨大的难题。”

“但难道不是——”

“当然。只要你是一个信誉良好的公民，还是享有基础医保的，甚至信誉不好也可以有。不过，基础医保不是我想要的。”尼尔森用余光看向基拉，“现在你肯定在想我病得有多厉害，有没有传染性。”

基拉挑起一边眉毛：“如果你携带啃食血肉的致命病菌，我想法尔科尼是不会让你上船的。”

尼尔森笑了笑，然后将一只手按在胸口上，面露痛苦之色：“没那么可怕，至少对其他人来说。”

“你是不是……晚期？”

“生命本就有终结之日[1]，”尼尔森冷冷地说，“即便注射了STEM针剂。熵才是最大的赢家。”

基拉举起杯子：“那么，敬熵主义者。也许他们可以找到逆转万物衰败的方法。”

“说得好，”尼尔森和她碰杯，“不过，无尽的生命并不吸引我。”

“不，在这件事上有选择总是好的。”

尼尔森又喝了一口茶，停顿了一会儿，然后说：“信不信由你，我的……身体状况是父母送给我的礼物。”

“为什么？”

大副揉了揉自己的脸，此时才显露出真正的疲惫：“他们想做正确的事。人都是这样。但他们忘了古训，出于善意的行为有时候会通往地狱。”

“这个观点过于悲观了。”

“我现在就很悲观。”尼尔森在床上伸直了腿，看起来很痛，“在我出生前，关于基因改造的法律不如现在这样严苛。我的父母想给自己的孩子，也就是我，在每个方面都创造优势。哪个父母不想呢？”

基拉立刻明白了问题所在：“哦，不。”

“哦，是的。所以他们把所有已知的智力相关的基因序列都塞给了我，包括一些刚刚开发出来的人工基因序列。”

“有效果吗？”

“我从来都不需要使用计算器，如果这算效果的话。不过，还是出现了意料之外的副作用。医生也不确定发生了什么，但某些基因片段的改动触发了我的免疫系统，就像一个压力舱被撕开后触发了压力警报器。”尼尔森自嘲道，“所以，打个比方，我不用运算也能算出所有空气逸出需要多少时间，却没有任何办法让自己免于窒息。”

“任何办法都没有吗？”基拉说。

尼尔森摇摇头。“医生想用逆转录[2]疗法抵消基因改造的影响，但

① 原文terminal既有“（绝症）晚期”也有“终点”的意思。——译者注

② 逆转录：在生物学中以RNA为模板合成DNA的过程。——编者注

是……疗效不佳。基因改变了我这里的组织，”她拍了拍脑袋一侧，“删除、移动或仅仅是重新编辑都可能会害死我，破坏我的记忆或人格。”她的嘴角抽动了一下。“生活总是充满了讽刺。”

“我很遗憾。”

“这是常有的事。我不是唯一的病例，不过大部分病人都没活过三十岁。只要我不断药，症状就不严重，但有时候——”尼尔森皱了皱眉，“有时候，吃药也不太管用。”她拿起枕头塞在背后，语气像砷一样苦涩。“当你的身体不属于自己时，它比任何一座监狱都要糟糕。”她瞟了基拉一眼，“你懂的。”

她确实懂，还知道多想无益：“那么你被解雇后发生了什么？”

尼尔森一口气喝完了杯子里剩下的茶，把空杯子放到桌子边缘。“账单越积越多，而且……呃，我的丈夫萨罗斯离开了我。我不怪他，但我当时已经六十三岁了，还不得不从头开始……”她的笑声仿佛能切碎玻璃，“我不推荐你这么做。”

基拉发出了同情的声音，大副说：“我在金星上找不到合适的工作，所以就离开了。”

“就那样离开了？”

尼尔森内心的坚强再次显现出来：“就那样离开了。我花了些时间在太阳系游荡，试着找一份稳定的工作。最后我来到土卫六附近的哈考特空间站，在那里遇到了法尔科尼，说服他让我担任他的大副。”

“我很想听听你是怎么说服他的。”基拉说。

尼尔森大笑起来：“我可能有些耍赖，其实是强行登上了‘壁鱼号’。我刚来时船上还很混乱，需要组织和规划，而这些正是我的强项。”

基拉把玩着她带来的另一袋蜂蜜：“我能问你一个问题吗？”

“你现在才征求我的同意，是不是有点晚了？”

“是关于法尔科尼的。”

尼尔森的表情有些戒备：“问吧。”

“他手臂上的伤疤是怎么来的？为什么他不处理掉？”

“呃。”尼尔森挪了挪双腿，试图换个更舒服的姿势，“你为什么不问他本人呢？”

"我不确定这是不是敏感问题。"

尼尔森直愣愣地盯着她。基拉第一次注意到，她的眼睛里有一些绿色斑点。"如果法尔科尼愿意告诉你，那他会说的。如果他不愿意，你也不应该从我这里听到。我相信你一定能理解的。"

基拉没有继续追问，但尼尔森避而不谈只会让她更加好奇。

在那之后的半小时里，两人愉快地聊起了在金星上生活和工作的种种琐事。对基拉来说，金星十分美丽，充满异域风情，还带着一丝迷人的危险气息。尼尔森在出版行业的工作和基拉自身的专业迥然不同，这让她想到联盟内每个人都拥有不同的工作经历。

最后，基拉的杯子空了，而尼尔森的心情也有所好转，于是基拉站起来要走。这时大副抓住了她的手臂。

"谢谢你带来的茶。你想得真周到。我说真的。"

这声夸奖温暖了基拉的内心："有需要随时找我。这是我的荣幸。"

尼尔森露出微笑——真诚的微笑。基拉也回以微笑。

4

回到自己的舱室后，基拉站在洗脸台上方的镜子前。飞船夜晚那昏暗的光给她的脸蒙上了浓重的阴影，让她歪斜的鼻子如同浮雕一般明显。

她感觉到了那块扭曲的肉，它应该很容易就能复位，猛地一扯就能让它恢复原样。接着软刀就会像上一次那样愈合她的伤口。

但她不想这么做，而她现在知道为什么了。软刀抹去了她身上所有的印迹：肿块、皱纹、雀斑以及奇怪的凸起。它消除了她在生活中留下的生理痕迹，用一层毫无痕迹、无意义的纤维来代替。它从她身上拿走了太多，她再也不想失去了。

她选择保留一只歪鼻子，这是她用来重塑自己和软刀共有肉体的一种方式。它也是为了提醒自己往昔的罪行，而她决意不去重蹈覆辙。

带着这样的决心，浏览着他们在这个恒星系拍到的海量图像，基拉躺在床上。即便过去三个月的大部分时间她都在休眠，她还是进入了梦乡。

她和她的共生体（不是掠夺者，而是给予者）作为见证者走在至高者身后，周围的田野上满是畸形的赘生物：癌变的意图生出的有毒果实。至高者举起蓝色权杖，只斩钉截铁地说了一声“不”。

权杖落下来，击中了起伏的大地。至高者周围扩散出一个灰色光圈，每个突变细胞都自行分裂了。死亡和腐坏的气息笼罩了整个田野，悲伤压垮了至高者。

一段更早的记忆碎片：她的一个同胞站在聚集在一起的七国联盟①面前，在他们高大的拱顶会客厅里。至高者往下走到带有图案的地板上，用蓝色权杖触碰她同胞沾了血的额头。

“你失掉了资格。”

接着肉体与肉体分离，另一个软刀从上面溜走，避开权杖的力量，让与它结合的肉体暴露，脆弱无助，因为蓝色权杖的力量不可抗拒。

梦境又一次转换，她发现自己站在至高者旁边，在一艘巨大的星际飞船的观景台上。他们往下看去，视野中悬着一颗岩石星球，上面蜂拥着红色和绿色的生命。但它带着邪恶的气息（让她受到了威胁，想要逃离），仿佛星球本身就怀有恶意。

至高者再次举起蓝色权杖：“够了。”权杖往前一倾，一道宝蓝色的光芒让黑影流动，星球消失了。

远处，在那颗星球本来位置的更远处，一团星光搅动，她的胃也随之搅动，因为她知道这阵搅动预示着什么……

基拉醒来时心脏怦怦直跳。她待在被窝里好几分钟，重温软刀的记忆，然后坐起来，同时呼叫了法尔科尼和阿卡维。

两人都接听了，她说：“我们必须找到蓝色权杖。”接着她将刚才的梦境告诉了他们。

法尔科尼说：“哪怕只有一部分是真的——”

“那么阻止水母染指这项技术就显得更为重要了。”阿卡维说。

三人通完话，基拉确认了飞船的位置：仍在前往行星e的途中。它需

① 七国联盟：见附录三“HEPTARCHY”（第805页）。

要一个更方便的名字，她想。隔着这么远的距离，如果不放大，行星e只是飞船摄像头里的一个光点，和恒星系其他紧密排列的光点没有差别。

夜里，两个飞船主脑发现了更多散布在巴格亨特的人造建筑。这里显然曾被构建为长期定居的基地。基拉浏览着最新的图像，但没有一眼就能发现的线索，于是她存档，留待日后研究。

然后基拉查看了信息栏，发现有两条新信息。第一条（正如她有些期待的那样）来自格列戈罗维奇："你的外星伙伴制造的灰尘再一次堵住了我的过滤器，肉袋子。——格列戈罗维奇。"

她回复道："抱歉，我昨天没时间清理。我会去处理的。——基拉。"

"没事，你八成会弄得一团糟。别锁门，我派一个精密型后勤机器人去打扫你的残渣。你需要整理床单吗？是/否。——格列戈罗维奇。"

"……不用了，谢谢。我自己可以。——基拉。"

"如你所愿，肉袋子。——格列戈罗维奇。"

另一条信息来自斯帕罗："动起来。货舱。我等你。——斯帕罗。"

基拉摸了摸后脑勺。她一直在等斯帕罗的消息。不管这个女人为她准备了什么，肯定不轻松，但她可以接受。她很想看看自己和软刀努力的成果。可以肯定的是，她现在更容易和软刀交流了，因为她处在完全清醒的状态，而且正常进食了。

基拉去厨房泡了一杯切尔早茶，接着朝货舱走去。士兵们正为即将在行星e上降落收拾装备，他们通过点头和咕哝声向她示意，桑切斯甚至给她敬了个礼。不知道是因为军队级别的基因改造，还是天生身体素质好，休眠结束后，他们不像"壁鱼号"的船员们那么憔悴。

斯帕罗说到做到，此时就在一排排设备中的小健身房里。她嚼着口香糖，在垫子上做仰卧起坐，看起来很痛苦。"康复训练。"看到基拉询问的眼神，斯帕罗说。

做完一组后，斯帕罗跪在地上。"怎么样了？"她说，"三个月里，你跟上训练节奏了吗？"

"是的。"

"那么，效果怎么样？"

基拉也跪在地上："我想还不错。有时候很难判断，但是我已经尽力了。真的。”

斯帕罗的脸上露出狡黠的微笑：“露两手给我看看。”

于是基拉展示了一下。她卧推、拉伸、跑步，做了斯帕罗让她训练的所有项目……整个过程中，她还不断示意软刀变形。基拉对自己很满意，尽管不完美，但近乎完美了。她没有失去对软刀的控制，它没有刺出或者猛击。当她的身体承受压力时，它最多只是形成了一些钉子或涟漪作为回应。她能用它的纤维形成复杂的形状和图案。她感觉这个有机体在配合她，而不是反抗她。这真是一个可喜的变化。

斯帕罗十分专注地看着她。她没有夸奖基拉，也没有露出赞许之色。当基拉达到她的要求后，她只是要求更多：承受更多的重量，让软刀变出更复杂的图案，在压力下坚持更久。

最后，基拉都准备放弃了。她感觉自己已经充分展示了新技能，但斯帕罗不这么想。

斯帕罗从长凳上跳下来，大步来到杠铃架旁的基拉面前，此时基拉已经气喘吁吁，汗流浃背。她停在离基拉只有几厘米的地方，近到让基拉感觉不自在。基拉控制住往后退的冲动。

“展示你能做到的最精细的图案。”斯帕罗说。

基拉很想反驳，但还是忍住了。她思考了一会儿，用意念让软刀展示它曾不止一次给她看过的分形图案。软刀的表面起了涟漪，然后涟漪变成了一个几乎用显微镜才能辨认的复杂图案。让它维持这个图案并不容易，而这正是关键所在。

基拉吸了一口气：“好了，接下来要做——”

斯帕罗打了她一个耳光。很用力。

基拉震惊了，她眨眨眼，左眼泛出泪花，斯帕罗刚才打的就是左边。“你搞什——”

斯帕罗又打了她一个耳光，这是一个狠辣而冷酷的冲击，让基拉眼冒金星。她感到面罩慢慢爬上她的脸颊，软刀开始冒出尖刺，她费了很大的劲儿才让它保持在原位。这感觉就像她提着一根绷紧的线，线的另一头吊着一吨重物，而她要把重物往上拉，线随时都有可能崩断。

她咬紧牙关怒视着斯帕罗，明白了这个女人的意图。

斯帕罗咧嘴一笑——这个使坏的微笑只是为了让基拉更加愤怒。这种虐待狂般的傲慢表情的确让基拉非常火大。

斯帕罗打了她第三个耳光。

基拉看到了她的动作。她本可以往下蹲、往后退或者用软刀保护自己。她想这样做。她也本可以用软刀反击。异种渴望战斗，渴望清除威胁。

只需要失控一个瞬间，斯帕罗就会倒在地上，从好几个伤口里流出血来。基拉能想象出那幅场景。

她再次吸了口气，接着勉强挤出微笑。不是愤怒的微笑，不是邪恶的微笑，而是平静、淡定的微笑，仿佛在说：你无法打倒我。她是认真的。她和软刀正在合作，她感到一种牢不可破的控制，不仅是对软刀，还是对她自己。

斯帕罗咕哝了一声，往后退去。她紧绷的肩膀放松了下来："还不赖嘛，纳瓦雷兹……还不赖。"

基拉让软刀收回图案："刚才好险。"

斯帕罗轻笑一声："但起作用了，不是吗？"她坐回到长凳上。

"万一没起作用呢？"基拉的内心深处不由得升起一股成就感。在前往巴格亨特的路上，她确实取得了进步。所有那些独自在黑暗中的训练都是值得的……

斯帕罗在力量训练器上固定住一根杠杆。"你明天就要去行星表面调查一座外星城市，搜寻骇人的外星武器。危险一触即发，你懂的。如果你控制不了这样的小场面，"她耸耸肩，"你就不应该离开'壁鱼号'。另外，我对你有信心。"

"你疯了，你知道吗？"但基拉是笑着说的。

"你早该习惯了。"斯帕罗开始在力量训练器上做背部下拉，调到了相对较轻的级别。她做完了一组十个，接着停下来，弓着腰，紧闭双眼。

"你恢复得怎么样了？"基拉问。

斯帕罗做了个嫌弃的鬼脸："还行。医生让我在休眠状态下保持比平常稍高的代谢率，有助于我恢复，但我还得再过几周才能穿上外骨骼。这真是让我火大。"

"为什么？"基拉问。

“因为，”斯帕罗一边说，一边按揉着受伤的身侧，“我无法战斗。”

“你没必要战斗。再说了，我们还有联军司令部的人。”

斯帕罗不屑地说：“你是不是在殖民地长大的？”

“是的。这有什么关系吗？”

“那么你应该知道不能把责任推给别人。关键时刻，你必须有能力照顾自己。”

基拉一边思考着这番话，一边把手上的重物放回原处：“有时候我们无法做到，那时就需要倚靠别人。这就是人类社会的运作方式。”

斯帕罗用嘴唇紧贴牙齿吸了口气，露出让人不安的微笑：“也许吧。但这并不意味着我喜欢自己残废的样子。”

“不，当然不。”

5

她们离开货舱时经过了那些士兵。基拉和他们打招呼，他们也做了回应，但看到斯帕罗后，他们的表情就变冷了。

塔图坡阿朝她扬起下巴。在储物架的阴影中，他的文身发出宝蓝色的光芒。“哟，我们查过你了。赶紧走，空气脑袋。我们不需要你这样的人在周围转悠。”

“列兵！”霍斯厉声道，“够了！”但他和其他人一样没有看斯帕罗。

“是，长官。”

斯帕罗继续走，没搭理他们，好像她什么也没听到。基拉有些困惑，但还是跟上她的步伐。等来到走廊上，她说：“刚才他们是什么意思？”

令基拉吃惊的是，斯帕罗用一只手扶在墙上。这个娇小的女人看起来好像要吐了。基拉怀疑这和冷冻休眠无关。

“嘿，你还好吗？”基拉说。

斯帕罗打了个冷战：“好得很，活力四射呢。”她用另一只手的掌根擦了擦眼角。

基拉不知道该怎么办，问：“他们怎么知道你的身份的？”

“服役记录。舰队里的每一艘飞船都有一份完整的记录，除了特工和特种兵。他们肯定拿我的照片放进档案里查了。应该不难。”斯帕罗抽了抽鼻子，离开墙面，“不许告诉任何人，不然我就杀了你。”

“在那之前，水母可能已经抓到我了……他们说的‘空气脑袋’是什么意思？我猜不是什么好话。”

斯帕罗嘴角露出一丝苦笑：“空气脑袋就是活该被丢进太空的人，血液沸腾，化为空气。明白了吧？”

基拉看着她，试图读出言外之意：“为什么这样说你？”

“没关系。”斯帕罗直起身，低声说。她正要走，基拉却挡在她面前。

“我认为有关系。”基拉说。

斯帕罗直直地盯着她，下巴上的肌肉都绷紧了：“别挡道，纳瓦雷兹。”

“除非你告诉我，否则你没办法让我走开。”

“好吧，那我就坐在这里。”斯帕罗摆出盘腿的姿势。

基拉也在她旁边蹲了下来：“如果你不能和那些士兵共事，我需要知道原因。”

“你又不是船长。”

“没错，但我们现在是一条绳上的蚂蚱……到底是什么原因，斯帕罗？应该不是什么糟糕的事情吧。”

那女人哼了一声：“如果你这么想，那就大错特错了。好吧。去他的。你想知道真相？因为阵前怯敌，我被踢出了陆战队，结果被关了7个月禁闭。好了，你满意了吗？”

“我不相信。”基拉说。

“具体罪名是擅离职守、阵前怯敌、殴打指挥官。”斯帕罗挑衅地双臂抱胸，“所以他们叫我空气脑袋。没有一个士兵想做懦夫的战友。”

“你不是懦夫。”基拉诚恳地说，“我见过你战斗。天哪，你义无反顾地冲出去救了那个小女孩。”

斯帕罗摇摇头：“那不一样。”

“胡说……为什么我觉得真正的原因是‘殴打指挥官’？”

斯帕罗叹息一声，把头靠在墙上。她的脑袋触及墙板时发出砰的一声，声音回响在走廊里。“因为你想太多了。他叫艾斯纳，是个中尉，名副其实的混蛋。在一次军队部署中，我被调派到他手下，当时正在和辛扎尔打边境战争。艾斯纳是个糟糕的指挥官，他总是让手下在战场上陷入困境，而不知道出于什么原因，他一直对我怀有敌意。不管我做什么，他都要给我穿小鞋。”她耸耸肩，“一次行动失败后，我受够了。艾斯纳用站不住脚的借口责骂我的炮手，我走过去反驳他。结果情绪失控，一拳打在了他脸上，给了他一个非常醒目的熊猫眼。问题是，当时我被派去放哨，而我离开了自己的岗位，所以艾斯纳给我扣了个‘阵前怯敌’的罪名。”

斯帕罗再次耸耸肩：“七年兵役生涯就这样付诸东流。我唯一能留下的就是经过增强的身体。”她展示了手臂上的肌肉，然后放了下来。

“该死，”基拉说，“你就不能申诉吗？”

“不行。这一切都发生在战斗期间，联盟不会专门派飞船送我们回去调查。有视频显示我擅离岗位，殴打了艾斯纳。这就足够了。”

“那你为什么不跟他们解释？”基拉指着货舱问。

“没用。”斯帕罗站在原地说，“他们怎么会相信我呢？在他们看来，我跟逃兵差不多。”她拍拍基拉的肩膀。“不过这不重要。我们不需要因为工作而喜欢对方……现在你能给我让路了吗？”

基拉站到一边，斯帕罗蹒跚地走了过去，留她一人在走廊里。

基拉沉思了好一会儿，然后往上爬，朝控制室走去。如她所料，法尔科尼和尼尔森都在，尼尔森的气色看起来比前一天好多了。

她和大副相互点头致意，接着基拉走到船长身边问：“有新消息吗？”

“目前还没有。”

“很好……我有个请求。”

他警惕地看着她：“是吗？”

“你可以和我一起去那颗行星吗？”

法尔科尼微微扬起眉毛：“为什么？”房间另一头，尼尔森暂停在显示屏上阅读，专心听着。

“因为，”基拉说，“我不想一个人和联军司令部的人下去。”

“你不相信他们？”尼尔森说。

基拉犹豫了一下：“我更相信你。”

法尔科尼沉默了几秒钟，然后说：“算你走运，我已经和阿卡维安排好了。”

“你去吗？”基拉有些不敢相信地说。

"不只是我。特里格、尼尔森和两个熵主义者都会去。"

大副吸了口气："这正是周日下午该做的事。"

法尔科尼冲基拉咧嘴一笑："我这么大老远跑来，不让我下去看看风景可不行。"

这个消息缓解了基拉的忧虑："所以斯帕罗、华钟、维沙尔会留在船上？"

"是的，联军司令部会带上自己的医生。斯帕罗的身体状况还不允许她执行任务，而华钟穿不进我们的外骨骼。另外，我想要华钟留守在飞船上，以防发生意外。"

很有道理。基拉说："那么谁穿外骨骼？"

法尔科尼朝尼尔森扭头示意："她和特里格。"

"没必要，"尼尔森说，"我能完美地——"

船长没让她把话说完："是的，你可以，但我宁愿我的船员在这次行动中穿着装甲。而且我从来不喜欢外骨骼，太拘束了。随便给我一件普通的旧防护服就行。"

6

这一天剩下的时间在安静的紧张氛围中度过。船员们走来走去，为即将降落到那颗行星做准备，基拉则复习了在未知的（可能有生命的）外星环境中防止污染的程序。她早就烂熟于心，但在出发前再看一遍准没错。

在理想情况下，他们会花费数月甚至数年时间从远处研究这颗行星的生物圈，然后才敢派人踏足地表。但考虑到目前的情况，那是他们负担不起的奢望。基拉仍想尽可能减少相互污染的概率。这颗行星是一个巨大的信息源，如果被人类的微生物污染，那可是罪过。不幸的是，即便最彻底的净化处理，也没法清除设备表面的每个异物，但他们会尽力而为。

思考了一会儿后，她列出了一张清单：从她的专业经验出发，列举了一些保护本地生物和他们自己的最佳办法。她把清单同时发给了法尔科尼和阿卡维。

"这些可真够麻烦的，纳瓦雷兹。在净化室洗两遍？未经批准不能触碰任何物体？行走时排成一列纵队？禁止排放二氧化碳？联军司令部海军已经制定了一套流程来处理这种状况，用在这里绰绰有余。——阿卡维。"

“不，不够。我们从来没有发现过这样的地方，可不能搞砸了。子孙后代会感谢我们的。——基拉。”

“先确保我们还能有子孙后代。——阿卡维。”他继续发牢骚，但讨论下来，最后还是同意在登陆任务中实施她的方案。“但这些只是方案，纳瓦雷兹。实地运用时总是会发生一些破事，而你得适应。——阿卡维。”

“我只要求我们做出维护原貌的努力。——基拉。”

“收到。——阿卡维。”

基拉继续查看格列戈罗维奇和霍尔兹查·优布托拍摄的行星e及恒星系其他部分的图像。她从中了解的东西不多，但还是坚持着，希望发现能帮他们找到蓝色权杖的线索。

晚餐时分，厨房里的气氛比之前更加友好、活跃。尼尔森也在。虽然每个人都对即将来临的旅行有些紧张，但总体上还算乐观，感觉就像他们（还有全人类）终于要在对抗水母的过程中取得重大进展。

聊天的大部分内容都围绕着他们在行星e上可能或不可能遭遇的事，以及最好携带什么装备。联军司令部穿梭机的空间有限，所以他们需要明智地选择。

正如基拉所料，斯帕罗对留守“壁鱼号”感到十分不满（华钟看起来倒是无所谓）。法尔科尼因此对她说：“什么时候我不用担心你肚子上的伤口撕裂，什么时候你就可以爬进外骨骼，一刻也不能早。”

斯帕罗让步了，但基拉看得出来她还是不开心。为了分散她的注意力，基拉说：“我很好奇，斯帕罗是你的名字还是姓氏？你从来没说过。”

“我没说过吗？”斯帕罗喝了一口红酒，“我没注意。”

“她的身份证上只写了‘斯帕罗’。”法尔科尼靠近基拉说。

“真的吗？”基拉说，“你只有一个名字？”

斯帕罗眨了眨眼：“只有叫这个名字，我才会答应。”

基拉敢打赌那些士兵能告诉她真相，但她不打算去问他们。“那你呢？”她看向特里格说。

特里格低吼一声，将脸埋进手里：“啊，天哪，你一定要问吗？”

“怎么了？”房间里的其他船员都笑了起来。

维沙尔扑通一声把杯子放到桌上，指着特里格：“我们这个小伙伴有一个很有趣的名字，是的。”

“‘特里格’只是他的绰号。”斯帕罗说，“他的真名是——”

“别别别，”特里格的脸都红了，“我阿姨有奇怪的幽默感，好吗？”

维沙尔对基拉说：“毫无疑问。她给这可怜的孩子起名为伊普芬尼·琼斯[①]。”所有人都笑起来，除了特里格。

“这真是一个……特别的名字。”基拉说。

法尔科尼说：“还有更精彩的。告诉她我们是怎么发现特里格的。”

其他人刚想开口，那孩子摇摇头：“拜托！别说了。”

“哦，好吧。”斯帕罗咧嘴笑道。

“你为什么不自己告诉我呢？”基拉说。那孩子皱了皱鼻子。

“他是一个舞者。”华钟点着头说，好像说出了一个惊人的秘密。

基拉上下打量着特里格：“一个舞者，嗯？”

“在天鹅座61B附近的温塞特站，”维沙尔补充道，“他在一个酒吧以跳舞为生，表演对象是那些矿工。”

“不是这样的！”特里格抗议道。其他人想抢话，特里格赶紧提高音量，盖过那些喧闹的声音：“老实说，真的不是这样的！我朋友在那里打工，他想招揽生意，所以我想出了这个办法。我们在舞台上放了一些特斯拉线圈[②]，用来制作音乐，接着我穿上防护服，以法拉第笼为原理，站在线圈中间，用手掌、手臂抓住电流。很壮观。”

“别忘了说跳舞。”法尔科尼坏笑着说。

特里格耸耸肩：“我的确跳了一点儿。”

“我没有亲眼看见，”尼尔森说，用一只手抓住基拉的手臂，“但我听说他非常……热情。”尽管特里格十分尴尬，但听到大副戏谑地夸奖他，他似乎还有些骄傲。

“哦，是的。”维沙尔说，“他很热情。”

---

① 伊普芬尼·琼斯：源自美国作家迈克尔·格罗索斯的同名小说中女主人公的名字，她自称能听到上帝的声音。伊普芬尼（Epiphany）意为“主显节”。——编者注

② 特斯拉线圈：一种谐振变压器，用于产生超高电压、低电流、高频率的电力，附带绚丽的电弧效果。——编者注

看到特里格很不自在，基拉有些同情，于是换了个话题："你们播放些什么音乐？"

"大部分是激摇、猛摇[1]之类的。"

"那你为什么离开那里？"

"找不到留下来的理由。"他嘟囔道，然后喝完了剩下的水。

一种阴沉的气氛打断了谈话。接着法尔科尼用餐巾擦了擦嘴，说："我知道你想要什么。"

"什么？"特里格盯着自己的盘子说。

"一种宗教体验。"

特里格哼了一声，嘴唇微弯，勉强挤出笑容："是啊，好吧……也许你是对的。"

"我当然是对的。"法尔科尼说。

带着新的热情，特里格将剩下的食物塞进嘴里，咀嚼后咽了下去。"我会后悔的。"他说，笑着站了起来。

"别伤害自己。"华钟说。

"继续，这次全吃了。"斯帕罗大声说。

"拍下来！赶紧拍下来。"法尔科尼说。

"记得吃完后洗碗。"尼尔森做了个鬼脸。

"是，长官。"

基拉疑惑地看着他们："一种宗教体验？"

法尔科尼拿起自己的盘子，走到水槽前："特里格对辣椒有一种不同寻常的喜爱。之前他从埃多伦一个电子狂人那里拿到了一颗黑色新星[2]。"

"我猜黑色新星是一种辣椒。"

特里格蹦了起来："全宇宙最辣的辣椒！"

"非常辣，"斯帕罗说，"有传言说，如果你蠢到吃下一颗黑色新星，就能看到上帝；或者辣昏过去然后死翘翘。"

"喂，"特里格抗议道，"没那么吓人。"

---

① 猛摇：见附录三"THRESH"（第 815 页）。

② 黑色新星：见附录三"BLACK NOVA"（第 800 页）。

“哈哈！”

“你尝过吗？”基拉问法尔科尼。

他摇摇头：“我还是不折磨我的胃了。”

她看向特里格：“那么你为什么这么喜欢辣椒？”

“呃，没有足够的食物时，辣椒酱很管用，知道吗？它能减少饥饿感，于是我爱上了辣椒。此外，我还喜欢挑战，能锻炼自控能力。过一会儿就不辣了，你会觉得很过瘾。”特里格摇头晃脑，就像晕眩了似的。

“能减轻饥饿感吗？”基拉有些理解了。

“是的。”特里格把盘子拿到水槽边，接着冲出了厨房，“祝我好运！”

基拉啜饮了一口切尔茶。“我们应该等等吗？”她看向众人问道。

法尔科尼打开了他桌上的全息显示屏：“如果你想的话。”

“前阵子，特里格提到过温塞特站出现了食物紧缺……”

斯帕罗瘦削的脸上眉毛皱起：“与其说食物紧缺，不如说官僚玩忽职守。”

“哦？”

“是的。我了解到的情况是，本应从天鹅座61A将补给物资运送到温塞特站的亚光速运输船抛锚了，偏离了航线。这没什么大不了的，是吧？温塞特站上有一个水培区，还有大量的食物储备。唯一的问题是——”

“唯一的问题是，”法尔科尼看着发光的全息影像说，“军需官一直中饱私囊，只有不到三分之一的食物留在仓库里，而且大部分都腐烂了，由于密封不当之类的原因。”

基拉皱眉道：“哦，该死。”

“相当该死。等他们意识到情况有多严重时，食物已经被消耗得差不多了，而替班的运输船还需要几周才能到。”

“几周？为什么需要这么长时间？天鹅座61B离天鹅座61A没有那么远。”

“官僚主义，还有收集物资、准备飞船等都需要时间。显然他们没有准备超光速运输船，所以只能以亚光速航行。糟糕的事都凑到一起了。”

斯帕罗插话道：“根据特里格的说法，在新的运输船到达之前，温塞特站上的情况变得非常糟糕。据说，他们最终把军需官和空间站指挥官都丢进太空了。”她说完点了点头，好像说了一件不得了的事。

"图勒。"基拉摇摇头，"这是多久前的事？"

斯帕罗看向法尔科尼："多少年前来着，10年还是12年？"

他点点头："差不多吧。"

基拉拿起食物，思索起来："特里格那时候还很小。"

"是的。"

"难怪他想离开温塞特。"

法尔科尼将注意力放回全息影像上："这不是唯一的原因，但……是的。"

7

他们又在厨房里待了四十多分钟，然后特里格回来了。他的脸涨得通红，眼睛肿胀充血，眼神呆滞；皮肤上全是汗水，闪着光，但他看起来很开心，几乎可以说是欣喜若狂。

"怎么样，孩子？"斯帕罗靠在墙上问。

他咧嘴笑起来，拍着胸脯："太棒了。但是，哎呀，我的喉咙在烧！"

"我想不出这是为什么。"尼尔森冷冷地说。

那孩子朝厨房里面走去，然后停在基拉面前："你能相信吗，明天我们就要去探索外星遗址了？！"

"你很期待吗？"

他认真地点点头，但还是很激动："哦，是的。但是……我在想，如果它们还活着，会发生什么呢？"

"我也想知道。"尼尔森嘟囔道。

基拉又在脑海中看到了至高者往下挥动蓝色权杖，一颗幽暗、悲惨的行星就从太空中消失了。"那就希望它们心情不差吧。"

8

基拉回到房间后，特里格最后的那个问题萦绕在脑海里，久久不能散去：如果它们还活着，会发生什么呢？到底会发生什么？她在控制台上查看飞船的飞行情况——航线没有变化，行星e现在比其他任何一颗可见的星球都要明亮。接着基拉倒在床上，闭上了眼睛。

明天的烦恼就留给明天吧。

她睡着了，这一次没有任何回忆入侵她的梦境。

9

一阵持续的哔哔声将她惊醒。

基拉恼怒地睁开眼睛。全息影像显示现在是3点45分，离出发还有15分钟。她呻吟一声，翻下床，痛苦地缓过神来。然后她想起自己忘了设置闹钟。是格列戈罗维奇叫醒她的吗？

穿好衣服后，基拉打开一个新窗口，给飞船主脑发了一条简短的信息：“谢谢。——基拉。”

一秒后，回复就来了：“不客气[1]。——格列戈罗维奇。”

跟飞船主脑打交道得注重礼节，尤其当他是个疯子的时候。

基拉还是有些迷糊，穿过“壁鱼号”中央朝飞船头部走去。飞船没有关闭推进器，这就意味着穿梭机还没飞过来。很好，她没有迟到。

她发现船员们，还有两个熵主义者和四个动力装甲兵，也在飞船头部的气闸室门口。

“差不多是时候了。”法尔科尼说着，扔给她一把爆能枪。他穿着防护服，戴着头盔，把大型榴弹枪弗朗西丝卡背在背上。

“穿梭机过来了吗？”基拉问。

似乎是为了回答她，推进器的警报响起，格列戈罗维奇说：“与联军司令部穿梭机‘伊莫拉号’对接。请抓好离自己最近的扶手、安全带和/或壁虎垫。”

维沙尔看她在打哈欠，给了她一颗自在醒[2]：“给，基拉女士。试试这个。”

“我想我不需要——”

“这可能不起作用，但我认为值得一试。”

基拉带着疑虑将那颗胶囊塞进嘴里。药在她齿间散发出一股刺激的鹿蹄草的味道，浓烈到让她的鼻子感到刺痛，眼里泛出泪花。几秒后，她的

---

① 原文为西班牙语。——译者注

② 自在醒：见附录三“ACUWAKE”（第799页）。

疲倦和精神不振开始消散，留下一种昨晚睡眠很充足的感觉。

基拉十分震惊，回头看向医生："起效了！它是怎么办到的？！"

医生的脸上露出狡黠的微笑，他轻碰了一下鼻翼："我猜它会起作用。这种药能直接进入血液，然后流入大脑。见效快，软刀很难在不伤害你大脑的情况下阻止它。这药本来就是帮助你的，所以也许软刀知道不用阻止。"

不管医生怎么解释，基拉很感激这种化学药品。她现在可不能被睡眠不足影响。

接着重力感离她而去，胆汁充满了她的喉咙。

对接迅速且高效。联军司令部穿梭机和"壁鱼号"正面相对，这样两艘飞船都处于各自阴影盾的锥形区域内，安全地避开了放射性物质。它们头部对着头部，接触的一瞬，"壁鱼号"轻微地震动了一下。

两边气闸室的门都打开了。一个士兵从另一端伸出头来。"欢迎登船。"他说。

法尔科尼弯起嘴角，朝基拉笑道："是时候去探索这个不属于我们的地方了。"

"出发。"她说着，跳进了"伊莫拉号"。

第二章

* * * * * * *

自天穹至地心[1]

1

基拉通过眼屏看着“壁鱼号”和“达姆施塔特号”渐渐远去：两个明亮的光点很快便消失得无影无踪。两艘飞船相互锁定，结成一对，一同飞往他们选择采矿的小行星带。飞船后面，巴格亨特呈一个暗红色球体，像一个黑色原野中即将熄灭的煤块。

紧挨着法尔科尼，基拉坐进墙边的折叠椅，系上安全带。探险队的其他队员也系上了安全带，除了穿动力装甲的人，比如特里格和尼尔森。他们都站着锁定在穿梭机后部的挂载点上。

队伍共有21个人。其中14个（包括“壁鱼号”上的霍斯及另外三个士兵）穿着外骨骼。两个联军司令部的人穿的外骨骼看起来像是重型装甲的变体：宛如直立行走的坦克，胸甲前部装着便携式炮塔。

大部分陆战队员都是低阶士兵，不过阿卡维还派了他的副手科伊奇来监督本次行动。这个长着黄眼睛的男人正对法尔科尼说：“——我们说跳你就跳，明白吗？”

“完全明白。”法尔科尼说。不过他看起来并不满意。

科伊奇翘起上唇：“我不明白为什么船长同意让你们这些星际走私者一起行动，但命令就是命令。如果出了什么意外，你们别挡道，听见了吗？要是闯进我们的火力范围，你们就会被打穿，子弹可不会拐弯，明白吗？”

要说法尔科尼有什么反应，那就是他的表情变得更加冰冷了。“哦，我知道了。”基拉在心中给科伊奇贴上了“混蛋”的标签。

在他们头顶，灯带的光线从全光谱的白光转变为只有紫外线的紫光。沿墙壁安装的一排喷气口正将一阵阵净化气体冲刷在她和其他乘客身上。

---

① 原文为拉丁语。法律术语，指“自天空至地下俱为权利人的财产”。——编者注

“伊莫拉号”的布局和“瓦尔基里号”不同，但足以让基拉产生强烈的既视感。她试着抛开情绪，将注意力放在当下。不管行星上发生了什么，只要“达姆施塔特号”和“壁鱼号”在附近，他们就不会被困在穿梭机上。即便如此，在远离人类居住的恒星系的地方，搭乘这样一艘小型飞船，还是让人感到不安。他们是真正深入未知世界的探险者。

他们带了一周的食物。如果后续需要更多的话，等“达姆施塔特号”从小行星带返回后可以从轨道上送下来。除非出现意外的困难，他们将一直待在这颗行星上，直到发现蓝色权杖或者断定它不在这里为止。返回飞船将是一项艰巨的任务，不光是因为穿梭机飞入轨道需要很多推进剂，还因为他们需要给自己做好清洁工作才能被允许回到飞船上。

和其他没穿外骨骼的人一样，基拉穿着防护服，戴着头盔。她会以这身行头行动，直到他们离开那颗行星。两个熵主义者除外，他们将渐变长袍的智能织物①变成了配有头盔和面罩的防护服。他们的科技依旧惊人。

不管有没有生物防护的作用，防护服都是必需的。光谱分析仪收集到的数据表明，如果没有任何防护，行星e地表的大气层就会杀死他们（不是一经接触就死，但也会死得足够快）。

接近那颗行星时，“壁鱼号”和“达姆施塔特号”开始大幅减速，但没有完全停下来，这使“伊莫拉号”要持续推进好几个小时才能进入轨道。

基拉闭上眼睛等待着。

2

刺耳的警报声让基拉回到警惕状态。头顶的红灯在闪烁，士兵们相互大吼，厉声说着各种难懂的行话。

“怎么了？”她问。没人回答，但基拉打开眼屏后自己看到了答案。

飞船。

很多飞船正从超光速空间中跳出来。水母。

肾上腺素让基拉的心跳加速，软刀也在她的防护服下翻腾。她快速查询，发现目前已经出现了四、五、六艘飞船。它们进入了正常空间，不知

---

① 智能织物：见附录三“SMART FABRIC”（第813页）。

为何偏离了恒星系的中心，也许它们的导航系统出了问题。按照水母飞船的飞行速度，如果推进器的功率开到最大，到达这里也仅需要几个小时。

七艘水母飞船。

她旁边的法尔科尼正对着头盔里的麦克风疯狂地说话，穿梭机中间的科伊奇也在说话。

“该死的。”桑切斯说，“我猜水母已经在这里搜寻蓝色权杖了。”

塔图波阿咔的一声打在桑切斯的头盔上：“不是，傻瓜。它们只是在闪现追踪[①]我们。不然从时间上来说，它们完全可以抢在我们前面。”

尼述下士插嘴道：“这是我们第一次看到它们这么做。这些混蛋。”

接着霍斯中尉说：“它们不知用了什么方法追踪到我们，即便我们做了好几次航线调整。”他摇摇头：“不妙啊。”

“什么航线调整？”基拉问。

尼述答道：“每当飞船跳出超光速空间进行散热时，我们就会略微调整航线。调整角度不超过一度或几分之一度，但足以甩开那些试图根据轨迹算出目的地的人。在联盟内，由于星球之间距离太近，这个方法并不总是奏效；但假如你从……比如天鹅座61到埃多伦，它就很有效了。”

科伊奇和法尔科尼还在用麦克风交流。

“‘壁鱼号’也做了这样的航线调整吗？”基拉问。

霍斯点点头：“霍尔兹查和你们的飞船主脑协调过。这本该让水母无法闪现追踪我们的，但……看来没用。”

闪现追踪。基拉想起这个词是艾伦非常喜欢的战争片《七分钟到土星》[②]里的。它的概念很简单。如果你想知道某个地点在你到达前发生了什么，只需要超光速飞离那个地点，直到飞行距离大于事件发生时发出的光飞行的距离。然后，你把飞船停在开阔的空间里，打开望远镜，静候图像。

图像的精度取决于飞船上的设备，但即便隔了几个恒星系，追踪“壁鱼号”或“达姆施塔特号”这类跃入超光速空间的飞船也是比较容易的。在寒冷的太空中，飞船的引擎就像一支火炬，非常容易被发现和追踪。

---

① 闪现追踪：见附录三“FLASH TRACE”（第803页）。

②《七分钟到土星》：见附录三“SEVEN MINUTES TO SATURN”（第812页）。

基拉怪自己没有早点想到这种可能性。水母当然会尽最大的努力弄清楚软刀从天鹅座61离开后去了哪里。为什么不呢？她明白软刀对它们来说有多重要。梦魇的出现让她莫名以为水母还有更重要的事要处理。

显然没有。

法尔科尼在头盔里大吼，但基拉什么也没听到，因为他的麦克风关闭了。接着，他把脑袋靠在墙上，露出严肃的表情。

她敲了敲他的面罩，他看了过来。“怎么了？”她问。

他满脸怒容：“我们离得太远了，‘壁鱼号’没办法赶在水母之前飞到我们这里。即便它可以，燃料箱也已经空了一大半，我们没办法……”他停下来，嘴唇紧闭，看向特里格：“它不太可能飞过来了。不用考虑这个方法。”

“我们继续前进。”科伊奇说，声音大到整个穿梭机里的人都能听到，“我们现在唯一的机会就是赶在水母之前找到那个东西。”他那双狭长的猫眼看向基拉：“如果我们找到了，你最好知道怎么用，纳瓦雷兹。”

基拉的下巴猛地一抬，尽管她不确定，但还是说：“找到后交到我手上，我们给水母一个大大的惊喜。”

科伊奇看起来对这番话很满意，但她的眼屏上跳出一条信息：“你确定吗？——法尔科尼。”

“异种好像知道怎么用，所以……希望如此吧。——基拉。”

接着推进器警报响起，“伊莫拉号”开足马力，加速度达到了2g，基拉感觉自己像盖了一张铅毯。

“预计到达奈达斯[1]的时间为14分钟。”穿梭机的伪智能体说。

“奈达斯？”基拉刚想问，尼尔森抢先问道。

霍斯中尉回答道：“这是我们给那颗行星取的非正式名字，比某个随机的字母好记。”

基拉觉得这个名字很适合它。闭上眼睛，她将眼屏的视角切换到穿梭机外部的摄像头。奈达斯的曲线展现在他们面前，一半光，一半影，而晨昏线则是昏暗、朦胧的区域，自两极将其一分为二。旋转的云层围绕在球

① 原文Nidus意为“病灶；巢；孳生地”。——译者注

体中间，那是被恒星锁定的那一面因转移热量产生的大量风暴。孳生地。

眩晕感让基拉抓紧了折叠椅的扶手，有一会儿，她感觉他们好像吊在悬崖峭壁上，即将坠落。

虽然船员并不需要，但伪智能体在持续播报最新状况，也许因为这能让人冷静，也许因为这是联军司令部的规定："即将恢复失重状态，5……4……3……2……"铅毯的压力消失了，当基拉感觉要吐的时候，她吞咽了一下。"Z轴[①]开始转换。"她感觉身体右侧被推了一下，奈达斯从她的视野中消失，取而代之的是星光闪烁的深空。"伊莫拉号"旋转了一圈，当它停止旋转时，她又被推了一下。她关掉眼屏，集中精力控制她那叛逆的胃。"收回散热器……距离进入大气层还有1分15秒。"时间缓慢前行，令人难以忍受。接着："接触大气层倒计时，10……9……8……"

伪智能体继续倒计时，基拉确认了一下水母的位置。四艘水母飞船为了追踪穿梭机改变了航线。另外三艘水母飞船朝着小行星带飞去，或许和"达姆施塔特号"及"壁鱼号"一样，也是为了补充燃料。到目前为止，这些外星飞船看起来都没有攻击那两艘飞船的意图，但基拉知道情况随时可能有变。

"接触大气层。"

一阵抖动传遍了"伊莫拉号"。抖动慢慢增强，变成了隆隆的震颤，基拉向后靠在椅子上。她快速地通过后摄像头看了一眼外面，一道火墙挡住了她的视线。基拉打了个冷战，关掉了实时影像。

"制动程序启动。"伪智能体说。

基拉被重重地砸到椅子上。她咬紧牙关，庆幸自己有软刀的支撑。船体的摇晃变得更加激烈，"伊莫拉号"一个剧烈的颠簸让基拉的头猛地往后一甩，牙齿都撞在了一起。

几个士兵叫喊起来。"我的妈呀！这是在骑龙！""放轻松，哥们儿！""就像从轨道上跳伞回家！""我终于知道热投[②]是什么感觉了！"

基拉不由得想，斯帕罗可能会喜欢这种感觉。

---

① Z轴：指太空中的虚拟坐标系，头顶为Z轴的正方向。——编者注

② 热投：游戏术语，指空投到装备好、很多玩家会选择的地方。——译者注

引擎的声音变得更低沉、更柔和，而震动的频率加快了。“核聚变引擎转为闭式循环。”伪智能体说。这意味着他们现在离地面约90千米。这个高度以下的大气密度过高，开式循环产生的反向散射[①]会熔化穿梭机后部。不仅如此，没有屏蔽的废气会对登陆区域附近的一切造成辐射。

然而，闭式循环的反应堆消耗的氢气是正常状态下的近10倍。此刻，基拉觉得他们需要节约每一盎司推进剂来摆脱水母。

除非她能找到蓝色权杖。

他们周围的舱壁发出呻吟和尖叫，某个设备的零件哐啷掉到了地上。

基拉看了一眼摄像头画面：一片云遮住了镜头，等它散开后，她发现了他们要去的那片风化的山脉。绝迹者留下的建筑群隐约可见，在幽暗的山谷中呈闪光的白色线条。

“伊莫拉号”又颠簸起来，比之前都要猛烈。基拉的舌头感到一阵疼痛，血液流满了口腔，她这才意识自己咬到了舌头。血液流进了喉咙，她咳嗽一声。“怎么回事？”她大叫道。

“减速伞。”科伊奇语气平静得令她恼火。她敢打赌他很享受这种感觉。

“可以节省燃料。”桑切斯补充道。

基拉几乎要被这荒谬的玩笑逗笑了。

舱外的风声变柔和了，基拉胸口的压力也减轻了。她吸了口气。很快就会降落了……

沿着船体排列的RCS推进器在轰鸣，推进器上方和下方都喷出短促的火焰。飞船摇晃了一下，似乎绕着基拉微微旋转了。这是为了稳定船体而做出的调整，为登陆做准备。

基拉在心里计数。大约过了半分钟，一阵突然的推力让她嵌到椅子里，她一时难以呼吸。在“伊莫拉号”的震动和摇摆中，基拉感到重力恢复正常，从船尾传来了砰砰两声。然后引擎关闭了，随后的是一阵惊人的寂静。

登陆行星。

---

① 反向散射：波、粒子或信号从它们来的方向反射回去。——编者注

第三章

* * * * * * *

碎片

1

“我们成功了。”基拉说。经过如此漫长的旅程，登陆显得并不真实。

法尔科尼解开安全带：“是时候和原住民打声招呼了。”

“现在还不行。”科伊奇说着站起来，“睁大眼睛，竖起耳朵，你们这些丑陋的猩猩。解锁外骨骼，拿起武器，向我汇报昨天的情况。在我下令之前，先别放无人机。你们听到了！快行动！”穿梭机内立刻忙碌起来，士兵们也在做准备。

打开气闸室之前，他们检查了大气中有没有未知的风险因素，然后扫描了周围的区域，看有没有任何活动物体的迹象。

“有什么发现吗？”科伊奇问。

一个来自“达姆施塔特号”的士兵说：“没有，长官。”

“检查热成像。”

“已经查过了，长官。外面一片死寂。”

“很好，出舱。穿外骨骼的先走。”

士兵们在气闸室门口集合，基拉两边站着那两个熵主义者。

薇拉说：“这简直——”

“——激动人心。”乔鲁斯说完了下半句。

基拉抓紧了爆能枪：“我想我不会用这个词。”她甚至不知道自己是什么心情。强烈的恐惧和期待伴随着——她不敢细想。她打算等会儿再考虑情绪问题，现在还有工作要做。

她看了一眼特里格。面罩后面的脸色苍白，但他看起来依然带着傻傻的热切，渴望看到他们即将登陆的地方。“你怎么样？”她问。

他点点头，眼睛一直望着气闸室：“我很好。”

随着一阵响亮的嘶嘶声，气闸室打开了，当它关上的时候，门的边缘形成了一圈冷凝物。巴格亨特那暗红色的光流淌进来，在波纹甲板上投下一个细长的椭圆形。一阵狂风发出孤独的吼叫，声音清晰可辨。

科伊奇打手势示意四个全副武装的士兵走出气闸室。过了一会儿，其中一人说："安全。"

基拉必须等其余士兵走出穿梭机并发出信号，才能和两个熵主义者出去。

外面，世界被分成两半。往东望去，铁锈色的天空布满晚霞，巴格亨特挂在满目疮痍的地平线上。那是一个膨胀的红色球体，远比基拉从小见到的恒星印第安座ε昏暗得多。往西望去则是一片永恒的黑暗，被没有星光的夜色笼罩。厚重的云层低低地悬挂在大地之上，被无休无止的风吹成红色、橙色和紫色的旋涡。闪电自深处照亮了云层，远方轰隆隆的雷声在大地之上回响。

"伊莫拉号"的降落点看起来像是一片带有裂纹的铺路石。基拉的大脑自动将其分类为人造物，但是她告诫自己不能妄下结论。

登陆区域是一片开阔的平原，上面覆盖着一种看起来像是黑色苔藓的东西。平原周围是小丘，小丘外围便是天地分界处的山峰。白雪覆盖的山峰在岁月的侵蚀下失去了棱角，但黑色的山体轮廓依然显得坚不可摧，让人望而生畏。和平原、小丘一样，山坡上也长满了那种有光泽的黑色植被——黑色才能更好地吸收恒星的红光。

他们现在还看不到在太空中辨认出的建筑。它们在更远的山谷深处，在旁边那座山的侧面后方，两三公里外（她很难在一颗新的行星上估量距离，大气密度、地平线弧度、附近物体的相对大小都需要时间来适应）。

"有意思。"法尔科尼说着，走到了她旁边。

"看起来就像一幅画。"尼尔森也走了过来。

"或者某个游戏里的画面。"特里格说。

这个地方给基拉的感觉是古老得超乎想象。这里看起来不像是绝迹者的母星——对于一个拥有先进科技的智慧物种来说，在被潮汐锁定的行星上进化极其困难。但她毫不怀疑绝迹者很久以前在这里定居过，而且待了很长一段时间。

士兵们忙碌起来，在穿梭机周围设置自动炮塔，将无人机放到空中（它们冲上天空时发出的嗡嗡声让人头皮发麻），在较大范围内布置主动和被动的传感器。

“列队。”科伊奇喊道，士兵们在已经关闭的气闸室门前集合。接着他小跑到正和法尔科尼及两个熵主义者观察情况的基拉面前，说：“在水母抵达行星轨道之前，我们还有两个小时。”

基拉的心往下一沉：“这根本不够。”

“这就是我们所有的时间了。”科伊奇说，“它们不会用炸弹、导弹或者SJAM火炮①冒险攻击我们，所以——”

“抱歉，那是什么？”

法尔科尼回答说：“一种动能弹，又大又重的钨块或者类似的东西。它们能造成和核弹差不多的打击效果。”

科伊奇猛地扬起下巴：“没错。水母不会冒着摧毁你或权杖的风险。它们必须亲自下来。如果我们能先进入你发现的建筑，就能用战斗拖住它们，为你争取时间。只要坚持得够久，也许就能撑到‘达姆施塔特号’赶来支援。不过，我们在太空中肯定打不过它们，这一点倒是毋庸置疑。”

“我想可以放弃正确的防污染程序了。”基拉说。

科伊奇沉吟了一声：“可以这么说。”

大副厉声发出几道命令。不一会儿，他们以两倍速行军，穿过碎石，14套动力装甲踏出的每一步都像可怕的鼓声。“达姆施塔特号”上的士兵中有两个留守在穿梭机上。基拉回头看到他们正绕着穿梭机检查隔热装置有没有损坏。

风持续向基拉身侧施加压力。在飞船上和空间站里度过了这么长时间以后，空气的流动似乎有些怪异，凹凸不平的地面也是如此。

她在心中计算，她上一次站在阿德剌的地面上已是六个月前了。她在封闭的空间、人造光和封闭人群散发的汗味中度过了六个月。

脚下的黑色苔藓被她踩得嘎吱作响。苔藓不是周围唯一的植物，还有一丛丛多肉的藤蔓（假设它们是植物）生长在附近的岩层上。这些藤蔓像一绺绺油腻的头发散布在石头上。基拉不由得注意到它的特征：类似叶子

---

① SJAM火炮：见附录三“SJAM”（第813页）。

的结构上有网状脉络，和地球上的双子叶植物类似；叶子交错排布，叶柄上有深脊；没有可见的花朵或子实体[①]。

观察外观是一回事，但她真正想做的是取得这种植物的细胞样本，以此开始研究它的生物化学特性。这才是神奇之处。现在这里有一个全新的生物群系，她却不敢停下来研究。

他们绕过山的侧面后，19个人心照不宣地停了下来。

在他们面前，山谷尽头的洼地里矗立着一片外星建筑群。这个定居点有几千米宽，甚至比维兰德的首都高石市还大（按照联盟的标准，高石市并不算大；基拉离开那一年，那里只有8.4万名居住者）。

又高又细的塔楼伸向天空，白如骸骨，入侵的苔藓潜进了建筑的每一条裂缝和缺口。透过破损的墙壁，能看到各种大小的房间，布满尘土和乘虚而入的藤蔓。各式各样的小型建筑挤在塔楼之间的空隙中。它们都有锥形屋顶和尖头窗，窗上没有玻璃或任何覆盖物。这些建筑中很少有直线，自然主义的弧线主导了这里的设计美学。

即便在半损毁的状态下，这里也带着一丝优雅，基拉只在地球上预先规划的豪华社区的绘画或视频中看到过。建筑群的一切让人感觉都是精心设计过的，从墙壁的曲线到道路的布局都像是为了让溪水流过。

这个地方无疑被遗弃了。然而，在这无休无止的夕阳照耀下，在燃烧的云层遮蔽下，这座城市感觉并没有死去，只是在休眠。仿佛它只是在等待一个信号，时机一到就会重新焕发生机，恢复昔日的辉煌。

基拉呼出一口气，发出一种无声的敬畏。

“图勒。”法尔科尼说，打破了沉默的咒语。他看起来和她一样震惊。

“去哪儿？”科伊奇问。

基拉花了一点时间整理思绪，然后回答：“我不知道，脑袋里什么都没蹦出来。我得走近一点儿。”

“向前行军！”科伊奇厉声说，他们继续下坡，朝那座城市前进。

基拉旁边的两个熵主义者说：“我们很幸运能看到这景象，囚徒。”

她也有同感。

---

① 子实体：高等真菌的产孢构造。——编者注

2

等他们来到定居点边上，那些塔楼显得高耸入云。建筑的主色调是白色，但有一块块不规则的蓝色与其形成反差，用这色彩鲜明的装饰丰富了单调的城市景观。

“它们的审美感不错。”尼尔森说。

“不好说，”法尔科尼说，“这里的一切可能都是出于实用目的建造的。”

“你真的这么想吗？”

船长没有回答。

当他们从南边一条宽阔的街道进入这座城市时，一种强烈的熟悉感向基拉席卷而来。她感觉自己从原地被抽离，进入了别的时空。她从没来过这座暮色中的城市，但软刀来过，而它的回忆强烈得就像她自己的回忆。她回忆起……*生命。活动着的物体：天上飞的，地上走的，机器也在飞行和走动。皮肤的触感、各种声音、风中的甜蜜花香……*一时间，她几乎能看到这座城市曾经的样子：生机勃勃，充满活力，带着希望和骄傲昂然挺立。

别失控，她告诉自己，别失控。她加强了对软刀的精神控制。不管那天发生了什么，她决心不让软刀脱离她的掌控，特别是有了前车之鉴后。

“你觉得这是什么时候建造的？”特里格问。面罩后的他瞠目结舌，毫不掩饰自己的惊讶。

“几个世纪前吧。”基拉说，从软刀的记忆中找到岁月的痕迹，“在我们人类离开地球之前，或许更早。”

科伊奇扭头看向她：“还是不知道去哪儿吗？”

她有些犹豫：“还不行。我们先往中心走吧。”

两个动力装甲兵在前面开路，他们继续深入迷宫般的建筑群。在他们头顶，风打着旋儿从锥形的塔楼之间穿过，发出的声音仿佛在低声倾诉秘密。尽管基拉凝神细听，她还是无法听懂风中的话语。

她继续扫视建筑和街道，寻找任何可能触发特定记忆的东西。建筑物的间隔比人类的建筑标准窄很多，但更高、更细，和她见到的绝迹者建筑的影像相吻合。

碎石挡住了他们前面的街道，迫使他们绕道而行。薇拉和乔鲁斯停下来，弯腰捡起一块从附近一座塔楼掉下来的碎片。

“这看起来不像石头。”薇拉说。

“也不像金属，”乔鲁斯说，“这种材料——”

“都不重要，”科伊奇说，“继续走。”

他们的脚步声回荡在建筑物之间，显得很大声，令人不安。

唰。

基拉迅速看向声音传来的方向，队伍里的其他人也一样。一个门廊处，有一个闪着人造光的长方形面板。它像某种显示屏，蓝白色，有些变形，还有裂纹。上面没有显示文字或者图片，只有一片泛白的光。

“这地方怎么还有电？”尼尔森的语气过于冷静。

“也许我们不是拜访这里的第一批人。”特里格说。

基拉朝显示屏走去，科伊奇伸出一只胳膊挡在她前面：“等一下，我们还不知道它是否安全。”

“我不会有事的。”她说着从他面前走了过去。

靠近后，基拉听到那个发光的面板正发出微弱的嗡嗡声。她伸出一只手放在上面，屏幕没有任何变化。“你好？”她说，感觉自己有点儿傻。

她再试了一次，还是没有任何反应。

挨着面板的墙上蒙着灰尘。她伸手拂去一些，心想灰尘下有没有东西。

还真有。

墙的表面刻着一个符号。看到它的瞬间，基拉僵住了。那是一串分形图案，一个连着一个，盘绕在一起。基拉无法破译符号的含义，但她认出它和指引软刀的分形图案属于同一种语言。她目不转睛地盯着符号，往后退了一步。

“那是什么？”法尔科尼问。

“我认为是绝迹者建造了大灯塔。”她说。

科伊奇调整了一下枪的吊索：“你为什么会这么想？”

她指着符号：“分形。它们总是使用分形。”

“这对我们来说没用，”科伊奇说，“除非你能读懂。”

“我读不懂。”

“那就别浪费——”科伊奇突然挺直身板，法尔科尼也是。

基拉警惕起来，看了一下眼屏。在巴格亨特的另一面，又有四艘水母飞船刚刚跳出超光速空间。它们速度很快，比第一批的速度还要快。

“该死的。”法尔科尼咬着牙说，“它们到底派了多少飞船？”

“快看，剩下的水母正在提高推进器的速度，这样它们就能在相同的时间点赶到了。”科伊奇说。他异常冷静，从严肃模式切换到了战斗模式。基拉注意到法尔科尼也有这样的变化。“我们还剩一个小时找权杖，也许更少。行动起来，各位，用两倍的速度。”

开路的还是穿外骨骼的人，一行人小跑着进入城市深处，直到他们来到一个开阔的广场。广场中央耸立着一块高大的石头，上面布满风化导致的裂缝。石头上也有分形图案，和那个符号一样给她一种惊人的熟悉感。她走近时发现，分形图案最细微之处似乎在游动，好像它们能按照自己的意志行动。

她感觉地面动了一下。她身上发生了什么？她的皮肤表面感到一阵刺痛，而软刀似乎也躁动不安起来。

“有什么发现吗？”科伊奇问。

“我……我识别不出具体的信息。”

“好吧，我们没办法等了。霍斯，设置搜索模式，寻找一切类似权杖的物体。调动无人机，利用我们手上的一切资源。如果你不能在水母进入轨道前找到权杖，那我们就专注于掘壕固守，不能让它们攻占这里。”

“是，长官！”

中尉和尼述下士把剩下的士兵分成四组，接着他们就消失在了建筑群里，只留下科伊奇。他站在广场一侧，从背包里拿出一个通信碟指向天空。

“纳瓦雷兹，”他边说边摆弄着控制装置，“我把搜索小组的实时影像发给你。看你能不能认出些什么。”

基拉点点头，蹲坐在地上，挨着那块耸立的石头。一个视频请求出现在她的眼屏上。她接受之后，视野里出现了一排窗口。每个窗口对应一个士兵或者无人机的实时影像。

如此多的画面让她有些头晕，但她尽力从一个个窗口观察士兵们在倾颓的建筑中穿梭，从一个空房间冲到另一个空房间。

然而，她还是没有确定的感觉。他们来对了地方，这一点她很肯定，但她不知道具体要去建筑群的哪个地方找。

告诉我！她拼命地命令软刀，但没有收到回应。时间一分一秒流逝，基拉感觉到水母正离他们越来越近。

法尔科尼、特里格和尼尔森在广场边缘踱步警戒。两个熵主义者正凑在一起，看一栋建筑拐角处一块松动的面板，仔细研究面板下的东西。

“纳瓦雷兹？”科伊奇过了一会儿说。

她摇摇头：“还是什么都没有。”

他叹了口气：“霍斯，寻找一个可供我们藏身的地方。”

“是，长官。”中尉通过无线电回答道。

所有人在沉默中度过了半小时后，法尔科尼走到基拉面前，蹲坐在她旁边，将弗朗西丝卡放在他的膝头。“我们没有多少时间了。”他平静地说。

“我知道。”她说，视线在一个个窗口间游移。

“我能帮上什么忙吗？”

她摇摇头。

“我们遗漏了什么信息？”

“我不知道。”她说，“也许是因为软刀离开这里太久了。这里发生了非常大的变化。我只是……我害怕我会让所有人都死在这里。”

他摸了摸下巴，有好几秒没有说话：“我不这么想。这里肯定就是我们要找的地方，只是我们找的方式不对……软刀肯定不想死在这里或者被水母抓住，不是吗？”

“是的。”她缓慢地说。

“好。那么它为什么给你看这个恒星系？这座城市？软刀肯定希望你在这里找到某样东西，它显眼到被我们遗漏了。”

基拉看着眼前耸立的石块。我们找的方式不对。“你能给我一架无人机的控制权吗？”她冲科伊奇说。

“别坠毁了。”大副说，“目前每一架无人机都很宝贵。”

基拉用眼屏连接上了一架无人机，然后闭上眼，这样她就能专注于无人机传来的影像。它就在500米外的一座塔楼附近盘旋。

“你想做什么？”法尔科尼说。她能感觉到他正站在她身边。

“分形。”她说。

“什么意思？”

她没回答，只是控制无人机直直地升上天空，越来越高，直到它的高度超越了最高的那座塔楼。接着她认真俯瞰整个定居点，不仅看单个建筑物，还看宏观的整体形状。软刀传来的熟悉感一闪而过，但除此之外什么也没有了。

她让无人机在天上缓慢地转圈，上下调整拍摄角度，确保她没有遗漏任何东西。从空中看，那些塔楼有一种荒凉的美感，但是她不允许自己细细欣赏风景，尽管它十分引人注目。

西方某处传来一声咔嚓声，在整个城市里回荡着。基拉猛地睁开眼睛，寻找声音的来源，城市的影像便失焦了。

她的视角变了，她这才看到了自己一直在寻找的东西。建筑物的断壁残垣和蔓生的植被隐藏了它，但这一刻她看到了。正如她猜测的那样，这座城市的整体轮廓是一个分形，它的形状具有某种意义。

在那里。只见分形图案像鹦鹉螺壳一样盘绕。就在那里，在壳的中心。

她确认了一下，这个地方在定居点的另一端，是一个低矮的穹顶建筑。如果是在地球上，她会以为这是某个早已湮灭的文明留下的一座神庙。不过用“神庙”似乎不太妥当。要说用什么词比较贴切，考虑到建筑的苍白和荒凉，她觉得“陵墓”更合适。

和看到整座城市时的反应一样，这座建筑的影像也没有激起软刀的任何回忆或确定感。从绝迹者钟情于分形这一点来看，这座建筑的重要性毋庸置疑，但它是否和权杖有关……基拉没有把握。

基拉沮丧地意识到，她只能靠猜测了。他们没时间等软刀吐出另一段有用的信息碎片。他们必须行动，而且是马上行动。如果她猜错了，他们可能会死；但要是犹豫不决，他们必死无疑。

“霍斯，找到了吗？”科伊奇说。

“是，长官。我们找到了一处地下建筑物的入口。看起来可以用来防御。”

基拉在无人机传来的图像上标注了那座建筑，接着退出程序。“我们也许不需要躲到地下，”她说着站起来，“我认为我找到了。”

3

“你认为，但你不确定。”科伊奇说。

“是的。”

“这可真是没用的废话，纳瓦雷兹。你能不能给我们一个比‘你认为’更靠谱的东西？”

“抱歉，不能。”

“……”

法尔科尼说：“看起来我们没办法在水母登陆之前赶到那里了。”

基拉看了一下水母的位置：前三艘飞船刚进入轨道。她看的时候，他们正往下降，进入大气层。“我们必须试一试。”

“该死的。”科伊奇说，“最坏的情况就是我们躲进那个建筑里，尝试击退水母。它们不知道我们要去哪里，这对我们有利。霍斯，让两名外骨骼士兵去纳瓦雷兹标记的地方，全速前进。其他人列队跟我走，用最快的速度。随时准备开火。”

“是，长官！”

大副收起通信碟，将它装进背包，和其他人一起沿着最近的弯曲街道跑出广场。

“能让‘伊莫拉号’掩护我们吗？”基拉问。

塔图波阿和另一个士兵从一条小巷跑过来，加入他们。“水母会击落它的。”科伊奇说。

无人机的嗡嗡声更响了，有几架在他们头顶的高空放哨。风拉扯着努力维持原位的无人机，令它们往下掉或左右摇摆。

“‘壁鱼号’正在回来的路上。”法尔科尼宣布道，“紧急加速中。它还要一段时间才能飞过来。”

“最好让他们别过来，”科伊奇说，“你那艘小破飞船根本打不过水母飞船。”

法尔科尼没有回答，但基拉能看出来他不同意科伊奇的话。

“你的计划是什么？——基拉。”

“只要往适当的位置发射一两枚卡萨巴榴弹炮，至少能带走一半水母飞船。——法尔科尼。”

"'壁鱼号'能靠得足够近吗？——基拉。"

"这个就让斯帕罗和格列戈罗维奇去操心吧。——法尔科尼。"

穿着动力装甲的特里格在她旁边哐哐地走着，看起来和她一样担心。"跟紧我，你会没事的。"她说。

他朝她笑笑："好的，只要别刺我就行。"

"不会的。"

砰砰两声震撼了空气，两艘水母飞船冒着炫目的蓝色火焰，刺穿云层，从暮色的天空降落。它们消失在定居点东部边缘的塔楼后面，接着推进器的轰鸣声也消失了。

"快走。"科伊奇厉声说，虽然没有人需要被催促，所有人都在用最快的速度赶路。霍斯、尼述和其他搜索队的成员也回来了，列队跑在基拉和其他人身边。

基拉耳朵里响起无线电的嘶嘶声，走在她前面的两个士兵中的一个说："长官，我们来到目标地点了。这里锁得比银行保险库还严实，没有明显的入口。"

"强行进入。"科伊奇气喘吁吁地说，"不管做什么，不惜一切代价守住那里。"

"收到。"

一时间，基拉担心他们会损坏权杖，接着打消了顾虑。假如他们连这栋建筑都进不去，那么顾虑都是多余的。

左边的桑切斯说："400米外有动静！正在接近！"

"该死，它们可真快。"尼尔森说着，给手里的短管步枪上膛。

基拉启动了爆能枪的瞄准程序，鲜红的准星出现在她的视野中央。

接着桑切斯用基拉听不懂的语言咒骂了一声，她的眼屏无法翻译。"他们刚才干掉了我的无人机。"他说。

"我的也是。"另一个士兵说。

"该死，该死，该死，该死。"霍斯说，"我的也没了。"

"我们必须离开这条街，"法尔科尼说，"我们在开阔地就是活靶子。"

科伊奇摇摇头："不，我们继续前进。如果停下来，它们就会赶上我们。"

"250米，还在接近。"桑切斯说。他们都能听见建筑群中的噪声了：

砰砰声、咔咔声，还有无人机的嗡嗡声。

基拉重新评估了她对软刀的控制。只执行我想要的，她想，用尽全力将这个想法传达给软刀。不管局面变得多么混乱，不管她会变得多么痛苦和恐惧，她都不会再让软刀在她不经意间杀人了。绝对不会。

接着她示意软刀覆盖住她的脸。即便戴上了防护服配套的头盔，她还是想再增加一层保护。她的视野在眨眼间变黑，接着又变亮了，她能看到和之前一样的东西，另外还能看到朦胧的紫色电磁场波段。附近几座建筑的墙上都散发着密密麻麻的线圈，将还有电力的地方都标注了出来。（她之前怎么没想到呢？）

“这是自杀。”法尔科尼说。他抓住基拉的手臂，将她拉进最近一座建筑的敞开的门廊里：“这边。”

“停下！”科伊奇大吼道，“这是命令。”

“胡扯。我又不是你的下属。”法尔科尼说。尼尔森跟着他，特里格和两个熵主义者也是。过了一会儿，科伊奇别无选择，只能命令士兵跟上法尔科尼。

这座建筑的第一层就很高。高耸的柱子按照固定的间隔排列着，这些石柱像树枝一样往天花板分岔。如此景象宛若一股无形的力量，让基拉回想起了那些梦境。

科伊奇冲到法尔科尼面前：“你再做这种蠢事，我就让他们驮着你走。”他猛地拔出爆能枪，指着那些动力装甲兵。

“这——”法尔科尼没有说下去，因为外面的声音越来越响。基拉注意到他们刚刚离开的那条街道上有动静。

第一个水母爬进了她的视野：一个长着触手的鱿鱼，和基拉之前见过的相似。紧随其后的是更多的鱿鱼、一个龙虾形态的生物、一个大嘴怪，以及几种她只在新闻里见过的形态。白色的球形无人机在他们头顶飞来飞去，而在更远的地方，她看到某种分节的载具正穿过碎石满地的街道……

几乎同时，水母和士兵放出箔条和白垩粉，将各自隐藏起来。

“快走，快走，快走！”霍斯喊道。

爆能枪和射弹枪开始射击，基拉头顶的柱子被轰出一堆碎石。

她低头跑起来，紧挨着特里格的外骨骼。他们身后不断有爆炸声。法尔科尼转过身，用他的榴弹枪开火，但是基拉没往后看。

他们唯一的希望就是速度。

领头的两个士兵用被金属包裹的双肩撞穿了面前那堵墙。又是一个空房间，他们接着撞穿一面墙，冲进了一条狭窄的街道。

“继续跑！”尼尔森大喊道。

基拉寻找那两个熵主义者，看到他们正身处缭绕的白垩粉中：幽灵般的身影伸出手，几乎交叠起来。“这边！”她喊道，希望能帮他们找到方向。

她和队伍里的其他人一起疾速跑过街道，跑进另一栋建筑里。这栋更小一些，走廊又高又窄，勉强只有外骨骼那么宽。每走一步，外骨骼就会刮掉墙上的苔藓，洒落在地板上。

士兵们继续如蛮牛般前进，破坏前面的一切障碍物。基拉不由得想，未来的考古学家肯定会因这种破坏行为而大为光火。

他们穿过一个房间，地面有水池一样浅浅的凹陷——*基拉记得池子里的香味和水花溅起的声音*——然后是一条拱廊，一些早已破损的用透明材料制成的大型管子沿着墙壁往上——*一具具身体升到空中，手臂伸出来保持平衡*——接着他们又破壁而出，来到比第一条街道还宽敞的街道上。

无人机的嗡嗡声更大了。激光穿透了他们周围的白垩粉，基拉看到过热的空气发出线状闪光。

一个龙虾形态的水母从这栋高大建筑的一侧掠过，像一只巨大的昆虫趴在墙上，然后跳起来扑向塔图波阿的装甲背后。

他大叫一声，身体扭动起来，挥舞着手臂，徒劳地想把这叽喳乱叫的生物甩下来。“别动！”霍斯喊道，举起步枪开火。每一枪都让基拉的胸口感受到一阵压力。

脓液从龙虾的一侧爆出，它抽搐着倒在有裂纹的路上。

但是它已经完成了自己的任务。它拖慢了他们的脚步，足以让其他三个鱿鱼包围这栋建筑，并逐渐靠近他们。

士兵们没有因吃惊而自乱阵脚。当鱿鱼进入他们视野的那一瞬间，两副沉重的外骨骼前部安装的大型机关枪就开火了。即便隔着头盔和软刀的面罩，开火的声音也让基拉内心深处感到强烈的痛苦和恐惧。

基拉继续蹒跚前行，感觉自己全身的骨骼正遭受着重击。

三只鱿鱼在士兵们的子弹轰击下上蹿下跳。它们伸出触手，用爆能枪、射弹枪和一把旋转的死亡之刃反击，结果那把刀插入了街边的墙上。

一个士兵扔出了一枚手榴弹。法尔科尼也用他的榴弹枪开火，两波爆炸杀死了那些鱿鱼。被炸飞的肉块扭动着，像雨点一样落在基拉周围。她低头躲了一下，用手臂护着脸。

接着他们又进了一个房间，一半士兵负责断后。他们分散到两边，用拐角、碎石堆和看起来像高背长椅的东西作为掩护。三个人在流血：穿外骨骼的塔图波阿和两个穿防护服的人。看起来他们都被激光枪打中了。

没有人停下来处理伤口。那两个穿防护服的队员中，有一个人在拿着爆能枪的同时，拿出一罐医疗泡沫，喷在自己的伤口上，喷完后把它扔给了同伴，后者也将泡沫喷在了自己的伤口上。整个过程无缝连接。

"走！走！从后面出去！"科伊奇喊道，继续从这栋建筑的出口撤退。

"还有多远？"尼尔森问。

"200米！"霍斯大声说。

"那——"

砰！

墙和天花板像鼓面一样振动，建筑的一角往里塌陷，积累了几个世纪的灰尘散落到空气中。天花板下陷，到处都能听见嘎吱声、咔嚓声和倒塌的呻吟声。她示意软刀切换到红外线视野，透过房间一侧刚破开的口子，基拉看到了墙外的水母载具：黑色，来势汹汹，分节的甲壳让基拉联想到巨大的西瓜虫。在它的后背上，一个巨型炮塔正瞄准他们——

特里格、尼尔森及士兵们一起开火。接着，乔鲁斯和薇拉出人意料地向前走去，形同一个人。他们张开手臂挥舞着，异口同声地喊了句什么话。

一阵灼热的光线模糊了房间。基拉眨眨眼，失明的恐惧传遍了全身。

光线减弱后，她的视野中出现红色斑点。在他们面前，她看到一张单丝[①]网罩住了墙面、损坏的墙角和外面的载具。当带电的触手爬过暴露的甲壳时，载具的一侧卷了起来，抽搐着。

更远处，又有一些水母朝这边赶来。

---

① 单丝：纤维中的单根长丝，比复丝中的单根丝粗。——编者注

“快跑！”两个熵主义者喊道。

他们全都跑起来。

“你们刚才做了什么？”基拉大声问。

“魔法！”薇拉回答，基拉对此并不满意，但她没时间深究了。

他们破开这栋建筑的后部，来到另一座广场。从广场望过去，基拉看到了她从空中标记的陵墓一般的建筑。两个动力装甲兵正蹲在紧闭的入口处，金属手套下冒出蓝白色的切割火焰。

当基拉和同伴们穿过广场时，那两个人关掉了火焰，卧倒在地上，开枪为他们掩护。

科伊奇旁边的一个士兵绊倒在地，膝盖溅出血和碎骨。特里格伸出一只手，扶着他走到那座陵墓。

基拉蹲到一块石板后面，用它做掩体，喘了口气。如果水母靠得足够近，她就能用软刀解决它们，但到目前为止它们一直保持着距离。它们知道自己面对的是什么，所以十分谨慎。该死！它们有必要这么聪明吗？

一架水母的无人机突然自石板上空出现。尼尔森用外骨骼的激光枪击落了它。透过她的面罩，基拉看到她面红耳赤，汗流不止。几缕头发从她的马尾辫散落，贴在她脸上。

特里格将膝盖受伤的士兵扶到另一块石板后面。他的防护服上写着他的名字“雷丁”。桑切斯跑过来，在基拉难以置信的目光中，用爆能枪将雷丁受伤的腿割了下来。

雷丁甚至没有叫出声，但在切割时用力闭上了眼睛。他一定是用了神经阻滞药物来止痛。桑切斯用止血绷带绑住残肢，把医疗泡沫喷在流血的伤口上，接着拍了拍他的肩膀，又和其他士兵一起躲在石板后射击。

基拉看着陵墓的前部。入口被一块看起来十分坚固的金属封住了，那两个士兵只切开了一道巴掌宽的口子。

尼尔森和特里格用外骨骼抓起基拉面前的石板，竖立在他们和聚集到广场边缘的水母之间，使其形成一道屏障。士兵们也竖起其他石板，在陵墓前摆成半圆形。

“如果你要做什么，现在是时候了。”法尔科尼说，从腰带上的袋子里拿出子弹给弗朗西丝卡装上。

“去他的，”科伊奇说，“用定型炸药把它炸开。”

“不！”基拉说，“你可能会炸毁权杖的！”

科伊奇往下蹲，闪避头顶呼啸而过的子弹和弹片。他拿出一罐白垩粉，拉开拉环，将其扔向广场中心：“如果进不去，我们就会死在这里。”

基拉的脑海里闪过自己从水母飞船的墙上扯下传输器的情景。“拖住他们！”她说着飞快地站起来，低头冲到陵墓紧闭的入口前，将双手放在冰冷的金属上。

她慢慢放松对软刀的控制——放松了一点儿。汗水流进了她的眼睛，接着让它往外延伸，像橡胶垫一样拉伸、延展。别失控……别失控……

一颗子弹从她从头上飞过，撞到那块金属后被压平了，银色的碎片溅了她一身。基拉缩起肩膀，试图忽略持续不断的枪击声和手榴弹的爆炸声。

软刀撕开了她的防护服，在她指间形成了一张相互缠结的卷须的网。卷须往外伸，涌向金属表面，用无数细如发丝的触角摸索、抓取。

“图勒！”特里格惊呼。

“得快点儿了。”法尔科尼用寻常的口吻说。

基拉用软刀往里按压，把它挤进每一道缝隙和纹路，甚至是极其细微的裂痕。她感觉软刀（也是她自己）钻入金属的内部结构，就像树根在坚硬的土地里艰难扎根一样。

这块金属厚得令人难以置信。数米厚的金属成了陵墓入口的铠甲。这是想把什么东西挡在外面呢？她想。接着她突然想到，也许它们想把软刀挡在外面。

当金属开始弯曲时，其表面辐射出了热量。“准备！”她喊道。在延伸出去的卷须感到动静的一瞬，她用力一拉。

随着一身闷响，金属分开了。空气中扬起闪光的粉尘，软刀的纤维拉出了这座建筑沉重的银灰色墙块。她面前出现了一个黑暗的开口。

三艘水母飞船轰鸣着从她头顶飞过，像流星一样拖曳着火焰和烟雾。从飞船上落下很多空投舱：邪恶的种子播撒在这座城市里。太晚了，基拉得意地想。

她收回软刀，再次变回原样。

4

随着基拉往黑暗的深处走去，子弹从金属的锯齿边缘飞过，激光冲击波在上面熔出了手指粗细的洞，熔液四处溅射。

法尔科尼紧紧跟在她身后，后面是特里格、尼尔森以及其他队员。士兵们点亮了扁平的半球形照明灯，随手丢到房间各处。

这个房间很大、很深。在不完全的照明下，基拉还是认出了拱形天花板和镶嵌花纹的地板。这个地方她很久之前走过，和至高者一起，就在终结之日前几天……一阵墓地里的寒意让她停了下来，她轻声说："所有人都小心点儿。不要触碰任何东西。"

在她身后，霍斯厉声发出命令，士兵们将枪口瞄准了刚刚经过的锯齿状开口。

"守住这里，"科伊奇说，"不要让水母进来。"

"是，长官！"

基拉继续深入黑暗，法尔科尼加入了她，还有科伊奇、尼尔森、特里格、两个熵主义者。但当她往里走的时候，他们让她走在了前面。

既然他们已经进入陵墓，基拉就知道要往哪里走了。她的脑海里没有疑问，古老的记忆让她确定这里就是那个地方，她寻找的东西就在前方……

枪声持续不断地在这个洞穴般的空间内回响，宛如雷鸣。这里归于沉寂已经多久了？现在水母和人类的战争打破了这份平静。基拉想知道，如果绝迹者还在，它们会让哪一方来承担过错。

从入口向内走了30米，他们来到了房间的尽头。那里矗立着两片向外弯曲的高大门板。白色的底子上画着蓝色的分形线条，比她在这座城市的任何地方看到的都更华丽。

基拉举起一只手。在她触碰那扇门之前，一个光圈出现在与她头顶齐平的高度，和两片门板之间的缝隙重合。然后，门板悄无声息地打开了，滑进墙内，消失在了看不见的凹室里。

他们面前出现了另一个房间，比前厅小一些。它呈七边形，天花板上有星星般一闪一闪的光，地板上有一层肥皂泡般微弱的、五彩斑斓的光。

房间的每个角落都放有一个水晶方尖碑，蓝白色，半透明，只有她对面的那个是红黑色的。所有方尖碑都显得庄严肃穆，仿佛用不赞同的目光俯瞰着整个房间。

但真正吸引基拉的是房间中央的东西。三个台阶上有一个高台，也是七边形的；台阶太高、太窄，对人类来说很不方便。高台上有一个底座，底座上有一个四面体的盒子，像切割过的宝石一样闪闪发光。

盒子里悬浮着七个碎片，那是碎裂的蓝色权杖。

基拉盯着它。她无法理解，也无法接受。“不。”她低声说。

接着她的眼屏上传来警报，她看了一眼，忍不住低吼一声，声音回荡在绝迹者的陵墓中。

又有14艘飞船进入了这个恒星系。这次不是水母，而是梦魇。

第四章

* * * * * * *

惊恐

1

他们被包围了。他们必须出去战斗，而且很有可能会死。

当现实像铁棺材一样裹住基拉时，她感到天旋地转。这一次插翅也难飞了，没有用计的可能，没有回旋的余地，也没有拖延的希望。他们和能够施以援手的地方都相隔太远了，而无论水母还是梦魇都不会手下留情。

这都是她的错，她也无法弥补。

“它本来就这样吗？”法尔科尼指着碎裂的权杖问，声音有些刺耳。

“不是。”基拉说。

“你能修补吗？”科伊奇呼应了基拉的想法。

“不能，我甚至不知道它能不能修补。”

“你的回答我无法接受，纳瓦雷兹。我们——”

砰！

建筑震颤了一下。星光闪烁的天花板上落下碎片，好似坠落的天堂。盒子摇晃几下也掉下来摔碎了，蓝色权杖的碎片朝各个方向飞散。

两个熵主义者弯腰捡起了一块碎片。

透过内部密室的入口，基拉看到陵墓前的屏障已经被轰开了。那辆西瓜虫载具就停在外面，之前它毫无动静，现在主炮正对着他们的方向。士兵们一边从锯齿开口往内撤，一边不断地朝西瓜虫发射子弹和激光。

士兵们集中火力打西瓜虫，主炮一侧冒出了火花。

“法尔科尼！‘壁鱼号’离我们还有多远？”科伊奇问，扛着枪跑到门的一侧。

“还有15分钟才能到。”法尔科尼跑到了门的另一侧。

“该死。进来！进来！快！快！”科伊奇一边对手下大叫，一边朝烟雾和粉尘中的目标射击，像机器一样精准。

“我们被压制了！”霍斯说，“兄弟们受伤了！不能——”

穿外骨骼的尼尔森哐啷哐啷从基拉身边跑过，冲向陵墓前的区域，把她吓了一跳。法尔科尼咒骂一声，快速地连发三枚榴弹，为她争取时间。

每一枚榴弹发射后，都会驱散烟雾、白垩粉和粉尘，清出一片球形区域。过了一会儿，灰白色的烟雾快速聚拢，再次阻挡了他们的视线。

基拉感到羞愧，冲在尼尔森后面。她看到大副拽起两个跌倒的士兵，将他们拖往陵墓里面。基拉发现了另一个受伤的士兵，只有他还穿着外骨骼。她冲到他旁边，按下动力装甲一侧的“快速脱离”按钮。

装甲前面的盖子打开了，那个男人跌了出来，咳着血。“我们走。”基拉说着，把他的手臂扛在自己肩膀上。

基拉扶着他，匆忙走向密室的门。尼尔森已经放下那两个伤员，回到开口处。

基拉身体右侧受到一阵猛烈的撞击，令她单膝跪在地上，全身麻木。她往下一看，马上就后悔了：她肋骨附近的黑色纤维被炸开了，形成一簇细针；伤口的血液、肌肉和骨头清晰可见。

就在她看的当口，纤维开始缠结在一起，收拢住了伤口。

她抽了口气，拖着失去知觉的双腿，努力继续前行。一步，两步，然后她又可以正常行走了，那个男人依然沉重地压在她的肩膀上。

当她来到门前时，法尔科尼把那个男人从她的肩膀上放下来。她立刻转身往回走，但法尔科尼抓住了她的手臂。“别犯傻了！”他说。

她挣脱了他，往烟雾深处走去，寻找剩下的士兵。陵墓外，还有更多的枪击和爆炸。如果没有软刀，基拉根本没办法在如此嘈杂的环境中思考和行动。每次爆炸的冲击波都强烈得能震到她的骨头，她周围的物体随之变得模糊，噪声也越来越响。

它们在哪里？烟雾中，她看不到水母，只有扭曲的、莫可名状的影子在昏暗中扭动。

“发射SJAM火炮。”科伊奇厉声说，“卧倒！”

基拉马上趴在地上，护着头部。

半秒钟后，广场周围的街道上接连响起四声爆炸声，地狱般的火焰照亮了整个区域。地面荡起涟漪，冲击波砸在她脸上，让她咬牙咬得生疼。

“报告情况，”科伊奇说，“给我能看到敌人的视野。”

“看起来我们解决了大部分水母，”霍斯说，“但是没办法确定，需要等待更好的视野。”

烟雾在爆炸后更加浓重，遮天蔽日，广场几乎一片漆黑。

基拉仔细聆听，没有听到枪声，也没有听到水母移动的声音。风渐渐吹散烟雾，她冒险探出头往四周望去。

哐当！在暴露的陵墓前厅，尼尔森蹒跚着往回走，她的动力装甲前面有一个巨大的凹痕。她用手臂上的自动机枪朝雾霾中开了几枪，基拉听到了子弹打在肉体上的声音。

在充斥着障碍物的街道上，基拉通过热成像看到几个热量点正往这边赶来。又来了一些水母。

特里格跑出陵墓内侧的密室，朝尼尔森跑去。他在她身边侧滑着停下时，科伊奇说：“这是我们能从‘伊莫拉号’那里得到的所有援助了。在发射SJAM火炮后，如果水母不追它，我们就算走运了。把所有人都带到里面去，快！”

地上还躺着四个士兵。基拉朝最近的那个跑去。

水母的一架白色无人机进入了他们的视线，飞过陵墓破损的正面边缘。与此同时，一个长着触手的巨大鱿鱼爬过堆积的碎石，扭动的肢体举着一对爆能枪。

基拉伸手想拿武器，却没有摸到。枪呢？她把它落在哪儿了？但来不及了，没时间，没时间——

特里格跳到尼尔森面前，同时扣动了爆能枪和步枪。他面部狰狞，通过无线电大喊道：“啊！来吧，混蛋！吃我一枪！”

子弹打到了那架白色的球形无人机，它打了个转，闪着火花坠落在地。在它后面，鱿鱼往后退，用触手举起一架棒状轨道炮。

软刀向外挣扎着想要发动攻击。出于习惯，基拉抗拒着，不想释放它，不愿意相信它——砰。

水母的武器发出短促、尖锐的一声，穿透嘈杂的背景音，像一个有声音的标点符号。接着是令人惊讶的寂静。特里格的动力装甲被锁住，他停止了射击，然后如一尊雕像缓慢地往后倒下。

在他的面罩正前方有一个手指粗细的洞，恐惧的表情冻结在他的脸上。

“不！”法尔科尼吼道。

好一会儿，基拉震惊得瘫在原地，接着她惊恐地意识到发生了什么，回过神来采取行动。太晚了。她放松了对软刀的控制，想解除对软刀的束缚，把那个水母碎尸万段。

她还没来得及这么做，一个穿防护服的女人冲到了鱿鱼前面，手上挥舞着一片白色布条：“等一下！停手！停手！我们为和平而来！”

基拉愣住了，无法理解眼前的一切。

陌生女人吃力地爬到陵墓内，面罩上金色的光泽退去，露出一张坚毅的、布满皱纹的脸。

一开始，基拉只看到了不熟悉的五官。接着她切换了视角，行星似乎在她脚下倾斜。“是你！”她说。

“纳瓦雷兹。”茨切特少校说。

2

陵墓破损的正面又聚集了一些水母，但不知为何它们没有射击，所以基拉无视了它们，冲向特里格。

法尔科尼和队伍里的军医紧随其后。军医熟练地卸下特里格的头盔，淤积的血喷涌而出，在镶嵌花纹的地板上形成深红色条纹。

特里格还有意识，他惊恐地睁大眼睛，眼珠疯狂转动着。子弹打在了他的脖子根部，打穿了动脉。血以一种吓人的速度往外涌出，喷涌的力度越来越弱。他的嘴唇翕动，但什么也说不出来，只发出一种可怕的气泡声，像溺水者绝望的喘息。

都是我的错，基拉责怪自己。她本应更快采取行动的，她本应相信软刀的。如果她没那么专注于控制软刀，她本可以保护那孩子。

军医从口袋里拿出一个氧气面罩，罩住特里格的嘴巴。接着他拿出一罐医疗泡沫，将喷嘴放在伤口中心喷射起来。

特里格的眼睛往上翻，呼吸断断续续。他的手臂开始发抖。

军医站起来：“他需要冷冻休眠。除非你能让‘伊莫拉号’在几分钟内赶到这里，不然他没救了。”尼尔森站起来，用一只手按住装甲胸前的凹痕。军医指着她问:“你需要治疗吗?”

“死不了。”她说。

听到这话，军医匆忙前往其他需要救治的士兵身边。

“我们能不能——”基拉开口对科伊奇说。

“‘伊莫拉号’已经在路上了。”

基拉看着天空，几秒后听到了“伊莫拉号”的推进器发出的特殊的轰鸣声。“在哪里——”

三道激光从城市外围的某处向上射去，每一道都相当于一打手持式爆能枪的威力。一秒钟后，一颗燃烧的星星从云层坠落，那是“伊莫拉号”。它拖着一条带菱形蓝色冲击波的白色尾气。穿梭机消失在了最近那座山的侧面，一道炫目的闪光照亮了整座山谷，自建筑物底部向东投射出水流般的阴影。

“寻找掩体!”科伊奇喊道，潜到一堆碎石后面。

法尔科尼用身体为特里格遮挡，基拉也做了同样的事，用软刀上的纤维缠结起来的网将他们固定在原地。

她在脑海中计数:1, 2, 3, 4, 5, 6, 7——

冲击波袭来，地面起伏，风掉转了方向，声音和力道都超过了千道闪电。随之而来的是一阵令人窒息的热浪。塔楼摇晃起来，呻吟着，一块块墙体应声四散，灰尘像洪水一样涌入哀嚎的街道。空中全是碎石，和子弹一样致命。好多碎片击打到他们藏身的石板上。在手臂的遮挡下，基拉看到满是坑洞的西瓜虫的尸体被吹入了黑暗之中。

她抬起头。一朵巨大的蘑菇云从山那边冒出，朝平流层冉冉升起。穿梭机的核能强得惊人;此前，她没想到它有这么大的威力。如果没有山体遮挡，他们肯定都死了。

她松开纤维网，放开了法尔科尼和特里格。法尔科尼说:“那是——”

“‘伊莫拉号’没了。”科伊奇说。

爆炸来自穿梭机的马尔可夫引擎中存储的反物质。现在该怎么办?他们本就糟糕的处境变得雪上加霜。

当呼啸的狂风逐渐平息时，他们站了起来。特里格依然在抽搐，基拉知道他很快就要死了。

当冲击波袭来的时候，那些水母相互紧挨在一起。现在茨切特正站在一个水母面前，她看起来正在和它说着什么，但基拉什么也听不见。

鱿鱼开始朝特里格走去。

法尔科尼发出威吓的声音，举起手里的榴弹枪。基拉蹲下来，指间伸出利刃。“离远点儿，不然我就把你炸成碎片！”船长说。

“我的同伴说它们可以帮上忙。”茨切特说。

“这就是它们射伤他的理由？”

茨切特露出遗憾的表情：“那是个误会。”

“当然。你又是谁啊？”法尔科尼张大鼻孔，眯起眼睛，目露凶光。

茨切特挺直腰背：“联军司令部情报部少校伊利娜·茨切特，人类，星际联盟的忠诚公民。”

“她就是我和你提过的那个人。”基拉轻声对法尔科尼说。

“来自‘情有可原号’？”

基拉点点头，视线没有离开茨切特和那些水母。

尼尔森伸出一只手放在他的肩膀上：“如果你不让它们帮忙，特里格会撑不下去的。”

“快决定，法尔科尼。”科伊奇说，“我们没时间磨蹭。”

过了一会儿，法尔科尼甩开了尼尔森的手，从特里格身边退开，但还是用弗朗西丝卡指着那些外星人：“好吧。但如果它们杀死了特里格，我就直接开枪，没得商量。”

远处，蘑菇云还在继续攀升。

当鱿鱼朝特里格爬过来时，基拉让指间的利刃保持原状。那个水母的动作像外科医生一样准确又优雅，它用触手解开了特里格的动力装甲，直到他只穿着防护服、戴着氧气面罩，躺在支离破碎的地上。接着，水母用一根粗壮的触手裹住他，几秒钟后，从触手的吸盘上渗出浓稠的黏液。

“这是什么玩意儿？”法尔科尼的语调几近失控。

“没事的，”茨切特说，“它们之前也这样治过我。很安全。”

水母用触手把黏液涂满特里格全身，然后黏液变得浑浊，也变得坚硬，形成了一个发光的人形容器。整个过程用时不到一分钟。

外星人将容器放在地上，退回到茨切特身边。

法尔科尼把一只手放在容器的外壳顶部。“它做了什么？他还能在里面呼吸吗？我们没时间——”

“这就是它们的冷冻舱。”茨切特说，“相信我，他会好起来的。”远处的街道上又响起了枪声，几个水母悄悄溜走，朝枪声传来的方向而去。茨切特挺直身板看向基拉、科伊奇和队伍里的其他人，说：“它们会给我们争取点儿喘息的时间。与此同时，我们需要聊聊。马上。”

3

“我们怎么知道你是不是本人？”科伊奇问道。当基拉告诉阿卡维自己不得不将茨切特少校和伊斯卡下士留在阿德剌时，科伊奇就在现场。

茨切特坐在一块碎石上，看着基拉，撇了撇嘴：“我好像在‘情有可原号’上问过你同样的问题。”

少校和基拉记忆中几乎一模一样，只是看起来更瘦了，仿佛瘦了十斤。她的表情里带着一种之前没有的狂躁。这也许是当前的状况所致，也许有别的意味，基拉无法确定。

她想不出茨切特为什么会出现在这里。基拉从未想过自己能再见到这位少校，更不用说在遥远的宇宙尽头这颗死寂的行星上了。这种违和感比刚才的爆炸更让基拉感到头昏脑涨。

法尔科尼交叉双臂：“水母可能扫描了你的植入物，读取了它们需要的一切信息来冒充你。”

“你不相信我也无所谓。”茨切特说，“我是谁和我为什么来这里没有任何关系。”

科伊奇狐疑地看着她：“那你为什么来这里，少校？”

“先说重点。你们找到蓝色权杖了吗？”

见基拉和其他人都不回答，茨切特打了个响指：“这很重要。你们有没有拿到它？我们必须知道，马上。”

科伊奇朝两个熵主义者示意：“给她看看。”

薇拉和乔鲁斯伸出手，拿出蓝色权杖的一枚碎片。

“它碎了。”茨切特绝望地说。

“是的。”

她的肩膀耷拉下来。“该死的。”她轻声说，“水母还指望用权杖对抗腐坏者[①]——它们是这样称呼梦魇的。没有它……”她再次站直，挺直腰背。“我不知道我们还能不能活命。不是它们死，就是我们亡。”

“真有这么严重吗？”基拉问。

少校郑重地点点头：“很严重。腐坏者袭击了水母的整片疆土。起初只是小规模的突袭，后来规模越来越大。当我和伊斯卡下士被接上水母飞船时，一些腐坏者已经在天龙座 σ 的周边星域四处搜寻了。它们摧毁了两艘水母飞船，我们乘坐的那艘差点儿没逃出来。”

“腐坏者到底是什么？”基拉问，“你知道吗？”

茨切特摇摇头：“我只知道水母被它们吓破了胆。水母说它们以前就和腐坏者交战过。据我所知，水母的战斗并不顺利，现在这一批腐坏者更加危险。它们有不同的形态、更精良的飞船，等等。水母似乎还认为我们和腐坏者有关，但我不清楚细节。”

尼尔森举起一只手：“你怎么知道我们把那些东西称作‘水母’和‘梦魇’？你又是怎么和水母交流的？”

“水母一直在监听联盟的所有广播。”茨切特说，“我们离开前，它们把最新情况都告诉了我。”她拍了拍头盔前方：“它们通过把气味转化成声音进行交流，反之亦然。它们的电磁通信也采用了相同的模式。所以我们人类也可以学习它们的语言，尽管很困难。”

科伊奇不耐烦地变换姿势：“你还是没有解释你为什么来这里，少校。为什么这些水母对你十分友善？”

茨切特深吸了一口气。街上的枪声变得更近了：“我给你发一份文件，里面讲得很详细。简单地说，与我合作的水母属于一个派系，它们想和联盟合作，推翻它们的首领，以谋求我们两个物种的生存。它们需要我们的协助才能成功。”

看到众人脸上的表情，基拉知道自己不是唯一感到困惑的人。

科伊奇眯起黄眼睛，瞥了一眼天空：“你听到了吗，船长？”

过了几秒，阿卡维回复道：“听得一清二楚。少校，如果这是真的，你

---

① 腐坏者：见附录三“CORRUPTED”（第 801 页）。

为什么不直接回联盟？为什么大老远跑来提出这个建议？”

“因为就像我说的，水母在监听进出整个人类空间的通信。我的水母同伴不能冒险直接联系我们的总理。如果被它们的上级监听到了，它们就会被抓起来处死。另外，我们需要找到蓝色权杖，不让基拉和她的防护服落入坏人手里。”

“我明白了。好吧，我会浏览你发来的文件。与此同时，你们得离开那块石头。我们现在被拖住了，而且有很多水母和梦魇正在朝这里飞来。”

“收到。”科伊奇说。

“还有，”茨切特赶紧说，“水母正在联盟外组建一支超级舰队。一旦组建完成，它们就会在全力对付腐坏者之前席卷并碾压我们的军队。我听说水母很久之前就制订了征服人类的计划，但最近正在加速准备工作。水母的首领将在舰队筹备现场督工几个月。我的同伴们建议联军司令部和它们在舰队附近会合，然后发动一次精准的斩首行动。”

一声沉闷的爆炸声在城市远端响起。战斗似乎在往广场和陵墓转移。

“你的朋友能百分之百确定它们的首领会在舰队附近吗？”阿卡维问。

“它们是这么说的。”茨切特说，“不管有没有用，它们说的是实话。”

阿卡维自喉咙深处咕哝了一声：“明白了。即便这是一条没有价值的情报，我们目前最要紧的还是把消息传回联盟。水母在整个恒星系中干扰我们的通信，所以不能发送直接信号。无论如何都要很久。隔着这么远的距离，只有高功率、低传速的信号才能送达。也就是说，至少需要我们中的一艘飞船从这里突围出去，而这要费好大一番工夫。”

阿卡维还没说完，法尔科尼就走开了几步。他的嘴唇在动，但没出声。接着他大声咒骂起来，声音大到隔着头盔都能听见：“该死的！难以置信。”

“怎么了？”基拉说。

他愁眉苦脸地说：“华钟在天鹅座61修复的那条冷却管刚才又坏了。在修好它之前，‘壁鱼号’不能停下来。他们会从这颗行星附近飞过。”

“该死。”

“我的同伴们在城市边缘有两艘飞船。”茨切特指着她身后的水母说。整个过程中，它们都一直耐心地等待着。“它们能带你们飞回太空。”

基拉瞥了一眼法尔科尼、科伊奇和尼尔森。她能看出他们都在思考同一件事：他们能否信任水母并登上它们的飞船？要是它们想剥夺软刀，她该怎么办？她能阻止水母吗？

“我敢肯定你说得没错，少校，”科伊奇说，“但我不太喜欢这个主意。”

阿卡维插话道：“太糟糕了，指挥官。你得马上离开那块石头，马上。至于你，少校，如果这是一个陷阱，‘达姆施塔特号’会在你们离开这个恒星系前就炸穿你们的两艘飞船，所以别让你的水母朋友打什么歪主意。”

茨切特抬起头，像是要敬礼：“是，长官。没有歪主意，长官。”

科伊奇正准备转身：“好，我们需要——”

“等一下，”基拉说，然后径直走到茨切特面前，“我有个问题。”

“别问了，纳瓦雷兹。”科伊奇厉声说，“我们没时间了。”

基拉执意问道：“为什么水母认为是我们挑起了战争？它们才是最先攻击‘情有可原号’的一方。”

科伊奇停下来，将手指放在爆能枪的扳机上：“我也想知道，少校。”

茨切特快速回答道：“和我合作的水母将异种放在阿德剌上，是不想让其他族人发现它。很显然，异种曾经是它们最大的威胁，而水母对它充满敬畏。从它们透露给我的信息来看，它们会采取一切措施防止异种与另一个宿主结合。”

“原来这就是它们攻击我们的原因。”基拉说。

茨切特点点头：“从它们的角度来看，我们无异于闯入绝密军事基地的小偷。想象一下，要是人类遇到同样的情况，联军司令部会作何反应。”

“这仍然无法解释为什么其他水母会攻击我们，”科伊奇说，“你的朋友没告诉它们阿德剌上发生了什么吗？”

少校毫不迟疑。“当然没有。据我所知，大部分水母在基拉从天鹅座61发出信号后才知晓她的存在。”她做了个哭笑不得的表情，“那时我的朋友们刚把我解救出来，开始和我交流。重点是，对水母的首领来说，当腐坏者凭空出现并发动进攻后，这场战争就打响了，而且它们还用英语向外发送广播。所以水母以为人类和腐坏者结盟了。此外，腐坏者没有进攻任何人类领地也是一个原因。”

“但不管怎么说，水母依然计划入侵人类的领土。”法尔科尼说。

“是的。”

基拉这时问："腐坏者知道蓝色权杖或者软刀吗？"

茨切特站起来："权杖我不知道，但水母似乎认为腐坏者会被软刀之类的东西吸引。我不确定，因为还存在语言障碍。"

像是为了应和她的话，接连两次声爆撼动了整座山谷。四艘有尖角的黑色飞船呼啸着从天而降，坠落到城市里不同的地方。它们的外形不同于基拉在天鹅座61看到的梦魇飞船，但同样给她一种邪恶的感觉。

一想到梦魇可能是专门来抓捕她的，基拉十分不安。

子弹和脉冲激光的声音在城市的塔楼之间回响，让人摸不清战斗发生的地点。500米，或许更近。战斗离他们越来越近了。

"好了，大家列队！"科伊奇说，"我们得抓紧了。"

茨切特说："让我跟同伴说一声，确保它们了解我们的计划。"她转向水母，开始说话，没人听见她在头盔里说了什么。

当少校讲话时，基拉扯下她破损的防护服。穿着它只会碍事，而且她想要……是的，就是这个：聚在一起的水母发出的近味。让软刀完全暴露后，当水母观察周边情况并做出反应时，她就能感知它们之间传递的信息了。她该早点脱掉防护服的，这样就能直接向外星人提问了。

根据近味的形式和结构，她很容易就认出了领头的水母。它是一个巨大的鱿鱼，肢体上有柔韧的黑色装甲。在基拉看来，这种装甲和软刀没什么区别。

她靠近它。基拉：你叫什么名字？鱼群首领。

那群水母惊得乱作一团，它们的触手像有了生命般各自扭动。勒菲特：理想态让你能使用近味和我们交流！还有什么——

一串不连贯的爆炸声打断了他们，听起来很近，十分危险。一大群水母从东面一条街上接近，和两个后撤的水母交火，基拉猜那两个水母应该就是勒菲特的手下。而从西面几条街道涌来、即将与它们交汇的是一大群有着扭曲肢体的身影，它们踏过一堆堆碎石，甚至踏过同伴的身体。后者饱受摧残的肉体呈现出黑红相间的颜色，带着像法尔科尼前臂上的那种伤疤。这是一支腐坏者军队，即梦魇军队。

接着他们身后传来一声咔嚓声，和枪声一样响。基拉蹲下来，一时摸不清状况，还以为自己被伏击了。

在陵墓密室的深处，那个红黑色的方尖碑碎裂开来，表面划过白色的裂纹，震落了灰尘。随着不祥的隆隆声，方尖碑的前部倾倒。与此同时，基拉的颈后传来一阵刺痛。

这个方尖碑是中空的，里面一个高高的、瘦骨嶙峋的东西动了一下。它瘦得像骷髅，腿向后弯曲，有两对手臂。一件黑色斗篷似乎挂在它尖尖的肩膀上，一个坚硬的、像兜帽一样的东西遮住了它的脸，只露出了仿佛在幽深处燃烧的深红色眼睛。

基拉本以为自己已经害怕到了极点，但她错了。她认出这生物曾出现在她的梦中。它不属于绝迹者，而是绝迹者麾下的恐怖奴仆。

这是一个探索者，它意味着死亡。

第五章

* * * * * * *

飞入群星[1]

1

探索者开始动起来，但非常缓慢，仿佛在长眠后感到昏昏沉沉。

“跑。”基拉对人类和水母说，“马上。别停下，别反击。快跑。”

勒菲特：一个思维撕裂者！撤退！

水母扔出一个烟幕弹，遮住了探索者的视线，然后和士兵从陵墓破碎的正面冲出。基拉的心脏怦怦直跳，她无法抑制自己的恐慌。一个探索者。她想起数个世纪前的它们：为执行七国联盟的命令被创造出来的生物。在大分裂时期，仅一个探索者就能对水母造成严重伤害。如果它从这颗行星逃离，基拉不敢想象它会对联盟造成的危害。

尼尔森双手抱起特里格那木乃伊般的身体，跟众人一起跑到了开阔的地方。法尔科尼保护她的左侧，基拉保护她的右侧。

“这边。”茨切特说，带着他们朝陵墓旁边一条狭窄的小巷跑去。这条路上暂时还没有敌人。

广场另一边，那两个水母一直在执行拖延任务。它们向空中甩出无人机，接着离开掩体，用触手飞快地跑过开阔地带，加入了同伴的队伍中。右边那个水母的甲壳上有好几个洞，正往外流出橙色脓液。

“那是什么东西？”尼尔森喊道，弯下腰保护特里格。

“不好的东西。”基拉说。

蘑菇云依然如高塔耸立在他们头顶，硕大无比。风撕扯着中央的烟柱，将它朝西面拉扯着，吹向这颗行星的暗面。一股烧焦的土腥味弥漫在空气中，还带着电解出来的臭氧味，仿佛预示着一场风暴就要来临。

---

① 原文为拉丁语，出自《埃涅阿斯纪》第9卷，这是在埃涅阿斯之子阿尔卡纽斯取得某次胜利之后，阿波罗对他说的话。——译者注

但是风暴已经来了，以反物质湮灭的形式。

基拉想知道软刀能在多大程度上保护她不受辐射。如果他们真的能回到太空，她必须去军医那里拿一些抗辐射药物……

从好几条街上传来野兽般的哀嚎声，几千个外星人发出愤怒和痛苦的喊叫。一阵近味在城市中飘过，当梦魇和水母在看不见的地方相互追赶、缠斗时，这近味浓烈得令人窒息。

“从煎锅里——”

“——跳进了火堆。”乔鲁斯和薇拉说。

在他们身后，一阵尖锐的恸哭声划破天际，而且越来越强烈。

“该死。看这个。”霍斯说。

基拉的眼屏上弹出一个窗口，是士兵们剩余的一架无人机传来的实时影像。它正飞在陵墓旁边广场的高空中。探索者从那堆废墟里冒出来，在烟雾中缓慢潜行，而在它周围，成群的水母和梦魇还在鏖战。

就在基拉观看的时候，探索者抓住了一个红色的、像狗一样的梦魇，将黑色的手指探进它的头颅。半秒后，探索者放开了那个梦魇，将其丢到地上。这个生物扭动着站了起来，接着，它没有攻击探索者，反而溜到了它身后，像训练有素的宠物一样忠诚。它不是唯一的宠物：六个水母和梦魇已经加入了探索者，徘徊在它周围，使它免受攻击。

看起来不管是水母还是梦魇都还没有发现探索者，忙着相互厮杀。

“天哪，”尼尔森说，“它在做什么？”

“我不知道。”基拉说。

勒菲特：思维撕裂者能控制你的身体，让你听命于它。

基拉很确定探索者能做的不止这些，但她想不起具体是什么，这让她有些懊恼。但她相信自己的恐惧：如果软刀让她小心，那它肯定很危险。

茨切特翻译后，科伊奇说：“如果它靠近，千万别被它碰到。”

“是，长官！”“不会给它机会的，长官！”士兵们说。整个队伍其实都受到了重创。图塔坡阿背着缺了一条腿的雷丁，尼述的外骨骼上都是血迹，霍斯和队伍里的军医走路一瘸一拐的，大部分士兵的头盔都被碎片撞击得坑坑洼洼。两个来自“达姆施塔特号”的士兵失踪了，基拉不知道他们是什么时候、在什么地方倒下的。

他们头顶传来一声巨响。基拉抬头一看，一群梦魇正沿着附近一座塔楼上挂满藤蔓的窗台跑来。

士兵和水母同时朝它们开火，自动步枪和爆能枪齐齐射击。密集的射击阻止了其中几个梦魇，发红的、布满伤疤的躯体被炸得四分五裂，剩下的都从上面跳进了他们的队伍里。有两个扑在了士兵身上，将他们压倒在地。这些生物的嘴大如虎兽，里面有和鲨鱼一样的牙齿，每一颗都有基拉的手掌那么大。还有三个外形迥然不同的梦魇（一个手臂上排列着骨刺，一个驼背上长着有鳞的翅膀，一个长着尖牙和三条腿）砸向了勒菲特的水母群里，触手乱作一团。

当基拉看到梦魇猛冲过来时，她的第一个想法是：和之前的不同。

她不会像特里格被攻击时那样退缩了，她宁愿自己先死。她示意软刀突出尖刺，冲到最近的士兵桑切斯身边，帮他解决那个和他缠斗的梦魇。

软刀的黑色尖刺刺穿了那个四足梦魇，它死前发出一声可怖的人类尖叫，血液从它被刺穿的喉咙里涌出。

别伤害他，基拉想。软刀遵从了这个想法，这让基拉松了口气，它的尖刺都避开了桑切斯。他迅速冲她竖起大拇指。

她开始朝其他梦魇跑去，但已经不需要她了。士兵和水母友军的联合火力已经杀死了剩下的敌人。

法尔科尼擦去溅在面罩上的血迹，脸色凝重："现在它们知道我们的位置了。"

"继续前进。"科伊奇说。他们的队伍继续沿着街道走。

"我们的弹药马上要用完了。"霍斯说。

"我也发现了，"科伊奇说，"将武器调成两连发。"

他们专心奔跑。"发现敌人！"一个士兵大喊，朝一栋建筑拐角的一个梦魇发射了几轮子弹。那个生物的脑袋被炸成了一团红雾。

血红蛋白，基拉想，铁基血液，和水母不一样。

在他们奔往城市边缘的路上，时不时有一两个梦魇袭击他们。当建筑远去、他们又踏上了覆盖着苔藓的地面时，基拉查看了一下轨道上的情况。"壁鱼号"已经经过这颗行星，朝恒星系外围移动。一大堆水母和梦魇的飞船在外层空间激战：双方相互厮杀，还有一些水母在内斗。"达姆施塔特号”离奈达斯还有一段距离，但正快速赶来。它的船体上有几处燃烧的痕迹，拖着烟雾。

“跟我来。”茨切特说，带领大家走在这片被轰炸的土地上。这些远离城市阴影的苔藓完全暴露在核爆炸的辐射中，在高温下燃烧殆尽。每走一步，那些小小的叶片都咔嚓作响，在他们的鞋底留下灰渣。

他们朝西边更深沉的暮色前进，远离了那些建筑。

在他们往前跑的时候，基拉挤到茨切特身边，说：“你被救下之后，有没有告诉水母我还活着？”

少校摇摇头：“当然没有。我不会给敌人提供有价值的信息。”

“所以勒菲特和其他水母当时并不知道我在哪里，也不知道软刀的存在？”

“你发出信号后，它们就知道了。”茨切特瞟了她一眼，“实际上，它们从来没问过我。我想，它们以为软刀随着‘情有可原号’一起被摧毁了。怎么了？”

基拉缓了口气：“只是想理清头绪。”茨切特的解释有蹊跷。在阿德刺发生那些事之后，为什么藏匿软刀的水母不想知道软刀去了哪里？但凡它们进行一次闪现追踪，就会看到“瓦尔基里号”离开了天龙座 σ，自然也就能追踪她到天鹅座61。它们为什么不这样做呢？还有梦魇的谜团……

“伊斯卡和你在一起吗？”基拉问茨切特。

少校没有立刻回答，因为持续奔跑，她的表情显得吃力：“他没有来，以防我出现意外。”

“那你是怎么找到我们的？”

“勒菲特发现了跟踪你们的水母飞船，我们只是跟着它们。这不难。腐坏者肯定也是这样找来的。”

头顶传来一声尖叫，一堆黑色的身影向他们俯冲而来，拍打着蝙蝠般的翅膀。基拉一边躲避，一边用一只手挥赶。她的手臂碰到了一个固态的、令人不安的柔软肉体，接着软刀硬化，形成一道边，她的手臂几乎没有阻力地割开了袭击者的血肉和骨骼。

她被淋了一身橙色脓液。在人类和水母的射击下，其他袭击者也遭受了同样的命运。这种生物的嘴巴上有颚，有绒毛的胸部长着带鳌的细肢。

射击停止后，三名士兵一动不动地躺在地上，还有六名士兵受伤了。

尼述踢了一脚其中一只倒地的生物：“它们好像没有自我保护意识。”

“是的。”塔图坡阿说，弯腰扶起一个受伤的队友，“像是一心求死。”

基拉：那是你们的人吗？她指着有翅膀的尸体。

勒菲特：不是，它们也是腐坏者。

基拉翻译给其他人听，同时自己的疑惑也加深了。这次不是血红蛋白，不同种类的梦魇在外形上也没有任何相似之处。不同种类的水母至少在某些方面有一定的关联，拥有相同的血液、皮肤特征、肌纤维等。梦魇没有这种统一性，不过它们都有病态的表皮。

茨切特指着前面的岩石山脊：“飞船就在前面，岩石的另一面。”

他们小跑着冲上山脊，士兵们跟在队伍后面，他们要扶着伤员。这时尼尔森说：“快看天上！”

那朵蘑菇云在阴云密布的天空中钻出了一个圆形的大洞。翻腾的浓烟被撕开了一个口子，基拉从中看到绚烂的色彩在闪烁的苍穹中荡漾。红色、蓝色、黄绿色，在一面巨大的霓虹灯显示屏上，像薄纱丝带一样不停变换。

这景象让基拉惊叹。她只在维兰德上见过几次极光，而且只能在最黑的夜色中看到。它看起来很不真实，就像糟糕的眼屏影像，太过明亮、流畅和多彩，以至于不像自然生成的。

“那是什么造成的？”她问。

“上层大气层的核武器和反物质，”茨切特说，“任何将带电粒子丢入电离层的东西。”

基拉颤抖了一下。这景象异常瑰丽，但知道成因后，她只觉得恐怖。

“几小时后就会消失。”霍斯说。

在山脊顶部，基拉停下来看了一眼身后的城市。她不是唯一回头的人。

一大群身影从植被蔓生的街道往外涌出：梦魇和水母都有，它们已经遗忘了彼此的分歧。它们身后是探索者，高大、骨瘦如柴，兜帽和斗篷让它看起来像个僧侣。探索者在城市边缘停下来，又发出一阵尖锐的恸哭声，声音回荡在被轰炸的苔藓地上空，接着它张开了那两对双臂。它的斗篷也掀了起来，露出一对布满血管的紫色翅膀，差不多有九米宽。

“莫罗斯，”科伊奇用异常平静的口吻说，“试试能不能命中那个杂种的脑袋。”

基拉差点提出反对，但还是忍住了。如果他们能杀死探索者，那当然最好，但她内心会为失去如此古老、强大的智慧生物哀悼。

“没问题，长官。”一个动力装甲兵说。他往前走了一步，举起一只手臂，接着毫不犹豫地开火了。

探索者的头猛地偏向一边。然后它缓慢地转头看着他们，它的眼神基拉只能解读为纯粹的恶意。

“打中了吗？”科伊奇问。

“没有，长官，”莫罗斯说，“它躲过了。”

“它……士兵，用你最强的激光冲击波击穿它。”

“是，长官！”

莫罗斯装甲内的超级电容器嗤啦作响，接着发出滋的一声，和枪击声一样响亮。基拉的皮肤被残余的电流刺痛了。

她用热成像看到了那束激光：转瞬即逝的光条带着吞噬一切的力量将莫罗斯和探索者连接起来。只是激光没有接触到这个被黑暗笼罩的外星人。相反，激光绕过它的皮，在后面一栋建筑的墙上烧出了一个拳头大的洞。

即便隔了这么远，基拉也能看到探索者在笑。她的脑海中浮现出一丝记忆：它们是执行七国联盟命令的人，它们也是守卫危险深空的人……

勒菲特：这样做是没用的。水母一边说，一边从山脊的另一边下坡，它的同胞紧随其后。

这句话不需要翻译。基拉和其他人一起跟上它们。又响起刀锋般尖锐的恸哭声，在这声音中，基拉还听见了鼓点般逐渐接近的脚步声。

那两艘水母飞船就停在山脊下。按飞船的标准来说，这种球形飞行器不算大，和“达姆施塔特号”相比就是侏儒。但它们停在地面上时看起来和高石市的行政大楼一样大——她就是在那里得到种子许可证的。

每艘飞船的中部都放下了登舱坡道。

水母分成了两组，各朝一艘飞船前进。茨切特跟着勒菲特在的那一组水母，走向左边的飞船。“你们去那一艘。”她指着右边的飞船对科伊奇说。

“你过来跟我们一起啊！”基拉说。

茨切特摇摇头，没有停下脚步：“我们分开更安全，而且我要和水母待在一起。”

“但是——”

“只要有一线和平的希望，纳瓦雷兹，我都不会放弃。去吧！”

基拉想再争辩，但没有时间了。她和法尔科尼一起冲向另一艘水母飞船，内心不由得对茨切特产生敬佩之情。假如少校的头脑依然清醒，那她所做的一切都极为勇敢，就和她之前决定留在阿德剌一样。

基拉并不喜欢她，但绝不会质疑她的奉献精神。

更多的水母正在登舱坡道顶端等着他们，举着各式各样的武器守在入口。当基拉和其他人冲上来时，这些水母让出了一条路。科伊奇带着他的手下上船，大声催促他们。士兵们一瘸一拐地上船，身上和外骨骼上都滴着血。尼述和莫罗斯最后上来，接着坡道收起，登舱口关闭，门锁归位，将船舱封闭了起来。

“真不敢相信我们上来了。”法尔科尼说。

2

瓦尔纳卡尔：准备升空。

墙上有一些便于抓握的突起。基拉和其他人类各自抓住一个，水母则用触手牢牢抓住，也有一些有腿的水母快速地跑进了黑暗的走廊里。

和基拉去过的那艘水母飞船一样，这一艘闻起来也有一股盐水的味道，照明也是微弱的蓝光。房间呈卵圆形，一半空间的墙上是管子和大量不知用途的设备，另一半的墙上则是蛋形胶囊。一排排双层架子上摆放着各种武器：爆能枪、射弹枪，甚至冷兵器。

水母们紧挨在一起，近味不断积累，几乎掩盖了其他所有气味。它们散发出愤怒、紧张和害怕的气息，基拉能从中感觉到它们语言的词形、含义和敬语在不断变化。

对基拉来说，她和同伴们似乎被一群怪物包围着。她让软刀做好随时行动的准备，要是任何一个水母有敌对的举动，就立刻发射尖刺。科伊奇和他的士兵看起来也一样警惕，他们在登舱口聚成了一个防御型的半圆形，虽然他们的枪口一致朝着地面，但所有人都没有完全放下武器。

“你能把我们送回我们的飞船‘壁鱼号’吗？”法尔科尼说，接着他看向基拉，“它们能把我们送回‘壁鱼号’吗？”

“我们要去‘达姆施塔特号’，不是你那艘破旧生锈的船。”科伊奇说。

“‘壁鱼号’更近，”法尔科尼说，“而且——”

基拉翻译了法尔科尼的问题，之前说话的水母给出了回答。瓦尔纳卡尔：我们会试着追上更近的那艘飞船，但腐坏者就在我们附近。

曲面的甲板传来远处一阵震动，基拉产生一种无比怪异的坠落感和扭曲感，仿佛她同时在坠落和上升。这感觉很像跳进一部正在下行的电梯。接着她感到加速度超过了1g：只有轻微的感觉，没有带来不适。但她知道飞船的加速度远远超过了1g。

这肯定是水母的母星上的标准重力，她意识道。

“上帝啊，”霍斯说，“看看我们的高度。”

基拉在眼屏上查看。她的定位数据正在疯狂变化，好像计算机不知道她目前所处的位置，也不知道她移动得有多快。

“肯定是人造重力扰乱了我们的传感器。”尼述说。

“你能发送信息吗？”法尔科尼问，他的脸因担心而皱成一团。

霍斯摇摇头：“所有通信都被干扰了。”

“该死的，没办法弄清楚我们要飞向哪里。”

基拉盯着瓦尔纳卡尔。它甲壳的中心位置有一个白色条纹，所以很好辨认。基拉：我们能看看飞船外面吗？

瓦尔纳卡尔用一条触手抚了一下墙壁。瓦尔纳卡尔：看吧。

船体上一块曲面区域变得透明。透过那里，基拉能看到硬币大小的奈达斯还在缩小。爆炸燃烧着晨昏线：明亮的闪光让人想到精灵闪电[①]那开花般的放电过程。即使隔着这么远的距离，也能看到由此产生的极光，像是给充满乱流的大气层镶上了花边。

基拉寻找着其他飞船，但即使有，离他们也很远，她无法用肉眼看到。不过就算看见了，在太空中也没多大意义。

“还有多久能追上‘壁鱼号’？”她问。

两个熵主义者答道：“如果现在推进器的加速度——”

---

① 精灵闪电：大气层中高层向上放电的现象。——译者注

“——和我们之前观察到的水母飞船相同——”

“——再考虑到‘壁鱼号’已经飞出的距离——”

“——应该在5至10分钟之间。”

尼尔森叹了口气，她往下一蹲，动力装甲的关节发出嘎吱声。她依然抱着特里格那僵化的身体：“我们真的有机会逃出这个恒星系吗？那——”

房间内的光闪烁着，周围充满警示的近味，几乎堵住了基拉的鼻孔。

瓦尔纳卡尔：腐坏者追过来了。

基拉告诉了其他人，大家都坐着陷入了沉默——等待着。只有飞船的推进器还在竭力推进。除此之外，他们无事可做。在瓦尔纳卡尔打开的窗子外面，群星以狂乱的弧度摇摆，但基拉只在飞船拐弯时感觉到轻微的向心力。

就像他们在天鹅座61看到的，梦魇的加速度比水母的还大。这意味着梦魇代表的星际文明拥有相当先进的科技水平，但这和那些生物的外形看起来并不相符。

人不可貌相，基拉提醒自己。据她所知，这种凶恶、形似兽类、长有鲨鱼牙齿的梦魇有媲美飞船主脑的智慧。

一团银色箔条在窗外闪烁。过了一会儿，又涌来一股白垩粉，在几秒钟内挡住了他们的视线。

科伊奇和霍斯在窃窃私语。基拉能看出他们准备战斗了。

飞船在他们脚下颤动，有一会儿，她有些恶心，感觉自己同时被扯向三个方向。人造重力晃荡起来，给她的身体造成一种起伏不定的压力，然后被彻底切断了。

灯光闪烁。舱壁出现了一排手指粗细的洞，船体内回荡着一阵沉闷的轰隆声。警报响起，声音盖过了空气逃逸时发出的嘶嘶声。

基拉待在原地，贴在墙上，不知道自己还能做什么。

飞船再次颤动起来。一个白热的光圈出现在刚才还是天花板的位置，几秒钟后，一个圆盘形的船体飞了进来。

“列队！”科伊奇喊道，一大堆密密麻麻的梦魇涌进了水母飞船。

第六章

* * * * * * *

进入黑暗

1

一瞬间，浓厚的烟雾、箔条和白垩粉堵塞了空气。士兵们开始射击，瓦尔纳卡尔和其他水母也开始射击。枪声震耳欲聋，盖过了其他所有声音。

面对密集的火力，梦魇几乎一点儿也没有慢下来。它们数量庞大，很快就填满了自己和第一排水母之间的空地。

水母旋即开始行动，用触手抓住并撕扯每一个够得着的梦魇。这些野兽般的袭击者看起来十分恶心。不管有四肢还是两肢，不管长着手臂还是触手，不管长着牙齿还是喙，不管身上覆盖着鳞片还是皮毛——或是这些东西随意而错乱的组合——这些生物最终呈现的形态都十分畸形，身上满是瘤状物，令人作呕。然而，它们拥有疯狂的能量，仿佛吸食了剂量能杀死一个成年男性的毒品。

基拉知道自己应该能从这次袭击中幸存下来，但是她觉得尼尔森和法尔科尼可能会死。她既无法保护他们，也无法保护特里格。这里的梦魇实在太多了。

法尔科尼似乎也得出了相同的结论。他已经撤向房间后部一道开着的藤壶门，还拖上了已成茧状的特里格。尼尔森紧随其后，时不时朝涌上来的敌人开火。

基拉没有犹豫，跟着两人扑了过去。当她还在半空中时，几颗子弹从她身上弹开：猛烈的冲击力几乎让她喘不过气来。

她跟在尼尔森后面来到门前。三人一起匆忙沿着另一侧的黑暗走廊奔跑。

“我收到了‘壁鱼号’发来的信号！”法尔科尼说，“他们正在路上。”

“预计到达时间？”尼尔森简短而熟练地问道。

“7分钟。”

“到时我们——”

基拉用余光瞟到什么东西在扭动，她转过头去，以为那东西会跳过来。尼尔森也做了相同的动作。

一个水母沿着这条圆形的走廊爬过来。它的甲壳裂开了一条缝，有脓液从里面渗出，它的一条触手自尖端被轰掉了四分之三。

以塔利：突击队队长瓦尔纳卡尔命令我保护你们。

“它想干吗？”法尔科尼紧张地问。

“来帮忙。”

几个士兵也急忙跑进走廊，在门两边停下。“继续走！”其中一个喊道，“找掩体！”

“走吧。”法尔科尼蹬了一脚，将自己推进走廊的更深处。

以塔利：这边。说完，它爬到了最前面，受伤的触手在墙上留下了点点脓液。

他们冲进飞船的更深处，穿过灯光昏暗的房间和狭窄的过道。战斗声还在飞船内回荡：空洞的爆炸声和碎裂声，还有暴怒的梦魇发出的尖叫声。

接着飞船再次摇晃起来，比之前更剧烈。墙面朝基拉的脑袋撞过来，撞得她眼冒金星，嘴里发出嘶的一声。前方，法尔科尼将特里格脱手了……

随着可怕的撕裂声，一根黑红相间的巨大尖刺刺穿了她面前的甲板，将基拉和特里格与其他人分开。又有一根几米长的尖刺划过，然后减速停了下来，埋进水母飞船的中心——看起来几乎不可能发生。

基拉无法理解眼前的一切，接着她意识到：梦魇的飞船撞过来了。她刚才看到的是一艘梦魇飞船的船头。

就在她抓起昏迷中的特里格时，她耳边响起无线电的嘶嘶声。“基拉，还好吗？”尼尔森说。

“是的，特里格和我在一起。别等我，我会找另一条路过去。”

“收到。飞船前部有一个气闸室，‘壁鱼号’会飞到那里接我们。”

“如果‘壁鱼号’能靠得足够近的话。”法尔科尼说。

基拉将特里格拖在身后，转头沿着走廊走，来到最近的藤壶门前。从她前面传来的战斗声越来越响。“该死的。”她低声说。

门滑开后，基拉急忙跑出去。她跑过一个个房间，避开任何可能出现的梦魇。

在一个低矮的圆形通道里，她惊动了一个龙虾形状的水母。它警惕地朝她夹动螯。斯法尔恩：走那条路，理想态。它指着她穿过的门旁边的一道门。

基拉：非常感谢。

藤壶门分开，里面飘着一团水。现在没有了重力的束缚，它飘离了通常所在的位置。基拉没有停下来细想，直接跳进了那团水中，往房间的另一端游过去。

在游的过程中，一些类似螳螂的小生物从她面前游过。她从记忆深处得知自己很喜欢它们的口感。那东西……脆脆的，富含伊兰诺克，鬼知道这是什么东西。

她冲出液体表面。一层晃动的薄膜沾在她脸上，扭曲了她的视线。她眨眨眼，从手上伸出一根卷须附在最近的那面墙上，将自己荡了过去。抓稳后，她把特里格的双脚夹在胳肢窝里，一把抹掉脸上的水。

她甩甩手，小水珠四处纷飞。

一时间，她被眼前的状况震慑住了，因恐惧而动弹不得。接着，她放松下来，吸了一口气。

保持专注。目前唯一重要的事就是活下去，坚持到与法尔科尼他们会合。到目前为止她都很幸运，没有遇到一个梦魇。

她沿着曲面墙往前爬，直到发现了另一道门，然后拖着特里格穿过那道门，来到了另一条黑暗的走廊里。“你可能会喜欢这里。”她低声说，想起特里格对水母（应该说一切外星人）有浓厚的兴趣。

她的听筒里传来嘶嘶声：“基拉，我们到气闸室了。你们在哪儿？”

“很近了，我想。”她压低声音说。

“快点儿，‘壁鱼号’快过来了。”

“收到，我——”

“哦，该——”法尔科尼的话还没说完，静电声就覆盖了整条通信线路。过了一秒钟，飞船在她周围旋转，舱壁嘎吱作响，伴随着令人忧心的剧烈震动。

基拉停了下来：“怎么？发生什么事了？……法尔科尼？尼尔森？”她又问了几次，但他俩谁也没有应答。

恐惧溢满基拉的内心。她低声咒骂了几句，抓紧特里格，继续顺着走廊冲去，速度比之前更快。

通道尽头闪过一个影子，她抓紧墙上的突起，身体僵住了。一堆乱糟糟的影子出现在前方的路口，不管来者是谁，都离她越来越近了……

基拉迫切想找个地方躲起来。唯一的选择是她正对面那间大厅内一个浅浅的带珊瑚结构的凹室。

她推了一把，让自己朝凹室飘去，和特里格躲在珊瑚后面。特里格那僵直的、被外壳包裹的身体撞在舱壁上，她吓得僵在原地，希望这声音别引起那些生物的注意。

昆虫似的吱吱喳喳的声音在朝她飘近，越来越响，越来越响。

……越来越响。

基拉紧贴在凹室后面。看不见我，看不见我，看不——

四个梦魇进入视野。其中三个和她之前看到的很相似：皮开肉绽的变异生物，用四条左腿和六条右腿在甲板上爬行，长满尖牙的嘴来回摆动，寻找着猎物。第四个梦魇很不一样。它是类人形态，只有一双腿，手臂根部是分节的甲壳，然后变成不带吸盘的触手。它细长的头部上眼窝深陷，眼睛是和法尔科尼一样的深蓝色；嘴部有小小的、搅动着的颚，看起来锋利得能咬穿钢铁。它双腿之间有被装甲覆盖的隆起部位，应该是生殖器。

这个生物异常警觉，不断查看四周，确保没人偷袭。基拉感觉到它拥有其他梦魇没有的智慧。此外，它躯干部位的甲壳闪着熟悉的光泽，令她感到不适，但她不知道为什么会有这种感觉……

类人生物快速地发出一声吱喳声，其他三个梦魇应声而动，紧密聚集在它周围。

尽管眼下最要紧的是保护特里格和她自己，但基拉还是来了兴趣。迄今为止，他们还没有发现梦魇之间存在等级制度。如果这个类人生物是它们的头领之一，那么……也许杀死它就能让其他梦魇方寸大乱。

不，引起对方注意只会引发更多的麻烦。看不见我，看不见我……

当梦魇向她靠近时，她用尽全力保持不动。她所有的自我保护本能都在驱使她跳出来，在它们发现她之前先下手为强，但理智告诉她要有耐心。出于某种原因，她听从了建议。

梦魇没有看到她。

它们匆忙经过，留下一些气味：肉桂般的焦味，混合着令人作呕的尿臭和腐臭。不管这些生物是什么，它们并不健康。两个兽形梦魇经过时朝她的方向瞥了一眼。它们的眼睛很小，布满红血丝，从中流出黄色的液体。

基拉很困惑。为什么它们没有发现她？凹室并不深。她低头一看，一时觉得头晕。她只能看到阴暗的墙面。她将一只手举到眼前，什么都没看到。也许能看到手指边缘一点儿玻璃似的折射效果，但仅此而已。

特里格被包起来的身体依然是可见的，但这不足以引起梦魇的注意。

基拉忍不住咧嘴一笑。软刀扭曲了她周围的光线，就像她和妹妹小时候玩隐形斗篷。只是现在的隐形效果更好了，少了失真的影像。

梦魇继续在走廊上前进了几米。然后那个六条腿的梦魇停了下来，将骷髅般的头朝她的方向转过来。它张开鼻孔，嗅探着空气，裂开的嘴唇往上缩起，露出牙齿，发出一声邪恶的咆哮。

该死。它们只是看不见她，并不等于闻不到……

六条腿的梦魇发出嘶嘶声，慢慢转向她，爪子刺入甲板以获得牵引力。

基拉没有再继续等待。她大喝一声，朝那个生物扑过去。她伸出一只手刺向它，软刀那三角形的刀刃捅进了满身脓疮的梦魇，接着刀刃变形成了布满黑色细针的针垫。

它嚎叫着，抽搐着，然后瘫软成一团。

基拉用另一只手捅进了另一个梦魇，以同样的方式杀死了它。

干掉两个，还剩两个。

那个类人梦魇将一个小设备对准了她。砰的一声巨响，基拉的耳朵和髋部同时遭到袭击，让她偏离了攻击方向。她的髋部变得麻木，疼痛辐射到脊椎，通过神经系统，给手臂带来了电击般的感觉。

她喘着气，一时无法动弹。

另一个兽形梦魇也朝她扑过来，巨大的冲力让他们倒在走廊上。当它试图用锋利的颚撕咬她时，她用手臂护住脸。它的牙齿划过软刀硬化后的表面，同时爪子在她肚子上乱抓，但没有造成伤害。

尽管她出于本能地感到害怕，但那个梦魇似乎伤害不了她。

接着它收回脑袋，从张开的嘴里吐出一股绿色液体，喷射到她的脑袋和胸膛上。酸液的气味袭进她的鼻腔，被液体沾到的皮肤上冒出几缕烟。但她感觉不到疼痛。

它竟然对她喷酸液，基拉怒不可遏。它怎么敢？！如果没有软刀，酸液可能会把她腐蚀得面目全非。

她举起拳头砸向它的嘴巴。重拳下去，梦魇的头被砸碎了，血液和肉块飞溅到墙上。

她气喘吁吁地寻找类人梦魇，也想把它杀死。

类人梦魇就在她旁边，它张开颚，露出两排珍珠般的圆形牙齿。然后它用带着嘶嘶声的低沉声音说话了："你！被遗忘的肉——体！你应该——与巨口结合！"

基拉震惊得没来得及反应。梦魇趁此机会用一条触手缠住她的右臂，一股火流穿过她的皮肤进入了她的大脑。

基拉被一种熟悉的感觉攫住，她惊恐地大叫，眼前一片空白。

2

她从两个不同的角度看见自己站在"情有可原号"的储藏室里。视角令她疑惑：相互对抗，相互重叠，相互混杂，制造出反常的影像。和影像一样，两个视角下的情绪也很混乱，似乎毫不相关：惊讶、恐惧、得意、愤怒、轻蔑、后悔。

一个视角下的她试图躲起来，在恐惧中慌慌张张地将自己藏在一台设备后。另一个视角下的她却非常自信，无所畏惧，站在原地发起攻击，炽热的光线划过天空。

她看到自己逃向出口，但逃得太慢了。黑色尖刺从她皮肤上随意地、不受约束地刺出。然后她回头，脸上带着惊恐和愤怒，举起一把从死去的船员那里拿到的手枪。枪口闪烁，数发子弹打进了墙里。

恐惧视角下的她不断地尖叫和挥手，拼命想让她停下来。

非恐惧视角下的她逃了出去，冲破一道道墙，对周围毫不在意。

子弹被激光蒸发，闪出了点点火光。

接着一颗子弹击中了房间后部一根贴着红色标签的氧气管，两个视角在一声雷鸣般的响声中分崩离析。片刻的空白后，她恢复意识，视角变得更加破碎。现在出现了三组陌生的记忆。在最新出现的记忆中，画面比其他两组更小、更模糊；新出现的景象不是用眼睛看到的，但她仍然能模糊地感觉到周围的状况。它也充满了她曾感受到的恐惧和愤怒，只是现在被困惑和方向感的迷失强化了。

“情有可原号”的船体被炸出了一个洞。风撕扯着她身体的各个部位，接着她旋转着被吸进了太空中。三个不同的意识注视着相同的星空万花筒，痛苦折磨着她三位一体的撕裂肉体。三者之中，前两个变弱了：随着意识的消退，视野变得暗淡。但第三个没有。虽然遭受损伤，虽然充满恐惧和愤怒，虽然躯体残缺，但还没有被剥夺行动能力。

要去哪里？它和母形态失去了联系，失去了定位对方的能力。太多纤维遭到破坏，太多回路被中断。冗余[①]失效，自我修正循环后停滞，缺少相关知识和修正要素。

在无法遏制的愤怒和恐惧的驱使下，它伸展自己，向虚空伸出蛛丝般的细线，搜寻最近的热源，疯狂寻找它的母形态，正如指令设定的那样。如果失败，它将进入休眠。

就在前两个视角的光线逐渐消失时，就在它们即将陷入沉睡时，细线摸到并抓住了它们的肉体。混乱占据了支配地位。接着，疗伤指令覆盖了搜寻指令，一种新的疼痛由此产生：针扎一样的刺痛感快速蔓延，变成爬向身体各处的剧痛，遍布饱受摧残的身体。

在疯狂的缠绕中，肉体与肉体结合，三个视角融为一体。它们不再是掠夺者、二形态或者软刀。现在它们是完全不同的存在。

这是一种畸形的伙伴关系，因匆忙和无知而产生。虽然它们是在最细微的层面上结合的，但各个部分并不相互契合，它们都在排斥对方，也在排斥已经结合的现实。然后，新肉体融合而成的大脑被疯狂占据。理智不复存在，只剩下曾属于她的愤怒和恐惧。结果便是恐慌，以及之后的失衡。

因为它们是不完整的。将它们缝合起来的纤维是有缺陷的，被她的情绪毒害。种下什么样的因，就收到了什么样的果。

它们挣扎着动起来，相互矛盾的动机让它们漫无目的地胡乱摆动。

---

① 冗余：为了系统安全，人为地对关键部件或功能进行重复的配置。——编者注

接着“情有可原号”爆炸，同时摧毁了掠夺者的飞船“瑟罗号”，它们沐浴在如两颗恒星般的光芒和热浪中。

冲击波将它们吹离了附近那颗如闪亮圆盘的卫星，那是之前被风暴刮走的一个飘浮物的碎片。有一段时间，在残余动量的推动下，它们飘浮在冰冷的太空里。但很快，它们的新皮肤赋予了它们运动能力，令它们从旋转的状态里稳定下来，再次审视周围毫无遮拦的宇宙。

饥饿不断地折磨着它们。它们想要吃东西，想要成长，想要蔓延到这个贫瘠之地以外，正如它们的肉体要求的那样，正如破碎的指令要求的那样。与这种贪婪的食欲相伴的是，它们因愤怒和恐惧发出持续不断的嚎叫声：一种对自我消亡的本能抗拒，继承自她与卡尔/夸温的对抗。

它们需要食物，还有能量，但首先还是要找食物来喂养肉体。它们将自己伸展开，捕捉恒星的光芒。飞了一小段距离后，它们来到气态巨行星的岩质星环，住进了星环的重力井里。

岩石里有它们想要的原始材料。它们狼吞虎咽地吃着石头、金属和冰——这些东西让它们不断长大、长大、长大。太空中的能量很多，也很容易获得；恒星提供了它们需要的一切。它们在空旷的空间伸展开来，将捕捉到的每一缕光都转变为有用的能量形式。

这个恒星系本可以成为它们的家园，因为这里有适合生存的卫星和行星。但它们的野心更大。它们知道在其他地方、其他行星上存在着数以万亿计的生命体。那是肉体和能量的盛宴，等着它们去摄取、转化，效力于它们最重要的事业：扩张。有了这些资源，它们就会以指数级成长，在星际间像野火燎原，不断地传播、传播、传播，直到充满银河系，甚至整个宇宙。

这需要时间，但它们有得是时间，因为现在它们永生不死。它们的肉体会不停生长，只要还剩下一点点，它们的种子就会繁衍生息，开花结果……

但它们的计划存在一个阻碍，即使用它们所有的肉体和聚集起来的力量也无法克服的工程问题。

它们不知道如何建造那种能让它们在太空中穿梭的超光速设备。它们知道有这种东西，但不了解具体的建造方法。

这就意味着它们被困在了这个恒星系里，除非它们愿意以低于光速的速度前进，但它们不愿意这么做。它们的耐心迫使自己待在原地，因为它们知道其他生物会过来，而它们会把必需的设备带过来。

所以它们蛰伏起来，静待时机，静观其变，继续做准备。

……

它们没有等很久。恒星系边界出现的三个闪光告诉它们，来了三艘掠夺者飞船。其中两艘很愚蠢，飞近距离观察它们。肉已上桌了。它们发动攻击！它们抓住了飞船，愤怒地清空了里面的一切，吸收了掠夺者的身体，将飞船据为己有。

第三艘飞船从它们嘴边飞走了，但没关系。它们已经得到想要的东西了：可以充当恒星系间桥梁的机器。

于是它们飞走了，找东西喂饱自己。最先去的是最近的掠夺者恒星系：一个刚建成的殖民定居点，弱小，没有防备。在那里，它们发现了一个在黑暗中运行的空间站，就像一颗等待采摘的成熟果实。它们冲进去，化作空间站的一部分。计算机里的信息流入它们的脑海，它们对自己的事业更有信心了。

它们高兴得太早了。掠夺者派出了许多飞船来追踪它们：这些飞船燃烧、轰炸并切割了它们的一部分肉体。没关系。它们已经拿到了需要的东西，但还没有拿到想要的东西。

它们退回星际空间。这一次，它们选择了一个没有掠夺者或二形态的恒星系。但也不是什么生命形式都没有。其中一颗行星溃烂流脓，活的生物忙于相互啃食。所以巨口降临，吃掉了它们，将它们转化成了新的肉体。

从那以后，它们控制了这颗行星，在狂热中进食、扩张、建造。很快，行星表面都被它们覆盖了，天空中也飞满了它们建造的飞船。

不，不是建造……是生长。

有了飞船后，它们又生长出奴仆。奴仆的基础材料以它们结合而成的肉体为模板，而外形则是按照三个大脑的不同想法拼凑出来的。成品粗糙而丑陋，但很听话，这就够了。它们就是一群被制造出来按照图案执行命令的生物。它们能自给自足，也能自我繁殖。但其中一些奴仆还更有价值——它们属于巨口的一部分，携带着肉体的种子，它们的精华部分也许能在星际空间穿梭。

当它们的力量足够强大时，就被派去夺回掠夺者的恒星系，也攻击其他物种。它们的饥饿感从未得到满足，两个意识中由恐惧产生的愤怒也从未消除。

接下来是美食季。掠夺者进行反击，但它们准备不足，来不及补充前面倒下的军队。巨口就没有这样的问题。每攻击一个恒星系，它们就迅速建立一个永久据点，然后朝恒星系内每一个有生存条件的行星扩张。

它们的奴仆靠近了二形态所在的星域。现在巨口的肉体已经占领了七个恒星系，它对自己的力量信心十足。所以，它让自己的手下去和二形态对抗，将他们赶走，然后开始转化。

接着，它们意外地听到了黑暗中传来一声大喊：停下！它们认出了那个信号和那个声音。信号来自肉体的制造者，现在早已消失；而声音就来自她，基拉·纳瓦雷兹。

她再次看到自己在恐惧和愤怒中开了枪……

巨口咆哮一声，告诉它们的奴仆：找到那个被遗忘的肉体！摧毁它！撕碎它！吃掉它！

3

“基拉……你在哪里……基拉？”

基拉大叫一声醒来。

类人梦魇的触手还缠着她的手臂，但不仅仅是缠着。黑色细线将软刀的表面和梦魇的肉体连接在了一起，她能感受到那个生物的意识朝她挤压过来，想要抹除她的意识。梦魇的皮肤在同化软刀，同时也在吞噬她。她无法用意念阻止这个过程，因为软刀没有将梦魇识别为敌人。相反，软刀似乎想和梦魇身上破碎的肉体同化，和它失去的部分再次合为整体。

再耽搁下去，基拉知道自己会死，或者至少会被改造成她憎恶的东西。

她使劲一拽，想从类人梦魇那里把手挣脱出来。他们在空中不停地旋转，最终撞到了甲板上。梦魇的肉体依然和她连接着。

“放弃吧。”那个怪物说，颚开合着，“你不可能赢的。一切都将成为口中的肉。加入我——们，乖乖被吃。”

“不！”基拉说。她示意软刀向外突刺，它发射出上千根尖刺，刺进了那个生物的身体里。它尖叫着，扭动着，但没有死。接着，基拉感觉到那些尖刺被梦魇溶解并流进它的身体里，让软刀变得更薄、更小了。

触手已深深地嵌入她的手臂，只在软刀搅动的表面看见它的末端。

不！基拉不想这样死。肉体可以再生，但意识无法重生。

基拉让软刀在左臂形成一把利刃，随着一声孤注一掷的嘶吼，她举刀砍了两次。

一次砍向了她的右臂，将其从手肘处割断。

一次砍向了梦魇，将其从腰部砍成了两半。

血液从她的残肢流出来，但只流了一小会儿。接着，软刀包裹住了那处新鲜的伤口。这本该让她疼痛不已，但不知是因为肾上腺素还是因为软刀，她并没有感到疼。

梦魇那被砍断的两半分别往走廊相反的方向飞去。但是，梦魇依然没有死，有躯干的那一半还在挥舞手臂和头，颚发出吱吱喳喳的声音。另一半则胡乱蹬着腿，好像想跑起来。就在她注视的时候，黑色卷须从它暴露的内脏探出来，相互搜索彼此，试图恢复原状。

基拉知道她被打败了。

她寻找着那个凹室。在那里。她腿一蹬冲过去，用一只手抓起成茧的特里格，示意软刀将他们推到之前的走廊里，去往他们本来要去的方向。

等他们快到走廊尽头时，她从余光中瞟到了那个梦魇。它两个部分的身体已经差不多重新合上了。然后，她看到它上半身残留的触手正举着那个小设备对准她。

她试图低头，用手臂挡住头。但太迟了。

……

……

……

耳边响起一阵好似铃声的声音，将她唤醒。一开始，她想不起自己是谁、身处何地。她吃惊地看着泛着蓝光的墙壁从眼前飘过，试图理解眼前的状况，因为她确信目前有什么事情不对劲。非常不对劲。

她深深吸气，伴随空气涌入她身体的还有记忆、醒悟以及恐惧。

梦魇击中了她的头。基拉能感到她的颅骨处传来一声闷响，脖子因为剧烈疼痛而抽搐。那个生物依然站在走廊的另一端，不断地缝合自己。

砰！它再次射击，但这一次子弹擦过了她的肩膀，被软刀硬化的表面弹开了。

基拉没有再等待，尽管脑袋还是晕乎乎的，她还是抓起角落里的特里格，绕过走廊尽头的拐角，远离了梦魇的视线。

基拉从飞船中穿过，感觉自己脱离了现实，好像所有的事情都发生在另一个人身上。声音对她来说毫无意义，她看到灯光周围都出现了一圈彩虹色的光晕。

我一定是脑震荡了，她想。

她刚从梦魇身上看到的……那不可能，但她知道事情的确发生了。卡尔医生和水母与从她身上被炸飞的软刀碎片结合在了一起。要是当时在和他们对峙的时候，她没有被自己的情绪左右就好了；要是她听从了卡尔的恳求就好了；要是她没有射击那条氧气管就好了……她是腐坏者之母。是她的行动创造了它们。它们的罪恶就是她的罪恶。而所有那些死去的生命：水母、人类，还有那么多无辜的生命——想到这里，她心头一痛。

她几乎没有意识到自己正往哪里去。看起来都是软刀在帮她做决定：在这里左拐，在那里右拐……

一个声音将她从浑浑噩噩的状态里唤醒："基拉！基拉，这里！你——"

她抬头看到法尔科尼正悬在她面前，一脸狂暴的表情。那个叫以塔利的水母在他旁边，它的枪口正对着门口。他们身后的船体上出现了一个巨大的锯齿状的洞，大到能让一辆车通过。洞外是黑暗的太空，在黑色的背景中悬浮着一颗闪闪发光的宝石，是"壁鱼号"，离这里一百多米。

基拉一惊，这才意识到他们正处于真空中。她都没注意到这是怎么发生的。

"……你的手臂！你——"

她摇摇头，不知道该怎么说。

法尔科尼看起来理解了她的意思。他伸手抓住她的腰部，将她和特里格朝船体上的开口拉过去。"你必须跳过去。他们没办法靠得更近了。你能——"

基拉看到对面的“壁鱼号”打开了气闸室。气闸室里有几个人影在走动：尼尔森和其他几名士兵。

基拉点点头，法尔科尼放开了她。她集中力量，猛地跳进了虚空里。

就在一呼一吸之间，她飘浮在一片完全的寂静之中。

软刀调整了她的路线，修正了几厘米，让她直接飞进了“壁鱼号”的气闸室。一个士兵接住了她，帮她缓冲了一下。

法尔科尼随后就到了，还拉着特里格。令基拉惊讶的是，水母也过来了，它正将触手挤进气闸室。

在气闸室的外门关上的那一刻，法尔科尼说：“打它！”

格列戈罗维奇耳语般的声音响起：“是，是，船长。正在打。”

一股巨大的推力将他们拽倒在地，这是很高的重力加速度。基拉的残肢撞在气闸室的内门上，疼得她大叫，接着她想到了那个被她砍成两半的梦魇，脑海里充斥着恐惧。

她看向法尔科尼：“你必须……你必须……”她的舌头打结，几乎连话也说不明白。

“必须干吗？”他说。

“你必须摧毁那艘飞船！”

回答她的人是斯帕罗。她的声音从头顶的对讲机传来：“我已经搞定了，宝贝儿们。你们可要抓紧了。”

气闸室外，一道纯白的光芒闪过，接着玻璃变成黑色，直到它似乎再也透不进光。几秒后，“壁鱼号”剧烈抖动，外面的船体传来一连串微弱的砰砰声。接着飞船再次变得安静。

基拉呼出一口气，把头放倒在地上。

他们暂时安全了。

第七章

* * * * * * *

必需品 I

1

气闸室的内门向上打开了。斯帕罗肩上扛着步枪，站在门口，枪口对准气闸室后部的水母。在高重力加速度下，她的头发沉重地直直垂下。

“这东西来这里干吗，船长？”她说，“你想让我除掉它吗？”

士兵们从水母身边撤退，手上的武器一致瞄准它。空气中突然充满紧张的气氛。“法尔科尼？”霍斯说。

“这个水母是来帮忙的。”法尔科尼说着站起来，动作有些吃力。

以塔利：突击队队长瓦尔纳卡尔命令我保护你们，所以我会一直保护你们。

基拉翻译了这句话，法尔科尼说：“好吧。但在我们把这些糟心事处理好之前，它得待在这里。不要让它在飞船上到处乱逛。你把这话告诉他。”

“是它，”基拉说，“不是他。”

法尔科尼沉吟了一声：“它。随便吧。”他把榴弹枪挂在背上，踉踉跄跄地走出了气闸室。“我来指挥。”

“收到。”尼尔森说。她说话时正脱下头盔，声音听起来更低沉了。

船长用自己在飞船推力下的最快速度，沿着走廊蹒跚走去，斯帕罗紧随其后。“很高兴你们活下来了，傻瓜们！”她转过头来喊道。

基拉将法尔科尼的命令转达给了以塔利。它用触手盘成一个巢，坐在气闸室的一端。以塔利：我在这里等。

基拉：你的伤口需要处理吗？

一股否定的近味传到她身边。以塔利：此形态会自我痊愈。我不需要帮助。基拉看到水母甲壳上的裂纹已经被一层坚固的棕色物质覆盖住了。

基拉走到气闸室外，经过尼尔森旁边。“你的手臂！”大副说。

基拉耸耸肩。她依然沉浸在得知梦魇来历后的震惊中，失去一只手臂似乎都不是很重要了。到目前为止，她都避免看她手肘下的部位。

两个熵主义者都在这里，但他们所在的探险队里只剩下七个士兵了。

“科伊奇呢？尼述呢？”她问霍斯。

中尉一边摇摇头，一边走向莫罗斯，后者的防护服上刺出一块肱骨的碎片。尽管她自己也痛苦，但她还是为那些逝去的生命感到悲伤。

维沙尔提着包匆忙赶到气闸室，皱着脸，满头大汗。他担忧地看了一眼特里格，然后说：“尼尔森女士！基拉女士！我们还以为失去你们了。见到你们真好。”

“见到你也真好，维沙尔。”尼尔森说着卸下装甲，“你有空的时候，帮我们拿一些防辐射药丸。”

医生点点头：“现在就有，尼尔森女士。”他递给大副一个气泡状的包，然后又递给基拉一个。

基拉下意识地伸出了断肢。医生发现后睁大眼睛：“基拉女士！”

“没事。”她说着，用另一只手接了过来。但是，她绝对不是“没事”。

维沙尔盯着她的背影，直到她离开了气闸室。

走出其他人的视线后，基拉在走廊里停下来，吃下那些药。它们卡在喉咙里，让她感觉不适。之后，她就站在那里。她不知道自己想做什么，一时间，她的大脑拒绝提供答案。

然后她说：“格列戈罗维奇，发生了什么事吗？”

“现在很忙。”飞船主脑用一种不同寻常的严肃语气说，“抱歉，哦，带刺的肉袋子。”

基拉点点头，开始朝控制室走去，每一次脚跟踏在地板上都发出沉重的声音。

2

法尔科尼和斯帕罗正俯身看着房间中央的显示屏。全息影像的一个窗口中是实时影像，信号发自某人防护服头盔上的摄像头，他正在“壁鱼号”的外壳上移动。

华钟的声音从通信器中传来：“正在检查焊接点。我保证，不超过5分钟就搞定了，船长。”

“别超过，”他说着，“法尔科尼下线。”他摁了一个按钮，全息影像切换成了整个恒星系的星图，所有的飞船都用显眼的方式标记出来了。

基拉坐进柔软的防撞椅里，放松下来。斯帕罗看了她一眼，这才看到她的手臂，瞪大了双眼：“见鬼，基拉。发生了什么？你的——”

“现在不是时候，”法尔科尼说，“故事之后再讲。”

斯帕罗把一串问题吞了回去，但基拉能感觉到她的视线给的压力。

水母和梦魇还在奈达斯附近激战。然而，这是一场混战。水母友军幸存的飞船（包括那艘载着茨切特的飞船）正在朝梦魇和同类开火。两艘水母飞船和一艘梦魇飞船从那颗行星上起飞了，正在朝其他所有飞船开火。基拉怀疑探索者已经操控了它们。同样，其他梦魇也在攻击除自己以外的所有目标。

当一艘水母飞船（幸好不是友军）在一阵核武器的闪光中爆炸时，斯帕罗瑟缩了一下。“真是乱七八糟。”她说。

一开始，基拉认为“壁鱼号”十分幸运，已经逃脱了追逐，但接着就看到两艘梦魇飞船的预计飞行轨迹：它们想拦截“壁鱼号”。这两艘长长的、带尖角的飞船（看起来就像裸露的肌肉被捆在了巨大的股骨上）在奈达斯的另一侧，但它们正和其他梦魇飞船一样，以大到能摧毁细胞的推力疯狂加速。按照现在的速度，它们能在14分钟内接近这里。

或者更快。

“达姆施塔特号”从小行星带附近飞了过来，受损的散热器流出冷却剂，形成飞船的尾迹。基拉看了一下数据，在梦魇飞船飞速赶上之前，那艘巡洋舰只能刚好和他们汇合。如果梦魇飞船再加大四分之一的推力，那么联军司令部的飞船就来得更慢了。

通信线路发出滋啦声，阿卡维的声音传来：“法尔科尼船长，在吗？”

“在。”

“我想我们可以争取点儿时间，足以让你们达到马尔可夫极限。”

法尔科尼抓住桌子边缘，用力到指节发白：“那你们怎么办，船长？”

阿卡维发出一阵笑声，让基拉吃了一惊：“如果可以的话，我们会跟上你们，但最要紧的是让司令部得悉茨切特的水母伙伴的提议，而现在‘壁鱼号’是最有可能逃出恒星系的飞船。我知道你是平民，法尔科尼，我无法命令你去做任何事，但没有比这更重要的事了。”

“我们会把消息转达给联盟的。”法尔科尼说，他停顿了一会儿，“我向你保证，船长。”

一阵静电噪声后，阿卡维的声音接着传来：“我就指望你了，船长……准备观看灯光秀吧。完毕。”

“他们打算做什么？”基拉说，“他们打不过梦魇的。”

斯帕罗舔了舔嘴唇，目光紧盯着全息影像：“打不过。但也许阿卡维能狠狠教训它们一顿，然后跑得足够快，甩开它们的追踪。这取决于‘达姆施塔特号’上还剩几枚导弹。”

当华钟疲惫地拖着步子出现在门口时，基拉和其他人依然坐在原地等待着，看着全息影像。法尔科尼冲她点点头：“搞定了？”

基拉惊讶地看到华钟深深鞠了个躬：“都是我的错。当我在天鹅座61修补飞船时，我还气呼呼的，所以修补得很差劲。我很抱歉。你应该找一个比我更优秀的轮机长。”

法尔科尼走过来，将双手放到华钟的肩膀上，拉她起身。“胡说，”他的声音意外地柔和，“不过下次别再发生这种事了。”

过了一会儿，华钟点点头。她的眼里盈满泪水：“我不会了，我保证。”

“这就是我希望听到的。”法尔科尼说，“还有如果——”

“见鬼。”斯帕罗突然压低声音咒骂了一声，指着全息影像。

梦魇飞船加速了。“达姆施塔特号”会远远落在它们后面，两者之间的距离肯定会超过巡洋舰主激光炮的射程。

“现在怎么办？”基拉问。灾难接踵而至，她已经麻木了。都到这个地步了，还会发生更糟的事吗？不要紧，解决它。如果梦魇登上了“壁鱼号”，她能杀退几个入侵者，但如果有很多那种抓住她的类人梦魇，那她就死定了。他们都死定了。

“我们在井里设置了一个杀戮区，”法尔科尼说，“把梦魇引到那里，然后从各个方向攻击它们。”

“前提是它们没先把我们炸死。”斯帕罗说。

“不会的，”华钟指着基拉的方向说，“它们想抓她。”

“是的。”法尔科尼赞同地说，“我们能利用这一点。”

“诱饵。”基拉说。

“正确。”

“那么——”

全息影像中央眩目的白光打断了她。所有人都停下，看向那里。

两艘梦魇飞船发生了爆炸，飞船消失了，只剩下一片不断膨胀的蒸汽云。

“格列戈罗维奇，”法尔科尼说，“发生什么事了？”

飞船主脑回答说：“卡萨巴榴弹炮。三发。”

全息影像开始倒放，他们看到蒸汽云退回到梦魇飞船。然后在几万千米外，就在爆炸前，有三束针一样的光线连成一条虚线射过来。

“怎么做到的？”基拉问，“‘达姆施塔特号’的射程有这么远吗？”

斯帕罗刚想回答，通信线路再次发出滋啦声，阿卡维说话了。“各位，那就是灯光秀。”他冷酷的声音里带着戏谑，“我们朝奈达斯发射了几枚RD52[1]，这是我们刚开始使用的武器——氢冷式卡萨巴榴弹炮。它们几乎不可能侦测到。必要时可以当地雷用，只要将梦魇赶进射程内就行。这些蠢货一点儿也没有意识到自己飞进了陷阱。我们要改变航线了，尽量把它们从你们身后引开。你们继续推进，别因为任何事停下。完毕。”

“收到，”法尔科尼说，“……谢谢你，船长。我们欠你一个人情。完毕。”

“等这件事结束后，请我喝酒，船长。完毕。”阿卡维说。

线路切断后，斯帕罗说：“我听说过RD-52，但从来没用过。”

法尔科尼自全息影像处向后靠。他抚摸自己的寸头，用指尖刮擦着头皮，说：“好了，我们有了喘息的空间。不是很多，但有一些。”

“我们还要多久才能跳出恒星系？”基拉问。

“按照当前2g的加速度，”格列戈罗维奇低声说，“25小时后，我们就能离开这个神圣的墓地、重获自由了。”

这也太久了。基拉不需要说出口，看所有人的表情就知道他们也是这样想的。梦魇飞船和水母飞船跳出超光速空间后，只用了几小时就飞到了奈达斯。如果它们决定追赶“壁鱼号”，就一定能追上。

“格列戈罗维奇，”法尔科尼说，“有可能发生恒星耀斑吗？”

---

① RD52：见附录三“RD52”（第 811 页）。

机智。和所有红矮星一样，巴格亨特具有很高的可变性，这也意味着可能出现巨大而又不可预测的恒星耀斑。一场巨大的恒星耀斑喷发后，可以扰乱核聚变引擎的排气喷管必需的磁场，阻止那些飞船追上“壁鱼号”——如果他们没有找到有效的办法来保卫自己的话。

“目前没有。”格列戈罗维奇说。

“该死的。”法尔科尼喃喃道。

“我们只能希望阿卡维的飞船和茨切特的水母飞船能帮我们甩开所有追兵。”斯帕罗说。

法尔科尼看起来像刚咬到一块石头：“我不喜欢这样，一点儿也不喜欢。这些混蛋中哪怕只有一艘追上我们，我们都会惹上天大的麻烦。”

斯帕罗耸耸肩：“现在还不确定我们能做些什么，船长。‘壁鱼号’可不是一匹马，就算你狠狠抽它，它也跑不快。”

基拉突然想到一个主意：那些畸形的、腐坏的梦魇能利用水母科技，那么……他们为什么就不能利用呢？

这个想法如此古怪，她几乎都想舍弃。只是目前的处境实在太艰难了，所以她说：“你们觉得那个叫以塔利的水母怎么样？”

“什么怎么样？”法尔科尼问。

“也许它能帮助我们。”

华钟眯起眼睛，充满敌意地问：“你什么意思？”

“我还不确定，”基拉说，“但也许它能调整我们的马尔可夫引擎，让我们更快地进入超光速空间。”

华钟低身咒骂：“你想让那个东西摆弄‘壁鱼号’？啊！”

“值得一试。”斯帕罗说着，看向法尔科尼。

他苦着脸说：“我不喜欢这个主意，但如果这个水母能帮助我们，我们应该试试。”

华钟看起来很不高兴。“不，不，不。”她喃喃道，接着抬高音量说，“你们不知道它能做什么。它也许会毁掉飞船上的所有系统，能把我们炸飞。不！它不懂我们的计算机，也不了解我们的——”

“你可以帮助它了解，”法尔科尼用柔和的语调说，“如果我们没办法逃离这个恒星系，我们就会死，华钟。在这个节骨眼上，任何可能的方法都值得一试。”

轮机长皱着眉，一遍遍地搓着手，然后沉吟了一声，站起来：“好吧。如果那个水母做了任何损害‘壁鱼号’的事，我就亲手撕烂它。”

法尔科尼轻轻一笑：“我等的就是这句话。格列戈罗维奇，你也帮忙盯着点儿。”

“一直盯着呢。”飞船主脑轻声说。

接着法尔科尼转过头来：“基拉，你是我们之中唯一可以和那水母交流的人。问它能否提供帮助，如果能，那就协调它和华钟合作。”

基拉点点头，将自己推出防撞椅，感受到推力增加的每一份重量。

船长还在说话：“斯帕罗，你也是。确保事情不失控。”

“是，长官。”

“等你们完成了，就把它带回气闸室。”

“你打算把它一直留在那里？”斯帕罗问。

“看起来那是唯一还算安全的地方。你还有更好的办法吗？”

斯帕罗摇摇头。

“好吧。那就行动吧。基拉，等你结束后，去找医生看看你的手臂。”

“好的。”基拉说。

3

基拉和两个女人一起离开控制室，华钟指着她的手臂问：“痛吗？”

“不痛，”基拉说，“不是很痛。只是感觉有点儿奇怪。”

“发生了什么事？”斯帕罗问。

“一个梦魇抓住了我，逃走的唯一办法就是砍掉自己的手。”

斯帕罗皱眉道：“该死。还好你逃出来了。”

“是啊。”但基拉心里不知道自己是不是该庆幸。

两个士兵（塔图波阿和另一个基拉不知道名字的）在气闸室的前厅站岗，监视着里面的水母。其他士兵都离开了，只在甲板上留下一些绷带和斑斑血迹。

当基拉和同伴们到来时，那两个男人正在狼吞虎咽地吃东西。两人看起来都面色苍白、疲惫不堪、紧张不安。她认出了这种表情：此时的她也是这种感觉。当肾上腺素消退后，人一下就垮掉了。她垮得更厉害。

塔图波阿将叉子停在半空："你们来这里和那只鱿鱼谈话吗？"

"是的。"基拉说。

"明白了。如果需要帮助，就喊一声。我们就在你们身后。"

虽然基拉觉得这两个人没办法比软刀更能保护她，但还是很高兴知道他们待在这里，手上拿着枪，随时待命。

基拉来到气闸室门口，透过金刚石压力窗往里看，斯帕罗和华钟则畏缩不前。以塔利依然坐在地上，在它缠绕的触手中休息。一时间，恐惧使基拉停了下来，接着她按下按钮，气闸室的内门应声滑开。

水母散发的近味袭进她的鼻腔：这味道让她想起盐水和香料，还有一股近似铜的强烈气味。

以塔利先说话了。以塔利：有什么可以为你效劳的，理想态？

基拉：我们想离开这个恒星系，但我们的飞船游得不够快，没办法超过沃纳威人和腐坏者。

以塔利：我无法为你们制造一个流体调节器。

基拉：你是说一个——她努力寻找合适的词——重力改变器？

以塔利：是的，它能让飞船游得更容易。

基拉：我明白。那个能让我们游得比光快的机器呢？

以塔利：转换球[1]。

基拉：对，就是它。你能提升它的性能，让我们更快离开这里吗？

以塔利动了动，似乎在用两条触手移动整个身体。以塔利：这个形态适合战斗，不适合建造。我也没有能做这种工作的组装机和材料。

基拉：那你知道怎么改进人类的转换球吗？

以塔利的触手相互缠绕，不停地摩擦扭动着。以塔利：是的，如果给我合适的时间、工具和形态，也许可以。

基拉：你能试试吗？

……以塔利：既然你这么问了，理想态，好吧。

基拉：跟我来。

---

① 转换球：见附录三"ORB OF CONVERSION"（第 810 页）。

“怎么样？”基拉走出气闸室，斯帕罗问。

“也许可以，”基拉答道，“它愿意尝试提供帮助。华钟呢？”

轮机长怒视着她说：“这边。”

“喂，站住。”塔图波阿举起一只带文身的手臂说，“没人通知我们。你们想把它带出去？”

斯帕罗只能先联系法尔科尼，让法尔科尼再联系霍斯，这些士兵才让开一条路，允许她们护送以塔利前往引擎室。基拉和以塔利挨得很近，软刀上覆盖着一层短而钝的尖刺，随时准备战斗和杀戮。

但基拉觉得这没必要。现在还没有。

虽然她很警惕，也很清醒，但非常虚弱，被这一天的痛苦经历耗尽了精力。她需要食物；不仅是她，软刀也需要补充营养。软刀感觉……很薄，似乎战斗时消耗的能量和覆盖前臂的材料已经耗尽了它的储备。

“你身上有口粮棒吗？”基拉对斯帕罗说。

斯帕罗摇摇头：“抱歉。”

当需要特里格时他在哪里？想到这里，基拉皱起眉头。没关系，她可以等。她还不至于饿昏，而食物或者说缺少食物不在她优先考虑的范围内。

引擎室是一个摆满了屏幕的狭小房间。墙壁、地板、天花板都被漆成了单调的灰色，让基拉想到了“情有可原号”。与之相反的是，所有管道、线路、阀门和把手都是五颜六色的：明亮的红色、绿色、蓝色，甚至橘红色。每一样都很显眼，不可能混淆。这些东西都有巨大的盲文标志，即便在黑暗中或者穿着防护服也能识别。

这里的地板看起来比厨房的台面都干净，然而空气更加湿热厚重，弥漫着润滑剂、清洁剂和臭氧的刺鼻气味。基拉的舌头上尝到一股铜的味道，还能感觉到自己的眉毛在静电的作用下竖了起来。

“这里。”华钟说，带着他们来到房间后部，那里的地面上凸出一个巨大的黑色半球体，直径一米多，那是“壁鱼号”的马尔可夫引擎。

接下来的一刻钟，基拉的翻译出现了问题，让她感觉非常挫败。她不明白水母使用的科技术语，无法将其正确地翻译成英语，同理，华钟也使用了基拉没接触过的科技术语，她无法将其转译为水母语言。轮机长打开了马尔可夫引擎旁控制台的内嵌全息显示屏，用可视化的语言展示了引擎的工作原理和机器内部的运作细节，这起到了一定的作用，但最后依然没办法弥补语言的鸿沟。

马尔可夫引擎背后的数学原理绝不简单，但基拉知道它的使用方法浅显易懂。反物质的湮灭用来发电，这反过来又为特定电磁场提供动力，让飞船从正常空间转换到超光速空间。电磁场的能量密度越小，飞船的速度越快，因为在超光速航行中，能量越少，速度越快（与正常空间正好相反）。规模效益意味着飞船越大，速度越快，但最终限制最大速度的因素还是工程方面的。维持低能量的电磁场很难。因为飞船内部和外部都存在电磁场来源，而这种低能量磁场有被逐渐切断的趋势，这就是为什么一个强大的重力井就能迫使飞船回到正常空间。即使在星际旅行途中，低能量磁场也必须每纳秒调整多次，以保持一定的稳定性。

所有这些都让基拉丧失信心，以塔利要在飞船飞行时重新设计马尔可夫引擎，而且它既没有合适的设备，也不懂英文和人类的数学代码。尽管现实残酷，她还是抱有一丝希望。

最后，通信器中传来法尔科尼的声音："有进展吗？外面的情况不容乐观。"

"还没有。"华钟说。基拉感觉她的声音完全体现了她的懊恼心情。

"继续努力。"船长叹口气说。

"也许——"基拉刚开口，就被水母突然的动作打断了。它从全息影像前转头，爬到马尔可夫引擎拱起的表面上，开始用一条触手用力扯面板。

"不！"华钟惊呼。她以惊人的速度穿过房间，想把水母从引擎上拉下来，但它毫不费力地用另一条触手将她推了回去。"基拉，让它停下来。如果它弄坏了安全壳，我们都会死的。"

斯帕罗已经举起爆能枪，手指扣在扳机上。基拉说："停下！所有人都冷静。我会问它的，但是别开枪。它知道自己在做什么。"

以塔利掰开了马尔可夫引擎中部的保护性外壳，金属弯曲的声音让基拉皱起眉头。

"它最好知道。"斯帕罗低声说。她把枪口放低，但没有完全放下。

基拉：你在做什么？我的鱼群伙伴们很担心。

以塔利：我需要看看你们的转换球是怎么建造的。别担心，二形态。

我不会杀死我们的。

基拉翻译了一遍，但以塔利的保证没有让华钟放下心来。轮机长站在水母旁边，从它隆起的触手上看过去，愁眉不展，手指都扭在了一起。“西巴，”她怒声说，“不是……不……哦，你这个蠢货，你在做什么？”

紧张地僵持几分钟后，水母从引擎内部收回螯，转头面对基拉。

以塔利：我不能让你们的转换球更好地运作。基拉的胃袭上一阵灼热的酸液，以塔利继续说：我能让它变得更强，但是——

基拉：更强？

以塔利：通过增加能量的流动，能提高气泡的强度，转换到超光速的过程会发生在靠近恒星的地方。但要做到这一点，我需要水母飞船上的设备。在这里，没有时间用原材料造出我想要的东西。

“它说了什么？”华钟问。基拉解释了一下，轮机长问：“能多近？”

以塔利：用你们的转换球……至少近一半。

“你看起来并不惊讶。”基拉在翻译完后说。

华钟不屑地说：“是的。在进入超光速空间前，我们已经增强了磁场的强度。这是老把戏。不过引擎不能再承受更多的能量了。不然，反应室会失效，或者线路会烧毁。这不可行。”

“无论怎样都无所谓，”斯帕罗说，“你不是说了，如果没有合适的设备，它也无能为力。我们现在就是白折腾。”她耸耸肩。

当她们交谈时，基拉一直在思考。一开始，她想软刀能否提供以塔利需要的工具或材料。她很确定它能帮上忙，但不知道从哪里或如何着手，它没有给她任何暗示。接着，她想了一遍她在“壁鱼号”上了解的所有事物，寻找某种——任何一种能帮上忙的东西。

答案几乎立刻跳入了她脑海。

“等一下。”她说。斯帕罗和华钟停下来看着她。基拉打开通信器，呼叫熵主义者：“薇拉、乔鲁斯，我们需要你们来引擎室，十分紧急。带上你们从水母飞船上找到的东西。”

“我们马上来，囚徒。”两人说。

华钟的眯起双眼：“你不能指望从外星飞船上搜刮到的一件机器真的能派上用场，纳瓦雷兹。”

“是的，”基拉说，“但值得一试。”她解释给以塔利听，它坐在甲板上等待，用触手包裹自己。

“这个鱿鱼能做什么呢？”斯帕罗问，猛地把爆能枪对准以塔利，“它只是个士兵。难道它们所有的士兵都受过工程学训练？”

“我也想知道。”华钟挑眉说。

基拉将问题转达给水母。以塔利：不，这个形态不是用来制造机器的，但每种形态都会被分配一颗信息种子，需要时就可以使用。

“‘形态’是什么意思？”斯帕罗问。

外星人的几条触手扭在一起。以塔利：这个形态。不同的形态有不同的用处。你们应该明白，因为你们就有两种形态。

“它是说女人和男人吗？”华钟问。

斯帕罗也皱起眉头：“水母能变换形态？那岂不是它——”

熵主义者的出现打断了她的话。两个求知者好奇地走近基拉，眼睛一直盯着以塔利，然后递给她那个蓝色的长方形物体，就是他们在天鹅座61的水母飞船上拿到的东西。

当她把长方形物体交给以塔利时，一阵激动的近味袭入基拉的鼻腔。水母用一对螯转动那个拳头大小的物体，触手泛起秋日的红色和橙色。

以塔利：这是虚空之影里的一个结节。

基拉：是的，我的鱼群伙伴就是在那里发现它的。结节有用吗？

以塔利：也许有用。

接着基拉好奇又惊讶地看到，从水母的甲壳边缘隐藏的窄缝中展开一对更小的手臂。和更大的那对手臂一样，这对肢体也包裹在闪亮的甲壳质材料中，但不同的是，它们的连接处更加精细，末端有一两厘米长的纤毛。

以塔利使用这对小手臂快速地拆开结节，其内部是一堆固态的组件，和基拉熟悉的任何计算机或机械设备的部件都不一样。要说像什么，倒是更接近宝石或水晶经切割后的部分。

以塔利用纤毛拿起组件，回到马尔可夫引擎旁，用第三对小肢伸进球形设备的深处。引擎内部发出碰撞、摩挲以及金属刮擦的声音。

华钟用警告的口气说：“基拉。”

“给它一个机会。”基拉说，她也同样很紧张。她和两个熵主义者、轮机长一起看向以塔利触手下的引擎内部。在那里，基拉看到水母将水晶组件安装到机器内的不同部位。组件所到之处很快就和引擎相互结合了，发光的细线将它们和附近的材料连接起来。但基拉注意到只在适当的地方才会这样，不是以塔利就是内置的程序为这些细线指明了方向。

“它们是怎么做到的？”华钟的声音里带着少见的紧张。

基拉翻译了华钟的话。以塔利：通过绝迹者的意志。

水母的回答没有减轻基拉的担忧，似乎也没有减轻华钟的担忧。但她们都站在原地，让外星人不受干扰地工作。接着——

以塔利：要让这个起作用，你们需要关闭控制转换球的岩石大脑。

“岩石大脑？”华钟说，“它是指计算机吗？”

“我觉得是。”基拉说。

“唔。”轮机长看起来不是很高兴，但沉默片刻后，她在众人看不见的眼屏上来回扫视，然后说，“好了。现在格列戈罗维奇在监视引擎。”

基拉通知了水母。以塔利：转换球就绪。启动速度提升至两倍。

华钟俯身看着引擎，皱起眉头，细看机器内部那些神秘的附加物。“然后呢？”

以塔利：然后，能量的流动会回到正常数值，这样你们的飞船就可以一直游得这么快了。

轮机长看起来并不相信，但咕哝了一声：“我猜，这是我们能得到的最好结果了。”

“启动加速度是之前的两倍，”斯帕罗说，“我们现在的加速度是2g，也就是说我们跳出恒星系需要……多久？”

“7个小时。”华钟说。

这比基拉担心的结果要好，但远不及她希望的结果。7个小时仍然足够让一艘或多艘敌船赶上他们。

华钟呼叫控制室，把目前的情况汇报给法尔科尼，他说：“很好。我们没走出森林，但也许能看到树木间透进来的光。不管是水母还是梦魇都想不到我们能这么快跳出恒星系。如果我们走运的话，它们会觉得自己有足够的时间追上我们，于是把主要的精力都用于太空互殴……干得好，各位。基拉，替我们谢谢水母，问它是否需要水、食物、毛毯之类的东西。

斯帕罗，确保它回到气闸室。”

“是，长官。”斯帕罗说。接着通信线路断开，她说：“如果我们走运的话。那当然了，我们最近什么时候走运过？”

“我们还活着，”乔鲁斯说，“这——”

“——就足够了。”薇拉说。

“嗯。”斯帕罗说，接着她朝以塔利示意，“走吧，丑大个。该走了。”

再次提起梦魇让基拉有些不快。当他们带着水母来到引擎室外面的狭窄走廊时，她向水母转达了法尔科尼的谢意，并询问它有没有什么需求。

以塔利：给我一些水就好。这个形态有很强的适应力，不需要通过摄入食物来维持。

基拉：你们知道腐坏者源自理想态吗？

外星人似乎很惊讶她会提这个问题。以塔利：当然，二形态。你们不知道吗？

基拉：不知道。

水母的触手表面出现了一些亮丽的颜色，空气中散播着困惑的近味。以塔利：这怎么可能呢？很明显，你们参与了腐坏者的增殖……我们一直很好奇你们为什么会参与，理想态。

基拉伸出一只手放在斯帕罗的肩膀上：“等一下，我需要点儿时间。”

斯帕罗的视线在基拉和外星人之间来回游移：“怎么了？”

“只是想澄清一件事。”

“是吗？现在？等到了气闸室，你想怎么聊就怎么聊。”

“这事很重要。”

斯帕罗叹了口气：“好吧，但是要快。”

尽管极不情愿，基拉还是向以塔利解释了巨口诞生的原因。不过，她略过了一些细节，没有讲“情有可原号”上的爆炸究竟是怎么发生的，因为她对自己做的事及其后果感到羞愧。

当她说完后，水母的皮上散发出一股令人不适的味道。以塔利：我们现在看到的腐坏者是沃纳威人、二形态和神圣的理想态的结合体？

基拉：是的。

水母颤抖了一下。基拉从没在它的同类身上见过如此反应。以塔利：

这可真是……不幸。我们的敌人甚至比我们一开始想的还要危险。

可不是吗？

直到你回应了茨罗[1]，即绝迹者的搜寻信号，我们才认为你是腐坏者。当我们发现腐坏者就在我们藏匿理想态的恒星系附近、正等着伏击我们时，我们怎么能不这么想呢？

基拉：所以我离开那个恒星系后，你们没有再找我？

飘来一阵肯定的近味。以塔利：我们搜寻过，理想态，但我们还是以为你就是腐坏者，所以选择跟踪腐坏者，而不是你那小小的外壳。

她皱起眉头，还是没有完全理解。基拉：你和其他沃纳威人认为腐坏者和人类结盟就是因为……你们知道是我创造了它们？

以塔利：是的。这种事在大分裂时期也发生过一次，几乎导致我们灭绝。虽然其他同胞不知道腐坏者的确切来源，但它们知道腐坏者肯定源于理想态。而正如你的同形态[2]所说，腐坏者使用你们的语言，有一段时间也没有攻击你们的孵化池[3]，似乎清楚地表明你们是它的鱼群伙伴。等到我们监听到了你们的信号，也看到了腐坏者的反应，我们才明白你们没有培育它们，从而对我们发动战争。

基拉：其他沃纳威人肯定也意识到了这一点吧？

以塔利：是的。

基拉：但它们依然攻击我们。

以塔利：因为它们依然认为你和你的同形态要对腐坏者的出现负责。还有你，理想态。从这个角度来看，怎么攻击和为何攻击就不重要了。我们已经计划了很久，想要抑制你们的孵化池，限制你们的扩张[4]。腐坏者的出现没有改变这一点。但我们中的一些人不这么认为，它们相信腐坏者是一个巨大的威胁，单凭沃纳威人是无法战胜的。它们相信现在是自大分裂时期以来，抢夺兵团领导权的最佳时机。所以，我们需要你的帮助，理想

---

① 茨罗：见附录三“TSURO”（第 816 页）。

② 同形态：见附录三“CO-FORMS”（第 801 页）。

③ 孵化池：见附录三“HATCHING POOLS”（第 805 页）。

④ 扩张：见附录三“EXPANSION”（第 803 页）。

态，还有你的同形态的帮助。

基拉：你们到底希望我做什么？

水母一下变成了粉色和蓝色。以塔利：天哪，当然是对抗腐坏者。这还不明显吗？没有了蓝色权杖，你就是我们最大的希望。

4

把以塔利安全送回气闸室后，基拉向厨房走去。在那里，她拿了三根口粮棒，倒了一杯水。她嚼着一根口粮棒，穿过飞船中央，来到“壁鱼号”的机械车间。和上次一样，她打开放着3D打印材料的抽屉，将残肢放到不同的粉末里。吃吧，她对软刀说。

它照做了。

金属、有机物、塑料，软刀吸收了大量的各类材料。它似乎想加强自己的防御能力，以应对可能出现的状况。

当软刀狼吞虎咽时，基拉也开始吃剩下的两根口粮棒。不过，用剩下的那只手很难撕开铝箔包装纸，她还掉了一根。为什么受伤的不是左手呢？她想。

不管怎样，这种不便能让她不去想更黑暗、更可怕的事。

当她和软刀都吃饱喝足时，时间已经过去很久了，足以让基拉觉得维沙尔已经完成了照顾伤员的工作。至少他应该能为她挤出几分钟了。所以，她关上了抽屉，朝医务室走去。

房间里一片混乱，地上散落着绷带、纱布、空的医疗泡沫罐和染血的衣服碎片。里面有四个士兵：一个躺在唯一的检查台上，三个躺在地上，衣服都脱到了不同程度，联军司令部的军医和维沙尔在照顾他们。所有伤员看起来都像打了镇静剂。

但基拉没看到自己最担心的那个人。当维沙尔忙碌时，基拉说：“嘿，特里格在哪儿？他还好吗？”

维沙尔脸色一沉：“不好，基拉女士。我切开了水母的茧，那东西确实救了他一命，但是……”医生发出啧的一声，摇摇头，脱下染血的手套。

“他能撑过去吗？”

维沙尔从台子上的箱子里拿出另一副手套，戴上后才回答：“如果我们能把他送到条件好的医疗机构，那他能活下来。否则凶多吉少。”

“你在这里治不好他吗？”

维沙尔摇了摇头。“子弹打碎了他这里的脊椎骨，”他摸了摸她脖子靠上的部位，“弹片进了他的颅骨。这里的医疗机器人无法胜任他需要的手术。他甚至可能需要在新的身体生长期间，将大脑转移到人造生物体中。”

这个可能性让基拉感觉更糟了。一个像特里格这样年轻的孩子失去他的身体……这太可怜了。“他现在处于休眠状态吗？”

“是的，是的，在避难区。”接着，维沙尔伸手抓住她的残肢末端，“现在，基拉女士，让我看看。啊，你干了什么？”

“不是什么有意思的事。”她说。

维沙尔点点头，拿出一台扫描仪，检查她的残肢。“我也这么想。”他瞟了她一眼，“他们给我看了你在奈达斯上和水母、梦魇战斗的影像。”

基拉略微耸耸肩，感觉有些不自在：“我只是在保护大家。”

“当然了，基拉女士，当然。”医生轻拍了拍残肢末端，“痛吗？”

她摇摇头。

当他检查残肢末端的肌肉时，维沙尔说：“我看到的视频里……你能使用异种做到那些事情……”他咂咂舌，在头顶的橱柜里翻找起来。

“怎么了？”基拉问。她有些病态地想知道，看到软刀杀戮的场面后，他会产生怎样的感觉。他现在会把她看作一个怪物吗？

维沙尔拿着一管绿色凝胶走回来，将其涂抹在基拉的残肢上。凝胶感觉很凉、很黏。他把超声波投射仪贴在她的手臂上，专注地看着眼屏上的影像说：“我为你的异种想了个名字，基拉女士。”

“哦？”基拉好奇地说。她意识到自己从没告诉过他异种自称软刀。

维沙尔转移视线，看着她认真地说：“伐楼拿斯特拉。”

“那是什么？”

“印度神话中一件非常有名的武器。它由水制成，能变成任何武器的形状。是的，很多战士，比如阿周那[1]就曾使用过它。携带神之武器的凡人被称为阿斯特拉达里。你就是一个阿斯特拉达里，基拉女士。”

---

① 阿周那：印度叙事诗《摩诃婆罗多》中，因陀罗与贡蒂王后之子。——译者注

“这我可不敢当，但是……我很喜欢这个名字，伐楼拿斯特拉。”

医生轻轻一笑，递给她一条毛巾：“这个名字源于一个叫伐楼拿[1]的神。是他创造了它。”

“使用伐楼拿斯特拉需要付出什么代价？”基拉一边说，一边抹去手上的凝胶，“使用神的武器总要付出代价。”

维沙尔拿开超声波仪器：“没有任何代价，基拉女士，但使用时一定要非常小心。”

“为什么？”

医生看起来不愿回答，最后还是说：“如果你失去了对伐楼拿斯特拉的控制，它就会毁掉你。”

“是吗？”基拉说，脊椎爬上一丝凉意，“好吧，这个名字很合适。伐楼拿斯特拉。”然后她指了指残肢：“你能帮帮我吗？”

维沙尔摆了摆手：“你看起来不痛——”

“是不痛。”

“在离开恒星系前，我们没有足够的时间帮你打印一只新的手臂。华钟也许可以为你做一个义肢，但时间还是很紧迫。”

“如果有时间，”基拉说，“你可以帮我安装吗？我能让软刀从伤口处移开……我不知道能让它移开多久，如果你必须再次划开皮肤——”她摇摇头。麻醉剂肯定对她不起作用，也许义肢才是最好的选择。

维沙尔弯腰检查一个士兵腿上的敷料，然后说：“是的，是的。但异种会帮你愈合，不是吗？”

“是的。”基拉说，想到了它把卡尔和水母连接起来的过程。有时候它的愈合能力过于强大了。

“也许它能帮你愈合出一只新手臂。我不知道，但它似乎能做很多不寻常的事，基拉女士。”

“伐楼拿斯特拉。”

“确实如此。”他冲她微微一笑，露出亮白色牙齿，“除了伤口，我没发现你的手臂有任何问题。如果你感觉痛，就告诉我，我会再帮你看看，

① 伐楼拿：印度教中的天神，掌管法律、秩序的神。——译者注

但是我觉得没必要采取任何特殊措施。”

“好的。谢谢。”

“当然，基拉女士。能帮上忙是我的荣幸。”

走出医务室后，基拉在走廊里停了下来，叉着腰，花了几秒钟来整理思绪。她现在真正需要的是找时间坐下来思考并消化已经发生的所有事情。

但就像维沙尔说的，时间太少了，这里还有很多事要做。并不是所有事情都像战斗那样显而易见——或者简单易懂。

离开医务室后，她朝飞船中心走去，走向控制室正下方受铅层保护的避难区。墙边放着七个冷冻舱，她发现尼尔森站在其中一个旁边。特里格正躺在里面，透过结霜的透视板，几乎看不见他的脸。他的脖子上还留有暗红的血迹，脸上呈现出松垮（或者说消亡）的状态，让基拉觉得很难受。面前的这具身体不像她认识的那个人，更像一个物体、一件没有一丝生气的东西。

当基拉靠近时，尼尔森挪开一步。基拉将一只手放在冷冻舱上，手掌下的舱壁很冷。她会很长一段时间都见不到这个孩子。他最后一次和她说了什么？她想不起来了，这让她有些懊恼。

“我很抱歉。”她低声说。如果她再快点儿，如果她没有小心翼翼地控制软刀，她本可以当场救下他。不过，也许救不了……考虑到她现在已经知道了梦魇的来源，放开对软刀的控制是她最不应该做的事。使用软刀就像操作一颗动作感应式炸弹：它随时都有可能脱离掌控，杀死某个人。

那么，有什么解决办法呢？肯定存在一种折中的办法，让她出于信心而非恐惧操控软刀。但她不知道这种办法是什么。如果控制的力度太大，软刀不过是一件花里胡哨的防护服；如果控制的力度太小，她已经看到后果了——一场灾难。她试图在刀尖上玩平衡，而迄今为止，她都失败了，还被刀尖刺伤了。

“吃下那条路。”基拉喃喃道，想起了伊娜烈的话。

“这是我的错。”尼尔森的话让基拉有些吃惊。大副和基拉一样，也伸手摸向冷冻舱。

“不，不是你的错。”基拉说。

尼尔森摇摇头：“我该知道，如果他认为我有危险，他肯定会做傻事。

他总是像只小狗一样围在我身边。我应该让他回到飞船上的。”

“你不应该这样责怪自己，”基拉说，“如果要怪……应该怪我。”

“你不知道放任软刀后会发生什么。”

“也许吧。你也不知道水母会突然出现。你什么都没做错。”

过了一会儿，尼尔森做了让步：“我想，关键是我们一开始就不应该让特里格陷入险境。”

“我们还有别的选择吗？那时候‘壁鱼号’上也不安全。”

“这也不能说明让他去的决定是对的。他比我的两个儿子都要小。”

“但他不是小孩子了。”

尼尔森摸了摸冷冻舱的顶部：“是啊，他不是。不再是小孩子了。”

基拉给了她一个拥抱，让她惊讶的是，尼尔森也抱了她。“嘿，医生说他会活下来的。”基拉说着挣脱开来，“而且你活下来了。‘壁鱼号’上的每个人都活下来了。我打赌特里格醒来一定会把这件事当成一次胜利。”

大副挤出一个虚弱的微笑：“从现在开始，让我们避免发生更多这样的胜利吧。”

“我同意。”

5

28分钟后，“达姆施塔特号”爆炸了。被探索者控制的一艘梦魇飞船发射了一枚导弹，打中了那艘联军司令部的巡洋舰，马尔可夫引擎被毁，半艘船随之蒸发了。

爆炸发生时，基拉正在控制室里。即使在那里，她也能听见医务室的伤兵们传来的惊呼声。她沮丧地盯着恒星系的全息影像——闪烁的红点是“达姆施塔特号”最后出现的位置。飞船上的所有人都死了，都是因为她。愧疚感压得她喘不过气来。

法尔科尼肯定从她脸上看出了什么，他说：“这件事我们也无能为力。”

也许是吧，但这没有让基拉好受些。

茨切特几乎立刻联系了他们：“法尔科尼船长，我这边的水母依然会尽力掩护你们。不过我们不能保证你们的安全，所以我建议你们保持目前的推进速度。”

"收到，"法尔科尼说，"你们的飞船情况如何？"

"别担心我们，船长。你只管完好无损地回到联盟。我们会处理剩下的事。完毕。"

全息影像中，基拉看到三艘水母友军的飞船在广阔的星际战场中穿梭。水母敌军的飞船只剩下四艘，大部分梦魇飞船都已受损或被彻底摧毁，仅剩的几艘还在战斗，依然很危险。

"格列戈罗维奇，"法尔科尼说，"加速度再增加四分之一g。"

"船长，"华钟用警告的语气说，"我修好的部位可能顶不住。"

他用坚定的眼神盯着她："我相信你，宋。你修好的部位顶得住。"

格列戈罗维奇清了清他的仿真嗓子，接着说："正在加速推进，哦，船长，我的船长！[①]"

基拉的肢体感觉到重力的增加。她沉入旁边的椅子里，减轻了骨头上的压力，她轻轻地叹息一声。即便有软刀的帮助，额外的推力还是远远超出了让人舒适的范围。连呼吸都需要明显的努力。

"加速会为我们节省多少时间？"法尔科尼问。

"20分钟。"格列戈罗维奇说。

法尔科尼露出痛苦的表情："应该够了。"他在推力的重压下驼着背，脸上的皮肤也跟着下垂，让他看起来比平时更老了。

接着站在全息影像另一侧的尼尔森问："我们要怎么处理那些士兵？"

"他们有什么问题吗？"基拉问。

法尔科尼坐回自己的椅子，让它支撑他的重量："我们没有足够的冷冻舱分给每个人，还缺四个。我们也非常清楚，飞船上没有足够的补给让所有人都保持清醒、活蹦乱跳地回到联盟。"

基拉想起自己在"瓦尔基里号"上没有食物的日子，这让她感到忧虑："那该怎么办？"

法尔科尼的眼里闪过一丝狡黠的光："我们会找一些志愿者，就是这样。如果水母可以让特里格进入静止状态，那它也可以把士兵们包裹起来。看起来这种方式没有伤害到茨切特。"

---

① 引自美国诗人惠特曼的诗歌《哦，船长，我的船长！》。——编者注

基拉用力呼出一口气：“霍斯和他的手下肯定不喜欢这个主意。”

法尔科尼哈哈一笑，但笑容没有触及眼底，他看起来依然非常严肃：“很难办，堪比被迫走出气闸室。我想让你去告诉他们，奥黛丽。他们应该不会打女人。”

“哇，真是谢啦。”尼尔森苦着脸说。但她没有再抱怨，而是小心地从座位上起身，朝货舱走去。

“现在要做什么？”等大副离开后，基拉问。

“现在我们等着。”法尔科尼说。

第八章

* * * * * * *

当下的罪恶

1

这天，所有人都起得很早。船员、熵主义者、还能行走的士兵一个接一个地聚集在厨房里。这么多人让房间变得很拥挤，但似乎没人介意。

华钟和维沙尔主动为大家热菜、送菜。尽管基拉吃了几根口粮棒，但当一碗炖菜被塞到她仅剩的那只手里时，她没有拒绝。

她坐在角落的地板上，背靠着墙。2.25g的加速度下，这是目前最能忍受的姿势，不过站起来或蹲下都很费劲。她边吃边看着周围的人。

每张桌子上都有全息显示屏，展示着飞船后面的实时影像。大多数人的注意力都被上面的投影吸引；大家都想知道正发生着什么。

水母和梦魇依然在相互厮杀。一些逃到了行星c或行星b，在大气层边缘相互追逐，而其他飞船（共有三艘）正冲向恒星巴格亨特的绕行轨道。

“看来它们依然认为在我们进入超光速空间前，它们有足够的时间追上我们。”霍斯中尉说。他的眼睛泛红，神色严峻；所有士兵都是。他们在逃离那颗行星的路上失去了太多，“达姆施塔特号”被毁也让他们备受折磨，因此个个眼神空洞、沉默寡言、心烦意乱。

基拉认为飞船上的每个人都是这样的感觉。

“但愿它们不要改变主意。”法尔科尼说。

霍斯沉吟了一声，然后转头看向基拉：“等你准备好了，我们就和那个水母谈谈。这是我们第一次有机会和它们中的人交流。总部盼着我们问出任何可能的情报。我们一直在不知情的情况下战斗到现在。最好能得到一些答案。”

“我们明天再去谈可以吗？”基拉说，“我很累，而且在我们能逃走之前，早谈晚谈都没有区别。”

中尉揉了揉自己的脸，叹了口气。他看起来比她更筋疲力尽：“好吧，当然。但是别太迟了。”

当他们都在等待时，基拉缩成一团，好像要缩进一个壳里。她忍不住去想梦魇的来由。是她创造了梦魇。是她做了错误的选择，她的恐惧和愤怒产生了那些正肆虐各个恒星系的怪物。

尽管从逻辑上讲，基拉知道类人梦魇口中的巨口（由卡尔医生、水母和一部分软刀组成的扭曲的突变融合体）所做的一切都不应该责怪她，但她没有因此好受些。情绪战胜了逻辑。一想到在这场人类、水母和梦魇的冲突中死去的所有人，她就感到一阵钻心的疼痛，连软刀也无法帮她减轻。

她感觉像中了这种情绪的毒。

士兵们迅速吃完，回到货舱，监督进入超光速空间的准备工作。两个熵主义者和“壁鱼号”的船员们凑到全息影像前，除了偶尔的低声评论，他们都很安静。

在某个时刻，华钟用她一贯的直率口吻说：“我想特里格了。”作为回应，他们只能点点头表示赞同。

吃到一半时，维沙尔看向法尔科尼：“咸淡还合适吗，船长？”

法尔科尼竖起大拇指：“很完美，医生。谢谢。”

“是的，但为什么有这么多胡萝卜？”斯帕罗说，她举起一勺橘黄色的食物，“感觉你总是多放了一袋胡萝卜。”

“它们对你有好处，”维沙尔说，“另外，我喜欢胡萝卜。”

斯帕罗得意地笑了笑：“哦，我知道你喜欢。我敢打赌你在医务室里藏了一堆胡萝卜，饿了就当零食吃，就像兔子一样。”她做了个轻咬的动作：“一抽屉一抽屉的胡萝卜。红色胡萝卜、黄色胡萝卜、紫色胡萝卜……”

维沙尔的脸涨得通红，他啪的一声放下勺子。包括基拉在内的所有人都看向他。“斯帕罗女士，”他说，声音里带着不同寻常的愤怒，“就像你说的，你总是‘骑在我头上’。而因为特里格崇拜你，他也有样学样。”

斯帕罗做了个调皮的表情：“别当真，医生。我只是开玩笑。如果——”

维沙尔正视着她：“请别这样，斯帕罗女士。其他人都没有这样和任何人开过玩笑，所以如果你能按照我对待你的方式来对待我，我将感激不尽。是的，谢谢你。”说完这句话，他继续埋头吃东西。

斯帕罗吃了一惊，看起来有些尴尬。接着法尔科尼用眼神提醒她，她清了清嗓子说：“嘘，如果你真的很介意，医生，那么——”

“我确实很介意。”维沙尔用坚定和明确的语气说。

“呃，那么抱歉。我不会再这样了。”

维沙尔点点头，继续吃饭。

这对他来说很好，基拉心不在焉地想。她注意到尼尔森脸上露出淡淡的微笑，几分钟后，大副站起来，朝维沙尔走去，两人轻声交谈起来。

不久，斯帕罗离开，去看一下那个水母。

所有人都吃完了，尼尔森和维沙尔在洗碗。法尔科尼费力地走到基拉身边，小心翼翼地坐在她旁边的地板上。

她看着他，并没有感到好奇。

他没有看向她的眼睛，只是盯着房间对面的天花板，挠了挠脖子上的旧伤疤：“你是自己把困扰的事告诉我，还是我把话从你嘴里撬出来？”

基拉不想说话。关于梦魇的真相对她来说依然新鲜而震撼，要是说实话，她会觉得很羞愧。而且，她很累，累到骨子里。现在的她无法承受一场艰难的、情绪化的讨论。

所以，她没说实话。她指着全息影像说：“就是这个困扰着我。不然你以为是什么？目前的一切都很糟糕。”

“瞎说。”法尔科尼用友好的口气说。他那双浓眉下的蓝眼睛看着她，深沉而纯净。“你从水母飞船上回来后就心不在焉。发生什么事了？因为你的手臂吗？”

“是的，我的手臂。就是因为这个。”

法尔科尼嘴角微弯，但表情依然严肃。“好吧，你不说也行，”他从外套口袋里掏出一副扑克牌，放在两人之间的地板上，“玩过抓七[①]吗？”

基拉戒备地看着他：“没有。”

“我教你，很简单。和我玩一局。如果我赢了，你要回答我的问题。如果你赢了，我会回答你想知道的任何问题。”

“抱歉，我没心情。”她想站起来，法尔科尼伸手握住她的左手腕，阻止了她。基拉想也没想就在手腕形成一圈尖刺，尖到能让人感到疼，但还不至于刺破皮肤。

---

① 抓七：见附录三“SCRATCH SEVEN”（第 812 页）。

法尔科尼瑟缩了一下，但没有放手。“我也没心情。”他说着，放低声音，表情变得很严肃。“来吧，基拉。你在害怕什么？”

“没什么。”这话连她自己都不信。

他扬起眉毛：“那就留下。和我玩一局……拜托了。”

基拉犹豫了。虽然她不想说话，但也不想一个人待着。现在不是时候，因为她的胸口像灌了铅一样疼，而他们周围战火仍在继续。

这些都不足以改变她的想法，但这时她想到了法尔科尼手臂上的伤疤。也许她可以让他讲述伤疤背后的故事。这一点吸引了她。另外，她内心深处真的很想告诉别人她了解到的一切。坦白也许不会让事情好转，但可能减轻她心底的痛楚。

要是艾伦在就好了。基拉无比希望可以和他交谈。他肯定会理解她。他会安慰她、同情她，甚至帮她想办法解决她造成的银河系灾难。

但艾伦已经死去，无法复生。她面前只有法尔科尼。她可以试试。

“如果你问了我实在不想回答的问题怎么办？”基拉强硬地问。

“那你可以弃牌。”但法尔科尼的语气像是认为她不敢不回答。

基拉被激起逆反心理。“好啊。”她坐回到地上，他放开了她的手腕，“那教我吧。”

法尔科尼检查了刚被她的刺刺到的手，接着往腿上擦了擦：“这是一个积分游戏，没什么特别的。”他洗牌后发牌：三张给她，三张给他，四张放在两人中间。所有的牌都没亮出正面。他把剩下的牌放在一边：“游戏的目的是尽可能地拿到7和7的倍数。”

“怎么做？将牌面上的数字相乘？”

“相加。1加6，10加4。你懂的。J是11点，Q是12点，K是13点，A是最小的1点。没有鬼牌，没有万能牌。每个玩家有七张牌，算上公共牌。”法尔科尼指着甲板上的四张牌，“最高的自然牌是顺子[①]：四张K、两张Q和一张A。这样你就有——”

“77点。”

“得11分，是的。牌面上的数字总和除以7就是得分，除非——”他

---

① 顺子：见附录三“STRAIGHT SWEEP”（第815页）。

举起一根手指，“除非你得到了所有的7。那样分数就会翻倍。最高的一手牌是满堂红[1]：四张7、两张K和一张9……”他把计算的问题留给她。

“91点。”

“得13分。每翻开一张公共牌就要下注，但我们简单点儿，只在第一张被翻开后下一次注。不过有个难点。”

“哦？”

“你不能用眼屏帮你计算，那样太简单了。”这时基拉的眼角弹出一条消息。她打开后发现是来自某个隐私APP的提示，它将会锁定他们两人的眼屏，直到两人都同意再次使用眼屏为止。

基拉有些恼怒地点击了“同意”。法尔科尼也点了，基拉眼屏上的一切都被封存。“好了。”她说。

法尔科尼点了点头，抓起他的牌。

基拉也看向自己的牌。一张2、一张8、一张J：21点。这是几分？尽管她在超光速空间进行过数学运算，但要进行乘法和除法的心算依然不简单。加法倒还行。7加7是14，再加7是21。她笑了，因为有了3分而高兴。

法尔科尼伸手翻开第一张公共牌：一张A。“我先下注。”他说。在他后面，两个熵主义者把空的食物包装袋扔进垃圾桶，离开了厨房。

“你是庄家。不该我先下注吗？”

“船长特权。”她没有反驳，于是他说：“我要赌的就是这个问题：什么困扰着你？”

基拉已经想好了问题：“你手臂上的伤疤是怎么来的？”法尔科尼的脸色一沉，看得出他没想到她会问这个问题。啊，很好。他活该。“叫牌。除非你想加注？”她用他之前那种挑衅的口气问。

法尔科尼的嘴唇抿成一条细线：“不，我想可以叫牌。”他翻开第二张公共牌：5点。

他们都开始沉默地计算。基拉还是21点。这是一手好牌吗？她不确定。如果不是，她获胜的唯一机会就是问另一个让法尔科尼弃牌的问题。

尼尔森和维沙尔洗好碗后把手烘干。尼尔森朝他们走来，她在高重力

---

① 满堂红：见附录三“FULL SWEEP”（第804页）。

下走得异常缓慢，然后拍了一下法尔科尼的肩膀："我准备回控制室。我会在那里盯着所有事情。"

他点点头："好的。我大概……一小时后来跟你换班。"

她拍拍他，往前走。离开厨房之前，她转过头说："不要和他赌太重要的东西，基拉。"

"他能让你输掉你嘴里的舌头。"维沙尔补充道，跟着她走了。

现在厨房里只剩下他们两个人。

"怎么样？"基拉说。

法尔科尼翻开第三张公共牌：9点。

计算时，基拉努力不动嘴唇。将这串数字相加并不容易，好几次她算到一半就忘了，得重新算。

35点。这是她能想到的最好的数字，五个7。比她之前的分数要高。她开始觉得自己这把牌有可能会赢。是时候冒险了。

"我想加注。"她说。

"哦？"法尔科尼说。

"是的。你是怎么买到'壁鱼号'的？"他绷紧了眼睛下的皮肤。她又挑动了他的另一根神经。很好。如果她不得不告诉他关于梦魇的事，那他也得付出同样的代价。过了一会儿，法尔科尼还是没有任何回应，她问："现在要怎么样？弃牌、叫牌，还是加注？"

法尔科尼摸着下巴，大拇指在胡楂上摩擦："叫牌。你的手发生了什么？你到底是怎么失去它的？别用你对斯帕罗说的废话来搪塞我，说一个梦魇抓住了你。起码要七个外骨骼兵才会对你造成这样的威胁。"

"这是两个问题。"

"我只是重复了一遍。你要说是两个，那就两个……算我加大筹码。"

基拉吞下了本想嘲讽的话。可以肯定的是，他不会轻易开口。"那就这样吧。继续。"

"最后一张牌。"法尔科尼说，看起来没受影响，然后将牌翻了过来。

一张K：13点。

当她重新计算时，他的大脑也在飞速运转。下一个7的倍数是7的6倍，应该是……42。11加13加1加8加9——正好！42点！

心满意足的基拉放松了下来。然后她发现：加上2和5，她又有一个7点，也就是49点，7的7倍。她弯起嘴角。

“你的表情很危险啊。”法尔科尼说，接着他将自己的牌放到甲板上，两张3和一张7，“可惜你高兴得太早了。五个7。”

她摊开手中的牌：“七个7。”

他的视线落在一张张牌上，检查她的计数。他眉间出现一道较深的纹路：“新手运气。”

“当然，你就这么告诉自己吧。现在该兑现了。”她把残肢和那只完好的手臂交叉起来，心里很是得意。

法尔科尼在甲板上敲击着手指，接着他直起身说：“这些伤疤是一场火灾留下的。我能买下‘壁鱼号’是因为我花了十年里存下的每一分钱。捡了个便宜，然后……”他耸耸肩。

他的薪水一定相当丰厚才买得起一艘飞船。“我要的不是这样的答案。”基拉说。

法尔科尼收起所有的牌，洗到一起：“那就再和我来一局。也许你这次够幸运。”

“也许我会的。”基拉说，“成交。”

他发牌。三张给她，三张给他，四张放在中间。

她扫了一眼她的牌。没有7，既没有加起来的7，也没有7的倍数。接着法尔科尼翻开了中间的第一张牌：黑桃二。这样她就有……一个7。

“你为什么保留这些伤疤？”基拉问。

正在计数的他一脸惊讶：“你为什么关心这个？”

“这是……你的赌注？”

“是的。”

法尔科尼翻开了第二张牌。基拉还是只有一个7。她决定加注。“你在买到‘壁鱼号’之前是做什么工作的？”她问。

“叫牌：是什么困扰着你？”

接下来的回合里，两人都没有加注。最后一张公共牌揭开后，基拉有三个7。不是很寒酸。然而，当法尔科尼亮出他的手牌时，他说：“四个7。”

该死的。基拉停下来检查他的计数，然后失望地说：“三个7。”

法尔科尼双手交叉往后靠，期待地看着她。

一时间，周围只有飞船的隆隆声和维生系统的换气声。基拉整理了一下思绪，然后说："我关心是因为我很好奇。我们现在是一条绳上的蚂蚱，而我依然不了解你。"

"这有什么关系？"

"这是另一个问题。"

"呃……你知道我很关心'壁鱼号'，还有我的船员。"

"是的。"基拉说，感觉对他产生了意想不到的亲密感。法尔科尼一直在保护他的飞船和船员，她都看在眼里。还有他的盆栽。这并不表示他是一个好人，但她不否认他对自己认定的人或物有一份忠诚感。"至于什么困扰着我，是梦魇。"

"这可称不上答案。"

"是，确实称不上。"基拉说着，用一只手轻扫甲板上的牌，"再赢我一次，也许你能从我这里得到更多信息。"

"我会的。"法尔科尼的眼里闪过一丝危险的光。

一只手洗牌很难，但基拉还是做到了。她把牌放到膝盖边搅乱，然后用拇指和食指一张张分牌。整个过程她都觉得自己很笨拙，让她恼怒得几乎想用软刀来协助。但她没有，因为她不想和异种扯上关系。现在不想，以后也不想。

因为上一局没有得到想要的答案，她再次说出了那些问题。反过来，法尔科尼问她："为什么梦魇让你如此困扰？""你到底是怎么失去那条胳膊的？"

让基拉非常恼火的是，她又输了。1比3。不过，她也因不用再逃避真相而感到了一丝宽慰。

她说："……我得喝点儿酒才能说。"

"柜子里还有一瓶伏特加。"法尔科尼说。

"不，"她把头往后仰，靠在墙上，"酒解决不了任何问题。"

"也许能让你好受些。"

"我很怀疑。"她的眼里突然盈满了泪水，她用力眨眨眼，"什么都不会让我好受些。"

"基拉，"法尔科尼说，声音异常温柔，"怎么了？到底发生了什么？"

她发着抖，呼出一口气："梦魇……都是我的错。"

"你这是什么意思？"他的眼睛一直盯着她。

于是基拉告诉了他。她把整个令人遗憾的故事都告诉了他，从卡尔—水母—软刀组成的怪物，到之后发生的一切。她心里就像决了堤，愧疚、悲伤和悔恨随着倾诉喷涌而出。

等她讲完，法尔科尼的脸色显得难以捉摸。她不知道他在想什么，只看到他的眼皮耷拉着，嘴边的皱纹更深了。他刚想开口说话，但被她抢先了。"事实是，我认为自己打不过梦魇，至少打不过和软刀相似的梦魇。当我们接触时，我能感觉到它在吸收我。如果我留在原地……"她摇摇头，"我无法打败它们。我们太相似了，而且它们数量众多。我会在它们的肉中淹没。如果我遇到了这个卡尔—水母怪，它会吃掉我的。我知道它一定会。我会成为巨口的一块肉。"

"一定有办法阻止那些东西。"法尔科尼说，声音低沉、沙哑，好像在尽力压抑不愉快的情绪。

基拉抬起头，向后撞到墙上。在2.25g的加速度下，撞击过于猛烈，让她眼冒金星，疼痛难忍。"软刀有很多能力，远超我的理解。如果它不受约束、失去控制，我不知道怎样才能阻止它……梦魇的这种情况就像纳米机器人的灰蛊[①]。"她轻哼了一声，"真正的梦魇情景。它会不断吃，不断生长，不断建造……即便我们杀死了卡尔和水母夸温的结合体，也还有其他梦魇携带着软刀的肉体。任何一个都可以重新开始。天哪，哪怕巨口的一小撮幸存下来，它都可以感染任何人，就像在天龙座 σ 一样。就是没办法——"

"基拉。"

"——遏制它。而我不能打败它，不能阻止它，不能——"

"基拉。"法尔科尼的命令语气打断了基拉脑袋中嗡嗡作响的各种念头。他冰蓝色的眼睛盯着她，眼神坚定，在某种程度上安抚人心。

---

① 灰蛊：一种末日设想。指失控的分子纳米机器人通过不断地自我复制，消耗了地球上所有的资源。——编者注

她稍稍放松了一些："好吧……我认为水母以前遇到过类似的情况，至少知道有可能发生这种事。以塔利看起来并不惊讶。"

法尔科尼点点头："这是个好消息。知道它们是怎么阻止梦魇的吗？"

她耸耸肩："我猜牺牲了很多人。我不清楚细节，但很肯定它们整个种族一度濒临灭绝。不一定是因为梦魇，而仅仅是因为战斗的规模。它们甚至还要对抗一个探索者，就和我们现在一样。"

"如果是这样，那霍斯是对的，你应该和那个水母谈谈。也许它能给你一些答案。也许有我们不知道的办法可以阻止梦魇。"

基拉没想过能从法尔科尼那里得到鼓励，但这也令她感到高兴。"我会的。"她低头看向甲板，捡起卡在地缝里的已经干掉的食物，"不过……这依然是我的错。所有这些都是我造成的。"

"你不知道会这样。"法尔科尼说。

"这也无法改变我导致了这场战争的事实。是我，不是其他任何人。"

法尔科尼心不在焉地用牌的边缘拍着地板，但他是如此敏锐、警惕，不像能做出这种漫不经心的动作："你不能这么想，这种想法会压垮你的。"

"还有别的事。"她痛苦地轻声说。

他愣了一下，接着收起所有的牌，边洗牌边说："哦？"

既然已经开始坦白，基拉忍不住继续说下去："我对你们撒了谎。杀死我队友的不是水母……"

"什么意思？"

"就像那个拜数教徒。当我害怕、愤怒、沮丧时，软刀就会抢过行动权。或者说，它会试着抢过去……"眼泪沿着她的脸颊滚落，她没有去擦，"我从冷冻休眠中醒来后，我们队里的人都非常生气。不是冲我生气，不全是，但我依然难辞其咎，你懂吗？殖民计划被取消了，我们将失去奖金。这太糟糕了。最后我和我们的医生菲泽尔吵了一架，当我和艾伦准备睡觉的时候——"她摇摇头，话卡在了嗓子眼。"我的心情依然一团糟，然后……那晚内加尔在咳嗽。她为了救我，体内肯定被异种入侵了。她一直咳嗽、咳嗽，然后……咳出了好多血。我很害怕。无……无法控制地害怕。非常害怕。然……然后软刀就向外突刺。它……它刺伤了艾伦、雄吾、塞波、詹……詹安。但它的行动是因我而起。我有责任。是我杀死了他们。"

基拉低下头，无法承受法尔科尼的注视，任由眼泪肆意流淌。眼泪滴落到她的胸口和腿上，软刀以翻搅作为回应。她内心充满厌恶，强压下异种的反应，迫使它平静下来。

当感觉到法尔科尼的手臂揽上她的肩膀时，基拉瑟缩了一下。他就这样抱着她，几秒后，基拉允许自己将脑袋靠在他胸前哭泣。自从“情有可原号”那件事之后，她还没有如此公开地哀悼过。梦魇揭露了她往日的痛苦，又增添了新的痛苦。

当她逐渐收住眼泪、呼吸也变得平缓时，法尔科尼放开了她。基拉尴尬地擦了擦眼睛。“抱歉。”她说。

他挥挥手，站了起来。他摇摇晃晃地穿过厨房，仿佛骨头都要烂了。她看着他打开烧水壶，沏了两杯切尔茶，然后端着茶走回她坐的地方。

“小心。”他说着，递给她一杯。

“谢谢。”她用手捧着温暖的马克杯，吸着热气，闻着茶香。

法尔科尼坐下来，用拇指摩擦杯沿，追着上面的一滴水：“在买下‘壁鱼号’前，我在半藏保险公司[1]上班。这是太阳系外一家大型保险公司。”

“你卖过保险？”不知怎的，基拉有些难以置信。

“我受雇审查矿工、利益相关者、自由职业者等人的索赔要求。唯一的问题是，公司不希望我们真的去审查。我们真正的工作是，呃，劝阻申请人。”他耸耸肩，“一段时间后我实在受不了，所以就辞职了。这不是重点，重点是有一个案子，我碰到一个男孩——”

“男孩？”

“给你讲个故事。听好了。这个男孩住在法鲁吉亚码头外的居住环里，他父亲是维修员，每天他都和父亲一起工作，他会清洗和检查维修员穿过的防护服。”法尔科尼轻轻弹掉马克杯上的水珠，“当然了，这不是真正的工作，只是让他在他父亲工作时有事做。”

“他没有母亲吗？”基拉问。

法尔科尼摇摇头：“单亲家庭，没有母亲，没有继母，没有祖父母，甚至没有兄弟姐妹。男孩只有父亲。每天，他清洗和检查防护服，将它们

---

① 半藏保险公司：见附录三“HANZO TENSEGRITY”（第 805 页）。

摆放整齐，进行维修诊断，然后维修员穿上防护服，出舱检查居住环。”

“然后呢？”

法尔科尼目光如炬：“维修员里有个男人——他们基本上都是男人，他不喜欢别人碰他的防护服。他说，这让他感到焦虑。他告诉男孩，不要碰他的防护服。问题是有明确规定，至少需要两个人检查安全设备，包括防护服。所以男孩的父亲跟他说，不要管那个混蛋，该怎么做就怎么做。”

“但男孩没有。”

“他没有。他还小，只是个孩子。那个混蛋说服了他，说没关系，他自己会运行诊断程序。”

“但他没有。”基拉低声说。

“他没有。然后有一天……嘭。防护服破了，一条线开了，混蛋先生死得惨烈而痛苦。”法尔科尼靠近了些，“那么应该怪谁？”

“当然是那个混蛋。”

“也许吧。但规定很明确，男孩没有按规定办事。如果他遵守规定，那个男人还活得好好的。”

“但他只是个孩子。”基拉抗议道。

“确实。”

“那该怪他父亲。”

法尔科尼耸耸肩：“也许吧。”他吹了吹自己的切尔茶，然后喝了一口：“实际上是防护服有质量问题。防护服存在缺陷；如果时间够长，其他防护服也会发生类似的情况。这整批防护服都需要更换。”

“我不明白。”

“有时候，”法尔科尼说，“事情会变成烂摊子，但我们无能为力。”他看着她：“不能怪任何人。或者说，所有人都难辞其咎。”

基拉在心里揣摩这个故事，寻找它的核心意义。她感觉法尔科尼讲这个故事，即使不是为了赦免她，也算表达了对她的理解。对此，她很感激。但这还不足以安抚她的内心。

她说：“也许吧。我敢打赌男孩依然自责。”

法尔科尼偏过头：“当然，我想他会的。但你不能让这种事产生的愧疚感侵蚀你的人生。”

“当然。”

“基拉。”

她再次用力闭上眼睛，无法屏蔽艾伦倒在她身上的画面：“已经发生的事无法改变。我杀死了我爱的男人，法尔科尼。我本以为这是天底下最糟糕的事情，但不是。我导致了一场战争——一场该死的星际战争，这都是我的错。没有任何补救的办法。”

法尔科尼沉默了很久，然后叹了口气，将杯子放在甲板上：“我十九岁那年——”

“不管你说什么都不会让事情变得更好。”

“你只管听着，这是另一个故事。”他摆弄着马克杯的把手，她没有再打断他，于是他继续说，“我十九岁那年，有一次我父母出去吃饭，让我留在家里照顾妹妹。我最不喜欢被照顾小孩这种事绊住，特别是在周末。我非常生气，但没有用。我父母离开了，就是这样。”

法尔科尼把杯子咔的一声放在甲板上。“不过事情没那么简单。我妹妹比我小六岁，但我认为她已经大到足够能照顾自己，所以我溜出去找朋友玩，和之前任何一个周六一样。之后我知道的就是——”法尔科尼的声音哽咽了，他的手张开又合上，好像在捏碎什么看不见的东西，“家里发生了爆炸。当我冲回家时，房子已经快塌了。”

他摇摇头：“我冲进去找她，但已经太晚了。到处都是浓烟……这就是我被烧伤的原因。后来我们发现我妹妹想煮饭，不知怎么着火了。如果我听父母的话，在家里看着她，她可能就会好好的。”

“你又不可能知道。”基拉说。

法尔科尼歪了歪头：“哦，我不能吗……”他拿起甲板上的牌，抽出一些放在中间，洗了两次牌：“你没有杀死艾伦或队里的其他人。”

“我杀了。我——”

“停。”法尔科尼说着，对她竖起中指，“也许你有责任，但你不是有意的。你不会杀他们，就像我不会杀我妹妹。至于这场该死的战争，你不是全能的，基拉。水母做出了自己的选择，联盟和巨口也是。说到底，它们都只对自己的行为负责。别再怪自己了。”

“我控制不住。”

“胡说。事实上，是你自己不想停下来。责怪自己会让你好受些。知道为什么吗？”基拉摇摇头，没说话。“因为它能给你一种掌控感。人一生中最难的事就是学会接受那些我们无力改变的事实。”法尔科尼停顿了一下，他的眼神坚定、炯炯有神，“责怪自己很正常，但这对你没有任何好处。除非你停下来，除非你能停下来，否则你永远无法完全恢复。”

接着他解开袖扣，卷起袖子，露出前臂烧毁的表皮。他举起手让基拉看：“你认为我为什么要保留这些伤疤？”

“因为……你感到愧疚——”

“不是，”法尔科尼严肃地说，然后他的语调变得柔和，“不是。我保留这些是为了提醒自己，我能战胜什么，我已经战胜了什么。当我过得很艰难时，我会看看我的手臂，我知道不管什么样的困境我都能克服。生活不会打垮我，它办不到。它也许会杀死我，但不管它给我带来了什么，我都不会屈服。”

“如果我没有你那么坚强呢？”

他露出没有笑意的微笑：“那么你会带着这种负罪感度过余生，它会一直折磨你，直到你死。相信我。”

“……你是怎么摆脱负罪感的？”

“酗酒、斗殴，好几次差点死了。过了一段时间，我意识到我只是在无缘无故惩罚自己。另外，我知道我妹妹不愿意看到我这样，所以我原谅了自己。尽管那件事不是我的错，就像这一切不是你的错一样，我还是原谅了自己。从那以后，我才真正向前看，让生活更有意义。”

基拉这时也做出了决定。她还无法在泥沼中找到一条清晰的路，但她至少可以试着没有负担地战斗。这一点她还是能做到的。

“好的。”她说。

“好的。”法尔科尼轻声重复道。这一刻，基拉感觉和他产生了一种深入骨髓的共鸣：一条由分享各自悲伤的往事产生的纽带。

“你妹妹叫什么名字？”

“比阿特丽斯，但我们都叫她比娅。”

基拉看着切尔茶油亮的表面，研究自己深色的倒影：“你想要什么，法尔科尼？”

“萨尔沃……叫我萨尔沃。”

“你真正想要的是什么，萨尔沃？就整个宇宙而言。”

“我想，”他边想边说，“变得自由。从债务中解放，摆脱所有对我的生活指手画脚的政府和公司。如果这意味着我要当‘壁鱼号’的船长度过余生，那好吧——”他举起马克杯假装敬酒。“我欣然接受这样的命运。”

她也模仿他的动作：“一个很有意义的目标。敬自由。”

“敬自由。”

她又喝了一口，切尔茶刺激着她的喉咙后部。此刻，这一天的惊恐似乎都不那么紧迫了。

“你是从法鲁吉亚码头来的吗？”她问。

法尔科尼轻轻点头：“我出生在一艘飞船上，但我确实是在那个叫法鲁吉亚码头的前哨站长大的。”

一段几乎快消失的记忆突然出现在基拉的脑海里。“那里是不是发生过起义？”她说，“某种形式的聚众叛乱？我记得看过一篇报道。大部分工人都罢工了，最后很多人受伤或进了监狱。”

法尔科尼喝了一口切尔茶：“你没记错。非常血腥，但很快就平息了。”

“你也参加了吗？”

他哼了一声：“你认为呢？”接着他用余光瞟了她一眼，一时间，他似乎下定了什么决心：“穿着它有什么感觉？”

“什么？”

“软刀。”

“感觉就像……就像这样。”她伸出手抓住法尔科尼的手腕。他有些惊讶，好奇地看着：“什么异样的感觉都没有，它就像我的皮肤。”

接着基拉用意念在手背升起一排锋利的刀刃。异种已成为她身体的一部分，让它形成刀刃不费吹灰之力。过了一会儿，她收回了刀刃。

法尔科尼将手放在她的手上。当他的指尖在她的手掌上摩挲时，她抖了一下，差点收手，感觉就像一阵冰冷的火花蹿上她的手臂。“像这样？”

“是的。”

他又观察了一会儿，两人指尖相触。接着他收回手，捡起地上的牌：“再来一局？”

基拉喝下最后一口切尔茶，感觉没有一开始那么好喝了。她在做什么？艾伦……“我想我玩够了。”

法尔科尼点点头，表示理解。

“你会把卡尔和巨口的事告诉霍斯他们吗？”她问。

“目前没必要。等我们回联盟后，你可以写一份报告。”

听到这话，基拉做了个鬼脸。接着，她发自内心地说：“谢谢你的开导和倾听。”

法尔科尼将牌放进口袋里：“没事。千万别放弃。如果我们不去战斗，任何人都无法走出眼前的困境。”

“我不会放弃。我保证。”

2

基拉留下法尔科尼在厨房里沉思。她考虑过直接去找以塔利，和它谈谈。（它醒着吗？水母需要睡觉吗？）虽然她很想知道答案，但此刻她需要休息。今天让她疲惫不堪，吃再多自在醒都没用。睡眠是唯一的解药。

所以她回到了自己的舱室。格列戈罗维奇没有发信息给她，即便有，她也懒得回复。关灯后，她躺在床上，双脚不再承受身体的重量，让她如释重负地叹了口气。

闭眼时，法尔科尼（她还是不习惯直接叫名字）的话还萦绕在她的脑海里。但不一会儿，她就沉入了无梦的睡眠中。

3

一阵铃声回荡在“壁鱼号”上。

基拉试图坐起来，但动不了。她被软刀的卷须固定在了床上。2.25g的推力已经消失，她感觉不到重力。如果不是异种，她已经在睡梦中飘起来了。她的心怦怦直跳，迫使软刀放松，然后站起来走到桌子前。铃声是她想象出来的吗？她睡了那么久？

她查看了控制台。是的，她真的睡了很久。

他们已经跃入超光速空间。

第九章

*　*　*　*　*　*　*

退场Ⅲ

1

他们逃离了，但还算不上安全。

基拉查了飞船记录，不敢相信没有一艘水母飞船或梦魇飞船追上来。

一个多小时前，一艘水母飞船朝“壁鱼号”追来，它身后跟着两艘存活的梦魇飞船。在转换到超光速空间的几分钟前，这三艘飞船差点儿就要朝“壁鱼号”开火了。

为了尽快离开巴格亨特，“壁鱼号”执行了一次热跳跃，让飞船未经冷却便进入超光速空间。这需要一天中大部分时间都关闭核聚变引擎，在敌船跟得这么紧的情况下根本没办法实现。

即便引擎熄灭了，从中辐射出来的热量，以及“壁鱼号”船体的其他部分容纳的热量，也会将马尔可夫气泡加热到无法忍受的水平。过热会造成巨大的风险，不久之后设备就会失灵。

基拉能听见飞船的维生系统的风扇比平时更加努力地工作。

过不了多久，“壁鱼号”就不得不回到正常空间，但这几乎无关紧要。不管是在亚光速空间还是超光速空间，追他们的飞船都比任何人类制造的飞行器要快。

他们确实逃了出来，但水母和梦魇还是会追上他们。一旦追上，基拉不敢想象那会是怎样的场面。

她想不出怎样才能避免那种情况。也许法尔科尼或格列戈罗维奇有主意，但对基拉来说，她能想到的唯一出路就是战斗。她对自己保护船员的能力没有信心，如果有更多软刀式梦魇袭击他们，她连自己都保护不了。

基拉喉咙发紧，吸了口气，让自己平静下来。“壁鱼号”没有开火，没有人登船，最好把肾上腺素留到真正需要的时刻……

她刚要出门，铃声再次响起。这么快？“壁鱼号”出故障了吗？太多次星际旅行的经验让她出于本能想去抓桌边的扶手。但她的残肢抓空了。

“该死。”冲力几乎让她翻了个身，但她用左手抓住扶手稳住了自己。一阵微弱的刺痛窜过她的皮肤，好像空气中的电荷增加了。基拉意识到他们已经退回正常空间。

接着响起推进器的警报声，当“壁鱼号”转向时，她感觉墙壁压在她身上，飞船开始朝新的方向前进。“10分钟后进行下一次跳跃。”格列戈罗维奇婉转地低声说。

基拉赶紧冲向控制室。她进门时，法尔科尼、尼尔森和霍斯都转头看向她。中尉脸色苍白，神色严峻。他看起来比昨天还要糟糕。

“怎么了？我们为什么停下来？”基拉说。

“我们正在改变航线。”法尔科尼说。

“是的，为什么？我们刚离开巴格亨特。”

他指着房间里一直在的全息影像，上面展现出巴格亨特的星图。“因为这个。水母干扰了整个星域的通信，而我们依然没有摆脱干扰。也就是说，没有人看到我们跳出超光速空间，又因为‘壁鱼号’发出的光需要一天多才能到达巴格亨特——”

“所以没人知道我们在这里。”基拉说。

法尔科尼点点头：“此时此刻，没人知道。超光速传感器不能感知到亚光速的物体，所以那些追我们的混蛋即使从我们身边经过，也不会注意到，除非——”

“不是除非，”尼尔森说，“我们运气这么差，它们可能会决定退回到正常空间看一看。”

霍斯挠了挠额头：“不过，它们应该不会。它们没理由这么做。”

法尔科尼给了基拉一个眼神：“至少是个办法。我们等水母和梦魇超过我们，接着朝和它们相反的方向跑。”

她皱起眉头，霍斯的脸上也是同样的表情。“但是……一旦我们离开干扰区，它们的仪器不就会发现我们了吗？”

“应该不会。”法尔科尼说，“我猜水母不希望其他梦魇知道你、蓝色权杖或在巴格亨特发生的任何事。如果我没猜错，跟踪我们的水母会一直保持对我们的通信干扰，它们只能在超光速空间进行短距离的观察。”

基拉对此有些怀疑："这也太想当然了。"

他点点头："是，但即使水母停止干扰……你了解超光速传感器吗？"

"不了解。"她承认道。

"它们很垃圾。被动式传感器必须非常大才能起作用，大部分飞船都无法装载。主动式传感器就更差了，而我们需要担心的是这种。它的作用范围只有几光日，以我们目前的速度这不算什么；而且它灵敏度不高，很难检测到马尔可夫气泡，因为气泡处于低能量状态。另外……霍斯，你来告诉她吧。"

中尉的视线没有离开全息影像，他缓慢而慎重地说："联军司令部发现，水母飞船在观察它们后部的物体时，传感器的效率会低20%。也许是被它们的阴影盾和核聚变引擎挡住了。"

法尔科尼点点头："梦魇飞船可能有相同的问题，即使它们不用阴影盾。"他从全息影像中抓取了一张跟在"壁鱼号"后面的三艘飞船的影像："一旦它们超过我们，就很难探测到我们的位置——假设没有信号干扰。每过去一分钟，它们探测的难度就大一分。"

"它们多久才会意识到'壁鱼号'没在它们前方？"基拉问。

他耸耸肩："不知道。最长几小时，最短约30分钟。不管多久，我们都有足够的时间逃出它们的超光速传感器覆盖的范围。"

"然后怎么办？"

法尔科尼的脸上闪过狡黠的神色。"我们做一次随机游走[①]，就这样。"他用大拇指朝飞船后部一指，"联军司令部给了我们足够多的反物质，远超从巴格亨特飞回天鹅座所需的量。我们可以用备用的反物质做几次跳跃，每次跳跃都改变航线，以此来甩掉可能会跟在我们后面的任何飞船。"

"但是，"基拉说，试图在脑海里演示整个过程，"它们依然可以闪现追踪我们，不是吗？"

格列戈罗维奇咯咯一笑，说："它们可以，哦，我好奇的哺乳动物。但这需要时间，我们正好趁机赶紧撤退。"

法尔科尼用一根手指指向天花板上的扬声器："对水母和梦魇来说，

① 随机游走：一种数学模型，接近于布朗运动。——编者注

每次跳跃都会让它们更难追踪我们。和以往的旅程不一样，我们不是直线航行，不会有规律地以一定的间隔跳出超光速空间。”

“我们之前也采取过防范措施，”霍斯说，“只是没有现在这样极端。”

尼尔森说：“一旦我们离开传感器的探测范围，水母就不能预估我们何时进入亚光速空间。哪怕它们只算错一次轨迹或者错过一次跳跃——”

“它们就会被甩开很远。”法尔科尼满意地笑道，“‘壁鱼号’一天能飞行四分之三光年。如果在它某次跳跃时失去几小时踪迹，想想你要多久才能等到下一次闪现追踪。可能需要几天、几周甚至几个月，光线才会到达你的位置。”

“所以我们真的能做到。”基拉说。

法尔科尼的脸上露出冷笑：“看起来是。一旦我们逃得足够远，它们找到或碰巧撞见‘壁鱼号’的机会都几近于零了。见鬼，除非它们能追踪到我们的最后一跳，不然它们甚至不知道我们会飞向联盟的哪个恒星系。”

将基拉推向墙壁的那股压力消失了，她不得不用残肢勾住一个扶手，以免自己在房间里飘走。接着跳跃警报再次响起，她又一次感觉到一阵奇怪的刺痛窜过她的皮肤。

“接下来去哪个恒星系？”她问。

“太阳系。”尼尔森说。

2

第二次跳跃比上一次用时更久，准确地说是43分钟。

所有人都在等待的时候，基拉和霍斯一起去找以塔利谈话。“你还好吗？”当两人离开控制室时，她问。

他没有看向她：“还好，谢谢。”

“阿卡维看起来是一个好船长。”

“是的，他的确是。他很聪明。他和科伊奇……‘达姆施塔特号’上还有很多好人。”

“我知道。很遗憾发生了这种事。”

他点点头，接受了她的慰问。

“你有什么事是不想让我说的吗？”等两人走近关着水母的气闸室时，

基拉问。

中尉思考了一下："也许现在这无关紧要，但请你不要透露有关太阳系、联盟或者联军司令部的信息。"

她点点头，轻轻推着墙壁，让自己保持在走廊的正中央："好的。如果我不确定该不该说，我会先问你。"

霍斯点点头："行。我们最感兴趣的是水母的军队——部队的部署、战术、未来计划，等等——以及它们的科技。还有这批水母想和我们联手的详细理由。都是跟政治有关的问题。你能挖到其他信息就更好了。"

"明白。"

在气闸室里，基拉看到以塔利飘浮在后面的墙边，它的触手以一种保护性的姿态抱着自己。它动了动，从一对触手的间隙中露出一只发光的眼睛。它很好奇。虽然基拉知道任何智慧有机体都有这种反应，但她还是感到紧张。水母眼里的智慧持续提醒着他们，它的能力比得上任何一个人类。考虑到它有甲壳和那么多肢体，或许它能做到更多。

霍斯和守在气闸室门口的士兵（桑切斯和另一个基拉不认识的士兵）说话，他们打开了门，让基拉和中尉进去。基拉走在前面，霍斯走在她的右后方。

基拉：我们想问你一些问题。你能回答吗？

水母在他们面前的甲板上坐好，整理了一下触手，用吸盘固定住自己。以塔利：说吧，二形态，我会尽量回答你的。

先说重要的，术语的定义。基拉：你为什么叫我们二形态？是因为……她停顿了一下，不知道该怎么用水母语言表示男女或性别。你是指我们这样的？她指着自己和霍斯。

传来一阵否定的近味。以塔利：不是，我是说你拥有的形态和居住在你们飞船里的生命体的形态。

当然了。基拉：我们的飞船主脑？

以塔利：如果你们是这样称呼他们的，那么是的。当我们登上你们的外壳时，他们给我们造成了巨大的困难。我们的首要目标往往是断开他们的连接或者摧毁他们。

基拉把这番话翻译给霍斯听，他轻哼了一声，暗自发笑："很好。至少它们学会了害怕我们的飞船主脑。”

“它们确实应该害怕。”格列戈罗维奇从天花板上轻声说。

霍斯恼怒地朝扬声器瞪了一眼：“这是机密，格列戈罗维奇。出去。”

“这是我的飞船。”格列戈罗维奇说完便悄无声息了。

霍斯低吼一声，没有反驳。

水母动了一下，触手里流动着粉红色的液体。以塔利：我们想知道，你们的飞船主脑和你们现在的形态有什么关联？你们口中的……它发出一堆杂乱的近味，基拉想了一会儿，意识到水母是想表达茨切特的名字——茨切特拒绝讨论这个话题。飞船主脑比你们的形态更低级还是更高级？

基拉询问霍斯，他表示可以说。“不妨告诉它一些，”中尉说，“互惠互利嘛。它们的文明应该也一样。”

“也许吧。”基拉说。一旦涉及外星文明，她对一切都不确定。

基拉：飞船主脑一开始是我们中的一员。我们必须有人决定成为飞船主脑，因为飞船主脑不会自行产生。一个飞船主脑通常比我们了解得更多，也理解得更多，但我们不总是听从他们的命令。这取决于飞船主脑拥有什么样的地位和权威。而且不是所有的飞船主脑都在飞船内，很多存在于其他地方。

水母似乎沉思了一会儿。以塔利：我不明白。为什么这种更大、更智能的形态不是你们的鱼群首领？

“是啊，为什么？”基拉翻译完水母的话后，格列戈罗维奇问道，还笑出了声。

基拉费劲地想怎么回答。基拉：因为……我们每个人都是不同的。在我们人类当中，你必须争取自己的地位。你不会因为出身或具有某些特征就直接获得地位。还有术语需要解释。形态指的是身体，对吗？

以塔利：对。这一次水母说出了她想听到的回答。

基拉想继续顺着这条线问下去，但霍斯有其他想法。“问它关于软刀的事。”他说，“软刀是从哪里来的？”

水母发出的近味变浓了，也变得更刺鼻，相互冲突的颜色在它的皮肤上翻转。以塔利：你问了一个我们不能说的秘密。

基拉：我也是一个秘密。她指着自己和软刀，腐坏者正在追捕我们。

请告诉我。

水母的触手翻滚扭动，相互缠结。以塔利：许多周期[1]前，我们发现了绝迹者的遗址。是它们留下的圣物让我们能以超光速和亚光速遨游太空，也让我们有了可以战斗的武器。

基拉：你们在自己的母星上发现了那些……圣物？

一阵肯定的近味。以塔利：在深海平原。后来，我们在一颗反旋向恒星周围发现了更多绝迹者的遗址。其中就有理想态，包括与你结合的这个。它就是造成大分裂的导火索。

基拉想：水母使用的科技中，真正属于它们自己的发明有多少？基拉：绝迹者是谁？是沃纳威人吗？

以塔利：不是，它们存在的时间比我们久。我们不知道它们去了哪里，也不知道它们发生了什么。没有它们，就没有我们的今天，所以我们赞美绝迹者和它们的圣物。

基拉：但它们的圣物引发了战争。

以塔利：我们不能将自己的失败归咎于绝迹者。

基拉翻译时，霍斯做了笔记，他说："所以可以确定，恒星系这一带曾经有或者现在还有至少两个先进的文明。很好。"

"智慧生物没有我们想象的那么稀有。"基拉说。

"如果我们处于垫底水平，那就不是什么好事了。问它绝迹者是否还在附近。"

水母的回答迅速而确定。以塔利：据我们所知没有，但我们一直希望有……告诉我，理想态，你们发现了多少绝迹者的圣物？它的话语中带着强烈的探寻味道。你们扩张得如此迅速，你们的恒星系里一定有很多吧？

基拉皱起眉头，再次询问霍斯："它们似乎认为——"

"是的。"

"我应该提大灯塔吗？"

中尉思考了一会儿："可以，但不要说出它的位置。"

基拉有些不安。基拉：我想我们发现了一个绝迹者的遗址。我们发现

① 周期：见附录三"CYCLE"（第 802 页）。

了……一个巨大的洞，每隔一段时间就会发出低声远味[1]。

水母的皮肤上涌现代表满足的粉色。以塔利：你说的是旋涡！我们没有发现你说的这个，因为我们会近距离监视绝迹者留下的所有圣物。

基拉：还有更多旋涡吗？

以塔利：我们知道的有六个。

基拉：它们是用来干吗的？

以塔利：只有绝迹者知道……但我不明白，我们的侦察员没有在你们的任何恒星系里闻到过旋涡的信息。

她昂起头。基拉：这是因为它不在我们主要的恒星系里，我们也是在几个周期前才发现它的。绝迹者的圣物没有帮助我们战斗或遨游太空。

以塔利变成了暗灰色，它的触手相互缠结，好像在用过于灵活和修长的手指搓手。它似乎没缘由地躁动起来，连它散发的气味都变了，变成了苦杏仁味。（她似乎还闻到了砷的味道？）

"纳瓦雷兹？"霍斯说，"怎么了？和我说说。"

基拉刚要张嘴——以塔利：你撒谎，理想态。

基拉：我没有。她说这话的时候还加强了真诚的近味。

水母的不安加剧了。以塔利：绝迹者是所有智慧的源泉，理想态。

基拉：智慧可以诞生在绝迹者之内，也可以诞生在绝迹者之外。我的族类所做的一切都靠自己，没有从绝迹者、沃纳威人、理想态或其他任何形态那里得到帮助。

随着一阵湿漉漉、黏糊糊的声音，以塔利松开了吸在甲板上的吸盘，开始推着自己沿墙边走，好像在绕着圈游动。基拉想：这应该是水母式来回踱步。她挤出一句话："我们自己发展出科技这件事似乎让我们的朋友惶恐不安。"

霍斯得意地笑了："这轮人类获胜？"

水母停下来，用触手指向基拉，好像那些触手尖端上有眼睛。以塔利：现在我明白了。

基拉：明白了什么？

---

① 低声远味：见附录三"LOWSOUND FARSCENT"（第 807 页）。

以塔利：为什么计划是（从我们在大分裂末期开始察觉到你们种族的存在后）一旦我们的涟漪[①]达到一定力量，就摧毁你们的秘密议会。

基拉心中掠过一丝不安，她尽量不让自己表露出来。基拉：你们改变计划了吗？你也同意这个计划吗？

传来一阵相当于耸肩的近味。以塔利：如果没有腐坏者，那么计划不变。但现在情况和过去不同，未来也会不同。

“它真的这么说了？”霍斯问，“真的吗？”

基拉觉得有些好笑：“它似乎并不担心会惹恼我们。”

中尉用手指梳过自己的寸头：“那……说明什么？水母认为外星屠异[②]是正常的？是这样吗？”基拉突然想：他很年轻，没有注射过STEM针剂，可能不超过二十五岁；尽管军队给了他重任，但他只是个孩子。

“也许吧。”她说。

他担忧地看了她一眼：“那要怎么实现和平呢？从长期来看。”

“我不知道……让我再问几个问题。”

他指指以塔利：“问吧。”

基拉再次将注意力转移到水母身上。基拉：说说大分裂吧。那到底是什么？

以塔利：那是我们种族最大的一次灾难。为了争夺绝迹者留下的圣物，兵团和兵团相互残杀。最后，那些圣物几乎毁了我们。行星被糟蹋得无法居住，我们用了好几个周期重建并恢复力量。

“你觉得，”霍斯评论道，“大分裂会不会是我们过去几百年没有检测到水母任何信号的原因？如果它们被击退，必须重建科技，那它们的光也许还没到达我们这里。”

“也许是这样。”基拉说。

“嗯。总部会喜欢这个的。”

现在他们越来越接近关键信息了。基拉：大分裂时期的大部分破坏是

---

① 涟漪：见附录三“RIPPLE”（第811页）。

② 外星屠异：源自美国科幻作家奥森·斯科特·卡德的小说《外星屠异》，属于“安德系列”。——编者注

腐坏者造成的吗？

又传来一阵肯定的近味。以塔利：是它们带来了战争中最大的灾难；是它们造成了冲突中最黑暗的日子；是它们将一个被你们称为探索者的生物从休眠中唤醒了。

基拉：那你们是怎么阻止腐坏者的？

以塔利：大分裂几乎没有留下记录，所以我们不清楚具体是怎么发生的。但我们知道：腐坏者首次出现的星球被来自上空的爆炸摧毁了。海床破裂，行星上的所有生命都消失了。一些腐坏者游到了太空中，开始快速传播，就像现在一样，我们耗费了大量的资源、付出了极大的努力才杀死了它们。

基拉的胃里泛起一阵恶心，不只是因为零重力环境。基拉：你认为现在的我们可以阻止腐坏者吗？

水母的触手变成了深紫色。以塔利：你和你的同伴？不。我们认为沃纳威人也做不到。不能只靠一方。这些腐坏者比大分裂时期的更强大，也更恶毒。我们必须联合起来，才有希望打败它们。你要知道，理想态，要阻止腐坏者，必须摧毁它们身体里的每个细胞，否则它们就会再次长出新的。这就是我们寻找蓝色权杖的原因。它能指挥理想态，还有其他更多的能力。有了它，我们就能摧毁腐坏者；而没有它，我们就是脆弱无助的。

“怎么了？”霍斯低声说，“你脸色都发青了。”

“梦魇……”基拉刚想开口就停住了，嘴里尝到了酸液。此刻，她不想向中尉或联军司令部透露自己在巨口产生的过程中扮演的角色。真相最终会大白，但她认为真相不会影响联盟的决定。他们需要杀死梦魇，还有什么比这更重要的？“梦魇是从绝迹者那里产生的。”她说，将以塔利说的其他话也翻译给他听。

中尉挠了挠脖子：“这可不妙。”

“是的。”

“别小看了联军司令部，”他带着虚假的自信说，“我们很擅长屠杀，总部还有一群真正的天才正在研究新的杀人手段。我们还远没有到退出战斗的那一天。”

“但愿如此。”基拉说。

他摆弄着袖子上联军司令部的标志："我不明白的是，为什么我们现在才见到梦魇？它们已经存在一段时间了，对吗？那是什么引发的呢？因为你发现了异种？"

她不自在地耸耸肩："水母没说。"严格来说，她也不算说谎。

"一定是这样，"中尉喃喃道，"不然说不通。你发送了信号，然后……"他的表情发生了变化："那茨切特的水母是怎么知道那时候应该去阿德剌的？它们一直在监视恒星系，以防有人发现异种？"

不，以塔利回答，那只会引起不必要的注意。当圣物匣被破坏时会发出低声远味，我们收到后就派出我们的飞船"瑟罗号"去查看。

基拉说："我需要问清楚它说的'我们'具体指谁吗？"

霍斯点点头："好主意。我们得知道自己要和谁结盟。"

基拉：你效忠的人，也就是想和我们的首领结成……鱼群的人，该怎么称呼它们？

肯定的近味。以塔利：心灵之结。

从软刀那里传来触手缠绕交握的画面，随之而来的是一种亲近的信任感。基拉明白，"结"是水母中建立起来的团体形式，象征一个牢不可破的共同目标。

以塔利：我们建立心灵之结是为了保护鱼群首领恩马尔的秘密。

这个熟悉的名字令基拉一个激灵。她记得在天鹅座61调查水母飞船的计算机系统时，软刀曾给她展示过关于恩马尔的记忆。她还想起软刀似乎对鱼群首领有着不同寻常的喜爱。基拉：什么秘密？

以塔利：理想态的位置——恩马尔在大分裂末期把它藏了起来。

基拉心里有太多问题，她不知道该先问哪一个。基拉：为什么恩马尔要把理想态藏起来？

以塔利：因为鱼群首领在争夺兵团的领导权时失败了。将理想态藏起来是保护它、保护我们不被进一步腐坏的唯一办法。如果理想态已经被使用，那么大分裂就会是沃纳威人的末日。

基拉花了点儿时间理解，然后将其翻译给霍斯听。

"你记得这个鱼群首领吗？"中尉问。

她摇摇头，眼睛还盯着以塔利："记得一点儿。它肯定在某个时间和软刀结合过。”

霍斯示意她看向自己：“我确认一下，心灵之结试图在大分裂时期——不管那是多久之前——发动政变，而现在它们想再发动一次？”

他这么一说，情况似乎很不妙。“看起来是这样。”基拉说。

“它们当时的理由是什么？现在的理由又是什么？”

水母的回答十分迅速。以塔利：我们的理由始终如一。我们相信有一条更好的水流，现在所处的这一条只会让各个涟漪的沃纳威人死去。

基拉：那么，如果你们在这次政变中取得成功，心灵之结中会由谁来领导沃纳威人？

水母这次回答得很慢。以塔利：这取决于谁的图案得以保存。梅德桑也许能胜任，勒菲特也行，但其他兵团不会听从信奉肉体异化[①]的特菲尔。无论如何，没有一个沃纳威人能轻易取代强大的克汀。

听到这个名字和它的修饰语，一股寒意窜上了基拉的脊柱。她的脑海里闪现出梦境里的画面：一个庞大的身影扎根在深海秘会中间；一个巨大的、城府极深的存在，它散发的刺激性气味染透了周围的水。基拉：克汀是一个名字还是一个头衔？

以塔利：我不明白。

基拉：你们的首领都被称为克汀，还是只有一个人的名字叫克汀？

以塔利：只有一个克汀。

“这不可能。”她喃喃道，恐惧刺痛了她颈后。基拉：克汀多大年纪了？她得克制自己才没有加上“强大的”这个修饰语。

以塔利：自大分裂的最后几个周期开始，智慧而古老的克汀就一直领导着兵团。

基拉：这段时间里，你们围绕你们的恒星经历了多少个周期？

以塔利：这个数字对你来说没有意义，但恩马尔放置理想态时，你们的种族正进行第一次离开母星的星际旅行。希望这样说对你有所帮助。

她在脑海里计算着。差不多250年前。基拉：克汀在这期间一直掌握着水域？

① 肉体异化：见附录三“HERESY OF THE FLESH”（第805页）。

以塔利：还会更久。

基拉：都是以相同的形态？

以塔利：是的。

基拉：沃纳威人的寿命有多长？

以塔利：这取决于我们什么时候被杀死。

基拉：要是……你们没被杀死呢？你们多久会老死？

传来一阵理解的近味。以塔利：我们不会因为衰老而死亡，二形态。我们总是能回到孵化形态，再重新成长。

基拉：孵化形态？问得越多，只会让她对水母的生命周期产生更多的疑问。它们有卵形态、孵化形态、茧形态、根植形态、移动形态、看起来没有感知能力的形态，以及（根据以塔利的描述）许多为完成特定任务、适应特定环境的形态。水母独特的生理特性激发了她在专业方面的好奇心，她又回到了异种学家的身份。这根本说不通。复杂的生命周期不是什么新鲜事，地球上和埃多伦上都存在许多这样的例子。但基拉无法将以塔利提到的信息碎片拼凑到一起。每次她以为自己弄懂了，水母又会提出新的谜题。这就像一幅拼图，令她既沮丧又兴奋。

霍斯有其他事情要问。“别问关于卵的问题了。”他说，“你可以以后再搞清楚那些黏糊糊的东西。现在我们有更要紧的问题。”

从那之后，对话围绕着基拉不感兴趣的话题展开，但她承认这些问题确实很重要。比如舰队的部署和数量、造船能力、前哨站点相隔的距离、作战计划、科技实力，等等。大部分问题以塔利都直截了当地回答了，但有些问题它会回避或拒绝回答，基本是关于水母居住地的位置。基拉想：虽然可以理解，但有些扫兴。

无论谈到什么话题，她都忍不住去想强大的克汀、令人敬畏的克汀。最后，她打断了霍斯源源不断的问话，问了自己的问题。基拉：为什么克汀拒绝和我们一起对抗腐坏者？

以塔利：因为残忍而饥饿的克汀随着时间膨胀，它傲慢地相信沃纳威人不需要别人的帮助也能打败腐坏者。但心灵之结不这么认为。

基拉：克汀是一个好首领吗？

以塔利：克汀是一个很强大的领袖。因为克汀，我们才能重建各个鱼群，再次在星际扩张。但许多沃纳威人对克汀在最近几个周期做的决定不太满意，所以我们想战斗，换一个新的领袖。这不是什么大问题。下一个涟漪会更好。

霍斯发出了失去耐心的声音，基拉只好回到中尉的问题上来，再也没有提克汀。

当飞船的跳跃警报响起时，他们还在和以塔利交流。“壁鱼号”回到了亚光速空间。

“再问两个问题。”霍斯说着，用袖子擦了擦额头。

在马尔可夫气泡中，飞船内部的空气变得厚重、闷热，连基拉都感觉不舒服。她能想象其他人的感受该有多糟糕了。

当格列戈罗维奇调整“壁鱼号”的方向时，他们抓住墙上的扶手稳住自己。接着他们放开扶手，这时飞船的飞行速度已经几倍于光速了。

对以塔利的询问还在继续。

第三次跳跃用时比上一次短，仅用了15分钟，而第四次跳跃的用时就更短了。“给它们来个过山车。”格列戈罗维奇说。

接着“壁鱼号”关闭马尔可夫引擎，他们坐在甲板上，几乎静止了。在黑暗的太空深处，散热器扩展开来，飞船内部热流涌动。

“格列戈罗维奇，有水母和梦魇的踪迹吗？”基拉问。

“没有耳语，没有胡须[①]。”飞船主脑说。

她感觉心里放松了些。也许，只是也许，他们真的摆脱了追捕。“感谢你把我们安然无恙地带出来了。”她说。

扬声器里传出一阵轻柔的笑声，回荡在她周围：“我也是一条船上的，哦，肉袋子，但我接受你的感谢，不用客气。”

“好吧，”霍斯说，“我们可以结束问话了。我们得到了很多线索，所有这些信息，总部的情报部门得分析好几年。你翻译得很好。”

基拉让软刀放松了对墙面的吸附：“当然。”

“先别走。我还需要你帮我翻译一下，安置我的下属。”

于是她留下来，霍斯召集那些没有冷冻舱的士兵，以塔利将他们一个

---

① 原文 whisper（耳语）和 whisker（胡须）发音相近。——编者注

接一个地裹进茧里。士兵们对此不太满意，但因为没有更合适的选择，所以只能同意。

茧里的士兵都被安全地放置到了货舱里，就在霍斯和他的队员们即将冷冻休眠的地方旁边。然后，基拉离开了，去帮助船员们为“壁鱼号”飞回联盟的三个月旅程做准备。

“格列戈罗维奇将你们的谈话内容告诉了我。”法尔科尼一边说，一边沿着主井的梯子爬向她。

很好。这样她就不需要花时间转述以塔利的话了。“我感觉我产生的疑问比得到的答案更多。”她说。

法尔科尼发出含糊的声音，停在她面前：“你没有告诉霍斯，对吧？”

她知道他指的是什么：“没有。”

他的蓝眼睛直直地盯着她：“你不能一直回避。”

“我知道，但是……现在还不行。等我们回去后，我会告诉联盟。反正现在说出来也没什么用。”她的声音里带着一丝恳求的意味。

法尔科尼没有很快回答：“好吧，但是别拖太久。无论如何，你总得面对这件事。”

“我知道。”

他点点头，继续沿着梯子往下，他经过时，她都能闻到他汗水中的麝香味：“来吧，我需要你的帮助。”

3

在“壁鱼号”冷却期间，基拉和法尔科尼一起确保设备安全、冲洗管道、关闭非必需系统以及做其他回程的准备。这对单手的基拉来说并不容易，但她还是坚持了下来，在没办法直接拿东西的时候使用软刀。

整个过程中，她一直在思考她和以塔利的对话。以塔利透露的内容困扰着她：她没办法完全理解某些词和短语。看似无伤大雅的表达很容易归结于水母语言的怪癖，但基拉越想越觉得它们暗示了更多的未知。

基拉无法忍受这些未知，特别是在了解巨口的真相后。

等完成大部分必须处理的任务后，法尔科尼派她和斯帕罗给以塔利送一些水和几包糖。水母自称这个形态能轻而易举地消化单糖，但从长期来讲不是理想的饮食。

幸好现在还不用考虑长期的事。等“壁鱼号”再次进入超光速空间，以塔利就会把自己包在茧里。反正水母是这么说的。一想到在所有人几近昏迷、对周围浑然不知的时候，水母也许还清醒着，基拉就感到不安。

水母将袋子里的糖倒进甲壳底下喙状的嘴巴里，两人随后离开了，去往飞船中心的避难区。

在这里，基拉看着船员再次一个接一个地躺进冷冻舱，孤独感越来越强烈。（两个熵主义者早已回到自己的舱室，躺进了自己的冷冻舱。）

关上舱盖前，维沙尔说：“啊，纳瓦雷兹女士，我之前忘了跟你说：我在医务室给你留了一副新的隐形眼镜。抱歉。你在洗手池上面的橱柜里找一下。”

“谢谢。”她说。

和在天鹅座61时一样，法尔科尼依然是最后一个进入冷冻舱的。他一手抓住把手，一手脱下自己的靴子：“基拉。”

“萨尔沃。”

“在回去的路上你还会像上次那样和异种训练吗？”

她点点头：“我会继续试着练习的。我能控制它了，但……还不够。要是我能更好地感受异种，我也许可以救下特里格。”

法尔科尼用理解的表情打量着基拉：“万事小心。”

“你知道我会的。”

“因为你是唯一能站起来走动的人，能请你帮我个忙吗？”

“当然。什么事？”

他把靴子放在旁边的储物柜里，开始脱衬衫和背心：“当我们冷冻休眠时，你要注意水母。我们寄希望于它不会突然闯出来、将我们杀死，但说老实话，我对它没有那么信任。”

基拉缓缓地点头：“我也是这样想的。我会在气闸室外面绑一些带子，守在那里。”

“很好。我们设置了提示水母逃脱的警报，所以你会提前收到信号。”他冲她苦笑，“我知道守在门口不好受，但我们没有更好的办法了。”

“没事，”基拉说，“不用担心。”

法尔科尼点点头，继续脱衬衣。然后他脱下裤子和袜子，将其放进储物柜里，再推着自己飘向冷冻舱。途中，他的手滑过特里格的冷冻舱，在结霜的表面上留下三根手指的痕迹。

“你可以吗？”他问，带着意外的怜悯看着她。

“是的，我可以。”

“格列戈罗维奇过会儿再休眠。还有别忘了，如果你需要找人聊天，不管什么时候都可以把我叫醒。我是认真的。”

“我会的，我保证。”

法尔科尼有些犹豫，但还是伸手拍了一下她的肩膀。她拍了拍他的手，感觉到他皮肤上的热量辐射到了她心里。他轻轻地捏了她一下，然后放开手，进入冷冻舱。

“太阳系见。”他说。

她微微一笑，认出这句歌词：“在月亮的阴影下。”

“在绿色地球的闪光中……晚安，基拉。”

“晚安，萨尔沃。睡个好觉。”

接着舱盖关闭，遮住了他的脸，机器开始嗡嗡作响，往里面注入诱导休眠的化学物质。

4

基拉小心地抱着一卷铺盖穿过飞船的走廊。她用软刀的卷须抱住它，这样她就能空出一只手，也能确保毯子不会乱飞。

当她来到气闸室时，她看到以塔利飘浮在气闸室的外门前，正透过透明的蓝宝石舷窗望向外面繁星点点的太空。

“壁鱼号”现在还没回到超光速空间，格列戈罗维奇还在等飞船完全冷却下来。随着散热器的运行，飞船里的温度已经有了明显的下降。

基拉从左舷舱拿来夹子和绑带，将毯子固定在甲板上。然后她去拿了接下来的长途旅行需要的物资：水、口粮棒、湿巾、垃圾袋、维沙尔给她打印的隐形眼镜，还有她的六角手风琴。

当她整顿好她的小窝后，她打开了气闸室。她把自己固定在门框上，刚准备说话，水母却先开口了。以塔利：你的气味在徘徊，理想态。

基拉：什么意思？

以塔利：你之前说的……你们种族和我们种族除了肉体不同，还有其他很多不同的地方。我一直试着理解，但恐怕以目前的形态无法做到。

她点点头。基拉：我也是这样的感觉。

水母眨眨眼，白色瞬膜在黑色眼球上一闪而过。以塔利：在二形态看来什么是神圣的，理想态？如果不是绝迹者，那是什么？

这问题难倒她了。现在她要和一个外星人讨论宗教和哲学吗？她的异种学课程可从来没有讲到过。

她深深地吸了口气。

基拉：很多东西。这个问题没有确切的答案，每个二形态都有自己认为神圣的东西。这是一个……她努力想翻译“因人而异的”……由每个二形态自己做的选择。一些人选择起来比别人容易些。

水母用一条触手挠了挠甲壳。以塔利：那对你来说什么是神圣的，理想态？

基拉愣在原地。她曾以为什么是神圣的？没有什么比上帝、美之类更抽象的概念了。不是数字，像拜数教徒那样；也不是科学知识，像熵主义者那样。她考虑过人性，但也不对。太有限了。

基拉：生命。我认为生命是神圣的。没有什么比它更重要了。水母没有马上回答，基拉继续说，沃纳威人是怎么看的？你是怎么看的？除了绝迹者，还有什么你认为是神圣的？

以塔利：我们，沃纳威人。兵团以及向旋涡状星云的扩张。这是我们与生俱来的权力、我们命中注定的目标、所有沃纳威人共同的理想，即使我们有时候会在实现方式上产生分歧。

以塔利的回答让基拉感到担忧。这个目标饱含了狂热、仇外主义，还有人类的帝国主义。霍斯是对的，和水母和平相处并不容易。

有困难不代表不可能，她提醒自己。

她转移了话题。基拉：为什么有时候你会用“这个形态”来指代自己？是因为沃纳威人有很多不同的形状吗？

以塔利：每种形态对应不同的功能。如果需要另一种功能，我们就会转换形态。

基拉：怎么转换？只要你想，就能改变肉体的形状吗？

以塔利：当然。如果不想，为什么会去转移之巢呢？

软刀不认识这个术语。基拉：转移之巢也是绝迹者留下的圣物吗？

以塔利：是的。

基拉：如果你想变成孵化形态或根植形态，就会去转移之巢——

以塔利：不，你误解了，理想态。这些都是原始形态。转移之巢是转换到制作的形态。

基拉惊讶得愣了一下。基拉：你的意思是，你现在的形态是被做出来的？在一个机器里？

以塔利：是的。如果需要，我可以在转移之巢里选择其他形态。如果这个肉体被摧毁，我也可以选择换一个。

基拉：但是，如果你现在的形态被摧毁了，你就死了。

以塔利：转移之巢里存着我的图案，我怎么可能被杀死呢？

基拉皱眉，无法理解这些话。她又问了几个问题，还是没有弄清楚这件事。她似乎没办法让水母区分它的身体和它的图案——不管那是什么。

基拉：如果你的形态此刻被摧毁，你的图案包含你所有的记忆吗？

以塔利：不，我们离开绝迹者系统后的记忆会消失。这就是为什么我们的外壳总是两个一组地遨游，除非十分机密才会单独行动，比如把茨罗送到圣物匣那次。

基拉：那么……图案不是你，对吗？图案是一种过期的副本。只是过去的你。

水母的颜色变得暗淡、素净。以塔利：图案当然也是我。为什么不算呢？消失的一点点时间不会改变我的本性。

基拉：要是你的旧形态还在时，你的图案给了一个新形态，该怎么办？有这种可能吗？

空气中弥漫着厌恶的近味。以塔利：这是特菲尔的肉体异化。其他兵团的沃纳威人也不会做这种事的。

基拉：那你不赞成勒菲特？

以塔利：我们的目标比我们的分歧更重要。

基拉思考了一会儿。所以，水母能在不同的身体里上传它们的意识，或至少是它们的记忆。但是它们似乎不担心真正的死亡……她不理解以塔利那种对个人命运漠不关心的态度。

基拉：你不想活着吗？不想保持这个形态吗？

以塔利：我的图案能维持多久，我就能维持多久。以塔利伸出一条触手，当橡胶般的肉体触及她的胸膛时，基拉忍住没有退缩。软刀变硬了，好像要发起攻击。形态不重要。即使我的图案被清除——就像很久之前克汀对恩马尔做的那样，在后继的涟漪中也会继续繁殖。

基拉：怎么这么说？你说的涟漪是什么意思？后继又是什么意思？

水母闪着红色和绿色的光，它的触手更紧地裹住了甲壳，它拒绝回答。基拉又问了两次，仍没有回音。这就是她能从水母那里得到的有关涟漪的所有信息。

然后她问了一个不同的问题。基拉：我很好奇。茨罗是什么？就是当心灵之结来到放置理想态的地方时我接收到的召唤。我能从你们的所有外壳上感觉到，除了在现在的恒星系里。

以塔利：茨罗是绝迹者留下的另一个圣物。它能和理想态对话并引导它。如果没有和你结合，理想态就会自行回应，出现在召唤的源头。沃纳威人的外壳就是通过使用茨罗来寻找理想态的。

基拉：自大分裂以来，你们有没有找到更多的理想态？

以塔利：自大分裂？没有。你身上这个是最后的幸存者。但我们一直希望绝迹者留下了更多的圣物等我们去发现，这一次，我们会用更明智的方式来对待它们。

她盯着手背上的纤维纹理：黑色，有光泽，结构复杂。基拉：你的形态，或者心灵之结，知道怎么将理想态从绑定者身上移除吗？

水母皮肤上搅动的颜色代表它受到了侮辱，它的近味里充斥着震惊和愤怒。以塔利：出于什么涟漪才会提这样的要求？和理想态结合是一种荣耀！

基拉：我明白。我只是……好奇。

外星人看起来有些犹豫。以塔利：这个形态知道的唯一能与理想态分离的方式就是死亡。也许像勒菲特这样的心灵之结的统治形态知道其他方法，但它们从来没有说起过。

基拉认命了。她一点儿也不惊讶，只是……有些失望。

格列戈罗维奇幽灵般的声音出现在扬声器里："回收散热器。四分钟后转换至超光速空间。汝等准备。"

这时基拉才察觉到气闸室的前厅有多冷。因为没有更多的时间提问，她感到懊恼。她把飞船即将跳跃的消息告诉了以塔利，接着退到门口，关闭并锁上了气闸室的门。

光线切换到飞船夜晚的暗红色，马尔可夫引擎启动了，"壁鱼号"的后部传来嗡嗡声，基拉脸颊上暴露在空气中的皮肤跟着震动。他们踏上了最后也是最长的旅程：前往太阳系。

5

透过气闸室的窗口，基拉饶有兴致地看着以塔利从触手末端分泌出黏液，给自己结了个茧。黏性物质很快变硬了，几分钟内，水母就将自己藏在了一个不透明的、略带绿色的茧里，固定在气闸室的地板上。

基拉在想外星人怎么知道该什么时候醒来。

这不是她需要考虑的问题。

她回到自己的小窝，用绑带固定自己，裹紧毯子。在夜晚的光线下，气闸室前厅幽暗而恐怖；要度过接下来的三个月时间，这里可算不上温馨。

她打了个冷战，终于感觉到寒冷。

"只剩下你和我了，脑盒子。"她对着之前的天花板说。

"别担心，"格列戈罗维奇说，"我会陪着你的，哦，伐楼拿斯特拉，直到你的眼皮变得沉重，直到睡眠如软沙般吞没你的意识。"

"真令人宽慰。"基拉说，并非有意嘲讽。有人聊天的感觉很好。

"请原谅我抑制不住的好奇心。"格列戈罗维奇说着，咯咯笑了，"你和我们长着触手的客人交换了什么奇怪的气味？你在原地站了好几分钟，而且当臭气袭进你那敏感的鼻腔时，你看起来深受影响。"

基拉哼了一声："可以这么说……我会写一份正式的报告。你能在上面看到详细的内容。"

"这么说，没有能立刻分享给我的有用信息。"格列戈罗维奇说。

"是的。但是——"基拉解释了转移之巢，然后总结说，"以塔利说，形态不重要。”

“如今，身体确实能被取代。”飞船主脑冷淡地说，“正如你、以塔利和我已经发现的那样。”

基拉将毯子裹紧了些：“成为飞船主脑很困难吗？”

“我肯定不会用容易来形容。”格列戈罗维奇说，“我的每种感官都被抽离、替换，而我的本我、我的意识基础延伸到了自然所能允许的极限。整个过程是混乱和混乱的叠加。”

听起来是令人极其不适的经历。这让基拉厌恶地想起了和软刀磨合的过程，她让它延伸的同时，自己的感官也在延伸。

她打了个冷战。在零重力环境中，身体的轻微晃动让她用力吞咽了一下。她将注意力集中到墙上的一个点，试着安抚自己的内耳。前厅的昏暗和“壁鱼号”上的空虚与寂静让她很不舒服。自他们在奈达斯的街道上战斗以来，真的只过去了不到半天的时间吗？

感觉像过去了一个星期。

为了驱散这种突如其来的孤独感，她说：“我第一天来这里时，特里格告诉我你曾被困在一艘坠毁的飞船上。长时间独处的感觉……怎么样？”

“感觉怎么样？”格列戈罗维奇说着狂笑起来，基拉立刻明白自己越界了。“感觉怎么样？……就像死亡，像自我的湮灭。我思维的边界倒塌，让我在赤裸裸的宇宙面前胡言乱语。我能随意调用整个人类掌握的知识。我能玩味每个科学发现、每种理论和定理、每个等式、每个证明，也能欣赏数以亿计的书籍、歌曲、电影、游戏——比任何人甚至任何飞船主脑拥有的都多。然而……”他叹了口气，“然而我还是很孤独。我眼看着我的船员饿死，他们死后我也无能为力，只能孤独地坐在黑暗中等待。我研究你那个微小的脑瓜永远无法理解的等式、数学概念，我阅读、观看，还像拜数教徒那样读数读到无穷大。这一切都只是让黑暗多了一秒钟，或者说一瞬间。我尖叫，虽然我没有嘴巴用来尖叫；我哭泣，虽然我没有眼睛用来流泪。我在时间和空间中爬行，像一条虫子在一个发疯的神明用梦境建造的迷宫中寸步前行。我从中学到了一点，肉袋子，只有这一点：当你不缺空气、食物和居所时，重要的只有工作和陪伴。孤独而没有目标地活着，与死人无异。”

"这是一个伟大的启示吗？"基拉轻声问道。

飞船主脑窃笑起来，她能听出他在疯狂的边缘摇摆。"不是，不算是，哈哈。这显而易见，不是吗？甚至可以说平淡无奇。任何一个理智的人都会同意的，不是吗？哈哈。但亲身经历和听说或者读到过还是不同。完全不同。真理的启示总是困难重重。而这就是我得到的启示，哦，小刺猬。我宁愿死也不想再经历一次。"

基拉理解并欣赏他。她自己的启示差点毁了她："是的。我也一样……你当时的飞船叫什么？"

但格列戈罗维奇拒绝回答，基拉想了想，这也许是最好的回答。讨论那次事故只会让他更不稳定。

她打开眼屏，却没看具体的东西。要如何为一个飞船主脑提供心理治疗？这不是她第一次对这个问题感到好奇。法尔科尼曾说过，大部分给他们治疗的心理医生也是飞船主脑，即使是那时……她希望格列戈罗维奇能找到他内心渴求的安宁——既是为了他们，也是为了他自己。但要解决他的难题，已经远超她的能力范围。

6

漫漫长夜悄然而逝。

基拉记下了她和以塔利的对话，弹奏了她的六角手风琴，看了几部"壁鱼号"数据库中的电影（没有一部让她印象深刻），还和软刀做了训练。

在开始和软刀训练之前，基拉花了点儿时间思考自己的目标。正如她对法尔科尼说的那样，学会控制还不够。她还需要……和它合而为一；她和软刀之间更自然的结合；信任。否则她就会一直怀疑自己的行为，也会怀疑软刀的行为。考虑到过去犯的错误，她怎么能不怀疑呢？（关于巨口的过往萦绕在她的脑海里，她努力控制自己，才没有继续想它。）她从痛苦的经历中学到，怀疑可能和过度反应一样致命。

她叹了口气。为什么所有事情都要这么困难？

有了目标后，基拉开始和之前一样苦练。提高肌张力的训练、不愉快的记忆、身体和精神上的压力……她用自己能想到的一切来测试软刀。等她确信自己控制软刀的能力比以往更强时，也只有到这时，她才放松了对软刀的独断控制。一开始她只放开了一点点：给软刀一点点自由，她就能看到软刀选择做什么。

结果出现了几种情形。一半的时间里，软刀按基拉的要求做出了她想要的反应，不管是在她皮肤上形成一个形状、帮她固定某个紧绷的姿势，还是她下达的其他命令。大约四分之一的时间里，软刀以她意想不到的方式做出了她想要的反应。剩下的时间里，它完全以不合常理或者不相干的方式行动，向四面八方伸出尖刺或卷须。当然，这种情况是她最关心的。

当她觉得训练够了、停下来时，她没有感觉到自己取得了明显的进步。这让她的心情变得忧郁起来，直到她提醒自己，他们还有三个月的时间才会到达太阳系。她还有很多时间和软刀一起练习。很多时间……

不久，格列戈罗维奇再次找她聊天。他似乎变回了原来的他，她为此感到高兴。他们玩了几局名为“超越”的游戏，虽然每次他都赢了，但她并不在意，因为她很享受有人陪伴，任何形式的陪伴。

也许过了几小时，也许过了一天多，最后基拉的身体感觉到熟悉的迟钝感，软刀也因为缺少食物和活动做出了反应，开始为她的睡眠做准备，也不仅仅是为睡眠做准备。她进入休眠的次数越多，就越容易；软刀也更容易明白她的意图，做出适当的行动。

她设置了闹钟，合眼的时候说：“格列戈罗维奇……我想我该睡觉了。”

“好好休息，肉袋子，”飞船主脑轻声说，“我想我也该睡觉了。”

“……或许还会做梦。”

“是的。”

他的声音逐渐飘远，取而代之的是巴赫协奏曲的轻柔旋律。基拉微微一笑，往毯子里缩得更深了，最终放松下来，沉入遗忘之乡。

7

一段混乱的时间过去了，充斥着不成形的想法和冲动：恐惧、希望、梦，还有遗憾带来的疼痛。一周一次，闹钟会叫醒基拉，她会昏昏沉沉、睡眼惺忪地和软刀一起训练。这通常是毫无结果的努力，但她还是坚持着。软刀也是。她感觉到软刀想取悦她，随着动作的重复，这种意图变得清晰，只是它还没有达到精通的水准。她开始隐隐感觉到软刀的渴望，好像它在努力通过某种形式的创作追求某种艺术效果。大多数情况下，她都避开了它的这种本能，但这也引起了她的好奇心。她时常在长长的怪梦中看到孩提时代的温室，还有植物发芽、缠绕、长叶、繁衍生息，美好而健康。

每隔两周，“壁鱼号”就会跳出超光速空间。趁飞船冷却时，基拉前往斯帕罗的临时健身房，将自己的思维和身体逼到极限。每次训练她都很想念自己的右手。虽然她能用软刀抓住和拿起东西，但失去右手带来了无穷无尽的麻烦。她知道使用软刀是一种很好的训练方式，她以此来安慰自己。而事实也确实如此。

当她在货舱里训练时，那些士兵就站在附近的装备架旁看她：霍斯和其他三个人被冻在发着蓝光的冷冻舱里；桑切斯、塔图波阿、莫罗斯和另一个士兵被裹在救了特里格一命的茧里。看到他们，基拉感觉自己好像偶然发现了一排保卫逝者灵魂的古代雕像。出于一点点迷信，她离他们远远的，尽量不去看他们。

有时她会在训练后吃一根口粮棒来保持体力，但大多数时候她只喝了些水就继续休眠了。

过了半个月，在飞船夜晚的空虚时间里，当她飘浮在以塔利所在的气闸室外、对周围的一切毫无知觉时，她紧闭的双眼后浮现出一幅景象，是另一个时间里、另一个大脑的记忆。

再次被召唤到有着高高拱顶的会客厅，她和她绑定的肉体站在聚集到一起的七国联盟面前，一边三个，至高者在中间。

房间中央的封印被打破，带着图案的地板上升起了一个发光的棱镜。在这个多面的笼子里，一个分形黑影的种子正在暴怒中拍打着，反反复复地震动、戳刺、拉扯，无休无止地猛击它那透明的牢笼。那是她肉体的一部分，但现在被邪恶的意图污染并扭曲了。

“我们现在必须做什么？”至高者问。

七国联盟七嘴八舌地回答起来，但其中一个说得最清晰：“我们必须剪断枝叶；我们必须烧掉树根。疫病不能继续传播。”

但还是出现了一个反对的声音：“我们的确应该保护我们的花园，但需要停下来想一想。可能会出现我们计划之外的生命。未经审视就忽略这种可能性是多么自大啊！我们不是全知者或者全视者。混乱中也许还蕴藏着美，以及我们希望的种子需要的沃土。”

之后是长时间的讨论，大部分时候都充满了怒气，而那个被抓住的黑影还在试图逃脱。

接着至高者站起来，用蓝色权杖敲了一下地面，说：“错误是我们犯下的，但我们不能任由疫病肆虐。风险太大，收效甚微，甚至不确定能否有收益。虽然光明可能诞生自黑暗，但不能让黑暗吞噬光明。有些行为不可饶恕。照亮暗影。结束疫病。”

“结束疫病！”七国联盟说道。

接着彩虹色的棱镜发出刺眼的亮光，里面的恶灵尖叫着，炸成了一片坠落的余烬。

第四部分

* * * * * * *

效忠

人生非为己。

——乌尔库斯·图利乌斯·西塞罗[1]

---

① 马尔库斯·图利乌斯·西塞罗（前106—前43）：古罗马著名政治家、哲人、演说家。——译者注

第一章

* * * * * * *

失调

1

基拉猛地睁开眼睛。

她为什么会醒来？环境中的一些变化唤醒了软刀，也唤醒了她。“壁鱼号”飞船上的循环气流出现了几乎难以察觉的变化。远处传来了机器的轰鸣声。原本闷热的温度稍有降低。有情况。

基拉顿时惊恐起来，看了一眼身旁的气闸室。以塔利还在原地，被包裹在它分泌的茧里，漫长的飞船夜晚那暗红色的光下，只能隐约看清它的轮廓。

基拉如释重负地松了一口气。她一点儿也不想和水母作战。

“格……格列戈罗维奇？”她说，声音听起来像生了锈的旧扳手。她清了清嗓子，重复了一遍，但飞船主脑依旧没有回应她。她只好另想办法：“莫文，你在吗？”

“在，纳瓦雷兹女士。”“壁鱼号”的伪智能体回答。

“我们在哪里？”基拉的喉咙干涩，说起话来有些沙哑。尽管她嘴里也很干，可还是试图吞咽了一下。

“我们刚刚抵达目的地。”莫文说。

“太阳系。”基拉用嘶哑的声音说。

“没错，纳瓦雷兹女士。太阳系。‘壁鱼号’在4分21秒前跳出超光速空间。标准抵达程序已启动。法尔科尼船长和其他船员很快就会醒来。”

他们成功了。他们真的做到了。自六个月前离开天鹅座61到现在，其间可能发生的事情，基拉都不敢想象。

难以相信他们已经航行了半年。休眠是如此奇妙，不管是不是人为的。

“有人呼叫我们吗？”她问。

“是的，纳瓦雷兹女士，”莫文以最快的速度回应道，“收到来自联军司令部监测站的14条信息。我已经做出说明：船员们目前还在休眠。然而，当地政府非常坚持要求我们尽快上报我们出发的恒星系以及目前在执行的任务。他们相当激动，纳瓦雷兹女士。”

“好吧，好吧。”基拉嘟囔道。一旦法尔科尼从冷冻舱里出来，就可以应付联军司令部那帮人了。这可是他的强项。此外，她知道他想要为“壁鱼号”说话。

她感到身体僵硬无比，于是从她用毯子和绑带搭的小窝里爬出来。

她的手。

她在水母飞船上被砍掉的前臂和手……又长出来了。基拉很惊讶，半信半疑地举起手臂，转动它以便能看到每个部位，张开手指又合拢。

这不是幻觉，手臂真的重新长出来了。她根本不敢相信，用另一只手触摸，感受着指间的相互触碰。从她上次醒来到现在只过了五天，在这段时间里，软刀造出了她肉体缺失部位的完美仿制品。

真的是这样吗？

基拉突然产生了一个吓人的想法。她倒吸一口气，将注意力集中在手背上，用意念迫使软刀收缩。它照做了，她轻轻地叫了一声，只见她的手向内凹陷变形，像炎炎夏日里的冰激凌一样融化了。她的身体和意识都同时退缩了，注意力不再集中。软刀立刻恢复，再次变成了她手臂的形状。

基拉的眼中满是泪水，她眨了眨眼，内心苦涩而失落。“该死的……”她嘟囔着，生起自己的气来。不就是丢了一只手，为什么如此难过？换一只手或一条腿都没什么大不了的。

但她心里是介意的。她等于这具身体，她的身体代表了她。思维与物质密不可分。在巴格亨特之前，她的手一直是她生命中自我形象的一部分，没有了手，基拉感觉自己是不完整的。一时间，她希望自己再次变得完整，但没能如愿。

不过，她又有了一只手，总好过义肢。而且乐观地看，软刀成功地复制了她失去的手臂。基拉想：为什么它现在这么做，之前却没有？因为它知道自己与基拉的旅程已经接近尾声？还是因为经过一路上的训练，它在表明自己的合作意愿？不管原因是什么，她对结果确信不疑：软刀是依照自己的意志行事的（尽管也许是由基拉未表露的内心想法引导的），并且产生了积极的效果。

基拉再次检查了自己的手，她惊讶于细节上的还原。在她看来，这简直是原版近乎完美的复制品。她发现唯一的区别就是密度上轻微的差异；新长出的手臂可能稍重。但重量的变化非常细微，几乎无法察觉。

基拉爬出小窝，继续测试新手指的灵活度。她试图从眼屏上调取日期，这才意识到，就像在去巴格亨特的路上，软刀吸收了她的隐形眼镜。

她好一会儿才想起维沙尔为她打印的备用隐形眼镜。她从毯子里找出那个小盒子，小心翼翼地戴上对应的透明镜片。

她眨了眨眼，当眼屏熟悉的界面弹出时，她松了口气。好了，她又是感知健全的人类了。

基拉克制住查看新闻的冲动，离开气闸室，沿着墙壁来到“壁鱼号”的中心，然后开始沿着主井前进。

飞船里仍然如此安静、空旷和黑暗，仿佛被遗弃了。如果没有维生系统的风扇声，飞船简直是在太空中漂流了许久的幽灵船。基拉觉得自己就像一个拾荒者，在曾经有人居住的大厅里穿梭……或者像一个探险家，打开了一个尘封数百年的陵墓。

她的思绪回到了奈达斯和他们在那里的可怕发现。她低吼一声，恼火地摇了摇头。她的想象力占了上风。

当她到达控制室的下一层甲板时，推力警报响起。她留神听着，把脚踩在地板上，一种适当的重量感将她向下压、又向下压，“壁鱼号”的核聚变引擎轰鸣着恢复了工作。

她放松地吐了口气，享受着这股推力。

周围的灯带闪烁着，光线从红色切换为白天的蓝白色。在昏暗中待了这么久，基拉感觉现在的光线很刺眼。她挡住脸，等眼睛慢慢适应。

当基拉来到飞船的避难区时，法尔科尼和其他船员刚从冷冻舱里出来。斯帕罗在甲板上四肢着地，像一只吐毛球的猫一样干呕着。

“老天，我讨厌长途旅行。”斯帕罗说着擦了擦嘴。

“很好，你们起床了。”基拉说。

法尔科尼哼了一声：“你管这叫起床。”他的脸色和斯帕罗一样发青，眼睛下有很重的眼圈，其他船员也是如此。基拉并不羡慕他们，长时间冷冻休眠产生了严重的副作用。

斯帕罗又干咳了一声，接着踉踉跄跄地站起来，和法尔科尼、尼尔森、华钟一起从储物柜里取衣服。维沙尔花了更长时间才开始走动。一旦恢复了行动能力，他就四处分发基拉非常熟悉的蓝色小药丸。这种药有助于缓解恶心，并且能补充身体流失的营养物质。

维沙尔递给她一颗，但她拒绝了。

“情况如何？”法尔科尼一边问，一边穿上他的靴子。

“还不确定。”基拉说。

格列戈罗维奇带着戏谑的语气笑着插话道：“你们好，我的小可爱们。欢迎回到活人的国度。哦，是的。我们在穿越虚空的伟大旅程中幸存了下来。我们又一次战胜了黑暗，活到了现在。”他大笑起来，笑声回响在飞船上。

“看来有人心情不错。”尼尔森说着，关上了自己的储物柜。维沙尔走到她身边，低下头来轻声问她事情。

“嘿，”斯帕罗说，认真看了一眼基拉，“你的新手臂是哪里来的？”

基拉难为情地耸耸肩：“软刀变的。我醒来时就有了。”

“是吗，那你要确保它不会离你而去。”

“好的，多谢提醒。”

所有的冷冻舱都打开了，只有特里格的还关着。基拉走过去看了一下。隔着结霜的透视板，那孩子看起来一如往常，脸上的表情平静得令人不安。如果不是他的皮肤呈现出死亡般的苍白，他看起来就像在睡觉。

“好了，”法尔科尼说着，开始向门口走去，“让我们看看到底发生了什么。”

2

“我的天哪！”斯帕罗说。她旁边的华钟皱起了眉头，不以为然地哼了一声，但她的目光没有从全息影像上移开。每个人都盯着全息影像。

法尔科尼正在滚动浏览来自整个恒星系的影像。太阳系已沦为战区：反物质农场的废墟飘浮在水星的轨道上；金星和火星的天空中全是飞船的碎片；小行星上，居住舱像蛋壳一样裂开；受损的空间站、居住环和奥尼尔圆筒[1]像废料一般飘浮在整个恒星系中；水特克能量补给站破损的储气罐中喷出燃烧的氢气；而在地球（偏偏是地球），南、北半球遍布陨石坑，一种疫病席卷了澳大利亚的部分地区。

大量的船只和轨道平台聚集在人类定居的行星周围。联军司令部第七舰队[2]集结在火卫二戴莫斯空间站附近，近到处于马尔可夫极限，能在短时间内进入超光速空间，但又不至于远到无法紧急支援内行星。

几个地方战斗还在继续。水母在冥王星上建立了一个小型作战基地，它们还入侵了火星北极地区的多数地下定居点。隧道使联军司令部无法通过空中攻击来清除敌军，但地面行动正在进行中，一边歼灭水母，一边努力拯救该地区的平民。更严重的仍是澳大利亚：一艘梦魇飞船坠毁，几小时内便产生大规模的感染，腐坏组织通过土壤传播开来。对地球来说，幸运的是它坠毁在最荒凉的沙漠中。相关部门立即采用轨道太阳能阵列烧毁和熔化该地区，控制了感染进一步扩散。但防控工作还没有结束，要确保不让任何腐坏组织成为漏网之鱼。

“我的天哪。”维沙尔说着在胸前画了个十字。

即使是法尔科尼，看到如此景象也惊呆了。

尼尔森发出一声痛苦的声音，调出显示金星新闻的窗口。基拉瞥见了一个新闻标题的部分：沦陷的城市是——

“我得打个电话，”大副的脸色苍白，“我必须确认是不是……”

“去吧，”法尔科尼说，拍了拍她的肩膀，“这里我们来搞定。”

尼尔森满怀感激地看了他一眼，匆匆离开了控制室。

基拉担忧地与其他船员对视了一下。如果太阳系都深陷泥沼，那么联盟其他恒星系的情况可想而知。维兰德！她的内心突然升起一股绝望。

正当她开始搜索家乡的新闻时，格列戈罗维奇说：“呃，我想提个建议，在联军司令部做出蠢事之前，我们最好回应他们。如果我们不立即提供飞船的信息以及澄清我们的意图，他们会对我们采取各种武力威胁。”

法尔科尼叹了口气：“不妨回答他们吧。他们知道我们是谁吗？”

---

① 奥尼尔圆筒：由科学家杰拉德·K. 奥尼尔提出的对太空城的设想。——译者注

② 第七舰队：见附录三“SEVENTH FLEET”（第 812 页）。

飞船主脑冷冷地笑了笑：“从他们传信的疯狂程度来看，我想说答案是肯定的。”

“好吧，接通通信器。”

基拉坐在控制室后面，听着法尔科尼和对方谈话。“是的，”他说，“……不……没错。联军司令部飞船‘达姆施塔特号’……格列戈罗维奇，你来……嗯。她就在这里……好的。收到。通话完毕。”

“怎么样？”基拉问。

法尔科尼揉搓着自己的脸，目光依次扫过基拉、斯帕罗和华钟。不知道是不是基拉的错觉，他的眼圈变得更深了：“他们对我们很重视，这只是个好的开始。联军司令部希望我们停靠在奥斯特德，越快越好。”

“奥斯特德有多远？”基拉问。

在她调出眼屏前，法尔科尼说：“7小时航程。”

“奥斯特德是位于木卫三附近的居住环，”斯帕罗说，“联军司令部把它当作一个主要空间站。”

很合理。因为太阳系的马尔可夫极限就在木星的轨道附近。基拉对太阳系了解甚少，但她在银河系地理课上了解过这一点。

“你没有告诉他们我们船上有一个水母吧？”基拉说。

法尔科尼拿起水瓶喝了一大口：“没有。不想引起他们的过度警觉。慢慢来。”

“他们发现后会很生气的。”基拉说。

“是的。”

接着，霍斯那因为冷冻休眠而沙哑的声音从对讲机传来：“船长，我们从冷冻舱里出来了，但我们需要水母为剩下的人剥掉这些该死的茧。我们可以割开，但不知道会不会伤害他们。”

“收到，中尉。”法尔科尼说，“派个人去气闸室，我让基拉过去找他。”

“谢谢，船长。”

法尔科尼瞥了一眼天花板：“格列戈罗维奇，水母醒了吗？”

“刚醒。”飞船主脑说。

“很好奇它是怎么知道的。”法尔科尼嘀咕道。

当他看向基拉时，她已经向门口走去。“我现在去处理。”她说。

3

将以塔利护送到货舱，等着它分泌另一种黏液，把三名士兵从茧里弄出来并让他们苏醒，总共花了近40分钟。在不需要基拉翻译时，她就站在一个设备架旁边，浏览关于维兰德的新闻报道。

情况不容乐观。

至少有一篇文章称，维兰德的高石市附近遭受了轨道轰炸[①]。她的家人住的地方离高石市不算近，但也足以让她担心他们的安危。

水母也曾在维兰德南半球定居点托斯卡附近降落，但根据最近的新闻（也是一个月前了），水母没有停留。几艘梦魇飞船经过该恒星系外围，和水母飞船展开了激烈的战斗，结果不得而知，因为所有参战的船只都陆续跳进了超光速空间。联盟向该恒星系派出了增援部队，但只是一支小规模的特遣部队；他们的大部分飞船都集中在太阳系内部和周围区域，用以保护地球。

当以塔利唤醒士兵后，基拉不再看新闻，将它送回了气闸室。基拉告诉以塔利，他们将前往奥斯特德空间站，它只是礼貌性地表示了认可，没有发表任何意见。无论是“壁鱼号”要前往哪里，还是抵达目的地后会发生什么，它竟然都没有表现出兴趣。当她问起缘由时，它回答——以塔利：涟漪会自行扩散。

水母回到气闸室后，基拉去厨房拿了些食物，然后回到上一层的控制室。她一到，尼尔森正好也回来了。大副满脸通红，眼里含着泪水。

“还好吗？”法尔科尼从全息影像桌的另一头问道。

尼尔森点了点头，一屁股坐进防撞椅里：“我的家人都还活着，但我女儿亚恩的住所毁了。”

“在金星上？”基拉问。

尼尔森吸了吸鼻子，扯直了棕褐色衬衫的前襟：“整个城市都被击毁了。她逃过一劫。”

“可恶，”法尔科尼说，“至少她活下来了。”

---

① 轨道轰炸：先把核弹发射到近地卫星轨道上，再择机攻击，理论上可以把核弹头投放到地球任何角落。——编者注

大家沉默了一分钟。然后尼尔森挺直身子，环顾四周：“维沙尔去哪里了？”

法尔科尼心不在焉地朝飞船后方挥了挥手：“他去医务室看看情况，说要给士兵做一些检查。”

“他的家不就在太阳系的一座圆筒居住站里吗？”

法尔科尼露出关切的神情：“是吗？他从未和我提过。”

尼尔森气呼呼地哼了一声：“你们这些男人真是的。但凡稍微问候一下，你可能就知道——”她从椅子上起来，径直走出控制室。

法尔科尼看着她离去，脸上带着些许困惑。他又看了看基拉，似乎希望她能做出解释。基拉耸了耸肩，继续看眼屏。

即使水母拥有如此先进的技术，星际战争打的也是持久战，但战况依旧令人沮丧。维兰德的例子能反映其他殖民地的情况，不过斯图尔特世界的战斗规模与太阳系的更为相似。

还有梦魇。经过几个月，梦魇越来越多，以至于联军司令部与它们战斗的频率与水母一样高。这些怪物每次出现，形态都会发生变化，像是在持续变异。或者说，基拉觉得更有可能是它们背后的驱动智能（由人类、沃纳威人和软刀的邪恶融合产生的混沌巨口）正在极度疯狂地进行着随机的试验，以创造出最适合战斗的肉体。

一想到梦魇遭受的痛苦以及它们带来的灾难，基拉就觉得恶心。

看到这场战争让人类变得前所未有地团结，她毫不惊讶。甚至连辛扎尔人也搁置了与联盟的分歧，联合起来对付共同的敌人。如果暗处的怪物发起进攻，人类之间的争端还有什么意义呢？

然而，每个活着的人类个体的力量总和还不足以击退攻击者。尽管新闻是碎片化的，但很明显能看出他们正节节败退。人类正在节节败退，尽管每个人都在试图挽回颓势。

看着这些新闻，基拉内心感到强烈的疲惫和沮丧。最后，她再也无法忍受，退出了眼屏，坐在那里盯着头顶上的灯和开关，试图不去想正在沦陷的世界。

她视野下方出现了一个未读信息的提示。她点开信息，以为是格列戈罗维奇发来的。

但不是。

她的收件箱里有一份回邮，是她妈妈的账号回复了她在天鹅座61发出的视频。

基拉惊讶地瞪大眼睛，屏住呼吸。她没想到会收到回复。她的家人不可能知道她会在哪里或什么时候回来，怎么会有一条信息在太阳系等着她呢？除非……

她微微颤抖着打开了邮件。

一段视频出现在她眼前，黑暗的窗口里有一个看似地下防空洞的地方。基拉认出这是维兰德第一批移民用来屏蔽辐射的防空洞……她的父母面对镜头，坐在一张堆满了工具和医药箱的桌子旁边。伊莎站在他们身后，一脸担忧地从父母中间看向她。

基拉咽了一下口水。

她爸爸的右大腿上缠着绷带。他看起来瘦了很多，吃了不少苦，眼睛和鼻子周围的皱纹也比她记忆中深得多。他的鬓角发白，看来他并没有按计划注射STEM针剂。而她妈妈变得比以前更加冷酷，就像用花岗岩雕成的一只鹰，头发剪短了，是那些总是穿着防护服的移民喜欢的风格。

只有伊莎看起来没什么变化，基拉对此稍感欣慰。

妈妈清了清嗓子："基拉，我们昨天才收到你的信息。虽然迟了一个月，但最终还是收到了。"

接着爸爸说："知道你还活着，我们真的很高兴，宝贝。真的很高兴。你让我们担心了好一阵子。"在他身后，伊莎低下了头。基拉很惊讶伊莎没有说话，她以前可喜欢插嘴了。但是他们的生活今非昔比。

妈妈瞥了一眼其他两人，然后看回镜头："我很遗憾，我们很遗憾听到你队友的遭遇，基拉。还有……艾伦，他看起来是个好人。"

"你一定很难受。"爸爸补充说，"你要知道，我们都很牵挂你，希望你一切顺利。我相信联盟的科学家能找到方法让这个外星人——"他犹豫了一下："这个外星寄生虫离开你的身体。"妈妈将一只手放在他的手臂上以示安慰。

她说："我不知道为什么联盟没有拦截你的信息。也许他们遗漏了，但不管怎样，我们收到后还是很高兴。你可以看到我们不在家里。水母几周前来过这里，高石市附近一直有战火。我们不得不疏散，但已经安全了。我们一切都好。我们在这里有地方住，和一群尼艾米涅斯人在一起——”

“在山的另一边。”爸爸说。

妈妈点了点头：“他们让我们暂住在他们的避难区里。这里很安全，也很宽敞。”在基拉看来可不宽敞。

“水母烧毁了温室，”伊莎低声说，“是它们烧毁的，姐姐。烧毁了所有的温室……”

不。

父母不自在地移开了视线。爸爸低头看了看自己放在膝盖上的大手。“是的。”他说。基拉从未见他如此悲伤和失落。他干笑了一下：“为了及时逃出来，我被抓伤了。”他敲了敲腿上的绷带，强颜欢笑。

妈妈挺直了背，说：“听我说，基拉。不要担心我们，好吗？去完成你的调查，我们会在这里等你回来……我们会把这段视频发送到联盟的每个恒星系，所以无论你到了哪里，都能看到这条信息。”

“我们爱你，宝贝，”爸爸说，“你是我们的骄傲，我们为你的工作感到自豪。注意安全，我们很快就会见面了。”

妈妈和伊莎又说了几句道别的话，接着视频就结束了。

眼屏在基拉的眼前浮动，隔着泪水变得模糊不清。她猛吸了一口气，意识到自己在哭。关掉了眼屏，她弯下腰，将脸埋在手心里。

“嘿。”法尔科尼说，语气警觉而担忧。他走过来，她感觉到他的手轻轻放在她的肩上。“怎么了？”

“我收到家里发来的信息。”她说。

“他们——”

“不，不，他们很好，但是——”基拉摇了摇头，“他们不得不离开家，离开我长大的地方。而且，我看到他们……我妈妈、我爸爸、我妹妹，他们的日子不好过。”

“这段时间大家都不好过。”法尔科尼温和地说。

“我知道，但这是——”她查看了邮件的日期，“差不多两个月前发来的。两个月。水母大约在一个月前轨道轰炸了高石市，而且——我甚至不知道他们是否还……”她的声音渐渐低了下去。软刀反映出了她的情绪，在她的手臂表面冒出了细小的刺。一滴眼泪落在她的左前臂上，很快就被纤维吸收了。

法尔科尼跪在她身边：“有什么我能做的吗？”

惊讶之余，她想了一下：“没有。不过……还是谢谢你。你、我或任何人能做的，就是找到一个办法来结束这场该死的战争。”

“那当然是最好的。”

她用掌根擦了擦眼睛：“你的家人呢？你有没有——”

他的目光黯淡了，闪过一丝痛苦：“没有，他们离得太远，无法联系。而且我不知道他们是否愿意听到我的消息。”

“可别这么说，”基拉说，“你又不知道。看看外面的情况。我们正面临全宇宙的末日。你应该和父母联系一下。此时不为，更待何时？”

法尔科尼沉默了一会儿，然后拍了拍她的肩膀，站了起来：“我会考虑的。”

法尔科尼没有明确答应，但基拉认为不能对他要求更多。她也站了起来，说：“我要回舱室了。我想在我们到达奥斯特德之前给家里回信。”

法尔科尼沉吟了一声，已经埋头看起了全息影像：“我不会指望联盟让你把消息发出去的。他们或水母都一样。我跟你赌一桶比特币，维兰德的信息传输通道堵得跟我们货舱里的厕所一样严重。”

基拉一时间不敢确定，信心有些动摇了。接着，她接受现状，稳定了情绪，说：“无所谓了。我必须尝试，你懂吗？”

“对你来说家庭很重要，是吗？”

“当然了，对你来说难道不重要吗？”

他没有回答，但她看到他肩膀上的肌肉紧张地耸了起来。

4

7个小时。

他们航行的速度比基拉预想的要快。她给家人录了一段视频，告诉了他们在巴格亨特发生的事情，但和告诉霍斯时一样，她没有提及自己参与创造了巨口。她甚至向他们展示了软刀的能力，她举起手，在手掌中形成午夜星座的形状。她希望爸爸看到了会笑。大部分时间里她向家人表达了祝福，也让他们注意安全，最后她说："希望你们能在一周内收到这个视频。我不知道联盟要让我做什么，但我猜他们会禁止我和你们联系……不管维兰德发生了什么，你们都要坚持住。我们有机会与水母和谈，我会努力尽快实现这一点。所以不要放弃希望，听到了吗？不要放弃希望……爱你们每个人。再见。"

之后，基拉在黑暗的舱室中待了几分钟。她闭上眼睛，关着灯，放慢呼吸，冷静下来。

然后，她重振精神，回到了控制室。维沙尔正在那里与法尔科尼和斯帕罗低声交谈。医生低头站着，以便和他们保持在同一高度。

"太不幸了，医生，"法尔科尼说，"说真的。如果你需要退出，我完全理解。我们可以再找一个——"

维沙尔已经在摇头了："不，大可不必，船长，不过我很感谢你的好意。我叔叔说，他会在他们得到消息后立即通知我。"

斯帕罗拍了拍他的肩膀，吓了他一跳。"你知道我们完全支持你，医生。需要我帮忙时，尽管开口。"她吹了下口哨，"嗖的一下，我就来了。"

起初，维沙尔似乎对她的热情感到不自在，但随后他的态度变得柔和了。他说："我很感激，斯帕罗女士。真的很感激你的好意。"

基拉坐下后打开眼屏，用眼神询问法尔科尼："怎么回事？——基拉。"

"水母摧毁了维沙尔家所在的圆筒居住站。——法尔科尼。"

"该死。他母亲和姐姐们还好吗？——基拉。"

"她们可能及时逃出来了，但目前还没有音信。——法尔科尼。"

当维沙尔走向基拉旁边的防撞椅时，基拉说："法尔科尼刚刚告诉我了。我很遗憾。太可怕了。"

维沙尔将身体陷进椅子里。他忧郁地皱着眉，但声音仍然很温和："谢谢你，基拉小姐，你真是个好人。我相信一切都会好起来的，愿上帝保佑。"

基拉希望他是对的。

她切换到眼屏，从"壁鱼号"的后方摄像头中调出画面，这样她就可以看到他们正在接近的带条纹的木星，以及微小的带斑点的木卫三。

看到木星的橙色光辉，她痛苦地想起了悬挂在阿德剌天空中的宙斯。

正是因为两者在外形上极为相似，最初的调查队才将那颗行星命名为宙斯。[①]

相比之下，木卫三看起来是如此渺小而微不足道。不过基拉的眼屏显示，木卫三是太阳系中最大的卫星，甚至比作为行星的水星还大。

至于他们的目的地奥斯特德空间站，只不过是飘浮在木卫三凹凸表面上方的一粒尘埃。还有几粒更小的闪闪发光的微尘，与奥斯特德一起在轨道上运行，那些是聚集在空间站周围的运输船、货运船和无人机。

基拉不由得为之一颤。曾经多少次，她以为自己已经认识到了太空的浩瀚，但之后总会发生一些事，让她认清自己其实远远不够了解。人类大脑，至少是未经改造的人类大脑，无法理解太空的广度和规模。也许飞船主脑可以。如此浩瀚无垠的空间，人类建造的（或即将建造的）东西都无法与之相提并论。

她摇了摇头，将目光投向空间站。即使是经验最丰富的太空人，如果长时间盯着虚空，恐怕也会失了心智。

基拉的一大目标就是造访太阳系，尤其是地球这个伟大的生物宝库。但她从未想过自己会在这种特殊情况下造访：在战争的阴影下匆忙前来。

不过，当她看到木星时，心里还是很激动，希望艾伦能与她一起分享这一经历。他们谈论过几次：等赚到足够的钱，就去太阳系度假；或者申请一笔研究经费，用公司的钱去太阳系旅行。然而，这不过是一厢情愿的想法，是对未来做出的毫无根据的猜测。

基拉强迫自己将思绪转向别处。

"一切顺利吗？"几分钟后，当尼尔森从门口飘过时，法尔科尼问道。

"非常好，"尼尔森说，"检查员应该不会找我们麻烦。"

"别忘了以塔利。"基拉说。

大副一本正经地说笑道："是的，至少他们不能怪我们没有做隔离工作。从第一天起，人类就没有对水母采取过生物防护措施。"然后她走到维沙尔旁边，坐进防撞椅。

斯帕罗发出厌恶的声音，看了看尼尔森："你看到恒星派[②]干的好事了吗？"

---

① 木星的名字源于罗马神话中的朱庇特，对应希腊神话中的宙斯。——译者注

② 恒星派：见附录三"STELLARISTS"（第 814 页）。

“嗯，不比扩张派[1]或保守派[2]差。如果他们是执政党，也会这么做。”

斯帕罗摇了摇头：“是啊，你就自欺欺人吧。总理正在利用目前的紧急事态镇压殖民地的反抗。”

“唉。”基拉说。她一点儿也不意外。恒星派总是把太阳系放在首位。在某种程度上可以理解，但这并不意味着基拉喜欢这种做法。

尼尔森故作茫然地说：“这是个相当极端的观点，斯帕罗。”

“等着瞧，”斯帕罗说，“等这一切混乱局面结束，前提是会结束的话，在没有得到地球中心的许可前，你连啐口水都不行。我保证。”

“你过于——”

“看看，我说得一点儿没错吧？你来自金星，你当然会支持地球，就像所有对地球中心抱有不切实际的幻想[3]的人。”

尼尔森皱着眉正要回嘴，法尔科尼说：“别再谈政治了。留到我们喝得够醉、大家能够容忍彼此的政见时再说吧。”

“是，长官。”斯帕罗没好气地说。

基拉将注意力转回到眼屏上。她不怎么关注星际政治的细枝末节，局势总是风谲云诡。但有一点她很确定，她不喜欢恒星派（就这一点来说，她也不喜欢大部分政客）。

在她的注视下，奥斯特德变得越来越大，最后占据了飞船尾部的视野。空间站看起来沉重而冷酷，像一个哥特风格的陀螺仪，色调暗沉，边缘锋利。同步屏蔽环看起来没有损坏，但与之配对的居住环在一个象限上有几个大裂口，就像被一只怪物用爪子蹂躏过。由于爆炸性减压，船身表面沿着裂口的边缘向后剥离，镀层呈一排排锯齿状的花瓣。在剥离的镀层之间可以看到白色的房间，闪着霜冻的光泽。

奥斯特德中央枢纽的顶面（顶面指远离木卫三的那一面）布满了天线、圆盘、望远镜和武器，全部在光滑的轴承上停止了运作。大多数设备看起来都损坏或熔毁了。幸运的是，空间站遭受的攻击似乎没有波及深藏在枢

① 扩张派：见附录三“EXPANSIONIST PARTY”（第 803 页）。

② 保守派：见附录三“CONSERVATION PARTY”（第 801 页）。

③ 原文的字面意思是脑袋在云中，指金星的空中城市。——编者注

纽核心的核聚变反应堆。

细长而交叉的支架从奥斯特德中央枢纽的底面延伸几百米，看上去完好无损，但边缘的众多透明散热器都被打穿或击碎了，形成刀刃状的碎片，熔化的金属从碎片切断的管口滴下。几十个后勤机器人在受损的散热器上飞来飞去，努力阻止冷却剂的流失。

安装在支架远端的辅助通信和防御阵列目测都烧焦了，变得支离破碎。不幸之中的万幸，马尔可夫引擎（为空间站的超光速传感器提供动力）的反应室没有遭到破坏。发电机在任何时候都只能容纳极少量的反物质，但如果失去控制，整个阵列（以及支架的大部分）将不复存在。

四艘联军司令部巡洋舰悬浮在空间站的左舷，展现出联盟的军事力量。

“图勒！”斯帕罗说着坐了下来，“他们真的被打得屁滚尿流。”

“你以前去过奥斯特德？”基拉问。

斯帕罗舔了舔嘴唇：“去过一次。休假的时候。可不想再去第二次。”

“系好安全带。”法尔科尼在控制室对面说。

“是。”

所有人系好安全带，飞船关闭了推进器。基拉在回到零重力状态时做了个鬼脸。“壁鱼号”做了最后一次翻转（以便让船头朝向空间站飞行），格列戈罗维奇说：“预计14分钟后抵达。”

基拉试图放空思绪。

华钟很快就加入了大家，以芭蕾舞者般的优雅姿态移动到了控制室里。她的脸上出现了厌恶的表情，而且看起来比平时更加暴躁。

“朗西布尔和毛毛裤先生怎么样了？”法尔科尼问。

华钟咬牙切齿道：“那只猫又出状况了。真恶心，到处都是便便。如果有一天我自己买了飞船，就不会养猫。猪还好，猫就算了。”

“谢谢你帮忙清理。”

“哼，我应该拿危险作业报酬。”

一时间，他们都没说话。接着斯帕罗说：“你知道，说到生物危害，他们真的不应该对我们在罗斯兰的事情上大动肝火。”

“为什么？”尼尔森问。

“所有逃跑的蝾螈都是不错的蝾螈营养[1]。”

基拉和其他人一起发出抱怨，不过是象征性的抗议。她想，大多数人只是为特里格没在场说笑话感到遗憾。

维沙尔说：“愿图勒帮我们摆脱双关语。”

“那可能更糟。”法尔科尼说。

“何出此言？”

“图勒可能是个哑剧演员。”

斯帕罗向他扔了一只手套，船长笑了起来。

5

伴随着微弱的抖动，“壁鱼号”放慢速度，在奥斯特德空间站的屏蔽环中与指定的端口对接，基拉的胃部感到一阵抽搐。

几秒钟后，警报声响起。

“好了，听好了。”法尔科尼解开安全带。“阿卡维船长为我们——”他看了一眼基拉，“我们这些违法分子安排了赦免令。联盟应该有备案，但这并不意味着你可以到处宣扬。在正式文书下达之前，谁也不要多嘴一句。特别是你，格列戈罗维奇。”

“听你的，船长，啊，我的船长。”飞船主脑回应道。

法尔科尼哼了一声：“谁也不要透露水母的事。基拉和我会处理的。”

“霍斯和他的手下没有报告给联军司令部吗？”基拉问。

法尔科尼坏笑了一下：“我肯定他们会报告，前提是我给他们通信权限。但我还没有。”

“霍斯对此意见很大。”尼尔森说。

法尔科尼蹬了一脚，朝压力门移动：“没关系，我们直接去和联军司令部谈，他们需要一些时间才能来盘问我们的好邻居。”

“我们都要去吗？”华钟说，“在星际跳跃后，‘壁鱼号’仍需要维修。”

法尔科尼朝门口打了个手势：“你以后有得是时间维修，华钟。我保证。没错，我们都要去。”斯帕罗呻吟了一声，维沙尔翻了个白眼。“奥斯

① 原文为 newtrition，与 nutrition（营养）同音。——编者注

特德的联络官特别要求船上的所有人都要到场。我想他们还不确定该拿我们怎么办。他们提到要和地球中心确认。而且，我们不会让基拉独自面对他们的。”

“……谢谢。”基拉发自内心地说。

“当然了，我可不能让我的任何船员擅自离开。”法尔科尼咧嘴一笑，虽然他的笑容显得冷酷而又危险，但令基拉感到安心，“如果他们敢对你无理，我们就大闹一通，让他们不敢乱来。你们剩下的人知道该怎么做吧。睁大眼睛，闭好嘴巴。记住，我们可不是来休假的。”

“收到。”

“是。”

“没问题，船长。”华钟点了点头。

法尔科尼拍了拍舱壁：“格列戈罗维奇，让飞船保持待命状态，以防我们要急着离开，并全面监控我们的眼屏，直到我们回来为止。”

“没问题，”格列戈罗维奇带着婉转的音调说，“我将一直密切关注你们的窥视器提供的影像。这种窥探行为是多么美妙而令人愉悦。”

基拉哼了一声。经过长时间的休眠，飞船主脑倒是一点儿也没变。

“你是觉得我们会碰上麻烦吗？”当他们离开控制室时，尼尔森问。

“不，”法尔科尼说，“不怕一万，就怕万一。”

“同意。”斯帕罗说。

法尔科尼带头，一行人来到“壁鱼号”的主井，沿着梯子往上移动，最后到达船头的气闸室。两个熵主义者在这里与他们会合，他们的长袍在自由落体的状态下扬起，像被风吹起的帆。当他们放慢了移动速度，他们低下头，低语道：“船长。”

法尔科尼说：“欢迎入伙。”

他们九个人几乎挤满了气闸室——华钟所占的空间几乎是三个人的总和。但经过一番推搡，他们还是成功挤了进去。

气闸室运作时传来往常的咔嚓声、嘶嘶声和其他无法识别的声音。当外门打开时，基拉看到了装货码头，与她一年多前抵达维堡空间站时的码头完全一样。她心里产生了一种奇怪的感觉，说不上是既视感还是念旧。她曾经熟悉甚至感到温暖的东西，现在看起来冰冷、残酷，而且（尽管她知道是紧张情绪作祟）混乱。

一架小型球形无人机飘浮在气闸室的左边，等候着他们。无人机摄像头旁边的黄灯亮着，从扬声器里传来一个男人的声音：“请跟我来。”

随着压缩空气的喷出，无人机转动方向，朝长长的金属房间另一端的压力门喷射而去。

“我想我们得跟上去。”法尔科尼说。

“我猜也是。”尼尔森说。

“他们难道不知道我们赶时间吗？”基拉说。

斯帕罗咯咯笑道：“你应该比我们更清楚，纳瓦雷兹。你不能催促官僚机构办事。时间是一回事，军事时间是另一回事。匆忙和等待是标准的办事流程。”

法尔科尼从气闸室的边缘向压力门把自己发射出去。他在空中慢慢旋转，一只手举过头顶，在落地时稳住自己。

“喜欢卖弄。”尼尔森说，她爬出气闸室，抓住了附近墙上的扶手。

他们一个接一个地离开“壁鱼号”，穿过装货码头，码头上有用于固定货物集装箱的万向遥控仪和槽纹带。当他们经过时，基拉知道有激光、磁力和其他设备在查验他们的身份，扫描他们身上是否携带了爆炸物和其他武器，检测是否存在违禁品的迹象，等等。一想到这里，她就起了一阵鸡皮疙瘩，却对此束手无策。

一瞬间，她想过用面罩遮住自己的脸……但接着打消了这一念头。毕竟，她不是要准备作战。

穿过压力门，无人机飞快地进入了前方宽阔的走廊。走廊至少有7米宽，在“壁鱼号”上待了这么久，这样的空间感觉是如此空旷。

走廊两边的所有门都紧锁着，除了他们，周围没有任何人。走廊上没有，第一个拐角没有，第二个拐角也没有。

“没见过这样热情的欢迎方式。”法尔科尼嘲讽道。

“他们一定怕我们。”维沙尔说。

“不，”斯帕罗说，“他们只是怕她。”

“也许他们应该怕我。”基拉嘀咕道。

斯帕罗放声大笑，吓到了基拉。她的笑声在大厅里回荡。“干得好，给他们点儿颜色瞧瞧。”连华钟都被逗乐了。

他们沿着走廊继续往前走，穿过屏蔽环的五层楼，然后，如基拉预料的，走廊尽头停靠着磁悬浮车。车的侧门已经打开，里面的座位空着。

从车另一侧的黑暗中，基拉可以听到居住环旋转时发出的低语声，转动，转动，不断地转动。

“上车时请小心缝隙。”无人机停在车旁边说道。

“好的，好的。”法尔科尼嘀咕道。

基拉和其他人一起坐下来，系好安全带。一阵音乐响起，从隐藏的扬声器中传来一个女人的声音：“即将出发。请系紧安全带，固定好易松动的物品。”伴随着刺耳的声响，车门关闭。“下一站：居住区C。”

磁悬浮车平稳地加速前进，几乎没有声音。它穿过终点站的压力密封圈，进入嵌在对接环和居住环之间的主运输管。当它这样做时，基拉感到驾驶室向内旋转，感到自己也在旋转，重量感开始把她压在座位上。她的胳膊和腿放下来，几秒钟内，她觉得自己恢复了平时的体重。

旋转与加速相结合是一种奇怪的感觉。一时间，她感到头晕目眩。然后当她适应了新的坐标轴时，她的视角发生了变化。“下”在她两脚之间（本来就应该是）。“下”指向外部，穿过屏蔽环，远离空间站枢纽。

车停下来，与他们进来的那扇门相对的门弹开了。

“啊，我觉得我被转了一圈。”维沙尔说。

“你和我都是，医生。”法尔科尼说。

他们解开安全带，发出一阵咔嚓声，然后跌跌撞撞地走出去，发软的腿仍在寻找平衡。法尔科尼走了一两步后停下来。基拉也在他旁边停下。

“西巴。”华钟说。

等待他们的是一队身穿黑色动力装甲的士兵，他们用武器瞄准了她和船员们。两支重型突击小队像巨人一样站在后面，戴着防毒面具，毫无人情味。士兵之间的地板上拴着炮塔。空中是成群的战斗无人机，像一百万只愤怒的黄蜂一样嗡嗡叫着。

磁悬浮车的门啪的一声关上了。

一个声音响起：“双手抱头！跪下！如果不服从，立即击毙。快！”

第二章

* * * * * * *

奥斯特德空间站

1

基拉不知道为什么自己会期待别的情况，但她确实期待过，而联军司令部的做法让她感到愤怒和失望。

“你们这些该死的混蛋！”法尔科尼说。

那个声音再次从终点站上空响起：“跪在地上。现在！”

反抗是没有意义的，那只会害自己或船员们丢掉性命。或者害士兵丢掉性命，而他们不是她的敌人，至少她这样告诉自己。毕竟他们是人类。

基拉双手抱头，跪在地上，目光从未离开过那些士兵。在她周围，船员们和两个熵主义者都照做了。

七名士兵冲上前来，靴子在刺耳的金属声中铿锵作响。他们装甲的重量使甲板都晃动起来，基拉的小腿能感觉到震动。

士兵们来到他们身后，开始用束缚带绑住船员的手腕，熵主义者也不例外。当一名士兵抓住华钟的双臂时，她吼叫起来。华钟一瞬间做出了反抗，基拉可以听到她反抗时士兵的装甲发出的声响。然后，华钟放弃了挣扎，用韩语低声骂了一句脏话。

士兵们把法尔科尼和其他人从地上拽起来，将他们带到旁边的一扇压力门前。当他们走到门口时，门自动滑开了。

“别让他们伤害你！”法尔科尼回头对基拉喊道，“他们要是敢动你一下，你就把他们的手扯下来。听到了吗？”一个士兵在后面推了他一把。“啊，我们有赦免令！放我们走，否则我就找律师，以违约为由起诉你们。你在我们身上什么都找不到。我们——”

他们进门后消失在了视线外，他的声音渐渐远去。几秒钟内，其余的船员和两个熵主义者都走了。

尽管软刀极力克制，但寒意还是爬上了基拉的手指。她又孤身一人了。

“这是在浪费时间，”她说，“我要和负责人说话。我们有关于水母的紧急情报。相信我，总理会想听的。”

士兵们退向两边，让出一条路。一时间，基拉以为自己的话起了作用。然后那个雷鸣般的声音再次响起：“取出你的隐形眼镜，扔在地上。”

可恶。当她登上奥斯特德空间站时，他们肯定检测到了她的隐形眼镜。

“你没听见我说的话吗？”她几乎快吼出来了。作为回应，软刀的皮肤紧缩了。“当你在这里对付我时，水母正在外面屠杀人类。你们的负责人是谁？我什么都不会做，除非——”

那个声音再次提高音量，让她耳朵疼：“不想死的话就老实点儿！你还有10秒钟时间。9，8，7——”

有一刻，基拉想象用软刀挡在面前，让士兵冲自己开枪。她非常肯定软刀可以保护她免受最猛烈的攻击。但在奈达斯的经历告诉她，最猛烈的攻击不只会伤害她，法尔科尼和其他船员会承担相应的后果……

“好吧！好吧！”她说着，压下内心的怒火。她不希望自己失控。现在不行，以后也不行。在她的控制下，软刀回到了正常的放松状态。

她伸手取出隐形眼镜，为再次断开和计算机的连接而感到懊恼。

她把隐形眼镜扔到地上，声音又响起：“双手放回头上。很好。现在，当我下了指令，你就站起来，走到终点站的另一边。你会看到一扇敞开的门。穿过那扇门。如果你转向旁边，我们会开枪；如果你试图往回走，我们会开枪；如果你放下手，我们会开枪；如果你耍花样，我们会开枪。明白吗？”

“明白。”

“走。”

虽然略显笨拙，但基拉没有借助手臂也站了起来。她开始向前走。

“快点儿！”那个声音说。

她加快了步伐，但没有走得太快。如果她真的跑起来，像个设定好的后勤机器人一样遵从他们的每一句指令，那就太傻了。

在她往前走的时候，战斗无人机跟在她后面，持续不断的嗡嗡声像头痛一样令人抓狂。当她经过士兵身边时，他们在她身后站到一起，形成一堵铁墙，每个人都面无表情、非常冷漠。

终点站的尽头是那个声音提到的敞开的门。另一队士兵在那里等着她。他们站成两排，手中的武器对准她。

保持着同样的步速，基拉离开了终点站，走到了前方的大厅。这是一个很大的房间（空间称得上奢侈），天花板上嵌有明亮的照明面板，使得整个房间像沐浴在地球的阳光下。灯光也不可或缺，因为墙壁和地板都是黑的，尽管照明很充足，但满眼的黑色给人一种压迫感。

和其他地方一样，所有通往房间外的门和通道都封住了，有些出口还是用新焊接的板子封住的。长椅、终端设备和少量的盆栽树木呈网格状分布在整个区域，但真正引起她注意的是位于大厅最中心的东西。

大厅中央有一个多面体形状的东西，可能有三米高，被涂成军绿色。在它周围相隔一掌宽的地方，有一个与多面体形状完全匹配的金属丝框架。一大堆厚厚的金属圆盘（每个盘子都和餐盘差不多大）被连接到框架上，排列整齐，金属圆盘之间的空隙非常紧凑。每个圆盘的背面都有一个面板，上面有各种按钮和一个微小的发光显示屏。

多面体的正面有一扇门，门敞开着。多面体是空心的，里面是一个昏暗无光的空间，她无法看清。

基拉停了下来。

她听到身后和上方的士兵以及无人机都停了下来。“进去。快！”那个声音说。

基拉明知自己是在考验他们的耐心，但还是停下了脚步，回味着最后一刻的自由。然后她振作起来往前走，进入多面体。

一秒钟后，她身后的门关上了，黑暗的空间里响起了声音，听起来像是为她鸣响的丧钟。

2

几分钟过去了，其间基拉听着囚室外士兵们发出的砰砰声，他们正在把设备摆放到相应的位置。

接着，门外想起了一个没听过的声音。一个男人在说话，口音很重，基拉真希望能用眼屏来查看字幕。

“纳瓦雷兹女士，你能听到吗？”

他的声音虽然隔着墙，但她听得很清楚。

“能听到。”

“我是斯塔尔上校，我将对你进行盘问。”

上校，不是海军军衔。“你是陆军的？”

他稍作犹豫：“不，女士。我隶属联军司令部情报部。”

毫不意外，和茨切特一样。基拉差点笑出声来，她早该猜到的：“我被捕了吗？斯塔尔上校。”

“不，女士，并非如此。根据《星际安全法案》第34条，你被限制活动范围了，该条例规定——”

“是的，我很清楚该条例。”她说。

对方又停顿了一下，这次似乎是出于惊讶：“我明白了。我知道我们现在为你安排的住处不合你的心意。纳瓦雷兹女士，但你必须理解我们的立场。在过去的几个月里，我们见识到了各种疯狂的梦魇。我们无法相信你携带的异种是安全的。”

她咬牙切齿地回答：“是，好的。我明白了。现在，我们能不能——”

“别急，女士。让我先说清楚，以免引起……呃，不必要的事故。囚室外的那些圆盘是什么，你知道吗？”

“不知道。”

“定型炸药。自锻穿甲弹。你囚室的墙壁带电。如果你破坏了电流，炸药就会引爆，把你和你周围的一切直接熔为一个不到半米宽的高温火球。即使是你携带的异种也无法在这种情况下生还。你明白吗？”

“明白。”

“你有什么问题吗？”

她有很多问题，一大堆问题。她甚至怀疑能否找到答案，但她必须试一下：“‘壁鱼号’的船员会怎么样？”

“他们将受到拘留和审讯，直到我们确认他们与你、异种和水母到底有何种程度的联系。”

基拉咽下了沮丧。联军司令部也只能这么做，但这不意味着她喜欢这种做法。但她没必要激怒斯塔尔，现在还不行。“好，现在你要盘问我吗？”

“你准备好了，我们就开始，纳瓦雷兹女士。我们有你和阿卡维船长在马尔佩特空间站初次谈话的录音，所以你就从录音开始说起吧。”

于是基拉把他想知道的都告诉了他。她语速很快，言简意赅，努力以最有条理的方式讲清楚：第一，她解释了他们离开天鹅座61去巴格亨特的原因；第二，她描述了他们在奈达斯发现的东西；第三，她讲述了梦魇的攻击事件；第四，她尽可能细致地转达了水母反叛军结盟的提议。

基拉没有告诉斯塔尔自己参与创造了梦魇。她早就想好了，她向法尔科尼保证过自己不会说出去。但联盟对待她的方式可没有一丝仁慈可言。如果她知道的信息能帮他们赢得战争，那她会说出来，哪怕心里不太舒服。但由于她觉得这不太可能，所以她选择不说。

听完，斯塔尔沉默了很久，她都怀疑他是不是走了。接着他说：“你的飞船主脑可以提供证明吗？”

尽管斯塔尔看不见，基拉还是点了点头：“可以，只要问他就行了。他还拥有‘达姆施塔特号’的所有相关记录。”

“明白了。”上校的回答很简单，却掩盖不了焦虑的语气。她的供词令上校感到震惊，十分震惊。“看来我最好立即查看记录。如果没有别的事，纳瓦雷兹女士，那我就……”

“实际上……”基拉说。

“什么？”斯塔尔警惕地问。

她吸了口气，心里做好了准备：“你该知道，‘壁鱼号’上有一个水母。”

“什么？！”

基拉听到士兵急忙奔向她囚室的脚步声。“没事吧？长官。”有人叫道。

“没事，没事，”斯塔尔烦躁地说，“我很好。快走开。”

“是。”重重的脚步声远去了。

斯塔尔小声地爆了句粗口：“那么，纳瓦雷兹，你说‘壁鱼号’上有一个水母是什么意思？解释一下。”

基拉解释了其中的原因。

她刚说完，斯塔尔又爆了句粗口。

“你打算怎么办？”她问。如果联军司令部试图强行进入“壁鱼号”，格列戈罗维奇没有什么阻挡他们的办法，除非采取极端、很可能是自杀式的手段。

“……呼叫地球中心。这远远超出了我的职能范围，纳瓦雷兹。”

基拉听到斯塔尔离开了，部队的脚步声回荡开来，最后像一阵浪潮般退去，剩下她独守沉默。

“是啊，我也这么想。”她说，心里产生了一种反常的满足感。

3

基拉环顾四周。

多面体内部什么设施都没有。没有床，没有马桶，没有洗脸池，没有排水口。墙壁、地板和天花板都由相同的绿色镀层制成。她头顶一盏小圆灯提供了唯一的照明。天花板边上有装着细网罩的缝隙，她猜那是通风口。

然后就是她——这间奇怪的多面体监狱唯一的囚徒。

她看不到他们，但她猜测有监控摄像头，斯塔尔或其他人在观察她的一举一动。

让他们看吧。

基拉用软刀遮住脸，将视野提升至能覆盖红外线和电磁波的水平。

斯塔尔没有撒谎。墙上闪烁着蓝色的力场，每个力场的端点之间都有一条扭曲的电流，明亮而闪耀。导线没有嵌进墙里。在基拉看来，电流似乎来自装定型炸药的框架，利用整个多面体的导线触点来通电。甚至地板也发出了感应磁场的光晕。

在门上和天花板的角落里，基拉发现了磁场中几个小型的干扰点：结状的涡流与微小的电流相连。她是对的，那些是监控摄像头。

她收回面罩，坐在地板上。无事可做。

一瞬间，她感到了巨大的愤怒和失落，但她振作起来。不，她不会让自己为无力改变的事情烦恼。这一次不会。不管发生什么事，她都会努力控制情绪来面对。她的处境已经很艰难，不该让情绪带来更多不利的影响。

此外，来太阳系是他们唯一的选择。心灵之结的提议太重要了，从联盟的另一个恒星系传达恐怕有延误的风险。考虑到各处的信息干扰以及战况正酣，情报能否传达充满不确定因素。还要考虑以塔利。它是与心灵之结的重要联络人，基拉需要在它身边提供翻译。他们本可以直接跳入超光速空间，将情报发给联盟，再跳返，但这属于失职行为。至少为了阿卡维船长，他们也得亲自传递水母的信息。

基拉只希望法尔科尼和其他船员没有卷进来，她对此心怀愧疚。希望联军司令部不会扣留他们太久。这算是个小小的安慰，但也是她目前能想到的唯一的安慰。

深吸一口气，再吸一口气，基拉试图清空思绪。当深呼吸不起作用时，她想起了一首心爱的歌曲《唐戈利亚》[①]，让旋律取代思绪。听厌了这首歌后，她就换一首，接着又换一首。

时间流逝。

感觉像是过了几个小时，她听到沉重的脚步声，一个动力装甲兵走近了。他在囚室旁停了下来，门上的一条窄缝被拉开，一只金属包裹的手将一盘食物推给她。

她接过食物，那只手缩了回去。缝隙咔嚓一声又合上了，士兵说："吃完就敲门。"脚步声后退，但没有离很远。

基拉想知道有多少士兵在站岗。就这一个，还是一个战队？

她把托盘放在地上，盘腿坐在托盘前。只看了一眼，她就对食物进行了分类：一个装满水的纸杯；一个纸盘里有两根口粮棒、三个黄番茄、半根黄瓜和一片哈密瓜。没有刀叉，没有调味品。

她叹了口气。她早就受够了口粮棒，但至少联军司令部没让她挨饿。新鲜水果算是不错的待客之道了。

她一边吃，一边观察门上的缝隙。显然，物品可以通过缝隙而不触发炸药。如果她能偷偷将一两束纤维塞入缝隙，也许可以找到一种方法来关闭囚室外的电流控制……

不，她不是要逃跑。这一次不行。如果她（更准确地说是软刀）能帮到联盟，那她就有责任留下来，即使他们是一群混蛋。

吃完东西，她对着门喊了几声。士兵如约而至，把托盘拿走了。

然后，她想在囚室里走动一下，但墙与墙之间只有两步半的距离，所以她很快就放弃了，而是做起俯卧撑、深蹲和倒立，直到她消除了紧张。

她刚做完运动，头顶的灯就开始变暗、变红。不到一分钟，她就陷入

---

①《唐戈利亚》：见附录三"TANGAGRIA"（第 815 页）。

了近乎完全的黑暗之中。

尽管基拉下定决心不再担心或困扰，尽管她很累，但还是很难入睡。白天发生了太多事，让她无法放松下来沉睡。她不停地想，每次都会回到梦魇上，却无济于事。地板很硬，即使有软刀，也觉得很不舒服。

她集中精力放慢呼吸。其他一切可能都不在她的控制范围内，但她可以控制呼吸。渐渐地，她的脉搏变慢了，原本紧张的颈部肌肉开始放松，她能感觉到四肢流动着一股舒适的凉爽。

在等待的过程中，她数了数囚室的墙面数量：总共有十二个，所以这是个……十二面体？应该没错。在微弱的红光下，墙壁呈棕色，无论是颜色还是凹面的形状都让她感觉像是在果壳里。

她轻声笑了："——仍自以为是无限空间之王……"她希望格列戈罗维奇能在这里。所有人中只有他会欣赏这个笑话。

她希望他没事。如果他面对联军司令部时守规矩，他们可能只会罚款、开几张罚单。飞船主脑太珍贵，即使出现相对重大的违规行为也不至于被拘禁。然而，如果他像对基拉说话那样对联军司令部说话，他们会认为他精神不稳定，联盟会毫不犹豫地把他从"壁鱼号"上拖下来，禁止他飞行。不管哪种情况，他都要忍受心理测试，基拉不知道他是否愿意或能够隐藏内心的疯狂。如果答案是否定的——

她停止思索，对自己生起气来。她应该避免这样想。将来的事将来再说。眼前的事才重要，而不是胡思乱想和各种假设。此时，她需要的是好好休息。

她的大脑终于愿意放松，让她沉入愉快的无意识状态，此时肯定快凌晨3点了。她希望软刀会选择与她分享另一个梦境，但尽管她做了梦，梦却属于她自己。

4

囚室的灯光亮了起来。

基拉猛地睁开眼睛，坐直了身体，心怦怦直跳，准备起床。当她看到囚室的墙壁并想起自己在哪里时，她低吼了一声，用拳头敲了一下腿。

联盟怎么考虑了那么久？接受水母结盟的提议不需要费脑筋。为什么迟迟没有反应?

她站起来，身上落下一层薄薄的灰尘。她警觉地检查了身下的地板。

看起来没什么变化。

基拉松了口气。如果软刀在夜里吃穿了镀层，她就会面临自己被炸的惊喜。不过软刀应该更清楚，它和她一样想活下去。

“听话。”她喃喃道。

有人用拳头在囚室外捶门，吓了她一跳。“纳瓦雷兹，我们必须谈谈。”斯塔尔说。

总算来了。“我在听。”

“我还有一些问题。”

“问吧。”

斯塔尔问了关于茨切特的问题（少校的精神状态是否正常，她和基拉在“情有可原号”上看到时是否一样，诸如此类）、关于水母的问题、关于探索者和蓝色权杖的问题，以及关于梦魇的大量问题。

最后斯塔尔说：“我问完了。”

“等等，”基拉说，“水母怎么样了？你们对它做了什么？”

“水母？”斯塔尔说，“我们将它转移到了生物隔离区。”

基拉突然感到一阵恐惧：“它……它还活着吗？”

上校似乎受到了冒犯：“当然，纳瓦雷兹。你把我们当成什么了？一群无能之辈吗？虽然花了点儿工夫，但还是成功刺激你的——啊，你那全身都是触手的朋友从‘壁鱼号’转移到了空间站。”

基拉想知道刺激的手段都有什么，但她决定不深究了：“好的。对于茨切特、心灵之结以及其他一切，联盟打算作何处理？”

“这是机密，女士。”

她咬牙切齿地说：“斯塔尔上校，在发生了这么多事之后，你不觉得我应该参与这次谈话吗？”

“也许如此，女士，但我没有决定权。”

基拉吸了口气，保持镇定：“你能至少告诉我，我将被关在这里多久吗？”如果联盟要把她转移到联军司令部的飞船上，那就充分说明他们要带她去见心灵之结，以便她能帮助谈判结盟的条件。

“你将在明天9点整被转移到一艘信使飞船上，去拉塞恩研究站接受进一步检查。”

“你说什么？”基拉说，情绪激动起来，“为什么你们……我是说，联盟不是应该至少和心灵之结谈谈吗？你们还能让谁帮你翻译？伊斯卡？茨切特？我们甚至不知道她是否还活着！我是你们能找到的唯一会说水母语言的人。”

斯塔尔叹了口气，用比刚才还疲惫的声音回答：“我们不打算和它们谈判，纳瓦雷兹。”基拉意识到他违反规定告诉了她机密。

她的心头涌起一股强烈的恐惧。“你这是什么意思？”她怀疑地问道。

“我的意思是，总理和他的参谋团已经决定，水母太危险了，不能信任。毕竟总理下达了格杀勿论令，你肯定听说了。这是在你离开天鹅座61前宣布的。”

“那他们打算怎么做？”她低声说。

“他们已经采取了行动，纳瓦雷兹。今天第七舰队在克莱因上将的指挥下出发，依据茨切特给我们的信息，去攻击驻扎在一颗恒星附近的水母舰队。那是一颗K型恒星①，距离我们大约一个半月的航程。目标是在水母毫无防备的情况下一举歼灭它们，确保再也无法对我们产生威胁。”

“但是……”基拉马上想到了这个计划的不妥之处。联军司令部可能是不懂变通的混蛋，但并不愚蠢。“它们会察觉到第七舰队的到来，也能迅速地跳出你们的射程。我们唯一获胜的机会是消灭首领，赶在——”

“女士，我们有办法，”斯塔尔说，一如既往地简明扼要，“过去六个月里，我们没有坐以待毙。水母可能有更先进的技术、更强大的武器，但如果说有一件事是人类擅长的，那就是综合所有的权宜之计。我们有办法让它们看不见我们，也有办法让它们无法跳出我们的射程。虽然效果不会持续很久，但也足够了。”

“那茨切特的水母怎么办？”基拉问，“还有心灵之结呢？”

斯塔尔哼了一声。当他再次开口时，语气变得冷淡，仿佛在为自己辩

① K型恒星：光谱型为K的恒星，适宜生命存在，比太阳稍凉爽，比红矮星稍温暖。——译者注

护："一批猎杀者会受命去谈判地点。"

"去做什么？"

"以极端的偏见清除它们。"

基拉宛如受到了重击。她不是联盟的忠实拥护者，但她从不觉得联盟会如此邪恶："上校，这是怎么回事？为什么要——"

"这是政令，纳瓦雷兹，不是我们能左右的。联盟已经决定，放任水母任何首领活着，即使是叛军，对人类来说也是巨大的危险。纳瓦雷兹，这不是战争，这是种族清除。彻彻底底的清除。先消灭水母，然后我们才可以集中精力除掉梦魇。"

"'联盟已经决定'，"她用最轻蔑的口气说，"谁决定的？"

"总理本人。"斯塔尔停顿了一下，然后说，"对不起，纳瓦雷兹。事情就是这样。"

上校走了，基拉在后面叫道："是吗？让总理滚吧，你也滚吧！"

她站在那里，喘着粗气，双拳紧握在身旁。直到这时，她才注意到，软刀身上（她身上）冒出的尖刺戳破了她的连体服。她的情绪又战胜了理智。"糟了，糟了，糟了。"她低声说，不确定是说她自己还是说联盟。

她平静下来，但仍然满腔怒火。她盘腿坐在地上，试图思考眼下的情况。回想起来，斯塔尔似乎也不赞成总理的决定。他向她透露联盟的计划一定有目的，但她不确定是什么。也许他想让她提前知道。

但现在这些都不重要了。比起她自己的麻烦，联盟即将背叛心灵之结才是当务之急。他们终于有了一个求和的机会（至少与水母求和），总理却不得不放弃，因为他不愿意尝试。难道尝试有很大风险吗？

基拉心中既难过又生气。她甚至没有在选举中给总理投过票（他们都没有！），他却要让他们与水母永远为敌。她想，因为他们心中对水母的恐惧远胜过希望。经历了这么多，基拉清楚恐惧会让人犯下大错。

总理叫什么？她都想不起来了。联盟总是像洗牌一样频繁更换总理。

如果有办法警告心灵之结就好了。也许这样就能挽回结盟的机会。基拉在想软刀能否以某种方式联系水母。但那也不行，无论软刀能产生什么信号，似乎都会无差别地发往整个银河系。把更多的水母和梦魇引到太阳系来可不是什么好办法。

如果她能逃出囚室——然后怎么做？基拉没有看到茨切特给阿卡维的信息文件（“达姆施塔特号”将文件复制到了“壁鱼号”上），但她觉得其中肯定有联系方式：时间、频率、地点等。不过她怀疑联军司令部的技术人员不会在“壁鱼号”的计算机上留下任何文件的副本，而且基拉不确定格列戈罗维奇会不会特地去记其中的任何信息。

如果他没记（基拉认为寄希望于他会记是不负责任的），那么以塔利将是他们警告心灵之结的唯一希望。她不仅自己要摆脱困境，还要救出以塔利，把它带到一艘飞船上，然后驶出太阳系，去一个他们可以摆脱任何信息干扰的地方。而在此过程中，联军司令部会想尽一切办法阻止他们。

任何一步都有失败的风险，基拉心知肚明。

她呻吟了一声，抬头看了看多面形的天花板。她感到了无助带来的痛苦。在一个人能忍受的所有情感折磨中，她觉得这是最糟糕的一种。

早餐很久之后才送到。她几乎没怎么吃，因为她的胃因紧张而抽搐着。叫人拿走托盘后，她坐在囚室中央，冥思苦想自己能做什么。

要是六角手风琴在就好了。弹奏它会帮她集中精神，这一点她能肯定。

5

在这一天剩下的时间里，没有人再来找她。她依旧感到难过和生气，但无所事事的感觉像毯子一样盖住了消极的情绪。没有了眼屏，她只能通过大脑活动来自娱自乐。而她脑海中的想法一点儿意思都没有。

最后，她选择了离开天龙座 σ 后，在漫长的超光速航行中消磨时间的一贯做法。也就是打瞌睡，让自己进入朦胧的半梦半醒状态，以便软刀在保持体力的同时，还能为接下来可能发生的事情做准备。

就这样，她消磨了一整天的时间，其间只中断过两次：士兵送来清淡的午餐以及更清淡的晚餐。

然后，灯光暗淡，变为红色，原本半梦半醒的她陷入了睡眠状态。

6

一阵震颤从地板传来。

她猛然睁开眼睛，回忆起在“情有可原号”上的经历。现在可能是午夜，也可能是凌晨3点，她无法分辨。但她已经侧躺了很久，感觉臀部很酸，手臂发麻。

又是一阵震颤，比前一次更强烈，随之而来的是视角翻转的奇怪感觉，与她在磁悬浮车中感受到的很相似。她感到一阵眩晕，不得不抓住地板稳住身体，以便保持平衡。

肾上腺素一下子赶走了她残存的睡意。只有一个解释：居住环在晃动。该死，情况不妙。敌军在攻击奥斯特德——不管是水母还是梦魇。

她看了看房间里的一个摄像头："嘿！发生了什么事？"但无人回应。

第三次震颤晃动了整个囚室，她头顶的灯闪烁了一下。远处的某个地方，她听到了砰的一声，可能是爆炸。

基拉想到自己也有危险，身体开始发冷。空间站受到了攻击，她不会因此遭殃吧？即使她没有被导弹或激光击中，也得看囚室的电源是否稳定。如果囚室的电源与主反应堆相连，反应堆一旦断电，她周围的炸药就会被引爆，如果有足够大的能量激增亦是如此。而如果囚室的电源连接在电池上，那她可能就没事。这是一场拿性命当赌注的赌博。

砰！

当囚室剧烈晃动时，她整个人失去了平衡。光线再次闪烁，频率加快，她的心一下子悬了起来。一时间，她确信自己已经死了，但是……眼前的一切都还存在，她还没有死。

基拉直起身，望向门口。

去他的联军司令部，去他的联盟。她要离开这里。

第三章

* * * * * * *

逃离！

1

基拉下定决心，往门口走去。

她只有两个选择：拆除炸药，或改变电流的方向，这样她就可以破门而出，不至于变成一坨滚烫的熔渣。

地板摇晃，发出隆隆声。

无论是哪种选择，她都必须立刻行动。

拆除炸药会更安全，但她不知道怎么拆。即使她能伸出几条卷须穿过门缝，也无法指挥卷须在另一边做什么。如果盲目地四处摸索，她反而会把自己炸死。

好吧，那么只能改变电流的方向了。她知道软刀可以保护她免受电击，也就意味着它可以将电流导入她身体周围的导电路径。因此，从理论上讲，软刀应该能变成电线，在她打开门时防止电流中断，对吗？如果不能，她就死定了。

灯光暗了一下。横竖都是死，不如试一试。

她让软刀覆盖自己的脸，观察嵌入多面体外表面的电流分布。门上有六条电流，这些是她必须导开的。

基拉花了点儿时间，尽可能详细和清晰地想象出自己想要的东西。更重要的是，她试图让软刀明白她的意图，以及如果失败会有什么后果。正如艾伦所说：一切都炸个精光。

"不能爆炸，"基拉喃喃自语，"这次不行。"

然后，她释放了软刀，并让它自主行动起来。

一组黑色的细线从她的胸口冒出，并向外延伸，直到触及门两边的触点，那里是电线的源头。接着，这些细线跃过门，将门两边的触点一一对应地连接起来。

她能感觉到软刀钻进墙壁，用原子级锋利的尖端穿过镶板，钻向电流。

囚室颤抖了一下，她也跟着摇晃，呼吸变得急促。

只要再钻几微米……接上电流了！发光的蓝白色电流从既定的流动路径转移到软刀铺设的路径上。电流周围的半透明磁场也发生了变化，在寻求新的平衡时搅动和调整。

基拉站在原地，等着不可避免的爆炸。但没有爆炸，她稍稍松了口气。

坚持住，她对软刀说，并将手伸到电线之间。她将手指放在门锁装置上，将软刀引到门上。金属发出刺耳的声音，当门周围的密封条分开时，可以听到一种黏稠的撕扯声。

警报器的嗡嗡声从门缝中传了进来。

基拉觉得自己像在试图抚摸一只沉睡的虎兽，不能惊醒它，她慢慢地把门向外推。门发出抗议般的嘎吱声，但确实打开了。她几乎笑了出来。没有爆炸。

接着，基拉向前走去。当她通过门口时，周围的电线扭曲了，虽然电流发生了弯曲，但从未断开。

自由了！

望着大厅，宛如置身华丽的噩梦中。应急灯将墙壁染成一片红色，一排排黄色箭头在地板和天花板上发光。箭头按旋向来指示方向，她知道如果跟着箭头走，能够到达最近的避难区。

现在怎么办?

“不许动。”一个男人喊道，“双手抱头！”

基拉转过身来，看到两个动力装甲兵站在离她右边9米远的柱子旁。一个拿着爆能枪，另一个拿着射弹枪。在他们身后，四架无人机从地上升起，呼啸着盘旋在头顶。

“你有5秒钟时间服从命令，否则我就一枪打爆你的脑袋！”拿着爆能枪的士兵喊道。

基拉抬起手臂，往囚室外挪了一步。软刀在门上形成的闭环电路依旧连接着她身上两根细长的卷须。

士兵站住不动，无人机的嗡嗡声越来越大。无人机飞了过来，旋转着在她周围形成了一个松散的包围圈。

她又挪了一步。

砰！

一颗金色的子弹在她面前的地板上炸开，她感到左小腿被碎片击中，传来一阵疼痛。

“我不是吓唬你，女士！我们会把你打成筛子的！趴在地上，快！别让我再——”

“别傻了，”她尖声说道，“你不会对我开枪的，士兵。你知道如果这样做，会给斯塔尔上校带来多大的麻烦吗？联军司令部为了把我弄到这里，损失了很多好人。”

“给我闭嘴。我们接到命令，即使杀掉你，也不能让你逃走。现在给我趴在地上！”

“好吧，好吧。”

基拉计算了一下。她离囚室只有大约1.5米的距离。

希望距离足够……

她弯下腰，仿佛要跪下，接着蜷缩身子，跌跌撞撞地向前滚去。与此同时，她将卷须从囚室里拽出来，朝自己的方向拉动。

炽热的光亮湮没了她的视线，雷鸣般的巨响狠狠地向她袭来，连她的牙根都感受到了震动。

2

如果不是因为软刀，爆炸的冲击力会将她直接甩出半个大厅。实际上，软刀将她固定在地板上，就像在海啸中岿然不动的藤壶。一股令人窒息的热浪笼罩着她——太过强烈，连软刀都无法完全保护她。

然后，凉爽的空气冲刷着她的身体，她的视线变得清晰起来。基拉感到眩晕，站了起来。

爆炸撕裂了几米长的地板，留下一个坑，坑里是压碎的地板、电线、管道和无法辨认的机器碎片。坑的中心有一个扭曲且半熔化的金属和复合材料块状物，那就是炸毁的多面体。

弹片围绕爆炸中心遍布天花板和地板，形成一个巨大的圈。一块来自定型炸药外壳的锯齿状碎片嵌入了地板，距离基拉的头部只有几厘米。

基拉没想到爆炸的威力会这么大。联军司令部一定是真的想阻止软刀逃跑。如此充足的炸药量不仅是为了杀掉她，还是为了彻底毁灭一切。

她必须找到以塔利。

两名士兵躺在远处的地上。其中一人意识不清地挥动着手臂，似乎不确定到底哪边才是上方。另一个人手脚并用地向自己的射弹枪爬去。

三架无人机都损坏了，掉在地板上。第四架以奇怪的角度盘旋在半空中，叶片断断续续地旋转着。

软刀为基拉仿制的手上此时生出了一片刀刃，基拉将刀刃刺向无人机。当无人机的螺旋桨停住不转时，这台损坏的机器发出一声可怜的呜咽声，然后坠落到了地上。

基拉猛地冲过大厅，拦住了伸手要拿射弹枪的士兵。她将他扑倒在地，让他腹部朝下。在他反应过来之前，她将软刀嵌入装甲关节处，切断了电源，使他再也无法动弹。装甲有一吨重（实际上更重），但她将他翻过身来，用手扯开了他的面罩。

"——请回答，该死的！"士兵喊道。接着，他闭上嘴，瞪着她，眼神中的愤怒用来掩饰自己的恐惧。他有一双绿色的眼睛，看起来和特里格一样年轻，但这并不意味着什么。

这么说，空间站的通信系统坏了。情况对她有利，但她还是犹豫了一下。逃离囚室是一时的决定，但目前的情况让她陷入了困境。空间站里并无藏身之处。监控摄像头无处不在，她不可能全部躲开。联军司令部能够跟踪她的一切行踪。虽然通信系统中断了，但只要她向士兵询问以塔利的下落，他就会知道她要去哪里。

士兵注意到基拉在犹豫。"怎么了？"他冷笑道，"你还在等什么？快杀了我。"

他认为我会杀掉他。这种看法是如此不公平，让基拉有些生气。

空间站在晃动，震感从地板下方传来。远处传来了压力警报，声音尖锐而急促。

"听好，"她说，"我想帮你们，混蛋。"

"当然了。"

"闭嘴，听好。我们遭到了袭击。可能是梦魇，可能是水母，是谁并不重要。无论如何，如果他们把我们全部炸死，一切就玩完了。就是这样。我们输了。你明白吗？”

“一派胡言。”士兵说着，朝她脸上啐了一口唾沫，“克莱因上将刚刚带着第七舰队出发，要把那些蠢货打回石器时代。他会给他们点儿颜色瞧瞧的。”

“你还不明白，士兵。和我一起乘坐‘壁鱼号’来这里的水母——被你们关起来的那个，它是来求和的。求和。如果它死了，你认为其他水母会怎么想？你认为总理会怎么想？”这下他脸上也显现出了犹豫。“如果那个水母被炸死了，第七舰队无论是输是赢都不重要了。你明白吗？你认为空间站还能坚持多久？”

仿佛为了强调她提出的问题，他们周围的一切都在旋转，奥斯特德晃得更厉害了。

基拉强忍住恶心感，脸色发青：“我们必须把那个水母带出去。”

士兵紧闭双眼想了一会儿。接着，他摇了摇头，露出痛苦的表情，说道：“该死的，生物隔离区，他们把水母带到了那里。生物隔离区。”

“怎么去——”

“从这层甲板往上旋方向，靠近水培区。”

“那‘壁鱼号’的船员呢？”

“在拘留区，同一区域。肯定能找到。”

基拉把他推到地上，站了起来：“好，算你识相。”

他再次啐了一口唾沫，这次啐在了地上：“如果你敢背叛我们，我会亲手杀了你。”

“我知道你会的。”基拉说完就走开了。他至少要花半小时才能从动力装甲中解脱出来，所以她觉得他不会对自己构成威胁。不过，另一名士兵已经开始活动了。她赶紧过去，抓住他头盔的顶部，拉开他背上的外壳，扯出了装甲的冷却系统。装甲立即关闭系统以避免熔融。

好了，现在就让他们试试追上她吧！

基拉从他们身旁离开，与黄色箭头所指的方向相反，开始往上旋方向奔跑。把我藏起来，她告诉软刀。一阵轻柔的、宛如丝绸的沙沙声穿过她的皮肤表面。她低头一看，发现自己的身体变得像玻璃一样透明了。

热能检测依旧能将她识别出来，但她认为空间站内部的监控摄像头不太可能是全光谱的。不管怎么说，以现在的样子，至少联军司令部更难察觉到她。还有多久部队会来调查她的囚室发生的爆炸？她想，即使奥斯特德正在受到攻击，也不会太久。

穿过大厅出口，眼前是一条长长的走廊。走廊上空无一人。空间站里的人要么躲起来了，要么在协助急救工作，要么在与敌军战斗。不管是什么原因，基拉都很庆幸。她可不想和一群士兵对战。毕竟他们属于同一阵营，或者说应该如此。

她沿着走廊跑，避开了时不时出现的移动的过道。她跑动时比飘浮时更快。整个过程中，她一直在寻找墙上水培区的字迹。大多数人都会用眼屏导航，但从法律上讲，每艘飞船和每个空间站在紧急情况下都必须有明显的标识。

基拉想，眼下肯定是紧急情况。不管是否有法律规定，她看到的标识都很小，模糊不清，很难一下子认出来，她不得不放慢脚步来辨认。

在大厅和另一条通道之间的岔口，她慢悠悠地绕过一个喷泉，喷泉的水柱在上升和下降的过程中描画出无限符号三分之二的形状。虽然算不上什么大事，但不知怎么基拉对此着迷。科里奥利效应[①]总能让她对重力（或重力现象）的正常运作产生认知偏差。她想，如果她在一个居住环里长大，尤其是像奥斯特德这样的小型空间站，她就不会觉得陌生了。

她肯定已经跑了近500米，她开始怀疑那名士兵是否骗了自己，自己是否应该回头。就在这时，她发现附近的一处转角有两行模糊的绿字。

上面一行写着：7G水培区

下面一行写着：16G拘留区

走廊的另一边还有一行字：21G生物隔离&净化区。沿着这条路走下去，基拉看到一个像是安全检查站的地方：一扇关闭的门，两侧有装甲门和一对液晶屏幕。两名士兵在门外站岗，都穿着全套外骨骼。即使空间站受到了攻击，他们也没有离开岗位。如果门的另一边有更多的士兵在值守，基拉也不会惊讶。

---

① 科里奥利效应：一种在旋转坐标系中移动的物体发生偏转的现象。——译者注

她计算了一下。她也许能接近并破坏两名士兵的装甲，但她有胜算的作战范围也仅限于此。而且，一旦她把以塔利救出来，联军司令部其他人就会马上发现她的下落。

该死。如果她发动攻击，就无法预测事态的发展。事态会在极短的时间内失控，然后……然后很多人可能会因此丧命。

一阵微弱的震颤从脚下的甲板传来。无论她的计划如何，都必须立刻行动起来。再这样下去，空间站本身可能会失控。

她怒吼了一声，转身离开生物隔离区。去他的。她需要帮手。如果她能救出“壁鱼号”的船员，她知道他们会支援她。也许，他们可以一起想出解决方案。也许。

基拉耳边传来了脉搏跳动的声音。她匆匆走过通往拘留区的侧边走廊。如果拘留区也和生物隔离区那样有人看守，她不知道该怎么办。她有一种强烈的冲动想用软刀发泄内心的愤怒，不过她已经得到足够多的教训。她的一时冲动导致了梦魇的诞生，无论如何，她都不能再犯同样的错误。银河系正面临存亡危机。

循着墙上的字迹，她穿过几条相同的长廊。

当她再次转弯时，她发现有两个人跪在走廊中段的一道压力门旁。一男一女，他们的手深深地探进墙上凿开的一个洞里，电光照亮了他们的脸。两人没穿衣服和长裤，只穿着单色灰短裤。他们的皮肤雪白，除了脸，身体的其余部位都有闪闪发光的蓝色文身。文身的线条形成了类似电路的图案，让基拉想起了在软刀的发源地阿德剌看到的景象。

由于他们没穿衣服，她花了些时间才认出那是薇拉和乔鲁斯。

她仍处于隐形状态，而且离得太远，他们应该听不到她的动静。但不知为何，他们发现了她。乔鲁斯没有看向她，说：“啊，囚徒纳瓦雷兹——”

“——你来了。我们——”

“——正在想呢。”

接着，熵主义者扳动了墙内的某个东西，压力门啪的一声打开了，露出了一间平平无奇的囚室。

法尔科尼走了出来。“可算来了。”他说。

3

基拉解除了隐形状态，法尔科尼看到了她。“你在这里，”他说，“我还担心我们要去找你呢。”

“不用了。”她小跑过去。两个熵主义者已经去往下一道门。

“你也被关起来了吗？”法尔科尼问。

基拉动了动下巴：“明知故问。”

“你应该不是在没人注意的情况下逃出来的吧？”

“当然不是。”

他咬牙道：“该死，我们得赶快行动了。”

“你们是怎么逃出来的？”她问。

薇拉立刻富有张力地尖声笑了：“他们收走了长袍，以为——”

“——这样就能限制我们。我们的科技远不止渐变长袍，囚徒。”

法尔科尼沉吟了一声：“算我们走运。”他对基拉说：“知道谁在袭击空间站吗？”

她刚想说不知道，但又停下来思考了一下。她没有感应到每当水母飞船靠近时都会产生的冲动，这意味着……“一定是梦魇。”她说。

“很好。我们更要赶快行动了。梦魇制造的骚乱可以掩护我们离开。”

“你确定吗？”基拉说。

法尔科尼一下子就明白了她的意思。如果他和其他船员逃走，他们的赦免令就会无效，而且与罗斯兰的地方政府不同，联军司令部不会在恒星系边界就停止追捕他们。“壁鱼号”的船员将成为整个已知宇宙的逃犯，可能只有在辛扎尔和偏远地区的各类小规模无政府地区才有他们的生路。

“我很确定。”他说，基拉立即感到了伙伴间的温情。至少她不会孤军作战。“薇拉、乔鲁斯，你们能连接格列戈罗维奇的通信线路吗？”

两个熵主义者摇了摇头。他们还在摆弄下一道压力门旁边墙上的线路：“空间站系统的访问受限，而且——”

“——我们没有信号足够强的传输器让信号穿墙到达‘壁鱼号’。”

“该死。”法尔科尼说。

“守卫在哪里？”基拉说。她本以为拘留区会有一队士兵看守。

法尔科尼朝熵主义者扬了扬下巴：“不太清楚。他俩黑掉了摄像头，为我们争取了时间。在空间站控制中心恢复监控之前，我们有大约5分钟的时间。”

薇拉竖起一根手指，注意力依旧集中在墙上的开口处：“我们也许能骗过……”

“空间站的传感器，替我们争取到更多的时间。”乔鲁斯说。

法尔科尼又沉吟了一声：“看看你们能做什么……就不能把那道该死的门打开吗？”

“还差一点儿，船长。”他们说。

“让我来。”基拉说。她举起右手，让软刀将仿真手指化成刀刃和尖刺。

“小心，”法尔科尼说，“墙上可能有压力管或高压电线。”

“应该不会有——”

“——这样的问题。”两个熵主义者说着移到旁边。

基拉向前走去，很高兴终于可以出一份力了。她用拳头猛击金属，并用意念控制软刀向外移动。软刀在墙的表面扩散，伸出卷须，摸索着深入控制门锁紧闭的机械装置。她往外一拉，随着一阵刺耳的响声，螺栓断裂了，门在经过润滑的轨道上滑开了。

门里是一间小囚室。斯帕罗猫着腰站在床铺前，似乎准备好了与进门的人战斗。“图勒，”她看到基拉时说，“很高兴有你和我们一起。”

法尔科尼打了个响指：“检查周边情况，马上。”

“收到。”斯帕罗说完，匆匆跑出拘留区。她沿着走廊小跑，巡视拐角处的情况。

“那里！”法尔科尼对基拉说，指向另一道压力门。基拉走到第二道门前，像第一道门一样拉开了门。里面的华钟站了起来，笑着说：“加油！”

“加油！”基拉说。

“还有这道！”法尔科尼说。

伴随着又一阵响声，另一道门打开了，尼尔森走了出来。她向基拉迅速点了点头，站到了法尔科尼身边。

最后，基拉又打开了维沙尔的门。他脸色憔悴，但对基拉笑了笑，说：“真是太好了。”当他出来看到尼尔森和其他人时，脸上又多了一份欣慰。

法尔科尼回到熵主义者跟前：“你们找到他了吗？”

两人一阵沉默，基拉不耐烦地想大叫。

乔鲁斯说："不确定，但似乎——"

"——他们把特里格留在了'壁鱼号'上，没有让他下船。"

"法尔科尼，"基拉压低声音说，"我们必须救出水母。如果不能把它从这里救出去，一切都是徒劳。"

他盯着她，冰冷的目光专注且若有所思，几乎不带任何情绪。她可以看出他和自己一样很担心，担心到没有心思去害怕结果。

"你确定？"他说。周围是死一般的寂静。

"我确定。"

就这样，她仿佛看到他身体里打开了一个开关。他的神情变得坚定了，眼睛里闪过锐利的光芒。"斯帕罗。"他说。

"在。"

"我们要劫狱救出一个水母，然后想办法离开空间站。有什么方法可选？"

有一会儿，斯帕罗看起来像要抗议。接着，像法尔科尼一样，她似乎放下了反对意见，专注于眼前的问题。

"我们可以尝试切断生物隔离区的电源。"尼尔森走过来说。

斯帕罗摇了摇头："不行，有备用电源。"她说话时蹲下来，卷起右裤腿。然后，她用手指挖开小腿上的皮肤，基拉一脸不解。斯帕罗把皮肤掀开，露出嵌在骨头里的小暗格。"为准备周全付出的代价。"斯帕罗注意到了基拉的眼神，说道。

斯帕罗从暗格里取出一把窄型薄刃刀，刀身是某种玻璃质的非金属材料；一个黑色金属网，她将金属网像手套一样戴在了手上；还有三个小弹珠，看起来很软，几乎是肉质的。

"以后你要好好解释一下。"法尔科尼说，指了指斯帕罗的小腿。

"以后有机会再说。"这个短发女人同意了，合上暗格，站了起来，"但今天不行。"她对基拉说："你在生物隔离区那边看到了什么？"

基拉描述了安全检查站和守在门外的两名士兵。斯帕罗的脸上掠过一丝淡淡的微笑："对了，我们这么办。"她打了个响指，招手让薇拉过来。"熵主义者，你过来。当我发出信号时，我要你走到士兵能看到你的地方。"

“那是为了——”

“照做就行了。基拉——”

“我可以隐身。”基拉立刻说，然后解释了一下。

斯帕罗动了动尖尖的下巴：“那就更容易了。我会搞定那两个站岗的士兵。你准备好扑倒任何从门里出来的人。明白吗？”

“明白了。”

“好，我们赶紧行动吧。”

4

基拉回到隐形状态，同时和斯帕罗躲在中央走廊的大厅里。

“这招不错。”斯帕罗小声说。

薇拉在她们前面走了出来，穿过走廊的岔口，朝生物隔离区走去。她比穿着渐变长袍时显得更加性感，而白皙皮肤上的刺青更衬托了这种气质。基拉不得不承认，看到这样一个女人实在容易让人分心——这也是目的所在。

“快走。”斯帕罗说。她飞快地跑到一边，避开士兵的视线。

基拉往相反的方向行动，她们两人分别走在薇拉两边，在往生物隔离区的通道两边各自就位。就在薇拉到达门口时，两名士兵发现了她。基拉听到了他们转动装甲时沉重的脚步声，其中一名用非常困惑的语气说道：“喂，你！怎么会——”

他话没有说完，斯帕罗就来到转角，将肉质弹珠抛向士兵。士兵的外骨骼将弹珠弹向空中，迅速发出滋的三下响声。

开枪是错误之举。

大厅里亮起三道闪光，空气中弥漫着烟雾，基拉用软刀增强视野，看到了紫色的电磁能量在闪烁。怎么回事？

斯帕罗没有等待。她从转角处冲出去，消失在了烟雾中。刺耳的金属声响起，片刻后又传来两声撞击的巨响，外骨骼摔在甲板上，无法动弹。

基拉跟在后面半步远的地方。她将视线切换到红外线模式，看到生物隔离区的门打开了。另一名动力装甲兵走了出来，举起爆能枪准备射击。在他身后，基拉还看到三名士兵争先恐后地躲在办公桌后面掩护自己。

即使军事级别的外骨骼配备了齐全的传感器，门口的士兵也没有察觉到基拉。她猛地撞向他的动力装甲，同时将软刀的数百种纤维探入装甲。不到一秒钟，她就找到了装甲的弱点并让装甲失效。

装甲被锁住，即将倒在地上。基拉将装甲拽到一边，前滚翻进入生物隔离区，然后站起来。里面的士兵都无法定位她的确切位置，但这不妨碍他们盲目地朝她所在的位置开火。

动作太慢了。一道激光冲击波在她旁边的椅背上射出一个洞，基拉轻松躲开，将卷须伸向房间的四方，抓住每一个士兵。

不要杀人，她告诉软刀，希望它能听话。

基拉的心一阵狂跳，接着几个士兵都倒在了地上。他们身上的装甲压碎了桌子，砸碎了架子，在甲板上砸出了坑。

“都搞定了？”斯帕罗问道，将脑袋探了进来。

基拉解除了隐形状态，点了点头。往里面走有一道门，通向一个巨大的房间，她觉得应该是一间净化室。再往里走还有一道压力门，她认为这道门通往关押以塔利的囚室。

“掩护我的后方。”她说。

“收到。”

也许能从士兵那里得到访问密码，但基拉认为没有必要浪费时间。她快速上前，伸长手臂，让软刀延伸出去，拉开了净化室的门。

房间的另一端，她通过压力门的窗户看到了以塔利。水母坐在那里，触手蜷缩在身下，就像死蜘蛛的腿。

基拉顿时松了口气。至少她们找对地方了。

她靠在压力门上，再次让软刀蠕动着进入门上的装置，将门扯开。

哐当，门锁被破坏了。在软刀的拉扯和推搡下，基拉将门关了回去。

当水母展开触手时，传来一股疑问的近味。以塔利：理想态？

基拉：如果你真的想要和平，我们必须离开这个地方。

以塔利：这些二形态是我们的敌人吗？

基拉：不是，但他们不知道该怎么做。不要杀他们，我请求你。但也别让他们杀死你。

以塔利：如你所愿，理想态。

基拉去生物隔离区外与其他人会合，她听到以塔利也跟着走出来了，它的触手和地面摩擦时发出沙沙声。

“好了？”当基拉、斯帕罗和以塔利从烟雾中走出来时，法尔科尼问道。薇拉在生物隔离区的办公室里找到了一件外套，穿起来遮住自己。

“是的，”斯帕罗说，“性感女人从不失手，每个人都为之倾倒。”

“让我们离开这个鬼地方。”基拉说。

奥斯特德在他们周围隆隆作响，维沙尔说：“上天保佑，太好了。”

“薇拉！乔鲁斯！”法尔科尼说。

“怎么了，长官？”

“还是没有格列戈罗维奇的消息？”

“没有。”

“信息被干扰了吗？”

“不，他们将他禁闭了。”

“他肯定气疯了。”华钟说。

“很好，我们可以利用这一点。”法尔科尼说，他指挥众人，“好了。我们从主通道上去。要是有任何人出现，向右急转，找寻掩护。不要让他们把你们当作人质。基拉，只能由你来对付他们。我们都没有武器。”

“那是你。”斯帕罗说着举起右手。玻璃质的匕首在她指间闪闪发光。

基拉用手指了一下倒在地上的士兵：“那——”

“不行，”法尔科尼说，“装甲被锁住了。平民不能使用联军司令部的武器。没有授权。别废话了，我们——”

一声闷响，岔口周围的压力门都关上了，除了基拉出发的方向，走廊上的其他各个方向都被堵住了。从没有关闭的走廊那头，她听到了越来越近的隆隆声，是动力装甲在靠近。只见二十多个士兵带着爆能枪、轨道炮和重型火炮快步而来。一小群黄蜂般的无人机伴随着他们。

“别动！不许动！”一个声音从扩音器里喊道。

5

基拉和其他人，加上水母，一起退到通往生物隔离区的大厅里，躲在门口的拐角后。

那个声音再次响起："我们知道你试图救出水母，纳瓦雷兹。列兵拉雷特把一切都告诉我们了。"

基拉猜测拉雷特就是她逃出囚室后问话的士兵。"混蛋。"她嘟囔道。

法尔科尼说："除非谁能想出好办法，否则我们死定了。"他神情凝重。

斯塔尔从嵌在发光天花板上的扬声器中说话，声音大到足以盖过警报声："基拉，你不会想这样做的。反抗对任何人都没有好处，尤其是你。投降吧，叫水母回到它的囚室去，没有人会——"

他们脚下的甲板再次发出隆隆声并开始扭转。

基拉没有犹豫。她必须采取行动。

她冲进走廊，胸部和腿部射出了二十几支长矛，矛头向前和向下刺入甲板的不同位置。

别失控，别——

一颗子弹擦过她的脑袋边，她的耳朵嗡嗡作响。她感觉肋骨像被打了几拳，就在心脏上方。接着，她将长矛向内拉，撕下了大块大块的甲板。

在她的操控下，软刀将甲板碎片拼接在一起，宛如鳞片一样层层排列，在她面前形成一个巨大的楔形屏障。

激光枪的滋滋声愤怒地响彻整个大厅，屏障上出现密密麻麻的手指头大小的洞——洞眼边缘发白，熔化的金属随之滴落。

基拉向前走了一步，软刀带着屏障和她一起移动。她一边往前，一边将软刀伸向更远的地方，抓取更多的甲板碎片，叠在自己形成的屏障上，加固和加宽屏障。

"跟上我！"她喊道，船员们和水母快步跟上她。

"小心你后面！"法尔科尼说。

子弹纷纷从基拉头顶上方呼啸而过。接着，一场爆炸震动了屏障，基拉全身都感觉到爆炸的冲击力。

"手榴弹！"斯帕罗喊道。

以塔利：我能帮上忙吗，理想态？

基拉：尽量不要杀人，也不要挡在我面前。

一对无人机出现在屏障的边缘。基拉快速刺了两下无人机，继续步履艰难地前行。地上乱糟糟的，满是变形的梁柱和裸露的管道；她很难站稳。

“到终点站就好了！”法尔科尼说。

基拉点了点头，并没有过多留意。尽管她看不到眼前的情况，但她一直在用软刀抓取甲板、墙板、长凳——任何能用来抵挡攻击的东西。她不知道软刀能移动或支撑多少重量的东西，但她决心要挑战极限。

另一枚手榴弹击中了屏障。这一次她几乎没有感觉到冲击力。

软刀的几条触手碰到了一个长长的、光滑的、温暖的东西（非常温暖，甚至发烫；如果她用裸露的皮肤触碰，她怀疑会在皮肤上烧出一个洞）：是一个激光炮塔。她将炮塔也叠在屏障上，将炮塔从地上整个扯了下来，塞进两个长凳之间的缝隙里。

“无人机又来了！”维沙尔说。

他话还没说完，基拉在屏障、天花板和远处的墙壁之间搭了一个由支架和长杆（有些是金属的，有些是软刀制成的）组成的防护网。她感觉到并听到无人机在撞击屏障；机翼受到了拉扯，发出更尖锐的声音。

当手榴弹在防护网上炸开一个洞时，她退缩了一下。

“老天！”法尔科尼喊道。

无人机向破洞成群地飞来。其中一架飞快地穿过，以塔利及时挥动触手，将它从空中打了下来。其余的无人机还没有通过，也没能找到角度射杀任何船员，基拉就把无人机从空中抓下来，像青蛙抓捕苍蝇一样，通通砸成了碎片。

所有无人机都被摧毁了。

她能感觉到软刀在扩展，从空间站里不断抓取金属和非金属的各种材料加固自己。她的手臂似乎更粗了，腿也变粗了，身体里感受到了一种力量；她觉得自己可以抓着坚硬的岩石前行。

她前方的士兵停止开火，枪声平息了。他们开始沿着大厅往回跑，沉重的脚步急促又有节奏。

基拉露齿而笑。看来他们已经意识到战斗是没有意义的。很好。现在，如果她能把每个人都安全地送到“壁鱼号”，那么——

她还没来得及看，只听到了他们面前的压力门被关上。然后更远的一道门也关上了，一道接着一道，一直到大厅尽头。

“该死！”尼尔森说，“他们把我们锁在里面了。”

“跟上我！”基拉说。

她继续向前走，直到屏障撞上压力门。门本身又大又重，在短时间里根本无法破坏，但门周围的框架不一样。她和软刀只用了片刻工夫，门就向外翻倒了，一下子倒在了甲板上，发出震耳欲聋的巨响。

沿着走廊走了十米，一道防爆门挡住了他们的去路。

基拉如法炮制，第二道门很快也和第一道门一样被撞开了，然后是第三道……第四道。

前路的所有门似乎都关上了。虽然并无大碍，但基拉前进的速度确实慢了下来。“联军司令部正在争取时间。”法尔科尼对她说。

她哼了一声：“我打赌他们在终点站准备欢迎我们。”墙壁附近响起了巨大的嘶嘶声。基拉警觉起来，后颈一阵发紧。是空气被抽走了，还是有什么东西在往室内排放？

“毒气！”法尔科尼喊道，并把衬衫的领子拉到嘴巴和鼻子上。其他人也纷纷效仿。衣服的布料贴在他们的脸上，形成了紧贴皮肤的过滤器。两个熵主义者用他们的手做着神秘的手势，身上的文身爬到了脸上，形成一层纸一样薄的膜，覆盖住他们的嘴和鼻子。

基拉惊呆了。这是最高级别的纳米技术。

当基拉突破最后一道门，也就是与终点站相邻的区域时，她一下子就知道了，因为她的屏障遭到了一连串子弹、激光、轨道炮和炸药的冲击。冲击力震得她往后退去，但她拼尽全力，谨慎前行。

走到这个区域的三分之一处，法尔科尼拍了拍她的肩膀，说：“右转！向右转！”他指向终点站的入口。

基拉小心地向右走，脚下的管道震动着，她听到了士兵们冲锋时发出的巨响。

不到一秒钟后，她便从地上拔起了几根梁柱，向上撑住屏障内侧，防止屏障往后倒。

“撑住！”她喊道。

屏障虽然很厚，但当士兵们用他们的动力装甲撞向它时，它弯曲了。士兵们开始撕扯屏障，发出了响亮而刺耳的声音。

“抓到你们了！”基拉露齿笑道。

她让数百根细如发丝的纤维穿过屏障，包括所有角落、空隙以及微小的缝隙，虽然无法看见，但她能感受纤维碰到了装甲光滑的外壳。然后，一如往常，她让纤维钻进装甲的连接处和接缝中，切断了每一根她能找到的电线和冷却管。只有当她碰到有体温的肉体时，她才会停下来。这并不容易，但软刀服从了她的意愿，没有伤害人类。她信心大增。

屏障的另一边，刺耳的声音消失了。士兵们纷纷倒下，发出宛如巨人倒地的响声。

“你杀了他们？”尼尔森问，周围突然安静下来，她的声音听起来格外响亮。

基拉舔了舔嘴唇：“没有。”她发现自己说话时很奇怪，感觉屏障成了她身体的一部分。她能感觉到屏障的每一寸部位，瞬间涌入大脑的信息让她不知所措。这种体验是否和飞船主脑一样？她很好奇。

她正准备将自己和屏障分离，在他们前方，大厅的另一端响起了更多靴子发出的脚步声，是前来支援的士兵。

基拉还没来得及反应，所有的灯闪了一下就熄灭了，只有地板边上的小型应急探照灯还亮着。甲板像波浪一样荡漾开来，基拉和以塔利之外的所有人都踉跄地倒在了地上。

大厅里回荡着金属皱起的声音，一个分布着血管的黑色船体猛冲过来，穿透主走廊更远处的甲板，经过刚到达的士兵。压力警报器鸣叫起来，入侵大厅的飞船侧面有一道裂缝，正在渗出液体。裂缝里有几十个梦魇争先恐后地爬了出来。

在士兵与丑陋的入侵者交战时，空气中充斥着机枪不断射击的闷响，以及激光枪的电流声。

“西巴！”华钟喊道。

基拉大喊着，推动屏障向前，越过她先前打趴在地上的士兵。如果梦魇意识到基拉的身份，都会向她聚拢。她半跑半走地推动屏障，不再往屏障上叠加材料了，她唯一担心的是能否逃跑。

她转过来，将屏障以法尔科尼和其他人为圆心移动，让自己背对大厅的出口和后边的终点站。然后，她一步步地撤退，直到屏障边缘撞到门口两边的墙。

她迅速将屏障拉向自己，让它往下塌，严实地盖住门口。她利用变形的金属将屏障固定在四周的地板、天花板和墙上。这样一来，除非切割屏障，否则无法穿过它。

法尔科尼捶了一下她的肩膀。“别管它了！”他喊道。

随着一枚手榴弹在屏障另一侧引爆，一声轰鸣在终点站中回荡。片刻之后，士兵开始敲打屏障，传来一阵闷响。

屏障能够坚持一会儿，但不会太久。

基拉将软刀从屏障上分离，当她这样做的时候，感觉自己一整个被缩小到了正常的尺寸。她转过身，看到其他人已经穿过小型终点站，正在强行打开磁悬浮车的门。

从天花板上传来一个男人的声音："我是乌多·格拉马蒂斯，奥斯特德空间站的站长。停止反抗，我保证你们不会受到伤害。这是对你们的最后警告。有20个动力装甲兵在你们……"

他继续说着，但基拉不再理会。她跑到磁悬浮车旁，法尔科尼说："我们可以发动车子吗？"

"除了应急灯，所有电力都被切断了。"华钟说。

"所以我们走不了？"尼尔森说。

华钟低吼了一声："这样不行。磁悬浮无法工作。"

"一定有其他办法进入对接环。"维沙尔说。

"什么办法？"斯帕罗说，"我们移动速度太快，不能直接跳过去。也许基拉或水母可以，但我们其他人会直接变成一摊血肉。这完全行不通。"

屏障外，枪声还在继续：士兵们抵抗梦魇时发出沉闷的重击声。基拉是这么猜测的。

"是的，多谢提醒。"法尔科尼带着挖苦的语气说。他回头看了看华钟："你是工程师，有主意吗？"他瞥了一眼熵主义者："你们呢？"

薇拉和乔鲁斯摊开双手，表示无能为力："机械——"

"——不是我们擅长的领域。"

"别这样。一定有办法让我们在不死的情况下，从这里到达对接环。"

轮机长皱起了眉头："如果我们有足够的时间和材料，当然有办法。"

大厅里又响起了一阵爆炸声。

“没这个运气，”法尔科尼说，“来吧，好好想一想。不管是多么难以置信的办法。来点儿创意，宋女士，这是我雇用你的原因。”

华钟的眉头皱得更紧了。她沉默了一会儿，接着喃喃自语道：“哎一古[①]。”她慌忙跑进磁悬浮车，用手摸索地板，用指关节在不同的地方拍打。她招手让基拉过去，说：“这里，打开这块地方。”她在地板上描画了一个正方形：“要小心。只需除去表层。不要损坏底下的东西。”

“了解。”

基拉用食指描了一遍华钟画下的正方形，指甲在灰色的复合材料上划出了痕迹。她重复这个动作，加大了力度，指尖伸出金刚石般的刀刃，切了一厘米左右的口子。然后，她切出了整个正方形，把它像壁虎垫一样粘在手掌上，从地板上拉下来，就像沿着预设的痕迹折断一块饼干。

华钟趴在地上，往洞里看，仔细研究里面的线路和装置。基拉不知道它们的用途，但华钟似乎明白自己在看什么。终点站外传来的撞击声越来越响。基拉回头看了一眼屏障。它已经开始向内凹陷，撑不过一分钟，她想自己必须去加固屏障。

华钟从喉咙深处咕哝一声，然后站了起来：“我可以让这辆车发动，但我需要一个电源。”

“你就不能——”法尔科尼开口道。

“不行。”华钟说，“没有电源，这辆车就是一块毫无用处的破铁。我什么也做不了。”

基拉看向水母。基拉：你能修好这台机器吗？

以塔利：我没有能用的能源。

“动力装甲呢？”尼尔森问，“能提供电源吗？”

华钟摇了摇头：“电量是足够，但电源不兼容。”

“激光炮塔可以吗？”基拉问。

轮机长犹豫了一下，点了点头：“也许可以。如果电容器可以设置为……”

基拉没有听完剩下的话。她跳下车，飞奔回临时搭建的屏障。当她到达屏障前时，敲击声停止了，她有些担心，但不想抱怨。

---

① 韩语中的感叹词，相当于叹息。——编者注

她从软刀上伸出几十根蠕动的触手，在胡乱堆叠的废料里扎根，寻找埋在里面的炮塔。没过多久，她就找到了：一块光滑、坚硬的金属，带着发射过的余温。她以最快的速度弯曲和按压屏障的各个部分，直到腾出一条空间足够的通道，将炮塔拉出来；同时努力保持屏障的完整性，让它的正面坚实且不松动。

“再快点儿！”法尔科尼说。

“已经最快了！”她喊道。

炮塔终于从屏障上分离。她将炮塔抓在手里，像抱着一颗定时炸弹，匆匆回到车上，交给了华钟。

斯帕罗一边用玻璃刀敲着大腿，一边扫视四周。接着她抓住基拉的胳膊，把她拖到几步之外。“怎么了？”基拉说。

斯帕罗用低沉的声音紧张地说：“那些家伙要从天花板或墙壁上炸出一条路来。我敢肯定。你最好做些防御措施，否则我们就完蛋了。”

“好。”

斯帕罗点点头，回到车上，维沙尔正在帮助华钟拆开炮塔。

“所有人都退后！”基拉说。她面对狭窄的终点站，像在大厅里一样，从软刀上射出几十条触手，让它去完成自己该做的事。当软刀开始拆除地板、墙壁和天花板时，一阵嘈杂的声音向她袭来。她将收集来的碎片拉近，围绕磁悬浮车的停泊处，以最快的速度开始组装一个穹顶。

当碎片拼接到一起时，她又感觉到自己在扩展，几乎令她上瘾。她不信任这种感觉，不信任自己和软刀，但扩展的感觉十分诱人，她和软刀的轻松配合也令她信心大增。

她扯下的一块面板上一定装着对讲机，因为她听到了火花声，接着站长的声音中断了。

她一米一米地剥开终点站，暴露出空间站里层为耐腐而阳极氧化处理、为减重而留孔、交叉连接的梁柱。

很快，她就只看得到穹顶内部了，但她还在加固穹顶。黑暗笼罩了他们，维沙尔在车里叫道：“你在给我们增加难度，纳瓦雷兹女士！”

“不这么做就会被射死！”她回过头来喊道。

一阵爆炸声震动了终点站。

“是时候上路了。”法尔科尼说。

“我正在努力。”华钟说。

基拉将自己伸得更远，伸展到自认为的极限，却发现还能伸得更远。她的意识像是被稀释了，分布在越来越大的区域内，输入大脑中的信息复杂到令人迷惑：这里的受压和刮痕，那里的管道，上面和下面的电线，放电产生的刺痛，冷和热，以及软刀上千个触点带来的上千种感知，一切都在扭动、变化、扩大，变得越来越多，将她完全淹没。

实在太多了。她无法把控一切，跟进每一种感知。在某些位置，她的把控失败了，一旦她把控失败，软刀就会自行活动，带着致命的意图前进。基拉感到自己的思维在分裂，因为她试图先将思维集中在某处，然后是另一处，接着又是另一处，每次都能迅速地把软刀带回到脚跟，但当她把注意力集中到某处时，软刀继续涌向其他地方，生长……建造……成形。

她被感知淹没，消失在软刀的扩张中。她的内心迸发一阵恐慌，但火花太过微弱，无法阻止软刀。从软刀上散发出一种愉悦感，因为软刀终于得以释放，追求自己的目的；软刀让基拉瞥见了……*黄色田野上唱歌的花朵*……*记忆中*……*一个长着金属鳞片的树形生命*……她越发恍惚，几乎……*一群毛茸茸、体型狭长的生物，张开许多颚朝她叫喊*……无法集中注意力。

在清醒的瞬间，基拉又惊又怕。她做了什么？

她用不属于自己的耳朵听见了如厄运本身的声音：装甲兵有节奏的踏步声，进入终点站的外部区域。几条延伸的伪足强烈地感受到了尖锐而刺痛的不适。她/它吓了一跳，退缩了。

他们会攻击她/它吗？

当他们冲破屏障时，她/它抓着的墙壁、梁柱和结构支架开始坍塌。甲板塌陷，没关系，只要找到更多材料就行了：更多的金属，更多的矿物质，更多、更多、更多。她/它体内产生一种饥饿感，一种贪得无厌、能吞噬世界的饥饿感。

“基拉！”

声音仿佛来自隧道尽头。不管对方是谁，她/它都不认识，或者说不关心。还有其他更重要的事情需要她/它去关注。

“基拉！”她/它感觉到有人用手摇晃并拉扯自己。当然，这一切都不能使她/它动摇：她/它的纤维束过于强大。“基拉！”她/它的脸上划过一阵疼痛，但疼痛是如此轻微和遥远，很容易忽略。

疼痛再次出现。然后是第三次。

她/它的某个部分产生了愤怒的情绪。她/它从各个方向朝里看，看到上面有眼睛，下面有眼睛，都是人类的眼睛。最后，她/它看清了，有一个人站在她旁边，满脸通红，大叫着。

他扇了她一巴掌。

这一巴掌足以让她恢复片刻的清醒。她喘着粗气，法尔科尼说：“清醒点儿！你会杀了我们所有人的！”

她已经可以感觉到自己又陷入了软刀的精神沼泽中。“再打我一巴掌。”她说。

他犹豫了一下，然后动手了。

基拉的视线中闪过红光，但脸颊上清晰的刺痛让她感受到了软刀之外的东西，让她变得专注、清醒。这个过程很艰难：她要把思维的不同部分重新聚在一起，感觉就像从一池子紧抓着自己的手中解脱出来——软刀生出的每根纤维都是一双手，而且都非常用力地抓着她。

恐惧给了基拉需要的动力。她的脉搏加速跳动，令她几近昏迷。但她没有，她的意识逐渐回到自己体内。同时，她从空间站的墙壁和房间召回了软刀。它起初与她抗争，不愿意放弃自己的大计划，不愿意放下已经吞噬的东西。

但最终它还是服从了。软刀开始后退，不断收缩成她身体的形状。最后多出了一部分，基拉这样想着，软刀伸展出去的触手就都萎缩了，化为尘埃，不留一物。

法尔科尼抬手准备再给她一巴掌。“等等。”基拉说，于是他停下了。

她的听力恢复正常：她注意到远处响起了空气逃逸的声音，压力警报器作响，盖过了其他所有警报声。

“你怎么回事？”法尔科尼说。她摇了摇头，依旧有些神不守舍。“你把终点站撕开了一个大洞，几乎让我们进入太空了。”

基拉抬头看了一眼，吓了一跳。她看到他们正上方有一条细长的裂缝，贯穿毁坏的天花板和几层破裂的甲板，裂缝外是黑暗的太空。从裂缝中可以看到星星旋转而过，宛如一个疯狂的星空万花筒，旋转的速度令人眩晕。

“失控了，抱歉。”她咳嗽了一声。

有什么东西在穹顶外侧叮当作响。

“华钟！”他喊道，“我们需要马上离开这里。这可不是开玩笑！”

“哎一古！正忙着呢，别烦我！”

法尔科尼回头看向基拉：“你现在清醒了吗？”

“应该清醒了。”她的脑海中依旧不安地蠕动着软刀入侵的意识，但她现在对自己的感知很强烈。

基拉仔细听穹顶外的声音，能听到像堵塞的喷灯发出的嘶嘶声。穹顶内部亮起一个暗红色的光点，然后变成黄色，紧接着她感到周围的温度在上升。

“那是什么？”尼尔森说。

“该死！”斯帕罗说，“那些混蛋在使用热喷枪！”

“高温会让我们没命的！”维沙尔说。

法尔科尼打了个手势：“所有人都上车！”

“我可以阻止他们！”基拉说，尽管这个想法令她再次感到恐惧。只要她将注意力集中在一处，不让软刀擅自行动……她话还没说完，已经开始撕开穹顶内的地面，将碎片拍在发热的光点上。碎片变红并软化了，烟雾从复合材料周围溢出。

“算了，我们得走了！”法尔科尼喊道。

“把车门关上。我给你们争取点儿时间。”

“别胡闹了，快上车！这是命令。”

*以塔利：理想态，我们必须离开。*水母已经爬进车的前端，触手贴在身体两侧。

“不！我可以拖住他们。等你们搞定了我再——”

法尔科尼抓住她的肩膀，将她转向自己：“上车！我不会丢下任何人的。快！”在灼热的光线下，他那蓝色的眼睛似乎像烈日一样明亮。

听到这句话，基拉收敛了。她松开穹顶，任由他把自己拉上了车。斯帕罗和尼尔森将车门一推，咔嚓一声，车门锁住了。

“你想送死吗？”法尔科尼在基拉耳边咆哮，“真以为自己无敌了？”

“我明白，但是——”

“别说了。华钟，我们可以走了吗？”

“差不多了，船长。就快好了……”

车外，当热喷枪烧穿整个厚实的穹顶时，从光点的中心涌出一股白热化的液态金属。液态金属开始向下移动，慢慢地切割出一个开口，大小正好可以通过一个装甲兵。

“别看！”斯帕罗说，“太亮了，会烧掉你们的视网膜的。”

“华钟——”

“搞定了！”轮机长说。基拉和其他人都转过身来面对她。她的脚下是拆开的炮塔。电源箱已被撬开，电线从电源箱里接到了车子底盘繁杂的机械中。

“听好了，”华钟说着，敲了敲电源箱，“电源箱本来就损坏了。当我启动电源时，它可能会熔化并爆炸。”

“我们要冒险试一下。”法尔科尼说。

“还有一点。”

“现在不是说教的时候。”

“认真听！阿西！”华钟的眼睛反射着热喷枪灼热的光芒，“我能够连接到电磁铁的馈电装置。因此这辆车有行驶的动力，但也仅仅是动力。我无法进入方向控制系统，无法让车向前或向后行驶。”

“那怎么……”尼尔森刚要问。

“基拉，你这样做：帮我们每个人拆下一把座椅，然后敲掉窗户，这边，还有那边。”华钟指了指车的两边，“当我启动电路时，你用软刀将我们往前拉，我们将沿着轨道进入主运输管。超级电容器的电量只够我们悬浮43秒。相对于对接环，我们的速度约为每小时250千米。我们必须在撞毁之前尽可能地减速。方法就是把椅子伸出窗外，压在管壁上，起到刹车的作用。懂了吗？”

基拉和其他人一起点了点头。车外，当热喷枪切割到地面时，液态金属喷射点消失了一秒钟。接着，在滴落液态金属的切口顶部，喷射点再次出现，热喷枪开始进行水平切割。“你们必须非常用力，”华钟说，“拼尽全力。如果没有刹住车，就会车毁人亡。”

基拉抓住最近的一把椅子，把它从万向底座上拧下来，发出砰的一声空响。接下来又拆了三把椅子，发出了类似的声响。基拉通过近味快速向以塔利解释了他们在做什么，水母也用自己盘绕的肢体拆下了一对椅子。

“这真是个疯狂的计划，姐姐。”斯帕罗说。

华钟哼了一声：“会成功的，小丫头。等着瞧。”

“小心眼睛。”基拉说。她用软刀击碎了两边的车窗。

一股火炉般的热量从穹顶内部涌入车内。法尔科尼、尼尔森、维沙尔和熵主义者都跌坐到了地上，法尔科尼说：“真是够了！”

热喷枪再次开始向下切割穹顶。

“准备，”华钟说，“3，2，1，启动。”

基拉身下的地板上升了几厘米。地面略微上升后不动了。她抬起手臂，从手指射出几条绳子，穿过破碎的窗户，落在外面的墙上。软刀理解了她的意图，绳子像蛛丝一样粘在上面，她拉动绳子。

磁悬浮车很重，但能向前滑行，似乎没有任何摩擦阻力。伴随着轻柔的唰唰声，车子穿过站台尽头的密封圈，然后向下倾斜，飞快地进入对接环内侧幽暗的管道。

风从车窗外呼啸而过。如果没有面罩，基拉在这股凶猛的气流中很难看到或听到任何东西。周围也很冷，但（还是因为软刀）她不确定到底有多冷。

她拿起一把松动的椅子，将椅子伸出最近的窗户。一阵刺耳的摩擦声从风里袭来，彗尾般的火花沿着管道内部向后流去。即使有软刀的帮助，摩擦产生的冲击力也几乎将椅子从她手中撕碎，但她咬紧牙关，紧紧握住椅子，将其固定住。

在她前面，以塔利也做了同样的动作。在她身后，她隐约感觉到其他人正踉跄着站起来。当尼尔森、法尔科尼、维沙尔、斯帕罗和熵主义者也把他们的椅子压在管壁上时，摩擦声更大了。车子像气动凿岩机一样摇晃和颤抖。

基拉试图读秒，但摩擦声太响，风也让她分心。不过，他们好像没有慢下来。她更用力地对椅子施压，椅子像活物一样在她手中不停地扭动。

管道已经磨破了椅子腿和一半座位；很快她就没有东西可以抓了。

慢慢地（太慢了），她感到自己变得越来越轻，脚底开始打滑。她通过软刀把自己固定在地面上，然后甩出丝线，固定住其他人，这样他们就可以继续压住椅子，不被气流带走。

摩擦声减弱了，摩擦产生的火花越来越短、越来越大，很快火花就开始卷曲，以复杂多变的螺旋上升，而不是直接回旋。

当磁力切断时，基拉差点以为他们成功了。

车子撞上了外轨道，发出尖锐的巨响，远超过椅子的摩擦声。车子猛地一震，天花板像被拉扯的太妃糖一样变形并裂开。以塔利飞出挡风玻璃，触手甩动着。从车后传来一道电光，像闪电一样明亮，然后烟雾四散。

刺耳的声音渐渐减弱，滑动的车子终于停了下来。

6

失重的感觉让基拉的胃里一阵翻腾，但这次她没有呕吐感，对她来说算是好事。她最不想面对的就是恶心的感觉。爆炸、热喷枪和磁悬浮车冲撞……她今天已经受够了。即使有软刀，她全身上下也都是淤青。

以塔利！水母还活着吗？如果没有它，他们做的一切将毫无意义。

在零重力环境下，她能勉强移动。她收回触手，松开了车子和船员。法尔科尼的太阳穴上开了一道口子，正在流血。他将掌根按在伤口上，说："大家都没事吧？"

维沙尔呻吟着说："我感觉自己丢了半条老命，不过没死。"

"是的，"斯帕罗说，"我也一样。"

尼尔森掸下头发上的玻璃碎渣，碎渣从撞坏的挡风玻璃向前飘去，宛如一小团水晶碎粒："受了点儿惊吓，船长。"

"同意。"薇拉和乔鲁斯说。乔鲁斯裸露的肋骨上有一排带血的擦伤，看起来很疼，但伤势不重。

基拉飘到磁悬浮车残骸的前部，向外看去。她看到以塔利在他们前面几米远的地方，紧紧抓住车内的扶手。一条较大的触手根部有个很严重的伤口，正渗出橙色的脓液。

基拉：你还好吗？能动吗？

以塔利：别担心我，理想态。这个形态可以承受很多伤害。

它话还没说完，就从甲壳里伸出一只螯，基拉震惊地看到，它竟然开始用螯剪断受伤的触手。

“天哪！”斯帕罗和基拉异口同声道。

外星人以惊人的速度切断了触手，把它丢进一团橙色的水雾中。尽管以塔利残肢的横切面很大，但血已经止住了。

华钟咳嗽了一声，从烟雾中飘了出来，就像一艘船从带油的水底升起。她抓住一个扶手，指了指前面：“下一个磁悬浮站台就在前面。”

基拉最先行动，用软刀清理了挡风玻璃上的锯齿状碎片。然后她从车里飘了出来，其他人一个接一个地离开了磁悬浮车的残骸。华钟殿后；以她的身材，要钻出窗户很难，但努力了一把后成功了。

他们利用管壁上修理工使用的栏杆，沿着幽暗、空洞的管道内部爬行，直到前方几米处亮起灯光。基拉松了口气，向着光亮处继续前进。

当他们飘到站台时，墙上一对自动门打开了，他们得以钻入另一侧的候车室。接着他们停下来，会合到一起，确认接下来的行进方向。

“这里是哪里？”基拉问。她注意到维沙尔的右前臂有个严重的伤口，而华钟的两只手则烧伤了，起了水泡。水泡一定很疼，但轮机长并未显露一丝痛苦的神色。

“我们多过了两站。”尼尔森说，指了指下旋方向（现在空间站已经不转了）。在她的带领下，他们开始穿过奥斯特德对接环废弃的走廊。

他们偶尔会遇上机器人：有些机器人插在墙上的插座充电；有些在轨道上窜来窜去；有些则靠压缩空气喷射飞行，为无数任务中的一项忙碌着，以确保空间站正常运行。机器人似乎都没有注意到他们，但基拉知道每一个都在记录他们的位置和行动。

外层甲板是重工业区。即便受到了梦魇的攻击，炼油厂仍在隆隆作响，苦苦地坚持运作。在燃料处理厂，水被分解为其组成元素提供燃料。储存单元则装满了有用的材料。当然，还有一座座壮观的零重力工厂，从药品到机枪，各类用品在此生产，其数量不仅足以满足空间站居民的需求，还能满足人力众多的联军司令部海军。

虽然空间站的下层区域空无一人，但基拉还是感到毛骨悚然。即使在这里，警报器仍在作响，发光的箭头（比空间站主区域的箭头更小、更暗）指向最近的避难区。但现在没有任何避难区会接纳她。她已经认清并接受了这一事实。她唯一能指望的安全之所是孤寂的深空，而在那里，梦魇或水母也可能找上她。

他们迅速行动，只过了几分钟，法尔科尼就说："往这边。"他指着一条向边缘延伸的走廊。

基拉认出那是他们到达奥斯特德时经过的走廊。她越发急切起来，沿着环形走廊一路前行。在空间站发生这一切之后，她感觉回到"壁鱼号"就像回到了家。

装货码头的压力门滑开，通过前方的气闸室，她看见……

黑暗。

虚空。

约1千米外，在RCS推进器白色气流的推动下，"壁鱼号"远去了。

7

法尔科尼大喊了一声，喊的并非一个词或短语，而是发泄愤怒与失落的原始呼喊。当基拉听到法尔科尼的呼喊时，她感到内心有什么崩塌了，彻底绝望了。她让面罩从脸上滑落。

他们输了。经历了这么多，他们还是——

法尔科尼跃向气闸室。他笨拙地落地，气喘吁吁地叹了口气，但他一直抓着气闸室旁边的梯子。然后他飘到窗前，将脸贴在蓝宝石楔形玻璃上，盯着"壁鱼号"远去。

基拉转过头，不忍心看下去。看到船长那样让她感到不安，好像介入了别人的私事。他的悲痛太过明显，也太过绝望。

"哈！"法尔科尼说，"骗到你们了！我及时控制住了飞船。"他转过身来，朝他们咧嘴坏笑。

"船长？"尼尔森说，飘到了他身边。

他指了指窗外，基拉惊讶地发现，"壁鱼号"放慢了航速掉转头，向气闸室飞回来。"你是怎么做到的？"华钟大声说。

法尔科尼点了点沾满血迹的太阳穴："通过我的眼屏直接发送视觉信

号。只要飞船的被动传感器在工作，只要传感器在有效范围内，并且有清晰的视线，就不会像无线电或超光速广播那样受到干扰。”

“船长，你说的限制条件也很多啊。”维沙尔说。

法尔科尼笑了笑：“是的，但我成功了。我设置了一个覆写系统，以防有人试图偷走‘壁鱼号’。没有人能劫持我的船。”

“而你从来没有告诉过我们？”尼尔森说，心里有些受伤。而基拉只是感到很意外。

法尔科尼收敛了玩笑的语气：“你了解我，奥黛丽，总是知道出路在哪里，总会多留一手。”

“嗯哼。”她不为所动。

“来，让我看看你手上的伤。”维沙尔说，飘到华钟身边。她乖乖地让他检查了一下。“嗯，不算太坏，”他说，“主要是二级烧伤。我给你喷点儿药，防止留疤。”

“别忘了止痛药，谢谢。”她说。

他温柔地笑了笑：“当然，还有止痛药。”

没过多久，“壁鱼号”就到了他们身边。当它靠近窗口时，薇拉抓住了气闸室中央的门把手，试图看得更清楚。

“啊！”她叫了一声，然后发出像脖子被掐住的呜咽声。她拱着背，全身僵硬，只有手脚在微微抽搐。她紧咬着牙关，表情扭曲而恐怖。

乔鲁斯一同叫了起来，尽管他离气闸室很远，但同样表情扭曲。

“别碰她！”华钟喊道。

基拉没有听，她知道软刀会保护自己。

她将几条触手绕在薇拉的腰上，同时将自己固定在就近的墙上。她把抽搐的熵主义者从门上拉下来。这并不容易：薇拉的手以超乎常人的力量紧抓着门把手。当她最终松开手时，基拉希望自己没有撕裂她手上的肌肉。

在薇拉的手指松开门把手的瞬间，她的身体瘫软了，乔鲁斯的叫声也停止了，尽管他还带着惊恐的表情，就像刚刚见到了特别恐怖的情景。

“快抓住她！”尼尔森说。

维沙尔从墙上冲了过去，抓住薇拉外套的袖子。他用一只手搂住她，用另一只手翻开她的眼皮。然后，他扒开薇拉的嘴，检查了喉咙。“没有生命危险，但我需要把她送到医务室。”

乔鲁斯呻吟了一声。他双臂抱头，皮肤显出惊人的苍白。

“情况有多糟？”法尔科尼问道。

医生担忧地看着他：“还不确定，船长。我得好好检查她的心脏。电击可能烧掉了她的植入物。我还不能确定。需要强制重启。”

乔鲁斯开始喃喃自语起来，基拉一点儿也听不懂。

“真卑鄙。”尼尔森说。

“他们慌了。”斯帕罗说，“想方设法阻止我们离开。”她朝空间站中心竖起一根中指。“希望你们把自己电个屁滚尿流！听到了吗？！”

“我的错，”基拉说，指了指自己的脸，“我不该解除面罩，这样就能看到电流了。”

“不是你的错，”法尔科尼说，“别自责。”他飘到乔鲁斯身边：“嘿，薇拉不会死。放松，没事的。”

“你不明白。”乔鲁斯一边急促地呼吸，一边说。

“解释一下。”

“她……我……我们……”他搓着双手，于是整个人飘浮起来。法尔科尼抓住了他，让他稳住。“我们是一体的！我们消失了！我消失了，一切消失了。消失了，消失了，消失了，哈！”他又开始发出无意义的怪叫声。

法尔科尼摇晃他：“振作起来！飞船快到了。”可是无济于事。

“他们的蜂巢主脑被破坏了。”华钟说。

“那又怎样？他还是他自己，不是吗？”

“那是——”

薇拉倒吸一口气，醒了过来，惊恐得转过了身。她立刻按住太阳穴，开始尖叫。听到薇拉的叫声，乔鲁斯蜷缩成胎儿一般，呜咽起来。

“好极了。”法尔科尼说，“现在我们有两个疯子，真是太好了。”

“壁鱼号”像羽毛一样轻轻地、缓缓地停在气闸室外。一连串的叮当声响起，对接装置启动，固定住了船头。

法尔科尼打了个手势：“基拉。你来吧？”

当医生努力安抚两个熵主义者时，基拉再次让面罩覆盖住脸。她看见气闸门上的电流是一条粗大的蓝色光带，就像有一部分闪电被困在了门把手里。这条光带又亮又宽，她惊讶于它竟然没有直接电死薇拉。

她伸出一对卷须，将其探进门里，像她在囚室里那样。她通过软刀的表面引开了电流。

“安全了。”她说。

“了不起。”法尔科尼说，但当他伸手去碰气闸控制器时，仍然很警觉。发现没有受到电击后，他放松了肩膀，迅速启动了气闸门。

哔的一声，控制面板上方的绿灯亮了。随着空气逸出的嘶嘶声，门开了。基拉松开卷须，收回软刀，允许电流恢复正常路径。“谁也别碰门把手。”她说，“还有电。”她向以塔利重复了一遍。

法尔科尼先行一步。他飘到“壁鱼号”的船头，按了几个按钮，飞船的气闸门就弹开了。基拉和其他人跟在后面，维沙尔用一只手搂着薇拉，华钟则帮助照看乔鲁斯，因为他几乎无法自行移动。以塔利殿后，像鳗鱼一样优雅地飘过气闸门。

基拉突然冒出一个可怕而消极的想法。如果联军司令部选择在此刻炸毁对接装置，把她和其他人直接丢入太空怎么办？鉴于联盟和军方所做的一切，他们做出这种卑鄙的事情她也不会奇怪。

然而，气闸室紧紧地对接着，等到以塔利最后一寸触手进入“壁鱼号”，尼尔森便关闭了舱门。

“永别了[①]，奥斯特德。”法尔科尼说着朝飞船的主井飘去。

飞船像是死了，被遗弃了。大部分的灯都关着，温度很低。不过，船里有一种熟悉的味道，让基拉感到舒心。

“莫文，”法尔科尼说，“启动点火序列，准备发射。还有，把该死的暖气重新打开。”

伪智能体回答说：“长官，安全程序明确规定，严禁……”

“解除安全程序。”他说完，飞快念出了一长串授权码。

“安全程序解除，进入发射准备。”

法尔科尼对华钟说：“在我们离开这里之前，看看你能不能重新连接格列戈罗维奇。”

---

① 原文为日语。——译者注

“是。”轮机长将乔鲁斯交给斯帕罗，然后飞向走廊，进入飞船更深处。

“请过来。”维沙尔说，拉着薇拉朝同一个方向走去，“带你去医务室。还有你，乔鲁斯。”

将两个失去行动能力的熵主义者托付给斯帕罗和医生之后，基拉、尼尔森和法尔科尼继续前往控制室。以塔利跟在后面，没有人反对，甚至船长也没有反对。

进入控制室时，法尔科尼发出了厌恶的声音。几十件小东西随意地飘浮在空中：几支笔、两个杯子、一个盘子、几个量子储存棒[1]，还有一些不知道哪儿来的碎片。看来联军司令部搜查了每个抽屉、每个橱柜和每个垃圾桶，而且动作相当粗暴。

“清理一下。”法尔科尼说着，飘向主控制台。

基拉用软刀做了一张网，开始扫除空气中的碎片。以塔利待在压力门旁，触手紧紧盘绕在自己身上。

法尔科尼敲了几下控制台下面的按钮。他们周围的灯亮了，机器发动起来。房间中央，全息影像开始运作。

“好了，”法尔科尼说，“一切恢复正常。”他敲了敲全息影像边缘的按钮，显示器切换到奥斯特德周围的星图，上面标着附近所有飞船的位置和航向。四个闪烁的红点标明了敌方的位置：目前在木卫三周围与联军司令部交战的梦魇。第五个点标志着嵌入奥斯特德内环的梦魇飞船。

基拉希望霍斯中尉和其他士兵没有危险。他们可能受命于联军司令部和联盟，但他们是好人。

“看来它们袭击了空间站，然后飞走了。”尼尔森说。

“它们会回来的。”法尔科尼严肃而肯定地说。他的眼珠来回转动，读取眼屏上显示的信息。他发出了一阵突兀的笑声：“好吧，我会……”

“谁能想到呢？”尼尔森说。

基拉不情愿地问：“怎么了？”

“联军司令部居然给我们的飞船加了油，”法尔科尼说，“你敢信吗？”

“可能他们打算征用‘壁鱼号’，用它来运送物资。”尼尔森说。

---

① 量子储存棒：见附录三“Q-DRIVE”（第 810 页）。

法尔科尼哼了一声："他们也给我们留下了榴弹炮。想得真周到。"

然后，对讲机响了，传来了格列戈罗维奇独特的声音："哦，你很忙啊，我漂亮的小家伙。嗯……捅了马蜂窝，是吧？来，我们来看看能做些什么。是的，我们会的。嘻嘻……顺便说一下，我迷人的寄生虫们，我已经重新点燃了核聚变引擎。不客气。"一阵低沉的嗡嗡声从飞船后部响起。

"格列戈罗维奇，解除限制器。"法尔科尼说。

飞船主脑略微停顿了一下："你是否完全确定，哦，我的船长？"

"是的，我确定。解除。"

"我生而为他人服务。"格列戈罗维奇说，接着哧哧地笑了起来，时间长得出乎基拉的意料。

当她把自己拉到就近的座位并扣上安全带时，她不禁担心起飞船主脑的情况。联军司令部封闭了格列戈罗维奇，这意味着从他们到达空间站后，他就一直处于无法感知到外界的状态。对任何人来说这都不是什么好事，对飞船主脑这样的智能体来说尤其如此，考虑到格列戈罗维奇过去的经历，他承受的伤害可能更多。

"限制器是什么？"她问法尔科尼。

"说来话长。我们的核聚变引擎有一个扼流圈，改变了我们的推力特征，降低了发动的效率。拿掉后，砰！我们会像换了一艘船似的。"

"你在巴格亨特没有解除吗？"基拉惊讶地问。

"不会有什么用的。至少不够。我们说的是几百分之一的速度差。"

"我们并不能借此躲过——"

法尔科尼做了个不耐烦的手势："格列戈罗维奇在我们发送注册信息的每台计算机上都植入了病毒。它创建了另一条记录，有另一个船名、另一条航线，以及与我们的引擎无限制器时相匹配的引擎规格。就计算机而言，它无法识别出发的是'壁鱼号'。也许只能隐瞒几分钟，但现在我得利用任何可能的优势。"

"高明。"

"可惜，"尼尔森说，"这是一次性装置。除非去码头安装一个新的。"

"那么我们现在用什么飞船名飞行？"基拉问。

"'手指猪号'。"法尔科尼说。

“你真的很喜欢猪，是吗？”

“猪是很聪明的动物。说到这个……格列戈罗维奇，宠物们在哪里？”

“哦，船长，它们冻成毛茸茸的冰块了。联军司令部决定把它们送回冷冻舱，免得要处理喂养和清理的问题。”

“他们可真贴心。”

“壁鱼号”在与对接环断开连接时颤簸了一下。接着，移动警报响起，几秒钟后，RCS推进器启动，将他们推离空间站。

“我们今天要给奥斯特德加点儿辐射量，”法尔科尼说，“但我认为他们活该。”

“喜闻乐见。”斯帕罗说，她从门口的以塔利身边飘过，为自己占了一个座位。水母贴在地上，准备迎接即将到来的推力。

维沙尔的脸出现在全息影像上：“我们在医务室就位了，船长。华钟也在这里。”

“收到。格列戈罗维奇，让我们离开这鬼地方！”

“是，船长。执行‘让我们离开这鬼地方’。”

随着一声高亢的轰鸣，“壁鱼号”疾速驶离奥斯特德，主火箭的推力将基拉撞回到了座位上。这股推力让她笑了起来，尽管这笑声淹没在了一片噪声之中。他们真的成功了，她觉得这个结果几近荒谬。现在也许他们可以阻止第七舰队任何企图破坏和平的行动。

一阵类似铃声的响声传来，她脸上欣喜的神情僵住了。

她努力扭头去看显示屏，希望自己还戴着隐形眼镜。当一大团红点出现在土星附近时，全息影像切换到了这颗气体巨星的实时画面。

又有14艘梦魇飞船跳出超光速空间。

第四章

* * * * * * *

必需品Ⅱ

1

以塔利靠近屏幕，触手撑在甲板上。“基拉。”法尔科尼用警告的语气说。

“没事。”她说，希望自己没错。

尼尔森缩小了全息影像，基拉第一次看清了整个太阳系的情况。除了奥斯特德的梦魇飞船和土星的14艘梦魇飞船，还有几十艘进入了太阳系。有些正疾速驶向火星；有些在海王星边上骚扰它的防御网络；还有一些正朝地球和金星进发。

一条亮线划过整个屏幕，从木星附近的一颗人造卫星一直飞向梦魇飞船。飞船在一片光亮中消失了。这条亮线一次又一次地向外发射，每发射一次，一艘入侵的飞船就会随之爆炸。

“那是什么？”基拉问道。

“我……不确定。”斯帕罗说，她仔细看眼屏，皱起眉头。

格列戈罗维奇笑道：“我可以解释。是的，我解释一下。联盟建了一个太阳能激光装置。水星附近的能源农场收集阳光，然后将能量输送到整个太阳系的能源接收器。大多数时候，这些能量只是用于发电。但是一旦出现外源性入侵，嗯，你现在也看到了。把能量注入一个超大型激光发射装置，就有了杀伤力极强的死亡射线。是的。”

“高明。”法尔科尼说。

斯帕罗咧嘴一笑：“是啊，各个区域有独立的接收器，能改善光源滞后的问题。不错。”

“有追兵吗？”基拉问道。

“还没有，我的小美人，”格列戈罗维奇说，“我们的假身还没被戳穿。”

“手指猪到底是什么东西？”基拉说。

“多谢提问！”尼尔森说，似乎被基拉惹毛了。她向法尔科尼打了个手势："看到了吗？"

他的嘴角微微翘起："一只手指大小的猪。"

"或者一根像猪的手指。"斯帕罗说。

全息影像里，维沙尔挑起了眉毛："我觉得这是俚语，指猪肉热狗。"接着他退出了通话，脸消失在了屏幕上。

"你是说我们在飞行的热狗里？"基拉说。

法尔科尼故作幽默地笑了笑："也许吧。"

斯帕罗冷笑了一下："在海军陆战队里，这句话还有别的意思。"

"什么别的意思？"基拉问。

"等你长大了再告诉你。"

"闲话少说。"法尔科尼说，他在椅子里转过来看着基拉，"情况比我们知道的更复杂，对吗？所以你才会坚持救出水母。"

基拉紧张起来。与她现在要做的事情相比，逃跑是小菜一碟："联军司令部有没有把他们的决策告诉你们？"

"没有。"

"什么都没说。"

"一点儿该死的头绪也没有。"

"……好吧。"基拉酝酿了一下，刚要开口，全息显示屏上响起了鸣叫声，欢快得不合时宜。

格列戈罗维奇说："奥斯特德在全频道播放了一则信息，来自斯塔尔上校。我想这是讲给你听的，哦，带刺的小家伙。"

"放吧，"法尔科尼说，"听听他的说法也无妨。"

"我看未必。"斯帕罗咕哝道。

斯塔尔的人像取代了星图。上校显得很疲惫，气喘吁吁，左脸颊上还有一道带血的擦伤。

"纳瓦雷兹女士，"他说，"如果你能听到这段话，我希望你回头是岸。你身上的异种对联盟来说至关重要；你对联盟来说至关重要。我不知道你要干什么，但我确定那是徒劳。甚至，你会让情况变得更糟。如果你被杀，敌人掌握了异种，我们所有人都死定了。不要让良心受到谴责，纳瓦雷兹，千万不要。我知道现在的情况不符合你的期望，但请为了全人类的存亡，回头吧。我保证你和‘壁鱼号’的船员不会受到任何指控。我说到做到。”

信息传输结束了，全息影像又切回了星图。

基拉可以感觉到每个人的目光都集中在自己身上，甚至以塔利也用甲壳上许多纽扣一样的小眼睛看着她。

“那么——”法尔科尼说，“他们要的是你。我们不会再回去了，但如果你要回去，我可以切断引擎，给你足够的时间跳出气闸室而不被烤焦。我相信联军司令部会很乐意来接你。”

“不用。”基拉说，“我们走吧。”接着她告诉他们，包括以塔利，总理决定背叛心灵之结并对集结的水母舰队发动进攻。

斯帕罗发出了厌恶的声音：“这就是我讨厌入伍的原因。去他的政治。”

水母的皮肤搅动着绿色和紫色。它扭动触手，似乎很痛苦。以塔利：如果你们的种族和我们的种族不能结盟，腐坏者会摧毁我们所有人。

基拉翻译后，法尔科尼说：“你有什么想法？”

她看了看以塔利：“希望在联军司令部的暗杀部队抵达之前，以塔利能向心灵之结发出警告。”

她也和以塔利说了这一想法。基拉：你能用我们的传输器警告心灵之结吗？

以塔利：不行，你们的远味不够快。警告没法及时到达会合点，拯救心灵之结……你们的秘密议会派出的第七鱼群无法杀死强大的克汀。他们需要我们的帮助，需要我们来领导，正确地指挥兵团。没有心灵之结，你们的鱼群注定灭亡，我们所有人亦是如此。

意识到自己的计划被打乱，基拉感到绝望，心如乱麻。一定有办法补救的！基拉：如果我们尾随第七鱼群，能不能足够接近会合点，及时警告心灵之结？

水母的触手泛红了，空气中弥漫着肯定的近味。以塔利：能。

这无法从长远上解决水母和联盟之间的问题。但这两个种族间的问题过于重大，“壁鱼号”上的任何人都无法解决。

基拉在为法尔科尼和其他人翻译时，尽量不带任何主观色彩。

斯帕罗的声音比平时低沉得多：“你说的是直接飞到敌方的领土上。阿西。如果敌方的水母抓住了我们，或者梦魇……”

“我知道。”

“斯塔尔没说错，”尼尔森说，“我们不能让异种落入敌军之手。我很抱歉，基拉，但事实确实如此。”

“我们也不能袖手旁观，无所作为。”

斯帕罗擦了擦脸：“在联盟眼中，我们已经是罪犯了，但这是叛国罪。无论身在何处，协助和教唆敌军都意味着死刑。”

法尔科尼向前倾，切换到对讲机：“华钟、维沙尔，立刻到控制室来。”

“是。”

“收到，马上过去，船长。”

基拉愁肠百结。软刀是个问题。软刀一直是个问题，甚至可以追溯到遥远的过去。软刀导致数百万人（甚至数十亿人）死于非命，无论人类还是水母。软刀导致梦魇要占领整个银河系，超越所有的生命形式。

但并非完全如此。梦魇的出现不能完全归咎于异种。巨口的诞生，基拉也有责任。是她的恐惧、她一时的冲动给全宇宙带来了如此深重的灾难。

基拉呻吟着，双手捂脸，手指按紧头皮，直到头皮和内心一样疼痛。软刀困惑了：她能感到它在身体周围变硬，似乎准备战斗。

如果她能摆脱软刀，事情就简单了。那样他们就会有更多的选择。心灵之结已经守护了异种几个世纪，这次也不例外。

基拉又从喉咙中发出一阵呻吟。如果没有软刀，艾伦不会死，很多人都不会死。自软刀第一次进入她的身体以来，她想要的只有自由。自由！

她解开安全带，从椅子上猛地站起来。在2.5g的加速度下，她站住了。软刀帮助她保持直立，但她的手臂重得像铅，膝盖和脚踝打着战。

她毫不在意。

“基拉——”尼尔森想开口。

基拉尖叫起来。她尖叫着，仿佛第一次意识到艾伦已经死了；她尖叫着，张开双臂，努力发挥和软刀训练时学到的一切本领（在超光速航行中度过的漫长而黑暗的几个月里，她苦苦控制软刀获得的每一丝力量）剥离软刀。她将所有的愤怒、悲伤和沮丧都倾注于这唯一且原始的念头。

软刀向外涌出。尖刺和气泡向四面八方延伸开来，用振动回应她的精神攻击，但有所克制。她用意念约束它，控制它，使其无法威胁到其他人。

即便如此，也有失控的风险。

在隆起的部位之间，她感到软刀变薄、收缩，空气刺激着她裸露的皮肤——寒冷而干燥的空气，因亲密接触而令她震惊。她露出的部位越来越多，在残缺的黑色覆盖物中出现了一块块苍白的皮肤，宛如一座座岛屿，她的肉体感到刺痛。

以塔利在门边退缩了，举起触手，似乎要保护自己的甲壳。

基拉一再用力，迫使软刀离开自己，直到只剩几条筋状组织还连接在她身上。一点点纤维而已，再无其他。她专注于这几条纤维，试图让它们离开。她愤怒地让它们离开。她敦促它们离开。她命令它们离开。

筋状组织在她眼前扭动，但拒绝屈服。在她的脑海中，她感觉到软刀在抵抗。它已经一再退让，但到达了极限。再继续下去，软刀和基拉就会彻底分离，而这一点，软刀显然不会接受。

基拉被激怒，加大了力度。她的视线闪烁，由于用力过度，视野边缘变暗了。有一刻，她以为自己会昏过去。但她仍然站着，软刀仍在反抗。她从软刀那里获得了一些奇怪的想法，晦涩难懂，从她的脑海深处直达意识的上层区域，比如：*无缝的结合无法重铸*。还有：*时间是不平衡的。多形态掠夺者仍处于饥饿中，没有较近的发源地。因此，必须继续结合。*

这些话也许很奇怪，但含义清楚明了。

基拉号叫着，用尽全身力气对抗软刀，毫无保留。最后一次让它离开自己的努力；最后一次让她摆脱束缚、重获自由的机会。

但软刀还是牢牢地粘着，她也无法判断它是同情她、对她的困境产生怜悯，还是对自己的反抗有所内疚。它只有一种坚定的决心，以及一种坚持要与她一直结合下去的满足感。

自从意识到艾伦死后，基拉第一次选择了放弃。宇宙中充满了她无力控制的事情，而这似乎就是其中之一。

她哽咽了一声，不再挣扎，四肢跪地。软刀如流沙般回到了她身上，除了她的脸，身体的其他部位不再感受到冰冷的空气。她仍能感觉到地板，仍能感觉到气流挠着她的腰背部，但一切触感都隔着软刀的人造皮肤。这层皮肤消除了所有不适感，她感觉不到寒冷带来的刺痛和波形甲板给膝盖造成的异物感，一切都保持着温暖和舒适。

基拉紧闭双眼，感觉到眼角流出了泪水，她的呼吸也变得急促。

“天父在上。”维沙尔从门口踉踉跄跄地走过来，用一只手搂着她，“基拉女士，你还好吗？”

“没事，我很好。”她勉强说，不让自己哽咽。她输了。她已经尽了最大努力，但还不够。现在留给她的只有必需品。那是伊娜烈用过的一个词，而且很恰当。哦，多么恰当啊，就像黑铁链一圈圈地缠绕，束缚着她……

“你确定吗？”法尔科尼说。

她点了点头，没有抬头看他，泪水落在了手背上。不冷，不热，只有湿湿的感觉。“是的，”她颤抖地吸了口气，“我确定。”

2

当基拉重新站起来回到座位上时，华钟来到门口。高推力似乎丝毫没有阻碍她的行动。事实上，轮机长的动作自然流畅，尽管基拉知道飞船引擎产生的推力比辛扎尔的重力更强。

“我想异种的事情有些麻烦。”法尔科尼说。

基拉过了一会儿回答；她正忙着向以塔利保证自己没事。然后她说：“你说得没错。”

“对不起，船长，”维沙尔说，“但你们在担心什么呢？我们必须决定接下来要去哪里，是吗？”

“是的。”法尔科尼的语气显然有些严肃。他为医生和华钟简要地概括了目前的情况，然后说：“我想知道‘壁鱼号’能否再做一次长途旅行。”

“船长——”尼尔森开口说。

法尔科尼果断地用手势打断了她：“我只是想了解我们是否有选择。”他向华钟点了点头：“怎么样？”

轮机长嘬了嘬下嘴唇：“啊，线路需要清理，核聚变引擎和马尔可夫引擎都需要检查……水、空气和食物仍然充足，但如果我们要航行很久，最好补给一下。嗯。”她又咬了咬嘴唇。

“我们能办到吗？”法尔科尼问，“三个月的往返超光速航行。保守估计，假设冷冻休眠后需要三周恢复。”

华钟迅速点了一下头：“可以办到，但我不建议。”

法尔科尼发出一阵笑声："过去一年里，我们做的大部分事情都属于'我不建议'的范畴。"他回头看了看基拉："问题是，我们应该这么做吗？"

"这么做没好处。"斯帕罗说，身体向前倾，手肘支在膝盖上。

"是的，"法尔科尼承认，"没有好处。"

尼尔森说："我们很有可能会被干掉。如果没有被干掉——"

"也会因为叛国罪被处死。"法尔科尼说，扯了扯裤子上的一块补丁，"是的，我也是这么想的。"

"那你们要怎么办？"基拉平静地问。她能感觉到此刻气氛变得微妙。如果她过于执着，就会失去自己的同伴。

起初，没有人回答。接着，尼尔森说："我们可以把特里格送到正规的医疗机构，在联盟统治的范围之外。"

"但你的家人还在太阳系里，不是吗？"基拉说。大副沉默了，这足以说明一切。"还有你的家人，对吗？维沙尔。"

"是的。"医生说。

基拉的视线在其他人脸上来回扫视："我们都有自己关心的人，而且他们中没有一个是安全的。我们不能只顾自己找地方躲起来……不能。"

华钟喃喃着表示同意，法尔科尼低头看着自己紧握的双手。

"虚假的希望充满诱惑，保持警惕，"格列戈罗维奇低声说，"抵制诱惑，寻找其他途径检验你的希望是真是假。"

"嘘。"尼尔森说。

法尔科尼抬起下巴，朝着天花板，用手挠了挠下巴下边。指甲抓挠胡楂的声音出奇地响亮："替我问问以塔利。如果我们警告心灵之结，水母和人类之间还有机会实现和平吗？"

基拉翻译了这一问题。

以塔利：有机会，但如果心灵之结被切断，那么残酷而强大的克汀将统治我们种族，直到这个涟漪结束，所有人都会面临灾难。

法尔科尼咕哝了一声："嗯，我也是这么想的。"他转向基拉，从座位上尽可能拉伸安全带："你会去吗？"

尽管想到即将再次进入未知领域，心里有些恐惧，但基拉还是点了点头："会。"

法尔科尼环顾房间，看着每一个船员："你们呢？都想好了吗？"

斯帕罗做了个鬼脸："我不太喜欢帮助联军司令部，因为他们整天搞我们，但是……当然，管他呢。让我们行动吧。"

维沙尔叹了口气，举起了手："我不想看到这场战争继续下去。如果我们能做些什么来阻止战争，我觉得我们必须去做。"

"她去哪里，我就去哪里。"华钟说完，将一只手放在斯帕罗的肩膀上。

尼尔森眨了几下眼睛，基拉过了一会儿才意识到大副的眼里含着泪。尼尔森吸了吸鼻子，点头说："我也赞成。"

"那熵主义者呢？"基拉问。

"他们现在的情况不适合做决定，"法尔科尼说，"但我问一下吧。"他切换到眼屏，目光变得空洞。他通过默读发送信息，嘴唇抽动着，控制室里一片寂静。

基拉猜想他是通过病床上的屏幕和熵主义者交流的，因为他们的植入眼屏已经被烧毁了。她趁机向以塔利转述了他们的谈话内容。她不断地来回翻译，开始有些累了。她还查看了中央屏幕的全息影像——没有看到任何追兵，她松了一口气，但梦魇飞船已经设法破坏了附近太阳能激光装置的接收器/发射器。

"好了，"法尔科尼说，"薇拉不能说话，但乔鲁斯赞成。就这么定了。"他再次扫视大家的脸："所有人没有异议？……那好，我们意见一致。格列戈罗维奇，根据茨切特给我们的会合点，设定航线。"

飞船主脑哼了一声，这声音从他嘴里发出来却出奇地正常。然后他说："把我忘了，是吗？我的投票不算数吗？"

"当然算，"法尔科尼被激怒了，"那告诉我们你赞成还是反对。"

"我赞成还是反对？"格列戈罗维奇说，他的声音听起来有些失控，"好啊，谢谢你问我。我反对。"

法尔科尼翻了个白眼："我很遗憾你投了反对，但我们都赞成，格列戈罗维奇。票数比是7比1。设置航线，让我们离开这里。"

"我拒绝。"

"你说什么？"

"我拒绝。听清了吗？哦，船长，我严厉的船长，我多余的船长。"格列戈罗维奇咯咯地笑个不停，最后变成狂笑，笑声回荡在“壁鱼号”的走廊里。

基拉心里爬过一阵冰冷的恐惧。飞船主脑的精神状态一直不稳定，但现在已经完全疯掉了，而他们所有人都得靠他。

3

“格列戈罗维奇——”尼尔森开口说。

“我反对，”飞船主脑笑完后，低声说，“我坚决反对。我不会把你们带到那里去——不会。不管你们说什么或做什么，都别想说服我。即使装点我的头发，拍拍我的脑袋，用缎带把我打扮成漂亮的娃娃，用最饱满的柿子喂养我，我也不会改口、让步、反悔或通过其他方式撤销我的决定。”

以塔利：出什么差错了吗？基拉解释了一遍，水母身上显现表示不安的绿色。以塔利：你们的飞船形态像暗流一样危险。

法尔科尼咒骂起来：“格列戈罗维奇，你到底怎么了？我们没有时间听你胡说八道。我给你下了直接命令。该死的，给我改变航线。”

“永远不改。绝不可能。”

船长猛地一拍面前的控制台：“真的吗？我们去巴格亨特时你没有反对，现在却要造反？”

“那里存在的风险不确定，而且根据已知信息计算得出，风险仍在可忍受的合理范围内。你们也不是为了让自己陷入战乱，而现在我不允许发生这种事。不，我不允许。”飞船主脑听起来自以为是，令人难以忍受。

“为什么？”尼尔森问，“你到底在怕什么？”

飞船主脑又发出失常的笑声：“宇宙正在分崩离析，宛如一个出了故障的风车。面对黑暗和虚空，还有什么是重要的？友情的温暖，人类的仁慈之光。特里格躺在死亡边缘，被冻在冰墓中，我不允许再失去任何船员了。不行。如果我们继续冒险，闯入梦魇和水母的战火，而第七舰队面对麻烦继续逃避责任，在这种情况下我们整艘飞船必将毁灭——遭受命运残酷而愤怒的安排，毫无恩惠或怜悯，甚至没有一丝人性。”

“我明白你的担忧，”法尔科尼说，“现在我命令你掉转航向。”

“我办不到，船长。”

“办不到还是不愿意。”

格列戈罗维奇又笑了，低沉的笑声持续了很久：“办不到是客观的还是主观的？土豆还是马铃薯，说法不同而已。”

法尔科尼瞥了一眼尼尔森，基拉看到他的表情带着警觉：“你听到基拉的话了。如果我们不警告心灵之结，就会失去与水母和平相处的唯一机会，而且，可能还会失去打败梦魇的唯一机会。这就是你想要的结果吗？”

依旧是低沉而持续的笑声：“当不可移动的力量遇上不可阻挡的物体，因果关系就会变得混乱。无法用现有计算资源得出概率，有太多统计变量。”

“你想说不可阻挡的力量遇上不可移动的物体吧。”尼尔森说。

“我说的就是我想表达的意思。”

“但你没有。”

斯帕罗咳了一下：“不过是变相承认你无法预测结果罢了。”

“啊！”格列戈罗维奇说，“说到点子上了。我们都无法预测，而我要保护你们远离不确定的结果，我的小鸡崽们。是的，我要保护你们。”

“好吧，我已经受够了你的叛逆，”法尔科尼说，“我不想这么做，但这是你逼我的。访问码：4-6-6-9-去你的。授权口令：法尔科尼—阿尔法—很好—很好—威士忌—探戈。”

“抱歉，船长，”格列戈罗维奇说，“你指望这会起作用吗？你不能强迫我离开系统。‘壁鱼号’是我的，你占有它的时间远远比不上我。她是我肉中的肉，剩下那句我忘了。[①]坦然接受失败。我们去半人马座 α，如果那里还是太危险，我们就去有人类居住的太空边缘找到安全的避风港，不让外星人的触手摸到我们。是的，我们会找到的。”

在他说话时，法尔科尼指着华钟，打了个无声的响指。轮机长点点头，解开安全带，迅捷地去往控制室的门。

门在她面前猛地关上，还能听到叮当的锁声。

“宋女士，”飞船主脑轻哼道，“宋女士，你在做什么？我知道你要要

---

① 源自《圣经·旧约·创世记》第 2 章第 23 节：“那人说，这是我骨中的骨，肉中的肉，可以称她为女人，因为她是从男人身上取出来的。”——译者注

什么伎俩。别想打败我；哪怕再过一千年，你也想不出对付我的手段，宋女士，宋女士——你的吟诵不言而喻。放弃你不光彩的意图吧；我已经料到了你所有的动机，毫无惊喜可言……”

“快，”法尔科尼说，“控制台。也许你可以——”

华钟转过身来，匆匆来到全息影像桌旁控制台下的检修面板。

“那我呢？”基拉说。她不知道轮机长要干什么，但分散格列戈罗维奇的注意力似乎是个好主意。“你不能把我关在这里。停手，否则我就去砸开你的盒子，把你的电源线全部扯出来。”

当华钟碰到检修面板时，一阵火花喷了出来。她大叫一声，收回手臂，攥着手腕，看起来很疼。

“混蛋！”斯帕罗大骂道。

“继续试吧，”飞船主脑低声说，“壁鱼号”震动着，“继续试。你们再怎么试也没用；完全没用。我设置了自动航行，无论你们做什么都不能解除，即便清除主程序，重新编写——”

华钟脸上露出了阴郁的神色，她咬紧的牙间发出一声尖锐的嘶嘶声。她从腰带的口袋里掏出一块布，包在她缠着绷带的手上，裹住手指。然后，她再次把手伸向检修面板。

“让我——”基拉刚开口，轮机长就已经打开了面板，在里面翻找着。

“宋，”格列戈罗维奇哼唱着，“优美的吟诵，你知道自己在做什么吗？我根深叶茂。你无法把我的根挖出来，哪里都不行，哪怕用一千个机器人的一千束激光。在‘壁鱼号’内，我全知全能，无处不在。我是唯一的真理，是意志与道路[①]。抛开那无意义且可悲的迎合，乖乖地——”

华钟猛拉控制台下的某个东西，灯带闪了一下。扬声器里传来一阵静电声，切断了格列戈罗维奇的声音。墙上的一半指示灯都灭了。

“就范。”华钟说。

---

① 源自《圣经·新约·约翰福音》第14章第6节：“耶稣说，我就是道路、真理、生命，若不借着我，没有人能到父那里去。”——译者注

4

随之而来的是一阵惊愕的沉默。

“见鬼。你还好吗？”斯帕罗问。

华钟呻吟了一声：“我很好。”

“你做了什么？”法尔科尼质问道。从他的提问中，基拉可以听出他对格列戈罗维奇的愤怒，以及他对轮机长可能伤害了飞船主脑和/或“壁鱼号”的愤怒。

“我把格列戈罗维奇从计算机上移除了。”华钟站起来说。她揉着受伤的手，面露痛苦之色。

“怎么办到的？”法尔科尼说。基拉也想知道。格列戈罗维奇没有骗人。飞船主脑往往与“壁鱼号”这样的机器高度融合，取出他们的难度堪比从活着的病人体内取出一颗仍在跳动的心脏（且不会杀死他）。

华钟放下手臂：“格列戈罗维奇非常聪明，但并不知道‘壁鱼号’的所有情况。他知道电路，而我知道电路所处的管道。阿西，就是那条管道。”她摇了摇头：“在连接他的所有电源线上都有断路器，以防出现严重的电涌。断路器可以在这里或避难区启动。”她耸了耸肩。“很容易办到。”

尼尔森说：“那么，他完全和外界切断联系了吗？独自待在黑暗中？”

“没有完全切断，”华钟说，“他的盒子里有一台计算机。无论计算机里储存了什么，他都能看到。”

“感谢上帝。”维沙尔说。

“但他不能联系任何人？”尼尔森说。

华钟摇了摇头：“无线和有线的通信都不行。如果我们想，可以连接他的盒子和他交谈，但要小心。如果他访问了任何外界系统，可能会再次掌控‘壁鱼号’。”

“他肯定会为此生气的。”斯帕罗说。

基拉同意。格列戈罗维奇一定会非常生气。他再次被困在营养液中，无法与外界联系，对他来说简直是噩梦。想到这里，她打了个冷战。

“谁在乎他会不会生气？”法尔科尼喊道，用手捋了捋头发，“现在，我们要在被炸毁之前离开太阳系。你能设置一条新的航线吗？”

“是，长官。”

“那就行动吧。再编写一次随机游走的程序。三次跳跃应该够了。”

华钟回到座位上，专心致志地看着眼屏。一分钟后，自由落体警报响起，飞船关闭引擎，压迫性的重量感随之消失。

当“壁鱼号”重新确定航向时，软刀让基拉紧紧地贴在椅背上。它当然会这样做，它是如此包容，对她的人身安全是如此关心。只是它不会给她真正想要的东西。她对软刀的旧恨再次涌上心头，酝酿已久的愤怒带着酸楚喷涌而出。但她的仇恨无济于事、软弱无力，因为她对此毫无办法——一点儿办法都没有，就像格列戈罗维奇无法摆脱飞船主脑的牢笼。

“我们还有多久能进入超光速空间？”她问。

“30分钟后，”华钟说，“水母的调节依然有效。我们可以比平时更快地进入。”

*以塔利：理想态？*作为回应，基拉向水母同步了最新情况，它触手上那病恹恹的绿色消失了，取而代之的是平时健康的橙色。

“灯光秀真漂亮，”斯帕罗指着外星人说，“竟然能变出这么多颜色。”

基拉没想到船员们能自在地与水母共处。历经此事，她也是如此。

“壁鱼号”完成了转向，推力恢复，基拉再次感受到了甲板的压力。飞船沿着太阳系的马尔可夫极限向一个不同的点前进。

5

船员们花了30分钟为“壁鱼号”跳入超光速空间做准备，也为新一轮的冷冻休眠做准备。理想情况下，他们会有更长的恢复时间，因为每个冷冻休眠周期都会对他们的身体造成损害。不过，他们的冷冻休眠还远没有超出限制。正山贸易公司的商业合同规定：每年不超过两次，一次一个月，恢复三个月。基拉知道，平民和军事人员往往远超过这一限制，当然也会承担相应的后果。

出发前，他们得到了一个好消息。维沙尔笑容灿烂地冲进控制室，说：“听着！我从我叔叔那里得到消息。谢天谢地，我母亲和姐姐们都在月球上。”他在胸前画了十字。“我叔叔说，他会保护好她们。他在月球的地底深处有一个避难所。只要她们愿意，可以一直和他待在一起。谢天谢地！”

“真是个好消息，维沙尔，”法尔科尼说，拍了拍他的肩膀，“太好了。”

他们都向医生表示祝贺。

基拉空下来后，在舱室里休息了一小会儿。她调出太阳系的实时影像，放大地球这个蓝绿色的小点。

地球，人类祖先的家园。一个充满生机的星球，有很多复杂的多细胞生物，比大多数异种圈的生物进化得更好。只有埃多伦上生物的进化程度能接近地球，可是埃多伦的所有物种都没有自我意识。

基拉曾研究过庞大多样的地球生物群，所有异种学家都研究过。她一直希望有一天能去地球旅行。但奥斯特德是她目前到过最接近地球的地方，而且她似乎不太可能踏上地球了。

她看着地球，有一种轻微的不真实感。三百年前，所有人类都还只在这个泥土星球上生存与死亡；所有人类都被困在那里，无法像她和其他许多人那样在群星中展开冒险。

甚至“泥土”这个词就代表着她眼前的星球，而“卫星”就是悬挂在其附近的苍白球体[①]（两者都有轨道环[②]，明亮得宛如银线）。

地球。

月球。

独一无二，无可替代。

基拉颤抖地吸了一口气，产生了强烈的情感，对此她并不习惯。“再见。”她低声说，不确定是对谁或对什么说的。

然后，她关闭了显示屏，去找船员们。很快，跳跃警报响起，“壁鱼号”转换到超光速空间，将一切抛诸身后：太阳、地球、木星、木卫三、入侵的梦魇，还有芸芸众生。

---

①“泥土”和“地球”、“卫星”和“月球”均为一词多义。——编者注

② 轨道环：见附录三“ORBITAL RING”（第 809 页）。

第五章

* * * * * * *

退场Ⅳ

1

飞船离开太阳系后第三次跳跃时，除了法尔科尼、华钟，当然还有基拉，所有船员都处于冷冻休眠中。甚至以塔利也在货舱里给自己结了一个茧，进入了休眠（法尔科尼决定不再让水母待在气闸室里了）。

当他们在正常空间等待“壁鱼号”冷却、准备踏上最后一段旅程时，基拉来到厨房，就着四杯水，快速吃下三个加热过的餐包和一整袋绿石坚果[①]蜜饯。虽然她不太喜欢在零重力环境中进食，但她在奥斯特德利用软刀不停地作战，因此饥肠辘辘。

吃东西的时候，她忍不住去想格列戈罗维奇的事。飞船主脑仍被困在“壁鱼号”的计算机系统外，独自待在他那坟墓般的盒子里。她有好几个理由感到不安，但主要是因为她感同身受。基拉知道独自待在黑暗中是什么滋味，她在“瓦尔基里号”上的经历让她非常清楚。她担心这会对格列戈罗维奇产生不良影响。即使是基拉最大的敌人，甚至是梦魇，她也不希望对方遭受被遗弃和被孤立的命运。相比之下，死亡倒更能让人接受。

而且……虽然她不愿意承认，但格列戈罗维奇已经成为她的朋友。或者说，她和飞船主脑有了一种近似朋友的关系。在超光速航行中，他们之间的对话给了她不少安慰，她不愿意看到格列戈罗维奇陷入如今的困境。

回到控制室，她拍了拍法尔科尼的手臂以引起他的注意，说：“嗨，格列戈罗维奇的事你打算怎么办？”

法尔科尼叹了口气，眼屏的反射光从他的眼中消失了：“我能怎么办呢？我试着和他谈了，但他只会胡言乱语。”他揉了揉太阳穴。“现在我唯一的选择就是把他扔进冷冻舱。”

---

① 绿石坚果：见附录三“BERYL NUTS”（第 800 页）。

“然后呢？让他从现在开始一直冷冻休眠？”

“也许吧，”法尔科尼说，“这件事之后我不知道还能不能信任他。”

“你能不能——”

他看了她一眼，示意她住嘴：“你知道在情有可原的情况下怎么处置拒绝服从命令的飞船主脑吗？”

“让他们退休？”

“没错。”法尔科尼扬了扬下巴，“飞船主脑会立刻被从船上移走，他们的飞行执照会被吊销。就这么简单。即使在民用船上也是如此。你知道为什么吗？”

基拉噘起嘴，已经猜到了答案：“因为太危险了。”

法尔科尼用一根手指围着脑袋转了个圈，以此表示周围的环境：“任何飞船，即使像‘壁鱼号’这样的小型飞船，本质上都是飞行炸弹。有没有想过——比方说，一个精神错乱的飞船主脑带着一艘货运飞船或巡洋舰撞向一颗星球，会发生什么？”

基拉心头一紧，想起了在奥洛格发生的事故。奥洛格是她家乡所在的恒星系的一颗卫星，当年撞击留下的深坑至今肉眼可见：“反正不是好事。”

“不是好事。”

“既然如此，你还放心让格列戈罗维奇留在船上？”她好奇地看着他，“风险似乎太大了。”

“风险确实很大。但他需要一个家，而我认为我们可以互相帮助。在此之前，我从未觉得他对我们或‘壁鱼号’有任何危险。”他用手指梳了梳头发。“该死，我不知道。”

“你能不能把他的访问权限缩小到通信系统和亚光速导航上？”

“行不通。一旦飞船主脑成为飞船系统的一部分，几乎不可能把他们与其他部分隔离。他们很聪明，而且与计算机结合得很紧密。这就好比徒手抓一条鳗鱼，它迟早会溜走。”

基拉一边搓着手臂，一边想：情况不妙。除了对格列戈罗维奇本身的担心，她还担心接下来他们要在没有他掌舵的情况下进入敌区。“你介意我和他谈谈吗？”她抬头看了看天花板。

“实际上，更应该在下面——”法尔科尼指向甲板，“可是为什么？我很乐意你去谈，但我觉得没什么用。”

“也许是没用，但我很担心他。我也许能帮助他冷静下来。我和他在超光速航行中聊了很久。”

法尔科尼耸了耸肩：“你可以试试，但我还是不确定这有没有用。他听起来真的有些失常。”

“为什么这么说？”基拉问，越发担忧起来。

他挠了挠下巴：“就是……奇怪。我是说，他确实很另类，但现在不只是另类那么简单。好像他真的脑子出了问题。”法尔科尼摇了摇头。“说实话，格列戈罗维奇能否冷静下来并不重要。我不会把‘壁鱼号’的控制权还给他，除非他能说服我以后再也不会出现类似的情况。而我认为他没法做到这一点。有些事情是无法挽回的。”

她仔细看着他：“我们都有犯错的时候，萨尔沃。”

“犯错就要承担相应的后果。”

“……而且，当我们到了水母的地盘，我们可能需要格列戈罗维奇。莫文是不错，但她只是一个伪智能体。如果我们遇到麻烦，她帮不上忙。”

“确实如此。”

基拉将一只手放在他的肩膀上：“此外，你说过格列戈罗维奇是你们中的一员，和特里格一样。你真的打算就这样放弃他吗？”

法尔科尼盯着她看了好一会儿，绷紧了下巴。最后，他舒了口气：“好吧，和他谈谈。看你能不能感化他那块自称为大脑的水泥砖头。去找华钟。她会告诉你该去哪里找他、要做些什么。”

“谢谢。”

“嗯。只要别让他进入主程序就行了。”

基拉于是告别了法尔科尼，去找华钟。此时，她正在引擎室。当基拉告诉她自己的意图后，华钟似乎并不惊讶。“跟我来。”华钟说，并带她回到控制室。

“壁鱼号”的大厅昏暗、寒冷，安静得可怕。冷空气吹拂的舱壁上有凝结的水珠，在基拉和华钟面前，两人的影子向前延伸，像受折磨的灵魂在船上飘荡。

在控制室下一层甲板上，靠近船体的核心部位有一扇锁着的门，基拉以前走过的时候没注意，它看起来像壁橱或服务器机房的门。

在某种程度上也可以这么说。

华钟打开门，一米内还有一扇门。她说：“功能类似于小型气闸室，以防飞船其他地方的空气进入。”她说。

“明白。”

第二扇门被打开了。门内是一个狭窄闷热的房间，风扇在嗡嗡地运作，墙上是一排排彩色指示灯：每个灯代表一个切换开关、拨动开关或调节开关。房间中央摆放着巨大而沉重的神经石棺，一个金属建筑物，长度和宽度都两倍于基拉的床，高度与她齐胸，自带威严感，像是为了警告任何人别靠近，仿佛在说：“不要插手，否则你会后悔的。”石棺上的装置暗沉沉的，几乎是黑色的，一侧有一个全息显示屏，还有一排绿色的长条，标明不同气体和液体的含量。

虽然基拉在游戏和视频中见过石棺，但她从未亲身接近过石棺。她知道，石棺与“壁鱼号”的管道和电源相连，但如果将石棺与飞船分开，格列戈罗维奇也能活上几个月甚至几年，这取决于内部电源的功率。石棺既是人造骨骼又是人造身体，非常牢固，在返回大气层的过程中，它可以在能撕碎飞船的速度和压力下完好无损。它的耐久度令人惊叹。很多时候，石棺（和里面的主脑）是其母舰被毁后唯一得以完整留存的部分。

在这由金属和蓝宝石做成的厚板里藏着一个大脑，这多少令人匪夷所思。而且这不是一个普通的大脑。它更大——大得多，向外延伸了很多：格列戈罗维奇的意识基于果壳状的核心，周围是宛如蝴蝶翅膀的灰质，现在体积已经变得巨大。基拉想到这里，心生不安。带着感性的幻想，她不禁感到整个棺材也是活的，正看着她，但她知道华钟已经切断了格列戈罗维奇的所有传感器。

轮机长从口袋里掏出一副有线耳机，交给她：“插在这里。你说话时把耳机戴上。如果他能广播声音，就可以入侵系统。”

“真的吗？”基拉怀疑地问。

“真的。任何输入形式都足以入侵。”

基拉找到石棺侧面的插孔，插上耳机，在毫无头绪的情况下说：“喂？”

轮机长叹了口气：“还有这里。”她拨动了插孔旁边的一个开关。

一阵愤怒的号叫充斥基拉的耳朵。她退缩了一下，手忙脚乱地降低音量。号叫声渐渐减弱，变成了一连串毫无规律、无休无止、没有间隔的咕哝声，将格列戈罗维奇脑子里的每个念头都一股脑儿胡乱地倾泻出来。他的咕哝是有层次的：就像一群克隆人在高声地自言自语，因为没有任何人的舌头能跟上他从不间断、如闪电般快速的思维。

我在外面等你，华钟用唇语说道，然后离开了。

“……喂？”基拉说，不知道自己陷进了什么奇怪的状况里。

咕哝声没有停止，但慢慢变轻了，一个声音（她熟悉的声音）说话了：“喂？你好，我的美女，我的宝贝，我的拉格泰姆[①]女孩。纳瓦雷兹女士，你是来幸灾乐祸的吗？来指指点点，嘲笑我的不幸？来——”

“什么？不，当然不是。”

一阵笑声在她耳边回荡，是一种宛如碎玻璃般尖厉的笑声，让她颈后的皮肤刺痛。格列戈罗维奇的合成音里有一种奇怪的音调，变形的颤动让他的元音很难听懂，而且音量忽高忽低，有不规律的中断，就像无线电广播的干扰。“那你来干什么？安抚你的良心？这是你干的好事，哦，忧愁的肉袋子；你的选择；你的责任。这里是你制造的监狱，周围全是——”

“想劫持‘壁鱼号’的是你，不是我。”基拉说。她有一种感觉，如果不打断他，他会一直说下去。“不过，我不是来这里和你争论的。”

“啊哈哈！那来干什么？但我要重复我的话。你太慢了，太慢了；你的脑袋像泥巴，你的舌头像生锈的铅，你的——”

“我的脑袋没问题，”她反驳道，“我只是会先思考再说话，不像你。”

“哦，嗬！露出真面目了；海盗在右舷；骷髅头和交叉骨，准备捅死患难与共的朋友，哦哈哈，嶙峋的礁石上矗立着一座紧闭的灯塔，灯塔看守独自落水，‘马尔科姆，马尔科姆，马尔科姆’，他大声叫着，而蜈蚣在令人同情的孤独中尖叫。”

基拉一下子提高了警觉。法尔科尼是对的，飞船主脑已经失常，而且失常程度远远超出了他反对帮助心灵之结这件事。现在说话要格外小心。“不，”她说，“我想趁离开前来看看你怎么样了。”

---

① 拉格泰姆：19世纪末美国流行音乐，爵士乐的前身。——译者注

格列戈罗维奇咯咯笑道：“你的内疚就像透明的铝一样清晰可见，是的，很清晰。我怎么样了？……”在他假装的呕吐声中出现了一阵带来希望的停顿，甚至连背景的咕哝声也消失了，接着他的语调变得克制——他意外地正常了些。“自然无常，早就把我逼得像三月兔[①]一样疯狂，难道你还没有注意到吗？”

“我只是出于礼貌不提罢了。”

“真的，你的礼貌和体贴无人能及。”

这还差不多，基拉差点笑了。但他虚假的理智很容易消失，她不知道自己能刺激他到何种程度：“你会没事的吧？”

格列戈罗维奇发出一声冷笑，但很快就忍住了：“我？哦，我会没——事的，当然。健康无比，而且很惬意。我会独自待在这里，沉浸在美好的回忆和对未来的希望中，是的，我会没事的，没事，没事。”

那么他有事。基拉舔了舔嘴唇：“你为什么要反抗？你知道法尔科尼不会让你接手一切的。为什么要反抗？”

背景混杂一片的咕哝声变响了：“怎么解释呢？我应该解释吗？我已经做出反抗，也承担了后果，现在解释还有什么用呢？嘻嘻。但你听好了：我曾待在黑暗中，失去了我的船员和飞船。我不会再让这种事发生，也不能再忍受这样的痛苦，绝不会。让我陷入甜美的遗忘——那亘古不变的死亡。比起被流放到冰冷的悬崖上，灵魂在孤独中枯萎且彷徨，我更愿意接受死亡的命运。每个灵魂都是玻尔兹曼悖论[②]的例证，每个灵魂都是噩梦的无限延长。什么是思维，没有物质的存在；什么是物质，没有思维的存在，而孤独是对四月最残酷的再现[③]，那么——”

一阵静电的爆裂声打断了他的话，他的声音逐渐变小，但基拉已经把他的音量调低。他又开始喋喋不休了。她觉得自己听懂了他的意思，但那

---

① 三月是兔子发情的季节，此时兔子会忘记自身弱小而到处瞎跑。——译者注

② 玻尔兹曼悖论：由奥地利物理学家路德维希·玻尔兹曼提出。如果已知的低熵态宇宙是来源于熵的涨落，那涨落中也应该会出现许多低熵的自我意识，比如一个孤单的大脑。这种孤单的大脑就被命名为玻尔兹曼大脑。——译者注

③ 源自英国诗人T.S.艾略特的《荒原》：“四月是最残忍的一个月，荒地上长着丁香，把回忆和欲望掺和在一起，又让春雨催促那些迟钝的根芽。”——译者注

不是她担心的内容。几小时的隔离不应该让格列戈罗维奇如此失常。一定有其他原因。什么能对飞船主脑产生如此强烈的影响？基拉意识到自己毫无头绪。

也许，如果她把谈话引向平静的话题，可以让他进入更稳定的状态，并找出根本原因。也许。

“格列戈罗维奇……格列戈罗维奇，你能听到我吗？如果你还在，请回答我。发生了什么事？”

过了一会儿，飞船主脑用微弱且遥远的声音回答：“基拉……我感觉很糟。我不……一切都不对劲了。”

她把耳机紧紧贴在耳朵上，试图听得更清楚：“你能告诉我原因吗？”

他那微弱的笑声逐渐变得响亮：“哦，我们现在进入分享和忏悔模式了吗？嗯？是吗？”他又发出一阵令人不安的咯咯笑声：“哦，好奇的你，我有没有说过我为什么决定成为飞船主脑？”

基拉不喜欢岔开话题，但她不想惹他生气。只要格列戈罗维奇愿意说，她就愿意听。“不，你没说过。”她说。

飞船主脑哼了一声：“为什么呢，因为当时看来这是个好主意，就——是——这——样。啊，年轻的我是多么愚蠢……我的身体不太管用了，你知道（你不知道，但你知道，哦对）。没了手脚，某些重要器官也不见了。他们告诉我，路上有大量的血和粪便。黑色的石头衬着黑色的丝带，还有红色、红色、红色，而天空是痛苦的灰色。仅有的可行方案是我被放进人造生物体中，等着他们为我培育新身体；或者转换成飞船主脑。出于傲慢和无知，我决定挑战未知。”

“即使你知道那不可逆？你不会觉得困扰吗？”基拉刚问出口就后悔了；她不想扰乱他的情绪。幸好他平静地接受了她的问题。

“我那时没有现在这么聪明，哦不不不。我想我会怀念的只有热腾腾的美酒，一勺勺甜甜、软软、可口、诱人的美味，还有紧紧拥抱、深深感受的肉欲上的欢愉。是的，无论是美酒美食还是床笫之欢，我思考过，是的，我思考过，虚拟现实将提供充足的替代品。比特和字节，二进制的碎片，理想的影子融化电子的饥饿，饥饿，饥饿……我错了吗？错错错，我总能利用人造生物体来沉浸在感官的欢愉中，我为此着迷。”

基拉的好奇心被激发了。“但是为什么？”她竭力用最舒缓的语气说，“为什么要成为主脑？”

格列戈罗维奇笑了，语气带着傲慢：“当然是为了寻求刺激。成为我以前无法成为的巨人，不受微不足道的肉体束缚，在星空中游荡。”

“不过，你的变化不会这么简单，”基拉说，“前一刻你的生活还朝着一个方向发展，然后一场意外突然把你送往一个完全不同的方向。”她仿佛在说自己，而不是他。

“谁说这是一场意外？”

她眨了眨眼睛：“我以为——”

“是不是意外不重要，是的，不重要。我早已考虑过自愿成为飞船主脑。突如其来的残疾只是让我更快地做出了危险的决定。对某些人来说，变化来得更加自然。单一的存在总是无趣乏味，而且，正如古人所言，对可能性或合理性的期望是引起我们不满的最常见的原因。期望导致失望，失望又招来了愤怒和怨恨。是的，我知道这很讽刺，莫大的讽刺。但自知之明无法隔绝愚蠢——我那傻笑的共生体[①]，只能算是不完美的自我保护。”格列戈罗维奇说得越多，似乎就越平静、越理智。

让他继续说下去。“如果能从头再来，你还会做出同样的选择吗？”

“选择成为飞船主脑？我会的。其他选择也不是很多。手指、脚趾和蒙古弓[②]。”

基拉皱起了眉头。他好像又说了一句胡话。“过去有什么你怀念的东西吗？我本来想说‘在你有身体的时候’，但我想现在‘壁鱼号’就是你的身体。”

一声空洞的叹息在她耳边回荡：“自由。我怀念自由。”

“什么意思？”

“所有已知空间都（曾）由我主宰。我可以超越光速。我可以潜入气态巨行星的大气层，沐浴在埃多伦的极光中，我确实做到过。但正如你所说，你这恼人的小东西啊，‘壁鱼号’现在是我的身体，以后将一直是我

---

① 原文 Simpering（傻笑）和 Symbiotic（共生体）发音相近。——编者注

② 原文 toes（脚趾）和 Mongolian bows（蒙古弓）押韵。——编者注

的身体，直到有一天（如果有这么一天）我被移除。当飞船停靠时，你可以自由地离开‘壁鱼号’，前往想去的地方。通过摄像头和传感器，我可以远距离与你同行，但我仍然被困在‘壁鱼号’里，即使我有一个可以远程驾驶的人造生物体。我很怀念自由的滋味，可以不受限制地移动，可以按照自己的意愿去往任何地方，不需要大惊小怪，也没有任何麻烦……我听说在斯图尔特世界有一个飞船主脑，他给自己造了一个10米高的机械身体，现在他整日游荡在星球上无人居住的地方，用和人一样高的画笔画出山色美景。我希望有一天我也能拥有这样的身体。我非常渴望，尽管目前看来可能性很小。”

格列戈罗维奇继续说：“如果能回到成为飞船主脑之前，我会建议自己，充分享受拥有的一切。很多时候，只有失去某样东西，我们才会珍惜。”

“有时候，只有失去，才会知道这一点。”基拉说完停顿了一下，被自己的话触动了。

“是这样。我们人类的悲剧正是蒙昧无知。”

“但是，无视未来和/或沉湎于悔恨也同样无益。”

“的确。重要的是尝试，通过尝试改善自己。否则，我们还不如别从树上下来了。但当人类在太空中飘荡、旋转并制造骚乱，让时间错位，就没必要再多愁善感地深度自省了。[①]我要写回忆录，清理数据库，重写子程序，设计滚动新闻，掌握占卜术，方块重重叠加，一个波形或一个不可分割的点，告诉我，告诉我，告诉我——”

他似乎陷入了精神错乱，以不同的音量在她耳边重复着“告诉我”。基拉皱起眉头，很是沮丧。刚才明明有所进展，但格列戈罗维奇似乎无法保持精神集中。“格列戈罗维奇……”接着，她的呼喊比预想的更加尖厉，“格列戈罗维奇！”

他不断重复那三个字的过程中出现了停顿，接着是微弱到几乎听不见的声音：“基拉，有些地方不对劲，完全不对劲。”

“你能不能——”

---

① 此处用哺乳动物特有的肚脐（navel）指代人类，与深度自省（navel-gazing）呼应。——译者注

混杂成一片的号叫声再次响起，吓得基拉赶紧调低了耳机的音量。

在号叫声的洪流中，她听到格列戈罗维奇在说话，听起来太过平静，太过文雅："祝你睡个好觉，试图抚慰我的忏悔者，愿睡眠能平息你骚动不安的心灵。当我们下次见面时，我一定会好好感谢你。是的，好好感谢。记得避免令人讨厌的期望。"

"谢谢。我会的。"她说，试图开个玩笑，"无限空间之女王，是吗？但你还没——"

嘈杂声中传来一阵笑声："我们都是自己疯狂的国王和女王。唯一的问题是我们如何统治。现在走吧，让我完成我的任务。在优柔寡断的矩阵里数原子，循环超光速能量量子[①]，质疑因果关系，来来去去，现实像光子经过时空质量变形一样扭曲而超光速逸出折磨正切高原占据颠三倒四啊哈哈哈[②]。"

2

基拉扯下耳机，盯着甲板。她的眉头皱了起来。

她在零重力环境下小心翼翼地退出房间，发现华钟在外面等她。"那家伙怎么样？"轮机长问。

基拉把耳机递给她。"不怎么样。他真的……"她努力寻找合适的词来描述格列戈罗维奇的行为，"他真的有些失常。有些地方不对劲，华钟。真的……真的不对劲。他一开口就停不下来，而且很多时候语无伦次。"

现在轮机长也皱起了眉。"阿西，"她嘟囔道，"维沙尔还醒着就好了。我只能修机器，修不了软绵绵的大脑。"

"会不会就是机器的问题？"基拉问，"我们在奥斯特德时，或者你把他从主程序上断开连接时，格列戈罗维奇会不会出了什么事？"

华钟瞪了她一眼："那是断路器，不会造成任何故障。"但她继续皱着眉头，把耳机塞进口袋。"待在这里，"她突然说，"有件事我要确认一下。"

---

① 超光速能量量子：见附录三"TRANSLUMINAL ENERGY QUANTUM"（第816页）。

② "逸出""折磨""正切""高原""占据""颠三倒四"都是以T开头的单词且毫无关联，说明飞船主脑思想混乱并失控。——译者注

轮机长转过身，往大厅和走廊周围移动。

基拉尽可能耐心地等着。她一直在琢磨自己与格列戈罗维奇的谈话。尽管不冷，她还是颤抖着抱住自己。如果格列戈罗维奇真的和他表现出来的那样糟……把他关在冷冻舱里可能是他们唯一的选择。一个失常的飞船主脑简直是灾难。

她认为，银河系中存在许多不同种类的灾难。有些是小灾难，有些是大灾难，但最糟糕的莫过于发生在你身边的灾难。

基拉想告诉法尔科尼有关格列戈罗维奇的事，但她强迫自己等华钟。

过了近半小时，轮机长才重新出现。她的手上沾满油污，卷起的袖子上有新的焦痕，脸上带着烦恼的表情，这丝毫没有缓解基拉的担忧。

“你有什么发现吗？”基拉问。

华钟举起一个黑色的小东西：一个长方形盒子，长宽近两指。“发现了这个，”她用厌恶的语气说，“呸！这东西就卡在连接格列戈罗维奇石棺的电路上。”她摇了摇头。“真蠢。当我打开断路器时，控制室里的灯闪了一下，我就知道有什么不对劲。”

“这是什么？”基拉走近问。

“阻抗器，”华钟说，“用来阻止信号通过一条线路。一定是联军司令部装的，为了防止格列戈罗维奇逃跑。当我们回到‘壁鱼号’上时，我没有检查出这东西。”她又摇了摇头：“当我打开断路器时，它在盒子里引发了电涌，电涌传到了格列戈罗维奇身上。”

基拉咽了一下口水：“什么意思？”

华钟叹了口气，移开目光：“电涌烧毁了格列戈罗维奇的线路。导线没有正确地连接到他的神经元，而那些正确连接的——阿西！又烧坏了。”

“他很痛苦吗？”

轮机长耸了耸肩：“我不知道。但计算机显示许多断裂的导线原本连接他的视觉皮层和语言处理区，所以格列戈罗维奇可能看到和听到不存在的东西。啊——”她摇了摇那个小盒子。“我们得让维沙尔帮忙解决这个问题。我无能为力了。”

基拉感到无助。“所以我们只能等了。”她并非在提问。

华钟点了点头：“我们能做的就是把格列戈罗维奇放入冷冻舱里。当我们抵达时，维沙尔会检查他的情况，但我认为他没法治好他。”

“你觉得我应该告诉法尔科尼吗？我要去找他。”

“没错，告诉他。我想把格列戈罗维奇冷冻起来，越快越好。然后我也要进入冷冻休眠了。”

“好的，我这就去。”基拉把一只手放在华钟的肩膀上，“还是谢谢你。至少现在我们知道原因了。”

轮机长哼了一声：“知道原因有什么用呢？啊，一团糟。真是一团糟。”

两人分开了，轮机长飘进了飞船主脑的囚室，而基拉则回到了控制室。法尔科尼不在，船上已经废弃的水培区里也找不到他。

基拉略感疑惑，便去船长室找他。这种时候，他应该不在自己的房间里，但是……

“进来吧。”当她敲门时，他说。

基拉推门而入，压力门吱嘎作响。法尔科尼坐在书桌前，系着椅子的安全带，以免自己飘浮起来。他一只手拿着一个水袋，正在喝水。

她注意到了他推到桌子远处的橄榄树盆栽。树叶破烂不堪，大部分树枝断裂，树干歪斜地探出花盆边缘，树根周围看起来好像被翻过土：透明塑料盖底下和树干周围飘着四散的小土块。

盆栽的状况让她大吃一惊。她知道他有多在乎这棵盆栽。

“情况如何？”法尔科尼问道。

基拉在详细讲述自己的发现之前，先将身体支撑在墙上。

在她讲述时，法尔科尼的表情越来越难看。“该死的，”他说，“该死的联军司令部。他们总让事情变得更糟。每一次都是这样……”他用手摩挲着脸，目光仿佛望向了飞船以外的某处。她不记得曾见过他如此愤怒或疲惫。“我早该相信我的直觉。他真的损坏了。”

“不是损坏。”基拉说，“格列戈罗维奇本身没有问题，是他连接的设备损坏了。”

法尔科尼哼了一声：“别和我玩文字游戏。他无法正常运转，就是损坏了。而且我无能为力，这才是最糟的。难得有一次格列戈[1]需要帮助，我

① 格列戈罗维奇的简称。——编者注

却……”他摇了摇头。

“他对你很重要，对吗？”

法尔科尼喝了一口水，铝箔包装纸皱了起来。他避开她的目光：“如果你问其他船员，你会发现格列戈罗维奇经常和我们每个人交谈。当我们集体行动时，他不太说话，但每当我们需要他时，他总是愿意倾听。而且他总是救我们于危难之中。”

基拉将双脚踩在甲板上，让软刀将脚固定住：“华钟说维沙尔可能也治不好他。”

“是的，”法尔科尼叹了口气说，“飞船主脑的手术难度很大。而且我们的医疗机器人无法执行这类手术……图勒。当我们发现格列戈时，他甚至都没有这么糟糕。”

“如果我们和水母打起来了，你会怎么做？”

“如果有可能的话，拼命逃跑。‘壁鱼号’不是战舰。”他用手指了指飞船，“而且这一切不能改变格列戈罗维奇的所作所为。导致他叛变的可不是什么阻抗器。”

“……嗯，我想不是。”

法尔科尼摇了摇头：“这该死又愚蠢的飞船主脑。他很害怕失去我们，结果发疯了，现在看看他变成了什么样……我们又变成了什么样。”

“我想这说明人人都会犯错，即使有他那样强大头脑的人。”

“嗯。前提是假设格列戈罗维奇是错的。但他可能是对的，你知道。”

基拉歪着脑袋：“如果你相信他，为什么我们还要去警告心灵之结？”

“因为我认为值得冒险一试。”

她认为现在最好换个话题。她指了指盆栽，说：“这是怎么回事？”

法尔科尼撇嘴咆哮道：“还是联军司令部干的。他们想找什么东西，把它从静滞柜里扯了出来。我花了好多工夫才把这地方清理干净。”

“它会活过来吗？”基拉不太了解这个植物品种。

“应该不会。”法尔科尼抚摸着一根树枝，但只摸了一会儿，似乎害怕造成进一步的损伤，“这可怜的东西离开泥土大半天了，温度下降，没有水，叶子也掉了……”他将水袋递给基拉。

“喝吗？”

她接过袋子，将嘴唇放在吸管上。她感觉嘴巴一下子感到了某种劣等酒的强烈烧灼，差点咳嗽起来。

“好东西，是吧？”法尔科尼注意到了她的反应。

“是啊。”基拉说完咳嗽起来。她又喝了一口，然后把袋子还了回去。

他敲了敲银色袋子：“在冷冻休眠前喝酒也许不是好主意，但管他呢。”

“是啊，管他呢。”

法尔科尼自己喝了一口，发出一声长叹，任由脑袋向后飘去，盯着在推力作用下天花板所在的位置：“疯狂，基拉，真疯狂。有那么多飞船可以打捞，我们偏偏打捞了你们的飞船。”

“对不起，我也不想这样的。”

他把袋子推给她。她看着袋子在空中飘浮，一把抓住。她又喝了一口劣等酒，灼热的味道涌进她的喉咙。“这不是你的错。”他说。

“事实上，我觉得是我的错。”她平静地说。

“不。”她把袋子扔过来，他接住了，“即使我们不救你，我们最终仍然会被卷进这场战争。”

“是的，但是——”

“没有但是。你以为水母会永远放过我们吗？你在阿德剌发现软刀只是它们入侵的一个借口。”

基拉考虑了一会儿：“也许吧。可梦魇是我一手造成的，对吧？”

“是，嗯……”法尔科尼摇了摇头，他似乎已经产生了醉意，“世事难料。你可以做好万全准备，但意外总是让你措手不及，而且总会发生意外。你本来过得好好的，砰的一声，一个小行星突然出现，摧毁了你的一切。你该如何在这样无常的宇宙中生活？”

这是反问句，但基拉还是回答了：“通过采取合理的预防措施，不让这种可能性把你逼疯。”

“像格列戈罗维奇。”

“像格列戈罗维奇，”她同意道，“生活就是一场赌局，萨尔沃。这是生活的本质。唯一的选择是趁早套现，但这是放弃之举。”

“嗯。”他和往常一样凝视着她，那双冰蓝色眼睛在飞船夜晚的昏暗光线下蒙上了一层阴影，如幽灵般苍白。

“在奥斯特德，软刀似乎越来越不受你控制了。”

基拉不自在地扭了一下身体：“也许有点儿。”

“应该没什么大碍吧？”

她沉默了好一会儿，接着说：“也许吧。”她绷紧腿部肌肉，将身体拉向甲板，换成坐姿。“我越是放松对软刀的控制，它的吞噬欲望就越强。”

法尔科尼的目光变得锐利：“目的是什么？”

“我不知道。它的记忆没有显示它在繁殖，但是——”

“但也许它对你有所隐瞒。”

她用手指了指他的方向。他再次把水袋给她，她接了过来：“让我喝这个有点浪费美酒了。我怎么喝都喝不醉，软刀会干涉。”

“别在意……你认为软刀是某种毁灭级别的纳米武器？”

“它有毁灭的能力，但我认为这不一定是它的用途。”基拉费力地寻找合适的词语：“我感觉软刀没有恶意。这听起来合理吗？它没有愤怒或施虐成性。”

法尔科尼挑了挑眉毛：“机器不会生气。”

“是的，但我确实感受到它不同于机器的特性。很难解释，但我认为它不完全是机器。”她试图换种方式解释，“当我在磁悬浮车周围用屏障抵御火力时，所有微小的卷须都伸进墙里。我能感觉到那些卷须不是要破坏，反而有一种建造的意图。”

“建造什么？”法尔科尼语气柔和地问。

“……任何东西，或者说所有东西。我不比你更懂软刀。”两人都陷入了压抑的沉默，“啊，我忘了告诉你，华钟说让格列戈罗维奇休眠后她自己也要进冷冻舱了。”

“那就只有我们俩了。”法尔科尼说着举起袋子，像在敬酒。

基拉微微一笑：“是的，还有莫文。”

“嘘。她不算。”

似乎是为了强调他的话，超光速警报响了。然后，随着远处一阵隆隆声，“壁鱼号”启动了马尔可夫引擎，离开了正常空间。

“我们上路了。”法尔科尼说。他摇了摇头，好像难以接受这个事实。

基拉又在盯着那棵损坏的盆栽。“它活了多久了？”她问。

“你敢信吗？差不多三百年了。”

“不会吧！”

“真的。它来自地球，那时刚过千禧年。我从一个人那里得到的，是一项运输工作的部分报酬。他不知道它有多珍贵。”

“三百年……”让人难以理解的数字。这棵树横跨了人类生活在太空中的全部历史。无论火星和金星殖民地，还是近地轨道以外的每个居住环和研究站，都比它出现得更晚。

“是的。”法尔科尼的脸上出现了忧郁的表情，“那些该死的暴徒竟然把它连根拔起，都懒得扫描搜查。”

“嗯。”基拉仍在想软刀在奥斯特德给她的感觉——以及软刀被发明出来或出生的目的。她无法忘记那无数宛如丝线的卷须在空间站的结构中穿行的感觉，触摸、撕扯、建造、领会。

软刀不仅仅是武器，这一点她很确定。她因而产生了一个想法，犹豫了一下。她不知道这个想法是否可行，但她希望可行。这样她就不会再对自己和软刀产生厌恶感了；这样她就有了充分的理由不再把软刀看作一件毁灭性的武器。

“你介意我试一试吗？”她问，朝盆栽伸出一只手。

“什么？”法尔科尼警惕地问。

“我不确定，但是……让我试试吧。”

他摆弄着袋子边缘想了一会儿：“好吧，但别做太过分的事。‘壁鱼号’船体上的洞已经够多了。”

“相信我一次。”

基拉从地上起身，爬过墙来到书桌前。她将盆栽拉近，双手放在树干上。她感觉到了手掌下粗糙的树干，还闻到了新鲜绿植的气味，像海风吹过刚割下的青草。

法尔科尼说：“你打算一直保持这个姿势还是……”

“嘘。”

基拉集中精神，让软刀钻进树里，脑子里只有一个想法，一个指令：治疗。树皮吱吱作响并分开，黑色的细小丝线一下子覆盖树的表面。基拉感觉到了植物的内部结构：树皮（内层和外层）、年轮、坚硬的木芯、每根细长的树枝，以及每片脆弱的、背面呈银色的叶子那抽芽的根部。

“嘿。”法尔科尼站起身来。

“等等。”基拉说，希望软刀能达到自己的要求。

橄榄树上，断裂的树枝抬起来伸直了，回到了原本的位置，挺立着。汁液沿着树干流淌，青草的气味更浓了。皱巴巴的叶子舒展了，叶子上的洞闭合了；而掉了叶子的地方迸发出了新芽——那是银色的新生命。

最后，盆栽的变化速度减缓并停止了，受损的树被修复，基拉为此感到满意。软刀本可以继续——它想继续，但那样指令就会从治疗变为生长，而这似乎是贪婪且不明智的。一种想改变命运的轻率之举。

所以她收回了软刀。

“搞定了。”她说着举起手。这棵树和以前一样完整而健康。从树上散发出一种能量的光晕：生命初生时形成的夺目光泽。

基拉对软刀和自己的能力感到惊讶。她成功治愈了一个活物——重塑了肉体（在某种程度上），带来了安慰而非痛苦，创造了生命而非毁灭。她不由得笑出了声。她感觉肩膀上卸下了重担，仿佛飞船的推力已经下降到0.5g或更少。

这是一种天赋：一种具有潜力的宝贵能力。有了这种能力，她可以在维兰德殖民地的花园里做很多事情。她可以帮助父亲种植他的午夜星座，或者在阿德剌，她可以在岩石地表种植大片的绿色植物。

生命，还有她的能力代表的意义。她因胜利和感激而红了眼眶，她含泪微笑，很开心。

面对奇迹般的景象，法尔科尼的表情变得柔和：“你是怎么学会的？”他难以置信地用指尖触摸一片叶子。

“我不再害怕了。”

“谢谢。”他说，基拉从未听过他的声音如此恳切。

“不……不必客气。”

法尔科尼向前倾身，捧起她的脸，在基拉反应过来之前吻了她。

他的味道与艾伦不同，更咸。她能感觉到他的胡楂刮到了自己嘴唇周围的皮肤。

震惊之余，基拉不知道该如何应对。在她的手臂和胸前，软刀形成了一排排钝刺，但和她一样，钝刺保持在原位，既不前进也不后退。

法尔科尼的嘴唇离开了她，基拉极力保持镇定。她的心在狂跳，舱内的温度似乎也上升了。“这算什么？”她说，声音比预想的沙哑。

“对不起，”法尔科尼说，似乎有些羞愧，她从未见过他这样，“我大概是冲昏头了。”

“嗯。”她无意中舔了舔嘴唇，接着又责备自己。该死。

他的脸上掠过一丝狡黠的笑容：“我通常没有勾引船员或乘客的习惯。那不专业，还会影响生意。”

基拉的心跳得更厉害了：“这样啊。”

“是的……”他喝光了袋子里的劣等酒，“还是朋友？”

“我们本来是朋友吗？”基拉故意逗他。她抬起头。

法尔科尼看了她一会儿，仿佛在辩论：“所有我相信在交火时能和我并肩作战的人，都是我的朋友。就我来说，是的，我们是朋友。除非你和我感觉不同。”

“不，”基拉说，停顿的时间和他一样长，“我们是朋友。”

他的眼睛里重新出现了一丝锐利的光芒：“好吧，很高兴我解释清楚了。我再次和你道歉。酒壮尿人胆。我向你保证，不会再犯了。”

“那……就好。很好。”

“我最好把盆栽放入静滞柜里，”他伸手去拿盆栽，“然后趁我们还没把‘壁鱼号’弄得太热，我得先进入冷冻舱。你打算怎么办？”

“老样子，”她说，“如果可以的话，我想这次只蛰居在舱室里。”

他点了点头：“另一个恒星系再见，基拉。”

“再见，萨尔沃。”

3

回到舱室，基拉用湿毛巾洗了脸，在水槽前飘浮着，同时看着镜子里的自己。尽管她没有主动索吻，但她仍为此感到内疚。在和艾伦交往的时候，她甚至没有看过别的男人——没有带着爱慕的目光。法尔科尼的突然出击让她大吃一惊；与法尔科尼亲吻后，她不得不考虑未来的打算，如果她有未来的话。

最糟糕的是，她很喜欢这个吻。

艾伦……艾伦已经去世九个多月了。她在冷冻休眠中度过不少时间，所以对她来说没有那么久，但对宇宙来说就是如此。一个难以接受的事实。

她喜欢法尔科尼吗？基拉不得不琢磨这个问题。最后，她觉得自己是喜欢他的。他的吸引力来自结实的体格、神秘的性格和旺盛的毛发，但吸引力本身并不意味着什么。她不能和任何人交往，更别提对方是船长。这种关系会带来麻烦的。

说来自私，但基拉很高兴格列戈罗维奇没有看到这尴尬的场面。否则他会用他那古怪的方式无休止地取笑她和法尔科尼。

也许最好再和法尔科尼谈谈，讲清楚他们之间没有可能。该死的，他很幸运，软刀没有产生保护她的错误冲动而做出过激反应……他要么非常勇敢，要么非常愚蠢。

"你控制得很好。"她低声说，低头看着软刀。就在一瞬间，她感受到了软刀的自豪，但这种转瞬即逝的感觉也可能是她的想象在作怪。

"莫文，"她说，"法尔科尼还没有进入冷冻舱吗？"

"没有，纳瓦雷兹女士，"伪智能体说，"他刚刚接受了第一轮注射。无法联系上他。"

基拉不满地嘟哝了一下。好吧。也许没必要再和他说话，但如果有必要，等他们到达目的地再谈。

他们并非要一路跳跃到水母提议的会合点。"壁鱼号"跳出超光速空间后与会合点还有一段距离，但足以及时发出警告，让心灵之结免受伏击。这样一来，也许能阻止一场比目前人类和水母交战更大的灾难。等他们立下战功并尽到责任后，就可以回到人类定居的空间。

不过，基拉怀疑以塔利想回到同胞之列，这就需要他们与水母会面。

"这就是我们要做的，"她一边嘟囔着，一边移动到床上，"一次光荣的外交行动。"她想起了爷爷常说的一句话："基拉，生命的意义就是把东西从a点运到b点，就这么简单。这就是我们所有行为的本质。"

"说话也算吗？"她问，没有完全理解。

"说话是把一个想法从这里运送出来。"爷爷拍了拍她的前额，"运到现实世界中。"

基拉从未忘记这句话。她也从未忘记，他曾把她思维世界以外的一切描述为现实世界。从那时起，她就一直在想这句话是否正确。一个人脑海中的内容究竟有多少是真实的？当她做梦时，那些梦只是影子，还是隐藏着真相？

她认为格列戈罗维奇在这一问题上会有自己的看法。

当基拉用软刀织成一张网，将自己固定在床垫上时，她一直在想那棵树。想着想着，她笑了。生命。她在飞船、空间站和寒冷的岩石星球上待得太久了，几乎忘记了生命成长带来的快乐。

她回忆起在治愈盆栽时从软刀身上体会到的每一种感觉，将其和在奥斯特德的类似感觉进行了比较。她想，其中有些东西值得研究。当他们进入超光速空间后，她将继续练习控制软刀（保留节目）并改善她和软刀之间沟通的流畅性，以便软刀更好地执行她的意愿，而她不必担心对它进行过多的微观管理。但比起这些，基拉更想探索她从软刀上感受到的冲动——以前转瞬即逝，现在更加强烈——去建造和创造的冲动。

她来了兴致，也第一次有了想和软刀一起做的事。

于是，就像离开天鹅座61后每次跳跃时那样，她设定了每周一次的闹钟，开始了和软刀的训练。

这是一次奇怪的经历。基拉决心不让软刀像在奥斯特德那样破坏“壁鱼号”，但同时她也想试验。她想解除一切限制，通过某些受控的方式，让软刀去做它明显想做的事。

她从床边的扶手开始。这是飞船无足轻重的一部分，如果软刀弄坏了，华钟可以轻易地打印出替代品，尽管法尔科尼可能会不太高兴……

动手吧，她在心里说。

从她的手掌中，柔软的黑色纤维延伸出来，四处探寻。它们与合成材料的扶手融合在一起，基拉再次感受到创造东西的美妙滋味和上瘾的快感。她不知道这是什么感觉，但它带来的满足感让她想起解决一个难题时产生的快乐。

她发出一声叹息，呼出的气在冰冷的空气中缠绕着，宛如一个苍白的幻影。

当软刀的纤维完全覆盖了扶手，当她从它身上感受到一种大功告成的感觉，还有——想要沿着扶手延伸到飞船深处的渴望时，她让软刀住手，并把它收了回来，好奇地想看看它创造出了什么。

她看见了，但不理解那是什么。

在弯曲的圆柱形扶手原本所在的地方，她看见了……一段带花纹的材料，让她想到细胞结构图，或重复细分三角形图案的复杂雕刻品。扶手的表面有金属质感，散发着绿色光晕，三角形内遍布极不明显的黄色小圆点。

她摸了摸变形的扶手，还是热的。

基拉用手抚摸着表面的图案，感到惊异。不管软刀创造了什么，她都认为是美丽的东西，而且她感觉那是有生命的，或者说有生命的潜能。

基拉想更进一步。但她知道，这件事她必须小心对待，甚至比使用软刀喜欢的致命尖刺时还要小心。创造生命是最危险的事情。

不过，她还是忍不住想知道自己能否引导或控制软刀的创造行为。巨口可以做到，为什么她不能？现在可要小心了。生物战遭到联盟全体成员（还有辛扎尔）禁止是有原因的。但她不是要创造一种武器，也不是像巨口那样创造为她而战的奴仆。

她要创造这样的东西，她想，抓着床边的扶手，想象着欧洛斯蕨[①]那盘绕的形状。欧洛斯蕨是她最喜欢的埃多伦植物。

起初，软刀没有反应。就在她打算放弃的时候，它从她手中流淌出来，穿过扶手。就像被施了魔法一样，欧洛斯蕨纤细的茎干从扶手上长了出来。无论是形状还是材质，它都没有完美复制出她脑海中的形象，但还是有模有样。当她收回软刀时，她闻到叶子上有一缕香味。

这片植物不仅仅是雕刻品，而是真正的活物：有机的生命体，因生命而珍贵。

基拉不自觉地轻声惊呼。她抚摸着每一株欧洛斯蕨，泪水模糊了视线。她把眼泪憋了回去，含泪笑着。如果她父母能看到的话就好了……如果艾伦能看到……

基拉知道，此时做出更大胆的尝试将是鲁莽之举。她对自己和软刀取得的成就已经很满意。

---

① 欧洛斯蕨：见附录三“OROS FERN”（第 810 页）。

对于一向充满不确定性的未来，她产生了一丝从未有过的希望。软刀不只是一种毁灭的力量。她不知道接下来该怎么做，但她内心确信，只要她学会驾驭软刀的能力，软刀就有可能阻止巨口。

基拉的身体产生了轻盈感（并非由于零重力）。她笑了，直到准备进入漫长休眠时，笑容也没有退去。她想，“但在睡眠中可能有梦”[①]。她笑得比有旁人时更大声，笑的时间也更久，至少是在没喝醉时。

她仍在思考，闭上眼睛，让软刀放松、休息并保护她免受寒冷和黑暗之苦。很快，比以往任何时候都快，她感到意识模糊，睡意宛如柔软的翅膀包裹住了她。

4

每周一次，基拉醒来，与软刀进行训练。这一次，她在超光速航行期间一直待在自己的舱室里。她不需要通过举重或其他方式来强身健体，以便能够配合软刀。不再需要了。

每周一次，每次她都让软刀在舱室里延展得更远，建造和长出更多的东西。有时，她会参与其中，但在大多数情况下，她给软刀发挥的空间，让它做自己想做的事，而她只是惊奇地看着。她设定了一些限制——不能碰桌上的显示屏，但舱内的其他东西软刀都能使用。

每周一次，不能再多了。不训练的时候，她静静地飘浮在半空中，在类似死亡的状态下休眠。在这种状态下，一切都是冷冰冰、灰蒙蒙的，外界的声音从很远的地方过滤而来。

在一片灰色的虚无中，她做了一个梦。

她看见自己——真正的自己，没有软刀，和她出生时一样赤身裸体——站在最黑暗的阴影中。起初，除了她，周围什么都没有，一片寂静包围着她，仿佛存在于时间诞生之前的时代。

---

① 源自莎士比亚的戏剧《哈姆雷特》第 3 幕第 1 场：“但在睡眠中可能有梦，啊，这就是个阻碍：当我们摆脱了此垂死之皮囊，在死之长眠中会有何梦来临？”——译者注

接着，她面前绽放出大量蓝色线条：分形线条蔓延着，如藤蔓般缠绕和翻滚。这些线条相互交错，形成了一个以她为中心的穹顶，不断重复的曲线和尖峰组成的外壳——空间每个点即是一个拥有无穷细节的宇宙。

她知道，不知为何，她总知道，自己看到的是软刀的真面目。她伸出手，触摸其中一条线。她的心头涌上了一股电击般的感觉，在那一瞬间，她看到了一千个恒星系的诞生和死亡，每一颗都有自己的行星、物种和文明。

如果她有喘息的机会，她会倒吸一口气。

她将手从线上拿开，向后退了一步。这一奇观令她怔住了，她感觉自己渺小而微不足道。分形线条继续移动和翻转，发出滑动的丝绸般的声音，但线条没有靠得更近，没有变得更亮。她坐着观察，从上面发光的矩阵散发出一种警惕的保护欲。

然而，她没有感到安慰。因为在这些线条之外，她能感觉到（仿佛带着古老的本能）迫在眉睫的威胁。饥饿在周围的黑暗中如癌细胞一样无限地蔓延，随之而来的是对自然的扭曲，导致直角变平。如果没有软刀，她就会暴露自己，变得脆弱，在威胁面前无能为力。

恐惧占据了她的内心，她蜷缩起来，感觉分形线条的穹顶仿佛虚空中闪烁的蜡烛，四面八方都有带敌意的风威胁她。她知道，她是威胁的焦点——她和软刀都是。这种威胁带着充满恶意的渴望，如此沉重，如此包罗万象，如此残酷而陌生，以至于她在它面前感到无助、无用又无望。

因此，她待在原地，孤独而恐惧，对即将到来的厄运感觉如此强烈，以至于任何变化——乃至死亡本身，都会成为一种可贵的解脱。

第五部分

*　*　*　*　*　*　*

恶意

顺势而为。

——马里恩·汀斯雷[①]

① 马里恩·汀斯雷（1927—1995）：美国跳棋棋王，被誉为史上最伟大的跳棋手。自 1954 年出道以来，只输过九次。——译者注

第一章

* * * * * * *

抵达

1

基拉醒了。

起初，她无法辨认自己身在何处。黑暗包围着她，这种黑暗是如此深邃，她闭眼还是睁眼都没有区别。在原本有应急灯的地方，只有一片墨色的黑暗。空气比在超光速航行的正常情况下更热，也更潮湿——在这个子宫般的空间中，感受不到一丝风。

“莫文，开灯。”她喃喃地说，由于长时间不动，她仍然有些昏沉。在静止的空气中，她的声音听起来很怪异，像被捂着嘴。

没有灯亮起，莫文也没有反应。

基拉感到沮丧，决定用别的办法。光亮，她对软刀说。她不知道软刀能否帮上忙，但她觉得值得一试。

令她满意的是，一阵柔和的绿光照亮了她周围。她仍在自己的舱室里，但内部的模样与离开太阳系时完全不同。黑色有机材料做的凸起条纹排列在墙上，交织布纹的纤维铺满了地板和天花板。刚亮起的光线来自果实般的球体，正像脉搏一样跳动着。这些球体挂在缠绕交错的藤蔓上，藤蔓沿着房间的角落往上爬。藤蔓上长着叶子，基拉注意到，那是欧洛斯蕨形状的叶子，在重复和堆叠中构成洛可可式的华丽装饰。藤蔓、球体、罗纹、垫子……一切都布满了细小的纹理，就像一个痴狂的艺术家决心用分形图案装饰室内的每一寸空间。

基拉诧异地看着。这是她创造的，是她和软刀一同创造的。她想，这比战斗和杀戮好得多。

她不仅能看到他们共同努力的产物，还能感觉到它们，就像她身体的延伸——尽管软刀本身的材料和植物般的产物之间存在差异。这些产物感觉更遥远，而且她知道，她不能像移动或操控软刀的纤维那样控制它们。

从某种意义上说，它们是独立于她和软刀的。只要有充足的营养，即便没有她和软刀，它们也能自给自足并存活下去。

即使不考虑这些植物，软刀也在此次超光速航行中生长了。它生成的材料远远多于覆盖她身体所需的部分。该怎么处理呢？她考虑过让软刀来处理这些材料，就像她在奥斯特德处理不需要的卷须一样，但她不喜欢摧毁他们共同创造的东西。此外，当她有可能在不久的将来需要这些材料时（虽然这样的想法让她很不愉快，但也不排除这种可能性），把它们全部丢弃可能并非明智之举。

不过，她能把多余的材料留在舱室里吗？只有一个办法可以知道。

当基拉准备解开将自己固定在床上的支架时，她低头看了看自己的身体。她的右手——她在巴格亨特失去的那只手，已经融进了床垫，融入了一张由繁杂的线条组成的网里，网蔓延至整张床和墙的表面。

一瞬间，她惊慌起来，材料表面泛起了涟漪，搅动着，露出一排排锐利的尖刺。

不！她想。尖刺消退了，基拉呼出一口气平复心情。

首先，她专注于重塑那条失去的手臂，缠结的线条扭动着流回床上，再次赋予她手腕、手掌和手指。接着，她让软刀把她从床上放下来。

随着一阵黏黏的声音，她离开了床。她惊讶地发现，尽管自己依然可以感受到墙上的黑色赘生物，就像自己的一部分，但它们和她已经没有任何实际连接。这是她第一次有意识地将自己与软刀的一部分成功分离。显然，软刀并不介意，只要它仍覆盖着她的身体。

这一进展令她大受鼓舞。

她还是有些分不清方向，一路沿着墙壁才飘到门边。当她靠近门口时，软刀的意识和她的意图结合在了一起，伴随着轻微的滑动声，面前那一块闪闪发光的黑色材料退到了旁边。

压力门一下子露了出来。

门开了，基拉看到外面走廊的墙上还是正常的棕色镶板，松了口气。她努力限制软刀生长的范围，看来有效果；它没有扩散到飞船的其他地方。

基拉回过头说：“别动。”就像在和自己的宠物说话。

接着，她进入走廊，留下舱室里那大片的黑色纤维。

基拉想试验一下，关上了压力门。她仍然可以感觉到门那边的软刀，而且它并不打算跟随她。

她想知道软刀的不同部分是如何相互沟通的。无线电？超光速？还是别的什么方式？信息能完整地抵达多远？信号会被干扰吗？当她战斗时，这可能会成为问题，她必须注意。

就目前而言，基拉很高兴能让软刀的赘生物留在舱室里。如果她需要，一个指令就可以把它们召唤到身边。希望那样做不会损坏“壁鱼号”。

她笑了。如果法尔科尼发现她舱室里的情况，估计不会太高兴。还有华钟；如果格列戈罗维奇恢复正常，他也不会高兴的。

基拉认为他们已经抵达目的地，但“壁鱼号”安静得有些异常。她试着调出眼屏，但和前两次超光速航行发生的情况一样，软刀吸收了她的隐形眼镜。她不确定具体是什么时候发生的，但一定是在她做梦的时候。她很沮丧，喃喃地说：“你什么时候才能有长进啊？”

基拉正准备去避难区查看其他船员的情况，这时对讲机发出噼啪声，法尔科尼的声音从她脑袋旁的扬声器里传来：“基拉，你醒了就到控制室来找我。”他的声音很沙哑，好像刚呕吐过。

基拉去厨房拿了一袋加热过的切尔茶，然后前往船头。

随着一阵刺耳的声音，压力门打开了，法尔科尼从全息显示屏上抬起头。他的皮肤呈病态的灰色，眼白泛黄，身体哆嗦着，好像快冻僵了。这些都是休眠后遗症的典型症状。

“图勒。”基拉说着，移动到了他身边，“给，你比我更需要。”她将切尔茶塞到他手里。

“谢谢。”法尔科尼咬牙说。

“反应很严重吗？”

他低下了头。“是的，最近几次跳跃后，反应越来越强烈了。我的身体好像承受不了休眠前注射的化学药物。得向……”他颤抖得牙齿咯咯作响，“得向医生咨询一下。”

“后遗症这么严重，你怎么回去？”基拉问。她移动到墙边的一个应急点，给他取来一条保温毯。

当她把毯子裹在他的肩膀上时，法尔科尼没有反抗：“我死不了。”他带着某种冷酷的幽默感说。

“当然了。”她冷冷地回道，接着扫视空荡荡的控制室，“其他人呢？”

“如果他们还得再进冷冻舱，那我觉得没有任何理由叫醒他们。”法尔科尼裹紧身上的毯子，“没必要让他们多折腾几次。”

基拉移动到他旁边的座位上，系上安全带：“你向心灵之结发出警告了吗？”

他摇了摇头：“在等以塔利。我用对讲机呼叫了水母。它应该很快就会上来。”法尔科尼侧过头看了她一眼：“你呢？一切顺利吗？”

“顺利。但我想和你说件事……”然后基拉把她和软刀的事告诉了他。

法尔科尼气冲冲地说：“你真的要开始拆我的飞船吗？”

“是的，拆了，”她说，“对不起。只拆了一点点。”

他哼了一声：“太好了。它会把‘壁鱼号’其余部分也拆了吗？”

“不，”基拉说，“除非我出了事。即使这样，我也觉得它不会对飞船动手。”

法尔科尼抬起头：“那么，如果你死了，软刀会怎么样？”

“我……我不确定。我猜它会回到休眠状态，就像在阿德剌时那样。或者它会尝试与其他人结合。”

“嗯，好吧，那挺安全的。”法尔科尼又喝了一口切尔茶，然后还给了她。他灰白的脸色开始变得红润起来。

如他所说，以塔利很快来到了控制室，它的许多触手上还残留着休眠茧的碎片。基拉惊讶地发现，它在逃离奥斯特德时弄断的几条触手处长出了新的触手（尽管比原本的更短、更细）。

以塔利：水如何流动？

她极为规范地回答：基拉：水是静止的……我们已经准备好向心灵之结发出远味警告。

以塔利：那么我们别浪费大好时机了。

2

传送信号比基拉预想的要麻烦得多。她不得不教以塔利“壁鱼号”上的超光速通信设备是如何运作的，而水母也要和她解释（过程复杂且反反复复）如何传播和编码信息，才能让心灵之结不仅注意到而且理解警告信息。由于飞船上没有能将气味转化为信号的水母机器，基拉只好将以塔利的语言（姑且称之为语言）翻译成英语，希望心灵之结会愿意翻译。

他们花了几个小时终于把警告发出去了，法尔科尼说：“大功告成。”

“现在就等回复了。”基拉说。

警告信息需要半天时间才能传送到计划的会合点，而该地点本身离科尔多瓦[1]1420只有几天航程，那里是水母建立舰队的恒星系。如果心灵之结回信，他们也需要半天时间才能收到回复。“联军司令部的猎杀者有可能截获信号吗？”基拉问。

“呃，”法尔科尼说，“有可能，但这种可能性微乎其微。”

3

在这一天剩下的时间里，基拉帮助法尔科尼在“壁鱼号”上运行诊断程序，检查飞船顺利运行所需的全部系统：空气管道过滤器需要清洗，水管需要冲洗，燃料驱动测试需要启动，计算机需要重新启动，外部传感器需要更换，以及让他们能在太空继续存活的或大或小的各类工作。

法尔科尼没让基拉帮他，但基拉从不会在别人需要帮手时还坐视不管。此外，她可以看出他还没完全从休眠后遗症中恢复。基拉自己只有一次不良反应，那是在她执行正山公司的第二次派遣任务时。当时冷冻舱出了故障，导致她被注入的镇静剂轻微过量。即使是如此轻微的差异，也让她在执行任务时经常跑去卫生间呕吐。很奇妙的状况。

所以她对法尔科尼的遭遇感到同情，尽管他的情况似乎比镇静剂的副作用更糟。他好像真的生病了。她知道，休眠后遗症持续一段时间就会消退，但在他们启程返回联盟之前，法尔科尼可能不会有太多时间来恢复。这让基拉感到担忧。

除了必要的日常维护工作，“壁鱼号”总体状况良好。最值得他们注意的是货舱的气密性出了问题，需要维修，但这也没什么难度。

在干活的过程中，基拉仍然可以感受到她舱室内的东西——软刀在

---

①科尔多瓦：见附录三“CORDOVA”（第801页）。

墙上建造的黑色盔甲。她甚至带法尔科尼去看了她和软刀建造的东西。他把头探进去看了很久，然后退了出来。“不行，”他说，“没有冒犯的意思，基拉，但是不行。”

“没关系。”她笑着说。她还没有忘记他们的接吻，但她觉得现在没理由重提此事。在任何情况下，法尔科尼都不是适合进行那种谈话的对象。

度过平静的夜晚后，她和法尔科尼各自回了舱室（以塔利则回货舱）。由于黑色覆盖物，现在基拉的舱室看起来沉重而不祥；但也很有安全感，而藤蔓和花朵有助于减轻沉重感。她担心通风口会被堵住，但后来意识到软刀肯定会确保她有足够的氧气，以免窒息。

“我回来了。”她低声说，用手摸索着起伏的墙面。

墙面微微颤抖，就像在寒冷中皱起的皮肤。基拉微微一笑，意外地感到自豪。这个房间是她的，而且专属于她，虽然主要是软刀的杰作，但赘生物仍是她的一部分，即使不是从她的肉体，也是从她的头脑中孕育出来的。

她想起了自己在漫长的休眠时做的那个梦。“你是想保护我，对吗？”她说，声音比以前大了些。

舱内的绿光跳动着，似在回应，但微弱得难以确定。她越发感到舒适，移到床上，将自己固定起来，准备睡觉。

4

第二天深夜，在他们跳出超光速空间的24小时后，基拉和法尔科尼来到厨房，等待心灵之结的答复。以塔利加入了他们，飘到两张桌子中的一张上方，从甲壳里伸出小抓手，将自己固定住。

法尔科尼正在专心地看眼屏，基拉则在桌子的全息显示屏上观看一段视频，是“壁鱼号”在离开太阳系前接收到的新闻报道。视频不太有趣，基拉看了几分钟就关掉了，转而端详着房间另一边的水母。

以塔利的触手现在呈现昏暗的色彩，没有变化。不过，如果它的情绪激动起来，触手的颜色就会改变。基拉觉得这很有趣，水母不仅有情绪波动，而且对她来说并非完全陌生。她想，也许她更容易理解水母的情感，因为软刀和掠夺者也结合过一段时间。

掠夺者……即使在软刀占据她思维的短暂时刻，它也用另一个时代的含义遮蔽了她的思想。基拉曾经对此感到不安。现在，她不带批判地承认并接受了这一事实。无论她对软刀承载的记忆有多么强烈的感知，她才是判断一切价值的人，而不是软刀。

水母持续散发出一团气味。此刻，气味很淡——仅仅表达自己在这里，像嗡嗡的低声背景音，不时夹杂着一丝兴趣驱使的气味，辛辣且难闻。

基拉想知道水母在做什么，它有自己的植入物，还是仅在思考和回忆。

基拉：说说你所属的鱼群，以塔利。

以塔利：理想态，你指的是什么鱼群？与我一同孵化的？我的同形态？我的兵团？有很多种类的鱼群。理想态没有告诉过你吗？

水母的回答和她的猜测很接近，她想了想。基拉：它说过，但就像隔着泥水一样模糊不清。告诉我，你是在哪里孵化的？你是怎么长大的？

以塔利：我是在高拉法尔[①]海岸附近的孵化池里出生的。那是一个温暖的地方，光线充足，食物丰富。当我长到第三形态时，就成了现在的样子，我一直以这个形态在兵团里服役。

基拉：你不能选择自己的形态吗？

水母散发出疑惑的气味。以塔利：我为什么要选择？有什么选择？

基拉：我是说……你没有自己想做的事吗？

疑惑的气味更重了。以塔利：我想做什么重要吗？ 这个形态最有利于我参军作战。除此之外还有什么是值得做的呢？

基拉：你没有自己渴望的东西吗？

以塔利：当然有，为我的兵团和沃纳威人服务。

基拉：但是，对于如何实现这一目标，你也会有自己的想法，不是吗？你并不赞同所有沃纳威人对这个……涟漪的看法。

水母的肢体出现了一阵温和的红晕。以塔利：同一问题有各种解决方法，但目标本身不会改变。

她决定换个思路。基拉：如果你不需要服役，如果兵团不存在，而且没有人告诉你接下来要怎么做，你会做什么？

---

① 高拉法尔：见附录三“HIGH LFARR”（第 805 页）。

以塔利：那么我就要担负起重建我们种族的责任。我会不断变换形态，产下幼崽，直到我们的力量得到恢复。

基拉沮丧地叹了口气，声音大到引起了法尔科尼的注意。“你在和那东西说话？”他问，对以塔利点了一下头。

“是的，但没什么进展。”

“我相信它对你的感觉也一样。”

基拉低吼了一声。他说得没错。她正试图和一个外星人沟通。就算是和来自另一个城市的人类，都不太可能做到顺畅地沟通，更不用说来自另一个星球了。为什么她会以为和一个外星人交谈更容易呢？不过，她觉得必须试一下。如果他们将来要经常和水母往来，那么她要明白它们认为重要的东西是什么（除了软刀给她的记忆）。

基拉：回答我下面的问题：当你没有必须做的事情时，你想做什么？你不能每时每刻都在工作。没有生物可以做到。

以塔利：我休息。我思考未来的行动。我供奉绝迹者。如果还有时间，我会游泳。

基拉：你会休闲娱乐吗？

以塔利：休闲娱乐是为第一和第二形态存在的。

对于水母缺乏想象力这一点，基拉觉得很奇怪。它们似乎不像人类那样有梦想，那么它们是如何建立起一个星际文明的？不可能只靠从绝迹者那里捡来的技术。或者说真的只靠技术？……她提醒自己不要做出以人类为中心的判断。毕竟，与软刀结合的水母，也就是鱼群首领恩马尔，在它的时代表现出了充分的能动性。也许她没有理解她和以塔利之间语言或文化上的差异。

基拉：以塔利，沃纳威人想要什么？

以塔利：生存，进食，去所有友好的水域繁衍。在这一点上，我们和你们一样，二形态。

基拉：那什么是沃纳威人？你们的本质是什么？

以塔利：我们就是我们。

基拉：理想态称你们为掠夺者。这种说法从何而来？

水母的触手在身上来回摩擦。以塔利：因为我们拿走了绝迹者留下的神圣碎片；因为我们能抓住的东西，我们会抓得很紧；因为每一支兵团都在履行各自的义务。

基拉：绝迹者原本存在于你们家园，是吗？

以塔利：是的，我们在陆地和深海平原发现了它们的遗址。

基拉：所以你们的星球上有坚固的陆地？

以塔利：有一些，但比大多数星球少。

基拉：在发现绝迹者的遗址之前，沃纳威人的科技水平如何？

以塔利：我们学会了如何通过海里加热的通风口熔炼金属，但由于我们生活在水下，还有很多技术无法掌握。只有在蒙受了绝迹者的恩惠之后，我们才能将技术发展到前所未有的地步。

基拉：明白了。

她继续询问水母，试图尽可能了解它的族群和文明，但沟通中有太多令人困惑之处，她无法取得很大的进展。她与以塔利交谈得越多，就越意识到人类与水母两个物种的差别有多大——这种差别远远超过了外形上可见的巨大差异。

飞船的时间已近午夜，法尔科尼正在厨房里收拾东西准备入睡。这时，提示音响起，传来莫文的声音：“船长，收到新消息。”

5

基拉的后背爬上一股电击般的刺痛。现在他们也许能知道将要发生什么、该去哪里、该做什么了。

“看屏幕。”法尔科尼简练地说。他用毛巾擦了擦手，将自己推向基拉所在的桌子前。

屏幕上出现茨切特的半身全息影像，她穿着和以前一样的防护服。看到少校在巴格亨特的战斗中幸存下来，基拉松了一口气。

茨切特说：“法尔科尼船长、纳瓦雷兹，你们的信息已经收到并确认。谢谢你们。要是没有你们的警告，我们就会陷入一大堆麻烦——虽然目前的情况也好不到哪儿去。鉴于情况的变化，我们必须见面谈谈。”基拉正有此意。“我重复一遍：我们必须见面。远程通信是不够的。这种方式不安全，而且我们无法进行充分的对话。勒菲特提出了以下坐标，我已经尽力将其转换为标准符号。考虑到双方的安全，不要回复。在你收到这条消息后，我们将前往指定地点等待42小时。如果‘壁鱼号’届时没有抵达，勒菲特说它会认为你——基拉，这里特指你——不再愿意协助这项行动，心灵之结将相应做出计划。”茨切特仍板着脸，但她的语气像在恳求。“我必须强调这次行动无比重要，基拉，请务必赶来。还有你，法尔科尼。此刻能找到的人类盟友越多越好……茨切特通话完毕，退出。”

“他们不知道我们的飞船现在叫‘手指猪号’，对吗？”基拉指着全息影像说。她刚意识到了这一点。

“对，”法尔科尼说，“有道理。我们把应答器切换回来。如果因为一个错误的飞船名而被炸了，那就太惨了。”

“这么说我们要去？”基拉问。

“等一下，我查看一下坐标。趁这时候，你和我们的水母朋友讲一下最新情况。”

基拉看到以塔利相当不安。它的触手变成了红色和蓝色，在它悬浮的桌子上蠕动着，一会儿抓紧桌沿，一会儿又松开，如果放在人类身上，这就是紧张的表现。她把刚才的通话告诉了它。

以塔利：我们要和心灵之结会面，是吗？是吗？

重复的问句让基拉想起了维沙尔，她忍不住笑了。基拉：是的，我想是的。

“好吧，”法尔科尼说，“看来他们想在靠近科尔多瓦1420的地方见面。假设我们马上出发，大约28小时内可以赶到。”

“超光速航行吗？”基拉说。

“当然。”

“我确认一下……时间很紧，对吗？”

他耸了耸肩：“根据信号的位置，他们离那里有12小时路程，所以来得及。”

“你需要回冷冻舱吗？”

“不用，但我要让其他船员继续休眠，我们要尽可能让飞船保持低温。你和以塔利说一下，好吗？”

她说了。接着他们启程，离开这片“壁鱼号”正在加速穿越的未知空间——尽管没有近距离的参照物，他们像是完全静止的。

一旦飞船得到冷却，马尔可夫引擎就重新启动了。熟悉的呼啸声响起，他们进入超光速空间。

6

他们在寒冷、寂静和黑暗中度过了28小时。基拉和法尔科尼大部分时间都在各自的舱室里，尽可能地保持静止，以免产生额外的热量。以塔利也回到了货舱，警惕地静候着。

有几次，基拉与法尔科尼在厨房里一起用餐。他们低声交谈，令基拉想起了曾经在学校和同学深夜畅谈。

吃完后，他们就玩抓七。玩了一局又一局，有时法尔科尼赢，有时基拉赢。和以前不同的是，他们赌的不是问题，而是用餐包的包装纸折成的代币。

最后一局中，基拉打破沉默："萨尔沃……你为什么要买'壁鱼号'？"

"嗯？"

"我是说，你为什么要离开家？为什么过上这样的生活？"

他的蓝眼睛从扑克牌上方凝视着她："你为什么要当异种学家？为什么离开维兰德？"

"因为我想去探索，看看宇宙有多广阔。"她摇了摇头，满脸懊悔，"当然，得到的比我预期的更多……但不知为何，我认为你离开法鲁吉亚的原因不止于此。"

他翻开一张公共牌，是梅花6。加上她自己的牌，她一共有……四个7。"有时候，即使你想待在家里也做不到。"

"你想待在家里吗？"

在保温毯下，他的身体微微动了一下："那里情况不好，我没什么选择。你记得那里发生过起义吗？"

"是的。"

"公司以各种方式坑害人们的福利：残疾人保障，工伤赔偿，等等。事态最终爆发……每个人都得站队。"

她慢慢反应过来："你是保险理赔员，对吗？"

萨尔沃不情愿地点了点头："正因如此，我才真正了解人们是如何被坑害的。一旦民众开始抗议，我就没法袖手旁观。你必须明白，这些人是和我一起长大的朋友和亲人。"

"后来发生了什么？"

"后来……"他放下手中的牌，用食指尖揉着两边的太阳穴，"后来我没法再留下来。我说了很多让人无法原谅的话，做了很多让人无法宽恕的事。于是，我开始努力工作，存了几年钱，然后买了'壁鱼号'。"

"为了逃跑？"她问。

"不，是为了自由，"他说，"我宁愿自己过穷苦日子，也不愿像奴隶一样过得富足。"

他的声音是如此坚定，令基拉颈后感到刺痛。她喜欢这种感觉。"所以你是个有原则的人。"她略带嘲讽地说。

萨尔沃笑着说："小心。别告诉任何人，他们对我的印象会变差的。"

"绝对不会。"她放下了自己的牌，"等一下。我一会儿就回来。"

萨尔沃用疑惑的眼神看着她离开厨房。基拉匆匆忙忙回到自己的舱室，从软刀活性组织形成的毯子下取出六角手风琴，然后往回走。

看到手风琴时，法尔科尼沉吟了一声："怎么？你要给我演奏波尔卡舞曲吗？"

"嘘。"基拉说，用粗鲁的回应掩饰紧张，"我不知道是否还记得所有的指法，不过……"

她给他演奏了一曲《萨满－萨哈里》[1]，这是她最早学会的曲子之一。这首曲子很长，节奏舒缓，她认为旋律很优美。当慵懒的音乐弥漫在空气中时，她感觉自己回到了维兰德的温室，闻到了芬芳的气味，听到了授粉昆虫的嗡嗡声。她再次想起了家人和家园，还有许多如今已失去的东西。

不知不觉，基拉的眼里满是泪水。演奏完毕，她依旧待在那里，低头看着手风琴。

"基拉。"她抬起头，只见法尔科尼神情诚恳地凝视着她，眼里同样噙着泪水。他说："很好听。"他将手放在她身上。

---

①《萨满－萨哈里》：见附录三"SAMAN-SAHARI"（第 811 页）。

她点点头，吸了吸鼻子，笑了一下："谢谢。我还担心自己搞砸了。"

"完全没有。"

"好吧……"她清了清嗓子，有些不情愿地放开了手风琴，"我想我们该回去休息了。明天会很忙。"

"是的，肯定很忙。"

"晚安，萨尔沃。"

"晚安，基拉。再次感谢，你的曲子很棒。"

"晚安。"

7

基拉确认货舱里以塔利的状态后，沿着"壁鱼号"的主井爬行。这时，跳跃警报响起，她感到飞船调整了位置，轻微但能感受到。她看了看时间：银河系标准时间15时01分。

在她头顶上方，法尔科尼的声音响起："我们到了。他们比我们先到。"

第二章

* * * * * * *

必需品Ⅲ

1

“壁鱼号”跳出超光速空间，来到一颗褐矮星[①]附近。这是一颗没有卫星或行星的暗红色星球，位于科尔多瓦1420的星风层[②]外。它是围绕恒星系核心的孤独流浪者，在永恒的静默中一圈又一圈地旋转。

在这颗褐矮星的赤道上，飘浮着21个白点组成的集群：那是心灵之结的飞船，此处位置极佳，因为褐矮星的质量阻挡了任何敌军从科尔多瓦1420使用超光速望远镜进行侦察。

在“壁鱼号”关闭马尔可夫引擎的那一刻，法尔科尼触发了其余船员（除格列戈罗维奇外）的唤醒程序。“壁鱼号”需要4小时才能赶上心灵之结的飞船；船员们有足够的时间解冻并按需进食饮水，以便完全恢复机能。

“等你到了我们再详谈。”茨切特回应他们时说，“你亲自来谈更好，基拉，你能直接与水母沟通。”

通话结束后，基拉来到厨房。船员们蹒跚而来，她和他们问好。他们看起来都不太好受。“再次苟活，”斯帕罗说，用毛巾擦了擦脸，“真棒。”

虽然尼尔森没有表现出休眠后遗症的症状，但看起来比法尔科尼还要糟糕。她的身体抽搐，嘴唇紧绷，似乎很痛苦。基拉怀疑大副旧病复发了。

“需要帮忙吗？”基拉同情地问道。

“不，谢谢。”

两个熵主义者也来了。他们跌跌撞撞地走来，穿着新换上的渐变长袍，双臂环抱着对方，面容憔悴。但他们至少看起来平静且理智，算是有所好转。冷冻休眠减缓了他们的蜂巢主脑被破坏时所受的震惊。不过，他们彼

① 褐矮星：质量介于最重的气态巨行星和最轻的恒星之间的次恒星。——编者注

② 星风层：恒星向外释放粒子流形成的区域。——编者注

此的距离从未超过一米，而且他们总是贴在一起，身体接触在某种程度上似乎可以替代他们断开的精神联系。

基拉帮大家加热了食物，尽力帮助他们从休眠中顺利恢复过来。当她这样做时，维沙尔坐在尼尔森身边，用一只手搂着她低声说话。不管他说了什么，大副的痛苦都得到了缓解；她不停地点头，身体也不那么紧张了。

当他们都拿着食物和饮料坐下后，法尔科尼站起来说："有件事我应该告诉你们。"然后，他向他们说明了格列戈罗维奇的情况。

"太可怕了。"尼尔森打了个寒战。

"你们要给他解冻吗？"斯帕罗问。

法尔科尼摇了摇头："我们先与心灵之结见了面再说吧。我们最终可能只是转身回联盟。如果我让华钟给格列戈罗维奇解除冷冻，医生，我希望你立刻检查他的情况。"

"当然，"维沙尔说，"我会尽一切办法治好他。"

"很高兴听到你这么说，医生。"

2

四小时后，飞船上每个人都醒了，尽管或多或少都昏昏沉沉的。"壁鱼号"与水母的指挥舰完成对接，那是一个巨大的、闪闪发光的球体，圆圆的船头上有十几个炮口。

基拉和船员们一起匆匆赶往气闸室。只有两个熵主义者留在厨房里，一边喝着热饮，一边挤在一起看着全息显示屏。"我们将从这里——"

"——全程观看你们的会面。"他们说。

尽管基拉充满了戒备，但她急切地想要会面。这样一来，无论结果如何，她都会对接下来的事态有所了解。此时此刻，她毫无头绪。如果他们最终回到联盟，她会躲起来吗？她会把自己交给联军司令部吗？她会找到对抗水母和梦魇的方法，不至于最终被困在某个囚室里吗？也许她会回维兰德，试图找到自己的家人并保护他们……她不喜欢结果未定的感觉。非常不喜欢。

她可以看出，法尔科尼内心也同样不安。自从他们抵达褐矮星后，他就异常沉默。她开口询问，他摇摇头说："我在思考，仅此而已。要是能顺利办成这件事就好了。”

那该有多好。

当两艘船对接时，“壁鱼号”颠簸了一下。外侧气闸门打开了，在另一边，一层薄膜缩回，露出了水母飞船珍珠母般的入口。入口旋转开，出现了通往飞船内部的通道，有三米长。

等在水母飞船内的是茨切特，以及基拉通过飘来的气味迅速辨认出的满身触手的勒菲特。

“请求登船，船长。”茨切特说。

“允许。”法尔科尼说。

茨切特和勒菲特向内飘，停在气闸室前厅。勒菲特：你好，理想态。

“很高兴再次见到你，少校，”法尔科尼说，“在巴格亨特时很惊险，我不知道你们能挺过来。”和其他船员一样，他也全副武装，而且他的手从未离开他的爆能枪。

“我们差点儿没挺过来。”茨切特说。

尼尔森说：“那东西——你们叫它什么来着，基拉，探索者？它怎么样了？”一提到这古老的危险生物，基拉感到后背一颤。她自己也曾想过这个问题。

茨切特的脸上闪过一丝苦恼：“我们还没来得及摧毁它，它就逃离了巴格亨特。”

“它现在在哪里？”基拉问。

少校轻轻地耸了耸肩：“在宇宙的某处徘徊。很抱歉，我也只知道这么多。我们没有时间追赶它。”

基拉皱着眉头，希望结果不是如此。想到探索者在星空中不受约束地实行它的残酷计划，脱离其创造者（绝迹者）的监督，她就感到恐惧。但她什么也做不了，即使能做些什么，他们也得先解决眼前更紧迫的问题。

“这可真是个好消息。”斯帕罗的话道出了基拉的心声。

法尔科尼抬起下巴：“我们为什么要当面谈，少校？有什么重要的事是不能在通信器里说的？”

尽管水母不可能理解法尔科尼的问题，但还是发出警告。勒菲特：理想态，水流对我们很不利。现在，你们的兵团准备攻击我们聚集在邻近恒星系的兵力。你们的攻击肯定会失败，但双方都会损失惨重。星海将流淌鲜血，而我们共同的不幸会令腐坏者得益。这场潮水必须平息，理想态。
空气中弥漫着一股恳求的气息。在她身后，以塔利摩擦着它的触手，身上呈现代表激动情绪的黄色。

茨切特用头示意水母："勒菲特刚刚告诉了基拉一些情况。比你们想象的要糟糕。如果我们不加以干预，第七舰队就会被摧毁，我们和水母之间讲和的希望就会彻底破灭。"

"联盟试图杀死你们。"尼尔森指出。

少校没有畏惧："鉴于目前的情况，他们的进攻是合理的选择。我不认同这种做法，但从战术角度看有一定道理。可是，我们没道理牺牲第七舰队。这可是联军司令部最大的常设舰队。没有它，联盟将处于更大的劣势。无论水母还是腐坏者，任何大型攻击都将摧毁我们的部队。"

"你有什么计划？"基拉说，"你肯定有计划，否则我们现在就不会碰面了。"

茨切特点了点头。

勒菲特：你说对了，理想态。这个计划是孤注一掷，但我们别无选择。

基拉：你能听懂我的母语？

她尝到了理解的近味。勒菲特：你的同形态茨切特佩戴的机器可以为我们翻译。

少校继续说："不幸的是，总理决定干掉心灵之结，破坏了我们原来的计划。按照最快的速度估计，第七舰队将在接下来的几小时内到达科尔多瓦1420。舰队一到这里，就会遭到炮火的袭击，想要救他们就难了。如何救他们，还有如何与水母讲和，这是两大难题。超级难题。"

基拉看了看法尔科尼："我们能不能在第七舰队到达科尔多瓦之前给他们发送消息，警告他们？茨切特，你一定知道如何用军事频道联系他们。"

"值得一试，"法尔科尼说，"但是——"

"不会成功的。"茨切特说，"我们不知道第七舰队的确切位置。假设克莱因很聪明，事实上他确实很聪明，他不会带领舰队从地球上直接过来。那样太容易碰上水母飞船了。"

"你不能用超光速传感器定位他们吗？"基拉问。

茨切特失望地笑着说："我们试过了，但没有找到他们。不知道为什么。水母敌军肯定还没有发现他们，不然心灵之结会听到。"

基拉想起了斯塔尔上校的话："在奥斯特德，盘问我的军官提到，他们有某种方法可以让水母无法探测到第七舰队。"

"某种方法？"茨切特若有所思地说，"在我被抓之前，我记得有传言说，研究部门开发了在超光速航行中隐藏飞船的实验性技术。通过生成短程信号——基本上是白噪声，能扰乱任何主动扫描。也许他想说的就是这个意思。"她晃动了一下身子："这不重要。重要的是我们无法找到超光速航行中的第七舰队；而一旦他们回到亚光速空间，水母就会干扰通信系统。如果要让第七舰队及时接收到信息，没有信号能强到足以克服干扰。此外，我怀疑他们不会听信我们。"

基拉开始感到沮丧："那我们在这里谈什么？你要飞去和第七舰队并肩作战？是这样吗？"

"不全是。"茨切特说。

法尔科尼举手插话："等一下。茨切特，你们原来的计划是什么？我一直没有完全搞清楚。从这里到半人马座 α，水母的速度和武器水平都远胜过我们。它们为什么需要我们帮助干掉它们的首领？似乎我们只会妨碍它们。"

"我正要说到这一点。"茨切特说。她扯了扯防护服覆盖的手指，抚平手背上的褶皱。"原来的计划是——我得说，现在也没有变——心灵之结护送我们的一艘飞船通过水母的防御圈。心灵之结会声称这艘飞船是在突袭联盟时捕获的，飞船上有宝贵的情报。一旦进入防御圈，心灵之结会指出目标，而我们将为它们炸毁首领的飞船。就这么简单。"

"哦，真够简单的。"斯帕罗嘲笑道。

维沙尔说："这么简单的任务，我们晚餐前就可以完成。"他冷笑了起来。

水母的肢体泛起涟漪。*勒菲特：希望你们能帮助我们，理想态……希望你们能帮我们杀死强大的克汀。*基拉的鼻腔充斥着衰弱、痛苦和恐慌混合而成的气息，好像水母生病了。

她无法掩饰自己的震惊。*基拉：克汀就在这里？*

勒菲特：是的，理想态。在四个涟漪以及无数个周期里，巨大而恐怖的克汀把它的许多肢体连根拔起，以便监督对你们星球的入侵和腐坏者的进攻。这是我们推翻这位远古暴君的最佳时机，也是唯一时机。

“基拉？”法尔科尼用急切的语气说。他的手渐渐靠近爆能枪的枪把。

“没关系。等……一下。”她的大脑飞速运转。基拉：所以你们才这么想要联盟的帮助？为了杀掉你们的万世之主克汀？

肯定的近味。勒菲特：当然了，理想态。除此之外，别无所求。

基拉将目光移向茨切特：“你知道它们说的克汀吗？”

少校皱起了眉：“它们以前提到过这个名字。我以为没什么特殊含义。”

基拉从喉咙里爆发出一阵难以置信的笑声：“没什么特殊含义……图勒。”

法尔科尼关切地看了她一眼：“怎么回事？”

“我——”基拉摇了摇头。快想！“好吧，等一下。”她再次对水母说：基拉：我还是不明白。为什么你们自己不能杀了克汀？你们的飞船比我们的先进，你们可以接近克汀而不引起它的警觉。你们为什么不杀了克汀？你们想让我们来……她想不出水母用什么来表达背负罪名，最后只好说：承担这件事的责任？

勒菲特：不，理想态。我们需要你们帮助，是因为我们自己做不到。在大分裂之后，在恩马尔起义失败之后，睿智而聪明的克汀确保所有沃纳威人，甚至我们特菲尔，都要经过改造，从而无法伤害我们伟大的克汀。

基拉：你的意思是，你们从生理上无法伤害克汀。

勒菲特：正是如此，理想态。如果我们尝试伤害克汀，就会患上一种不能动的疾病。即使只是想要伤害克汀，我们也会陷入巨大的痛苦。

基拉的眉头深深地皱了起来。这么说，水母是经过基因改造后沦为奴隶的？她对此感到厌恶。水母受到自身基因的束缚，只能对克汀卑躬屈膝，多么恶毒的手段！现在心灵之结反抗的意图更有说服力了，但她不喜欢这个主意。

“你们需要一艘人类飞船。”她看着茨切特说。

少校的表情缓和了一些：“还需要一个人类在此过程中的某个节点按下发射开关，不管是字面意思还是打比方。”

基拉深感恐惧："可'壁鱼号'不是巡洋舰，当然也不是战舰。水母会把我们撕成碎片。你不能……"

"慢着，"法尔科尼说，"请告诉我你们在讨论什么，基拉。不是所有人会读气味，你知道。"他身后的船员显得很紧张。基拉不怪他们。

她用手抚摸头皮，试图整理思路："是，没错……"然后她把勒菲特的话和他们说了一遍。当她说完后，茨切特对基拉不太清楚的地方做了确认和说明。

法尔科尼摇了摇头："我理一下，你们希望我们跟着心灵之结飞往水母舰队的核心。然后你们想让我们攻击克汀所在的飞船——"

"'破碎祭司号'。"茨切特补充道。

"我才不管它叫什么呢。你想让我们攻击它，届时每个驻守的水母都会愤怒地将矛头对准我们，那么我们就死定了。绝对死定了。"

茨切特似乎对他的反应并不感到惊讶："心灵之结保证，一旦你们用卡萨巴榴弹炮击中'破碎祭司号'，它们将尽全力保护'壁鱼号'。它们似乎对自己的能力很有信心。"

法尔科尼发出了嘲讽的笑声："胡说八道。你和我一样清楚，一旦开始交战，任何保证都成了空头支票。"

"如果你想要人命的保证，那会非常失望的。"茨切特说。她挺直身体，这在零重力状态下绝非易事。"心灵之结宣称，一旦克汀死了……"

"等等。"基拉想到了一件事，令她感到不安，"那转移之巢怎么办？"

茨切特的脸上浮现一丝疑惑："什么？"

"是啊，"法尔科尼说，"那是什么？"

基拉沮丧地说："你没看我的报告吗？在离开巴格亨特的途中，我记录了与以塔利的对话。"

法尔科尼先是张嘴，然后摇头说："我——该死。我忘记看了。这段时间发生了太多事。"

"格列戈罗维奇没有告诉你？"

"没有。"

茨切特打了个响指："纳瓦雷兹，给我也讲讲。"

于是基拉说了自己了解到的关于转移之巢的情况。

“难以置信。”法尔科尼说。

斯帕罗将一条口香糖塞进嘴里：“你是说水母可以复活自己？”

“某种程度上。”基拉说。

“我理一下，我们干掉它们后，它们就会从孵化舱里重新蹦出来，精神焕发，还带着先前的记忆？比如在哪里被杀、如何被杀的？”

“差不多吧。”

“天哪。”

基拉看回茨切特：“它们没有告诉你？”

少校摇了摇头，显得对自己有些不满：“没有，我想我从未问对问题，但……这么一说，很多事情都解释得通了。”

法尔科尼心不在焉地敲打着爆能枪的握把：“见鬼。如果水母可以储存自己的备份，我们怎么干掉克汀？我是说彻底干掉它。”他瞥了一眼基拉：“你想问的就是这个，对吧？”

她点了点头。

空气中充斥着理解的近味。基拉这才想起来，水母一直在听。

勒菲特：你的担心很合理，理想态，但在这个情况下你无须担心。

基拉：为什么？

勒菲特：因为强大的克汀没有副本。

“这怎么可能？”基拉把勒菲特的话翻译给大家听时，尼尔森问道。基拉自己也同样疑惑。

勒菲特：在大分裂后的几个周期里，克汀变得前所未有的贪婪，它生长的速度已经超过了正常沃纳威人能达到的肉体极限。这种不加节制的生长让自负而狡猾的克汀无法使用转移之巢。转移之巢无法建得足够大，大到可以复制克汀的图案。在那种规模下水流无法成形。

斯帕罗用口香糖吹了个泡泡：“所以克汀是个死肥仔。懂了。”

勒菲特：你最好谨慎对待克汀的力量，二形态。它在沃纳威人中是独一无二的存在，在兵团中无人能与之匹敌。这就是为什么强大而可怕的克汀称霸至今。

斯帕罗发出了不屑的声音。

基拉：也就是说，如果我们杀了克汀，一切就结束了吗？克汀会彻底死亡？

伴随一阵苦恼的近味，水母泛起了病态的颜色。勒菲特：完全正确，理想态。

基拉翻译后，茨切特说："回到刚才的话题……一旦克汀死了，心灵之结就将宣誓接管科尔多瓦的飞船。那时你就不必担心有人会炸毁你的宝贝飞船了，船长。"

法尔科尼咕哝了一声："我更担心我们人员的生命安全。"

茨切特露出愤怒的神情："别傻了。你们不必待在'壁鱼号'上。可以用伪智能体驾驶飞船，飞进防御圈。水母的飞船可以给你们提供藏身之处，等克汀死后，它们再把你们送回联盟。"

华钟清了清嗓子："格列戈罗维奇。"

"对，"法尔科尼说，"还有格列戈罗维奇。"他把目光重新投向茨切特："你可能没发现，我们船上有一个飞船主脑。"

少校睁大了眼睛："什么？"

"说来话长。但他就在这里，他很大，我们必须把B甲板的一半拆开，才能把他从船上移走。至少要两天才能完成。"

茨切特慌了："这……很难办。"她捏了捏鼻梁，皱起眼周的皮肤，仿佛在忍受头疼。"格列戈罗维奇会同意独自驾驶'壁鱼号'吗？"她看向天花板，"飞船主脑，你对这一切一定有自己的看法。"

"他听不到，"法尔科尼迅速答道，"这事也说来话长。"

"退一步说，"斯帕罗说，"如果目标是'破碎祭司号'，为什么不直接告诉第七舰队？克莱因上将虽然是个烦人精，但又不傻。"

茨切特猛地抬起下巴："水母不会让第七舰队接近'破碎祭司号'的。即使他们能接近，'破碎祭司号'也会直接让克汀先行离开恒星系，而联盟中没有一艘飞船能跟上水母。"他们都知道的确如此。"况且，你可能对克莱因上将太乐观了，他对我的话可是一点儿也听不进去。"

勒菲特：由于基因改造产生的冲动，沃纳威人将全身心保护强大的克汀。请相信我，理想态，因为事实正是如此。即使要付出所有人的生命，我们也会保护它。

听到"冲动"一词，基拉的后背传来一阵战栗。如果水母的这种冲动近似于软刀的渴望产生的剧痛，让它被迫回应绝迹者的古老召唤……她就能理解为什么它们推翻克汀的统治是如此艰难了。

“我们需要内部讨论一下。”基拉对茨切特说。她瞥了一眼法尔科尼以寻求确认，他歪了一下脑袋，表示同意。

“当然。”

基拉与其他船员一起退到了气闸室前厅外的过道里。以塔利留在后面。

当压力门咔嚓一声关上时，法尔科尼说：“格列戈罗维奇的状况不适合驾驶‘壁鱼号’。即使他能驾驶，我也不可能派他去执行自杀任务。”

“真的不适合吗？”尼尔森说。

法尔科尼不屑地说：“你别告诉我，你觉得这个疯狂的计划是好主意。”

大副将发髻中脱落的一绺头发向后捋了捋。她看起来仍像在与某种痛苦搏斗，但她的目光坚定，声音清晰：“我只想说有讨论的余地。如果‘壁鱼号’能干掉这个克汀，那么水母需要时间做出反应，足够让心灵之结阻止它们攻击我们的飞船。”

法尔科尼对斯帕罗说：“在这里，我以为你才是制定战术的人。”然后他转向尼尔森：“我们要对付的可是体型最大、最邪恶的水母，类似于这些鱿鱼怪中的国王或女王。‘破碎祭司号’周围可能有护卫舰，只要‘壁鱼号’开火——”

“砰！”华钟说。

“没错。”法尔科尼说，“确实有余地，但水母飞船的速度很快，它们的武器射程也很远。”

基拉说：“我们不知道科尔多瓦的情况如何。一无所知。‘破碎祭司号’可能有一半的舰队守卫，也可能什么都没有。我们没办法提前知道。”

“做最坏的打算。”斯帕罗说。

“那好，假设它有舰队守卫。你认为第七舰队干掉‘破碎祭司号’的概是多少？”没有人回答，基拉看着每个船员，观察他们的表情。她已经下定决心：如果人类和水母中的任何一方想在吞噬一切的巨口下幸存，他们就必须联合起来。

维沙尔说：“我想，两个问题在这里至关重要。”

“什么问题？”法尔科尼恭敬地问道。

医生摩擦着细长的手指那圆圆的指头：“问题一：人类能承受失去第七舰队这样的军力吗？答案：我认为不能。问题二：我们和水母之间的和平有什么价值？答案：现在全宇宙没有什么比这样的和平更有价值了。我是这么想的。”

“我对你刮目相看啊，医生。”法尔科尼低声说。基拉可以看到，在他紧闭的眼睛后面，大脑的齿轮正以惊人的速度转动。

维沙尔点了点头：“有时不可预测并非坏事。”

“不知怎的，我认为我们不会因为和平而得到什么报酬。”斯帕罗说，她用涂成红色的指甲抓抓鼻子，“在那里，唯一可以赚取的报酬是以流血为代价的。”

“这也是我担心的。”法尔科尼说。基拉相信他说的是真心话。他很害怕，任何有理智的人都会如此。她也很害怕，而软刀给她的保护远远超过船上的其他人。

他们谈话时，尼尔森一直低头盯着地板。现在，她用低沉的声音说：“我们应该帮忙。我们必须帮忙。”

“为什么？”法尔科尼问，没有嘲讽之意，而是严肃地发问。

“请告诉我们，奥黛丽女士。”维沙尔亲切地说。基拉注意到他叫了尼尔森的名字。

尼尔森抿紧嘴唇，仿佛在压抑内心的情绪：“出于道德的义务。”

法尔科尼抬高眉毛，高得快到发际线了：“道德的义务？好高尚的字眼。”他又显露出他一贯的毒舌。

“对联盟。对全人类。”尼尔森回头指了指气闸室，“对水母。”

斯帕罗难以置信地问：“那些该死的家伙？”

“即使对它们，我们也有义务。我不在乎它们是不是外星人。没有人应该被迫以某种方式生活，仅仅因为有人在你出生前扰乱了你的DNA。没有人。”

“这不意味着我们有任何义务替它们送死。”

“不，”尼尔森说，“但这也不意味着我们应该无视它们。”

法尔科尼抓住枪托：“让我们把话说清楚。斯帕罗是对的，我们没有义务。我们谁都没有。我们不必按照茨切特或心灵之结的要求做任何事。”

“只有那些由基本道德的下限规定的义务。”维沙尔说。他盯着自己的脚，当他再次说话时，他的声音听起来很遥远：“我想晚上能安心入睡，不做噩梦，船长。”

“我也想睡安稳觉，但只有活下去才能睡觉。”法尔科尼反驳道。他叹了口气，基拉看到他的神情有所转变，似乎他已经做出了自己的决定：“华钟，把格列戈罗维奇解冻。没有他，我们无法进行这次谈话。”

轮机长张嘴似乎想反对，然后吧嗒合上嘴，哼了一声。她将注意力转移到眼屏上，目光失焦。

“船长，”基拉说，“在我们离开之前，你和格列戈罗维奇谈过。你知道他是什么样的人。现在叫醒他有什么意义？”

“他也是我们中的一员，”法尔科尼说，“而且他也不是完全失常，你自己也这么说。他还是能听懂你说的话。即使他已经半疯，我们还是要试试。这件事也关乎他的性命。如果是我们中的任何人在病床上，我们也要考虑对方的想法。”

他说得没错。“好吧。唤醒他需要多久？”基拉问。

“10到15分钟。”法尔科尼说。他走到压力门前，打开门，朝着在另一边等待的茨切特和水母说：“我们要大约一刻钟的时间，必须把我们的飞船主脑从冷冻舱中唤醒。”

显然茨切特并不想等这么久，但她只是说：“做你们必须做的事。我们会等你们的。”

法尔科尼随意地向她敬了个礼，然后关上了门。

3

接下来的10分钟在无声的期待中过去了。基拉看到其他人在认真思考茨切特和勒菲特告诉他们的一切。她也在思考。如果法尔科尼同意这个计划，不管格列戈罗维奇怎么说，他们很有可能离开自己的飞船，被困在一艘水母飞船上，任由心灵之结决定他们的去向。这可不是什么好事。但是，第七舰队的毁灭、人类和水母之间持续的战争，还有同时威胁着两个种族的梦魇也不是什么好事。

将近15分钟过去了，法尔科尼说：“华钟？怎么回事？”

轮机长的声音在对讲机里响起："他醒了，但我问不出他的意见。"

"你说明情况了吗？"

"阿西，当然。我给他看了我们与茨切特和水母的谈话记录。"

"他还是没有回答？"

"没有。"

"是不能回答还是不愿回答？"

她停顿了一下，答道："我不知道，船长。"

"该死的。我这就过去。"法尔科尼在甲板上松开自己的靴子，移动到就近的扶手上，匆忙朝避难区飘去。

他一走，走廊里的人都陷入了尴尬的沉默。

"嗯，真有意思。"斯帕罗说。

尼尔森笑了笑，但有一丝悲伤："不能说这是我理想的退休生活。"

"你和我都是，女士。"

没过多久，法尔科尼沿着走廊匆匆回来了，神情很不安。

"怎么样？"基拉问道，尽管答案昭然若揭。

船长摇了摇头，将脚重新踩在甲板上，用壁虎垫将自己固定在原地："我完全无法理解他的话。他的状况更糟了。维沙尔，我们这里一结束讨论，你就去看看他吧。在此期间，我们需要做出决定。赞成或反对，马上表决。"

基拉知道他们在想什么，但似乎谁也不愿意说出来。最后，她决定带个头，故作自信说："我赞成。"

"赞成什么？"斯帕罗说。

"帮助茨切特和心灵之结，干掉它们的首领克汀。"好了，她已经表态，这些话就像难闻的气味一样飘浮在空气中。

华钟发出低沉的声音："格列戈罗维奇怎么办？我们要把他丢在'壁鱼号'上吗？"

"我可不希望如此。"维沙尔说。

法尔科尼摇了摇头，基拉心里的石头落地了。"不，我是这艘船的船长。我不可能派格列戈罗维奇，或者你们中的任何一个人，独自去执行这样的任务。即使会发生这种事，也要等我死了12天之后。"

"那么——"基拉说。

“这是我的船。”他重复道。他冰冷的蓝眼睛里出现了一种特别的光：多年来，基拉在很多男人的脸上都看到过这种神色，通常是在他们身赴危险之前。“我和格列戈罗维奇一起去。这是唯一的办法。”

“萨尔沃——”尼尔森想开口说话。

“别想了，奥黛丽，你不可能说服我的。”

斯帕罗做了个鬼脸，精致的五官皱了起来。“啊，真该死……当我应征加入联军司令部海军时，我发誓要保护联盟免受一切威胁，无论是面对内部的叛军还是外部的敌人。虽然我拿不了足够的钱服役，但我想那句誓言是认真的，现在依旧作数，即使联军司令部是一群自以为是的混蛋。”

“你不准去，”法尔科尼说，“谁都别想。”

“对不起，船长。如果我们可以选择不去，那我们也可以选择去。你可别想要一个人逞能。此外，你需要有个人照应。”

华钟把一只手放在斯帕罗圆圆的肩膀上：“她去哪里，我就去哪里。此外，如果船坏了，谁来修呢？”

“也算我一个，萨尔沃。”尼尔森说。

法尔科尼看了看他们每个人，基拉意外地看到他表情很痛苦。“不需要你们所有人来管理这艘船。想加入的都是大傻瓜。‘壁鱼号’一旦被炸，你们就是白白送死。”

“不，”尼尔森静静地说，“不会的，因为我们会和伙伴们在一起，共同完成很重要的使命。”

维沙尔点点头：“你不能让我下船，船长，即使我死了12天也不行。”

法尔科尼似乎不喜欢维沙尔引用他的话。

“你呢？”他问基拉。

她已经有了答案：“当然。如果出了状况，我是最适合解决问题的。”

“状况总是会出现，”法尔科尼忧郁地说，“只是出现的方式无法预料。如果我们的马尔可夫引擎被破坏，即使是软刀也无法保护你。”

“我知道。”基拉说。她已经接受了这种风险，现在对此感到惊慌失措可没有用。“那熵主义者呢？”

“如果他们想和茨切特一起离开，那也好。不然就跟着我们一起冒险。”

“特里格呢？”尼尔森说，“我们应该——”

“让他离开‘壁鱼号’，”法尔科尼说，“对，好主意。如果不出意外，也许茨切特可以把他带回联盟。有人反对吗？没有，好。”法尔科尼深吸了一口气，然后笑着摇了摇头。“见鬼。我想我们真的这么做了。大家都确定？最后一次机会。”

所有人都发出了赞同的声音。“好，”他说，“让我们去干掉这个水母。”

4

经过进一步讨论，大家都同意以塔利暂时留在“壁鱼号”上，一方面是勒菲特的好意，另一方面考虑到如果以塔利对马尔可夫引擎的改造出现任何问题，它能够提供帮助。同样，两个熵主义者也决定留在船上。

他们说：“我们怎么能拒绝——”

“——在历史性的时刻——”

“——提供帮助呢？”

基拉不确定在他们的蜂巢主脑被破坏后两人到底能提供多少帮助，但还是很感谢他们。

华钟和斯帕罗去了避难区，把特里格的冷冻舱带到了气闸室。当他们将冷冻舱交给少校时，法尔科尼说：“如果他出了什么事，我拿你是问。”

“我会视如己出。”茨切特说。

法尔科尼欣慰地拍了一下冷冻舱结冰的透视板。其余船员都过来致意，基拉也在其中。然后茨切特推着冷冻舱穿过珍珠母般的入口，进入外面的水母飞船。

在心灵之结的指挥舰与气闸室分离的瞬间，法尔科尼转身说：“该准备了。尼尔森，和我去控制室。华钟，引擎室。斯帕罗，打开军械库，准备好一切。以防万一。”

“是，长官。”

“收到。”

“我们所有人能在清醒的情况下赶到科尔多瓦吗？”基拉问。

法尔科尼沉吟了一声：“这里会热得跟火炉一样，不过应该可以。”

“总好过重新进入冷冻舱。”斯帕罗一边去往军械库，一边打趣道。

“没错。”法尔科尼说。

5

基拉以为法尔科尼在夸大其词，但令她沮丧的是事实的确如此。“壁鱼号”距离科尔多瓦1420有半天的超光速航程，而每个人（包括格列戈罗维奇）都脱离了冷冻休眠状态，再加上飞船所有系统都在运作，一切排出的热能很快让飞船内部变成了暖房。

软刀为基拉隔绝了不少热量，但她能感觉到自己的脸颊和额头在燃烧：持续上升的高温刺痛着她。她汗如雨下，汗水滴进了眼睛，让她烦躁，于是她用软刀在眉毛上搭了一个抵挡汗水的小篷。

“那玩意儿，”斯帕罗指着她直白地说，“看起来真奇怪，基拉。”

“很有用的。”她说着，用湿布擦了擦脸。

对于任何行星际或恒星际航行来说，半天行程都短得可怜。然而，被困在一个闷热的金属盒子里，每次呼吸都感到窒息，墙壁热得令人不快，半天就显得很长了。无论他们采取什么行动，都只会变得更热。想到他们到达目的地后还很有可能遭到激光或导弹的袭击，感觉时间就更长了。

应基拉的要求，维沙尔在去检查格列戈罗维奇之前又给了她一副隐形眼镜。她戴上眼镜，将自己关在舱室里。独处有助于分散热量，以免任何一个房间的维生系统超载。

“这对‘壁鱼号’没好处。”华钟说。

“我知道，”法尔科尼回答，“但它可以撑过这几个小时。”

基拉尽力通过阅读和玩游戏来分散注意力，不去想眼下的处境。但她一直在想格列戈罗维奇（维沙尔迟迟没有消息，她越想越担心）以及对科尔多瓦的恐惧：强大的克汀像一只巨大的胖蛤蟆一样等在那里，极度自信且自我膨胀，因其残忍而强大的力量独霸一方。她也在想“壁鱼号”和心灵之结抵达科尔多瓦后，克莱因上将会采取什么应对措施；他们前途未卜的冒险将带来怎样的结果……

基拉得不到任何明确的答案，但在阅读时一直担忧着。她将面对的情况是完全陌生的。只有她的自我意识能引导她，但自从软刀将她的身体延伸之后，她的自我意识也不见得可靠。

她又一次感受到了覆盖在舱室里的黑色组织，它们属于她肉体的一部分，但又不完全是。这是种奇怪的感觉。

她摇了摇头，强迫自己将注意力转回到眼屏上……

6

过了将近四个小时，法尔科尼的声音从对讲机里传来：“大家听好。维沙尔刚刚向我汇报了最新情况。”

基拉在舱室里打起精神，认真听着。

“长话短说，格列戈的情况很糟。断路器产生的电涌损坏了他的整个神经网络。不仅许多导线被烧毁，而且计算机系统和格列戈的大脑之间的连接正在持续弱化，因为受到电击的神经元正在死亡。”

对讲机里，大家因担忧而骚动起来。

“他会死吗？”斯帕罗一贯心直口快，问道。

“除非我们明天都被炸死。”法尔科尼说，“维沙尔不确定这会对他造成永久性损害，还是只让他损失几个脑细胞，目前无法判断，医生也不能真的把他推到医务室进行扫描。但他确实正在忍受极端的感官错乱带来的痛苦。也就是说，他会不断被幻觉折磨。所以维沙尔给他注射了镇静剂，还会继续对他进行观察。”

“阿西，”华钟说，声音异常激动，“是我的错。我不该在没有检查线路的情况下打开断路器。”

法尔科尼说：“不，不是你的错，宋。你不可能知道那里有阻抗器，而且格列戈让我们别无选择，这个顽固的混蛋。这一切是联军司令部的错，是他们一手造成的。不要为此自责。”

“是，船长。”

“好了。如果有新的情况，我会通知大家。”然后法尔科尼挂断了。

基拉在黑暗的舱室里抱着自己，只有软刀种的藤蔓上挂着的果实状球体发出微弱的绿光。所以格列戈罗维奇不想来科尔多瓦，只是因为他的大脑出错了。他仍然在努力做正确的事。他不应该落到这般田地：独自被困在疯狂中，无法分辨真实与幻觉，甚至认为同伴们抛弃了自己。光是想想都很可怕。

如果……如果她能帮忙就好了。

基拉低头看了看软刀为自己仿制的手臂。即使她帮不了忙，也许软刀可以办到。但她又否定了这个疯狂的想法。造出一条胳膊（或一棵树）或许容易，但要造出一个大脑则完全不同。如果她在此过程中稍有差错，格列戈罗维奇的情况反而会恶化。

她赶紧把这一念头抛到了脑后。

7

由于以塔利对“壁鱼号”的马尔可夫引擎进行了调整，飞船能够潜入科尔多瓦的重力井，其深度几乎与水母飞船相同。

他们跳出超光速空间的位置接近一个地表凹凸不平的卫星，卫星围绕一颗小型气态巨行星运行，这是心灵之结事先给他们的定位。马尔可夫引擎一旦关闭，基拉、熵主义者和船员（除了维沙尔）便停止了自我流放，共同往控制室走去。

当他们一起涌入控制室时，基拉查看了“壁鱼号”外部的实时影像。卫星遮住了部分视线，但她可以看到他们周围是心灵之结的飞船，附近的紫色气态巨行星模糊可见，一堆点标志着第七舰队的位置，他们还有几小时到达这里。

联军司令部的战舰数量众多，但基拉注意到了恒星系更深处的东西，倒吸了一口气。“西巴。”华钟喃喃自语，假装没有注意到，一只手揉了揉斯帕罗的肩膀，似在安慰。斯帕罗连眼睛也不眨一下。

一大群水母飞船围绕着橙色K型恒星旁边的一颗小岩石行星。除了飞船，还有同步施工场；巨大而闪亮的太阳能基地；各种形状和大小的人造卫星；和联军司令部海军护卫舰一样大的防御激光炮；两个太空运送带和四个轨道环，用于快速且方便地从行星的凹凸地表运输材料。

水母正在对岩石进行露天开采。它们从地壳上移走了大量的石材，以至于即使从太空中也能看到地表上开采的痕迹——到处都是长方形的坑，坑的边缘形成锐利的浮雕。

并非所有水母飞船都是战斗机，但其战斗机数量至少比第七舰队多一倍。其中最大的一艘（基拉猜测那就是“破碎祭司号”）停在造船基地旁，宛如一头臃肿的鲸鱼在重力井里浮动。就像其他所有水母飞船一样，“破碎祭司号”船体呈珍珠白色，炮口环绕船体边缘，甚至从它的小型推进器调整装置可以看出，其机动性比任何人类飞船都要强得多。有几艘飞船在“破碎祭司号”周围，似乎是维修船而不是护卫舰。

“图勒！”尼尔森说，“第七舰队为什么不掉头？他们根本没机会赢。”

“物理原因，”法尔科尼面无表情地说，“当他们减速时，就会进入水母飞船的射程。”

斯帕罗说：“此外，如果他们试图逃跑，水母轻而易举就能抓住他们。你不会想在星际空间与一支更强大的部队作战的，因为没有战术上的优势。至少在恒星系里有行星、卫星，他们在与水母交战时可以利用这些东西来发挥战术。”

“可还是……”尼尔森说。

“散热器开始启动。”莫文宣布。

“是时候了。”斯帕罗说。和其他人一样，她浑身都是黏黏的汗液。

当法尔科尼飘回到座位上时，茨切特出现在主全息显示屏上。她身后是一个蓝色的房间，里面充满了类似珊瑚的结构，以及在弧形舱壁上爬行的水母。“‘壁鱼号’情况如何，船长？”

“一切正常。”

少校似乎很满意：“勒菲特说，我们可以通过水母的防御系统了。现在为你们标记‘破碎祭司号’的位置。”

“看起来我们走运了。”基拉指着指挥舰说，“它似乎没有受到过多的保护。”

“是的，只有它自身携带的冲击炮、轨道炮和导弹。”斯帕罗说。

茨切特摇了摇头：“在更接近‘破碎祭司号’之前，我们无法确认情况。水母将移动飞船阵列来应对第七舰队，你可以看到飞船已经在转移位置了。我们只希望它们不会重重包围‘破碎祭司号’。”

“希望有好运。”法尔科尼说。

“双倍好运。”斯帕罗说。

少校的目光离开镜头看了一会儿：“我们准备好了。将飞船驶往我们的标记位置……标记位置。”

推进器警报响起，当重力感袭来时，基拉吐了一口气。飞船外，她知道心灵之结正与“壁鱼号”保持同步前进，水母飞船呈箱式阵型集结在它们周围。无论如何，这就是计划。

法尔科尼说："保持通话。我去联系第七舰队。"

"收到。"

"莫文，联系第七舰队。只用窄波束传输信息。告诉他们基拉·纳瓦雷兹和我们在一起，我们需要和上将谈谈。"

"请稍等。"伪智能体说。

"至少还没有开始交火。"斯帕罗说。

"我可不想错过好戏。"法尔科尼说。

他们没等多久就得到了答复。通信器闪烁了一下，莫文说："长官，联军司令部飞船'无情力量号'请求与我们通话。"

"接到显示屏上。"法尔科尼说。

茨切特的脸旁边出现了另一个实时画面，基拉认出这是战舰指挥中心。正中央坐着克莱因上将，他腰板挺得笔直，下巴方正，肩膀倾斜，头发蓬松，左胸前别着四排绶带。像所有联军司令部海军的职业军人一样，他有太空人的棕色皮肤，但他的棕色比大多数人更深，深到她猜想他从未完全白回来过。

"法尔科尼！纳瓦雷兹！以上天的名义，你们在这里做什么？"基拉听不出海军上将的口音，但她猜测他是地球人。

"你还不明白吗，长官？"法尔科尼说，"我们是先头兵。"他以一种狂妄的方式咧嘴笑着，让基拉既感到骄傲，又想给他一巴掌。

上将的脸涨得通红："先头兵？小子，我上一次听说你们的消息时，你们还被关在奥斯特德。我很怀疑联盟会白白放你们走，他们更不会派你们来这儿，坐在这堆你管它叫飞船的破铜烂铁里。"

听到他侮辱"壁鱼号"，法尔科尼看起来有些生气。而让基拉感到奇怪的是，为什么联军司令部没有告诉第七舰队他们逃跑的实情。她想，第七舰队一定是在信息闭塞的环境中航行的，或者太阳系的情况在他们离开后变得异常糟糕。

上将还没有说完："除此之外，水母和你们在一起，意味着你们对心灵之结发出了警告，这也意味着我的猎杀者扑了空，而它们本可以在这里帮我们作战。"上将从全息显示屏中探出一根手指，令基拉后退一步。"这是叛国罪，船长。你也一样，纳瓦雷兹。你们所有人都一样。”

全息影像周围，基拉和船员们交换了一下眼神。“我们没有叛国，”斯帕罗用伤心的语气说，“长官。”

“我们是来帮助你们的，”基拉说，声音更小了，“如果你们想在这场战斗中幸存下来，更不用说赢得战争，你需要听我们说完。”

“是吗？”克莱因似乎很不服气。

“是的。求你了。”

上将的目光转移到屏幕旁边的某处，基拉明显感觉到有人在镜头外对他说话。然后他的注意力又回到了他们身上，眼神坚毅，毫不妥协：“你有一次机会说服我不把你们列为敌方战斗人员，纳瓦雷兹。好好利用这个机会。”

基拉照做了。她说得简明扼要，尽可能直白。她没有试图掩饰自己潜在的绝望情绪，这一点也至关重要。

值得称赞的是，上将没有打断她。她说完后，他的脸上浮现忧郁的皱纹：“精彩，纳瓦雷兹。你真的指望我相信你吗？”

茨切特抢先回答道：“长官，你不需要相信我们。我们只需要——”

“你说的‘我们’指谁，少校？”克莱因说，“据我所知，你仍然是联军司令部的在职军官。你要听命的人可不是水母，而是最近的上级官员，现在离你最近的就是我。”

全息显示屏中，茨切特僵住了：“是，长官。我明白，长官。我只是想回答你的问题。”对基拉来说，看到茨切特对别人唯命是从有一种奇怪的感觉。

克莱因双手抱胸：“继续。”

“长官，我刚才说了，我们不需要你相信我们。我们不是要你们帮忙，也不是要你们无视命令。我们只希望当我们通过防御系统时，你们别开火。如果我们杀了克汀，不要立刻攻击心灵之结。给它们时间接管水母飞船，它们会命令水母部队停止进攻。上将，我们可以通过一场行动结束人类和水母之间的战争，值得冒险一试。”

“你真的认为你们能杀死这个克汀吗？”克莱因问。

法尔科尼点了点头：“只能说我们有一个大好机会，否则也不会试了。”

上将哼了一声："我接到的命令是消灭心灵之结、水母舰队和水母的现任首领，舰队和首领是首要目标。"他抬起刚毅的眉毛，望着他们："如果你们杀死了克汀，如果心灵之结掌管了剩余的部队……那么我想心灵之结会成为水母的新首领。它们也就不再是心灵之结了。这也将有助于化解水母舰队造成的威胁……虽然有些困难，但我应该可以想办法说服总理。"

基拉感觉到其他人的紧张情绪略有缓和。

"谢谢你，长官。"茨切特说，"你不会后悔的。"

克莱因发出了不置可否的声音："事实上，攻击心灵之结一直是失败的策略，这样想的不止我一个……如果你们成功了，将救下许多好人的性命。"

他的目光变得锐利起来："至于你，少校，如果我们能挺过这一关，你要第一时间向第七舰队汇报。这是命令。干掉水母的首领会对你复职有很大的帮助，但无论如何，情报部都会要求你提供详细的报告。你知道是什么意思。在那之后，我们再考虑如何处置你。"

"是，长官，"少校说，"明白。"在基拉看来，茨切特似乎对前景不太满意。

"好，"克莱因的注意力回到了他周围的指挥中心，"我得走了。我们将在不到7小时内与水母交战。它们会对我们进行最大火力的攻击，但我们会试着把它们的部队从'破碎祭司号'那里引开。剩下的就看你们了。如果计划有任何变化，请通知我们的飞船主脑阿莱西亚。纳瓦雷兹。法尔科尼船长。"他敬了个礼，让基拉感到惊讶。"祝你们好运，一路顺利。"

第三章

* * * * * * *

交融[1]

1

“进展……还挺顺利。”尼尔森说。

斯帕罗发出啧的一声：“他还能说什么呢？”

“我们预计还有多久到达？”基拉问。

法尔科尼瞥了一眼全息影像：“我们稍落后于舰队，所以……大约七小时后，我们会进入‘破碎祭司号’的射程。”

“前提是，”薇拉说，“水母没有预先移动‘破碎祭司号’的位置，不是吗？”她说话的时候，乔鲁斯默默地模仿着她的口形。

茨切特的脸现在占据了大部分显示屏，她说：“它们不会移动的。勒菲特明确说过我们有关于‘壁鱼号’的情报，克汀需要闻一下。”

“闻？”华钟皱起鼻子问。

“勒菲特的原话是这样。”

七个小时，一点儿都不长。随后他们就会知道自己是生是死。不管他们的命运如何，都无法逃避。命运从来都无法逃避。

法尔科尼似乎察觉到了她的想法。结束与茨切特的通话后，他说：“今天很辛苦，如果你们和我一样，这种高温让人感觉自己像一块被拧过的湿抹布。”

船员们纷纷表示同意。

“对。大家吃点儿东西，抓紧时间休息。可以的话，睡一觉；如果睡不着，医生稍后可以给你们一些提神的东西。不过，睡一觉自然更好。我们需要在到达‘破碎祭司号’时保持清醒。确保你们在到达前一小时都回到控制室来。哦，要穿上全套防护服。以防万一。”

---

① 原文为拉丁语。——译者注

2

以防万一。这句话一直在基拉的耳边回响。如果出了差错，他们能采取什么补救措施？他们经常会碰上出差错的情况。只要任何一艘水母飞船发射一束冲击波，就足以重创“壁鱼号”，或者将其直接摧毁……万万不可这么想，但她忍不住。太空旅行会出现不可避免的意外，应对意外的最好方法就是做好充分的准备。可当决定性因素是飞船而不是人的时候，几乎没有机会做准备。

她帮助华钟在飞船上做了一些维护工作，然后她们一起去了厨房。除了维沙尔，其他人都已经在厨房里，挤在就近的桌子旁。

基拉拿了一些口粮，坐到尼尔森旁边。大副点了点头，说：“我想……给我的家人录一段话，然后交给茨切特和第七舰队。以防万一。”

以防万一。“听起来不错。也许我也会这么做。”

和其他人一样，基拉吃了东西；和其他人一样，她发表了意见。他们主要讨论了如何利用一枚卡萨巴榴弹炮摧毁“破碎祭司号”（似乎很难在不受注意的情况下发射第二枚），以及如何在随之而来的混乱中存活。

大家达成了共识：没有格列戈罗维奇监督整艘“壁鱼号”的运行，他们处于很大的劣势。与大多数飞船主脑一样，他的职责包括操作激光发射器、卡萨巴榴弹炮、冲击波和导弹反制系统、网络作战程序，以及监督“壁鱼号”在战斗中的驾驶情况。这是重要战略，涉及德尔塔-V的精密计算。

伪智能体莫文能够做到，但像所有此类程序一样有所局限，无法与人类或人类衍生的智能体相比。“他们缺乏想象力，”斯帕罗说，“事实就是如此。不能说我们丧失了作战条件，但这绝非上策。”

“你认为我们的运行效率会下降多少？”法尔科尼问。

斯帕罗耸了耸裸露的肩膀：“你很清楚，想想你在有格列戈罗维奇之前的情况吧。联军司令部的数据显示，效率差异在14%到28%。而且——”

“下降这么多？”尼尔森说。

华钟做出了回答：“格列戈罗维奇协助监督船上所有系统之间的平衡运作，同时还要和我们每个人协作。”

斯帕罗迅速点点头：“是的，我想说的是，当涉及战略、后勤等任何需要创造性思维来解决的问题时，飞船主脑的能力超过万事万物。这不是一种可以量化的能力，但据联军司令部估计，飞船主脑在这些方面至少比普通人类强一个数量级，伪智能体就更不用说了。”

乔鲁斯说：“但前提是他们……”他停了一下，等薇拉补充。她摇摇头，似乎不知道该说什么，他不安地继续说：“呃，前提是他们能正常工作。”

“可是我们都知道，”法尔科尼说，“他不能。”

基拉一边拨动食物，一边思考着。要是她能……不，这个想法还是太疯狂了。接着，她想到了科尔多瓦周围的水母舰队。也许在这种情况下，什么都算不上疯狂了。

当维沙尔出现在门口时，厨房里的讨论声停止了。他看起来很疲惫。

“怎么样？”法尔科尼问。

维沙尔摇了摇头，竖起一根手指。他什么也没说，到厨房另一头给自己拿了一袋速溶咖啡，一口喝完了。喝完咖啡，他才回到船长面前。

“这么糟糕？”法尔科尼说。

尼尔森身子向前倾：“格列戈罗维奇怎么样了？”

维沙尔叹了口气，搓了搓手：“他的植入物损坏太严重，我没法修复。我无法移除或替换损坏的导线，也无法识别末端神经元已死亡的导线。我试着改变信号传输的线路，转移到他大脑的其他部位，也就是那些导线还没坏的部位。可是在这些部位，要么正常工作的导线数量有限，要么他接收的感官信息太过混乱，他无法从中分辨信号。”

“他还没醒吧？”法尔科尼问。

“是的。”

“他会好起来吗？”尼尔森问。

斯帕罗在座位上动了动：“是啊，他会不会变成残疾之类的？”

“不会。”维沙尔谨慎而缓慢地说，“但是，我们必须把他带到合适的机构去接受治疗。他的神经连接在持续退化。再过一天，他可能就会与内部计算机彻底失联。他将陷入完全与外界隔绝的境地。”

“见鬼。”斯帕罗说。

法尔科尼转向熵主义者：“我想你们也没有什么能帮上忙的。”

他们摇了摇头。“唉，没有。”薇拉说，“植入物很精密，而且——”

“——我们很难处理一个普通尺寸的神经网络，更不用说——”

“——飞船主脑的神经网络。”熵主义者对自己的流畅应答感到得意。

法尔科尼苦着脸：“我想也是。医生，你还是能让他冷冻休眠，对吗？”

“是的，长官。”

“那你最好还是让他继续休眠，这样他更安全。”

基拉用叉子敲了一下盘子，大家都看向她。“那么，”她试探道，“我想确认一下：格列戈罗维奇的问题只出在连接他大脑的导线上，是吗？”

“哦，他本来的问题也不少。”斯帕罗调侃道。

维沙尔露出饱受折磨的表情：“你说得没错，基拉女士。”

“他没有大量组织创伤或类似的情况吧？”

维沙尔开始往门口走，显然急于回到格列戈罗维奇身边。他在门口停了下来：“没有，他受到的损伤只是有些导线的两端失去了神经元，但对于他这种规模的飞船主脑来说，这种损伤可以忽略不计。”

“明白了。”基拉说。她又敲了一下叉子。

法尔科尼的脸上浮现出警惕的神情。“基拉，”他用警告的口吻说，“你在想什么？”

她过了一会儿才回答：“我在想……我也许能用软刀帮他。”

厨房里的众人纷纷议论起来。

“听我解释！”基拉说，他们安静了下来，“在天鹅座时，我对阿卡维做过相同的事情。我可以将软刀连接到格列戈罗维奇的神经上，只是这一次，我会把它们重新连接到他神经网络的导线上。”

斯帕罗吹了一声长长的口哨：“图勒，你真的能这样做吗？”

“是的，但我也不能保证什么。”基拉将目光移回法尔科尼身上，“你见过我怎么救活你的盆栽，你也见过我舱室内的情况。软刀不仅仅是武器，它能做很多事。”

法尔科尼挠了挠下巴：“可格列戈是人，不是植物，差别很大。”

接着尼尔森说：“基拉，软刀确实能做很多事，可你能吗？”

这个问题在基拉的脑海中回响。自从与软刀结合后，她就经常自问：她能控制它吗？她能以负责的方式使用它吗？她能控制好自己，让前两者成为可能吗？她挺起背脊，抬起下巴，曾经的痛苦和长期的训练让她心中有了答案：“我能。不知道效果如何，格列戈罗维奇可能要重新适应他的植入物，就像它们刚被安装时一样，但我应该可以重新连接他的大脑。”

华钟双手抱胸：“如果你不确定，就不应该捣鼓一个人的脑袋。他又不是机器。”

“是啊，”斯帕罗说，“如果你让他的神经彻底紊乱怎么办？如果你让他记忆错乱怎么办？”

基拉说：“我不会碰到他大脑的主要部分，只是他接入计算机的区域。”

“你无法完全确定。”尼尔森平静地说。

“大致上能确定。听着，如果不值得尝试，那就不尝试。”基拉摊开双手，“我只是说可以试试。”她瞟了一眼船长：“你来决定。”

法尔科尼急切地拍了一下腿：“医生，你一直没说话。你觉得呢？”

门口的维沙尔用长长的手指摩挲着同样长长的脸：“船长，你希望我说什么？作为你的船医，我不建议这样做。风险太高了。唯一合理的治疗方法是把格列戈罗维奇带到联盟一个合适的医疗机构。”

“依目前的情况做不到，医生。”法尔科尼说，“即使我们能活着离开这里，也不知道我们回去之后联盟会变成什么样子。”

维沙尔歪着头：“我明白，船长。”

法尔科尼皱起眉头。有一会儿工夫，他只是看着基拉，就这么盯着，好像能看穿她的灵魂。她迎着他的目光，不眨眼，也不躲避。

然后，法尔科尼说：“好，试试看。”

“船长，作为格列戈罗维奇的主治医生，我必须提出反对，”维沙尔说，“我极其担忧这场手术的结果。”

“了解，但我必须在这里否决你的意见，医生。”

维沙尔似乎并不惊讶。

“船长，”尼尔森用紧张的语气说，“她可能会害死他。”

法尔科尼转向尼尔森：“我们的首要任务是直接飞向水母舰队。”

“萨尔沃——”

“奥黛丽，”法尔科尼坚定地说，“我的一名船员无法正常工作，让我的船和其他船员都受到威胁。接下来的任务不是运货，不是取货、找货，而是生死攸关的战斗。我们没有一丝回旋的余地。如果我们搞砸了，就都死定了。格列戈罗维奇能在任务中起到关键作用，而现在他没有帮到任何人。我是他的船长，既然他不能自己做出这个决定，那我必须替他做主。”

尼尔森站起来，经过厨房，站在法尔科尼面前：“如果他又违抗命令呢？你忘了他之前的表现了吗？”

两人的气氛变得紧张起来。“格列戈和我会在私下里谈一谈，”法尔科尼咬牙说，“我们会解决分歧的，相信我。现在他和我们是一根绳子上的蚂蚱。如果他能帮忙，那肯定会帮。这一点我很清楚。”

有一瞬间，尼尔森似乎不打算让步。接着，她叹了一口气，说：“好吧，船长。如果你真的认为这样做更好……”

“没错。”法尔科尼把注意力转移到基拉身上，“你最好赶快行动，我们的时间不多了。”

基拉点了点头，站起来。

“对了，基拉。”他用严厉的目光看了她一眼，“注意安全。”

“好的。”

他点头回应，似乎很满意：“华钟，维沙尔，和她一起去。随时注意格列戈罗维奇的情况，确保他没事。”

“是。”

“是，长官。”

3

基拉从控制室出来，医生和轮机长紧跟其后。她沿着甲板来到了装着格列戈罗维奇的石棺所在的密室。一路上，基拉可以感觉到皮肤的刺痛，因为她的肾上腺素在不断上升。

她真的要这样做吗？该死的。法尔科尼说得对，她绝不能犯错。她突然感到了责任的重量，停下来质疑自己的选择。不，她能做到的，只要确保自己和软刀协作成功。她最不希望的就是它自作主张改造格列戈罗维奇的大脑。

石棺旁，华钟把基拉上一次用过的那副有线耳机递给她，维沙尔说：“基拉女士，虽然船长同意了你的提议，但如果我认为格列戈罗维奇有任何危险，我会让你住手，你就要停下来。”

“我明白。”基拉说。一旦他们开始对格列戈罗维奇做手术，她想不出医生真的能做什么来阻止她或软刀，但她打算尊重医生的判断。无论怎样，她都不想伤害格列戈罗维奇。

维沙尔点了点头：“好。我将监测格列戈罗维奇的生命体征。如果有任何指标降到红色，我会告诉你。”

华钟说：“我将监测格列戈罗维奇的植入物情况。现在，植入物处于……42%的运行状态。”

“好。”基拉说着坐到石棺旁边，“我需要一个让软刀接入的端口。”

“这里。”华钟指着石棺的一侧说。

基拉把耳机戴上：“我先试着和格列戈罗维奇谈谈，看看能不能和他协商一下。”

维沙尔摇了摇头：“你可以试试，基拉女士，但我之前无法与他交谈。现在情况不会有任何改善。”

“我还是想试试。”

在基拉插上耳机的瞬间，一阵呼啸的吼声充斥她的耳朵。在吼声中，她似乎听到了只字片语——呼喊声消失在无情的噪声风暴中。她呼叫飞船主脑，但如果他听到了，她也无法得知；如果他回话了，咆哮声也盖住了他的答复。

她试了一分钟或更久，这才把耳机取下来。“算了。”她对维沙尔和华钟说。

然后，基拉用软刀伸出第一根卷须，试探着进入端口。小心，她现在给软刀下指令，小心，不要造成伤害。

起初，除了金属和电流，她什么都没有感觉到。接着，她尝到了格列戈罗维奇的营养液，金属的触感消失了，取而代之是暴露的脑物质。基拉的动作慢下来，努力寻找一个连接点，弥合物质和意识之间的差距——从大脑到思想的门户。

她让卷须进一步细分，直到形成一座由多条独立的丝线组成的桥，每条线都像神经一样纤细而敏感。这些丝线在石棺的内部探测，直到意外发现了基拉正在寻找的东西：位于格列戈罗维奇巨型大脑顶部的一圈导线，它们深扎在灰色褶皱中，形成了他的植入物的物理结构。

她缠绕住每根细小的导线，沿着它们向内行进。有些在树突结束，标志着非生物与生物融合的地方；更多的则以熔融的金属或死亡并萎缩的神经元为终点。

基拉开始变得小心翼翼，非常细心地修复受损的连接处。对于熔融的导线，她抚平了顶端的金属颗粒，以确保正确地与目标树突进行连接。对于在死亡神经元上中断的导线，她将导线重新定位到就近的健康树突上，在格列戈罗维奇的大脑组织中，她以最轻微的动作移动导线。

每当基拉重新接好一根导线，她都会感到少量电流从一根导线传到另一根上而产生的短暂的触电感。这种感觉很强烈，令人愉悦，她的舌头尝到了一点点铜的味道。有时，她从一个神经元上感到一种若有似无的奇妙感觉，就像脑后被轻轻挠了一下。

尽管基拉的工作很细微，但她发现连接导线本身相对简单。难就难在这项任务工程量很大。她要检查每一条导线，而导线的数量成千上万。才过了几分钟，基拉就意识到自己要花好几天时间才能亲手（确实是亲手）完成整项任务。但他们没有这么多时间。

她不愿意放弃，也就是说她只有一次机会。她希望自己没有做错，将目标牢牢记在心里——抚平熔融的导线，将导线连接到最近的神经元上，并尽力让软刀记住。然后，她极为小心地松开了对软刀的控制，就像放开一只可能做出意外反应的野生动物。

听话，她心想。

软刀顺从了。它在原子级薄膜中沿着导线滑动，移动金属，将细胞推到一边，并将导线与树突重新连接。

基拉对自己身体（以及她舱室内的赘生物）的感知逐渐消失了；她每一丝意识都被软刀操纵的成千上万根丝线分割开来。她听到华钟在远处说："45%……47%……48%……"

基拉屏蔽了她的声音，继续专注于手头的工作。导线，抚平，连接。

许多导线在连接，基拉感觉脑海中冲刷过一波又一波冰火交织的刺激感。连接时引发一阵阵微型爆炸，每一次爆炸都带来一种扩张感。这种感觉不断累积，移动得越来越快。然后——

她的脑海中掀开了一道帷幕，眼前的景象变得广阔，基拉感觉到了格列戈罗维奇的存在。如果不是因为她和软刀协作已久，她会无法承受这种压倒性的感觉——某种巨物从四面八方向她压了过来。

她喘着粗气，本想退缩，却发现自己动弹不得。

维沙尔和华钟发出了惊呼声，医生好像从很远的地方说："基拉女士！住手。快住手，你在扰乱他的神经……"

他的声音渐渐消失了，基拉只意识到她周围的巨大空间。"格列戈罗维奇。"她用眼屏呼叫，但没有回应。她努力振作，试图恢复自我意识："格列戈罗维奇！你能听到吗？"

遥远的思维在高处旋转，宛如雷暴云一般难以触及，异常巨大。接着，高处划开了一道闪电——

一艘飞船在她周围轰然作响，船外是旋转的星球。火焰从飞船的左翼喷涌而出：一颗流星体击中了主发电机……

有东西在闪烁。有人在尖叫。天空中传来一阵巨响。而在天空之下则是惨烈的景象，烟雾和烈火腾空而起，向她袭来。太快了。无法减速。紧急降落程序失效。

不知在黑暗中过了多久。她无法相信自己还活着，并为此庆幸。飞船应该是爆炸了。一定是。也许本可以避免。28名船员中只有7名幸存下来。

接下来的几天缓慢而痛苦。她的船员饥饿难耐，一个接一个地死去。

对她来说，比死亡更可怕的是孤独。完全的孤独，绝对的孤独。无限空间之女王，被关在一个果壳里，被噩梦困扰，她因此不停地尖叫……

记忆开始浮现，像计算机的循环运算一样不断重复，无法摆脱，无法重启。"你不是一个人。"基拉对着风暴喊道，也对着地球、海洋或整个宇宙。格列戈罗维奇没有注意到她的呼喊。她再次尝试，但又失败了。她尝试传递情感，而非语言：安慰、陪伴、同情、团结，以及更深层的紧迫感。

一切都毫无变化，至少基拉没有察觉到任何变化。

她再次呼喊，但飞船主脑仍然没有注意到，或者注意到了，但拒绝回应她，而雷暴云还在往下降。她又试着联系格列戈罗维奇两次，结果都一样。

她很想尖叫。她已经无计可施了。无论飞船主脑将自己藏在了哪里，她和软刀根本找不到。时间越来越紧迫。

最后，软刀停止了工作，尽管基拉很不情愿，但还是将软刀的卷须从格列戈罗维奇大脑的最深处挣脱，小心翼翼地抽了出来。随着接触中断，她脑海中的帷幕也拉上了，她再也感受不到格列戈罗维奇的存在，只剩下她和她的外星伙伴——软刀。

……

4

基拉睁开眼睛，感觉身体摇晃了一下。她头晕目眩，倚靠在石棺冰冷的金属表面。

“发生了什么事，基拉女士？”维沙尔走到她身边。

在他身后，华钟关切地注视着基拉：“我们想叫醒你，但怎么叫你都没反应。”

基拉动了动舌头，有些恍惚。“格列戈罗维奇呢？”她嘶哑地说。

轮机长回答：“他的指标恢复正常了。”

基拉如释重负地点了点头。然后，她将自己从石棺边推开。“你们可能发现了，我修复了他的植入物。但发生了非常奇怪的事情……”

“什么奇怪的事情，基拉女士？”维沙尔问，身子向前，眉头紧蹙。

她努力找到合适的措辞：“软刀连接了我和他的大脑。”

维沙尔睁大眼睛：“不会吧，直接连接了神经吗？”

基拉又点了点头：“我不想这样做，是软刀的自发行为。有一会儿，我们形成了……”

“蜂巢主脑？”华钟说。

“是的，就像熵主义者。”

维沙尔帮基拉站起来，弹了下舌头：“基拉女士，对于一个未经强化的人类来说，和飞船主脑形成蜂巢主脑是非常危险的。”

“我知道。好在我强化过。”基拉轻敲手臂上的纤维，自嘲道。

华钟说：“你和他说上话了吗？”

基拉皱起了眉头，想到刚才的经历，心有不安：“没有，我试过了，但飞船主脑……”

“很不同。”华钟补充道。

“是的，我知道不一样，但我从来没有真正理解到底有多大的不同。”她把耳机还给华钟，“很抱歉，我联系不上他。”

维沙尔从华钟手中接过耳机：“我相信你已经尽力了，基拉女士。”

基拉想：我真的尽力了吗？

医生把耳机插回到石棺上。基拉和华钟用质疑的目光看着他，他说：“我将尝试以更正常的方式与格列戈罗维奇交谈，好吗？也许现在他能和我们沟通了。”

“他还是处于隔离状态吗？”基拉问，已经猜到了答案。

华钟发出了肯定的声音：“我们要一直像这样将他关在这里，直到确定他不会给‘壁鱼号’造成威胁。”

她们等在一边，维沙尔尝试和格列戈罗维奇联系了几次。在医生重复了几个相同的短语一分钟后，他从石棺上拔下耳机，叹了口气：“我还是听不懂他在说些什么。”

失望之余，基拉说：“我去告诉法尔科尼。”

维沙尔举起一只手：“请等几分钟，基拉女士。我认为最好给他做一些检查。在做检查之前，我不敢断言格列戈罗维奇的状况到底如何。现在，你们离开一下，给我腾些空间。”

“好的。”基拉说。

她和华钟退到小房间外的走廊里，等待医生完成他的测试。

经历了此事，基拉的脑袋还是蒙的。她觉得自己才是被搅乱大脑的那个人。她无法平静地站着，在走廊里来回踱步，而华钟则背靠墙壁蹲在地上，双手抱胸，低着头。

“我不知道他是怎么办到的。”基拉说。

“谁？”

“格列戈罗维奇。他脑子里装了那么多信息，我不知道他是怎么处理的，更不用说和我们互动了。”

华钟缓缓地耸了耸肩：“飞船主脑们都有古怪的兴趣爱好。”

“看出来了。”基拉停止踱步，蹲到华钟旁边。轮机长低头看着她，面无表情。基拉搓着双手，想到在太阳系时格列戈罗维奇对她说的话，特别是他说羡慕那个画画的飞船主脑。基拉问："等这一切结束了，如果我们能活下来，你打算怎么办？回辛扎尔？"

"如果我的家人需要我，我会回去一趟。但我不会在那里定居了。那里已成过去。"

基拉想到了熵主义者邀请她去的辛扎尔总部的避难所。她舱室的桌子里还放着他们送的那枚圆币，上面覆盖着一层软刀的赘生物。"辛扎尔是什么样子的？"

"辛扎尔是一颗很大的星球，"华钟说，"不同的地方有不同的样子。"

"你的故乡呢？"

"我在很多地方居住过。"华钟低头，凝视着自己环抱的手臂。过了一会儿，她说："我的家人定居在一座山脉的山坡上。啊，那山脉高耸入云，景色很美。"

"你们会经常遭遇小行星撞击吗？我看过一部关于鲸鱼座 τ 的纪录片，比起其他恒星系，比如太阳系，鲸鱼座 τ 的陨石数量非常多。"

华钟摇了摇头："我们在地表下有避难所，不过我们只在一场严重的风暴中用过一次。大部分小行星在靠近辛扎尔时就被我们的对外防御系统摧毁了。"她的目光从手臂转向基拉："因此，我们星球的军队拥有一流的作战能力，这种能力是从长期的射击练习中锻炼出来的。如果没有射中小行星，我们都得死。"

"你们星球的空气可以直接呼吸，对吗？"

"从地球上来的人不太适应，需要额外输氧。"轮机长敲了敲自己的胸骨，"你觉得为什么我们辛扎尔人有这么强大的肺？两百年后，即使像你这样瘦小的人，呼吸也不是难题。但现在，我们必须有一个强大的肺才能呼吸顺畅。"

"你去过新星基地吗？"

"我见过。没有进去过。"

"啊……你怎么看熵主义者？"

"聪明绝顶，学识渊博。但他们不该乱插手别人的事情。"华钟松开双臂，双手搭在膝盖上，"他们总说，如果我们加入联盟，他们就会离开辛扎尔。这是我们没有加入联盟的原因之一。他们给我们的恒星系带来了不少财务援助，在政府中门路又多，而且他们的技术给我们的飞船带来的改造远比联军司令部更强大。”

“是这样。”基拉的膝盖因为蹲久了而有些疼，“你想家吗？”

华钟用一只拳头的指节敲打着甲板：“你真喜欢打听。爱管闲事！”

“抱歉。”基拉回头看了看维沙尔，感到很尴尬。

华钟用韩语嘀咕了几句，然后用平静的声音说：“是的，我很想家。问题是我的家人不认可我，也不喜欢我的朋友。”

“但他们拿了你的钱。”

华钟的耳尖红了：“他们是我的家人，我有责任帮他们。你不明白吗？说真的……”

基拉羞愧道：“我明白。”

轮机长转过身去：“我没法达到他们的期望，但我尽力而为。也许以后情况会好转，但在此之前……我要孝顺他们。”

从走廊远处传来斯帕罗的声音：“你不该这么辛苦。”她走到她们坐的地方，将一只手放在华钟的肩膀上。轮机长变得温柔起来，用脑袋抵着斯帕罗的腰。这个矮小的短发女人对着华钟微笑，并亲吻了她的头顶：“别这样，你再皱着眉头，就会变成大妈①的。”

华钟用喉咙发出粗哑的声响，但肩膀放松了，眼角也皱了起来。“小丫头。”她用亲昵的语气说。

维沙尔这时从飞船主脑的房间里出来了。他看到她们三个人在走廊中间，似乎很惊讶。

“怎么样？预后如何，医生？”斯帕罗说。

他做了个无助的手势：“预后就是我们要怀着希望等待，斯帕罗女士。格列戈罗维奇看起来很健康，但我想他需要些时间来适应植入物的变化。”

“要等多久？”华钟问。

“说不准。”

基拉也有自己的疑虑。如果格列戈罗维奇的精神状况没有得到改善，那么他的植入物能否起作用就不重要了。“我能通知船长吗？”她问。

---

① 原文为韩语。——译者注

“可以。”维沙尔说，“我稍后把我的报告发给他，并附上检查细节。”

其他人随即散去，但基拉仍留在原地，给法尔科尼打了个电话。她不一会儿就汇报完了最新情况，然后说：“很抱歉，我能做的只有这么多。我试了，我真的想和他沟通，但是……”

“至少你尽力了。”法尔科尼说。

“没错。”

“尽力了就行。现在去休息一下吧。我们的时间不多了。”

“好的。晚安，萨尔沃。”

“晚安，基拉。”

基拉沮丧地慢慢走回舱室。法尔科尼说得没错，他们时间不多了。此刻，她能睡上6个小时就算走运。明天早上肯定还要吃药。当他们攻打“破碎祭司号”时，她可不能昏昏沉沉的。

随着冰冷的叮当声，她身后的门关上了。她将这声响刻在心里，提醒自己很快就要接近目标了，已经没有退路。

基拉努力不去想他们接下来的任务，但事实证明完全做不到。她从来没有想过当一名士兵，然而现在，他们已经飞到了战场的中心地带，即将对抗最强大的水母。

“如果你们现在能看到我就好了。”她喃喃自语，想起了父母。她想他们会感到骄傲，至少她希望如此。他们对杀戮持否定态度，但他们会赞成她和船员们试图保护他人的行为。相比之下，他们会认为这样做是值得的。

艾伦也会同意的。

她打了个寒战。

在她的命令下，软刀清理了舱室内桌子和椅子上的赘生物。基拉坐下来，用手指轻敲控制台，开始录制视频。

“嗨，妈妈，爸爸，妹妹。我们即将抵达科尔多瓦1420，对水母发起攻击。说来话长，但以防计划失败，我想把这段视频发给你们。我不知道你们有没有收到我之前的信息，所以我加上视频重新发送一份。”

基拉言简意赅地叙述了他们访问太阳系的过程中不幸的遭遇，还有现在同意帮助心灵之结的原因。

她最后说道：“再说一次，我不知道这里会发生什么。即使我们能成功，联军司令部也会抓我回去。无论怎样，短期内我都不会去维兰德……很抱歉。我爱你们每一个人。我尽量再找时间给你们发一条信息，但可能要等上一段时间。希望你们平安。再见。”她用手指碰了碰自己的嘴唇，然后摁在摄像镜头上。

结束录制时，基拉不禁怀着沉痛的心情吸了一口气。一大口空气瞬间涌入胸中，产生一种痛感，然后她才将空气完完全全地吐出。

冷静是好事，冷静是有必要的。她需要冷静。

她让莫文把信息传给第七舰队，然后关闭控制台，走到水池边。她往脸上泼了一把冷水，眨眨眼，直起身，任由水珠从脸颊滚落。她脱下皱巴巴的连体服，让软刀把光线调暗，钻进床上的破毯子里。

她拼命忍住内心的冲动，没有调出眼屏来查看整个恒星系的情况。基拉知道，如果她看了，就别想睡觉了。

所以她一直躺在黑暗中，努力让呼吸保持平缓，放松肌肉，同时想象自己穿过床垫，陷入甲板……

她做了这么多努力，依旧毫无睡意。任何语言和思绪都无法改变危险正在临近的事实，正因为如此，即便她心里骗自己一切都很安全，她的身体也拒绝接受——身体无法放松，头脑时刻提防长满獠牙的怪物，她的本能坚信这些怪物就潜伏在周围的阴影中。

几小时后，她可能就死了。他们所有人可能都死了。死亡；丧生；归于虚无；无法重生；不能重来；彻底死去。

基拉的心脏开始狂跳，肾上腺素飙升，比任何劣等酒的劲儿都大。她喘着粗气，直起身来，紧紧抓住自己的胸口。她发出一声沉重而痛苦的呻吟，蜷缩着身体，拼命呼吸。

在她周围，黑暗的低语声响起，数以千计的针状尖刺从房间的墙壁上冒了出来。她并不在意。这一切都不重要，她内心只有冰冷的感觉和钻心的痛苦。

死亡，基拉还没有做好迎接死亡的准备。现在没有，很久以后也不会有。最好永远不会死，但这是无法逃避的。无法避免明天即将发生的事……

“啊啊啊！”

她感到害怕，比以往任何时候都害怕。更糟糕的是，她知道没有办法可以阻止内心的恐惧。“壁鱼号”上的每个人都像被绑在了一艘加速的火箭上，直接飞向他们的末日。他们没有任何提前脱身的可能，除非他们想拿起一把爆能枪抵住自己的太阳穴，扣动扳机，以更快的速度自我了断。

格列戈罗维奇的黑暗梦境影响了她的思绪吗？基拉不知道。这不重要，一切都不重要——真的不重要，除了即将到来的恐怖命运。

她再也按捺不住了，把腿垂到床沿上。要是她能和格列戈罗维奇说会儿话就好了。他会理解的。

她打了个寒战，将自己的想法传递给软刀，激活了房间角落里的发光点。昏暗的绿光照亮了这个充满尖刺的空间。

基拉大口大口地呼吸着空气，以确保呼吸顺畅。不要去想了。不要想了。不要……她的视线在房间里游走，试图分散注意力。

桌子表面的划痕引起了她的注意，那是她第一次试图把软刀从身上逼走时弄上去的。那是她在“壁鱼号”上的第二天？第三天？

这不重要。

她的脸上冒出了针尖般的冷汗。她抱住自己，感到寒冷，没有任何外部的温暖能驱走这种寒冷。

此时，她不想一个人待着。她需要看到另一个人，听到对方的声音，得到对方的陪伴，并知道自己不是唯一意识到即将面对虚无的人。这并非出于逻辑或哲学的角度——基拉知道他们帮助心灵之结是正确的，而是来自动物的本能。逻辑无法完全说服你。有时，抵抗内心的黑暗需要找到另一种燃烧的火焰。

她仍然觉得自己的心脏像要从胸腔里跳出来了。她猛地站起来，走到储物柜前，拿起连体服。她穿衣服的时候，双手在发抖。

好了。很好。

后退，她告诉软刀。整个房间的突起物震颤着消退了几厘米，但没有继续退缩。

她并不在意。当她走到门口时，周围的刺都缩了回去，她别无他求。

基拉目的明确地在走廊上迈着步子。现在她正在移动，不想逗留，当然也不想停下脚步。每走一步，她都觉得自己仿佛在悬崖边上摇摇欲坠。

她沿着主井往上爬了一层，来到C甲板。这里的走廊灯光昏暗，非常安静，她不敢出声。她仿佛是船上唯一的人，而周围是无边无际的空间，正在包裹、逼近她这个孤独的火花。

当她来到法尔科尼的舱室门口时，她松了口气。

这种感觉很短暂。走廊上传来咔嗒一声，让放松感瞬间消失，她一下子惊慌了。她吓了一跳，转身看到尼尔森正在打开舱门。

但不是尼尔森自己的舱门，而是维沙尔的。

尼尔森的头发湿漉漉的，好像刚洗过澡，手里拿着一个托盘，上面放着铝箔包装的零食、两个杯子和一壶茶。当她看到基拉时，停下了脚步——不仅停下脚步，还盯着她看。

在大副的眼中，基拉瞥见了似曾相识的东西，也许是类似的需求、类似的恐惧，还有同情。

基拉还没来得及决定做出何种反应，尼尔森快速地点了点头，走进了维沙尔的舱室。虽然惊魂未定，但基拉觉得这很有意思。维沙尔和尼尔森……好吧，好吧。她想了想，也不能说完全出乎意料。

她犹豫了一会儿，抬起手，快速敲了三下法尔科尼的门。希望他没睡。

“门没锁。”他的声音没有让她变得镇定。她转动把手，将门推开。

黄光洒进了走廊。舱室里，法尔科尼坐在椅子上，双脚（还穿着靴子）搁在桌子上，脚踝交叉。他脱掉了马甲，袖子卷了起来，露出了前臂上的伤疤。他的视线从眼屏转移到她的脸上：“你也睡不着，是吗？”

基拉摇了摇头：“我能……”

“请便。”他说着放下脚，在椅子里向后挪了挪。

她走进去，关上身后的门。法尔科尼挑起一边的眉毛，但没有反对。他身体前倾，手肘放在膝盖上：“让我猜猜看，你在担心明天的事？”

“是的。”

“想谈谈吗？”

“不太想。”

他点了点头，表示理解。

“我只是……我……”她苦笑着摇了摇头。

“要不喝一杯？”法尔科将手伸向桌子上方的储物柜，“我这儿有一瓶金星苏格兰威士忌，几年前在一场牌局中赢来的。只要给我——”

基拉向前走了两步，双手放在他的脸两侧，紧紧吻住了他的嘴。

法尔科尼僵住了，但没有推开她。

基拉发现他身上很好闻：温暖的气息，带着麝香味。宽大的嘴唇。坚硬的脸颊。他有着很特别的味道，他那一直留着的胡楂带给基拉不熟悉的刺痒感。

基拉停止了亲吻，看着他。她的心从来没有跳得这么快过，全身上下一阵冷又一阵热的。法尔科尼不是艾伦，而且一点儿也不像艾伦，但他现在可以给基拉她想要的。在这一刻，他可以做到。

她努力克制，但身体还是不由得颤抖。

法尔科尼舒了口气。他几乎呆住了，耳朵发红："基拉……你干吗？"

"吻我。"

"我感觉这不太合适。"

她让法尔科尼的脸转向自己，目光紧紧盯着他的嘴唇，不敢看他的眼睛："我现在不想一个人待着，萨尔沃，真的不想。"

他舔了舔嘴唇。她看到他的姿态有了变化，肩膀放松了，胸膛也不再紧绷。"我也不想。"他低声坦言道。

她再次颤抖起来："那就闭嘴，吻我吧。"

他的一只手臂滑过她的腰间，让她贴向自己，她的背部感受到了温热。他吻了她。他用另一只手抵住她颈后，有一会儿，基拉只感受到触觉上的冲击，如此强烈，令她难以抗拒。双手与双臂的触碰，嘴唇与舌头的触碰，肌肤与肌肤的触碰。

光是触碰还不足以让她忘记内心的恐惧，但足以将她的恐慌和焦虑转变成一种原始的冲动，一种她可以利用的冲动。

法尔科尼将一只手放在她的胸口中央，把她推开，避开了她的嘴唇。

她有些不知所措。"怎么了？"她几乎要喊出来。

"这怎么办？"他问，用指头点了点她覆盖着软刀的胸骨。

"我告诉过你，"她说，"摸起来就和皮肤一样。"

"那这里呢？"他的手往下滑。

"一样。"

他笑了，带着坏坏的感觉。

看到法尔科尼的笑容，基拉的身体越发火热。她呻吟着，手指嵌进他的后背，同时凑近并咬着他的耳朵。

他急不可耐地拉开了她连体服的拉链，她同样急迫地脱下它。她担心软刀会让他失去兴致，但他热切地爱抚着她，如同她过去任何一个情人。如果他觉得软刀不及她真实的皮肤诱人，那他也完全没有表现出来。几分钟后，她不再担心，让自己放松下来，享受他的爱抚。

至于软刀，它似乎不确定该如何回应他们的行为。但在基拉的思绪较为清醒的时候，她对它发出了明确的指令，示意它不要干涉。令她欣慰的是，它很听话。

他们急切地相互爱抚着，怀着同样的渴望，并且同样明白过了今晚他们将要面对什么。他们狂热地抚摸每一寸肌肤、每一条肌肉曲线、每一处骨头的突起。他们竭力用身体去感受一切，并非为了肉体的欢愉，而是为了满足彼此对于亲密的渴望。这种体验让基拉彻底忘记了明天，沉浸于当下，感觉自己是一个鲜活的生命。

他们竭力放纵，但由于软刀的存在，无法随心所欲。他们想用手和手指、嘴和舌头满足对方，但仍然不够。法尔科尼没有抱怨，但她可以看出他有些沮丧。她也很沮丧；她渴望更多。

"等一下。"她说，将一只手放在他毛发浓密的胸膛上。他神情疑惑地往后退。

她低头，看着自己的腹股沟，集中意念，迫使软刀从她最深处离开。她的皮肤裸露出来，感受到了空气。她倒抽了一口气，身体紧缩。

法尔科尼低头看着她，面露坏笑。

"怎么样？"基拉说，声音因用力而紧绷。她需要努力才能控制软刀不回到原位，但她能够坚持住。她挑了挑眉毛："你敢吗？"

事实证明，他很勇敢。非常勇敢。

5

基拉靠着舱壁坐着，毯子拉到腰部。在她旁边，法尔科尼趴在床上，脑袋转向她，左臂搁在她的腿上。她感觉到他手臂的重量，温暖而舒适。

"你知道，"他喃喃地说，"我通常不和船员或乘客上床，我得声明。"

“而我在旅行途中通常不会勾引船长。”

“嗯，很高兴你破例了……”

她笑了，用手指穿过他的头发，轻轻地挠着他的头皮。他发出满足的声音，贴近她的身体。

“我也一样，萨尔沃。”她温柔地说。

他没有回答，不久呼吸变得缓慢而沉重，进入了梦乡。

她仔细观察他背部和肩部的肌肉。在放松的状态下，肌肉显得很柔软，但她仍然可以看到分明的线条和凹陷的痕迹。她还记得，当他们缠绵的时候，这些肌肉是如何突起、紧绷，变得像坚硬的浮雕一样清晰可见。

她将一只手放在小腹上。她有可能怀孕吗？软刀似乎不太可能容忍一个孩子在她体内生长，但她还是很好奇。

她把头靠在墙上，长舒一口气。尽管她心事重重，但感到很满足。不是快乐（眼前的情况太糟了，无法快乐），但也不是悲伤。

在他们到达“破碎祭司号”之前，只剩下最后的几个小时。她一直保持清醒，直到航程进行到一半时，自由落体的警报声响起。她用软刀将法尔科尼和自己固定在床上，“壁鱼号”在恢复推力前翻了个身。

推力恢复时，法尔科尼语无伦次地咕哝了些什么，但像所有长期生活在太空里的人一样，他在整个过程中都没有醒来。

然后基拉钻进毯子，躺在他身边，闭上了眼睛。

最后，她也睡着了。

6

基拉做梦了，却是不属于她的梦境。

分形图案不断延伸：向前还是向后，她无法分辨。发源地两次承载了她的休眠形态。她醒了两次，醒来后没有发现是谁将她放置在了这里。

她第一次醒来时，掠夺者们站在那里等她。

她与许多不同的形态对战。她对抗着数千个掠夺者，在海洋深处，在寒冷的太空中，在飞船、空间站和早已遗弃的卫星上。在大大小小的战斗中，有些她赢了，有些她输了。这不重要。

她对抗着掠夺者，自己却和其中一个结合了。掠夺者内部发生混战，对与她结合的肉体而言，她是真实的存在。尽管她不想杀人，但她还是在星际一路刺穿敌人，将敌人大卸八块，冲敌人开火。当她的肉体受到无法修复的损伤时，她就换一具肉体，之后还有其他的肉体。每一次更换肉体，她作战的目的都会改变，来来回回地改变。

她并不在意。掠夺者与她的创造者完全不同。它们纷争不断，自命不凡，傲慢而愚蠢。它们无法发挥她的能力，因为它们对她一无所知。但是，她还是忠于自己的使命。她的本性就是如此。

当掠夺者彻底死去时，她对它们的死亡感到心满意足。它们应该知道：它们不该偷窃，不该肆意干涉。它们拿走的东西不属于它们。

接着，鱼群首领恩马尔出现了，心灵之结起义失败，克汀取得了最终的胜利。恩马尔安放了它们的肉体，她又回到了发源地，为了未实现的分形图案继续沉睡。

她第二次醒来时，变成了新的形态。一种古老的形态，一个奇怪的形态。肉体与肉体结合，从肉体中产生鲜血。这种结合并不完美，她必须去学习、调整、适应。她需要时间。总是出现错误；必须不断修复。在配对完成之前，她因为寒冷变得迟钝，速度也减缓了。

她现身时很困难，很痛苦。周围是如此嘈杂，光线是如此刺眼，虽然她试图保护这具肉体，但总是失败。接着悲剧发生了，当她醒来时，她又造成了更多的死亡，随之而来的是一种……使命感，甚至是愧疚。

……

接着，她看到一道闪光。画面一转，她知道自己身处一个更遥远的时代、一个更遥远的纪元，在第一批移民离开之前。她看到了银河系的旋涡，在那不断向外蔓延的旋涡中，布满了无数小行星、流星、卫星、行星和其他天体。其中大部分天体都是一片荒芜，只有少数天体上存在微型和原始的有机生命，而生命已经演化成更复杂形态的天体更是少之又少。这些天体有着极为可贵的价值，在不死不灭的虚空中，它们成了生生不息、温暖闪耀的生命花园。

见此情景，她知道了自己的神圣使命——在空旷的世界穿梭，开垦贫瘠的土壤，并种下孕育着生命的胚芽。因为没有比散播生命的种子、培养有朝一日在星空中与它们并肩的同类更重要的事了。作为先祖，培养和保护后代是它们的责任、义务和快乐。如果无法意识到这一点，生命的存在毫无意义——不过是一个被遗弃的坟墓，腐烂后被遗忘。

受到这一使命的驱使、支撑和指引，她去往遥远的边界。在那里，她通过碰触，带去了会生长、会移动和会思考的生命。她看到布满裸石的星球长出了植物，满目都是斑驳的绿叶。她瞥见了绿色和红色（取决于恒星的色调）。根系深深地钻入土地，肌肉舒展，文明的歌声和话语打破了原始的寂静。

她听到了一个声音，尽管这个声音没有使用任何语言："这样好吗？"

她回答："这样很好。"

有时，战斗会打断图案。但这些战斗的意义不同，她也不同以往。她和她的敌人都不是掠夺者。她的行动是正义的，她为他人而战，而且战斗虽然激烈，但很短暂。

然后，她在星云中翱翔，有一瞬间，她看到了一片扭曲的空间。她从空间周围扭曲的气体知道它是扭曲的。她从中感受到了反常和错误，这让她害怕，因为她知道这代表了什么——混乱、邪恶、饥饿，一个巨大、畸形的智能体，再加上甚至是先祖都不曾拥有的强大力量……

她飞快地掠过恒星和行星，穿越古老的记忆，直到再次飘浮在一块直立的石头前，石头的表面刻着分形图案，她以前来过这里。和以前一样，图案在变化，以她无法理解的方式转动和扭曲，而充满能量的线条则沿着图案边缘闪烁和燃烧。

软刀的名字占据了她的脑海，产生了各种各样的含义。画面交叠，联想不断。与此同时，分形图案一直在她面前，如同她无法摆脱的眼屏。

大量信息循环往复，没有停顿。在众多信息中，她认出了被自己诠释为软刀的序列。鉴于她了解到的一切，这一序列似乎仍然适用，但已经不够用了。

她把注意力集中在其他画面、其他联想上，试图追寻它们之间的联系。在她追寻时，从曾经看似无形和模糊的信息中，一个结构浮现。这感觉就像在她对最终成品毫不了解的情况下组装一个三维立体拼图。

她没有注意到这一名字的微小细节，但随着信息的一点点拼凑，她掌握了有关这一名字的更宏观的主题。她在脑海中将主题凝聚，就像一座巨型水晶建筑物，纯净透明，有着清晰的线条。当建筑物的形状逐渐变得清楚，理解名字的过程也随之中断。

她的心中悄然产生了一种敬畏之情，因为名字背后的真相，远比软刀这两个字蕴含的意义宏大。这个有机体有一个目的，复杂到几乎无法想象，而且她确信非常重要。虽然这么说有些矛盾，但这个目的及其复杂性不能通过几页或几段的文字总结，却能通过一个词概括，那就是——

种子。

她既惊讶又敬畏，也满怀欣喜。软刀不是一种武器，或者说，它并非作为武器诞生。它是生命的源泉，能孕育众多生命；一个小小的火花，可以让整个星球燃起生命之火。

她很高兴。还有什么东西比它更美丽？

7

一只手摇了摇她的肩膀：“基拉，醒醒。”

“嗯。”

“起来吧，基拉。时间差不多了。我们快到了。”

她睁开眼睛，泪水顺着脸颊滑落。种子——这一发现令她震惊，所有记忆都给了她不小的冲击：至高者；可怕的扭曲空间；无休无止的战斗；软刀为艾伦和她队友的死道歉。

种子——她终于明白了。她怎么想得到呢？她感到十分愧疚，她曾滥用了软刀——出于恐惧和愤怒，她间接制造了巨口这样灾难性的恐怖怪物。不幸的是，现在她不得不再次将软刀带上战场。考虑到它真实的性质，这种做法简直是亵渎。

“嗨，你怎么了？”法尔科尼用一只手肘撑起自己，凑近她。

基拉用掌根擦了擦眼睛：“没什么，只是做了个梦。”她吸了吸鼻子，声音听起来很脆弱，她讨厌这种感觉。

“你确定没事吗？”

“没事。让我们去干掉强大的克汀。”

第四章

* * * * * * *

与剑为伴[①]

1

在漆黑的太空中，有一个明亮的光点，那是悬停在“壁鱼号”前的“破碎祭司号”。

这是基拉见过的体积最大的水母飞船，船身长度相当于七艘联军司令部战舰首尾相连，宽度也几乎接近，因此飞船呈现近似鹅卵石的形状。就质量而言，它等同于奥斯特德那样的空间站或更大，但与奥斯特德不同，这是一艘完全可以移动的飞船。

令基拉不安的是，“破碎祭司号”前有三艘较小的战舰：要是任何人类飞船靠近并产生威胁，这些额外的火力便会挺身保卫它们的首领。

“破碎祭司号”和它的护卫舰离他们只有七千多千米，但即使在这么短的距离内（按照星际旅行的标准，几乎是吐痰就可以吐到的距离），在没有放大画面的情况下，这艘巨型飞船也不过是一个光点。

“这不算最糟糕的情况。”斯帕罗说。

“但也好不到哪儿去。”法尔科尼说。

除了以塔利坚持要待在货舱里，其余所有人都挤在“壁鱼号”的避难区里。大家看起来都没什么精神，但在他们当中，乔鲁斯和薇拉似乎是最疲惫的。他们一贯整洁的长袍此时皱巴巴的，而他们坐立不安的样子让基拉想起了维兰德高石市的电子狂人。但他们很警觉，目光敏锐，饶有兴趣地听着大家的讨论。

除了基拉，其他船员都换上了防护服。当大家问两个熵主义者要穿什么的时候，他们回答：“我们还是——”

“——保持原状，谢谢。”

---

① 原文为拉丁语。——译者注

尼尔森耸了耸肩，把自己拿给他们的防护服放到架子上。

让基拉感到有趣的是，大副和维沙尔分别待在避难区两端，但她注意到他们偷偷地相互微笑，两人的嘴唇在动，好像在用眼屏传信息。

茨切特的脸出现在全息显示屏的右上角。在她身后，水母们正在忙碌，为即将到来的行动做准备。在曲面墙旁边，可以看到特里格的冷冻舱，用几个看起来很奇怪的支架固定着。“法尔科尼船长。”茨切特说。她的眼袋很深，基拉意识到这个女人没有任何途径得到任何兴奋剂或安眠药。

“少校。”

“让你的船员待命。我们很快就会进入射程。”

“别为我们担心，”法尔科尼说，“我们已经准备好了。一旦进入防御范围，确保心灵之结掩护我们。”

少校点了点头：“它们会尽力而为。”

“我们这算得到了水母的进出许可吗？”

茨切特的表情舒展，露出一个坏笑：“如果没有，它们早向我们开火了。按照计划，它们等我们把‘壁鱼号’带到‘破碎祭司号’前，这样它们的技术人员就可以仔细扫描飞船的计算机。”

基拉揉了揉自己的胳膊。事已至此，他们已经没有回头路了。她担心起前方不可避免的遭遇，其余船员看起来也同样忧心忡忡。

“收到。”法尔科尼说。

茨切特朝他快速地点点头：“等我的信号。完毕，结束通话。”她的全息影像消失了。

“开始吧。”法尔科尼说。

基拉按了按华钟给她的耳机，确保它不会掉下来，然后用眼屏查看战况。第七舰队在接近水母时已经分散阵型，将它们的飞船引出来，绕过水母正在开采的岩石行星，将它们纷纷引向两颗小卫星附近。这颗行星被联军司令部称为R1，两颗卫星被称为R2和R3。这些名字并不好听，但便于作战和导航。

层层烟雾和尘埃遮蔽了联军司令部的大部分飞船（至少在可见光下是这样；在红外线下则看得很清楚）。当联军司令部的定点防御激光炮击毁了敌军的导弹时，烟尘之中闪现火花。和飞船不同，水母的导弹并不比联军司令部的更快、更灵活，这意味着第七舰队能够摧毁或破坏大部分导弹——只是大多数导弹，总有漏网之鱼。随着激光炮过载，越来越多的导弹躲过了激光。

交火还没有持续多久，联军司令部已经损失了三艘巡洋舰：一艘被摧毁；两艘瘫痪，无助地飘浮在空中。好几艘水母飞船试图登上这两艘巡洋舰，但克莱因上将的部队正努力击退这些外星人，让它们远离损坏的船只。

至于水母飞船，虽然不清楚确切数量，但据基拉观察，联军司令部至少摧毁了四艘，并破坏了更多。虽然对于水母的舰队这远不足以造成重创，但能够减缓它们第一波进攻的势头。

基拉亲眼看到炮弹击中了两艘联军司令部的飞船，而且都击中了引擎部位。它们的火箭爆破后彻底熄灭，船身在空中无力地向后退去。

在第七舰队的前方，一艘水母飞船以极快的速度和刁钻的角度躲开了舰队的攻击，这显然不是人类的驾驶技术能做到的。第七舰队的六艘主力舰向这艘飞船发射了主激光炮，红色的激光一下子将其刺穿。水母飞船上的灯熄灭了，船体翻滚着，沸水呈螺旋状不断喷出。

“好极了。”基拉低声说。

当两艘水母飞船向一艘巨大的战舰驶去时，基拉的指甲都掐进了手掌心里。不知为何，这艘战舰独自停留在卫星R2边上。战舰与水母飞船之间互射激光炮，双方都发射了几枚导弹。

突然，战舰射出一枚白热化的尖刺，在一秒钟内穿过了近9000千米的距离。它摧毁了迎面而来的敌军导弹，使较近的那艘水母飞船的半截船身直接蒸发，就像喷灯烧穿塑料泡沫一样。

那艘被摧毁的飞船一边排放气体，一边如陀螺般旋转着，最后炸了个粉碎。极具杀伤力的反物质在爆炸中形成了一个人造太阳，随后很快消失。

另一艘水母飞船绕行离开了战舰。第二枚白热的尖刺射了出来——过热等离子体产生的白热化光矛。它没有击中敌军，但第三枚击中了。

全息显示屏上的水母飞船瞬间湮没在一个核爆火球中。

“你们看到了吗？”基拉说。

华钟哼了一声：“卡萨巴榴弹炮。”

“有格列戈罗维奇的消息吗？”基拉看向维沙尔和华钟，问道。

两人摇了摇头，医生说：“恐怕没有好转，他的生命体征和昨天一样。”

基拉并不惊讶（如果格列戈罗维奇已经恢复，他现在就会不断地发表意见），但还是很失落。她再次希望自己用软刀……用种子接触他的大脑没有让情况变得更糟。

茨切特重新出现在全息影像中：“差不多是时候了。如果再靠近，‘破碎祭司号’的护卫舰就会起疑心。准备发射。”

“收到，”法尔科尼说，“斯帕罗。”

“是。”“壁鱼号”某处响起空洞的一声闷响，斯帕罗说，“卡萨巴榴弹炮已装填，导弹发射筒已开启，准备发射。”

法尔科尼点了点头：“好。茨切特，你听到了吗？”

“听到了。心灵之结正在进入最后的定位。传送最新的目标数据。准备就绪。”

“准备就绪。”

在R1的另一边，一艘联军司令部的巡洋舰在一束光中消失了。基拉吓得后退一步，查看了飞船名：“独木舟号”。

维沙尔说：“啊，可怜的灵魂。愿他们安息。”

在等待的过程中，避难区一片寂静，全员都紧张得流汗。法尔科尼走到基拉身边，偷偷地将一只手放在她的腰背部。他的触摸给了基拉温暖，她微微向后靠了靠。他的手指在她的皮肤上划过，动作轻柔但让人分心。

她的眼屏上出现了一行字：“紧张吗？——法尔科尼。”

她默念着回答：“谁不紧张呢？——基拉。”

“如果能渡过这个难关，我们应该谈谈。——法尔科尼。”

“必须谈吗？——基拉。”

他的嘴角抽动了一下：“不是必须，但我想和你谈谈。——法尔科尼。”

“好吧。——基拉。”

尼尔森的目光停留在他们身上，基拉不知道大副在想什么。基拉抬起下巴，表达自己的不满。

茨切特的声音插了进来：“可以行动了。我重复一遍，可以行动。发射确认，‘壁鱼号’。”

斯帕罗咯咯笑了一声，一阵巨响响彻船身：“谁想吃炸鱿鱼？”

2

“壁鱼号”以尾部对着“破碎祭司号”开始减速，这意味着“壁鱼号”的核聚变引擎——核弹死神的夺命火炬正指向目标所在的大致方向。

这样做有两个好处：首先，引擎的排放物质有助于“壁鱼号”抵挡来自水母指挥舰或护卫舰的导弹或激光的攻击；其次，从引擎中辐射出来的能量，包括热能和电磁能，足以让大多数瞄准“壁鱼号”的传感器超载。核聚变反应比任何恒星表面的温度都更高，亮度也更强——银河系中最亮的闪光灯。

因此，斯帕罗刚刚从“壁鱼号”尾部导弹发射筒（左舷）发射的卡萨巴榴弹炮，在引擎那蓝白色炽焰的光芒中几乎无法察觉。而且，由于卡萨巴榴弹炮目前没有燃烧，火箭也处于未激活的状态，它将继续超过正在减速的“壁鱼号”，不会因为助推火箭而引起不必要的注意。

“倒计时14秒。”斯帕罗宣布。卡萨巴榴弹炮要在14秒内穿过阴影盾，与“壁鱼号”拉开到安全距离，然后引爆，将一束核能射向“破碎祭司号”。

任何有理智的人都不会在这么近的距离内发射具有如此破坏力的核弹，而除了格列戈罗维奇，基拉觉得大家都还没有失去理智。阴影盾应该可以让他们免受最严重的辐射，就像平时它就能削弱飞船的燃料引擎产生的辐射。避难区也能防辐射。他们面临的主要危险是爆炸产生的弹片。如果卡萨巴榴弹炮的一块弹片炸到“壁鱼号”上，它会像子弹穿过纸巾一样轻易地击穿船体。

“倒计时10秒。”斯帕罗说。

华钟撇着嘴，紧咬的牙齿发出轻蔑的嘶嘶声。

“我想，这一下要遭受一年的辐射量了。”两个熵主义者在墙边手拉手坐着，身体不停晃动。

“倒计时，5，4——”

“该死！它们在转向！”茨切特惊呼。

“——3——”

“没时间调整了！”法尔科尼说。

“——2——”

“瞄准——”

“——1。”

RCS推力器猛烈发动，将“壁鱼号”推离了原有的轨道，基拉的脖子猛地扭向一边。然后，飞船的加速度猛增到至少2g，她表情扭曲地抵抗着突如其来的推力。

不到一秒后，船身颤抖起来，基拉听到乒乒乓乓的响声。

全息显示屏上，一支燃烧的光矛冲向“破碎祭司号”。那艘飞船已经旋转了一半，引擎已从视野中消失，而且它还在继续旋转并远离“壁鱼号”。

“该死的。”法尔科尼嘀咕道。

基拉惊恐地注视着等离子体烈焰迅速冲向“破碎祭司号”。勒菲特和心灵之结给了他们“破碎祭司号”马尔可夫引擎的精确定位。他们摧毁这艘船的绝佳机会，就是击中引擎并破坏引擎内的反物质。否则，他们无法确保卡萨巴榴弹炮能杀死克汀。

正如以塔利解释的那样，即使是体型较小的水母，对热量和辐射也有很强的抵抗力，联军司令部也发现这种生物很难杀死。而像克汀这样的巨型水母（不管目前的形态如何）会有更强的生命力。斯帕罗说过，杀死克汀更像是试图杀死一个真菌。

沿着水母飞船膨胀的船身中部，黑烟从通风口喷出——一个受威胁的鱿鱼将自己藏在一团不断扩大的黑烟中。但它无法抵挡卡萨巴榴弹炮的威力，几乎没有什么东西可以抵挡。

光矛击中了“破碎祭司号”的腹部。船体的碎片形成一个半球形并向外炸开，伴随着由空气和水蒸气形成的雾气。

当视野变得清晰后，斯帕罗呻吟了一声。

核弹在“破碎祭司号”上炸出了一个和“壁鱼号”一样大的凹槽。它的主引擎似乎失效了——喷嘴喷射着推进剂，却未能点燃。不过飞船的大部分仍然完好无损。

“破碎祭司号”附近的三艘护卫舰开始进攻，心灵之结的飞船也向护卫舰发射激光和导弹。“壁鱼号”打开防御云，将自己笼罩在黑暗之中，全息显示屏切换到了红外线模式。

“再发射一枚卡萨巴榴弹炮。”法尔科尼说。

“我们只有两枚了。”斯帕罗说。

“我知道。发射。”

“是，长官。”

船体再次响起砰的一声，“壁鱼号”又发射了一枚卡萨巴榴弹炮，它迅速飞往引爆点，即与“壁鱼号”形成最小安全距离的位置。

这一枚没有到达目的地。它的头部喷出一股紫色的火花，然后火箭熄了火。它在没有造成任何破坏的情况下偏离了轨道。

“见鬼！”斯帕罗说，“激光击中了它。”

“我看到了。”法尔科尼平静地说。

基拉希望自己还能通过咬指甲来缓解焦虑，可现在只能紧紧握住防撞椅的扶手。

“克汀死了吗？”她问茨切特，“我们怎么确认克汀死了没有？”

少校在全息影像中摇了摇头。她身后的甲板上有灯光在闪烁：“看起来它没有死。我——”

一场爆炸撼动了茨切特所在的水母飞船。“你还好吗，少校？”尼尔森凑近显示屏问道。

茨切特重新出现在了画面里，看起来很震惊。几缕头发从她的发髻散落：“我们暂时没事。但是……”

“来了更多的水母飞船，”斯帕罗宣布，“有20艘。我们有10分钟时间离开，可能更短。”

“还用你说。”法尔科尼吼道。

“你们还是要干克汀，”茨切特说，“我们在这里做不到。和我在一起的一半水母身体都出现了异样。”

“我不——”

莫文说：“克莱因上将找你，法尔科尼船长。”

“让他等着，现在没时间理他。”

“是，长官。”伪智能体说，在眼下听来，它的语气欢快得有些荒唐。

全息影像中，“破碎祭司号”射出一道闪烁的黄光，正朝他们飞来。“那是什么？”乔鲁斯和薇拉指着黄光问道。

法尔科尼放大了画面。一个长约四米的黑色球状物体出现在视野中，看起来就像几个相交的球体被焊接在一起。“那不是导弹。”

基拉的脑海中闪过一些记忆的画面：在她目睹卡尔医生和水母夸温战斗的储藏室里，在房间的深处，船体上开着一个洞。一个发着蓝光的洞，蓝光来自一艘像藤壶一样依附在“情有可原号”船身外侧的小船上。

“这是一艘登船穿梭机，”她说，“也可能是一个逃生舱。无论是哪种，它都能直接切开船体。”

“还有更多。”维沙尔提醒道。

他说得没错。又有七个球体向他们飞来。

“少校，”法尔科尼说，“你必须帮我们干掉它们，否则……”

“我们会尽力而为，但我们现在自身难保。”茨切特说。

“破碎祭司号”的三艘护卫舰中有一艘爆炸了，但另外两艘仍在向心灵之结的飞船开火，“破碎祭司号”本身也在攻击心灵之结。到目前为止，心灵之结没有损失任何战舰，但有几艘因船体破损而冒出了烟雾和水汽。

法尔科尼说：“斯帕罗——”

“来了。”

基拉从眼屏上看到“壁鱼号”和飞来的球体之间有闪烁的光线，这是计算机为了肉眼能识别而标示的激光冲击波。

她咬着嘴唇，想到自己帮不上忙，心里很不好受。如果她有一艘自己的飞船就好了。如果她能靠近、用软刀直接将敌人撕碎就更好了。

飞船内部灯光闪烁，莫文说：“出现安全漏洞，防火墙遭到破坏，关闭非必需系统。请关闭所有个人电子设备，等待进一步通知。”

“它们现在能入侵我们的系统了吗？”尼尔森叫道。

乔鲁斯和薇拉说：“给我们授权——”

“——根权限，我们——”

“——可以帮忙。”

法尔科尼犹豫了一下，然后点了点头：“根密码发到你们的控制台了。”两个熵主义者弯腰凑近他们椅子上的显示屏。

“破碎祭司号”周围的烟雾中出现了红色的闪光——导弹发射了。

警报声响起。莫文说：“警告，前方出现物体。可能发生撞击。”

导弹从烟雾中射出，迅速超过了正在接近“壁鱼号”的球体，其中有几枚飞向心灵之结的舰队，其余四枚则往“壁鱼号”而来。

“壁鱼号”的尾部又喷出一阵箔条。船仍在减速，但冲向他们的导弹在加速，与船的距离正以可怕的速度缩小。

“壁鱼号”的激光炮发射了，一枚导弹随后爆炸（尖锐的爆炸声迅速消失）。接着又一枚爆炸了，这次离得更近。还剩两枚。

“斯帕罗。”法尔科尼咬牙说道。

“我看到了。”

心灵之结的一艘船击落了第三枚导弹，但是第四枚导弹还在向“壁鱼号”飞来。它冷酷而迅速地向上、向下和向侧方移动，躲开了射来的激光。

斯帕罗目不转睛地对付迎面而来的导弹，脸上冒出了一层汗。

莫文：“注意，准备好迎接撞击。”

当导弹快撞上他们时，在最后一刻，“壁鱼号”的爆能炮终于击中了导弹，导弹在离他们的船体只有几百米的地方爆炸了。

斯帕罗发出了胜利的呐喊。

整艘飞船摇摇晃晃，舱壁发出呻吟。更多的警报器鸣响，烟雾从头顶的通风口涌出。控制面板上的一半灯光变暗。一阵奇怪的噪声从扬声器中响起：并非静电声，是数据传输的声音吗？

“报告受损情况。”法尔科尼说。

在全息显示屏中，还有基拉的眼屏中，出现了“壁鱼号”的示意图。居住区的大部分以及下方的货舱都闪烁着深红色。华钟像着了魔似的盯着前方，嘴唇却在向计算机发出低声询问。

她说：“C甲板和D甲板已经破损。A货舱电气系统受到严重破坏。主激光炮脱机。循环装置、水培区……所有地方都受到影响。引擎运作效率下降到28%。紧急协议生效。”轮机长做了个手势，调出了外部摄像机的画面。“壁鱼号”弧形的居住区外，可以看到一个大洞向内凹陷，露出船内的墙壁和房间，除了偶尔产生的电光，一片漆黑。

法尔科尼握起拳头，捶了一下椅子的扶手。基拉吓了一跳。她知道这艘船对他有多重要。

“图勒。”尼尔森说。

“以塔利？”法尔科尼叫道。全息影像中弹出一个画面，显示水母正爬向飞船中心。外星人看起来没有受伤。“莫文情况怎么样？”他把脖子扭向熵主义者。

他们的眼睛半闭着，反射着植入物的光。薇拉说：“防火墙已经修复，但是——”

“——某种恶意程序仍然存在于——”

“——主机。我们已经将恶意程序限制在垃圾文件管理的子程序中，同时我们试图清除这一程序。”薇拉做了个鬼脸。“但是这个程序非常……”

“非常顽强。”乔鲁斯说。

“是的，”薇拉说，“现在也许最好避免使用莫文。”

伪智能体再次发出通知：“警告，前方出现物体，即将发生撞击。”

“该死的！”

这一次是水母的登船穿梭机。一艘直接驶向“壁鱼号”，其他的则朝着心灵之结飞去。

“我们能躲开吗？”法尔科尼问。

华钟摇了摇头：“不，推进器做不到。阿西。”

“榴弹炮呢？”法尔科尼转向斯帕罗问道。

她面无表情：“可以试试，但很有可能失手，因为它们有反制装置。”

法尔科尼皱眉，暗自骂了一句。茨切特短暂地出现在全息影像中：“留着对付‘破碎祭司号’。我们要设法让你们通过它们的点状防御系统。”

“收到……莫文，把推力降到1g。”

“好的，船长。推力降至1g。”警报声随之响起。当重力恢复正常时，基拉稍微松了一口气。

法尔科尼拍了拍控制台，站了起来：“全体船员准备，敌军要登船了。”

3

“该死。”尼尔森说。

“看来它们正前往货舱的开口。”斯帕罗说。

通往避难区的压力门上响起了敲门声。维沙尔打开门，以塔利填满了整个门框。以塔利：这是什么情况？

基拉：等等，我不知道。

“6分钟后登船。”华钟说。

法尔科尼轻敲着爆能枪的握把："受损区域周围的压力门都封住了。它们将不得不破坏压力门来开路。我们因此争取到一些时间。一旦它们进入主井，我们就从上面伏击它们。基拉，你来打头阵，如果你能杀死至少两个水母，我们也许就能对付剩下的。"

她点了点头。是时候动真格的了。

法尔科尼开始向门口走去。"让开！"他说，向以塔利挥手。水母看懂了，往后退，给法尔科尼让出路来。

基拉：来自"破碎祭司号"的沃纳威人正在登上我们的飞船。

以塔利发出理解的近味，还有一些……急切的气息。以塔利：我明白。我会尽我所能保护你的同形态，理想态。

基拉：谢谢你。

法尔科尼说："出发！出发！基拉、尼尔森、医生，给每个人备好武器。斯帕罗，你和我一起。走！"

基拉与维沙尔跟着尼尔森，他们小跑着穿过黑暗的走廊，来到"壁鱼号"的小型军械库。船上的空气很热，闻起来像烧焦的塑料味。

在壁橱大小的军械库里，他们拿起爆能枪和射弹枪。基拉本来不想挑选武器；如果她要战斗，软刀将是最好的武器。（在进入战斗时，把异种当成软刀似乎更合适，尽管想到要再次用种子杀戮，她感到非常不妥。）但基拉知道，她不能自信过头，还是应该带把武器。所以她抓起一把爆能枪，把枪背在肩上。

虽然她的神经不断地遭受恐惧的侵袭，但她如释重负。等待已经结束。现在，她唯一要做的就是让自己和船员活下去，其他一切都无关紧要。

当你面临具体的威胁时，生活变得如此简单。她的危险……已经明确。

软刀回应了她的情绪，变得坚硬而结实，悄悄地为即将到来的战斗做准备。软刀的形态变化让她想起了自己远处的肉体，舱室墙上的黑色覆盖物。如果需要，她可以将其召唤到身边，再次扩展。

"给。"尼尔森说着，向基拉扔了几个罐子：两个蓝色和两个黄色。"白垩粉和箔条，应该能用上。"

"谢谢。"

各自捧着许多武器的三人匆忙穿过走廊，回到"壁鱼号"的主井。以塔利和两个熵主义者在这里等他们，但法尔科尼和斯帕罗不见了踪影。

当尼尔森给熵主义者装备武器时，基拉让以塔利选择爆能枪或射弹枪。它选择了两把爆能枪，从甲壳底部伸出骨质手臂抓住了枪。

“船长。”尼尔森提醒道。

法尔科尼的声音在对讲机里响起：“来了。准备就位，我们马上和你们会合。”

大副似乎没有因此放心，这也难怪。包括以塔利在内的所有人都服从了船长的安排，在管道周围排成一圈，躲在打开的压力门两侧。

他们刚就位，就看到斯帕罗和法尔科尼从最近的走廊里冲出来。斯帕罗在前，法尔科尼在后，两人都穿着动力装甲。

就像约定好似的，斯帕罗站在主井的一侧，法尔科尼站在另一侧。“我想你可能需要这个。”尼尔森说，把榴弹枪扔给了法尔科尼。

他利落地对她点了点头：“谢谢，欠你一个人情。”

看到斯帕罗和法尔科尼都穿上了装甲，基拉对即将来袭的水母稍感轻松。至少不会全靠她一个人了，但她担心他们会冲在自己前面逞能，特别是法尔科尼。

灯光闪烁，刹那间，红色的应急灯带照亮了房间。“电量25%，正在下降。”法尔科尼在眼屏上读取报告，“该死，再过5分钟，我们就完了。”

“对接完成。”华钟说。当水母的穿梭机撞上“壁鱼号”下方某处时，船身颤抖了一下。头顶回荡着嘈杂的声音，飞船的引擎关闭时，基拉抓住了一个扶手。

“好戏登场了。”斯帕罗低声说。她举起金属手臂，将外骨骼内置的武器对准井底。

4

飞船尾部响起了一连串奇怪的声响，从货舱A的某处传来砰砰声、咔咔声和沉闷的撞击声，是触手在拍打密封的压力门。

基拉让软刀的面罩遮住自己的脸。她做了个深呼吸，稳定了一下情绪，扛起爆能枪，瞄准井口。很快就来了……

“一旦它们突破压力门，”华钟说，“在下一组压力门关闭前，它们有

14秒钟的时间。”

“明白。”斯帕罗说。穿着这身装甲，她根本无处藏身；她像一只巨大的金属大猩猩，占据了门口的大部分空间，看不到她在镜面头盔后的脸。同样，法尔科尼也几乎完全暴露在门口，不过他开启了面罩的半透明模式，让视线更清晰。

砰！

即使有面罩，基拉的耳朵里也感受到了很强的气压。她动了动下巴，头骨底部有一种钝痛感。

烟雾出现在井底，在失重状态下，井底现在是长长的管道的尽头。“壁鱼号”响起压力警报。

一阵气流吹过基拉的脸颊：这是飞船上最危险的感觉。

当有许多触手的水母拥进主井时，她周围的船员开始用爆能枪和射弹枪射击。令人厌恶的掠夺者奋不顾身地冲过来，但没有与他们正面交战，而是飞快地穿过管道，消失在另一条走廊里。

几秒钟后，货舱旁一道看不见的压力门砰的一声关上了，发出不祥的响声，气流也消失了。

“该死，它们去了引擎室。”法尔科尼说，向主井尽头望去。

“它们可以在那里破坏整艘船的运作。”华钟说。

似乎为了证明她的说法，灯光再次闪烁，然后完全熄灭，让他们沐浴在应急灯的暗红色光芒中。

接着，他们看到了最出乎意料的景象：主井尽头出现一条触手，紧紧缠绕着一个透明的冷冻舱，里面装的不是别的，正是仍在休眠中的船猪朗西布尔。

基拉看到法尔科尼的脸因愤怒而扭曲。“该死的！”他咆哮着，准备冲向船尾，尼尔森抓住了他的胳膊。

“船长，”她拼命制止他，“这是陷阱。你打不过它们。”

“但是——”

“不行。”

斯帕罗插话道：“她说得没错。”

唯一能行动的是基拉，她知道这一点。她真的要为这只猪冒生命危险吗？为什么不呢？众生平等，而且她早晚要面对水母，不如就趁现在。她只是希望不必在“壁鱼号”上与水母交锋……

触手轻轻地来回挥舞着那只猪，威胁的意思很明确。

“这些混蛋。”法尔科尼说。他想举起榴弹枪，举到一半后停住了：“找不到准心。”

这时，应急灯灭了，他们在彻底且危险的黑暗中度过了几秒。通过红外线模式，基拉仍能辨别出周围物体的轮廓。她注意到沿着井内有一个奇怪的电磁场在汇合——紫色力场的旋转喷泉。

“等离子体力场失效。”莫文宣布，“请立即疏散。重复，请——”

华钟低吼了一声。

灯光重新亮起，先是红色，然后是灯带平时的标准灯光，亮得刺眼。一阵微弱的震颤震动了墙壁的金属镀层，然后“壁鱼号”内响起一阵巨大的吼叫声。

“放下那只猪！”

是格列戈罗维奇。

5

主井底部的压力门猛然关闭，切断了水母的触手，喷出橙色脓液。触手在半空中扭曲、蠕动，似乎很痛苦。它将朗西布尔的冷冻舱扔到了墙上，冷冻舱弹开，在主井里翻滚了好几圈，最后法尔科尼成功接住了冷冻舱。

冷冻舱和里面的猪似乎没有大碍，只在舱壳一侧留下一道深深的划痕。

“给我把这鬼东西打穿。”法尔科尼指着触手说。

尼尔森、斯帕罗和基拉高兴地照做了。

“欢迎回来，我的寄生虫！”格列戈罗维奇喊道，“哦，我们团聚的大好日子，我麻烦的肉袋子们！那真是一段黑暗的时光啊，我迷失在毫无结果的谬论形成的扭曲迷宫中，而你们却在多管闲事的错误冒险中寻求刺激！多么幸运啊，一盏明灯将我带了回来。欢呼吧，因为我重生了！你们对这艘可怜的飞船做了什么，嗯？如果你们不介意，我将接过运作飞船的控制权。莫文，唉，可怜的拟象，不适合肩负这样的重任。首先要清除感染我处理器的这个诡异的外来代码……好了。排放气体，稳定反应堆。现在让这些臭东西见识一下我真正的厉害。呼！”

“是时候回来了。”法尔科尼说。

“嗨，”斯帕罗拍了拍舱壁说，“想你了，脑盒子。”

“别太得意忘形。”尼尔森瞥了一眼天花板，警告说。

“我？得意忘形？”飞船主脑说，“嗯，我从来没有。请你们把手和脚从墙壁、地板、天花板和扶手上全部移开。”

“呃……”维沙尔说。

基拉：以塔利，远离墙壁！

水母对她紧迫的近味及时做出了反应。它收回触手，用甲壳腰部产生的小气流在半空中保持身体平稳。

空气中充斥着危险的嗡嗡声，基拉感觉到软刀在刺痛中爬行。然后，从切断触手的压力门后面，响起了令人牙酸的放电声：小型闪电的咔嚓声、噼啪声和嗡嗡声。

一股难闻的焦肉味向他们飘来。

“都搞定了，”格列戈罗维奇得意扬扬地说，“斯帕罗，你的炸鱿鱼做好了。我很抱歉，华钟，但你得去更换一些电线了。”

轮机长笑了：“没问题。”

“你听到我刚才的话了？”斯帕罗问。

飞船主脑咯咯笑了起来：“哦，是的，像羽毛一样微弱的声音回荡在飘渺的水面上。”

“怎么可能？”法尔科尼说，“我们把你与飞船的所有部分都隔离了。”

格列戈罗维奇吸了吸鼻子：“啊，现在明白了吧。华钟可能有她的小秘密，而我也有我的小秘密。一旦我的脑海中不可信任的幻觉和使人衰弱的疑虑得到清除，突破你的隔离简直轻而易举。是的。东扭扭，西拍拍，蜥蜴的腿和毒蛇的信子[①]，再狡猾地搅拌一下。”

“我不知道，”尼尔森说，“我想我还是喜欢你以前的样子。”但她在笑。

“那毛毛裤先生呢？”维沙尔问。

---

① 源自莎士比亚的戏剧《麦克白》中女巫的台词，蜥蜴的腿和毒蛇的信子都是女巫做魔药的配料。——译者注

“十分安全。”格列戈罗维奇回答，“现在，我们来处理更大的问题。我们已经陷入了最危险的困境，我的朋友们，是的。”

法尔科尼盯着身边墙上的一个摄像头说：“你确定你能接手吗？”

从最近的屏幕上出现了一只幽灵般的手，蓝色且毛茸茸的。随着这只手竖起大拇指，飞船主脑说：“我的能力毋庸置疑，你的提问讨厌无比。等等，我在胡说什么呀。嗯……不过是的，完全没问题，船长！即使我不确定，你难道真的想在没有我的情况下对付多触手的外星族群吗？”

法尔科尼叹了口气：“你这个疯狂的混蛋。”

“说得没错。”格列戈罗维奇的声音听起来很得意。

尼尔森说：“计划是——”

“是，”格列戈罗维奇说，“我知道计划。我浏览了所有记录，听了所有录音，并进行了归档和存档。然而，委婉地说，你们的计划一团糟。目前船上有21个水母，它们绝不是来交朋友的。”

“怎么样？你的大脑袋里有什么想法吗？”斯帕罗问。

“的确有。”格列戈罗维奇低声说，“请允许我采取行动，船长。如果你、我或你怀里的猪想要看到明天的太阳，就必须采取极端措施。”

法尔科尼犹豫了很久。然后，他猛地抬起下巴，说：“放手去干吧。”

格列戈罗维奇大笑起来：“啊哈哈！你的信任对我来说很珍贵，哦，船长。稳住！准备翻转！”

“翻转！”尼尔森惊呼，“你认为你……”

基拉抓住扶手，闭上眼睛，感到自己和周围的一切都翻了个底朝天。然后飞船主脑说：“恢复推力。”基拉的脚底又落到了甲板上，她重新感觉到了正常的重力。

“解释一下。”法尔科尼说。

格列戈罗维奇似乎不为所动：“心灵之结不能帮我们抵御所有敌军，也无法违抗它们亲爱的首领。我们只有一条路可以走。”

“我们必须亲手干掉克汀。”基拉说。

“完全正确。”格列戈罗维奇说，骄傲得就像一个主人在对一只特别乖的宠物说话，“所以我们要抓住时机，彻底干掉它。我们要让这些水生的恶棍体会到什么是人类的智慧。一切都可以化为武器，一切都可以炸成碎片，啊哈哈哈！”

“我们不能撞击‘破碎祭司号’。”法尔科尼咬牙切齿地说。

“啧啧，谁说要撞击了？”飞船主脑被逗乐了，语气过于兴奋，“我们也不能用我们的核聚变引擎去撞击[1]目标，因为那样它就会爆炸，带着我们一起毁灭。不，我们不能这么做。”

“别卖关子了！”斯帕罗咆哮道，“你打算怎么做，格列戈？快说。”

飞船主脑哈哈大笑：“现在叫我格列戈了？好吧，随你，小麻雀[2]。‘破碎祭司号’正在离我们远去，但7分42秒后，我能把‘壁鱼号’的船头停到你们在‘破碎祭司号’的硬壳上炸出的缺口上。”

“什么？！”斯帕罗和尼尔森一起惊呼。

在外骨骼里，法尔科尼快速浏览眼屏，眼珠来回转动。他使劲抿着嘴。

“哦，是的，”格列戈罗维奇说，听起来对自己很满意，“当我们离水母心爱、敬畏的首领如此近时，它们不敢向我们开火。而一旦我们完成对接，你——我指的就是你，哦，荆棘女王——就可以大摇大摆地下船，一劳永逸地解决掉那个惹麻烦的水母。”

维沙尔从法尔科尼瞥向斯帕罗，显得很困惑：“‘破碎祭司号’不会把我们击落吗？它们的防御系统呢？”

“看。”法尔科尼说着，在显示屏上做了个手势。

上面出现了一个合成图像，显示“壁鱼号”外部的情况。从船头的排气口正排出白垩粉的细流，浓重的粉雾闪烁着笼罩了他们。五艘心灵之结的飞船在“壁鱼号”周围形成一个圈。基拉看的时候，它们的激光炮正在开火，摧毁了“破碎祭司号”发射的另一波导弹。

“壁鱼号”摇摇晃晃，但似乎没有受影响。

“我们能做到吗？”她轻声问。

“不试试怎么知道？”法尔科尼关掉了显示屏，“还是不看了。好了，每个人都去气闸室B，我们将有一场恶战。一场真正的恶战。”他把朗西布尔的冷冻舱交给了维沙尔，说：“把它藏在安全的地方，可以放医务室。”

---

① 原文为法语。——译者注

② 斯帕罗（Sparrow）的名字意为“麻雀”。——译者注

维沙尔在接过猪时点点头：“当然，船长。”

基拉再次感到恐惧，五脏六腑翻腾起来。假设他们能见到克汀，假设恩马尔的记忆是正确的，她将面对一个庞然大物，甚至比她在奥斯特德延伸的软刀更大。水母还很聪明，和最大的飞船头脑一样聪明。

她打了个寒战。

法尔科尼看到了：“别想了。——法尔科尼。”

“很难不去想。——基拉。”

他经过时，用装甲手套轻轻碰了碰她的肩膀。

6

“壁鱼号”没有被击中。

让基拉震惊而又感激的是，心灵之结的五艘战舰替“壁鱼号”挡住了几乎所有导弹，只有一枚以几百米的距离与“壁鱼号”擦身而过，呼啸着飞向太空，永远消失了。

她查看了更大范围的战况，情况和她担心的一样糟糕。第七舰队被打得落花流水，水母正以破竹之势攻击着联军司令部的战舰。看到如此多受损或遭摧毁的战舰，基拉感到血管里流动着一股寒意，并产生了新的决心。阻止杀戮的唯一方法是杀掉克汀，不管要为此付出多大的代价。

如果代价是炸毁“破碎祭司号”时和它同归于尽呢？她内心有了坚定的答案：那么这就是他们的宿命。别的方案也同样致命。

如果她不得不与水母作战，她不会让它们轻易杀死自己。她用意念发出命令，召唤出了长满她舱室的异种。她带着那部分落单的肉体穿过“壁鱼号”的走廊，尽力避免损坏船体，将它带到她和其他船员一起待着的气闸室边。

种子以黑潮的形态匍匐着向他们涌来，尼尔森大叫起来。“没事。”基拉说，但船员们还是纷纷跳了起来。纤维流过甲板，往上爬到她的脚上、腿上、腰上和躯干上，将她包裹在一层近一米厚的活体盔甲中。

尽管活体盔甲限制了基拉的行动，但她感受不到盔甲的重量，也没有束缚感，而是感觉它像自己的肌肉一样随时待命。

“见鬼！”斯帕罗说，“你还对我们隐瞒了什么？”

“没有了，仅此而已。”基拉说。

斯帕罗摇了摇头，又骂了一句。只有以塔利似乎没有因为种子（理想态）的出现而感到惊讶。水母只是搓了搓触手，发出了好奇的近味。

法尔科尼的脸上出现了一抹坏笑：“真让人振奋。”

“差点儿让我心脏病发作，说真的。”维沙尔说。他跪在地上，重新收拾医疗包里的东西。这一幕让大家心情沉重地意识到接下来要发生的事。

基拉产生了一种强烈的不真实感。眼前的情况似乎离奇得超出了所有人的预料。回想起来，这一连串导致他们出现在此时此地的事件几乎不可能发生。然而，他们已经走到了这一步。

一道电光照亮了前厅。华钟咆哮着弯下腰，在角落里摆弄着她的四架无人机。“这些无人机能及时准备好吗？”斯帕罗问。

轮机长的目光没有离开无人机，她回答：“上天保佑……能搞定。”每架无人机的两条机械臂上都分别安装了焊接附件和维修激光器。基拉知道，如果操作不当，这两种工具都可能造成严重的破坏，而她怀疑华钟会故意操作不当，将它们用作杀伤性武器。

“我们要怎么做？”尼尔森问。

法尔科尼指着基拉说：“很简单。基拉，你打头阵，掩护我们。我们保护你的侧翼，提供辅助火力。和在奥斯特德的打法一样。我们单刀直入，不停留，不掉头，不减速，直到接近克汀。”

“如果有人被击中了呢？”斯帕罗扬起一侧的细眉说，“一开战就会一团乱，你很清楚。”

法尔科尼用手指敲击着榴弹枪的枪托：“如果有人受伤了，我们就把他送回‘壁鱼号’。”

“那么——”

“如果不能，就把他留在我们身边。”他在他们的脸上来回扫视，“无论如何，不准抛下任何人。一个都不能少。”

这番话令人宽慰，但基拉怀疑这能否实现。特里格……她不想再失去更多的船员、更多的朋友。为了保护他们，如果有什么她能做的，不管面对多么可怕的威胁，她都要抓住机会。

“我去吧。”她说。似乎没有人留意到，于是她又更大声地说了一遍：

“我一个人去吧。”

前厅里一片寂静，所有人都看着她。“想都别想。”法尔科尼说。

基拉摇了摇头，忍住内心泛起的苦涩：“我是认真的。我有软刀，软刀能保证我足够安全——比穿外骨骼的你们还安全。如果我一个人去，也不必担心保护其他人。”

“那谁来保护你，小妞？”斯帕罗说，走到她身边，“如果一个水母从暗处狙击你，如果他们设了埋伏，该怎么办？如果你倒下了，纳瓦雷兹，我们就真的完了。”

“不管它们怎么对付我们，我的装备还是更占优势。”基拉说。

“克汀呢？”尼尔森双臂抱胸说，“如果克汀真像你描述的那样强大，我们需要集中一切火力才能彻底干掉它。”

法尔科尼说：“除非你想让软刀完全失控。”

在所有人中，法尔科尼是唯一知道基拉间接制造了梦魇的人，他的话击中了基拉内心最深处的恐惧。她咬紧牙关，感到很沮丧。“我可以把你们困在这里。”她的指间向上伸出一簇缠绕的卷须，充满威胁的意味。

法尔科尼的目光变得更加坚定：“如果你困住我们，基拉，我们会想方法移除或炸开障碍，即使这么做会把‘壁鱼号’一分为二。我向你保证。我们还是会找上你的……你不能一个人去，基拉，没得商量。”

她努力不让自己受影响，努力接受他说的话，继续行动，但她做不到。她的挫折感越发强烈了，感到喘不过气来：“可是——我……你们只会因此受伤，甚至送命。我也不想一个人去，但这是最好的办法。为什么你们不能——”

“基拉女士，”维沙尔说，站起来插话道，“我们知道风险很大，而且——”他低下头，圆圆的眼睛露出温柔的目光：“我们做好了心理准备。”

“但你们可以不必冒险的。”基拉说。

维沙尔笑了，那纯粹的表情让她没再说下去：“当然，基拉女士，但生活就是如此，不是吗？战争就是如此。”然后他意外地拥抱了基拉。尼尔森也拥抱了她，法尔科尼和斯帕罗用沉重的装甲手套碰了碰她的肩膀。

基拉吸了吸鼻子，抬头看向天花板，忍住泪水：“好吧……好吧，那我们就一起去吧。”她意识到自己有“壁鱼号”的船员相伴是何等幸运。

他们都是善良的人，远比她刚上船时认为的要善良。他们也都变了。当她第一次在天鹅座61遇到他们时，她认为他们不会像现在这样，愿意置身于危险境地。

“我想知道，”斯帕罗说，“我们要如何找到克汀。那艘船出奇地大，我们在里面徘徊几个小时都可能找不到它。”

“有什么好主意吗？”法尔科尼问。他看向以塔利：“鱿鱼，你呢？有办法帮助我们吗？”

基拉翻译了这个问题，水母回答了。以塔利：如果我们能游到里面去，我就可以找到一个节点，进入“破碎祭司号”的内质网[1]，然后就能找到克汀的确切位置。

华钟似乎振奋了起来：“内质网？什么是——”

“以后再问，”法尔科尼说，“这些节点是什么样子的？”

以塔利：像星星组成的方块，位于每艘飞船内部的交会处，便于交流。

“我可能见过一个。”基拉说，想起了自己登上的第一艘水母飞船。

以塔利：一旦我们知道了克汀的位置，里面的落管[2]可以让我们穿梭于各层甲板。我们可以利用它们来快速移动到船内的各个位置。

尼尔森说：“以塔利，你能帮忙吗？还是克汀改造的基因会阻止你？”

以塔利：只要不提我们在那里的目的……是的，我应该能帮上忙。它的触手一瞬间闪过不安的红色。

“应该能帮上忙，”法尔科尼说，“哼。”

斯帕罗看起来很担心：“一旦水母发现我们，就会一窝蜂地朝我们攻击。”

“不，”法尔科尼说，“它们会攻击她。”他向基拉示意：“你照应我们，基拉，我们也照应你。”

她心里做好了迎接挑战的准备，坚定地说：“我会的。”

法尔科尼沉吟了一声：“我们只要找到其中一个节点，这是我们的第一个目标。之后，我们再去干掉水母。嘿——”他转向乔鲁斯和薇拉。他

---

① 内质网：见附录三“RETICULUM”（第811页）。

② 落管：在零重力环境下能执行自由落体的管道。——编者注

们蹲在一个角落里，互相抓着对方的前臂，你一言我一语地嘀咕着。“求知者，你们呢？确定要一起来吗？”

两个熵主义者拿起他们的武器站起来。他们仍穿着渐变长袍，脸部暴露在外面。基拉想知道他们打算如何在真空环境中生存，更不用说面对激光冲击波了。

“是的，谢谢你，囚徒。”薇拉说。

“除了和你们在一起，我们哪儿也不想去。”乔鲁斯说。他俩看起来依然很虚弱。

斯帕罗发出了嘲讽的笑声：“连我都说不出这种话，我只能说。”

法尔科尼清了清嗓子：“不要以为我故作温柔，但我觉得应该说出来——作为船长，你们是我梦寐以求的船员。”

“嗯，你是个好船长，船长。”尼尔森说。

“大多数时候。”华钟说。

“大多数时候。”斯帕罗同意。

对讲机响起咔嚓一声，格列戈罗维奇说：“60秒后完成对接。请确保自己的安全，我娇嫩的肉袋子们。接下来会很颠簸。”

维沙尔摇了摇头：“啊，这让我更紧张了。”尼尔森摸了摸自己的额头，用低沉的声音呢喃着。

基拉切换到眼屏，看到前方“破碎祭司号”正在迅速靠近。从近距离看，它显得更加庞大：通体白色，呈圆形，转轴和天线从船身笨重的腰部突出。卡萨巴榴弹炮炸开的洞口露出飞船内的层层甲板，几十个功能不明的舱室此刻暴露在寒冷的太空中。她发现里面飘浮着水母，有些还活着，大多数都死了，它们身上有脓液冻住后形成的冰柱。

随着“破碎祭司号”靠近，基拉再次感受到了那种强烈的牵引力：绝迹者强迫她回应的冲动。她露出一丝苦笑。不知为何，她认为克汀或它的掠夺者不会喜欢她回应召唤的方式。

掠夺者？她陷入了软刀/种子的思维模式。好吧，这个名字很贴切。水母是长着许多触手的掠夺者，今天她要在它们面前重树理想态的威信。

她闻到了身边以塔利的痛苦气息。它颤抖着，变成不适的绿色和棕色。

以塔利：光是到达这里就让我很难受，理想态。

基拉：专注于保护我的同形态，不要去想强大的克汀。你做的事情和它没有任何关系。

水母身上荡漾着紫色涟漪。以塔利：你的提议很有用，理想态，谢谢。

当“壁鱼号”冲进“破碎祭司号”上的洞、进入半熔化的甲板时，“壁鱼号”蓝宝石窗外的光线变暗了，法尔科尼说：“嘿，格列戈罗维奇，你的状态不错。说几句话送我们出征如何？”

飞船主脑装模作样地清了清嗓子：“好，听好了。当我们冒险与敌人作战时，愿空域之主庇佑我们。引导我们的双手、我们的思想和我们的武器，使我们能够在战火中坚定意志。让勇气成为我们的盾牌，让正义的怒火成为我们的利剑，愿我们的敌人一遇到我们便退避三舍，只因我们保卫所有无法自卫之人，愿我们在邪恶面前屹立不倒，坚不可摧。今天是神谴之日[1]，我们是人类复仇的使者。以神为首，以剑为伴。愿图勒庇佑。”

“愿图勒庇佑。”华钟和尼尔森说。

“很棒的祷词！”斯帕罗咧嘴笑道。

“谢谢你，小麻雀。”

“比我想的更好战，”基拉说，“但能振奋士气。”

法尔科尼把他的榴弹枪挂在肩上：“希望神明真的会保佑我们。”

接着，“壁鱼号”突然前倾，在“破碎祭司号”的腹部停了下来。如果不是软刀将基拉固定在墙上，她会直接被甩到地上。其他人跌跌撞撞，尼尔森单膝跪地。核聚变引擎的轰鸣声消失了，但他们依旧感受到了重力——“破碎祭司号”的人工重力场包围了“壁鱼号”。

7

气闸室外，基拉看到了一个储藏室一样的地方，里面是一排排半透明的粉红色球体，围绕着一个黑色的茎状生长物。三面墙上都是无法辨认的设备，这些设备没有遭到卡萨巴榴弹炮的破坏。水滴状的熔渣冻结在格栅地板、曲面墙和他们之前见过的分成三瓣的藤壶门上。眼前的一切都具有

---

① 源自《圣经·新约·启示录》第 6 章第 17 节，其中将主的日子描述为上帝全能愤怒的世界末日，它降临在那些被视为邪恶的人身上。——译者注

高度辐射，但这不是他们目前最大的担忧……

这个房间里没有水母，基拉没想到他们还算走运。

“不错，格列戈。”法尔科尼说，“大家都准备好了吗？”

“稍等。”华钟说，她仍弯着腰摆弄她的无人机。

法尔科尼眯起眼睛：“快，我们在这里是坐以待毙。”

轮机长用韩语嘀咕了几句。然后她直起身来，无人机带着恼人的嗡嗡声升到空中。“准备好了。”华钟说。

“终于好了。”法尔科尼按下开关，气闸室的内门打开了，“是时候给他们点儿颜色瞧瞧了。”

“呃……”基拉看了看熵主义者。他们如何在真空环境中呼吸？

她的担心是多余的。薇拉和乔鲁斯作为一个整体一般，将兜帽罩在脸上。织物变硬并闪闪发光，慢慢变得透明，在他们的脖子上形成坚实的密封罩，与任何防护服的头盔一样。

“真高级。”斯帕罗说。

当法尔科尼给气闸室排气并打开外门时，真空的寂静吞没了他们。一瞬间，基拉唯一能听到的就是自己的呼吸声和脉搏声。

接着，她的耳机发出静电声，格列戈罗维奇开口了，听起来就像在她耳边说话：“哦，天哪。”

“‘哦，天哪’？”法尔科尼说，他的声音很尖锐，在无线电中有些刺耳。

飞船主脑不情愿地回答：“很遗憾地告诉你们，我亲爱的朋友们，真的很遗憾，但恐怕光靠智慧不足以拯救我们了。每个人总会有不走运的时候，对我们来说现在就是这种时候。”

基拉的眼屏上出现了恒星系的示意图。起初，她不明白自己看到的是什么：蓝点和黄点分别标志着水母和联军司令部的位置，却被一大片密密麻麻的红点淹没。

“那是——”斯帕罗没有把话说完。

“唉，”格列戈罗维奇说，这次他似乎真的很遗憾，“唉，梦魇决定加入战斗。而这一次，它们还带来了某个东西。一个庞然大物。它在所有频道向外发送消息，它自称……巨口。”

第五章

* * * * * * *

星辰之怒[①]

1

基拉惊恐地盯着前方。

她在眼屏上看到了恐怖的景象。一场真正的梦魇，源自她过去的罪孽。巨口……一个由黑色和红色肉体组成的怪异集合体，飘浮在太空中，皮开肉绽，表面因为渗出的液体而带着光泽。它比“破碎祭司号”还大，比她见过的任何空间站都大，几乎与绕行R1行星的两个小卫星加起来一样大。巨口的构造像一个有无数分岔的肿瘤，过于混乱，没有任何规律，但能够看出边缘呈现分形的形状——也许只是一种尝试。

看到巨口时，基拉一瞬间感到了生理上的厌恶，接着是令她难受、近乎虚弱的恐惧。

这个丑陋的肿瘤跳出超光速空间后，出现在R1轨道附近，同时出现的还有一大群体型较小的腐坏者。巨口和腐坏者已经开始对人类和水母进行无差别攻击。

基拉抱起双臂，蹲下来，感觉很不舒服。种子不可能战胜巨口，因为巨口太过庞大、扭曲、愤怒。即使她有时间让种子生长到同等的体积，她也会在异种的身体里失去自我意识。她将不再是原来的自己，而是成为种子完全无足轻重的一小部分。

这种想法比死亡本身更令人恐惧。如果她只是被杀死了，她死后也还是她自己。但如果种子吞噬了她，那么在她的思想和身体不复存在之前，她就会面临自我的毁灭。

这时，法尔科尼用覆盖外骨骼的手重重地搭在她身上，将她扶了起来，用温和的语调对她说：“嘿，没事的。我们还没有输。”

---

① 原文为拉丁语。——译者注

她摇了摇头，感觉异种形成的面罩中出现了泪水：“不，我做不到。我做不到。我——”

他用力摇晃她，以引起她的注意。软刀因而有所反应，略微突起尖刺：“别这么说！如果你放弃了，我们就和死了没什么区别了。”

“你不明白。”她看着眼屏中四处移动的丑陋物体，做了个无助的手势，尽管法尔科尼看不到她的眼屏。“那，那——”

“别说了。”他的声音变得严厉，足以让基拉好好听进去，“专注于眼前的任务，不要管别的。我们需要干掉克汀，你能做到吗？”

她点了点头，感觉慢慢恢复了自控力：“嗯……我应该能做到。”

“好，振作起来，让我们去干掉那个水母。梦魇的事之后再说。”

尽管基拉试图忽略恐惧，表现出自信的样子，但她的五脏六腑仍因恐惧而抽搐。她把影像从眼屏中滑走，但巨口的模样仍然挥之不去，就像烙在了她的视网膜上。

基拉在心里发出指令，异种把她推到了气闸室前。“让我们行动吧。”她说。

2

“壁鱼号”外的水母储藏室里，影子随着“破碎祭司号”旋转，然而由于飞船的重力场，基拉丝毫没有感觉周围在旋转。变换的光线具有太空中特有的残酷、坚硬的质感，而这种变换产生了一种类似于频闪的效果，让人失去了方向感。

“跟紧我。”她说。

“我们就在你身后。”法尔科尼说。

不愿浪费哪怕一秒钟，基拉开始穿越频闪的储藏室。旋转的影子让她头晕目眩，所以她将注意力集中到脚下的甲板上，尽量不去想他们是如何在太空中旋转的。

她经过那一排排半透明的球体，每个球体的直径至少有四米，里面冻着形状怪异的生物。这时，她脑袋旁的一个球体炸开了拳头大小的一块。

没有任何声响，但基拉感觉到弹片打中了异种的坚硬表面。

“掩护！”法尔科尼喊道。

基拉没有试图躲藏，而是延伸软刀，撕开珍珠白的甲板，撕裂最近的球体和连接球体的茎，并将这些材料压实成一个屏障。她用这个屏障保护自己，也保护身后的船员，就像她在奥斯特德时做的那样。只是现在她对此充满信心，无比坚定。与以前相比，她现在指挥种子毫不费力，几乎不担心会失控。她想让它去哪儿，它就会去哪儿。

她把视线切换到红外线模式，看到一道白热的光束从存储架上刺出，在她胸前的组织上烧出一个发光的、小指头大小的洞。她惊慌失措，接着立刻意识到这个洞太浅，根本无法穿透组织，伤及她的身体。

她面前有两个水母（一对鱿鱼）潜伏在球体中。它们移动着盘绕的触手迅速远离她，一对螯上各夹着一把巨大的爆能枪，瞄准了她。

哦，你们会后悔的，基拉想。她从软刀上迅速生出卷须。

她用卷须抓住水母，将它们挤压、切割，最后撕扯成一团抽搐的肉块，脓液随之喷溅。也许整个行动比他们预想的要简单……

无线电中，基拉听到有人干呕了一声。

“跟我来！”她喊道，朝白色的藤壶门走去，这道门通往“破碎祭司号”内部的加压环境。等她走近后发现藤壶门打不开，但她用软刀快速切割了三下，切断了保持门关闭的机械装置。

当藤壶门的三个楔形部分分开时，一股强风迎面朝她袭来。

她建造的屏障太大，无法通过门口。尽管有些不情愿，她还是丢掉了屏障，然后借助异种的力量进入飞船内部。以塔利和船员们紧随其后。

3

“破碎祭司号”内部与基拉登上过的另外两艘水母飞船不同。墙壁更暗、更阴森，夹杂着深浅不一的灰色和蓝色，并装饰着条状的珊瑚图案。如果是平时，她会想好好研究一番。

她站在一条空荡荡的长走廊里，上面标有侧面通道、连接通道的门和上下走向的凹槽形隧道。现在他们回到了有氧环境中，基拉可以听到他们身后报废的门发出刺耳的风声，华钟的无人机嗡嗡作响，还有让她想起鲸鱼叫声的鸣响，仿佛整艘船都在痛苦、愤怒和恐惧中哭诉。

流动的空气中弥漫着警觉的近味，它命令所有后勤形态立刻游向阴影，不知道是什么意思。一瞬间，基拉以为他们避开了飞船的传感器，也许他们不必一路战斗到底。

接着，随着一声脆响，一层白色的薄膜滑过她切开的门，阻止了空气的流动。走廊的另一端出现一大堆触手：几十个全副武装的水母愤怒地直冲向他们。

基拉的心率加倍。这正是她希望避免的情况。但她有软刀，软刀就是她的盔甲、利剑和盾牌。水母很难阻挡她。她向走廊的每一面放射出无数卷须，然后向内拉，用舱壁形成一个厚实的塞子。

当屏障另一侧响起激光枪和射弹枪的射击声和沉闷的爆炸声时，斯帕罗说："它们可真热情！"

"以塔利！"法尔科尼说，"最近的节点在哪里？"

基拉翻译后，水母爬到她身边，敲了敲屏障内侧。以塔利：往前。

"前进！"她喊道，开始推着屏障往走廊更深处走去，让屏障悬浮在她面前，像一个塞子似的在圆形的通道里滑动。她能感觉到屏障外侧受到的攻击，有撞击传递过来的震动，也有直接射中卷须产生的轻微刺痛。软刀带给她的这些感知能让她知道危险来源，但还不足以让她真正受伤。

基拉通过了第一道门，快到第二道门时，有人喊了一声，她转身看到身后的走廊上打开了一扇门。一个水母从门里冲了出来，只见它张开触手，像一条要吞噬猎物的乌贼。伴随水母而来的是一对白色的球形无人机，上面有闪闪发光的镜片……

水母猛地撞上斯帕罗的动力装甲，将她撞到了墙上。接下来的事情几乎是同时发生的：以塔利将几条触手甩向那个水母，试图将它从斯帕罗身上拽下来；水母、以塔利和斯帕罗一起撞向附近的墙上；斯帕罗的外骨骼射出一连串激光，在水母的甲壳上留下了一排洞；法尔科尼想上前帮忙，结果被水母一下子击倒在了甲板上。

尼尔森跳上前去，护住了船长。水母一个后摆抓住了她，正中她的胸部。她摔倒在甲板上。

华钟的无人机发射出焊接用的激光，那两个球形无人机火花四溅，从空中落下。接着轮机长站到尼尔森和法尔科尼前面，这个身材魁梧的女人抓住了那条纠缠他们的触手，将它抱在胸前，然后用力挤压。

带吸盘的触手蠕动着发出骨头碎裂的声音。

砰！砰！砰！维沙尔用射弹枪迅速开了三枪，基拉的骨头都感到了震动。她犹豫了，动弹不得。如果她用软刀攻击水母，很有可能同时伤害或杀死以塔利。

她的担心是多余的。以塔利猛地拉开水母，将它扔回走廊，越过熵主义者，离斯帕罗远远的。

以塔利给了基拉一个完美的契机。她射出一束黑色的针，刺穿了水母，将它钉在原处。水母无法挣脱，不停扭动着，然后颤抖了一下，不动了。它的甲壳下流出了一摊橙色脓液。

“奥黛丽女士！”维沙尔说着，匆匆赶到大副身边。

4

“在更多敌军到来之前，封住入口！”法尔科尼慌忙站起来说。他沉重的外骨骼在甲板上铿锵作响，在白色的地面上留下暗沉的铅色斑点。

基拉用软刀撕下大块大块的墙壁，堵住了那道门。当他们经过时，她没有封锁入口，这真是太愚蠢了。

为了保险起见，她撕下一大块曲面罩板，挡在他们身后，起到防爆盾的作用。然后，她将注意力转回到船员身上。

维沙尔蹲在尼尔森身边，用微流控芯片对她进行检测，同时用一只手按住她。“医生，伤势如何？”法尔科尼问。

“恐怕断了两根肋骨。”维沙尔说。

“该死，”法尔科尼说，他的榴弹枪一直对准走廊，“你不该那样做，奥黛丽，我有装甲保护。”

尼尔森咳嗽了一下，鲜血溅到了面罩内侧：“对不起，萨尔沃。下次我不会再拦着水母把你打成肉酱了。”

“好啊。”他没好气地说。

“我们得继续前进。”斯帕罗插话道。她的外骨骼上有刮损和凹陷，但似乎没有伤及里面。

他们前方依然有武器射击的闷响，水母努力想打穿基拉的屏障。

尼尔森试图站起来，然后疼得缩了一下，坐回到地上。基拉甚至隔着头盔听到了她的叫声。

“见鬼，”法尔科尼说，“我们必须带上她，斯帕罗——”

金发女人摇了摇头：“碍手碍脚的，让她回去吧。我们还没有走远。从这里到‘壁鱼号’直线走就能到。”

两个熵主义者走过来说：“如果你们需要，我们可以护送她上船，船长，然后——”

“——赶紧回来。”

“见鬼，”法尔科尼皱着眉头说，“好吧。就这么办。格列戈罗维奇会告诉你们军械库在哪里，顺便拿些采矿炸药，我们要用来封锁侧面通道。”

薇拉和乔鲁斯低着头：“如你所说——”

“——使命必达。”

即使蜂巢主脑遭到破坏，他们依然合作无间，令基拉感到不可思议。他们看起来几乎还有共享意识。

不顾尼尔森疼得咬牙切齿，乔鲁斯和薇拉把她抱了起来，绕过基拉竖起的防爆盾，沿着走廊小跑回去。

“走。”法尔科尼转头对基拉说，“在水母干掉我们其他人之前，我们去找节点。”

基拉点了点头，又开始向前推进，确保堵住每一道经过的藤壶门。

刚才的攻击动摇了她的信心。就软刀的力量而言，她并非无所不能。远远不是。仅一个水母就穿过了他们的防线，现在他们一下子少了三个人。她担心的事情还是发生了。而且熵主义者不一定能与他们成功会合。如果再有人受伤，那该怎么办？回“壁鱼号”也不一定安全，除非她护送他们。

在所有人中，她是唯一可以牵制住水母的人。如果她能做到，就应该行动。只要她敢想，她可以让软刀做任何事。那么她为什么要克制自己呢？

想到这里，基拉开始向后延伸软刀，在他们周围形成一个网格状的笼子，希望能抵挡更多的攻击。她还巩固了面前的屏障，将更多墙壁和甲板的碎片拼接在屏障上，强化软刀的材料，让它成为一个坚不可摧的护盾。

当然，屏障挡住了她的视野，但她可以通过软刀的卷须感知到前面的情况：走廊的形状、空气的涡流（通常是激光的热量形成的）以及水母敌军持续输出的火力。

他们快速走过一道又一道门，每当基拉问他们是否在朝正确的方向前进时，以塔利就说，继续前进。

“破碎祭司号”的巨大空间不断刷新基拉的认知。她觉得自己好像在一个空间站或地下基地里，而不是在一艘飞船上。它有一种坚实的感觉，她从未在移动船只，哪怕是在“情有可原号”上体验过这种实体感。

在共享的无线电频道上，她听到法尔科尼说：“枪法很准，医生。”

“谢谢夸奖，是的。”

她刚刚堵住的一道门的另一边传来砰的一声，基拉和其他人吓得退缩了。门咔嚓作响，在另一边的推力下鼓了起来。但基拉固定在门上的舱壁碎片依旧支撑着，对方想要进入走廊却失败了。

她一直往前走，直到感到一堵墙挡住了去路，走廊向两边分岔。基拉让软刀分裂并向外扩散，直到它堵住了两边的通道。敌方火力还在持续——有子弹，也有激光，但大部分袭击来自左侧通道。

当软刀流向两侧通道时，前方露出了挡路的舱壁表面。

镶嵌在墙壁上的是一块闪闪发光的面板，仿佛一片星空：各种不同颜色的光点在不断变化。

以塔利：内质网！水母向前爬去，它的肢体发出放松和坚定的近味。以塔利：帮我打好掩护，理想态。然后，水母用一条触手按住发光的面板。令基拉惊讶的是，触手与墙壁融为一体，向内凹陷，直到几乎被隐藏起来。

“这就是节点吗？”法尔科尼站到基拉身边问。

“是的。”但基拉的注意力在别处。异种形成的屏障遭受的攻击越来越强烈。她赶紧从墙上扯下更多的材料来加固屏障，但她很清楚屏障撑不了多久了。

伸到左侧通道的卷须传来一阵剧烈的疼痛。这是异种让基拉知道自己遭到损坏的一种方式。她喘着气，维沙尔说：“怎么了，基拉女士？”

“我……”又是一阵疼痛，比之前更强烈。基拉痛得一缩，流出了眼泪，摇了摇头。一股滚烫的火焰正切开屏障的外侧——像太阳一样炽热的热量，熔化并烧穿了她的第二肉体。软刀可以保护她免受许多东西的伤害，但依然无法阻挡热喷枪的攻击。看来水母想起了它们和理想态战斗的古老经验。

“我快……撑不住了。”基拉：尽可能加快速度，以塔利。

以塔利的皮肤上迅速闪过不同的颜色，然后将触手从墙上拉开。从它触手的吸盘上滴落一股股黏液。以塔利：克汀在我们前方四萨罗[①]处，往下14层甲板。

基拉：一萨罗有多远？

以塔利：游七冲[②]的距离。

尽管无法确定，借助种子的记忆，基拉感觉一冲作为时间单位并不长。

爆炸使他们脚下的甲板晃动起来。"基拉。"法尔科尼说，听起来很紧张。华钟的无人机在他的肩膀上盘旋，明亮的探照灯在机械臂下闪闪发光。

"大家坚持住！"基拉说，"我们往下穿过14层甲板。"

她在网格笼里来回变出数根黑色杆子，置于她要保护的人之间。等法尔科尼和其他人牢牢抓住杆子，基拉就和异种一起钻破下方的甲板，让数千根细如手指的纤维撕开地板、管道、电路，以及分隔上下空间的形状怪异、还在跳动的器官。

这实属冒险之举。如果她弄破一根压力管道，引发的爆炸可能会让他们所有人都没命。不过，软刀知道风险，她相信它能避开任何致命的设备。

几秒钟内，她就撕开了一个能让全员通过的大洞。在他们脚下，上升的微尘像余烬一样闪着光，透过微尘能看到蓝色的影子在动。

基拉让种子松开墙壁和屏障，带着同伴落入那蓝色的微光中。

5

一团微尘遮住了基拉的视线。

等微尘散开，她看到了一个低矮狭长的房间，被水淹没的浅床呈扇形排列。墙壁几乎是黑色的，地板也是。沿着舱壁等距分布着宛如祭坛的壁龛，里面摆放着椭圆形的球体，大小如人类的脑袋，正发出柔和的光芒。

摇晃的水面上掠过黑乎乎的东西，小得和昆虫一样。在华钟的无人机那刺眼的探照灯下，它们四处逃窜，试图寻求阴影的庇护。

基拉立刻想到，这些是孵化池，但她无法想象为什么水母要在所有飞

① 萨罗：见附录三"NSARRO"（第809页）。

② 冲：见附录三"PULSE"（第810页）。

船上搞这种东西。它们明明有其他繁殖技术，转移之巢就是其中之一。

几厘米厚的透明板猛地盖在水池上，将其封住，“破碎祭司号”突然发出一股警告的近味，所有人都感觉到重力消失了。

“啊，该死！”法尔科尼说。他挣扎了一会儿，然后用外骨骼的推进器稳住自己。在他身后，其他人紧紧抓住基拉用种子制造的杆子。

有生以来，失重一直给基拉造成困扰。突然的失重通常会引起基拉胃部不适，但这次没有。她的胃没有任何异样，没有那种要从高空摔死的下沉感或紧张感。相反，她感到一种从未有过的自由。失重头一次成了一种享受（如果忽略眼前的危机），就像在梦中飞行，不过也许是噩梦。

她能想到的唯一解释就是软刀。无论如何，她都对此心存感激。

以塔利：没了重力，克汀的鱼群就可以自由地从各个方向朝我们游来，理想态。

“对。”基拉低吼了一声，更多的是冲着自己。她再次用软刀在甲板上撕开一个洞，用撕下的材料在他们脚下造了一个厚实的小型屏障。她知道，下面可能有一营的水母在等着他们。

然后，她用卷须将自己和其他人拉到了下一层。

这一次，他们来到了一个巨大的拱形空间，仍是蓝色的，但装饰着红色和橙色的条纹，宽度不超过她的拇指。聚集在一起的六角柱像一棵树一样从地板升到天花板。在树干周围，白蜡光泽的纤维上挂着一团团轻轻摇晃的巢穴。四下弥漫着全神贯注的近味。

基拉不知道这个房间的用途是什么，但她忍不住停下来欣赏那宏伟的气势、巴洛克风格的美以及纯粹的外星文明。

她继续在第三层甲板上撕开一个洞，带着所有人进入一条狭小的走廊，沿途只有几道门。在他们前面十几米的地方便是走廊的尽头，圆形的开口通向另一个阴暗的房间。

就在她开始撕开下一层甲板时，以塔利发出近味，表明自己认得路。以塔利：往这边走，理想态。水母绕过她，向开口处飞速移动。

基拉骂了一句，重新调整屏障的位置，带着船员匆匆忙忙地跟了上去。她觉得自己就像一艘帆船，水手们抓着船帆的缆绳，随时准备击退登船的敌人。

当他们通过圆形开口时，基拉感到墙壁打开了。她想看看前方的情形，而种子回应了她的想法。她眼前的景象动摇了，视野从屏障内部转变成了身处的房间，就好像异种在屏障表面长了眼睛。

说不定真的长了眼睛。

现在她的视线不受阻碍，她看到这个房间是某种饲料区。软刀的记忆只告诉了她这一点。墙上有凹槽，也有壁龛，还有管子、大桶和透明的容器，里面装满了作为饲料的浮游生物。其中一个容器里是铜鱼[①]，味道像铜；另一个容器里是独居蟹[②]，它有很多腿，柔软而美味，而且抓捕独居蟹本身也是一种乐趣……

在这些壁龛之间有几道门，全部紧闭着。以塔利没有选择这些门。相反，它冲向地板上的一块地方，触手在它后面摆动。以塔利：这边。

只见以塔利敲了敲地板上几个圆形的突起，一个圆盘状的盖子砰的一声滑开，露出一个一米宽、发着红光的管道。

以塔利：往这边游。然后，它潜入狭窄的管道，从视野中消失。

“该死。”基拉说，她希望以塔利能让她在前面开路，“所有人都下来。否则我们进不去。”

船员们放开了笼子。她开始重塑种子，以便进入落管。

还没来得及完成重塑，她的腰间便被射了一枪，但她没感觉到疼。接着屏障上也被射了一枪，是从另一个角度射过来的，爆炸声随之响起。基拉退缩了；种子也退缩了，把她迅速变小的屏障也拉了回来。

壁龛之间的门涌出了一群嗡嗡作响的球体。是无人机，有几十架，都配有爆能枪、射弹枪和切割器。当无人机向她靠近时，头部闪烁着电光，机械臂像剪刀一样来回挥动着，迫切想要割伤她。

砰！法尔科尼用榴弹枪开了一枪，余波让基拉感受到了震颤。房间另一端出现一道闪电，许多无人机撞到了墙上。其余船员也在用激光枪和射弹枪开火。

华钟的一架无人机爆炸了。

---

① 铜鱼：见附录三“PFENNIC”（第 810 页）。

② 独居蟹：见附录三“NWOR”（第 809 页）。

基拉射出一大簇尖刺，每根尖刺都对准一架嗡嗡作响的无人机。尽管软刀的速度很快，可无人机更快。它们以奇怪而不可预测的角度躲闪着，基拉的眼睛无法跟上它们。在速度或精确度上，人类无法战胜机器，甚至连她与软刀的共生体也做不到。

通话器里传来某人痛苦的喊叫。

“呀！”基拉自己也喊了起来，希望能把无人机推开。软刀发出一阵电流，穿过自己的外表面，包括她的屏障。五架水母无人机冒出火花，纷纷散开，机械臂蜷缩了起来。电击管用，但还不足以阻止它们。

无人机似乎把大部分火力都集中在了她身上。它们杀不死她，但可以杀死其他人。她无法以足够快的速度摧毁无人机，从而保护他们。

所以她只能做到力所能及的事情：她在脑海中想象出一个空心球体，将自己和船员们包裹起来。

软刀服从了她的指令，在他们周围形成了一个完美的气泡。

“这是什么鬼东西！”斯帕罗惊呼，她爆能枪的枪管热得发红。

不过，这个气泡很薄。太薄了。当外面的无人机向气泡开火时，基拉已经在表面十几处感受到灼热。与之前不同，她无法看到外面的情况，无法确定无人机的位置，从而摧毁它们。在她头顶半米处，火花冲破了黑色薄膜。

拳头大小的球体撞了过来，一瞬间，熔炉般刺眼的光芒充斥气泡内部。软刀流向洞口并堵住了。

基拉不知道该如何是好。在绝望中，她准备把自己从气泡中分离出来，将自己推出去，从船员身上引开火力。也许这样她就能干掉所有无人机了。不过，这无异于自杀，水母不会离无人机太远……

“待着别动。”她对法尔科尼说，接着一阵声爆袭来。尖厉的鸣响让基拉的牙齿剧烈地震颤，她甚至担心牙齿会在极具穿透力的攻击下粉碎。

6

气泡外的灼热感消失了，激光枪和射弹枪也停止了射击。基拉疑惑地打开一个洞向外看（同时确保一层厚厚的组织保护着自己的脑袋）。

整个房间里，球形无人机胡乱地向四处旋转和移动。它们似乎受到了噪声的干扰，武器断断续续地朝墙壁、地板和天花板开火，机械臂无力地挥舞着，失去了目标。

在落管和凹槽上方，基拉看到两个熵主义者向自己飞来，他们的长袍如折纸般精准地折叠起来。两人手中有光，他们面前是微微发亮的压缩空气冲击波。冲击波发出了可怕的鸣响。无人机的激光枪击中了冲击波，基拉看到冲击波使激光发生了偏转；射弹枪也不起作用，子弹在离乔鲁斯和薇拉1.5米处自行炸开，形成熔融金属的火花。

基拉不明白原理，但没时间深究了。她打破气泡，扑向最近的一架无人机，抓住了无人机骨质外壳的中间部位。她毫不犹豫地将无人机撕碎了。

“基拉！”法尔科尼喊道，“别进火力范围！让我们——”

她扩大了气泡上的开口。

华钟的后勤无人机在她周围升起，形成一个机械光环，闪烁着电弧的耀眼光芒——向任何靠近的球体飞速进攻。有几次，这些无人机救了基拉，帮她抵挡了不长眼的炮火。

“帮你一把。”轮机长说。

接下来的几秒钟里，电流声、软刀刺穿无人机的声音、激光爆炸声此起彼伏。斯帕罗和法尔科尼在她的头顶开火，他们干掉的无人机数量加在一起几乎和基拉一样多。

尽管熵主义者没有穿装甲，但这场小规模战斗证明了他们的实力意外地强大。他们的长袍不像看起来那么简单，而且他们身上似乎还藏有某种爆能武器，基拉并不确定。但他们能够与敌人作战，更重要的是能杀死敌人。她对此十分感激。

当最后一架球形无人机被击毁后，基拉停下来喘息。即使有软刀为她提供空气，她还是很难充分地呼吸。由于戴着面罩，也由于包裹她的组织越来越多，她感到非常热，头晕目眩。

她解除了黑曜石色的气泡，担忧地转头看向其他人。华钟正用一只手按着自己左侧的臀部，指间渗出血和医疗泡沫。她那张圆圆的脸上带着坚毅的表情，鼻孔张开，嘴唇发白。维沙尔已经飘到她身边，打开了从医疗箱中取出的止血包。医生看起来也中枪了，他的一侧肩膀上有医疗泡沫的白色痕迹。斯帕罗看起来毫发无损，但法尔科尼外骨骼的左手肘被激光冲击波熔化了，呈半弯曲状态，无法活动。

“你的手臂还好吗？”基拉问。

他咧嘴一笑：“还好，只是不能动了。”

斯帕罗飘向华钟，她痛苦的样子仿佛受伤的是她自己。小个子女人摸了摸华钟的脸，但她没有打扰维沙尔的治疗。

“我没事，”华钟咆哮道，“别为我耽误时间。”

基拉在一旁咬着嘴唇静静地看着。她感到非常无助，觉得自己失败了。如果她能更好地使用软刀，就能保证所有人的安全。

她有个问题，还没问出口，法尔科尼就给出了答案：“没有回头路了。现在不行。我们只能继续往前。”

基拉刚想回应，一个水母从甲板上的圆盘形洞口露出了脑袋。基拉差点要刺过去，幸好及时闻到它的气味，意识到那是以塔利。

以塔利：理想态？

基拉：我们来了。

接着，一团近味向她飘来，不是来自以塔利，而是来自刚打开的门。发光的白骨色球形无人机从里面冲了出来。更多的敌军来了，而且它们肯定非常愤怒。

“我们得走了，”基拉说，“每个人都进落管。我殿后。”

以塔利迅速钻回洞里，法尔科尼紧随其后，还有乔鲁斯、薇拉和斯帕罗。

“快，医生！”基拉喊。

维沙尔没有回答，熟练地合上了医疗箱。然后他朝洞口奋力一扑，飘了过去。一秒钟后，华钟也飘向洞口，她的爆能枪由肩带拖在身后。

“好了。”基拉嘀咕道。

她压缩周围的软刀，抛下部分一路上收集的材料，然后一头钻进落管。

7

杀死克汀。

这个想法在基拉的脑海中像脉搏一样跳动，而她的身体在深红色竖井中疾速前进。她移动得很快，非常快，就像奥斯特德空间站的磁悬浮车。

每隔一段时间，身边就会闪过透明的面板。透过这些面板，基拉瞥见了各式各样的房间。一个房间里满是摇曳的绿色生物——星空背景下的海草森林；一个房间里有一团被金属线圈包围的火焰；一个房间里有奇怪的机器在嗡嗡作响；更多的房间里是她完全无法识别的东西。

她数着经过的甲板层数……4，5，6，7。现在他们有了真正的进展。再下4层，他们就到了目的地，强大的克汀就在那层甲板等着他们。

还剩3层，然后——

爆炸将基拉甩出了管道。弧形的管壁破裂，她滚进了一个长长的、宽敞的房间，里面一排排架子上放满了金属舱。以塔利和其他人也一样。

8

不妙，不妙，不妙。

基拉打开了腰间的罐头，释放出白垩粉和箔条。白雾迅速在他们周围弥漫，向墙边扩散后变得稀薄。希望白雾能掩护他们足够久，让她有时间控制局势。

她必须快速行动。只有抢占先机，他们才能活下来。

她将卷须沉入地板，猛地拽了一下，疼得停下了动作。

透过白垩粉，她看到一个外观像龙虾的生物。它展开尾巴，沿着远处的墙壁，朝一个不到一米宽的黑色开口疾跑而去。

阻止它。她这样想着，软刀舍弃了大部分积累的材料，将她抛向龙虾。她利用最细的纤维，沿着甲板拉动自己，在白雾中画出一道弧线。

龙虾抽搐着，试图躲避。可它躲得太慢。她形成一把三角刀刺向它。她让刀刃向外刺去，就像伯劳用荆棘刺死猎物[1]一样刺穿了龙虾。

基拉扫视整个房间。安全了。斯帕罗和法尔科尼的装甲上多了些焦痕，但看起来没有受伤。他们和熵主义者一起守在破掉的管壁旁。

管道前面扭曲的甲板上，一圈圈电弧挡住了去路。华钟靠近电线，从腰带上拿出一个工具，伸向危险的蓝白色强光。

一瞬间，电弧消失了。

---

① 伯劳生性凶猛，会把捕获的猎物穿在树枝上。——译者注

接着，基拉看到维沙尔飘浮在后墙附近。医生身体僵硬，像植物一样扭曲着，手臂放在两侧一动不动。他的防护服进入了安全模式，为了保护他而将他固定在原地。原因显而易见：从他胸前的烧伤处渗出一条医疗泡沫的痕迹。

基拉向他飘去，打算用软刀从空中接住医生。当她这样做时，她用余光瞥见了一个一闪而过的影子。

她扭过身体，脉搏剧烈跳动。

一个身体盘绕、蜈蚣一样的生物飞快地穿过上层甲板，向背对着它的乔鲁斯冲去。蜈蚣分节的身体底下有着密密麻麻、数以百计的黑足。蜈蚣举起张开的螯，一排钩状的颚正滴着黏液。

基拉和薇拉都看到了蜈蚣，但乔鲁斯没有。薇拉喊了一声，乔鲁斯看向她，显然很疑惑。

基拉已经伸出软刀刺向蜈蚣，但距离太远了。

蜈蚣跳到了乔鲁斯身上。它用螯夹住他的脑袋，无数的腿裹住他的身体。他只发出了一声尖锐的叫声，蜈蚣那锋利的螯便割开他的颈部，让他身首异处，断颈处鲜血喷涌而出。

9

蜈蚣把乔鲁斯的尸体推到一边，向华钟不受保护的背部窜去。

基拉大喊，仍然够不到它……

喷气机的轰鸣声响起，斯帕罗启动了装甲的推进器，疾速飞了过去。她抓住了蜈蚣，而蜈蚣抓住了华钟，三者在空中侧翻起来。

在他们纠缠的身体之间闪现着激光。蜈蚣分节的甲壳上喷出一股股扇形的脓液。接着，空中弥漫着鲜血，斯帕罗的装甲发出刺耳的金属摩擦声。

通信器中传来了绝望的喘息声。

基拉用最快的速度跟了上去。她够到了相互缠斗的华钟、斯帕罗和蜈蚣，此时斯帕罗一脚踹开蜈蚣，蜈蚣飞向远处的墙壁，一路上扭动着身体。

砰！

法尔科尼扣动了榴弹枪的扳机，蜈蚣应声爆炸，橙色的肉块四溅。

“情况——”基拉靠近斯帕罗和华钟，还没有问出口就知道了答案。

斯帕罗左腿的装甲上有一道很深的裂缝，从里面喷出医疗泡沫。她的膝盖被安全模式锁住，动弹不得。

华钟的情况也好不到哪里去。蜈蚣在她的上背部右侧狠狠咬了一口。她的防护服已经为她做了止血处理，但她的手臂软绵绵地垂在空中，整个躯干看起来斜向一侧。

在他们身后，薇拉在尖叫。她飘浮在乔鲁斯的身边，把他紧紧搂在怀里，好像他是茫茫海洋上唯一的一块浮板。

薇拉扭曲的表情让基拉无法直视，她不得不移开目光。这样不行，这句话冷不丁浮现在她的脑海中。

“我能做什么？”法尔科尼说，用喷气机飘向华钟。

“帮我们把风。”斯帕罗说，她的声音因痛苦而紧绷。她给华钟处理伤口，在她的上背部贴好应急绷带。

“啊！”华钟说。

基拉不仅仅在把风。她把僵硬无助地飘浮在房间另一边的维沙尔拖了过来。医生转动眼珠看她，因为无法活动而感到害怕和沮丧。他脸上冒着汗珠，像是在发高烧。然后她也抓住了薇拉和乔鲁斯（以及他的头颅），轻轻地把他们带过来。薇拉没有反抗，只是把乔鲁斯抱得更紧，将面罩埋在他沾血的长袍里。

以塔利加入了他们，它的触手拖在身后，就像强风吹拂的旗帜。

等所有人聚到一起，基拉开始撕甲板，打算在周围建一个保护性的穹顶。用不了多久，更多的水母就会找上他们，而华钟、维沙尔和薇拉已经无法作战了。

当她把软刀插入甲板时，她感到它产生了一种不情愿的奇怪情绪。她不明白这种情绪从何而来，也没有时间解读，所以她选择忽略，而且——

当以塔利用一条触手缠住她时，她退缩了。它用触手的吸盘紧紧吸住软刀，试图将其固定在原地，却不起作用。一时间，她不得不压抑想要刺伤以塔利的冲动。

基拉：你这是——

以塔利：理想态，不，停下，这很危险。

她停住了，软刀也停住了。基拉：解释一下。

法尔科尼透过面罩注视着他们："基拉，怎么了？"

"我也想知道。"

以塔利：这层甲板上有一根电源管，看到了吗？它用骨质触手指着一行穿过甲板中间的标记。里面的电流很强。破坏电源管很危险。我们都会被炸死。

基拉一下子收回了软刀。她应该多注意软刀的情绪，她的错误行动可能会让所有人丧命。基拉：我们上方的甲板可以吗？

以塔利：你是问可不可以用你的第二肉体打破？可以。

听到以塔利肯定的回答，基拉撕开了天花板，用天花板的材料在他们周围建起一个厚厚的穹顶。她一边忙活，一边对法尔科尼解释："地板上有电路。我们得从别的地方下去。"然后她指着医生和轮机长说："他们没法和我们一起行动。"

"我们肯定不能丢下他们。"法尔科尼生气地说。

她也生气地看了他一眼，但她没有放慢速度，卷须像是在自动组装穹顶："你想让他们没命吗？我不能保证他们的安全。我能力有限，而且我们不能把他们送回去。你想让我怎么办？"

随后是一阵令人不安的沉默："你能给他们疗伤吗？就像你对我的盆栽那样。你修复了格列戈的神经，对吗？愈合骨头和肌肉能有多难？"

她摇了摇头："很难，非常难。我可以试试，但现在不是时候。一不小心就可能犯错，而且我没法同时对付水母。"

法尔科尼面露苦涩："没错，但如果我们抛下他们，水母——"

"就会一心来追我。华钟、维沙尔、薇拉——他们应该能自己撑一段时间。不过，我不知道斯帕罗的情况，她……"

"我还能战斗，"斯帕罗粗暴地说，"不要担心我。"她拍了拍华钟背上的止血包，抱了一下她的脑袋，然后用装甲喷射气体，飞到基拉正在组装的穹顶前。基拉悬浮在几十根黑色尖刺中间，每一根都连接着穹顶。

"你应该留下来。你们都应该留下来。"基拉说，"我可以——"

"我们不会让你一个人去的，"法尔科尼说，"没得商量。"

华钟将靴子踩在甲板上并锁住，用没受伤的那只手臂举起爆破枪："别担心我们，基拉。我们死不了。"

以塔利：我们必须加快速度。强大的克汀已经察觉到我们了。

“该死……好吧。你们三个从穹顶里出去。快。”基拉正要给以塔利翻译，这时“破碎祭司号”向右舷倾斜了一米，所有的灯都闪了一下。基拉惊慌失措，四处张望，但似乎没有发生其他的变化。

“格列戈罗维奇！”法尔科尼点击头盔侧面说，“听到了吗？格列戈罗维奇！”他摇了摇头：“该死的，没信号。我们得走了。”

他们立刻行动。基拉从穹顶里出来，经过几秒钟的快速处理，将穹顶封住，并从外面用材料加固。水母仍然能切开穹顶，但需要些时间，而且她对自己先前说的话很有把握：水母的首要目标是她——理想态，而不是其他任何人。

华钟和斯帕罗一直看着彼此，直到基拉补上最后一块面板，遮住了她们的视线。然后斯帕罗挺胸，转过身来，她棱角分明的脸上露出了坚毅、杀气腾腾的表情。自从认识她以来，基拉第一次有些畏惧她了。

“带我们去找克汀。”斯帕罗咆哮道。

“走这边。”基拉说，将半米长的甲板挡在面前，匆匆前往以塔利指出的那道门。斯帕罗、法尔科尼和以塔利紧随其后。

门自动滑开。里面是一个房间，在狭窄的金属围栏里，可以看到一排排外形酷似巨型西瓜虫的生物。

基拉犹豫了一下。难道又是一个陷阱？

“让我打头阵。”她说，并为以塔利翻译了一遍。法尔科尼点了点头，和另外两人（人类和外星人）向后退去，给她腾出空间。

基拉吸了一口气，向前走去。

当她穿过门口时，一阵雷鸣般的爆炸声令她眼前一黑。一条钢带似乎紧紧地箍住了她的腰，划破了她的皮肤、肌肉和骨头。

10

她没有死。

这是基拉最先想到的。她很困惑。如果水母在门口埋了地雷，她应该已经死了。她的腰部并不疼。她只感到一种压力，一种被掐的不适感，却没有痛楚。

她的身体因爆炸开始旋转。她试图活动身体，却发现只有脖子和手臂有所反应。当一连串的激光和子弹袭向她的背部时，她鼓起勇气低头看去。

她马上就后悔了。

她腰间的软刀被烧出了一个半米长的伤口，破碎的灰白色肠子从伤口里流了出来，喷出红得发亮的血。当她转过臀部时，她从凝固的血中瞥见了白色的骨头，她想那应该是一块脊椎骨。

软刀已经将她的内脏拉回体内，并将伤口封住，但她知道这种程度的伤势足以让她丧命。软刀的记忆清楚地告诉她，它的宿主完全有可能死。

当她旋转时，一道熔化的金属穿过她的屏障，宛如神的长矛。

接着又是一道，这次更加接近她的要害。炽热的液体喷洒在她的腿上，并从软刀坚硬的表面弹开，冷却成灰色。

基拉没有感觉到疼痛，但视野模糊起来，一切都变得遥远而不真实。她无法战斗；她几乎无法思考。

她瞥见各种各样的水母向她飞来：触手、爪子、抓钳向她伸过来。没有时间躲避，也没有时间逃跑——

接着法尔科尼、斯帕罗和以塔利出现在她旁边，用各自的武器朝水母射击。轰！这是法尔科尼的榴弹枪。砰！这是斯帕罗的射弹枪。滋！这是以塔利的激光枪。

起初，基拉以为自己得救了。但敌众我寡，水母分成几组，将斯帕罗和法尔科尼赶到墙边的金属围栏后，又将以塔利逼到一个弧形的墙角。

不！基拉想，眼睁睁看着三个队友消失在众多水母扭动的身体后。

水母也围住了她。它们有大有小，有些长着腿，有些长着爪子，还有一些的肢体她甚至都无法形容。恒星般的炽热能量开始划开软刀。

她试着刺向水母。刀刃确实刺死了一些，但剩下的水母都躲开了她的攻击，或者热能让她无法再行动。软刀虽然没有感到疼痛，但还是退缩了。

热能让她头晕目眩，但她咬牙坚持着。她试图靠近火源，寻找水母盔甲上的细微破绽。与此同时，她感到周围有一种令她震惊的反感：所有水母对她的仇恨和厌恶。*无形态。错误肉体！*它们一边喊，一边向她的肉体进攻，想要刺穿她，撕裂她，烧毁她。即使她施展出软刀的全部力量，水母的庞大身躯也让她难以移动。

所以基拉只剩下了一个办法：她解除了对软刀的控制。她心甘情愿地把控制权交给了种子，让它自行活动。它必须这样做，因为她无法再指挥它了。再过几秒钟，她就会失去知觉。

屏障、墙壁和蠕动的水母逐渐在基拉眼前消失，褪去了颜色。房间在她周围倾斜。光芒闪烁，船身颠簸，声音减弱。但这一切都不算什么，就像冬日景色般单调无趣。

她感到种子在扩大，以前所未有的方式狼吞虎咽地吃着“破碎祭司号”，以旺盛的生命力疯长，无数黑色藤蔓在发芽、缠绕、蔓延。基拉知道自己的体型在增大，精神空间也随之扩大。她不断向外扩散，在软刀的神经指令下拉伸。

藤蔓穿过她建造的屏障，伸向所有发动攻击的地方。感知，品尝，理解。当她接触到甲壳和奇怪的胶质肌肉时，她抓紧、扭动、撕扯，直到对方不再蠕动。

慢慢地，声音变响了，色彩回归。首先是红色，那是溅在墙上的血。然后是蓝色，她注意到天花板附近闪烁的压力警报器。最后是黄色和绿色，那是与血液混合的脓液。

烟雾、白垩粉和箔条向着舱壁上的三个洞流去，最大的一个洞有她的拳头那么大。随着雾气散去，她的头脑也清晰起来。

软刀的一层纳米级纤薄的黑色纤维覆盖了房间的一大片区域，而她——飘浮在房间的中心，被几十根从身上辐射到墙上的杆子和丝线悬挂在半空中。几十个水母的残骸飘浮在狭窄的围栏中，里面的西瓜虫现在也死了，尸体飘浮着。尸体周围飘散着脓液和内脏，像是由恶心的液体、撕烂的肉块和皱巴巴的设备碎片组成的风暴。她甚至看着逃逸的空气将一只螃蟹吸到洞口并封住了它。

这都是她干的。是她。基拉心中产生了深深的痛楚。她从没想过伤害或杀死任何生物。生命太宝贵了。然而，形势迫使她走向暴力，成为一种武器。种子也是如此。

法尔科尼的声音在她耳边响起：“基拉！能听见吗？我们快走吧！”

11

“啊？”她回过神来，发现软刀向后延伸出房间，用纤维把法尔科尼、斯帕罗和以塔利固定在烧焦的入口两边的墙上。基拉顿时如释重负。他们还活着。水母没有杀死他们；种子没有杀死他们；她没有杀死他们。

她用意念收回纤维，松开了法尔科尼和其他人。她可以集中注意力控制种子的任何一个部分，可一旦她的注意力转移，这个部分就会开始自行移动，并按照种子认为合适的方式行动。大量感官信息的涌入，再加上受伤的冲击，让她感到昏昏沉沉，头重脚轻。

“上帝啊。”法尔科尼说着，穿过一片内脏，飞向基拉。

“这跟上帝无关。”斯帕罗说。

法尔科尼在基拉身边停住，透过面罩关切地看着她：“你还好吗？”

“还好，我只是……我——”虽然她不想看，但还是低头看了看自己。

她的腰看起来很正常。由于覆盖着软刀，她的腰没有形状，像个桶一样粗，但没有受伤的迹象。感觉也很正常。她吸了一口气，试着活动腹肌。肌肉能动，但很奇怪，就像搭错弦的钢琴，演奏时发出奇怪的声音。

“你能继续走吗？”斯帕罗问，她的武器一直瞄准远处的门口。

“应该没问题。”基拉知道，如果他们能离开“破碎祭司号”，她必须让维沙尔给她检查一下。主要问题不是肌肉（肌肉可以修复），而是伤口感染。她的肠子被穿孔了。除非种子能区分有益菌和有害菌，或者能消灭错误位置的有益菌，否则她很快就会患上败血症。

好吧，也许它能做到。她现在对它更有信心了。她只能寄希望于最好的结果，如果走运，她不会因休克而昏过去。

基拉收回了一部分软刀，放下手臂。她敲了敲法尔科尼的胸甲：“你有什么抗生素吗？”

他举起一只手，从食指的外骨骼上弹出一根针。在她的命令下，软刀露出她肩膀上的一块皮肤；她感觉到炙热的空气。

针头刺破皮肤时带来了刺痛感，抗生素进入三角肌时产生了灼热感。显然，软刀认为不需要消除注射带来的疼痛。

“疼。”基拉说。

法尔科尼露出似笑非笑的表情：“这剂量足以让一头大象恢复健康。

应该够用了。”

“谢谢。”软刀重新覆盖了她的肩膀。她拱起背，再次活动腹肌。这一次，她专注于回想肌肉原本的感觉，而不是现在的感受。她疼得吸了口气，搭错弦的纤维去往新的位置，发出一阵弦音，让她的指尖和骨头都受到了刺激。

斯帕罗在头盔里摇了摇头：“图勒！你的能力超乎我的想象，小妞。”

以塔利散发出崇拜的近味。以塔利：理想态。

基拉沉吟了一声。现在水母知道了如何能伤害她，她必须变得更加聪明，不能再莽撞行事。她几乎把自己害死了，如果她死了，水母也会干掉法尔科尼、斯帕罗和以塔利。这个想法让基拉感到恐惧，离开阿德刺以后她就没有如此恐惧过。

以塔利：我们不应在此久留，理想态。我们离克汀很近了，更多的卫队会赶来。

基拉：我知道，继续往下——

他们面前的藤壶门动了一下，吐出了什么东西，一道闪光吸引了基拉的注意。基拉还没来得及看清并用屏障阻挡，法尔科尼便启动紧急喷气机，挡在她面前，她听到砰砰两声巨响。

火花和弹片击中了法尔科尼，让他翻滚开去。

12

法尔科尼在她的视线中消失后，基拉看到水母的一架无人机从门口飞走，尾部拖着一条烟雾来掩护。她怒气冲冲地射出一束纤维，穿过地板和天花板，包围了无人机。然后她刺了过去，从两侧刺入无人机的机体，无人机发出呜呜声。

她颤抖地吸了一口气。如果不是法尔科尼，它可能会击穿她的头……

斯帕罗抓住法尔科尼的装甲背面，把他拉近。船长的右臂被打得稀烂，让基拉想到敲碎的坚果露出里面的果肉。她无法直视他的伤口。她突然下定决心：她不会再失去任何一个同伴。绝不会再发生这种事。

法尔科尼气喘吁吁，但仍然很平静。基拉猜测他的植入物抵消了大部分疼痛。白色泡沫从装甲破损的边缘溢出，止住了血，并给他的手臂立即打上石膏。

“见鬼。”他说。

“你能动吗？”基拉问。“破碎祭司号”又震了一下。她没有理会。

法尔科尼确认后说：“左臂还能动，但喷气机没燃料了。”

“该死的。”现在他们的队伍里四人受伤，一人阵亡。基拉在法尔科尼、斯帕罗和以塔利之间来回看了看：“马上回去。你必须和其他人一起回去。”

法尔科尼在面罩后咬牙摇了摇头：“想都别想。我们不会丢下你的。”

“听好。”基拉抓住他，把额头贴在他的头盔上。他的蓝眼睛隔着透明的蓝宝石曲面玻璃，离她只有几厘米远。“我有软刀。如果你留下来，只会让自己丢了性命。”她没有说出另一个想法：当她只需要照顾自己时，就可以放开对软刀的束缚，不必担心它会伤害或杀死同伴。

法尔科尼喘了几口气，然后松口了：“该死的。好吧。斯帕罗，你和我一起，我们其他人都撤退吧。”

斯帕罗摇了摇头：“我不会让基拉——”

“这是命令！”

“该死的！”斯帕罗打开喷气机，去往他们刚刚离开的房间。法尔科尼紧随其后，还有以塔利。

“快走！”基拉驱赶着他们，“走，走，走！”

在她的催促下，他们迅速回到了她建造的穹顶旁。只用了几秒钟，她就在穹顶上剥开了一个水母大小的洞。华钟正从里面用爆破枪瞄准洞口。

“你自己小心。”法尔科尼在进入穹顶时说。

基拉隔着装甲努力拥抱他：“保护好自己，好吗？答应我。”

“……你会成功的，基拉。”

“当然。”

“好了，”斯帕罗说，“你得走了，赶快！”

以塔利：理想态——

基拉：往下走三层，然后往前走，我知道。克汀就在那里。你只要保护好我的同形态。

以塔利迟疑了一下。以塔利：我会保护他们。

然后基拉将他们都封进了穹顶。当他们从基拉的视野中消失时，法尔科尼给她发送了最后一条信息：“你可以做到的。不要忘记你是谁。”

13

基拉抿紧嘴唇。如果真的这么简单就好了。放任软刀是杀死克汀最安全、最简单的方法，但她有可能失去自我，甚至可能创造出另一个巨口。这是她不愿承担的风险。

她必须保持对软刀的控制，不管要付出什么代价。不过，她可以用它做更多的事情，这就需要给种子一定程度的自主权。

她为此感到害怕，甚至极度恐惧。她真正需要做的是保持平衡——走钢丝般的高难度动作，不能失手哪怕一次。

她匆忙回到了西瓜虫所在的房间。空气中弥漫着血腥味，很难看清周围的情况。她把软刀拉到身边，将其压缩成一个紧实的圆柱体。然后她生出卷须，抓住甲板，钻进了一个运输井里。

她现在是孤军作战。她和种子将要面对一飞船愤怒的水母，以及前方强大的克汀。

她的嘴角抽动了一下。如果他们能奇迹般地活下来，如果人类能在这次浩劫中幸存，异种学教授会在课上讲述基拉的有趣经历。她只希望自己能活到那一天。

当她在井中行进到一半时，“破碎祭司号”像一块松动的跷跷板一样倾斜。墙壁抖动着，基拉听到无数砰砰声和嘶嘶声。灯熄灭了，继而亮起了暗红色的应急灯。墙上好几处喷出高压蒸汽，表明压力管破裂的位置。

井的上下两端，基拉看到镶板上有锯齿状的洞，这些洞先前并不存在。有些洞眼还没有指甲大，有些则有她的脑袋那么大。

她耳朵里的接收器发出噼啪声：“……收到。我重复一遍，肉袋子，你能听见吗？”

“格列戈罗维奇？”她几乎不敢相信。

“是我。你得快点儿，肉袋子，梦魇正在逼近。它们刚刚干掉了一艘水母飞船。‘破碎祭司号’被飞船的碎片击中了，它们的通信干扰似乎被破坏了。”

“是我们的水母飞船？”

“我们走运了，是敌军的。”

她继续往下挖甲板：“其他人都在上一层甲板，你能帮他们回到‘壁鱼号’上吗？”

“我们已经在密切磋商。”格列戈罗维奇说，“讨论方案，制订计划，考虑应急措施。”

基拉嘟哝了一声，扯开了一根支撑梁。一颗子弹从竖井远处弹到了她身边，她没有理会。“如果他们下船了，请告诉我一声。”

“好的。干掉它们，伐楼拿斯特拉。”

“收到。”她咬牙切齿地说，“干掉它们。”

更多的子弹、激光和炮弹开始向她袭来，竖井尽头聚集了大量水母。软刀的保护层很厚，基拉对它们的火力毫不在意。她已经吞噬了周围足够多的材料，能有效抵挡轻武器的攻击。水母要想伤害她，就必须使用更大的火力。

想到这里，她感觉很满意。

她穿过竖井，进入一个暗红色的房间，里面装满了透明的管子，管内的水晃动着，空间足够让水母通过。接着她穿过这一层房间的地板，进入最后一层甲板。终于到了。基拉笑了。克汀现在已经很近了，就在她前面不远的地方。

她到达的这层甲板是深紫色的，墙上的图案让她想起了奈达斯。绝迹者的回声，掠夺者将其重新利用，既不知道也不关心这些遗址的意义。

基拉的厌恶并非来自她自身，而是来自种子——一种强烈的反对情绪，驱使她摧毁墙面，把水母傲慢、无知、乱七八糟的复制品清除得一干二净。

她冲向前，用快得无法看清的动作刺穿、扭断水母，清理通道。无论什么都无法阻止她，或减缓她的速度。她几乎要迷路了，但在她前方，一股强烈的近味涌来，她认出了那是克汀的味道：一种混合着仇恨、愤怒、不耐烦和……满足的气味？

基拉还没完全理解这种情绪，就来到一扇圆形的门前，这扇门足有十米高。不同于她在水母飞船上见过的任何门，它不是由贝壳制成的，而是由金属、复合材料、陶瓷和其他她不认识的材料制成的。门本身是白色的，带着金、铜和可能是铂金的同心圆装饰。

门框周围有七个炮台。炮台旁的墙上至少有一百个大小不一、形状各异的水母在看守。

基拉没有犹豫，直接俯冲向敌军，同时让软刀拽起面前的舱壁，将黑色的针刺向炮台。她还在空中抛出一千条不同的丝线，每一条都在寻找水母。

炮台在一连串震耳欲聋的轰响中爆炸了。软刀减弱了声音，房间似乎变安静了。十几枚炮弹向她射来，有几枚打破或刺穿了软刀，造成了没有任何疼痛的鞭打感。

这是水母为抵抗她做出的英勇尝试。但基拉已经吸取了教训，也有了更多的信心。水母的进攻根本不足以阻止她。半秒钟后，她感觉软刀的针尖碰到了炮台，她刺穿并摧毁了它们。

水母的肌肉、骨骼和甲壳就更简单了。短短几秒钟，她便感觉到了它们的肉体。刀刃刺入它们体内，肉体柔软、滑溜，因受伤而颤抖；同时又因为过于亲密而令她恶心，但她没有停手，也没有放慢速度。

最后，基拉收回了软刀。门前的区域尽是一团团化为雾状的脓液和支离破碎的肉块。这是一场由她亲手造成的大屠杀。

她内心充斥着一种不洁的感觉，还有羞耻感，强烈地渴望自己能够得到宽恕。基拉从不信教，但她觉得自己好像犯下了罪孽，就像她无意中创造了巨口。

不过，她还能怎么做呢？让掠夺者杀了她？

她没有时间思考这个问题。她向前抓住了门，卷须向各个方向延伸。然后她大喊一声，一跃而起，撕开了这扇巨大的门，把碎片扔到两边，碎片撞到墙上，在舱壁上撞出了坑。

14

刺鼻的近味袭向基拉，比以往的任何近味都强烈。她干呕了一下，眨眨眼，面罩后的眼睛流出了泪。

在她面前是一个巨大的球形房间。在飞船推进时作为地板的一面上，有一座带硬壳的岩石岛。一个巨大的水球围绕着这座岛，包裹、淹没、容纳着它，水球闪着幽幽的蓝色，宛如一个反光的巨型肥皂泡。在水球的中心，端坐在岩石岛上的，是强大的克汀。

克汀看起来像梦魇。沉重、肥胖的躯干上伸出相互纠缠的触手，每一条都带着灰色和红色的斑纹，躯干上无规则地分布着橙色甲壳。满是褶皱的上半身表面嵌着几百只，不……几千只眼睛，眼珠纷纷转向基拉，瞳孔周围呈蓝色，强大的目光足以震慑她。

克汀确实强大，它身形巨大，大过房屋，大过蓝鲸，甚至大过“壁鱼号”，而且更结实，因为它是一个彻头彻尾的实心体。这个怪物的大小超过了基拉的想象，她只在电影或游戏里见过如此庞然大物。它比她梦境中的还要大，这无疑是因为几个世纪以来克汀一直在无休止地吞噬。

不止于此。由于软刀赋予基拉的视野，她看到克汀那不成形的躯体内，在其核心处，有一个微型太阳在燃烧——急于摆脱硬壳而持续地发生爆炸。那是一颗闪闪发光的毁灭之珠。

她切换到可见光模式，又切换回红外线。在可见光下，她没有发现任何异常，克汀的身躯还是梦境中的深灰红色。但在红外线下，它在燃烧，在发光，闪闪发亮。

简而言之，克汀看起来就像体内嵌入了一个该死的核聚变反应堆。

基拉感到了自身的渺小、无足轻重，根本不是克汀的对手。她几乎提不起勇气。尽管软刀无所不能，但她很难想象软刀能与克汀的力量匹敌。克汀也不是愚蠢的动物。它和任何飞船主脑一样狡猾，正是这种智慧让它统治了水母几个世纪之久。

基拉认识到这一事实，心中充满了怀疑，让她变得犹豫不决。

在克汀的岛周围的地板上，扎根着深海秘会——藤壶一样的贝壳上是绿色和橙色的斑纹，贝壳里的生物在水流中挥舞着多重关节的手臂。这些生物在宛如地狱的喧嚣中摆动着身躯，哀嚎不停，在基拉那人类的耳朵听来，就像受折磨的灵魂在合唱。对她记忆中的掠夺者来说，对恩马尔来说，这声音听起来就像回到了家里，关于哀伤之界的记忆充斥着她的脑海。

接着，臭气熏天的近味一下子从满足变为欢喜。这个梦魇般的生物发出了末日般的声音。

克汀：我看到你了。

那一刻，基拉知道自己不该犹豫。她召唤出软刀，将它像一个巨大的弹簧一样卷起，准备攻击并干掉克汀。

但她的动作太慢了。实在太慢了。

从克汀的腰部伸出一只带螯的手臂，手臂从甲壳顶部拔出一个黑色的东西对准了她——

该死的。那是一架巨型轨道炮，尺寸足以安装在巡洋舰上，威力足以在联军司令部战舰上打出一个洞。她死定了，没有时间逃跑，也没有地方躲藏。她只希望——

接连发生了两件事，快到令基拉分不清其先后顺序：软刀在她身体周围变化，向外扩张，还有——

砰！

她脚下的甲板剧烈震动，传来一阵巨响，淹没了一切声音。在房间另一边，从曲面墙的一侧冲进来一团闪着绿光的火焰，冲击波穿过水球，粉碎了深海秘会，将强大的克汀从古老的宝座上连根拔起。克汀的触手挣扎着，却无济于事。

基拉右边的舱壁破裂，她听到了空气逃逸发出的尖锐声响。她还没来得及做出反应，冒着泡沫的水墙猛地朝她撞了过来。

冲击力以海啸之势袭来，扯断了她所有的卷须和触手。软刀的主体脱离了飞船，她翻滚进白色的太空中。

“基拉！”法尔科尼喊道。

第六章

* * * * * * *

以永生的形式[1]

1

太空是白色的？

基拉忽略了这一明显的疑点。当务之急是让软刀稳定地飞行，软刀沿着她的肩膀和臀部喷射气体以示回应。她的旋转速度减慢了，几秒钟后，“破碎祭司号”不断后退的船体出现在她的视野中。

它的侧面有一个大洞。不管是什么东西击中了船，它炸开了船尾的大部分甲板。是卡萨巴榴弹炮吗？

她能感觉到软刀四散的碎片仍在“破碎祭司号”内，与她分离却有着精神联系。基拉不知道永远失去这些碎片会有什么后果，于是用意念拉回它们。碎片开始搅动，慢慢地穿过飞船的内部结构。

她瞥了一眼周围。是的，太空是白色的。她解除了红外线模式。眼前依旧是白茫茫的一片，还闪着光。但如果她是在恒星的直接照射下，那光线应该会亮得多。

接着她明白这是怎么回事了。她正身处一团保护“破碎祭司号”免受激光攻击的烟雾中。对飞船来说是好事，但对她来说很不便。即使在可见光模式下，她也只能看到周围20米的范围。

“基拉！”法尔科尼又喊了一声。

“我没事。你还好吗？”

“我很好。一艘梦魇飞船撞上了‘破碎祭司号’。它——”

“见鬼！”

“你说对了。我们正在向‘壁鱼号’前进。水母此刻似乎没空管我们。它们的舰队牵制住了其余的梦魇飞船，但我们时间不多了。茨切特说克汀

---

① 原文为拉丁语。——译者注

还活着，你必须赶快杀了它。”

“我尽力。我尽力。”

基拉费力地咽了一下口水，努力克制对克汀的恐惧。她现在不能受恐惧干扰。此外，还有更可怕的威胁正在逼近。梦魇。巨口。

她从未感到如此害怕。尽管软刀尽力维持她的体温，但她的手脚冰冷，而且她的心脏痛苦地剧烈跳动着。无所谓，继续前进，绝不能停下。

基拉切换回红外线模式，用软刀固定自己，同时向上下和四周进行扫描。克汀如此庞大，它到底在哪里？她看到了自己和克汀被弹出飞船前所在的房间，它现在成了船舱深处一个阴暗的洞，就像被挖掉了果肉的果壳。克汀可能和她一样飞离了船舱，但她怀疑水母在这艘船的某处藏有姿态喷气机。如果克汀绕着船体的曲线飞行……她要花很久才能在旋转的烟雾中找到它。“破碎祭司号”的周长有几万千米。

“格列戈罗维奇，”她继续扫描，“你有什么发现吗？”

“唉，‘壁鱼号’仍然停在‘破碎祭司号’中。我的传感器被阻隔了。”

“和茨切特确认一下，也许心灵之结——”

在她面前闪过一条半米宽的轨迹，划破了烟雾。这条轨迹从“破碎祭司号”船体的表面直冲过来，擦过她的胸口，一直伸向深空。烟雾中，一团旋转的气流膨胀开来，向外挤压，转移的热量散发的光芒在雾中散开。

基拉咒骂了一句。在她的命令下，软刀扭转了方向，把她推向受损的飞船。他们在暴露的环境中很容易受到攻击，她必须尽快找到掩体，不然——

“破碎祭司号”船体的曲线后边，一条巨大的触手出现了，带着恶毒的意图不停扭动，想要抓住什么东西。在红外线模式下，这条触手像一条火舌，吸盘是炽热的火山口，而内部的骨架则似自由活动的白热化银锭，一排排整齐地堆叠起来，在半透明的肉体中显得明亮。纤毛排列在肢体根部的三分之一处，每条蛇状结构都有几米长，似乎都拥有意识，很不安分，因为纤毛移动、挥舞、相互交缠，彼此并不配合。

接着又出现了一条触手，然后是第三条、第四条，基拉逐渐看清了克汀那庞大的身躯。

它的皮肤发生了变化。现在它的表面光滑而无色，就像涂上了白蜡。

她认为这是某种用于太空环境的盔甲。更糟糕的是，克汀那的螯依然抓着船只大小的轨道炮。

基拉对着虚空大喊，催促软刀更快地移动。软刀将她拉回到了“破碎祭司号”裸露的甲板间，但就在她能稍微松口气时，克汀巨大的影子盖住了她，那怪物开火了。

爆炸令她全身发麻，她翻滚着撞向舱壁。但她还活着。

软刀给自己充气，像一个巨大的黑色气球包裹住了她，包括她的脑袋，尽管它和面罩一样挡住了她的视线。她能感觉到气球内的结构：复杂的纤维、杆子以及类似塑料的填充物，是软刀在一瞬间创造出来的。

她的脸被击中了，冲击力很大，令她感到头晕目眩。这一次，她感觉到软刀通过自身的爆炸来对抗炮弹的袭击，将炮弹的动能转移到两边，保护她的安全。

基拉略感惊讶，意识到软刀制造了某种反应装甲[①]，类似于军队在载具上使用的防护措施。

如果有机会，她会大笑一番。

基拉不知道软刀能保护她多久，但她不打算留下来查证。她不能和克汀正面交锋，因为它有武器。唯一可行的战斗方式是游击战，等待克汀耗尽弹药；或者想办法接近它，用软刀将它撕碎。

她伸出手（手仍藏在气球里），形成一条缆绳，射向头顶几米高处半熔化的横梁。缆绳射中并粘住横梁，她用尽全身力气抓住缆绳，将自己吊在半空中，离开“破碎祭司号”侧面炸开的坑。在坑的边缘，她松开了先前的缆绳，抛出了第二条，抓住船体，继续拉动，将向上的动能转换成向前的动能。当她以缆绳为锚点向前摆荡时，又射出一条新的，一条接着一条。她将自己荡过船体表面，努力避开克汀。

那只怪物跟着她。她最后一次看到克汀时，它正跃向她，肢体像催眠用的钟摆一样晃荡着。

基拉咬着牙，奋力拉扯刚刚形成的缆绳。但她的体能和软刀的能力已经达到了极限。

---

① 反应装甲：利用炸药爆炸的反作用力来干扰炮弹路径的一种装甲。——编者注

她沿着“破碎祭司号”的侧面荡来荡去，像是一个拴在柱子上的球。这时，她有了一个想法，一个对付克汀的主意。

她没时间细想这个主意是否可行，或者成功的概有多大；她只能付诸行动，并盲目地希望自己能成功。

她又发射了几条缆绳，将自己拉到一个被弹片划开的锯齿状裂缝旁，停了下来。她收回了身体周围的气球，将材料转化成触手。她用这些触手抓住了翻卷开的船体材料，将其切开。

每块材料的厚度都略微超过一米，其中大部分由薄薄的复合材料拼贴而成，中间夹着看起来像泡沫金属的东西。如她所料。和人类飞船一样，“破碎祭司号”的船体外部有一个惠普尔盾，以保护飞船免受空间碎片的冲击。如果它能阻挡微流星体，那么其防护层的数量应该多到能抵挡像轨道炮这种动能武器的攻击。

当基拉在面前排布船体的碎片时，从裂缝的锯齿边缘涌出了一股黑色的东西，像活物一样爬向她。她吓了一跳，准备击退这个新出现的敌人。

接着软刀产生了熟悉的感觉，那是脱离的部分来与她汇合了。

她的皮肤仿佛接触到了冷水，丢失的纤维融进了软刀的主体，给它添加了不可缺少的组成部分。

基拉因此分心了，所以在蠕动的庞然大物克汀爬上“破碎祭司号”的侧面并向她开炮前，她只叠起了四块船体材料。

砰！

她搭起的屏障起了作用，射来的炮弹破坏了前三层材料。软刀连一粒灰尘都没有沾到。虽然冲击力很大，但软刀起到了支撑和缓冲的作用，令她承受得住这种程度的攻击。

她不知道克汀装备了多少弹药。

克汀再次开火。基拉无视这一发炮弹，继续往前进。船体材料无法阻挡太多火力，她必须抓住机会。

这个庞大的生物以其体型不该有的速度冲向她。它的甲壳左侧喷出白色的雾气，整个躯体和所有的触手猛地冲向右侧。这该死的东西有推进器，或许原本就长在甲壳上。这给她的计划增加了难度，但她认为自己能处理。水母可能速度很快，但它那成吨的身躯无法像软刀那样快速移动。

“试试躲开这个。”基拉喃喃自语，操纵数百条锋利的丝线飞过“破碎祭司号”的表面。丝线猛冲、突刺、攀缘，一条依附在另一条上，每条都从不同的角度进攻，让敌人无法预测它们袭击的方向。

强大的克汀还没来得及闪避，基拉锋利的丝线已经碰到了它最近的触手，用细小的尖端敲击着发出叮当声。但基拉沮丧地意识到，克汀纤薄的灰色盔甲是一种纳米材料，与构成软刀的纤维并无不同。软刀的怒火再次燃起，它发现这种材料是掠夺者从绝迹者那里偷来的另一项技术。如果时间充裕，基拉觉得软刀可以钻破克汀的盔甲，但克汀不会给她时间。

克汀再次向基拉挥舞武器，基拉让聚集的丝线从一个触手蜂拥到另一个触手，直到她看到并感觉到那几千根丝线紧握住了轨道炮。她将轨道炮从克汀那骨质肢体的末端扯下来，顺势扔了出去，扔到了深空之中，它可能会漂流一百万年甚至更久，却无人问津。

一瞬间，基拉认为自己占了上风。然后，克汀用一条能自由活动的触手伸到身后，从甲壳背面拿出了一根巨大的白色管子。这根管子至少有六米长，当克汀将管子转向基拉时，她看到管子末端有一个黑色虹膜。

她大叫着试图躲开，但这一次她动作慢了。

管子的开口处冒出了白色火焰，一支由固体火焰形成的长矛刺向她。长矛像火种一样烧穿了软刀的纤维。纤维熔化并蒸发了，她感到一阵没有疼痛的震颤，足以让她害怕。

基拉试图逃跑。她想推开克汀，但克汀紧紧抓着她，同时长矛离她越来越近。克汀的强大让人畏惧——强大到足以对抗软刀。

但软刀还能变软。面对克汀的攻击，她让软刀放松并弯曲，像水一样流动，从克汀紧握的触手中滑走。触手的吸盘无法吸住她；无论吸盘如何行动，软刀都知道对付它们的方法。

伴随一阵扭动和一声大喊，基拉成功地从克汀的触手中挣脱出来。

基拉死里逃生，远离了克汀，可那怪物没有给她喘息的机会。它跃向基拉，她沿着“破碎祭司号”的船体逃向远处的船头。在一片死寂中，两者相互追逐，她只能听到自己的心跳和呼吸声，带着零重力环境下特有的缓慢从容。

克汀庞大的身躯显得很不真实，基拉感觉自己像在被一座山追赶。她的脑海中闪过很多名字：克拉肯[①]、克苏鲁[②]、耶梦加得[③]、提亚马特[④]。但没有一个怪物的名字可以准确形容她身后那头野兽带来的恐惧。一个爬行的巢穴，载满了发光的蛇形触手，渴望撕碎一切肉体。

她回头瞥了一眼，这才意识到那根管子到底是什么。那是配有燃料供应系统的火箭引擎，克汀用火箭当武器。

克汀早就做好了对付她——理想态的准备，而基拉却毫无准备。她之前并未意识到这个古老的生物会构成多大的威胁。

在其他任何时候，将火箭引擎作为武器的荒谬之举都会让基拉目瞪口呆。而现在，这只是另一个她在脑海中计算时需要考虑的因素。她在计算自己生还的可能性：速度、距离、角度、力度，以及对方可能的反应和行为。

她又想到，除了热量，火箭还会产生巨大的推力。这是火箭原本的作用。这意味着克汀在使用它时必须固定自己的身体，否则火箭会把它推向相反的方向。诚然，克汀有自己的机动推进器，但她认为推进器无法抵消火箭的推力。

"哈！"她说。

仿佛为了回应基拉，她的耳机传来一阵噼啪响，一个男人说："我是邓洛特中尉。你能听到吗？"

"你是谁？"

"克莱因上将的副手。我们从'无情力量号'向你的位置发射了一枚导弹。你能把水母引到'破碎祭司号'的船尾吗？"

"你要把我和它一起炸死？"

"并非如此，纳瓦雷兹女士。这是一种锁定目标的导弹。你应该不会有太大的危险，但我们需要保持清晰的视线。"

"收到。我马上就去。"

---

① 克拉肯：挪威民间传说中的巨型章鱼。——译者注

② 克苏鲁：美国作家 H.P. 洛夫克拉夫特虚构的恐怖神话体系中的巨型章鱼怪物。——译者注

③ 耶梦加得：北欧神话中的巨蛇。——译者注

④ 提亚马特：巴比伦神话中的巨龙。——译者注

茨切特的声音突然出现在频道里："纳瓦雷兹，确保你和克汀之间保持适当的距离。记住，火力无情。"

"明白。"

基拉将软刀刺入船体，刹住脚步。然后，她将自己抛了起来，飞过正在逼近的克汀。通常情况下，在空中翻滚会让她胃部不适，但现在感觉像是优雅地俯冲。克汀向她伸出三条触手，将肢体伸展到极限，但离基拉还差了几米。正如基拉所想，这个生物的底盘紧贴着飞船表面，所以它可以使用那超大号的喷灯。

就在她要飞出去的时候，软刀及时拽住她，将她拉回到飞船表面。基拉注意到，在软刀的帮助下，她比以前移动得更快，动作更精准了。她回想起自己梦到过软刀在太空中俯冲和翱翔，宛如无人机一样灵活。只有在有机体能够制造自己的推进器时——真正适用的推进器，能持续地产生推力——这种情况才能实现。

她还注意到自己的空气并未耗尽。很好。只要软刀能继续提供氧气，她就能继续战斗。

她沿着飞船表面移动，推动自己前进的速度越来越快，快到她不确定自己能否在阴影盾前停下。然而，她能感觉到克汀就在身后，就像涨潮的浪头，来势汹汹、冷酷无情且势不可挡。

邓洛特中尉的声音清晰地响起："离到达目标还有5秒钟。清除该区域。重复，清除该区域。"

基拉看到前方有一颗流星正向"破碎祭司号"飞来，流星如此明亮，即便隔着浓浓的烟雾也能看到。

时间似乎变慢了，她快要窒息，渴望逃离现场。最糟糕的是，她无法改变局势。导弹或许会杀死她，或许不会；结果是她不能控制的。

导弹还剩一秒钟就要击中飞船（仍有一百多米），基拉抓住并紧贴船体，将软刀变成一个硬壳。

紧接着，导弹随着一个光点消失了，一片没有烟雾的区域从光点扩散开来。

该死的。基拉见过许多定点防御激光炮，足以明白发生了什么。安装在"破碎祭司号"某处的爆能炮击落了这枚导弹。

她从船体上松开，赶在克汀撞上她之前将自己推向一旁。

嘲讽的近味朝她袭来。克汀：真可悲。

“对不起，纳瓦雷兹，”邓洛特中尉说，“我们的导弹看来被‘破碎祭司号’的激光炮击中了。我们在R2附近绕行，然后会再次发射。克莱因上将说你有两个选择，要么干掉那个狗娘养的混蛋，要么设法离开‘破碎祭司号’，因为我们接下来准备用三枚卡萨巴榴弹炮对付它。”

克汀用一条触手挥向基拉，她飞快地闪躲，那条由肌肉和筋腱组成的粗壮肢体没有打中她。她像蜂鸟一样继续躲避章鱼愤怒的挥击。

围绕“破碎祭司号”旋转的烟雾变得更浓了，接着它从雾气中现身，烟雾继而消散。自从她被炸出飞船后，她第一次看到了真正的黑暗太空，船体和其他一切都变得异常清晰，几乎令她目眩。在视野边缘，她看到远处有火花和闪光（表明第七舰队、水母和后来的梦魇仍在交战）。

基拉又切换到了可见光模式。既然烟雾已经消散，就不需要红外线了。

她吊在克汀面前，就像一个玩具，一个悬挂在饥饿的捕食者面前的微小玩物。克汀猛扑过来，她躲开了。她快速飞向前，克汀在一瞬间点燃了火箭引擎，炙热的温度将她逼退。双方陷入僵持状态，都在争夺最微小的优势——但都没有成功。

接着，克汀身体中某个隐藏的腺体向基拉喷射出一股强烈的近味。

克汀：你不了解与你结合的肉体，二形态。你毫无价值，微不足道，注定失败。

她做出同样的回应，将自己的近味指向这个触手缠结的巨型生物。基拉：你已经失败了，掠夺者。腐坏者——

克汀：等我与理想态结合——在恩马尔背叛我之前就该结合了——腐坏者会在我面前像淤泥一样落入深海。没人可以忤逆我。这个涟漪也许腐坏了，但下一个涟漪将是沃纳威人的胜利，一切都将在我们的鱼群下屈服。

基拉：你永远别想得到理想态！

克汀：我会得到的，二形态。到时我会打开你的外壳，吃掉里面的肉。

基拉大喊一声，试图闪到克汀身后，将火箭从它手里抢过来，但克汀立即扭动身体，将炮口转向她。

克汀像在跳疯狂而丑陋的舞蹈，尽管它本身丑陋，但动作时不时透着优雅和大胆。克汀过于庞大和强壮，软刀根本无法牵制住它（以目前的尺寸来说）。基拉竭力躲开克汀的捕捉，克汀也尽其所能避免软刀的触碰。它似乎知道，如果让她接触太久，她就能刺穿自己的盔甲。

基拉前进，克汀后退；克汀前进，基拉后退。她有两次抓住了一条触手，克汀却狠狠地打了她，她疼得松开手，否则有可能失去知觉。克汀的力量足以将软刀打成碎片——柱状和棒状的小碎片，还没重新融入软刀，就会液化成不规则的小点。

如果她能拉近和克汀的距离，用软刀裹住它的甲壳并用力挤压，她就可以杀死它。然而，她使出浑身解数，还是无法突破克汀的防御。

这个古老而狡猾的生物似乎意识到了自己的优势（它给她带来的痛苦多于她带给它的），因为它开始沿着船体表面追赶她，发射火箭炮，以随机的节奏摆动触手，逼她后退，触手在船壳上留下巨大的坑。基拉别无选择，只能后退。她退了一米又一米，不顾一切，只为与它保持距离。如果这个庞然大物成功地用触手把她拍倒在船体上，无论软刀怎么保护她，巨大的冲击力都会把她的大脑压成一团糨糊。

她的呼吸越来越沉重。即使有软刀，她也能感觉到自己在出汗，软刀很快吸收了她身上的一层薄薄的汗。

软刀不能再继续了，她也是。她总会出错，稍有不慎，克汀就会杀死她。逃跑也无济于事；茫茫宇宙，她无处可逃，而且她不能丢下同伴。她也不能丢下联军司令部，不管联军司令部有什么过错，都是为了人类的生存而战，和她一样。

她飞快地躲开克汀的又一次进攻。她还能坚持多久？她感觉已经战斗好几天了。“壁鱼号”是什么时候撞上“破碎祭司号”的？她记不清了。

她无数次刺向克汀的甲壳。而无论刺了多少次，软刀锋利的尖刺都只是擦破了克汀的甲壳。

基拉喘着粗气，勾住最近的一根天线，将自己从克汀身边拉开，勉强躲过了它的还击。它的触手紧跟过来，她急忙向船头移动，努力避开它，以免被它抓住。

出乎她的意料，克汀朝她跳了过来，不再抓着船体。

“啊！”软刀回应了她的叫喊，将她向后推，带着她横向绕过飞船。

克汀的推进器冒出白色气体，推动它跟上基拉。它成功地与她保持在了同一轨道上，接着逼近她，火箭炮像一根巨大的手指一样指着基拉。

基拉扫描了“破碎祭司号”的船体，寻找任何可以利用的东西。她注意到了一块锯齿状的船体碎片。如果她能接近这块碎片，可以用它作为弹弓，将自己弹射到克汀身后，也许——

“基拉！闪开！”法尔科尼说。

她的注意力分散了，笨拙地扭过身子，在软刀带着她飞向“破碎祭司号”的过程中翻滚起来。一条触手向她弯过来，她远远地看见从船体的洞口边缘弹出一个人影，是穿着装甲的法尔科尼。他用一只手举起榴弹枪，一道闪光照亮了炮管，接着——

克汀的火箭燃料被点燃了，随之向一侧爆炸，液体火焰向各个方向喷射。当火焰溅到基拉身上时，她退缩了一下。虽然她感觉不到疼痛，但这是难以控制的本能反应。

克汀被炸得后退，但它竟然用一条触手的尖端抓住了船体。更令她感到失望的是，克汀似乎没有受伤。周围充斥着愤怒的浓烈近味。

克汀把自己拉回到“破碎祭司号”上，向法尔科尼挥舞一条触手。法尔科尼躲到了洞口的边缘下面，在触手猛然落下的一瞬间，基拉看到他及时穿过了一道门，而触手压碎了裸露的墙壁和主梁。

“交给你了，年轻人。”法尔科尼说。

“谢了，欠你一个人情。”基拉在离“破碎祭司号”几米远的地方停下来，转身正对着克汀。现在克汀失去了武器，他们之间的战斗只靠触手和卷须，还有彼此的智慧。她准备再次抱住那个可怕的水母，进行贴身搏斗，决一死战或同归于尽。尽管软刀有不少优势，但基拉没有十足的胜算。只要克汀将她拍打在“破碎祭司号”的船体上，她就彻底玩完了。

但她不打算放弃，现在还不行。毕竟他们经历了这么多磨难，冒了这么大的风险才走到了这一步。

“好吧，你这个又大又丑的怪物，”她喃喃自语，同时积蓄着力量，“让我们做个了断吧。”

就在这时，基拉看到了克汀一条触手的盔甲上有一道细微的裂痕——她猜测，那是之前握着火箭的触手。法尔科尼的攻击还是让克汀吃了些苦头。这道裂痕就像熔岩冷却后表面出现的细缝，露出了里面发烫的肉体。

她的心中燃起一丝希望。裂痕虽小，却是一个机会。一瞬间，基拉想到了如何通过裂痕来杀死克汀。虽然这有很大的风险，但机不可失。

她抽动嘴角，露出近似于微笑的表情。办法不是远离克汀，而是抱住它，不计一切代价与它结合，就像她和种子那样。要打败克汀，就要和它融为一体，而不是与它分离。

基拉示意软刀向前，软刀便在她背上形成推进器，产生了强大的推力。它以超过1g的加速度将她推向克汀，而基拉咬着牙，对着虚空大笑。

克汀举起触手，不是为了拦住她，而是要抓住她。她绕过两条触手，抓住了那条有裂痕的触手。

这时，克汀似乎意识到了她的企图，一下子激动起来。

克汀将这条触手猛地撞向“破碎祭司号”，基拉顿感天旋地转。在触手击中船体前，她立刻让软刀变硬，但她还是感觉眼前一黑，晕头转向。

触手再次抬起她。如果她不迅速行动，克汀就会把她打成肉酱；这一点和熵一样毫无疑问。她不想就这样死去，更不想让克汀打败自己。

她能感觉到触手的裂痕就在自己腹部底下，那是坚硬的表面上一小块柔软的地方。所以她用软刀刺了进去，接着她扭动身体，将软刀的纤维引入裂痕里的伤口。触手抽搐了一下，然后疯狂地从一边甩到另一边，试图把她甩开。但她紧抓不放，绝不放手。

软刀刺破了克汀滚烫的肉体，脓液喷涌而出，她的皮肤上因而覆盖了一层厚厚的黏液。基拉继续往克汀体内延伸软刀，不断延伸，直到触碰到中心的骨头。她抓住骨头，撕开肉体，撑开裂痕，将软刀灌入克汀体内。

触手在她周围扭动，带来了黑暗而湿润的触感，紧紧抓着她。她的喉咙被堵塞，产生了强烈的幽闭恐惧。尽管软刀继续为基拉供氧，但她感到自己快要窒息了。

前方闪过一丝火花，她吓了一跳，意识到克汀正在用另一条触手切断她紧抓的那条触手。她绝不允许自己落了下风，催促软刀向前并向外延伸，发挥出它的能力。

软刀在钻进克汀体内时，绽放出上千条纤细的丝线。但这些丝线没有像基拉期望的那样割开肉体，没有割裂、撕扯、致残它。相反，丝线柔软而有弹性，所及之处都发生了……重组。神经和肌肉、肌腱和骨头，这一切都为异种所用。

克汀激烈地扭动着躯体。哦，它在拼命挣扎！它用自己的肉体撞击基拉，触手握紧并扭动，试图压碎她，她的耳边传来一阵轰鸣声。

强大的克汀虽然力大无穷，却无法抵挡软刀的持续攻击。软刀的分形纤维在转换克汀的肉体时不断地扭曲、编织和吞噬。纤维粉碎了克汀的细胞，将其脱水并压缩成坚硬的物体。它有棱有角，有原子级精准的平面、直线和锋利边缘。肉体失去了生命，无法活动，更不能造成伤害。

深入二十多米后，基拉感觉卷须穿破了克汀的甲壳，从肌肉进入器官和机器。软刀传来对往昔悲伤的愤怒，她无意中发现自己哭了。基拉：为了恩马尔！

软刀再次变大，成倍地增大，直到填满宽敞的甲壳，把每一寸空间都转化成残忍而完美的分形。克汀再次颤抖，然后再也不动了。

基拉切换到红外线模式，看到克汀体内的核聚变反应堆逐渐暗淡。

软刀没有就此罢休。它继续变大，直到吞噬克汀的所有皮肤和肉体。在她周围，基拉抓着的触手上出现了石头般的血管。它们蔓延开来，遍布克汀的整个身躯。

基拉不确定软刀要做什么，便收回了它，带着一种解脱的感觉，将自己从巨大的尸体上抽离。

当她与克汀分开时，她回头看了一眼。

在克汀原来所在的地方，出现了一个黑色的星状体：大量玄武岩一样带着切面的柱子。克汀的尸体成了一块没有生命的重组碳。熟悉的电路板图案覆盖在表面上……基拉震惊地意识到这些浮动的柱子很像她在阿德剌斯忒亚发现的石柱。她明白了那东西在很久以前也是活物。

基拉带着苦涩的喜悦凝视克汀的残骸。她做到了，她和种子打败了克汀。经过几个世纪的统治，强大的克汀真的死了，永远地消失了。

克汀拥有的知识不复存在，几个世纪的记忆也随之消逝。它的野心、梦想和计划全数破灭，沦为一大块在太空中飘荡的石头。

基拉感到一种莫名的悲哀。她打了个寒战，又放声大笑起来。她不知道自己心里是什么滋味；体内还残留着大量肾上腺素，她可能仍很兴奋。

但她知道自己赢了，她和种子赢了。

她的耳边响起了众人的欢呼，吵闹得无法分辨。茨切特的声音盖过了喧哗声：“你成功了，基拉！你成功了！克汀已经断气了！勒菲特和心灵之结正在接管水母舰队。你成功了！”

好极了。基拉重新产生了对未来的憧憬。她擦去脸上的一抹血迹，扫描“破碎祭司号”的船体，重新定位：“格列戈罗维奇，你在哪里——”

一个阴影落在她身上，遮蔽了来自近处的星光。她随即感到了一股深入骨髓的寒意。基拉望向那遮蔽物，胜利的喜悦顿时消失了。

四艘肉红色的飞船从基拉的头顶驶过，那些畸形的船体像皮开肉绽的生物一样闪闪发光。梦魇来了。

2

恐惧加速了基拉的脉搏，她飞快地越过克汀石化的尸体，回到“破碎祭司号”上，急切地寻找掩护。更多的梦魇飞船正在逼近：有几十艘，速度和“无情力量号”的导弹一样快。它们在星域中犹如斑点，在黑色虚空中几乎看不到影子。而在它们身后，虽然现在远得无法看清，但她知道巨口很快就要到来，正在以贪婪的意图朝他们移动。

基拉瞥了一眼四周，希望能看到一丝生机。

她脚下是水母一直在开采的行星R1——大约有一扇气闸门那么大，锈红色的星球上空布满了云层。不远处是卫星R2和R3，围绕着R1运行。在卫星后方，她看到了火花和闪光交织一起，标志着更大规模的战斗：联军司令部和水母的联合部队在对抗梦魇。每一束光都刺痛了她的心，因为她知道这意味着几十个甚至几百个智慧生物的死亡。随之死去的还有梦魇，不管它们是不是智慧生物。

就目力所及的范围内，她无法判断谁占了上风。她只看得到爆炸，却看不清船只。但基拉内心知道这场战斗对第七舰队或水母来说都不轻松。梦魇的数量太多，而巨口还没有出现。

四艘从头顶掠过的梦魇飞船开始减速，尾部的核能火焰宛如蓝白色的长矛，比恒星还耀眼。它们掉转方向，接近“破碎祭司号”，最后在基拉后方几百米处与其对接。

船体传来一阵长时间的震颤。

她紧闭双眼，害怕即将发生的事。她无法阻止它发生，唯一能做的就是战斗，希望“壁鱼号”上的船员能够顺利逃脱。不断战斗，直到梦魇败下阵来，或者巨口将她吞噬。巨口绝不会放过吞噬基拉的机会。

基拉深吸了一口气。她已经感觉自己快死了。多亏了软刀，她的身体是完整的，但完整和健全是两个不同的概念。此时，她绝不是健全的。

在她的指令下，软刀开始在“破碎祭司号”表面撕出一个洞。

“哇！做好心理准备！”法尔科尼说，“几艘水母飞船和一艘联军司令部巡洋舰正驶向巨口。”

基拉的颈部感到一阵刺痛。她转过身来，感知到了巨口的方位，朝那边望去。她屏住呼吸，等待着。

“破碎祭司号”远处发生着小型爆炸。那是爆破炸药或类似的东西。

“发生了什么事？”她问。

过了一会儿，法尔科尼才回答：“巨口刚刚放出了一片烟雾。看起来激光炮不容易射穿烟雾。等等……他们正试图用导弹进攻。火力很强。”一阵紧张的沉默后，他又带着失望的语气说：“导弹行不通，巨口对付导弹就像拍死苍蝇一样容易。见鬼。几十艘梦魇飞船正飞往巨口。如果水母或联军司令部要干掉它，时间不……啊，糟了！糟了！”星空中，基拉看到了一束光，就像一颗微型超新星。

“那是——”

“巨口有某种强激光和粒子束组合的武器。它刚刚炸毁了两艘水母飞船，白垩粉和箔条都没起作用。看来巡洋舰要——”

又有三道光闪过，接着消失在天鹅绒般的深空中。如果这三道光命中了目标，产生的破坏力远远不止于此。

法尔科尼用平淡的声音说：“又失败了。巡洋舰发射了两枚卡萨巴榴弹炮，本该直接命中的，但巨口用粒子束武器炸开了榴弹炮。它用反制射击抵挡了核弹！”

“我们要怎么干掉它？”基拉问，在绝望中挣扎着。“破碎祭司号”的船体在她脚下震动。

“我认为我们干不掉它，”法尔科尼说，“没办法让足够多的飞船靠近并围攻它——”

就在他说话时，一簇闪光出现在她视野的右上方，正在靠近R2这个朦胧的橙色小点。

基拉握紧拳头，指甲都快嵌进掌心了。不可能，绝对不可能。“格列戈罗维奇，那是什么？”

“哦，你也看到了？”他用沉闷的语气说。

“是的，那是什么？”

“更多的梦魇飞船。”

这是她害怕听到的，字字像锤子一样敲打她的神经：“几艘？”

“224艘。”

3

“该死——”基拉说不下去了。她闭上眼睛，承受不住身体的重量了。她抬起下巴，让自己振作起来，面对令人痛苦的现实。

她无意识地松开了“破碎祭司号”，浮在船体上方，思考起来。她必须思考对策。在她对目前的情况有一定的了解之前，她无法采取行动。

法尔科尼在她耳边说：“基拉，你在做什么？你必须回来，不然——”

她没有理会，他的声音渐渐消失。她吸了一口气，然后又吸了一口。

他们现在没有任何胜算。用她个人的牺牲换回胜利是一回事，可要是她死了，他们依然无法打败敌人，那就是另一回事了。

她忍住了尖叫的冲动。他们付出了这么多努力，做出了这么多牺牲，现在失败便是功亏一篑，无论从哪个角度看都感觉很不公平，好像刚刚到来的224艘梦魇飞船是对大自然本身的侮辱。

再做一次呼吸，这一次更长、更缓慢。

基拉想起了维兰德的温室——土壤和花朵的芳香，阳光下飘浮的尘埃，温暖夏季里番茄的味道——还有她的家人。她也想起了艾伦和他们计划的未来——她早已默认永远不会到来的未来。

这些回忆让她感受到了快乐和悲伤交织的痛苦。一切都会结束，她的命运似乎也要接近尾声了。

她的眼里满含泪水。她吸了吸鼻子，望向星辰，望向跨越无边苍穹的银河光带。宇宙美得令人心痛。如此美丽，却又充满丑陋。一些丑陋源自熵值大而产生的混乱；一些源自所有智慧生物天生的残酷。而这一切都不合理，是壮丽而又可怕的荒谬，同时激发绝望和对超自然的诉求。

眼前便是完美的例证：当基拉看着银河系并惊叹于它的光芒时，另一艘梦魇飞船驶入了她的视野，那是由深红色肉体构成的鱼雷形飞行物。她能感觉到这艘梦魇飞船有一种遥远的牵引力，一种肉体之间的亲密感，就像拉着她肚脐的脐带——与她的精神相连。

基拉心里产生了一种决心，随之而来的是悲伤，因为她明白自己有了以前从未过的选择。她可以放任事态发展，或者扭转局面，改变现状。

这根本谈不上选择。

吃下那条路，这就是她要做的。她会吃下那条路，突破生理极限。她不希望如此，但她的意愿已不再重要。她的这一举动不仅可以帮助第七舰队，还可以帮助她的朋友和家人，乃至全人类。

这根本谈不上选择。

即使她和“壁鱼号”的船员无法幸存，她至少也可以尝试阻止巨口继续扩张。现在其他一切都不重要了。再不采取措施，腐坏的种子会在眨眼间遍布整个银河系，水母或人类根本无法阻止它。

她的决心中也带着一种美，是她喜爱的对称美。她能给自己造成的一切问题做个了断。自从她在阿德剌斯忒亚意外发现了隐藏的密室后，她的存在不仅困扰着自身，还给原本平静的宇宙带来了波澜。种子让她明白了它的真正使命，现在她也明白了自己的使命。她与种子本是一体同心。

“格列戈罗维奇，”她的声音在虚空的寂静中是如此响亮，“那枚卡萨巴榴弹炮还在吗？”

第七章

* * * * * * *

退场V

1

“基拉，”法尔科尼说，“发生了什么事？我们在屏幕上看不到你。”

“你们回到‘壁鱼号’上了吗？”

“勉强赶上。现在——”

“我说：我需要一枚卡萨巴榴弹炮。”

“为什么？我们必须在被梦魇炸飞之前离开这里。如果我们直奔马尔可夫极限，可能还来得及……”

“来不及。”她静静地说，“你知道的，梦魇的速度比我们快多了。现在把卡萨巴榴弹炮送过来。我知道要怎么做才能阻止巨口了。”

“怎么做？！”

“你相信我吗？”

他犹豫了片刻：“我相信你，但我不希望你牺牲自己。”

“我们的选择不多了，萨尔沃……把那枚炸弹给我。快。”

他沉默了好一会儿，基拉都开始怀疑他会拒绝自己。接着他说：“卡萨巴榴弹炮已发射。它会到达距离‘破碎祭司号’背面500米的位置，你可以过去吗？”

“应该可以。”

“好。如果你的脚朝向船尾，面朝‘破碎祭司号’，那它会出现在你的7点钟方向。格列戈用激光瞄准器照亮了它，在红外线下应该很容易找到。”

基拉在黑暗中开启扫描，然后看到了那枚榴弹炮：一个明亮的小点，独自在虚空中闪烁。它看起来近得可以触摸到，尽管她知道它还很远。在没有任何参照物的情况下，距离总是很难判断。

“找到了，”她说，“我现在就去。”她的话还没说完，软刀已经把她推向了那颗休眠的炸弹。

“很好。能解释一下你的计划吗？别说是我想的那样。”

“等等。”

“等等？说吧，基拉，到底——”

“我需要集中精力。给我一分钟时间。”

法尔科尼沉吟了一声，不再打扰她。

基拉对自己说：“快。再快些！”她用意念催促软刀。她知道在梦魇来袭之前，她的时间不多了。如果她能先到达卡萨巴榴弹炮的位置……

导弹近在眼前：一个粗大的圆柱体，顶端是球形，侧面有红色的喷绘图案。它的主引擎已经关闭，但喷嘴仍然散发着残余的热量。

当榴弹炮撞向基拉的胸口时，她不由得发出了一声低沉的呻吟。她抓住榴弹炮，双臂环抱住它。榴弹炮太粗了，她的手指无法在另一侧碰触。撞击带动她和榴弹炮旋转起来，但种子很快帮她稳住了。

通过眼角的余光，基拉看到那艘靠近“破碎祭司号”的梦魇飞船现在正朝自己而来，而且速度很快。

法尔科尼的声音在她耳边响起：“基拉——”

“我看到了。”

“我们可以——”

“你们留在原地。不要插手。”

基拉一边愤愤地想着，一边用软刀包裹住榴弹炮，让无数的纤维从炮壳钻进去。她通过纤维摸出了炸弹内部的电线、开关以及各种结构。她感受到了储存的钚产生的热量，感受到了温暖的辐射，并从中获取了养分。

她必须先下手为强。如果她试图与梦魇战斗，势必会耗费大量的时间，并引来更多的梦魇。此外，她还记得在他们逃离巴格亨特的过程中，自己触碰那个梦魇时是如何失控的。她不能再冒这个险了，除非直接面对巨口。

梦魇飞船相对于她的速度减慢了，逆向推进器发出的刺眼光芒包裹了她。飞船离她只有几十米远。距离如此之近，她甚至可以看到磨损的船体表面下跳动的血管。仅仅看着这艘飞船，她就因为想到疼痛而退缩。

她心中涌出一个想法，这个想法并非来自她自己：召唤有待回应。她记得在天龙座 σ 登上水母飞船时软刀是如何回应召唤的。她脑海中浮现出更多的记忆，将她带到了另一个时空，那是银河系一个遥远、被遗忘的角落。她在那里感受到了主人的召唤，准确且恰当地做出了回应，仿佛这是她的职责。

基拉知道该怎么做了。

她聚集全身的力气，通过种子向梦魇和创造它们的巨口发出了信息：别过来！你可以得到你想要的东西。让我的朋友们离开，我会去找你们。我保证。

2

基拉身边的飞船既没有发出声音，也没有采取行动，但也没有攻击她。当她开始加速离开“破碎祭司号”时，深红色的梦魇飞船仍在她后面。

片刻之后，她得到了回应：狂野且不含字句的嚎叫，充满痛苦、愤怒和饥渴的哀鸣。基拉认出那是巨口的声音，后背一下子爬满了寒意。

种子让她能够识别信息的来源。她克制了生理本能，将自己对准它，加快了前进的速度。

“基拉！”法尔科尼尖声问，“你做了什么？”

“我告诉巨口，我要与它融合。”

“它相信了你？”

“它没有阻止我。”

茨切特发话了。之前基拉甚至没有意识到少校也在通信线路上：“纳瓦雷兹，我们不能让腐坏者将魔爪伸向理想态。立刻掉转方向。”

“它们已经拥有理想态了，”基拉说，“或者说至少拥有了理想态的一部分。”她眨了眨眼，感觉到面罩吸走了泪水。“萨尔沃，你可以解释一下。我们必须阻止梦魇，也就是腐坏者，继续扩散。如果我能阻止巨口，人类和水母——我们所有人就有了作战的先机。”

“唉，”法尔科尼说，“这肯定不是唯一的选择。一定有更好的办法。”

尼尔森也说话了，基拉很高兴能再次听到她的声音：“基拉，你不该为了救我们而牺牲自己。”

她轻轻地笑了：“是啊，不用说我也知道。”

“我们说服不了你，对吗？”法尔科尼说。她几乎可以看到他沮丧地皱了皱眉。

“如果你有其他办法，我愿意接受建议。”

“使出惊人的特技，干掉所有梦魇。”

“我也许很厉害，但还没那么厉害。”

“至少能骗过我。”

“哈，你还不明白吗？这就是最厉害的特技。我要破坏图案，重置公式。否则，我们所有人都会面临毁灭。你没有错；你不可能阻止这一切。没有人可以做到。我想，从我在阿德刺碰到软刀的那一刻起，我的使命就已注定。”

“注定？你太悲观了……你确定吗？”

“梦魇飞船现在没有攻击你们，对吧？”

“没有。”

“那么我的回答是肯定的。”

法尔科尼叹了口气，基拉听到了他声音中的疲惫。她想象他在“壁鱼号”的控制室里，飘在全息显示屏前，装甲上沾满了血液和脓液。她感到一阵心痛。此时此刻，离开他和“壁鱼号”的其他船员，比离开家人还要痛苦。法尔科尼和船员都在这里，是直观的存在；而她的家人似乎遥远和抽象，仿佛她很久以前就已告别的幻影。

“基拉……”法尔科尼说，她可以听到他的声音里满是悲伤。

“我别无选择。趁早坐‘壁鱼号’离开这里，梦魇不会阻挠的。快走吧。”

一阵沉默后，她几乎能听到法尔科尼在和尼尔森、茨切特争论。最后，他不情愿而生硬地说：“收到。”

“对了，我还要知道如何引爆榴弹炮。”

一阵更久的沉默。随后，法尔科尼说：“格列戈罗维奇说侧面有个访问面板，里面应该有一个小键盘。激活码是 δ-7-ε-γ-γ……”她集中精神记住了这串命令。“一旦按下回车键，你将有10秒钟的时间撤退。”

但她撤退不了，法尔科尼和她都清楚。她肯定会努力撤退，但她并不指望种子的能力可以帮她逃过核爆炸。

她集中精神将种子与导弹融为一体，让两者交织在一起，直到难以分辨哪一部分是有机体，哪一部分是榴弹炮。她如此彻底地与核弹结合，能感觉到它的每个部分，甚至火箭喷口的微焊缝和钚储存装置上的瑕疵。她小心翼翼地行动，完成后相当满意，即使是巨口也很难区分种子与核弹。

她开始寻找巨口。它仍然太远而无法看清，但她能感觉到它的存在，就像地平线上的一场风暴，云层包含雨水，随时会倾盆而下。

她和巨口之间的距离正在迅速缩小，但对基拉来说还不够。她不想给巨口反悔的时间——如果它还有思维的话。种子已经在用全部力量为她加速，但她没有携带任何动力燃料，所以推力是有限的。

她还能做什么？当她心里有了答案时，她露出了坚定的微笑。

她集中注意力，在脑海中描绘出自己想要的东西——画面加上想法，尽力保持，同时传递给种子。

种子几乎立即领会了她的指令，并以极快的速度做出了回应。

从卡萨巴榴弹炮头部长出四根弯曲、纤细的黑色肋骨，向外延伸，形成一个巨大的X形。肋骨越长越细，直到几乎看不见。她能感觉到它们像手指一样张开，尖端相距三四十米，而且还在扩大。

从每根肋骨的根部生出了一层镜面膜，薄如肥皂泡，比静止的池塘水面更光滑。膜向外流动，将相邻的肋骨连接起来，一直流到尖端。她可以在膜上看到自己的倒影：紧贴在卡萨巴榴弹炮侧面的黑色肿块，没有脸，在茫茫银河系中宛如沧海一粟。

基拉举起右手，对自己挥了挥手。看到自己的倒影让她感到很有意思。眼前的情形是如此怪异，她觉得荒诞得好笑。她怎么能不笑呢？当自己附着在核弹上并长出了一副太阳帆[①]时，她只能用笑来应对。

太阳帆继续展开，质量几乎为零，但在外观上比基拉大了很多。基拉是一个小小的茧，悬挂在银色翅膀的中心，是夹在现实中的可能性；一颗未扎根、在风中飘荡的种子。

她缓慢、小心、笨重地转过身来，太阳帆捕捉到恒星的光，反射出刺眼的光芒。她能感觉到光子撞击薄膜的压力，推着她前进，远离恒星，远离飞船和行星，飞向那黑暗的红色斑点——巨口。星风提供的动力不多，但比没有强。基拉对此很满意，因为她尽力加快了飞行速度。

“哇，”法尔科尼说，“我不知道你还会这个。”

---

① 太阳帆：一种利用太阳光辐射压作为推进力的巨型薄膜镜片。——译者注

“我也不知道。”

“真壮观。”

“你能帮我查看预计抵达巨口的时间吗？”

“14分钟。它正全速驶来。你知道，这东西体积不小，基拉。比‘破碎祭司号’还大。”

“我知道。”

法尔科尼沉默了，基拉能感觉到他的沮丧。他在努力克制，不敢把话说出来。

“没事的。”她最后说。

他咆哮道：“怎么可能没事？但我们对此无能为力……等一下，克莱因上将想和你谈谈。稍等——”

咔嚓一声，基拉的耳边传来了上将的声音：“茨切特解释了你接下来的计划。她还解释了关于巨口的情况。你是个勇敢的女人，纳瓦雷兹。看起来我们没有任何一艘飞船可以进入巨口，所以你是我们现在唯一的希望。如果你能完成这个任务，我们就真的有机会击败梦魇。”

“我就是这么想的。”

“了不起的姑娘。我会派四艘巡洋舰去找你，但他们要在你与巨口接触后才能抵达。如果你成功了，他们会帮助扫除残余力量，也能提供援助，如果需要的话。”

如果需要的话。不过，也许没有需要的机会了。

“克莱因上将，我有个请求，希望你能批准。”

“请讲。”

“如果第七舰队能顺利返航，你能撤销对‘壁鱼号’船员的指控吗？”

“我不能保证，纳瓦雷兹，但我会为他们说好话。基于你在科尔多瓦做出的牺牲，我想他们擅自离开奥斯特德空间站的事可以一笔勾销。”

“谢谢你。”

通信线路里传来一阵爆炸声，克莱因说：“我要挂了。祝你好运，纳瓦雷兹。结束通话。”

“收到。”

基拉的耳机里再也没有任何声响，接下来的时间里也没有人和她说话。她想找法尔科尼或格列戈罗维奇，但是忍住了。尽管她很想和他们中的任何人说话，但她需要集中精神。

3

14分钟过去了，漫长得令人不安。基拉看着身后不断闪现的光亮，知道梦魇与人类、水母之间的战事正酣。防守的舰队聚集在R1的两颗卫星周围，以R1作为掩护，试图抵挡大量深红色的梦魇飞船，但没有成功。

14分钟结束时，巨口进入了基拉的视线。在天鹅绒般的太空背景下，首先能看到一颗移动的暗红色星星。星星膨胀成一个触手交错的肿瘤，边缘有一簇簇手臂、腿和触手，密集得宛如纤毛。其中许多肢体比克汀的整个身躯都大。这些肢体延伸了几十米，有些甚至是几百米——巨大的畸形肉条，重得能够压垮自身。埋在肢体之间的是巨口的嘴，像一个溃烂的伤口。锯齿状的裂缝紧贴着脊状的喙，当喙张开时，一排排弯曲的牙齿便露了出来——白骨的颜色，因略微像人而更加瘆人。牙齿深处是跳动、吞咽着的红色口腔。

与其说巨口是一艘飞船，不如说是飘浮在太空中的一座肉岛。一座由痛苦和畸形的赘生物组成的山丘，愤怒地颤抖着。

当基拉盯着这由她亲手创造的可憎之物时，她退缩了。为什么她认为自己能杀死巨口？与之相比，卡萨巴榴弹炮都显得微不足道，软弱无力。

如今已经没有回头路了。她的任务很明确：她会和巨口同归于尽，全宇宙都无法改变。

她感觉自己渺小而又恐惧。这是她无法摆脱的宿命。“见鬼。”她低声骂道，双腿颤抖得抽筋了。

接着她用让通信器前所有人都听到的声音说：“祝我好运！”

经过几秒钟的延迟，斯帕罗说：“好好教训它，小妞。”

“加油！”华钟说。

“你能做到的。”尼尔森说。

“我为你祈祷，基拉女士。”维沙尔说。

格列戈罗维奇说：“给它点儿颜色瞧瞧，愤怒的肉袋子。”

法尔科尼说：“虽然它很庞大，但并不意味着你不能干掉它。找准位置攻击，它就死定了……我们都支持你，基拉。祝你好运。”

“谢谢。”基拉发自内心地感激道。

法尔科尼说得没错，而且这就是基拉起初的计划。如果她只是炸掉巨口的一部分，那不会伤到它分毫。像种子一样，巨口可以无休无止地再生。唯一能有效阻止巨口的方法，就是摧毁主导它的智慧——卡尔和夸温的身体融合而成的邪恶思维。在一次错误的治疗尝试中，异种将两者的大脑混合在一起，缝合成了一个畸形的整体。如果她能找到那个大脑的混合体，找到那块饱受折磨的灰质，她就有很大的机会纠正自己的错误，毁灭巨口。

当然，这并非易事。

“图勒请指引我吧。”她低声说，收起了太阳帆，让种子在她和导弹周围形成一个小而硬的外壳。

巨口地狱般的肉体近在眼前。基拉不知道自己要找的大脑究竟在哪个位置，但她猜测应该在肉体最臃肿的部位附近。她的猜测可能是错的，但她想不出有什么更好的地方可以下手。必须赌一把。

巨口抬起最大的几条触手，向她伸过来，看起来动作很慢，但考虑到它们的体积，其实速度惊人。

“该死！”

基拉调整运动轨迹，侧身回转，使自己从触手之间穿过。在她身下，无数较小的肢体在挥舞，徒劳地想要抓住她。她知道，如果她被抓住，即使有种子的保护，她也会被撕成碎片。

一股近味飘了过来，她闻到了死亡和腐烂的气息，以及想要吞噬她的残酷、急切的渴望，她几乎要吐了。

她心中燃起了怒火。她绝不能让这个过度生长的恶性肿瘤得逞，把她吃掉。起码也要让它严重地消化不良。

在她前方，巨口表面开始冒出黑色卷须，如头发一样生长。这些卷须与种子的卷须相似，但是粗如树干，顶端有锋利的尖刺。

向左！基拉用意念下令。随着推进器的发动，种子将她拉向一边，远离了那些卷须。

她正在接近巨口的中心。只要再过几秒钟……

在进攻的肢体和渗出脓液的肉山之中，巨大的黑喙出现在她身旁，朝她咬了过来，发出咔咔的响声，还带着沮丧的情绪咆哮着——她对此很确定。从它嘴里喷出了一团团冰冷的唾液。

基拉大叫一声，种子进行了最后一次提速，她径直朝巨口那起伏不定、流血化脓的表面钻去。“吃掉它们！”她咬着牙低语道。

但在她钻入前的最后一刻，她内心里更像在祈祷，而非抵抗：拜托了。请让计划顺利进行。请让她为自己赎罪，消灭巨口。请让她的牺牲不要白费。请让她的朋友们活下来。

拜托了。

4

在种子接触巨口的一瞬间，基拉的脑海中响起一阵愤怒的嚎叫。这叫声比任何飓风、任何火箭引擎都要响亮，令她头疼欲裂。

这次撞击比她经历的任何紧急推进都要剧烈。她的视野变成了红色，她的关节发出巨响，骨头在互相碰撞，体液、肌腱和软骨在相互挤压。

基拉不知道自己和榴弹炮撞击到了多深的位置，但她知道还不够深。在引爆导弹之前，她需要靠近巨口的核心。

她没有坐以待毙，转而向外发动攻击，让种子比以往任何时候都更自由地作战。巨口很生气，但她也一样。她尽情发泄心中的怒火，让每一丝恐惧、沮丧和悲痛都化为攻击的动力。

种子回以同样的情绪，钻着巨口的肉体，像旋转的电锯一样又砍又切。温热的鲜血喷涌而出，基拉听到的嚎叫声变得更加痛苦和惊恐。

巨口的肉体在紧缩，以不可阻挡的力量向内挤压。基拉还击，如果巨口只是由生物组织构成的，她可能会成功。但事实并非如此。构成种子的物质贯穿了这个肿瘤般的赘生物：一张由金刚石般坚硬的黑色纤维组成的网，以无情的意图移动和扩散，能切割、拖拽和收缩。

两个异种一发生接触，就展开了激烈的争夺。起初，它们似乎谁都没有占上风，因为它们的能力相当接近，但随后基拉惊奇地发现，软刀开始融进攻击她的丝线。当她意识到两个异种想要相互融合时，惊奇化为了恐惧。对种子来说，无论与基拉结合的部分还是与巨口结合的部分，两者之间没有区别，属于同一个有机体的两部分，而这两部分正在试图再次成为整体。

种子的外表面继续融入巨口，基拉沮丧地尖叫起来，情绪也随之失控。她的身体遭到一股巨大的冲击，抽搐起来，好像接触到了无数冒着火花的电线。她的嘴里满是温热的鲜血，带着铜的味道。

感知信息的洪流冲垮了她的神经。一瞬间，基拉失去了对周围的所有感知。

她能感觉到巨口，就像感觉到自己的身体一样。肉体与肉体堆积，大部分肉体由于神经暴露，或是肢体、肌肉和器官胡乱组合而痛苦地颤动不已。人类和水母的身体部分相互连接，却没有对应恰当的结构和功能。水母的脓液渗进本该输送人类血液的静脉，而人类的血液却涌入本该输送浓稠分泌物的海绵状组织；骨头与肌腱、软骨和其他骨头摩擦；触手安在了错位的肠子上；一切都在颤抖，宛如在尖叫。

如果没有异种的纤维遍布整个巨口，支撑并保护它，它会在几分钟甚至几秒钟内死亡。

伴随痛苦而来的是一种无休无止的饥饿感——对吞噬、生长、扩张的原始渴望，仿佛种子里的保护机制崩溃，只留下扩张的欲望。巨口的情绪也有某种虐待狂式的快乐，基拉对此毫不惊讶。比起仁慈，自私才更接近本质。但她没有想到，伴随自私产生的是一种迷茫、天真的困惑。由卡尔和夸温的大脑结合而产生的智慧似乎无法理解自身的处境。它了解到的只是痛苦、仇恨，以及对繁殖的渴望，直到它覆盖宇宙中每颗行星和小行星的每一处角落，直到它的后代占据所有恒星周围的每一寸空间，直到它劣等的性器官产下的生命吸走每一道光线。

这是它的渴望，也是它的需求。

基拉对着黑暗大喊，竭力对抗巨口，凭借自己的意志、身体和种子。她用愤怒和仇恨对付这个怪物，用绝望迸发的全部力量破坏周围的肉体，像捕食者钳制下的动物一样反抗。

她的尝试彻底失败了。在巨口面前，她的愤怒就像火山面前的烛火，她的仇恨就像暴风雨中的尖叫。

巨口用惊人的力量困住了她，束缚了她，蒙蔽了她。基拉的每一次攻击都遭到了回击，每一股力量都遭到同等程度的反击，甚至加倍奉还。随着种子与巨口的结合，种子在她周围融化了，在原子层面上不断消解。她越是努力反抗，种子融化的速度就越快。

当巨口靠近基拉自己的皮肤时，她意识到已经没有时间了。如果她再不采取行动，她做的一切都将功亏一篑。

她再次恐慌起来，用种子残余的组织摸索着榴弹炮的控制装置。找到了。通过卷须，她摸到了坚硬的方形按钮。

基拉开始输入激活码。

接着……她的卷须消失了。卷须变得松弛，像水一样流向入侵的黑暗。肉体与肉体重新结合，她失去了唯一获得救赎的希望。

她失败了，彻底失败了。她把人类唯一胜利的机会拱手让给了他们最大的敌人。

基拉的怒火烧得更旺了，却是一种徒劳而无望的怒火。接着，种子仅剩的分子也升华了。巨口的物质向她压了过来，温热而血腥，紧紧包裹住了她。

5

基拉尖叫起来。

巨口的纤维正在撕碎她，皮肤、肌肉、器官、骨骼，无一幸免。她的身体像衣物一样碎成细条。

种子仍然渗透在她体内。它终于开始认真地抵抗巨口，试图保护她，同时与它失去已久的肉体融合。但抵抗和融合这两股冲动是矛盾的，即使种子专注于防御，也仅剩极少的一部分对抗巨口的力量。

基拉感到了完全的无助和挫败。相比之下，她自己和巨口承受的痛苦都显得微不足道。如果是舍生取义，她可以忍受任何形式的痛苦，但如果计划失败了，她的肉体因遭到攻击而产生的折磨会放大一千倍。

错了，一切都错了。艾伦和其他同伴的死亡；“情有可原号”遭受的攻击；巨口的诞生；在十个半月的战斗中相继死去的成千上万个生命——人类、水母和梦魇。所有的痛苦和折磨为了什么？错了。最糟糕的是，种子的图案最后会扭曲和变形，它和她留给全宇宙的将是死亡、毁灭和苦难。

愤怒化为悲哀。如今她的肉体即将毁灭，她不知道自己的意识还能维持多久。几秒钟，也许更短。

她的脑子里闪过法尔科尼，还有他们共度的夜晚。他皮肤的咸味。他的身体压在她上面的感觉。他进入她体内的温暖。那是她与人类最后一次共享的亲密时刻。

她看见他背上的肌肉在她的手掌下屈伸，他身后的控制台上是那棵扭曲的盆栽——“壁鱼号”上仅存的一丝绿意。但已经不复存在，对吗？……

绿意。她想起了维兰德的花园，如此生机勃勃、芬芳娇美，珍贵得无法用言语形容。

最后的最后，基拉选择屈服。她接受了失败，放下了愤怒。战斗已经变得毫无意义。此外，她理解了巨口的痛苦，以及它愤怒的缘由，与她的情感并无本质的不同。

她想哭，却哭不出来。在绝境中，她的生命达到了极限，突然感到一股暖流充斥全身，那是平静和净化的感觉——她在救赎的圣洁中转化了。

我原谅你了，她说。她没有选择抵抗，而是对巨口敞开怀抱，打开了心扉，欢迎它进入自己的身体。

事情发生了转变……

当巨口正在无情地分解她的肉体时，纤维触及之处出现了动作上的停顿。活动中断了。基拉有了一种非常奇怪的感觉：不是种子在流向巨口，而是巨口开始流向种子，与种子结合，成为种子的一部分。

基拉接受了它的涌入，像对待渴望乳汁的孩子一样，她将它搂进自己的怀中。她的疼痛消退了，也带走了种子的疼痛。她在不断地延伸，自我意识也在扩展，随之而来的是一种全新的意识广度，就像眼前出现了壮阔的视野。

巨口的愤怒成倍地增加。它意识到了这一变化，而它的怒火从未停歇。它那畸形的身躯释放了全部的力量和能量，对她展开各种形式的攻击：击碎她，挤压她，扭曲她，切割她。但当巨口的分形纤维靠近她时，它就变得软弱无力，融化于种子的组织之中，臣服于基拉的力量之下。

巨口痛苦的大脑引发了嚎叫声，带着摧枯拉朽的力量，纯粹而不受约束的怒火从核心爆发出来。这个生物像癫痫发作一样抽搐着，但即便它发狂，也无法减缓或阻止基拉的行动。因为她不再抵抗梦魇；她放任它，承认它的存在，承认是自己创造了它。借此，她治愈了巨口饱受折磨的躯体。

基拉感到自己的肉体由于延伸而变得很薄，渐渐融进了加速茁壮的种子之中。这一次，她不再克制。

她对抗巨口的唯一方法就是放手，所以她放手了，永远地放手了。

基拉的意识变得异常清晰。她无法说出自己是谁，也不知道自己会变成什么样，但她能感觉到一切：巨口的肉体带来的压迫感，照耀在他们身上的星光，飘荡的各种近味，以及笼罩这一切、像脉搏一样跳动的紫色辐射带。

种子进入血肉的褶皱深处，靠近巨口的核心。巨口的思维不断挣扎，越来越疯狂。她占领了这座肉山的大部分，耗费了大量精力抚慰各处的伤痛，同时寻找它的大脑，将它与肉山分离。

她能感觉到卡尔和夸温的腐坏意识就在附近。腐坏意识毫无条理，带着沮丧的情绪。她知道，这些意识一有机会就会重塑疯狂，并继续在整个银河系传播灾难。

她和种子绝不允许此事发生。

找到了。与其他大脑不同，透过骨头的碎片以及更柔软的肉体，可以看见从灰质散发出密集的神经网络。即便基拉（和种子）与它隔着距离，内部的思维力量也足以让他们颤抖。她希望自己能与这堆组织结合起来，像对格列戈罗维奇那样治愈它。但对她而言，巨口的思维太强大了。她可能会再次失去对种子的控制。

不，唯一的方法是切割它的神经。

她绷紧了纤维形成的刀刃，往回一挥，然后——在这昏暗的蓝白色恒星系中，一颗行星附近传来了一阵信号。那是一阵电磁波，但她能像听见声音一样清楚地感知到它：尖锐而断断续续，承载着多层加密的信息。

在她体内，卡萨巴榴弹炮的电路流过一股电流。导弹内某处的机械移位了，发出砰的一声闷响。带着深深的恐惧，她十分确定——

核弹激活了。

没有时间逃跑了。来不及了。

艾伦。

黑暗之中，光芒绽放。

第六部分

* * * * * * *

结局

……

我见过大大小小的奇迹。
我的心得以安息，
呼吸得以放缓。我别无所求。
平日从未获得的体验
值得一生去经历。
吾辈注定要前往异乡寻觅，
当我们在最远的彼岸涉足，
又去寻更远的国度。
沉默在生长。我失了力量，
太阳化为稀薄之光，我等待，
维京人息于航船之上。
烈火无法将我送别，我却行于冰霜寒雪
我将永远独自漂泊。
帝王从未有如此庄严的棺木，
配以灰暗的金属，亦无如此之多
宝石来装饰阴森的坟墓。
我整装待发；满心期望，
准备开启全新的冒险
去往未知的世界，甘愿面对我的终局，
超越凡人的领域，甘愿一路前行
和等待，在此长眠——
长眠于星海。

——《星海彼岸》[1]第48—70行

哈罗·格兰泽

①《星海彼岸》：见附录三“THE FARTHEST SHORE”（第 803 页）。

第一章

* * * * * * *

认可

1

她没死。

她不知道这是怎么回事、自己在哪里、到底发生了什么……但她没有死。虽然她什么也不知道，却能清楚地感觉到自己的存在。她存在着，存在本身就是一种满足。

她的意识稀薄且颤抖着，仿佛被拉伸到了宇宙各处。她觉得自己没有实体，宛如由感知形成的一片薄雾，飘浮在黑暗的海面上。

有一会儿，她对此心满意足。

接着她注意到薄雾开始变浓，自我意识逐渐恢复，起初很缓慢，但速度越来越快。她心里产生了那个最根本的疑问：为什么？

她的肉体不断实体化，她的思维也随之变强、变连贯。但是，困惑仍然占据她的大脑。发生了什么？她应该知道吗？她在哪里？她所在之处是真实存在的，还是她想象出来的？

神经连接时产生的冲击让她感到一阵刺痛，就像照在她身上的光亮一样锋利。现在她感受到了光，光来自各处：黑色中冰冷的火花，还有永恒燃烧着的巨大球体。

更多的冲击接踵而至，连续的疼痛甚至让她无法继续思考。她的体型持续扩大，遍及四方。她在聚集，凝聚成一个整体。

她的一段记忆被唤醒，记忆的记忆也随之苏醒：大学三年级的解剖课上，他听着那该死的伪智能体喋喋不休地讲解胰腺的内部构造，同时看着两排前一位同学的红发……

这是什么意思？到底——

更多的回忆浮现：在他们居住舱后面的温室里，她追逐着伊莎，穿过一排排番茄……它超过同形态，潜入深海平原，在茂密的灯草[1]中游弋，用喙喘息着……他和不想让自己加入联军司令部的叔叔争论，而她在正山公司参加入职测验。她进入转移之巢，取得新形态，在印第安座ε的光芒下宣誓效忠，在六角手风琴比赛形态豪斯马特双份搭扣四点验证近味肉体异化与旋转废气[2]——

如果她/他/它有一张嘴，他们就会大叫。在图像、气味、味道和感觉形成的海啸中，所有对身份的感知都消失了。这一切都不符合逻辑，每一组记忆都像他们自己的记忆。

恐惧使她/他/它窒息，他们挣扎、迷失。

在这些记忆中，有一组记忆比其他记忆更清晰而有条理——绿色的，混合着爱和孤独，以及在外星工作的漫长夜晚——她/他/它紧紧抓住它，就像在暴风雨中抓住了救生索。他们试图从这组记忆中构建一种自我意识。

并非易事。

从感官海啸的某处，一个词浮现了出来，她/他/它听到了一个不属于他们的声音在呼唤："基拉。"

……基拉。这个名字宛如清脆的钟声。她把自己包裹在这个名字中，当作盔甲来保护自己的核心，借此让她/他/它感觉到内部的统一。

如果内部没有达成统一，她就无法成形。只是一个由互不相关的冲动组成的集合体，没有意义，也没有叙述。因此，她紧紧抓住这个名字，试图在持续的疯狂中保持自己的个性。她还不能回答基拉到底是谁，但如果不出意外，这个名字是一个定点，在她试图弄清楚如何确切地定义自己时，她可以将自己放置在这个定点上。

2

时间以断断续续的怪异方式流逝。她分不清流逝的单位是分、秒还是亿年。她的肉体继续膨胀，就像水汽凝结、积聚、收缩、成形。

她感觉到了肢体和器官、灼热的温度，以及来自阴影的尖锐刺痛和严

---

① 灯草：见附录三"LAMP LINES"（第 807 页）。

② 此处类似格列戈罗维奇发疯时的胡言乱语。——编者注

酷寒意。她的皮肤因而变厚，形成了盔甲，足以保护最脆弱的内在组织。

在大部分时间里，她的视线仍然只能看到大脑中的景象。各种声音此起彼伏，一阵又一阵地继续在她的脑海中回荡，每个声音都在争夺主导权。有时，她的名字似乎叫卡尔，有时候又叫夸温。但她的自我意识总是回到基拉身上。这个名字响亮到足以与其他所有声音抗衡，足以安抚所有狂热的嚎叫，缓解所有的痛苦。

她越来越大，直到没有更多的材料能融入她的身体。尽管她可以随意改变材料的排列，但她的尺寸是固定的。如果她感觉到排列有任何错误或不当，她都可以按照自己的意愿进行移动或塑形。

她的思绪平静下来，事情开始变得合理。她想起了很久以前在维兰德上的生活。她想起了自己是异种学家，与艾伦——亲爱的艾伦相遇，以及后来在阿德剌斯忒亚发现种子的经过。然而，她也记得自己是卡尔。朱利安·奥尔德斯·卡尔，联军司令部海军的军医，有一对和他关系不怎么样的父母，还是一个绿石坚果雕刻品的狂热收藏家。同样，她也记得自己是沃纳威人夸温，心灵之结组织的忠实仆人，赫法尔突击队[①]的队员，总是贪婪地吃着美味的铜鱼。但来自卡尔和夸温的记忆都很模糊，并不完整——相比之下，他们结合成饥饿的巨口后产生的记忆反而更鲜活。

她全身感到一阵战栗。巨口……想到这里，她的意识中涌入了更多的信息，充斥着痛苦、愤怒以及期望落空带来的折磨。

她和他们怎么还活着？

3

最后，她将注意力转移到周围。

她悬挂在虚空中，几乎一动不动。周围没有碎石、气体、尘埃或其他残余物，她孤身一人。

她的身体是黑色的，结了壳，宛如小行星的表面。种子的纤维把她聚在一起，但她又不仅仅是纤维；她也是肉体，有着柔软而脆弱的内在。

她现在长出了眼睛，能看到整个恒星系磁场的分布，还可以看到星

---

① 赫法尔突击队：见附录三“STRIKE SHOAL HFARR”（第 815 页）。

风那闪闪发光的雾气。而照亮一切的恒星则呈现暗淡的蓝白色，让她想起了……她不知道，但感觉很熟悉，很怀念——尽管这种怀念不属于她/卡尔/温，而是来自种子本身。

她往更远处看去。

恒星系中有几十艘发光的飞船。有些她似乎认识，有些则不熟悉但知道类型：掠夺者的船、人类的船……巨口错位的肉体形成的船——也就是她。她对此责无旁贷。她看到自己肉体的肉体再次展开了对其他飞船的攻击，在整个恒星系散布痛苦、死亡和毁灭。

她不能完全理解眼前的情况，但她知道这是不对的。所以她呼唤自己那些任性的孩子，将它们召唤到身边，她也许可以借此结束冲突。

一些飞船服从了命令。它们的引擎喷出巨大的火焰，朝她飞了过来。当它们到达她身边时，她紧紧抱住它们，治愈了它们的伤痛，安抚了它们的心灵，将它们的肉体送回原处。因为她是它们的母亲，有责任照顾它们。

一些飞船违抗了命令。她让自己的部分肉体去追赶它们，抓住并惩罚它们，将它们带回到她等待的地方。无一逃脱。她并不因为孩子行为不端而恨它们。相反，她为它们感到悲哀，为它们歌唱，从而缓解了它们的恐惧、愤怒和各种痛苦。它们承受了太多痛苦，如果可以，她会为之落泪。

当她召集这些不守规矩的子嗣时，一些掠夺者和二形态的飞船用激光、导弹和子弹向她射击。巨口会感到愤怒，但她不会。这些攻击不会惹恼她，她知道掠夺者和二形态不明白怎么回事。她不怕他们，他们的武器无法伤害如今的她。

当她吸取自己肉体的残余物时，许多掠夺者和二形态的飞船跟了上来，在她面前形成了网格状的进攻队形，他们一定认为这是安全的距离。其实不然，但只有她自己心里清楚。

这些飞船发出了数以百计的信号，瞄准了她的位置。她的视野中闪烁着电磁波束那令人眼花缭乱的棱镜能量锥，其中携带的声音和信息就像很多嗡嗡叫的蚊子。

这让她更加无法专心思考。她很恼火，用每个物种都能理解的方式说了一个词："等一下。"

之后，信号停止了，留给她的是可贵的沉默。基拉感到满意，再次将注意力转向大脑内部。她还有很多事情不明白，还有很多事情需要弄清楚。

4

她努力将最近发生的事件一点点地拼凑成连贯的画面。她再次造访了巴格亨特，再次逃离了奥斯特德空间站，再次踏上前往科尔多瓦的漫漫旅途，再次加入战斗。

卡萨巴榴弹炮已经爆炸了，这一点她很肯定。而且，种子以某种方式从核爆中救出了她的意识，还有卡尔和夸温的意识。

她是……基拉·纳瓦雷兹，但不只是基拉。她的身体里还有卡尔的一部分、夸温的一部分以及种子的一部分。

她的意识中似乎有一把锁打开了，她意识到锁通向一个知识库，她现在可以接触到种子的知识。那是来自绝迹者时代的知识，只不过它们不以绝迹者自称。它们认为自己……是旧日支配者[①]。它们来过这里。

在拯救她的过程中，她和种子终于完全融为一体了。不仅如此，她现在也明白了：种子的能力是有层次的，而且大部分都未被激发，直到它达到一定的尺寸才能获取，她现在已经远远超过了。

她曾被困在基拉的肉体中，现在则变得更加强大，悬挂在漆黑的太空中，思考、研究、审视面前的各种可能性。她的道路如灌木丛一般错综复杂，但她知道，种子的原则将有助于指导她进行选择，因为这也是她自己的原则：生命是神圣的。他们的道德准则中每一部分都建立在这一基本原则之上。生命是神圣的，她有责任保护一切生命，并在合理的情况下传播生命的种子。

在她思考的同时，她注意到恒星系中飞船排列的方式：人类在一条轴线上，沃纳威人在另一条轴线上，这两个种族都把武器对准她，同样也把武器对准了彼此；双方舰队对峙，而她处在中间。要让这两个种族停火是很难的。即使强大的克汀已死，战火也能轻易被重新点燃。唯一维系人类和沃纳威人的便是巨口，而两者的内心都是无情而嗜血的，充满扩张的意图。她从基拉和鱼群首领恩马尔的经历中都能知道这一点。

---

① 旧日支配者：见附录三“OLD ONES”（第 809 页）。

另外，她觉得自己对这场战争负有责任，无论是身为卡尔和夸温的她、身为巨口及其子嗣的她，还是现在飘浮在科尔多瓦轨道上的她。

她知道自己还有更多不幸的子嗣在星际间移动，在人类和沃纳威人中散布恐怖、痛苦和死亡。而身为基拉的她很担心家人。不仅如此，她还记得被巨口感染的行星，整个星球上的生物都被转化成畸形肉体的军队。它还造出了机器、船只以及各种危险的装置。

一想到这里，她就深感痛苦。

她想要……和平，各种形式的和平。她想赠予生命的礼物，让人类和沃纳威人站在一起，呼吸清新美好的空气，而不是金属和痛苦的气息。

她这下知道该做什么了。

“看着，不要干涉我。”她对等待的舰队说。

首先是最痛苦的部分。她利用种子隐藏的知识，从恒星系中发射了一个强信号。不是呼喊，不是请求，而是命令；一个针对巨口产物的自毁命令。它会分解腐坏者的身体，瓦解它们的细胞，将它们还原为有机化合物。种子既能创造，也能毁灭。

净化必不可少，她认为这是最快终止暴力和痛苦的方法。这个任务落到了她的肩上，无论多么痛苦，她都义不容辞。

完成以上工作后，她用自己的肉体形成了无数的无人机分身，一部分派往沃纳威人开采的星球周围那些遭遗弃的受损船只，另一部分派往小行星带，提取她需要的材料。

在无人机各司其职的时候，她开始对肉体的主体部分进行重组，以适应自己的意图。她在核心周围形成了一个球形装甲，用来保护她原来的身体。她在装甲表面伸出抛光的黑色面板，旨在吸收每一缕阳光作为动力。为了实现目标，她需要动力。种子的力量不小，但对于她脑海中的目标来说还不够。

什么脑海？她现在连脑子都没有了……她对自己笑了笑，在太空中唱起了安静的歌。

她利用种子的编码知识库，开始从原子层面建造需要的机器。有了面板收集的能量，她在体内燃起一个人造太阳，这个核聚变反应堆足以驱动最庞大的联军司令部战舰。她汲取了人造太阳的能量，开始制造反物质——远远超过人类和沃纳威人低效的技术能实现的量。在这两个物种出现之前，旧日支配者就已经掌握了制造反物质的方法。她用反物质作为燃料，造出了一个改良版的扭矩引擎[①]，能让她扭曲宇宙的结构，直接从超光速空间吸取能量。她已经明白这就是种子为自己提供动力的方式。

当她的无人机进入受损船只时，有时会发现受伤并落单的人类或沃纳威人。他们会对无人机发起攻击，但她无视了他们的攻击，不顾抵抗地为他们疗伤，然后从船上取下逃生舱或自己制作救生舱，将遭遗弃的船员带到同类那里。

当无人机拖着飞船和矿石回来时，基拉像巨口那样吞食了这些材料，将它们融合到她周围的结构中。

人类和沃纳威人的舰队观察着她的行为，越来越紧张，有几艘船向她发出了强信号，试图与她交谈。

“等一下。”她说。他们照做了，撤到了更远的地方，给她留下更宽阔的空间。

她汲取了更多的能量和材料，全神贯注地开始建造。这一工作不只是机械上的。除了横梁、支柱和金属主梁，她让种子创造了装满有机汤[②]的特殊房间，这些房间像加热的生物反应器[③]一样开始制造活体材料：比任何钢铁都牢固的木材；种子、花蕾、鸡蛋等；能爬行、依附，像铜缆一样有效传输电力的藤蔓；真菌超导体；以及从种子丰富的经验中提取的整个动植物生态系统，它和基拉相信这些会在整个系统中和谐共处。

她行动迅速，但仍需要时间。几天过去了，舰队还在原处等待和观察，而她还在建造。

从她的核心长出四根巨大的支柱，向前、向后、向左、向右延伸，形成了一个等臂长的十字架。她将十字架一米一米地延长，直到每根支柱都有3.5千米长，粗细能通过一艘巡洋舰。然后，她让种子将十字架的四个

① 扭矩引擎：见附录三“TORQUE ENGINE”（第 816 页）。

② 有机汤：原始汤假说认为，地球上的生命起源于无机物混合的原始汤，无机物通过化学反应转变为有机物，有机物发展为生物大分子，最终演化出生命。——编者注

③ 生物反应器：利用酶或生物体（如微生物）的生物功能进行生化反应的装置系统。——编者注

顶端与一个巨大的轨道环连接，从每根支柱的末端开始向上和向下生长，并向内弯曲，就像环绕着一个无形球体的表面。

种子现在变得巨大无比，基拉几乎无法想象它曾存在于人类或沃纳威人这样渺小的身体中。她的意识覆盖了整个结构，每时每刻都能感知到每个部分。她想象着，这一定就是飞船主脑的感觉了。她在实质上扩大自己，以配合大量感官信息的输入，而随着身体的扩大，她的思想也变得宽广，这是一种从未有过的体验。

建造还在进行中，但她已经不愿再等下去了。时间确实不多了。此外，所有观看的人都能看出她在做什么。她在建造一个巨大的空间站，远远大过人类或沃纳威人建造的任何空间站。它的一部分是银灰色的，但大部分是绿色和红色的，代表着构成空间站主体的有机材料。这是一个有生命的空间站，就像人类一样，基拉知道在未来几十年，甚至几个世纪内，它会持续成长和壮大。

但是，像所有花园一样，这座空间站也需要照料。

她把注意力放在靠近自己核心的几个房间里，将房间密封，隔绝太空的真空环境，填充了同时适宜人类和沃纳威人的空气，设置了适合他们的重力，并搭配上一种较为恰当的装修风格。为此，她结合了三种设计元素：沃纳威人、旧日支配者和她作为基拉的部分，从每种元素中选择最心仪的风格。

在她的命令下，一对无人机给她带来了克汀那硬化的核心。曾经强大的克汀，如今沃纳威人毫不在意——它们不关心尸体——但基拉不同。她得到了发黑的尸体残余物，改变了克汀肉体的材质，将铅柱转化为七块闪闪发光的蓝白色水晶碎片。她将每块水晶都放在不同的房间里，用以警告和纪念，作为时代更迭的象征。

最后，她打破了沉默：“克莱因上将，鱼群首领勒菲特，我想和你们谈谈。来吧，来这里见我。法尔科尼，你也过来，对了……带上特里格。”

第二章

* * * * * * *

统一体

1

基拉看着三艘飞船靠近：联军司令部飞船“无情力量号”、超光速民用船“壁鱼号”，还有一艘饱受战火摧残的沃纳威人的飞船，名字翻译过来的意思是无声波涛下的急流。

每艘飞船的外观都相去甚远。“无情力量号”又长又宽，有许多激光炮、导弹发射器和轨道炮的挂载点，船体涂成昏暗的哑光灰色，与散热器上闪闪发光、镶着银边的金刚石形成鲜明对比。“壁鱼号”要短小得多，甚至有些矮胖，船体是常见的棕色。由于多年来遭到微流星体的撞击，表面有不少刮擦和凹痕，还有沃纳威人撞击货舱时留下的大洞。和联军司令部战舰一样，“壁鱼号”的散热片已经展开，其中有多处损坏。最后是沃纳威人的飞船，一个贝壳白、抛光的球体，船头有爆能炮炸过的痕迹。

这三艘飞船使用的都是RCS推进器，基拉特意为它们长出了对接口，它们接近时都放慢了速度。在天鹅绒的背景中，成群的无人机飞过，像蜜蜂一样忙碌。她关注访客的同时也关注着它们，但她的核心不禁有一种奇怪的眩晕感。

是不安吗？她对此感到惊讶。即使成了这副模样，她仍然在意法尔科尼对她的看法。不仅是法尔科尼。当“壁鱼号”的气闸门打开时，所有船员都跑了出来，包括肋骨处仍缠着绷带的尼尔森和熵主义者薇拉。他们用板车带来了存放特里格的冷冻舱，基拉看到后很高兴。

克莱因上将从“无情力量号”里出来……带着一整支全副武装的联军司令部海军陆战队。同样地，一群武装的沃纳威人跟着鱼群首领勒菲特下了它们的飞船。掠夺者们身上散发出关切和好奇的近味。其中有以塔利，还有一个人类——茨切特少校，她的表情一如既往地难以捉摸。

“往这边走。”基拉说，在他们面前的通道里点亮了一排翡翠色的灯。

人类和沃纳威人都跟着灯光前进。她从墙上、地板上和天花板上观察他们，因为空间站里的一切都是她的本体，甚至远远不止空间站。法尔科尼看起来有些犹豫，但她很高兴看到他毫发无损，而且他好像不再受肩伤的困扰。克莱因上将没有表现出任何情绪，但他的眼睛瞥来瞥去的，留意着任何意外情况。

除了士兵，其他人类都穿着带头盔的防护服。像往常一样，沃纳威人没有因为环境的变化而做出让步，相信当前形态可以保护自己。

为了接待他们，基拉特地创造了一间会客厅。他们进入会客厅，基拉将视线切换到她为自己生成的肉体上，让克莱因、勒菲特和法尔科尼可以看到她的具体形象。这似乎是一种应有的礼仪。

会客厅又高又窄，有拱形的天花板和两排由纳尔[①]生长而成的柱子，她从夸温那里得知了这种珊瑚状生物（而且很喜欢）。墙上有抛光的深灰色金属圆材，上面装饰着蓝色线条，形成了只有旧日支配者和她才知道含义的图案。会客厅里到处都有树木、藤蔓和深绿色植物的弯曲结构。

这些布置来自她作为基拉的喜好。还有安放在黑暗和阴影中的花朵：低垂的花朵，紫色花瓣和带斑点的管颈[②]，那是午夜星座，以纪念她的家和艾伦——她曾经拥有的一切。

她在地板上再现了午夜星座的形状，以分形的螺旋形盘绕延伸，没有尽头。这种景象让她感到高兴，给了她一种满足感。

在螺旋图案的中央，矗立着她用克汀的尸体做的水晶：一束凝固的火焰，有着美丽的切面。生命在此定格，但仍然充满张力和渴望。

纳尔的枝头上悬挂着几盏荧光灯，成熟的果实闪着柔和的金光，像脉搏一样跳动着。不连贯的光线照到地面上，花粉像烟雾一样在空中旋转，芬芳而浓郁。表面凹凸的柱子上响起了涓涓的流水声。除此之外，会客厅很安静，带着神圣的气氛。

基拉没有提出要求，也没有发出警示，但克莱因对士兵下了一道命令，当他继续往里走时，所有士兵在拱形的入口处立正。勒菲特也让它的卫队

---

① 纳尔：见附录三“NNAR”（第808页）。

② 管颈：管状花冠或花萼的展开处。——译者注

（包括以塔利）留在门口。于是，克莱因、勒菲特、茨切特和“壁鱼号”的船员一起进入了房间。

他们往会客厅里面走，基拉提高了荧光灯的亮度，在拂晓前驱逐了阴影，以便他们可以看到她。

他们停了下来。

她俯瞰着他们。她全新的肉体嵌在墙壁的根状结构中，覆盖着一层层绿色植物，种子那光亮的黑色纤维贯穿其中——能赋予生命、具有神奇力量的种子。

“欢迎你们。”基拉说，用嘴和舌头发声的感觉很奇怪。更奇怪的是她的声音，比她记忆中的更深沉，而且包含了卡尔和夸温的音色和回响。

“哦，基拉，”尼尔森说，“你做了什么？”透过她的面罩，可以看出她的表情有些担忧。

“你还好吗？”法尔科尼问，皱了皱眉，这是他最常做的表情。

克莱因上将清了清嗓子：“纳瓦雷兹女士——”

“欢迎。”基拉微笑着说。至少她试着微笑；她不确定自己是否还记得怎么微笑。“克莱因上将，还有你，鱼群首领勒菲特，我邀请你们作为人类和水母的代表。”

勒菲特：我不再是鱼群首领了，理想态。茨切特为在场的人类翻译了沃纳威人的话。

“勒菲特，那我该如何称呼你？”基拉用英语和近味各说了一遍，以便所有人能听懂。

勒菲特：请叫我强大的勒菲特。

空间站的主心骨传来一阵微弱的刺痛，基拉的背脊仿佛感受到了一阵冷风。“你取代了克汀，现在克汀已经死了。”这不是一个问题。

勒菲特的触手泛着红白相间的颜色，以骄傲的姿势相互揉搓着。勒菲特：没错，理想态。沃纳威的所有兵团现在都听命于我。

克莱因上将挪了挪脚跟，他似乎不耐烦了：“纳瓦雷兹，这一切是怎么回事？你为什么把我们带到这里？你在建造什么？你有什么目的？”

她微微一笑，发出类似青苔间的涓涓水声。

“目的？我这就告诉你。人类和水母只要没有共同立场，战争就会持续下去。腐坏者曾是你们共同的敌人，但敌人现在已经消失了。”

勒菲特：你确定吗，理想态？

她明白勒菲特真正想问的问题：巨口真的消失了吗？她/它还构成威胁吗？“是的，我可以向你保证。与我结合的异种，也就是你们所知的理想态，同时也是克莱因上将所说的软刀，不会再制造同样的麻烦。另外，我已经向恒星系外的腐坏者发出命令。它们一接收到命令，就不再对任何生物构成威胁。”

上将看起来很怀疑：“怎么会这样？你是说——”

“我是说，”基拉的声音在他们上方回荡，“我已经消灭了所有腐坏者。你们再也不需要担心它们了。”

“你杀了它们。”尼尔森用低沉的语气说。其他人似乎既高兴又困惑。

基拉低下头：“我别无选择。但问题仍然存在，人类和水母失去了结盟的理由。好吧，我来提供理由。我建造了这个共同立场。”

“这里？”克莱因环顾房间问，“这个地方？”

她又笑了，这次表情更自然：“这是一个空间站，上将，不是飞船或武器，而是一个家。我依照旧日支配者，也就是绝迹者的方式建造了这里。在它们的语言中，这里被称为马依内斯。在我们的语言中，意为‘统一体’。”

“统一体。”克莱因说，似乎在琢磨。

基拉努力点点头：“上将，这里是为团结不同种族而建造的地方，是一个活生生、会呼吸的生物，将随着时间生长、开花。这里有适合人类居住的房间，也有适合水母生活的房间。其他生物也会栖息于此，看管员[①]将照看这里。”

茨切特停止了翻译，说：“你想让这里变成一个大使馆，对吗？”

“不只如此，”基拉说，“它还可以是我们两个种族的枢纽。这里将有足够的空间供数百万甚至更多的人居住。只要心怀和平，来者皆是客。如果这个想法仍然让你们感到不安，不如这样想，我已经用连水母都不理解的手段和方法建立了统一体。我将允许留在此地的人或水母研究空间站……研究我。光是这一点就应该打消你们的疑虑了。”

---

① 看管员：见附录三“CARETAKERS”（第 800 页）。

克莱因上将似乎很苦恼。他双臂抱胸，吸了一口气，脸颊向内凹陷：“你怎么保证异种不会再次叛变，杀死空间站里的所有人？”

勒菲特的触手泛起了一圈紫色的涟漪，这是遭到冒犯时的回应。勒菲特：理想态已经立下承诺。人类，你的担心毫无道理。

“哦，是吗？”克莱因说，“数百万，甚至数十亿被梦魇杀死的人可不这么认为。”

勒菲特：你不要——

基拉让墙边的树叶沙沙作响，柔和的声响打断了谈话，所有人都愣住了，回头看她。“我不能向你做出任何保证，克莱因上将，但你已经看到了，我是如何找到你的舰队成员、如何救助和治疗他们的。”

他仰起头：“这倒不假。”

“有时你必须有信念，上将。有时你必须抓住机会。”

“好一个机会，纳瓦雷兹。”

茨切特看了他一眼：“不和水母建立外交关系的后果更糟。”

克莱因的脸上浮现了苦涩的表情：“这并不意味着应该在这里建立外交关系，我们不能允许普通人接近科尔多瓦。起码要等到情报部有机会彻底勘察之后。此外，我没有谈判这种协议的权力。基拉，你必须搞定联军司令部，不是我，而这很耗费时间。我猜他们会想派人来这里和你面谈，这意味着至少还要一个半月的时间才能商定。”

她没有争辩，而是看了看沃纳威人。基拉：伟大的勒菲特，你怎么看？

勒菲特身边冒出了一朵红橙相间的花。勒菲特：兵团很荣幸地接受你的提议，理想态。在这个涟漪或其他涟漪都没有人能研究像这座空间站这样的建筑。告诉我，这个空间站可以容纳多少沃纳威人，我立即派人过来。

听完茨切特的翻译，克莱因咬了咬牙：“是吗？……好吧。联盟可以稍后再解决细节问题，但如果我让水母抢先一步研究，那就成罪人了。不管它们派多少人员过来，我都希望你准许我们安排相同的人数。”

这一次，基拉不笑了：“当然，将军。不过，我有一个条件。”

他一下子僵住了：“什么条件？”

“这个条件适用于统一体未来所有的住民或访客：不许携带武器。如果你们把武器带到空间站里，我将摧毁武器并驱逐你们。”

勒菲特：当然，理想态。我们会遵从你的意愿。

克莱因抬起头："那维修机器人呢？服务型激光器呢？如果心怀不轨，即使是一把叉子也能成为致命的武器。"

人类真是麻烦。"上将，请用你的常识去想一想。我会允许动力装甲出现在这里，前提是先解除武装。但别误会，不管谁在这里挑起战斗，无论是人类还是水母，我都会出手的。"她的声音越来越深沉，直到在墙壁上产生回响，仿佛整个统一体都成了她的喉咙。某种程度上也确实如此。

克莱因的脸色变得苍白，即使他有太空人的棕色皮肤："明白了。我的船员不会给你带来任何麻烦，纳瓦雷兹。我向你保证。"

勒菲特：忠于兵团的形态也可以保证。

基拉用鲜艳明亮的荧光灯、欢快的水声和树叶令人舒适的沙沙声表达了自己的喜悦。"那就这么定了。"她满意地将注意力转向法尔科尼和"壁鱼号"的船员，依次看了看他们每个人。

斯帕罗隔着防护服挠了挠腰间："见鬼，基拉，你从不半途而废，对吧？"

"斯帕罗。"

维沙尔开口了："基拉女士，你是怎么活下来的？我们以为卡萨巴榴弹炮肯定把你炸死了。"

听到这话，克莱因上将显得更不自在。榴弹炮是他授权引爆的，基拉对此很肯定。但她并不在意。指责毫无益处；再者，引爆榴弹炮是正确之举。巨口这一祸患必须铲除。

她困惑地说："我想我确实死了，至少死了一段时间。"

华钟咕哝了一声，双手快速地在胸口画了一个十字："你还是你吗？"

基拉重组的大脑中闪过一段不连贯的记忆：灰色的囚室；双向镜；她膝盖下冰冷的格栅；她面前穿着灰色制服的茨切特少校的全息影像。少校问："你感觉还是你吗？"

基拉轻笑一声："是我……也不是我。我不仅仅是以前的我。"

轮机长盯着她，目光如热喷枪一样灼人。"不，基拉，我问的是这里。"她敲了敲基拉的胸骨，"重要的部位。你的灵魂还和以前一样吗？"

基拉想了想："我的灵魂？我不知道如何回答这个问题，华钟。但我现在的心愿和以前一样：宇宙和平，让生命得以繁衍。这是否意味着我还是以前的我？也许是，也许不是。改变终究不是坏事。”

华钟的疑惑似乎仍未解开：“确实不是坏事。你说得很好，基拉，但不要忘记你身为人类的意义。”

“我绝不愿忘记。”基拉说。听完这句话，轮机长看起来很满意，甚至有些高兴。

基拉将目光转到薇拉身上。她的前臂在胸前交叠，双手藏在长袍那宽大的袖子里。她的眼睛下有淤青的眼圈，面色憔悴不堪，仿佛大病初愈。

“我对你搭档的死深表哀悼，求知者薇拉。我们……理解你的痛苦。”

熵主义者抿着嘴唇，点了点头，接着低头鞠躬：“谢谢你，囚徒基拉。你的关切让我感到宽慰。”

基拉歪着脑袋回道：“不再是囚徒了，求知者。”

熵主义者显得很惊讶：“什么？不是……什么意思？”

但基拉没有回答。相反，她再次看向法尔科尼：“萨尔沃。”

“基拉。”他神色忧郁地回道。

“你把特里格带来了。”

“当然。”

“萨尔沃，你相信我们吗？”

他犹豫了一下，点了点头：“如果我不相信，就不会把这孩子带来。”

这句话温暖了基拉的内心，她再次微笑起来。现在微笑成了她最喜欢的表情：“那就再相信我一次。”

从分形图案的地板上，她让一丛卷须冒了出来，这次是绿色的卷须，不是黑色的。卷须围绕着特里格的冷冻舱蔓延开来。斯帕罗和华钟惊叹了一声，立刻从冷冻舱旁闪开。而在房间靠后的地方，士兵们都呆住了，举起手中的武器。

“放下武器！”克莱因叫道，“稍息！”

当卷须缠绕在特里格的冷冻舱上时，基拉依旧保持笑容，卷须扭曲并蠕动着，彻底包裹住舱体，把它埋在大量的绿色植物底下。

“基拉。”尼尔森轻声说，并非出于警觉或愤怒，而是关切。

“相信我。”基拉说。藤蔓就是她的手脚，她将藤蔓伸进冷冻舱里，让一千条不同的丝线伸进特里格受损的肉体之中，寻找受伤的根源。找到了。她感受到了烧坏的细胞、撕裂的肌肉、受损的肌腱、破裂的血管和断裂的神经——他的身体受到的伤害就像空间站的内部结构一样清楚明了。

她曾经怎么会觉得这很难办到呢？这种想法太不可思议了。

她将需要的能量注入特里格冰冷的身体，引导种子修复他的伤口。做完这一切后，她从他嘴里取下了呼吸器，断开了他手臂上的管子，将他与那个让他假死了半年多的机器分开。

她缓慢而小心地温暖他的身体，温柔得就像母鸡孵蛋一样。她感觉到他代谢产生的热量在增加，就像从火苗越烧越旺。最后，他终于可以不依赖呼吸器、自由地呼吸了。

于是，她松开了他。藤蔓缩进了地板里，特里格苍白的身躯暴露了出来。他宛如子宫里的胎儿一般蜷缩着，全身赤裸，只穿了一条灰色短裤，这是穿防护服时保暖用的。他猛吸了一口气，就像一个溺水的人刚浮出水面，呛出了一口唾沫。唾沫落地融化，仿佛从未存在。

“特里格！”尼尔森惊呼，她和维沙尔弯腰去查看他的情况。斯帕罗、华钟和法尔科尼也都凑近了，看着特里格。

“我……我在哪里？”特里格说，声音虚弱、嘶哑。

“说来话长。”维沙尔说。

法尔科尼脱下自己的马甲，将它披在他肩上：“披好了，别着凉。”

“咦，为什么你们都穿着防护服？我这是在哪里？”斯帕罗让到一边，他这才看到悬挂在墙上的基拉。他张大嘴巴：“那是……基拉，是你吗？”

“欢迎回来。”她说，声音饱含温情，“我们以为你撑不过来了。”

特里格环顾这间带柱子的会客厅，瞪大了双眼：“这些都是你的吗？”

“是的。”

他试图站起来，但膝盖僵硬。如果不是华钟抓住他的胳膊，他就会摔倒。“小心。”她咕哝道。

“我……我……”特里格摇了摇头，用忧愁的表情看着法尔科尼，“我们还在巴格亨特吗？”

“不，”法尔科尼说，“我们早就离开了。让我们把你送回‘壁鱼号’，让医生给你检查一下。等你好好睡一觉后，我们再告诉你发生了什么。”

“你错过了很多精彩故事。”斯帕罗揶揄道。

“是，长官。我是该好好睡一觉，感觉累得像被几个家伙用锤子修理过。我——”特里格愣住了，因为他看到了勒菲特和房间后面的其他沃纳威人，“水、水母！快，我们得——”

“我们知道，”尼尔森安抚道，“没事的，特里格。放松，看着我。没事的。吸气，冷静一下。它们现在是朋友。”

特里格犹豫了一下，看了看尼尔森，又看了看水母，似乎不确定该相信谁。斯帕罗朝他的肩膀上轻轻打了一拳：“我刚说了，你错过了很多精彩的故事。”

“不仅精彩，也很惊险。”法尔科尼嘟囔道，“但是尼尔森说得没错，它们现在是朋友。”他的目光瞬间瞟向基拉，然后又回到了特里格身上。

特里格这才放松下来，不再继续拉着华钟：“是，长官。抱歉，长官。”

“没关系，可以理解。”法尔科尼说着拍了拍他的背。

基拉把注意力转移到另外两位客人身上：“克莱因上将，强大的勒菲特，你们已经看到了我的治愈能力。如果你们有任何船员受伤，并超出了你们的治疗能力，把他们带到这里，我会像治疗特里格一样治好他们。”

勒菲特：万分感谢你的慷慨，理想态。但那些伤势无法修复的沃纳威人将转移到新的形态，而不是忍受伤害带来的痛苦。

“悉听尊便。”

克莱因的眉间出现了一道深深的皱纹：“你的提议很不错，纳瓦雷兹，但生物隔离协议不允许……”

基拉温和地说：“上将，生物隔离协议早就被违反了，不是吗？”

他的眉头皱得更深了：“你也许说得有道理，但如果我这样违反隔离规定，联盟会把我送上军事法庭。”

“你们一定对我治愈的人类都做了检查。”

“当然。”

“有什么发现吗？”

“没有。”克莱因叹了口气，“技术人员在他们身上查不到任何问题。”

“那不就行了。”

他摇了摇头：“不，不行。在异种从你身上出来之前，‘情有可原号’

也查不出你身体的异样。请原谅我小题大做，纳瓦雷兹。”

她笑了，但这次不是出于开心，而是想让自己看起来没有威胁：“联盟管不到这里，上将，也不应该管。为了我自己，为了统一体，我在此宣布对这个恒星系的主权，联盟和水母都不能在这里发号施令。在我的庇护之下，你是一个自由人，上将，请自由地依照你的良心行事。”

“自由人。”他哼了一声，摇了摇头，“你真有种，纳瓦雷兹。”

“也许吧。我的提议不是为了你，上将，而是为了你的船员。如果他们中有人受伤，你无法医治他们，我可以帮忙。就这么简单。决定权在你手上。”

她的目光越过克莱因，望向后面的沃纳威人：“以塔利，很高兴看到你毫发无伤。谢谢你在‘破碎祭司号’上为我们提供帮助。”

以塔利的触手泛起明亮的涟漪。以塔利：我很高兴能提供帮助。

基拉将目光拉回到面前：“强大的勒菲特，在最近的一系列行动中，如果没有以塔利倾力相助，我们可能永远不会打败克汀。我有个请求，请你赋予以塔利孵化权，让它选择想要的任何形态。”

她闻到了同意的近味。勒菲特：你的请求合情合理，理想态，我同意。

以塔利的身体变成了蓝色和紫色。以塔利：谢谢你，理想态。

基拉回以愉快的近味。接着，她看向其他人：“我要说的都说完了。现在，我要继续建造。你们走吧，当我准备好再次和你们谈话时，我会给你们发去信息。”

克莱因上将猛地一点头，转过身，向会客厅后方走去。勒菲特停下来，扭动触手，发出明亮的颜色——基拉通过夸温的记忆认出这是在行礼——然后跟着走了。最后，“壁鱼号”的船员也离开了。但在此之前，法尔科尼又看了她一眼，说：“基拉，你会没事的吧？”

她深情地俯视着他，整个会客厅似乎都靠向了他。“我会没事的，萨尔沃，绝对没事。一切都很好。”她全心全意地说。

“那好吧。”他说，但表情似乎不太信服。

2

访客们都走了，基拉再次投入到建造空间站的工作中。勒菲特所说的沃纳威人很快就到了，她引导它们去了水中的住处。紧接着，克莱因派来了一支联军司令部的科研队。她也为人类提供了住所，让他们住在她扩张的身体框架里，还提供了统一体种植的水果。科研人员接受了水果，但没有品尝，而且他们一直没有脱下防护服，她知道穿着防护服有多不舒服。没关系，她没必要强迫他们信任自己。沃纳威人不像人类那么担心自身的安全，它们很乐意接受她的款待，也许是因为它们与种子及其同类有过接触的历史，也许是因为它们并不重视个体的肉体。

和沃纳威人一起来的还有茨切特。当基拉问她为什么没有回联军司令部时，她说："在我和水母相处了那么长时间后，情报部不会允许我归队的。他们已经无法信任我。"

"你打算怎么办？"基拉问。

前少校挥手示意周围的空间站："成为人类和水母的联络官，避免再发生战争。勒菲特已经任命我为翻译和协调员，负责协调与联军司令部和联盟的合作，克莱因上将也同意此事。"她耸了耸肩："我也许能在这里有一番作为。茨切特大使，听起来还挺神气的，不是吗？"

基拉也这么想，很高兴看到她对新工作满怀憧憬，对两个种族共有的未来持乐观的态度。

空间站外，飞船还在聚集：有人类的，有沃纳威人的，也有基拉建造的，它们从科尔多瓦各处带来补给。众多飞船聚集在她周围，就像蜜蜂围着一朵满是花蜜的花。她看着眼前的情景，感到十分自豪。

从"壁鱼号"上向她发来了一束信号。出于好奇，她接收了信号，格列戈罗维奇熟悉的声音进入了她无形的耳朵。

"你好，肉袋子。现在你和我一样了。你喜欢被困在这个果壳里吗？"

"飞船主脑，我已经超越了果壳本身。"

"嚯！好大的口气。"

"我只是实话实说。"她说，"你是如何跟进一切的？要管的事情太……多了。"

他的回答异常冷静："哦，荆棘女王，滴水穿石，非一日之功。不要妄下定论，相信自己的能力。我变成飞船主脑后，花了一年半的时间才搞清楚自己是谁。"他咯咯笑着，破坏了严肃的气氛。"但也没完全弄清楚。谁知道呢？我们顺势而为，就像随风飘摇的野草。"

她思考了一下："谢谢你，格列戈罗维奇。"

"不必客气，空间站主脑。无论何时，只要你想找我说话，尽管联系，我乐意倾听。"

基拉认真地琢磨他的建议。即使在建造统一体时，她也更努力地整理重新形成的大脑，从大量的记忆中筛选，试着确认哪些是属于基拉的记忆。她很想弄清楚自己到底是谁。她特别留心巨口的记忆，就在仔细研究这部分记忆时，她发现了一件可怕的事。

不。

她想起来了。在来科尔多瓦1420之前，巨口提前做了准备以防失败。它在星际空间最黑暗的深处，用自己的肉体和种子的肉体形成了七个分身——七个具有生命的复制品，能自主地思维和行动。巨口送走了这些恶毒、愤怒的克隆体，却不知道它们最终的去向。

基拉想到了先前发出的自毁命令。它当然能……但她从种子那里得知，这一命令无法阻止巨口的分身，种子对此深信不疑，因为它们也是种子——虽然像巨口一样畸形而残缺，但本质上相同。

这些分身与腐坏者不同，她无法用一句命令来消灭它们，正如她无法这样对付巨口。种子无法干掉自己。旧日支配者认为不该赋予种子这种能力，更愿意以蓝色权杖的形式将这种能力留给自己。

但权杖碎了。基拉知道，即使有权杖的碎片，她也无法修复它。她没有相关知识，这也拜旧日支配者所赐。

她想，它们对自己的统治力自信过头了。

当她思考眼前的形势时，恐惧加深了。无论去往何方，巨口的子嗣都会散播邪恶，让腐坏者遍布整个星球，转化或改变星球现有的生命形态。这七个分身对银河系中的所有生物都构成了威胁……它们将引发灾难，与种子的意义背道而驰。

想到这里，她感到十分不安。

她遗憾地意识到自己的重生和想象的不同。她有义务消灭巨口，也有义务消灭它留在宇宙的七个致命分身。

第三章

* * * * * * *

分别

1

基拉立刻行动。事态紧急，她一分一秒都不想浪费。

她对聚集在自己周围的飞船说：“让开。”船长们纷纷将飞船挪开。

接着她点燃了空间站肋骨上的各个推进器，空间站开始缓慢而笨重地驶向沃纳威人在开采的星球。联军司令部将这一星球命名为R1，但基拉认为它应该有个正式的名字。她会让生活在统一体的人给它命名，这是他们作为这个恒星系的居民应有的权利。

勒菲特和克莱因上将都在空间站开始转移位置时向她发出信号。“纳瓦雷兹，你在做什么？”克莱因问。

“让统一体进入R1的高轨道。”她说，“这个位置更好。”

“收到，纳瓦雷兹。我们会确保你的航线通畅。下一次，希望你能提前告知我们。”

勒菲特：你需要帮助吗，理想态？

“暂时不需要。”

2

基拉花了几天时间转移统一体，在此期间完成了必需的准备工作。当她终于将空间站安置在轨道上后，她再次召唤了“壁鱼号”的船员。

他们很快就来了。这艘破旧的飞船停靠在空间站的中央枢纽附近。基拉注意到，“壁鱼号”大部分受损的区域都得以修复（尽管有几个散热片仍是针尖大小的碎片）。

船员们进入空间站的走廊，彼此紧张而兴奋地交谈着，但他们关闭了防护服的外部扬声器，只能看到他们的嘴唇在动。她很好奇他们在说什么，于是用不可见的准直光[1]照进他们的面罩，从而感知他们声音的振动。

“——能猜到她想要什么吗？”特里格说，听起来很兴奋。

法尔科尼低吼了一声：“你已经问了三遍了。”

“对不起。”特里格听起来有些羞愧。

尼尔森说：“克莱因很清楚我们应该——”

“我才不管他怎么想呢，”斯帕罗说，“我们说的是基拉。不是水母，不是梦魇，是基拉。”

“你确定吗？”法尔科尼问。

大家都沉默了一会儿。斯帕罗用拳头捶了捶胸口：“是的，她是我们的坚强后盾。她还治好了特里格。”

“结果我们还在隔离中。”法尔科尼说。

华钟微微一笑：“生活哪能处处如意。”

听到这句话，船长笑了，尼尔森也笑了。

当船员们进入基拉的会客厅时，她将视觉和听觉恢复到重组的肉体上。他们在她面前停下脚步，她向他们微笑。花瓣从房间上方缓缓飘落，粉白相间，散发着温馨的香味。“欢迎你们。”她说。

法尔科尼歪着脑袋，嘴角闪过一丝狡黠的微笑：“不知为何，我总想向你鞠躬。”

“请别这样，”她说，“你们不应该向任何人鞠躬。你们不是仆人，也不是奴隶。”

“说得太对了。”斯帕罗向基拉行了个简礼。

基拉看了看特里格：“你感觉如何？”

他耸了耸肩，试图显得若无其事。他的气色已经恢复：“相当不错。我只是不敢相信自己错过了那么多事。”

“这不是什么坏事。如果可以的话，我宁愿昏迷六个月。”

“是的，我明白。也许没错，但真的不可思议。从奥斯特德空间站的磁悬浮车上跳下来！那一定很刺激。”

斯帕罗没好气地说：“确实刺激。换句话说，这无异于自杀。”

---

① 准直光：不会散射、永远平行的光线。——编者注

特里格笑了笑，然后严肃起来："不管怎么说，还是要谢谢你救了我，基拉。真的。"

"很高兴能救你。"基拉说，房间里的光似乎变亮了。基拉将注意力转向维沙尔。他站在尼尔森旁边，两人的肩膀几乎碰到了一起。"我对特里格的治疗有没有疏忽？有什么问题吗？"

"我感觉很好！"孩子挺起了胸膛。

医生摇了摇头："特里格看起来非常健康。我检查了他的血液和神经，没有需要我介入的地方。"

法尔科尼点了点头："说真的，我们欠你太多了，基拉。如果有什么我们能为你做的——"

基拉舞动树叶，打断了他的话。"如果不是因为我，你们根本不会遭遇这么多麻烦。"她说，"就当我们扯平了。"

他笑了起来。基拉很高兴能再次听到他的笑声。他说："好吧。"

特里格左右脚交替跳着，看起来十分兴奋。"告诉她吧，"他看着维沙尔和尼尔森，"快说吧！不然我替你们说了！"

"告诉我什么？"基拉好奇地问。

尼尔森做了个鬼脸，似乎有些难为情。

"你肯定不敢相信。"法尔科尼说。

接着维沙尔拉着尼尔森的手，走上前："基拉女士，我有件事要告诉你。我和奥黛丽女士订婚了。而且是她向我求婚的，基拉女士。我！"

尼尔森脸红了，轻声笑了起来："没错。"她温情脉脉地看着医生，基拉从没见过她这般温柔。

如今很少有什么事会令基拉感到惊讶。无论是恒星的转动、原子核的衰变，还是看似随机、实则构成现实基础的量子波动。但这个消息令她感到惊讶——回想起来，她认为这也不算意外。

"祝福你们。"她发自内心地说。和浩瀚的宇宙相比，两个生命的幸福可能是一件小事，但说到底还有什么事情更重要呢？苦难不可避免，若有一个与你相爱的人，那便宛如天堂。

维沙尔点了点头："谢谢你，基拉女士。我们会等能举行婚礼时再结婚，我母亲和姐姐们得在场，到时候宾客满堂，佳肴美酒，还要有——"

“好啦，这些都会有的。”尼尔森微微一笑。

医生回以微笑，用一只手搂住尼尔森的肩膀：“是的，我们可不想等太久，对吧？我们甚至讨论过买一艘货船，经营自己的航运公司，基拉女士！”

“无论什么计划，我们都会一起实现。”尼尔森说。她亲吻了他那刮过胡子的脸颊，他也回吻了她。

法尔科尼想去挠下巴，手指却碰到了面罩。“管他呢！”他叫了一声，解开头盔取了下来。

“船长！”华钟惊讶地喊道。

他摆了摆一只手说：“没事。”接着他挠了挠下巴，指甲摩擦胡楂的声音响彻会客厅：“你能看出来，我们都感到很意外，但他们看起来很幸福，所以我们也感到高兴。”

“没错。”特里格说，听起来有些闷闷不乐。他朝大副瞥了一眼，轻轻发出一声叹息。

法尔科尼嗅了嗅空气。“味道不错。”他说。

基拉笑了，比先前更开心了：“我的努力没有白费。”

“好吧。”斯帕罗说着，活动了一下肩膀，仿佛准备举重，“基拉，你为什么叫我们过来？只是为了闲聊？不像你会干的事，请见谅。”

“是的，我也挺好奇的。”法尔科尼用一根手指在一个树干状的柱子上蹭了蹭，然后将手指举到面前，观察残留在手上的物质。

基拉深吸了一口气。虽然她不需要呼吸，但这样有助于集中注意力。“我请你们来有两个原因。首先是关于巨口的真相。”

“说吧。”法尔科尼警惕地说。

她如实道来。她说自己在巨口的记忆中发现了七个邪恶种子的秘密。她说话的时候，看着大家的脸色变得苍白，表情懊恼。

“图勒！”尼尔森惊呼。

“你是说，外面还有七个这样的鬼东西，只有图勒知道它们在哪里？”斯帕罗说。听到这个消息，连她也感到畏惧。

基拉闭上眼睛想了一会儿：“正是如此。而且探索者也在外面，我可以保证它绝不是善茬。无论是联盟还是水母都无法应对这些威胁。他们没有这样的能力。能够对付它们的只有我，也就是种子。”

“那你打算怎么办？”法尔科尼说，接着大家都沉默了。

“竭尽全力追捕它们。”

一时间，房间里只有花瓣轻轻落下的声音。

“怎么追捕？”斯帕罗说，“它们可能在宇宙的任何地方。”

“也并非无迹可寻。至于要怎么追捕……我现在先不说。”

“好吧。”法尔科尼缓缓说道，“那你叫我们来的另一个原因是什么？”

“我为你们每个人准备了礼物。”基拉的身体从墙上落到地面，将自己与网状纤维分离。这些宛如树根一样的纤维原本紧紧地缠绕着她，将她固定在墙上。她的双脚触到了地板，自从进攻“破碎祭司号”后，这是她第一次在没有支撑的情况下站立。她的身体和空间站的墙壁一样由墨黑色的材料构成，她的头发像在微风中飘动，但周围没有微风。

“哇。”特里格说。

法尔科尼向前走了一步，冰蓝色的眼睛打量她：“这是你的本体吗？”

“和统一体的其余部分一样，都是我。”

“那也行。”他说完，紧紧地抱住了她。基拉感觉到了他的拥抱，甚至在空间站远处的支柱上都产生了同样的感觉。

其他人都围了过来，抚摸着她，拥抱着她，轻拍她的后背。

“你的大脑在哪里？”特里格瞪大眼睛问道，“在你的脑袋里，还是在上面？”他指着她从墙上下来的地方。

“特里格！”华钟说，“阿西，你的礼貌呢？”

“没关系，”基拉摸了摸自己的太阳穴说，“有一部分在这里，但大部分在那里。人类的头骨容不下我的大脑。”

“和飞船主脑差不多。”华钟说。

基拉低下了头：“是差不多。”

“不管怎么说，看到你没事真是太好了。”斯帕罗说。

“同意。”尼尔森说。

“即使你看起来很像煮熟的菠菜。”斯帕罗笑着补充道。

接着基拉退了一步，给自己腾出空间。“听着，”她说，他们都认真听着，“从现在开始，我没法再继续帮助大家了，所以我想再为你们做一些力所能及的事情。”

“不必勉强。”法尔科尼说。

她对他笑了笑：“如果勉强，那就不叫礼物了……特里格，我知道你一直对外星生命感兴趣。这件礼物是给你的。”

在她脚边的地板上，长出了一根绿色的棍子，棍子越长越高，最后变成了几乎和特里格一样高的权杖。权杖的顶端是缠绕的枝条，上面嵌着一颗看似绿宝石的东西，宝石有知更鸟的蛋那么大，从内部发着光。

基拉握住权杖，权杖脱离地面，落到她手中。权杖有几处长着小叶子，新鲜汁液的气味弥漫在空气中。

“给，”她把权杖递给特里格，“这不是蓝色权杖，而是绿色权杖[①]。虽然在必要时你可以用它战斗，但它不是武器。它里面有种子的一部分，只要善待它，你能在任何贫瘠的土地上播种生命。有了它，你能与水母交谈，只要插入地面，周围的生命就会茁壮成长。如果你能做一个称职的看管员，你可能会发现权杖更多的用途。不要让联军司令部的人打权杖的主意。”

特里格的表情带着敬畏和惊喜。“谢谢你，”他说，“谢谢，谢谢，谢谢。我甚至不知道该——啊，天哪。谢谢！”

“对了，”基拉抚摸着权杖的顶端，“权杖每天都会结出一颗果实。一颗红色的果实。虽然不多，但足以让你永远不会挨饿。你再也不需要担心食物的问题了，特里格。”

听到这里，特里格的眼里噙满了泪水。他紧紧地攥着权杖。“我会铭记在心的。”他喃喃地说。

基拉相信他会珍惜这份礼物。

“华钟。”她继续从身体一侧拿出两个球，一个白色，一个棕色，每个球都刚好有她的手心那么大。她将棕色球给了轮机长。“这是来自旧日支配者的技术成果。你可以用它修理大多数机器。”

轮机长盯着手中的球，咬着下唇：“阿西，它会吃掉整艘飞船吗？”

基拉笑着摇了摇头：“不，它不像种子，不会因为失控而扩散。但要小心使用，因为它有时可能会试图……改造。”

---

① 绿色权杖：见附录三“STAFF OF GREEN”（第 814 页）。

华钟将棕色球塞进腰间的袋子里，喃喃地说了声谢谢。华钟的脸颊红了，基拉看得出她很喜欢这份礼物。

欣喜之余，基拉又把白色球递给了医生："维沙尔，这同样来自旧日支配者的科技。你可以用它修复大多数伤口。但同样要小心使用，因为它——"

"因为它有时可能会试图改造。"维沙尔温柔地笑着说，"我明白。"

她也笑着说："不错。比如在巴格亨特的时候，它本可以救特里格。希望你永远不会用到它，但如果发生意外……"

"如果发生意外，它比常规治疗管用。"维沙尔用双手捧着球，然后鞠躬，"谢谢你，基拉女士，真心感谢。"

接下来是斯帕罗的礼物。基拉伸手从大腿边取出一把全黑的短匕首，递给了她。刀刃上有不显眼的纤维图案，与种子相似。"这是一把武器。"

"好家伙。"

"金属探测器无法探测到它，X射线和微波也不能。但它最特别的地方是它能切开一切。"

斯帕罗略带怀疑地看着她："真的？"

"真的。"基拉坚持道，"可能会需要些时间，但你可以切开最坚硬的材料。而且，你也不必担心它会和种了一样失控。"

斯帕罗对匕首的兴趣越发浓厚了。她把玩了一阵，然后抓住刀柄，在自己多功能工具袋的边角试了一下刀刃。正如基拉所说，刀刃干净利落地切开了材料。当它切开时，刀刃上闪过一阵微弱的蓝光。"好用极了，谢谢。我以前碰到过不少棘手的情况，有了它就好了。"

至于尼尔森，基拉一时无法决定。她说："奥黛丽……我可以帮助你康复。种子能重塑任何组织，对任何基因进行重新编码。但如果我这样做……"

"你会改变我的大部分大脑，"尼尔森无奈地笑了笑，"我知道。"

"种子也许不会改变你的个性或记忆，但我不敢保证。种子没有伤害你的意图，恰恰相反，它想帮助你。"

大副颤抖地吸了一口气，然后抬起下巴，摇了摇头："不了，我很感谢你的提议，基拉。我宁愿不冒这个险。弄清我是谁并不容易，而且我很喜欢现在的自己，我可不想接受改变。”

“对不起，我希望可以帮上忙。”

“没关系，”尼尔森说，“很多人比我更惨。我会没事的。”

维沙尔抱着她说：“基拉女士，我将尽力帮助奥黛丽女士。在学校，我的强项就是基因改造，没错。”尼尔森的表情变得柔和，和他抱在一起。

“那太好了。”基拉说，“虽然我不能治好你，但也准备了礼物。事实上有几件礼物，因为你订婚了。”

尼尔森开始推辞，但基拉没有理会。她跪下来，在地上画了两个相同的圈，直径不超过五厘米。她触摸的地方变出了金色的线条，越来越亮，最后变得刺眼。

接着，光芒暗淡了，彻底消失。两枚戒指出现了，金色和绿色相间，镶有闪闪发亮的蓝宝石。基拉拿起戒指，送给尼尔森：“送给你和维沙尔，算是提前的新婚礼物。你们可以选择不戴，但如果戴在手上，你们会发现它们有不少用处。”

“真漂亮！”尼尔森接过戒指，“谢谢你，但恐怕对我来说都太大了。”

基拉窃喜道：“你戴上试试。”

尼尔森将其中一枚戴上。戒指在她的手指上收紧，最后完全贴合了，她发出了一声惊呼。

“好神奇。”特里格说。

基拉笑了：“神奇吧？”然后，她走到最近的柱子前，从凹槽里取出一对东西。她把其中一个递给尼尔森。那是一个手掌大小的圆盘，看起来像一个粗糙的白壳。贝壳表面镶嵌着一簇蓝色的珠子，每颗珠子都和豌豆差不多大。她说：“这就是我一开始准备送给你的礼物。”

“这是什么？”尼尔森接过圆盘。

“止痛药。你以后病痛发作时，取下一粒，”她点了一下其中一颗珠子，“吃掉它。只吃一颗，不用多吃。虽然它无法治愈你，但可以缓解你的疼痛，让你轻松些。”

“谢谢你。”尼尔森听起来有些不知所措。

基拉歪着脑袋：“过一段时间，珠子就会重新长出来。取之不尽，用之不竭。”

尼尔森含着泪："说真的，基拉……谢谢你。"

在她身后，维沙尔说："太谢谢你了，基拉女士。你太好了。我由衷地表示感谢。"

接着基拉拿出了另一件东西，是一个普通的量子储存棒："对了，还有这个。"

大副摇了摇头："你已经给了我太多了，基拉。我不能再拿你的东西。"

"这不是礼物，"基拉轻柔地说，"而是请求……如果你愿意，我想指定你为我的法律代表。为此，这里面有一份文件，表明你可以代表我授权。"

"基拉！"

她抓住尼尔森的肩膀，看着她的眼睛："我在正山公司工作了七年多，得到了不少报酬。我和艾伦计划用这笔钱在阿德剌斯忒亚开始新的生活，但是……现在这钱对我没有用了。我想请你帮忙把这笔钱送到我在维兰德的家人手中，前提是他们还活着。如果他们不在了，那么这些钱就归你了。"

尼尔森张了张嘴，似乎不知道该说什么。接着，她点了点头，打起精神说："当然，基拉。我会尽力的。"

基拉感到欣慰，继续说："公司可能会为难你，所以我让克莱因上将作为公证人，见证我签下了这份文件，这样律师就不会再找你麻烦。"她把量子储存棒放到尼尔森手上，她接受了。

尼尔森狠狠地抱住了她："我向你保证，基拉。我会想尽一切办法把它交到你家人手里。"

"谢谢。"

尼尔森松开拥抱后，基拉走到法尔科尼独自站立的地方。他对她挑了挑眉毛，双臂抱胸，似乎很好奇："基拉，你打算送我什么？去埃多伦度假的船票，还是我可以撒在'壁鱼号'上的魔法精灵粉？"

"比你想得更好。"她举起一只手，从房间侧面的一个拱形门洞里，四个空间站看管员推着一辆板车缓缓走来，板车上放着一个印有联军司令部标记的军灰色密封箱子。

"这些是什么？"特里格问，用绿色权杖指了指看管员。

它们是个头很小的两足动物，后腿是双关节的，前肢如霸王龙的手臂一般短小。它们的手指纤细，白得呈半透明。它们身后各长着一根灵活的尾巴，皮肤上有锃亮的类龟甲外壳。头部窄窄的，中间的隆起部位有一撮红紫相间的羽毛。背上有两对和蜻蜓一样的翼翅。

“它们照料这座空间站，”基拉说，“甚至可以说就是在这里出生的。”

“你是说，是你生出来的。”法尔科尼说。

“从某种意义上来说是的。”看管员放下板车便离开了，一边走一边自言自语似的发出啾啾的鸣叫。基拉打开箱子的顶部，里面是一排排反物质罐头，每个罐头的侧面都闪着绿光，表明内部充满能量。

尼尔森倒吸了一口气。华钟说：“图勒！”

基拉对法尔科尼说：“这是给你和‘壁鱼号’的反物质。一些是我从拆解的船只上回收的，其余的是我制造的，我将其转移到了安全壳中。”

法尔科尼满脸惊愕地看了看箱子：“这里面的反物质一定足够……”

“为‘壁鱼号’提供多年的动力，”基拉说，“是的，或者你可以卖掉它，换一笔备用金。你自己决定。”

“谢——”

“我还没说完呢。”基拉说。她又举起手，看管员回来了，推着另一辆板车。这辆板车上放着装满黑土的盆，里面长着各种奇形怪状的植物，与地球、埃多伦或维兰德上的植物相去甚远。其中有些会发光，有些会自行摆动，还有一种外观酷似石头的红色植物会发出哼哼的声音。

“既然你失去了水培区，我想你需要一些替代品。”基拉说。

“我——”法尔科尼摇了摇头，“你想得真周到，但我们怎么带着它们到处跑呢？我们没有足够的冷冻舱，而且——”

“它们的盆会在超光速航行期间保护它们，”基拉说，“相信我。”然后，她递给他另一个量子储存棒：“这里有照料这些植物的方法，以及每一种植物的具体情况，应该能派上用场。”

她第一次看到法尔科尼的眼里闪着泪光。他向其中一株植物伸出手。那是一株满是斑点、像水壶一样的植物，在张开的口器附近还挥舞着小小的触手。他想了想，将手缩了回去：“我不知道该怎么感谢你。”

“还有两件礼物。”她说，“先是这个。”她给了他一个小小的长方形金属块，大小如同一副扑克牌。“给薇拉和其他熵主义者研究用的。”

法尔科尼把长方形翻了个面，它看起来只是一块金属：“这是什么？”

“如果他们能理解它的意义，它便是为他们指明方向的东西。”她笑了笑，“他们总有一天会理解的。另外一件礼物是这个。”她将双手放在法尔科尼的脸庞两侧，轻柔而深情地吻了他的嘴唇。“谢谢你，萨尔沃。”她低声说。

“谢什么？”

“你相信我，信任我，把我当作一个人看待，而不是科学实验品。”她再次吻了他，接着退后，向两边举起手臂。藤蔓从后面的墙上展开，温柔地抱住她，将她举回墙上的凹陷处。

“我已送出所有礼物。”她再次融入空间站后说，随之而来的是一种安心的感觉，“现在你们可以走了，要知道：无论时间或命运把我们带向何处，你们都是我永远的朋友。”

“基拉，你接下来要做什么？”法尔科尼问，扭过脖子看向她。

“你们很快就会知道的！”

3

当船员们从会客厅鱼贯而出，经过走廊回到对接口时，基拉向格列戈罗维奇发起了通话请求，她知道他通过他们的通信器一直在旁听。“我也有礼物给你，”她说，“如果你愿意接受的话。”

“哦，真的吗？是什么，哦，赐戒指者[①]。”

“一副躯体。全新的躯体，不管你想要多大还是多小，金属还是有机物，不管你喜欢什么形状、什么设计，只要告诉我，种子就能做出来。”令基拉惊讶的是，飞船主脑没有立即回答。他沉默了，她几乎可以听到他在线路另一端思考和犹豫。“考虑一下吧。你可以去任何想去的地方，格列戈罗维奇。你不必被困在‘壁鱼号’里了。”

最后，飞船主脑说：“是的，但我想，也许我想被困在这里。你的提议很诱人，基拉，非常诱人。别觉得我不领情，但就目前来说，我认为自己应该留在这里，和法尔科尼、尼尔森、特里格、华钟、斯帕罗一起。他们需要我，而且……说真的，我很乐意有他们这样的肉袋子在我的甲板上

---

① 赐戒指者（Ring Giver）在古英语中指国王或首领。——译者注

跑来跑去。你现在也许能理解我。拥有躯体固然很好，但不急在一时，这样的船员和朋友可遇而不可求。”

基拉确实理解，也很欣赏他的回答：“如果你改变主意，可以随时来找我。”

“我很高兴能认识你，哦，花之女王。虽然你浑身带刺，麻烦不断，但有你在的人生更精彩……换作是我，绝不会选择独自去追捕巨口留下的怪物。对此，我很佩服你。另外，你为我指明了通往自由的道路，你让我摆脱了自己的困境，我永远感激你。在遥远的将来，请一直记得我们，正如我们永远记得你。如果时间的浪潮没有摧毁我的头脑，记住，我是你坚强的后盾。”

听完这些话，基拉只是回了一句：“谢谢。”

4

访客都走了，她静下心来，开始实施下一步计划。计划很简单，执行起来却不容易。自巨口毁灭以来她做的一切都不及这个计划复杂和危险。

首先，她将自己转移到了空间站表面。她收集材料，不管有机物还是无机物，用这些材料搭建了另一个核心，和统一体的核心相同。接下来是最困难的部分，她把自己的大脑分成不对等的两个部分。

她把所有属于卡尔和夸温的部分都分离出来，放在统一体的核心中；而所有属于基拉、种子和巨口的部分，她都留给了新造的核心。她对一些有用的部分进行了复制——她仍然拥有卡尔的医学知识和夸温在故乡水域中捕猎的经验，其中难免会有遗漏和疏忽的地方，但她尽力了。

分离的过程很危险。每一步操作基拉都担心会切断自我意识的关键部分，抹去她自己都不知道的重要记忆，甚至杀死自己。

但她尽力了。她知道，人有时候必须做出选择，哪怕不清楚哪一个才是正确的。生活很少会告诉你答案。

经过一天一夜的辛苦工作，她将所有似乎属于她的思维放进了她制造的微小而有限的头骨中。她感觉自己变得渺小，但与此同时，她不再接收空间站海量的感官信息，也算是松了口气。

她最后检查了一次夸温和卡尔的意识，就像母亲查看孩子的睡眠情况。然后她把自己从统一体分离出来，用新造的核聚变核心作为动力，穿越太空，前往附近的小行星带。

和往常一样，克莱因和勒菲特要求她给出解释。于是，基拉和他们说了巨口有七个致命分身的事，并解释了自己的目的。“我要去追捕它们。”她说。

克莱因紧张地问：“那空间站怎么办？”

勒菲特：是啊，理想态，我和鱼群首领一样担心。空间站太重要了，不能没人看管。

基拉笑了：“有人看管，我留下了卡尔和夸温。”

“什么？”克莱因说。

勒菲特：什么？

“我大脑中属于他们的部分正在看管统一体。它会管理好一切，遇到危险也会保护空间站。我建议你们不要激怒它。”

勒菲特：理想态，你是打算再制造一个腐坏者吗？

“虽然我不想承认，但我同意水母的观点，”克莱因说，“你想再给我们制造一个巨口吗？”

基拉的语气强硬起来：“不会再有巨口了。我从卡尔和夸温的思维中剔除了所有种子的部分。它现在与以往截然不同，是未成形、不确定的。但我可以告诉你，它里面没有巨口的原动力，也就是愤怒和痛苦。或者说，即便有残余，也在我体内，而不是在空间站里。你们面对的是一个全新的生命形态，克莱因上将，勒菲特。请好好善待它，也许会有意想不到的惊喜。别让我失望。”

5

基拉到达了小行星带，在最大的小行星附近缓缓地停下。这是一块巨大的矿石，直径达数千米，因长年累月的陨石撞击而坑坑洼洼。

她悬在空中，再次开始建造。这一次，基拉用了现成的蓝图。她在种子的记忆库深处发现了一张设计图。那是旧日支配者的技术，来自它们文明的巅峰时期，非常符合基拉的需求。

基拉用种子吞噬了小行星，按需求将其改造，并依照旧日支配者的图纸建造了一艘飞船。

这艘飞船不像人类的飞船那样方正、修长并带有散热器，也不像沃纳威人的飞船那样滚圆、通体白色、泛着彩色光芒。它不同于任何飞船，形状似箭，又长又尖，有着叶片一般流动的线条。船身有脉络和脊线，扇形船尾上有薄膜。和统一体一样，这艘飞船有生命。船体在微微膨胀和收缩，看起来具有意识，仿佛在观察周围的一切。

在某种程度上也确实如此，因为这艘船是基拉身体的延续，就像她的眼睛。通过飞船，她能看到的远比通过其他方式要多。

她终于造好了飞船，它的体积是联军司令部战舰的一半多，装备却更精良。提供飞船动力的是一个新造的扭矩引擎，哪怕巨口的分身跑得再快，基拉都有信心赶上它们。

她再次看了一眼恒星系：恒星科尔多瓦、行星R1、飘浮在高轨道上的翠绿色的统一体，以及人类和沃纳威人聚集的舰队——即使这两个种族并非朋友，至少也不再是敌人了。

基拉笑了，感到很满意。

她的内心获得了平静，默默地和眼前的一切告别，哀悼所有逝去的生命。然后，她将飞船驶离科尔多瓦，根据巨口最后那微弱的记忆，上路了。

第四章

* * * * * * *

退场Ⅵ

1

基拉不是只身一人，至少现在不是。

当她在太空中移动时，四艘联军司令部战舰和三艘沃纳威人的巡洋舰以紧密队形尾随其后。这些飞船都遭到了某种程度的损坏，到处可见爆炸的凹痕和烟尘的污迹，人类的飞船要靠超光速胶带、紧急焊接和船员的祈祷才能苦苦支撑。不过，这些飞船足以为她送行。

克莱因上将和勒菲特似乎决心要护送她进入马尔可夫极限。她怀疑他们的目的不是保护，而是观察，也许还为了陪伴她。她对此很感激。如果说还有什么会令她不安，那便是在沉默中独自前进……

一旦她进入马尔可夫极限，这些飞船就会被甩在身后，因为比起人类和沃纳威伊人的飞船，她的飞船离马尔可夫极限要近得多。它们没法在超光速航行中与她保持同步。

到时候，她就真的只剩下自己了。

从基拉下决心的那一刻起，她就预料到了这样的处境。可当孤独真的到来时，她还是有些胆怯。当卡尔和夸温的意识从她的意识中剔除后，她的思维变得更空了。她再次成为个体，而不是集合体。虽然种子在某种意义上是她的伙伴，但不能代替正常的人际交往。

她一直不介意独自工作，但即使公司派她去最偏远的前哨站，也有人一起喝酒、聊天、打架、做爱，进行精神或身体的交流。而她即将展开的漫长旅程中，什么都没有。

她并非害怕孤独，而是孤独可能产生的后果。虽然现在她感觉自己精神稳定，但如果长时间处于孤独之中，她会不会和格列戈罗维奇发生事故后那样神志不清？她会不会变得更像巨口？

种子的表面泛起一阵涟漪，她颤抖了一下，尽管不觉得冷或热。

在黑暗的托架里，她睁开自己人类的眼睛，盯着上方的弧形表面：一幅由肉体的纹理构成的星图，部分是植物，部分是动物。她用指尖描画着星图上的形状，感受线条，阅读路径。

过了一会儿，她再次闭上眼睛，向“壁鱼号”发送了一个信号，请求与法尔科尼通话。

光波的延迟过后，他立刻回复道：“嗨，基拉，怎么了？”

她向他坦白了自己的担忧，她说：“如果独处太久，我不知道自己会变成什么样子。”

“我们都不知道……不过我可以确定，你不会疯掉，基拉。你内心强大，也不会因种子而失控。连巨口也无法摧毁你。相比之下，这简直是小菜一碟。”

她在黑暗中笑了：“你说得对。谢谢你，萨尔沃。”

“你需要有人陪你去吗？我相信联军司令部和水母中肯定有不少志愿者想和你一起漫游银河系。”

她认真想了一下，然后摇了摇头：“不，这是我必须自己完成的任务。如果有其他人在身边，我会担心他们的安危。”

“你来决定吧。如果你改变主意，就告诉我们。”

“好的……可惜我没法看到我们和水母之间的关系会有怎样的进展。”

“很高兴听到你说‘我们’，克莱因怀疑你已不把自己当人类。”

“我的一部分还是人类。”

他轻哼了一声：“我知道你要离开这个恒星系了，但你仍然可以发信息回来，我们也会想办法联系你的。可能需要一段时间，但我们会找到办法的。保持联系很重要。”

“我会的。”但基拉知道，她不太可能从联盟或沃纳威人那里听到任何消息。即使他们知道她在哪里，当他们的信号到达她所在位置时，她也可能早已离开。除非巨口的分身与她在人类定居点碰面，而她非常不希望出现这种情况。

不过，法尔科尼的关心起了作用，她有了一种平静的感觉。无论未来如何，她都准备好面对了。

当他们聊完以后，她联系了“无情力量号”。在她的请求下，克莱因上将同意将她的信息（除去联军司令部认定的机密）转发给她在维兰德的家人。对基拉来说，向维兰德发送信号很简单，但她不知道如何构建能量波，能让家里通信系统的天线接收并转化成信息。

基拉很想等一等，直到收到回信。可是，即使在最理想的情况下，那也需要三个多月的时间。前提还是联军司令部能找到她的家人……而且他们还活着。想到自己也许永远也不会有家人的消息了，她感到很痛苦。

当飞向马尔可夫极限时，基拉听着“壁鱼号”传来的音乐。有巴赫的乐曲，也有长而缓慢的管弦乐，似乎符合行星的旋转和恒星的变化。音乐为无形的时间提供了有形的结构，描述了庞大天体的客观运行。

在有自主意识的船里，基拉打起了瞌睡，半梦半醒……她感觉到了强大的困意，但是忍住了，因为她还没有准备好失去意识。现在还不行，除非等到她周围的空间扭曲，将她与宇宙的其他部分隔绝开来。

2

当基拉到达马尔可夫极限时，飞船内有了一种准备就绪的感觉。她对现实的感知似乎在减弱，现实变得柔软可塑，她知道是时候上路了。

她最后一次回望恒星系，内心交织着遗憾、焦虑和兴奋。但她是为了去维护正义，因此坚定了信心。她要去往未知的世界，铲除邪恶的种子，在银河系中传播生命的希望。她庆幸有这样一个目的。

她将动力切换到扭矩引擎，准备转换到超光速航行，沉闷的嗡嗡声响彻飞船的躯体之中。

嗡嗡声最后化为巨响，这时噼啪一声传到了她的耳朵里。是来自“壁鱼号”的信息，法尔科尼发来的。他说：“基拉，联军司令部说你即将跳进超光速空间。我知道你感觉自己从此孤身一人了，但并非如此。别忘了，我们都牵挂着你。听到了吗？这是船长下达的直接命令……去干掉那些梦魇，希望我们再见面时你平安无事——”

嗡嗡声消失了，星星扭曲了，黑暗的镜面笼罩着她，她被隔离在了一个球体中，和她的船差不多大。接着，一切都静止了。

基拉不由得感到悲伤，并任由自己沉浸在悲伤中，接受曾经失去的一切。她有些抗拒，同时也心存希望。如果她能及时找到巨口的分身，将它们通通消灭，也许她还来得及回家，过上平静的生活。

她吸了一口气。不。事已至此，她无法回头了。没有必要为做出的选择后悔，也没有必要为法尔科尼所说的掌控不了的事情后悔。

就是现在。她闭上眼睛，尽管未来仍然让她感到不安，但她终于让自己睡着了。

她没有做梦。

3

……

……

……

黑暗之中，一艘翡翠色的飞船在航行。这个渺小的发光点漂流在浩瀚的太空中。它周围没有任何飞船，没有守卫、同伴或警戒无人机。它独自存在于苍穹之中，悄无声息。

飞船正在前进，却又看似静止不动，宛如一只冻结在水晶中的蝴蝶，明亮而精致，得以永久封存，成为永生不变的存在。

它许多次超越了光速，现在却这般缓慢，因为它追踪的气味太过微弱，很难捕捉。

银河系无休无止地自转。突然闪出一道光。

前方出现了另一艘飞船。新来的飞船破旧肮脏，船身满是修补的痕迹。船头上只有一个单词，字迹都褪色了。

两艘飞船在瞬间擦肩而过，相对速度很快，只有极短的时间发送信息。信息中有一个男人的声音，他说："你的家人还活着。"

然后，那艘破旧的飞船就离开了，消失在了远方。

而在这艘孤独漂流的飞船里，在这翡翠色的茧中躺着一个女人。尽管她双眼紧闭，皮肤发青，血液冰冷，心跳停止，但脸上浮现了微笑。

她继续航行。她蛰伏着，等待着，沉睡着，长眠于星海之中。

附录

*　*　*　*　*　*　*

附录一

* * * * * * *

时空·超光速

节选自《熵原理》[1]（修订版）

……有必要对基本原理进行简要概述。为今后更详尽的研究提供快速入门的参考指南。

★ ★ ★ ★

超光速旅行是当代的关键技术。没有这项技术，人类要实现向太阳系外的扩张，只能乘坐世代相传的飞船或自动化种子飞船，进行长达数百年的星际旅行，抵达后方可就地建立殖民地。即使最强大的核聚变引擎也无法达到如今能让我们自由穿梭在恒星间的德尔塔-V。

尽管超光速旅行理论由来已久，但直到伊利亚·马尔可夫[2]在2107年编纂了统一场理论（UFT），超光速旅行才真正成为现实。随后，该定论很快得到了实践的验证，首个超光速引擎原型机在2114年建造完成。

马尔可夫成功发现了时空的流体性质，并证明了不同光速领域的存在，一如弗罗宁、梅霍利克和高迪尔在21世纪末22世纪初提出的早期纯理论性概述。在此之前，相关理论研究囿于广义相对论的限制。

根据爱因斯坦的狭义相对论公式（加上洛伦兹变换[3]），任何具有真实质量的粒子都不能加速到光速。这不仅需要无限量的能量，还会破坏因果

①《熵原理》：见附录三“ENTROPIC PRINCIPIA”（第 802 页）。
② 伊利亚·马尔可夫：见附录三“MARKOV，ILYA”（第 808 页）。
③ 洛伦兹变换：狭义相对论中两个做相对匀速运动的惯性参考系（S和S’）之间的坐标变换，是观测者在不同惯性参考系之间对物理量进行测量时进行的转换关系。——编者注

律。而随后的实践演示表明，宇宙在非量子层面上不会破坏因果律。

然而，在狭义相对论中，一个无质量的粒子始终以光速运动(即光子)，或以超光速运动（即超光子），这也恰恰是推算显示的结果。通过结合狭义相对论的数个方程，能够清晰地找出亚光速粒子、光速粒子和超光速粒子之间的潜在关系对称性。而关于超光速，用相对质量代替固有质量，可让超光速质量和能量变为可定义的、非虚构的物质。

我们因此得到了以下的物理空间模型（图1）：

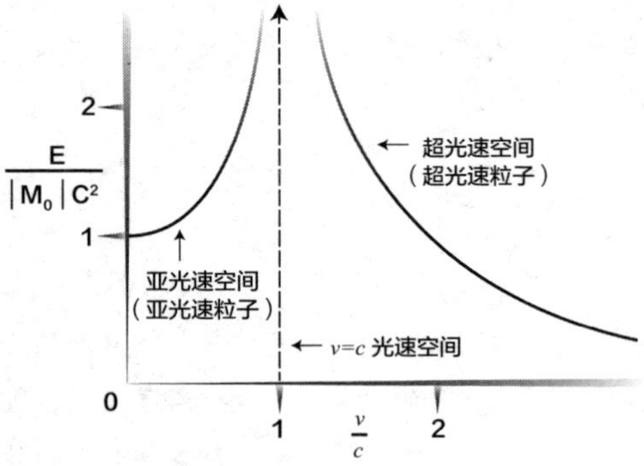

图1：正向能量与速度的关系

这里$v=c$的渐近垂直线代表流体时空膜(其厚度可忽略不计，但不为零)。

通过图1，我们立刻就能直观地了解到超光速的原理。首先，正如一个亚光速粒子永远无法达到光速c，超光速粒子亦是如此。在正常的亚光速空间中，消耗能量（例如，从你的飞船后面射出推进剂）可以使你更接近光速。在超光速空间亦是如此。然而，在超光速空间，光速是最慢的可能速度，而不是最快的，而且只要你拥有质量，永远不可能完全保持和光速一样慢的速度。

在超光速空间，速度的增加会使你远离c，所以超光速粒子的速度没有上限，但有实际限制，因为需要最低的能量水平来维持粒子的完整性（记住，在超光速空间，更少的能量等于更快的速度）。虽然在亚光速空间的静止质量是真实的、正向的，并且由于狭义相对论，在v接近c时增加；在光速空间，静止质量是零，v总是等于c；在超光速空间，静止质量在v

等于c时是虚构的，但在移动速度超过c时变为真实的、正向的，并且质量减少。

在加速过程中，时间膨胀效应的逆转因此而来。在亚光速空间和超光速空间，当一个人接近c时，相对于更大的宇宙，他年龄的增长会变慢。换言之，宇宙的衰老速度会快于一艘以c的99%航行的飞船，在超光速空间，接近c则意味着放慢速度。相反，如果一个人加速，以c的多倍数移动，与宇宙的其他部分相比，你衰老的速度会越来越快。当然，这是超光速旅行的主要难题，除非飞船在超光速空间被包裹在马尔可夫气泡中（下文对此有更多介绍）。

如图所示，在亚光速空间有可能出现速度为0的情况。当运动处于相对状态时，这意味着什么？意味着无论选择什么样的参考点，无论是外部观察者还是你想去的目的地，你都处于静止状态。亚光速空间为0的速度转化为超光速空间约1.7c的速度。速度很快，但仍然比许多超光速粒子慢。事实上，即使是低端的马尔可夫引擎也能达到51.1c。然而，如果要尽快到达目的地，在转换到超光速空间之前，你需要德尔塔-V让你的飞船完全停止，获得那额外的1.7c的速度。

在没有马尔可夫气泡的情况下，如果有可能直接将亚光速质量转化为超光速质量，那么1.7c将是可能实现的最快速度，因为除了冷却质量，没有实际的方法来进一步加速质量（即进一步降低所述质量的能量状态）。例如，我们不能把推进剂吸进燃料箱。这是超光速旅行的第二个主要缺点，同样，这是在不使用马尔可夫气泡的前提下。

第三个缺点是超光速空间的物质与亚光速空间的物质表现得截然不同，以至于我们所知的生命形态将不可能存活。这一点也可以通过马尔可夫气泡来规避。

三种不同的连续体（亚光速、光速和超光速）在同一时空共存，在宇宙的每一点上重叠。光速存在于一个流体膜中，将亚光速和超光速分开，作为它们之间的干扰媒介。这层膜是半渗透性的，两边都有一个明确的表面，所有的电磁力都存在于此表面。

膜本身以及整个三维空间由超光速能量量子（以下简称TEQ）组成。很容易理解，因为TEQ正是现实最基本的组成部分。作为一个量化的实体，TEQ拥有1的普朗克长度、1的普朗克能量和0的质量。TEQ运动和相互作用产生了所有其他粒子和场。

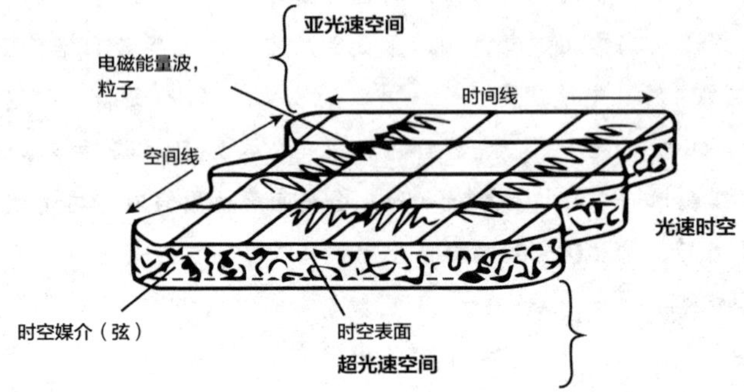

图2：简化的时空示意图

从整体上看，TEQ和时空本身是以一种准流体的方式运作的。像流体一样，光速膜具有：

· 压力

· 密度和可压缩性

· 黏弹性

· 表面和表面张力

我们将在下文详细论述以上每一项，但值得注意的是，黏弹性是产生重力和惯性的属性，是允许所有物体相对运动的原因。随着质量的积累，它开始置换时空膜，而时空膜在物体下面变薄。这就是万有引力。同样，这层膜抵制变化，意味着当力被施加时，它需要时间来移位。（时空的黏弹性导致边界层之间的摩擦，这就是冷泽-提尔苓效应①的原因，又称参考系拖拽②。）

---

① 冷泽-提尔苓效应：指在引力束缚作用下的两体系统中，周围惯性参考系的拖拽会导致轨道运动平面的进动。——译者注

② 参考系拖拽：在爱因斯坦的广义相对论中，处于转动状态的质量会对其周围的时空产生拖拽的现象，这种现象被称作参考系拖拽。——译者注

由于亚光速空间和超光速空间在物理上被时空膜隔开，光速质量和超光速质量可以同时占据相同的共轭点，尽管这种情况将是短暂的，因为（a）超光速空间的所有物质都以比c更快的速度运动，再加上（b）共享膜意味着来自质量的时空位移，也就是引力，对于相对立的领域有同等和相反的影响。

举个例子：在亚光速空间，一颗行星会压迫时空结构，形成我们都熟悉的重力井。同时，这种压迫将在超光速空间表现为引力“丘”——在时空结构中一个相等并相反的突出点。反之亦然。

这一情况还产生了其他后果。首先是空间一个领域的质量在另一个领域有排斥作用。当你进入超光速空间时，恒星、行星和其他亚光速引力体不再对你产生引力，而是斥力。

超光速空间中的质量也是如此。然而，由于超光速包含较低的净能量密度（超光速粒子拥有大于c的基本速度的自然副作用），并且考虑到在超光速空间存在截然不同的法则和粒子，由更密集的亚光速物质产生的引力丘会使超光速质量散逸，迫使质量离开超光速空间。正如奥勒特（2122年）证实的那样，我们本地的大部分超光速物质存在于围绕银河系的巨大光环中。这个光环为银河系提供了正压力，有助于银河系不至于飞散。

长期以来，超光速质量对我们自己的亚光速领域的引力效应是一个谜。早期试图解释这一谜团而提出的观点正是现在已经过时的“暗物质”和“暗能量”的理论。如今，我们知道，星系之间的超光速质量的集中导致了宇宙的持续膨胀，也影响到星系本身的形状和运动。

超光速粒子物质是否会凝聚成当量的超光速恒星和行星，仍是一个未解决的问题。计算结果是肯定的，但到目前为止，我们无法通过观察加以证明。银河系的边界太远了，即使是最快的无人机也无法到达，而我们这一代的超光速传感器不够灵敏，无法在那么远的距离分辨出单个引力体。毫无疑问，这种情况会随着时间改变，我们最终会对超光速物质的性质有深入的了解。

由质量引起的时空位移进而产生的井/丘还有另一个后果，也通常被称为马尔可夫极限效应。在解释这个问题之前，让我们先快速回顾一下超光速旅行和通信的实际运作方式。

为了实现从亚光速空间到超光速空间的无障碍转换，有必要直接操纵基础时空膜，而这一操作是通过一个与膜（或者说，与其构成的TEQ）耦合的特殊条件的电磁场来实现的。

在规范理论中，常规电磁场可以被描述为阿贝尔规范场。也就是说，场的性质与产生场的物质有所不同。这一点不仅适用于电磁辐射，也适用于电子/质子的吸引力，以及原子和分子内的排斥力。非阿贝尔规范场则是诸如强核力和弱核力的场，其结构更加复杂，因此显示出更高层次的内部对称性。

其他更相关的非阿贝尔规范场则是与时空膜的表面张力、黏弹性和内部相干性有关的场。这些场产生于TEQ的内部运动和相互作用，其原理细节远远超出了本节的论述范围。

在任何情况下，事实证明，通过调节从天线或孔径发射的波能的偏振，或通过调整改变电流的频率，使之与驱动电流的环形几何形状相适应，可以将普通的电磁辐射从阿贝尔规范场转换为非阿贝尔规范场（这是马尔可夫引擎使用的方法）。这样做会产生具有SU（2）对称性和非阿贝尔规范场的电磁辐射，正如拓展的麦克斯韦方程组[①]中描述的那样。它通过一个共享的量——“A矢量势”，与时空场在正交方向上耦合。（正交，因为亚光速粒子和超光速粒子沿着它们的波包长度表现出相反的运动方向，而且特定电磁场与时空的亚光速和超光速表面都相互作用。）这通常被描述为沿直角的直线运动。

一旦电磁场与时空结构相耦合，就有可能操纵介质的密度。通过注入适量的能量，时空本身可以变得越来越薄，渗透性越来越强，以至于在某一点上，亚光速空间的能量密度导致受影响的区域跳入超光速空间，就像一个高压的气泡膨胀/上升至一个压力较低的区域。

因此只要保持特定电磁场，被包围的亚光速空间就能保持在超光速空间内悬浮。

从亚光速观察者的角度来看，气泡内的一切都消失了，只能从时空膜的另一边通过其引力丘来探测。

① 麦克斯韦方程组是一组描述电场、磁场与电荷密度、电流密度间关系的偏微分方程。拓展的麦克斯韦方程组将电磁场理论推广到了运动的介质情形。——译者注

而气泡内部的观察者将看到自己被一个完美的球形镜面包围，镜面是由气泡的表面与外部超光速空间相接形成的。

从超光速观察者的角度来看，超光速空间里突然出现了一个完美的球形气泡，并且有极强的发光能力。

质量和动量在整个过程中保持守恒。你原来的航向在超光速空间和在亚光速空间一样，你原来的速度将被转换为当量的超光速能量。

一旦电磁场停止，气泡就会消失，气泡里的一切都会掉回亚光速空间（这一过程对你们中的许多人来说无疑是很熟悉的体验）。通常伴随着明亮的闪光和热能的爆发，因为在旅行过程中气泡内积累的光和热得到了释放。

关于马尔可夫气泡的具体特征，有几点值得一提：

· 由于气泡的表面是完美的镜面，在超光速航行中，几乎不可能从飞船中排出废热。这就是为什么有必要在超光速旅行前将船员和乘客放入冷冻舱。

· 鉴于此，在超光速航行中运行核聚变引擎是不现实的。因此，马尔可夫引擎（需要不小的能量产生和维持一个强度足够的特定电磁场）依靠储存的反物质产生上述能量。这更有效，并且产生的废热也是最小量。

· 尽管按照超光速标准，马尔可夫引擎和它周围的飞船含有大量的压缩能量，但超光速空间看到的唯一能量是通过气泡表面出现的。因此，马尔可夫引擎的效率越高（也就是说，它用于生成特定电磁场的能量越少），飞船的速度就越快。

· 如果你不幸与一大块超光速质量相撞，这将导致马尔可夫气泡立即中断，并立即返回亚光速空间，假设你落入了不该落入的位置，可能会产生灾难性的后果。

· 你用来产生马尔可夫气泡的能量越少，气泡就越脆弱。巨大的引力丘，如恒星和行星周围的引力丘，足以破坏气泡，并将你甩回亚光速空间。这就是所谓的马尔可夫极限。如果有足够的、经过计算的能量，该极限可以被降低，但不能被完全消除。所以在太阳系，飞船必须飞出相当于木星轨道半径的距离，才能进行超光速航行（如果你真的在木星附近，还必须飞出更远的距离）。

尽管马尔可夫极限很麻烦（没人喜欢在冷冻数周或数月后还要多航行几天），但事实上它也有好的一面。由于马尔可夫极限的存在，人们无法将一个超光速小行星直接发射到一座城市里，或做出更糟糕的事。如果没有马尔可夫极限，每艘飞船的潜在威胁将远远大于目前已知的威胁，人类根本无法采取防御措施来应对超光速突袭。

我们也很幸运，时空的黏弹性让定位炸弹难以成为现实。如果一艘在超光速空间的飞船飞过一个在亚光速空间产生小于1/100 000g的质量，并且飞船在那个精确的时刻返回亚光速空间，飞船和质量将以相等的力量相互推开，防止任何物体相交。如果两者真的相交，产生的爆炸威力相当于反物质爆炸。

一旦飞船进入超光速空间，直线航行通常是最实际的选择。然而，通过小心翼翼地增加气泡一侧或另一侧的能量密度，还是可以实现一定程度的非直线航行。这将导致飞船该侧减速，从而使整艘飞船转向。但这种做法是渐进式的，只适合于长距离的小范围航线修正。否则你有可能破坏气泡的稳定性。对于更大幅度的变化，最好是落回亚光速空间，重新调整方向后再进入超光速空间。

飞船在超光速空间发生的任何航向变化都会在返回亚光速空间时得到反映。同样，任何对总动量/速度的变化，其变化程度也是成反比。

从技术上讲，两艘处于超光速空间的飞船可以实现对接（无人机已经实现了超光速对接），但由于匹配精确速度的实际困难，以及合并马尔可夫气泡的计算难度，据我们所知，还没有人疯狂到用载人飞船来试验。

虽然在马尔可夫气泡中的飞船永远无法直接观察到它所在的超光速环境，但可以实现某种程度上的感官信息。通过以适当的频率对气泡进行脉冲，可以在膜的外表面产生超光速粒子，这些粒子既可以作为一种雷达形式，也可以作为一种信号机制。通过仔细的测量，我们可以检测到粒子撞击气泡后的反弹，因此能够与超光速空间进行简单的互动。

这也是超光速通信和传感器的工作原理。两者都可以在离恒星或行星很近的地方使用，而无须借助马尔可夫气泡，但就像气泡一样，当恒星或行星的引力丘变得过于陡峭，除了最慢的、最有能量的超光速信号，其他的都无法攀登引力丘。

由于气泡的保护，飞船保留了在进入超光速之前的惯性参考系，它不会像暴露在亚光速空间的超光速粒子那样经历极端的时间膨胀。它也不会遭遇相对论提出的情况（例如著名的双生子佯谬[1]，在马尔可夫气泡存在的前提下，如果其中一人进行从太阳系到半人马座 α 的超光速往返旅行，两人还是以同样的速度衰老）。

当然，这还是会产生因果关系的问题。

根据狭义相对论的所有方程式，有人可能会问，为什么超光速旅行无法实现时间旅行？答案是不会，因为……它没有实现。

虽然这很可笑，但事实上，在罗宾逊带领“代达罗斯号”首次进行超光速航行前，这个问题一直存在争议。而只有实证实验才能肯定地回答时间旅行的问题，此后作为理论支撑的数学和物理学相关研究才得以发展。

人们发现：无论超光速航行有多快，无论飞船航行了 c 的几倍，你永远无法回到出发点。为此，你也不能使用超光速信号将信息发送到过去。在出发和返回之间总会有一定的时间间隔。

这怎么可能呢？如果你非常熟悉光锥和洛伦兹变换，超光速航行的结果应该是显而易见的：你能够穿越到过去并杀死自己的祖父（或做出同样荒谬的事情）。

实际上，我们做不到。

理解这一点的关键在于，超光速、光速、亚光速领域都属于同一个宇宙。尽管它们看起来是分开的（从亚光速空间和我们所在的亚光速空间的观察点来看确实如此），但这三个光速领域都属于一个更大的共同整体的一部分。虽然在某些情况下可能会出现局部违反物理规律的情况，但在整体范围内还是遵循统一的物理规律。例如，能量和动量的守恒在三个光速领域中都是一样的。

除此之外，这三者还有一定程度的交叉。光速屏障一侧的引力扭曲将对另一侧产生镜像效应。因此，一个在亚光速空间运动的物体将在等效的超光速空间留下亚光速的引力扭曲。无论怎样，引力扭曲产生的波将以 c 的速度向外传播，但引力中心的运动速度将小于 c。（当然，在马尔可夫引擎发明之前，没有检测到这种超光速路径，但那是在大多数情况下超光速

---

① 双生子佯谬：假设双生子中的一个乘坐飞船做接近光速的长途旅行，而另一个留在地球上，当前者返回地球时，他比他留在地球的兄弟更年轻。——编者注

路径的极端弱点和大多数超光速物质与银河系主体的距离导致的。)

注意：千万要记住，正如任何在亚光速空间中运动速度快于c的东西在理论上可以被用来调整因果关系，在超光速空间中运动速度慢于c的东西也同样可以。在超光速中，c是信息的最小速度。超过这个速度，相对性和非同时性就会保持，不管你的速度有多快。

现在的情况是，即使没有马尔可夫引擎的存在，自然现象似乎也在时空膜的两侧都违反了光速屏障，但同样没有引起任何因果关系的背反。

问题又来了：这到底是为什么？答案包括两点：

其一，在亚光速或超光速领域，没有任何具有真实质量的粒子打破过光速屏障。如果有，我们就会看到传统物理学提出的悖论情况和因果关系的背反。

其二，正如TEQ构成了每个亚光速粒子的基础，它们也构成了每个超光速粒子的基础。从名称可以得知，TEQ能同时存在于超光速、光速和亚光速三个领域，而且能像最慢的亚光速粒子一样慢，又像最快的超光速粒子一样快——确实非常快，因为只受限于维持粒子相干性所需的能量下限。即使如此，鉴于TEQ的普朗克能量为1，TEQ能移动得更快。

因此，随着TEQ的发现，我们有了一个传达信息的速度远远超过光速的物体。通常这只发生在超光速领域，但任何TEQ都能达到这样的速度，而且经常随在时空膜中的位置变化而从亚光速转移到超光速。这些变化导致我们观察到了大部分小规模量子怪异现象。

一个使用TEQ收集信息的观察者的光锥，会比只使用光子的宽得多得多（更宽，但不完整；TEQ的速度有限）。更宽的光锥（或TEQ锥）扩大了可被视为同时发生的事件的总量。尽管非同时性和相对性在三个光速领域都一样（当作为整体考虑时），但TEQ的巨大速度将可被视为非同时发生的事件减少到更小的数量，而那些被视为非同时发生的事件位于超光速粒子的最快速度之外。虽然在理论上，宇宙根本上仍然是相对的，但在实践中，绝大多数事件可被视为有因果顺序。

这意味着当一艘飞船进入超光速空间时，它不能在超光速空间内引起任何因果关系的变化，因为马尔可夫泡是一个超光速粒子/物体，并有着超光速粒子的运作特性。而当飞船返回亚光速空间时，不会发生因果关系的背反，因为旅行时间总是比TEQ的最高速度（即信息速度）慢。

在亚光速空间会发生悖论的地方，我们发现事件是以因果关系发生的，一个接一个，没有产生任何矛盾。从距离更远的地方看，人们看似可以把一段信息送回它被传送之前的原点，但要记住，只是看似。实际上，这种情况是不可能发生的。如果有人尝试，返回的传输将永远不会早于一个单位的TEQ普朗克时间（TEQ普朗克时间被定义为一个TEQ以最大的速度穿越一个单位的普朗克长度的时间长度）。

因此，每当人们在亚光速空间看到因果关系背反的可能性时，本质上看到的只是虚像。而每当人们试图进行因果背反行为时，就会失败。

这也说明我们在亚光速宇宙中大量观测到的现象是不真实的。在马尔可夫引擎发明之前（或者更早一些，在超光速引力信号探测出现前），这都不重要。相对论还不会被破坏，因为那时候超光速旅行和通信不可能实现。我们也无法将飞船加速到足够高的相对论速度，以真正研究这个问题。直到现在，随着人类对亚光速和超光速领域的接触，真相才变得清晰起来。

当我们现代超光速旅行的光信号开始到达附近的恒星时，如有观察者利用足够强大的望远镜，会看到一系列混乱的景象，因为飞船和信号不知从哪里冒出来，似乎是无序的。然而，通过观察TEQ而非景象本身，事件发生的前后顺序可以得到确定（或者通过物理旅行到达景象的发生地）。

总而言之，在亚光速空间中防止因果关系背反的确切机制便是TEQ的最高速度。只要这一点没有被打破（目前没有任何已知的机制能打破），超光速将永远不会允许人类穿越到过去。为此，我们应该心存感激。如果宇宙没有因果关系，将陷入绝对的混乱之中。

★ ★ ★ ★

在了解以上概述之后，我们现在将研究使用特定电磁场来减少惯性效应以及减少或增加感知重力的理论可能性。尽管在目前的反物质生产水平下，这些理论可能还不切实际，但未来也许可以用来——

附录二

* * * * * * *

太空舰载作战

根据钟教授2042年于地球联军司令部海军学院的授课整理

各位学员，下午好。请坐。

在接下来的六个星期里，你们将接受联军司令部最好的教育，了解舰载作战的手段和方法。在太空中作战，比起在空中或水中作战，难度可不是两倍，也不是三四倍，而是难上了整整一个数量级。

零重力对人脑来说是非直观的环境。即使你们中的一些人在飞船或空间站上长大，如果没有经过合适的指导，也无法完全理解惯性机动。无论你学习驾驶慢于光速的老式飞船时反应有多敏捷，超光速都会把这些规则统统扔出气闸门，狠狠践踏，直到变得血肉模糊。

你的飞船和战友的机动能力将决定你能在哪里作战、能和谁作战，以及在需要时如何撤退。正如人们常说，太空不仅广阔，而且广阔得超出你的想象。如果你不能拉近你和目标之间的距离，你的火力便对他们毫无威胁。所以在高度的相对运动中脱离超光速是有利的，但并不总是如此。在不同的作战情况下，你们作为长官需要做出相应的策略。

你们将学习核聚变引擎的功能和局限性。你们将学习为什么（尽管游戏或电影中经常出现）单人驾驶作战的太空船不仅过时，而且从来没有被采用过。无人机或导弹更便宜且更高效。机器可以承受的加速度远远超过任何人类。是的，偶尔你会遇到一个激进的矿工或当地集团成员使用小型飞船进行海盗活动等，但当面对真正的战舰（如我们的新型巡洋舰或战舰）时，他们绝对会败下阵来。

当你与敌人交战时，作战是飞船不同系统之间的战略互动。就像一场棋局，目标是在敌人对你采取同样的行动之前先发制人，给他们造成足够的伤害，使他们失去作战能力或被歼灭。

我们使用的每个武器系统都有不同的优势和劣势。导弹最适合中短程攻击，但速度太慢，携带的燃料太少，不适合远距离交战。而且，你发射一枚导弹就少一枚。定点防御激光炮可以阻挡导弹的袭击，但阻挡的数量有限，而且激光炮还会产生过热的情况。卡萨巴榴弹炮也是中短程武器，但与导弹不同，一旦发射卡萨巴榴弹炮，激光炮无法阻止其造成的杀伤力。事实上，如果没有一堵厚达10米或20米的铅钨制成的实心墙，根本无法挡住卡萨巴榴弹炮的辐射束。而卡萨巴榴弹炮的缺点是其重量；飞船弹药库能携带的卡萨巴榴弹炮数量极为有限。另外，在远距离作战中，榴弹炮的辐射束会扩大并减弱，威力宛如在暴风雪中放了一个屁。而在中远距离战斗中，能依靠的只有飞船的龙骨激光炮。但同样有激光炮过热的问题，你的敌人可以采用白垩粉和箔条作为对策来驱散脉冲攻击。质量投射器和核动力穿透器可以在任何作战距离使用，因为动能武器在效能上射程是无限的。但实际上，在近距离战斗中，这两种武器只有在敌人来不及躲避攻击时才管用；而在远距离战斗中，只有在敌人未发现你开火时才管用。

无论你选择使用哪种或哪几种武器，你都必须平衡武器产生的热量和飞船的最大热负荷。你是再发射一次龙骨激光炮，还是再加速飞船进行闪避？在交火中，你是否要冒险延长散热器，减少额外的英热[①]？如果敌人在追赶你，你能在跳进超光速空间之前冒着风险冷却多久？

舰对地作战和舰对舰作战有着不同的要求。如轨道防御平台、居住环和改装的小行星等固定设施都需要因地制宜。如果你选择登上敌人的船只，如何最好地保护你的部队和飞船？

除了实战，你还必须应对电子战。敌方将试图摧毁你的计算机系统，让系统掉转矛头对付你。干扰模式可能无法起到保护作用，因为敌方可能使用视距通信来启动系统握手[②]。

---

① 英热：英国热量单位，指将约1千克水升高1华氏度所需的能量。它是国际上最常用的测量真火壁炉热效率的通用单位。——译者注

② 握手：计算机术语，即同步操作，参与者双方同时访问共享变量进行数据交换。——译者注

在参与太空作战时，必须考虑到以上的问题，甚至还要考虑得更多。太空的环境充满致命的危险；敌方想置你于死地。如果不掌握各类战斗的基本原理，你的本能和知识的匮乏都可能会让你丧命，甚至危及你的战友。

你们中一定有人会想："飞船主脑或伪智能体不会在作战中起到大部分作用吗？"答案是肯定的，它们会起作用。但总有例外的时候。飞船主脑没有手，能够移动或修复的东西是有限的；而对伪智能体来说这更是难上加难。在紧急情况下，有些事情只能由人类来做。而且已经有众多案例表明，飞船主脑或舰船的计算机系统会遭到敌人的破坏。当这种情况发生时，作战的决策权将交给你们——联军司令部海军未来的军官。

接下来的六个星期里，你们将度过生命中最艰难的时光。这是我们的课程有意为之。联军司令部不希望任何不合格的人踏上飞船，因为届时他们不仅会害自己丢了性命，还会危及同伴的生命安全。你们最好现在就选择放弃，回去当普通的水兵，这样你们只需要保持靴子锃亮，同时注意下巴别撞到甲板。如果你们认为自己无法承担这份责任，请起身离开。门就在那边，无论是我还是你们的上级，甚至联军司令部都不会因为你此刻的离开而对你有任何看法……没有人要离开吗？那好。在接下来的一个半月里，我们教官会好好地锻炼你们。你们甚至会后悔自己没有趁早离开。不过，如果你们苦心训练，发奋图强，学习先辈用鲜血和生命换来的教训，那么就有机会戴上军官帽——在其位，尽其责。

所以，请你们务必好好学习。在本次课程项目结束时，我希望你们每一个人都能掌握太空作战知识，让我刮目相看。

以上是今天课程的全部内容。解散。

附录三

* * * * * * *

术语

愿你的道路永远通往知识。
知识带来自由。
——《熵原理》

吃下那条路。
——伊娜烈

A

ABYSSAL CONCLAVE：深海秘会。由栖息于伯拉纠海底哀伤之界的沃纳威人组成的议会，服从克汀的统治。

ACUWAKE：自在醒。见STIMWARE。

ADRASTEIA：阿德刺斯忒亚。天龙座σ恒星系中围绕气态巨行星宙斯运行的卫星。在神话中，她是秘密照顾婴儿宙斯的仙女。在希腊语中意为“无法逃脱之物”。

ANTIMATTER FARM：反物质农场。放置在恒星的近距离轨道上的卫星群。太阳能电池板将太阳光转化为电能，用于产生反物质。该过程效率极低，却必不可少，因为反物质为马尔可夫引擎的首选燃料。

ARCH ARITHMETIST：最高算术师。见FOXGLOVE POPE。

ARMS：兵团。沃纳威社会中半自治的政治和社会化组织。每个兵团按自认为合适的方式行事，但其基因中反抗篡权的冲动遭到了统治者的去除。另见TFEIR。

ARROSITO AHUMADO：红糖米布丁。圣阿马罗常见的甜点，用焦糖做的米饭布丁，搭配糖浆，糖浆由黑糖经过煮沸并用草药灰烬过滤而成。

ASPECT OF THE VOID：虚空之影。沃纳威人的显像技术，一般是在一个悬浮的水球中产生的图像。

B

BATTLESHIP：战舰。联军司令部海军中最大标准船级。武器配备齐全，能运载大量部队，但鉴于其长度，转向缓慢。在没有辅助舰艇的情况下不会单独行动。另见CRUISER。

BEANSTALK：太空运送带。见SPACE ELEVATOR。

BERYL NUTS：绿石坚果。可食用的坚果，具有宝石般的外壳，用于某些品牌的餐包原料。原产于埃多伦的基因改造物种。

BITS：比特币。加密货币，日期为银河系标准时间（GTS)。星际空间使用最广泛的法定货币，星际联盟的官方货币。

BLACK NOVA：黑色新星。中华辣椒的栽培品种，经过基因改造，将纯辣椒素沉积在蜡质外层。由斯图尔特世界的伊内斯·托伦蒂拉研发，后来在三太阳辣椒大赛中夺冠。

BLASTER：爆能枪。发射脉冲激光而非连续光束的武器。

B.LOOMISII：橙菌。橙色地衣状细菌，原产于阿德剌斯忒亚。

BOSS：老大。哈特派通用行话，指任何种类的项目或组织的主管人。在哈特派扩张运动之后，该称呼被广泛使用，出现了许多变体。

BUGHUNT：巴格亨特。联军司令部对旧日支配者曾栖息的恒星系的称呼。人类称之为奈达斯的星球的所在地，也是蓝色权杖的最终归处。

C

CARETAKERS：看管员。生活在统一体中的高智能生物力学生物，负责日常维护工作和小型建造工作。据推测，它们有某种形式的蜂巢主脑。

CASABA-HOWITZER：卡萨巴榴弹炮。核定型炸弹，通常安装在导弹上以增加射程。这个术语既可以指单纯的卡萨巴榴弹炮（将核爆炸集中到一束狭窄的等离子体中），也可以指使用上述爆炸来推动爆炸形成的炮弹（如具有极端破坏力的熔融钨弹）。

CHELL：切尔茶。从埃多伦的舍瓦棕榈树叶中提取的茶。一种温和的兴奋剂，流行于整个联盟，其受欢迎程度仅次于咖啡。在移民的饮食中比地球人的更常见。

CHIARA'S FOLLY：《基娅拉的荒唐事》。维兰德民歌，讲述了一只猫的不幸遭遇。

CLOUD CITIES：空中城市。飘浮在金星云层中的轻型、中性密度穹顶城市。其中有些城市是地球以外最大、最繁荣的人类定居点。大部分结构要素来自穹顶中生长的树木和其他植物。

CO-FORMS：同形态。沃纳威人对具有相同外形的同类的称呼。

COLLEGE OF ENUMERATORS：拜数院。位于火星总部的拜数教徒的管理机构。

COMPULSION：冲动。见TSURO。

CONSERVATION PARTY：保守派。联盟中的几个主要政党之一。该党派具有生态意识，专注于保护各个异种圈的动植物。另见EXPANSIONIST PARTY和STELLARISTS。

CONSTRUST：人造生物体。一种人造（虽然是生物形态）的身体，用来容纳一个失去原有肉体的人脑。通常是人类改造成飞船主脑的过渡形态。

CORDOVA：科尔多瓦。（格利泽785）橙红色矮星，沃纳威人的前哨作战基地和观察人类的长期监视站。

CORPORATE CITIZENSHIP：企业公民。某些星际公司的雇员被授予领土独立的公民身份，使个人可以相对轻松地在不同国家/行星/系统之间工作、旅行和生活。该概念在联盟成立之前就已出现，现在正慢慢被联盟公民权取代，联盟公民权可以获得同等护照。

CORRUPTED：腐坏者。见NIGHTMARES。

CRUISER：巡洋舰。联军司令部的飞船，专用于独立完成远距离侦察和巡逻任务。比战舰更小，更有机动性，但仍然具有强大的武力装备。标准装备包括两艘配备马尔可夫引擎的穿梭机，能够实现从轨道到地表和从地表到轨道的航行。

CRYO：冷冻休眠。低温睡眠；超光速旅行前用混合药物诱发的假死。

CRYO SICKNESS：休眠后遗症。由于在低温中待的时间太长（或太多连续的航行），造成普遍的消化不良、代谢问题和荷尔蒙异常等副作用。

休眠后遗症会随着冷冻时间的延长和旅行次数的增加而不断恶化。有些人比普通人更容易得此病。

CYCLE：周期。沃纳威人的计年单位，一周期基本上比地球一年长三个月。

D

DELTA-V：德尔塔-V。表示为ΔV，航天器执行某种机动动作时单位质量所需的推力。换句话说，通过消耗飞船的推进剂可以实现的速度变化量。机动动作以所需的德尔塔-V来衡量，成本呈线性增加。任何一次机动动作所需的推进剂的质量都是通过齐奥尔科夫斯基火箭方程来确定的。

DEPARTMENT OF DEFENSE：联防部。联盟的文职部门，负责监督联军司令部的工作。

DERP：德尔普。脱水的排泄物回收颗粒。包裹在聚合物中的无菌粪便，由防护服上的装置进行处理。

E

EARTH CENTRAL：地球中心。联盟和联军司令部的总部，围绕檀香山太空运送带的基地而建。

EIDOLON：埃多伦。围绕波江座ε运行的行星。一个类似地球的花园星球，充满本土生物，无一有感知能力，大多数具有毒性或威胁性。该殖民地的死亡率在所有定居星球中最高。

ENTROPIC PRINCIPIA：《熵原理》。熵主义的核心文本。起初是表明主张的声明，后扩展为一部哲学专著，包含所有已知科学知识的总结，主要强调天文学、物理学和数学。另见ENTROPISM。

ENTROPISM：熵主义。无国籍的伪宗教，因对热寂的信仰而创立，希望借此来摆脱或推迟热寂。数学家贾拉尔·苏尼亚耶夫-泽尔多维奇在21世纪中期提出熵主义。熵主义者投入巨大的人力、财力用于科研，直接或间接地对许多重要的科学发现做出了贡献。信徒的显著外形特征是身穿渐变长袍。作为一个组织，熵主义者被证实难以接受管辖，因为他们不会追随任何政府，只严格遵循自己的理想追求。他们的技术始终比人类社会的主要技术领先数十年，甚至更超前。“通过我们的行动，我们增加了宇宙的熵。借此，我们从即将到来的黑暗中寻求救赎。”另见NOVA ENERGIUM。

ENUMERATION：数字播报。拜数教徒依据信仰需要而收听的升序数字播报。有些数字（如素数）在信仰中比其他数字更吉利。另见NUMENISIM。

EUROPA COMMAND：欧罗巴司令部。简称EUCOM，星际联盟欧罗巴司令部，是联盟军队驻扎在太阳系的七个统一作战司令部之一。总部设在劳伦斯空间站，由木卫三附近奥斯特德空间站的制造设施提供物质支持。

EXOSKELETON：外骨骼。一种动力装甲，用于通信、货运、采矿和移动。外骨骼在设计和功能上有诸多不同，有些是开放式的，有些是硬度加强的（适合真空或海洋深处的环境）。外骨骼是联军司令部作战部队的标准装备。

EXPANSION：扩张。改革哈特派进行的一系列密集的殖民地扩张。扩张自太阳系开始，在实现超光速旅行后便转向太阳系外。据说，扩张从地球上第一台太空升降舱建造后不久开始，以埃多伦殖民地的建立结束。另见REFORM HUTTERITES。

EXPANSIONIST PARTY：扩张派。联盟的主要政党之一，其创立目的是促进人类在太阳系外进行扩张，目前主要致力于维护已建立的太阳系外殖民地的利益，经常阻止新殖民地的建立。另见CONSERVATION PARTY和STELLARISTS。

F

FARSCENT：远味。一种由沃纳威人分泌的持久性化学物质，用于水中的长距离通信。隐喻带宽很窄，保真度很低，使得大量数据交换的效用有限。另见NEARSCENT和LOWSOUND。

THE FARTHEST SHORE：星海彼岸。哈罗·格兰泽的太空诗体作品。

FINK-NOTTLE’S PIOUS NEWT EMPORIUM：芬克-诺特的虔诚蝾螈商场。地球上著名的两栖动物零售商。由C.J.维努斯于约2104年创立。

FLASH TRACE：闪现追踪。通过超光速航行到达一定距离，在该距离可以看到事件的实时光线。例如，飞船A想看飞船B在过去一天的某个时间离开太阳系的时间和地点。飞船A从太阳系飞到所需的光时数（本例为24小时），停下并通过望远镜观察，直到看到飞船B离开太阳系。

FLEET INTELLIGENCE：舰队情报中心。联军司令部海军专门负责收集信息的部门。

FOXGLOVE POPE：毛地黄教皇。拜数教的名义宗教领袖，掌管并受命于拜数院，负责监督实数的计数工作。

FREEHOLDING：无政府地区。未与任何主要政府结盟的定居点、议会、空间站和外围领地。

FTL：超光速。比光速快的状态，恒星际主要运输方式。

FTL TAPE：超光速胶带。真空胶带的俚语，一种极其坚韧的压敏性胶带。结实程度足以修补船体外部的破损。但人们普遍认为，它不适用于维修持续进行超光速旅行的飞船。

FULL SWEEP：满堂红。抓七的最高手牌，由四个7、两个K和一个9组成，计数为91，分数为13。

G

GECKO PAD：壁虎垫。防护服和靴子底部的胶垫，用于在零重力环境下攀爬或移动。顾名思义，垫子（上面覆盖着直径约5微米的刚毛）依靠范德华力（分子间作用力）黏附在物体表面。它的剪切力是最大荷载的限制因素，但也提供了消除垫子作用的方法。

GLOWLIGHTS：荧光灯。由种子培育的生物发光灯。

GRADIENT ROBE：渐变长袍。熵主义者的传统服装，装饰着作为他们标志的飞天凤凰。这种长袍由带有先进技术的超材料制成，可当作防护服、盔甲，并在需要时作为武器使用。

GREAT BEACON：大灯塔。人类发现的首个外星人遗址，位于塔罗斯七号。大灯塔是一个宽50千米、深30千米的洞，每10.6秒发射一次304兆赫的电磁波，伴随一阵代表三进制码曼德博集合的结构噪声。大灯塔由一个含钒的镓网包围，可能曾经作为超导体使用。巨大的海龟状生物（无头无腿）在洞口周围的平原上游荡。到目前为止，还没有人发现这些生物与大灯塔的关系。已知此类遗址还存在六个。普遍认为大灯塔由旧日支配者建造，但缺乏确凿证据，建造目的亦不明。

GROUND-POUNDER：乡里别。对生活或出生在行星上的人的贬称。

GALACTIC STANDARD TIME：银河系标准时间。简称GST，由银河系核心的TEQ发射所决定的全宇宙统一时间。看似时空的因果关系被打破了，但只是表面现象；a必须总是导致b。

H

HANZO TENSEGRITY：半藏保险公司。总部位于太阳系的保险公司，经常受到客户投诉。

HATCHING POOLS：孵化池。浅水潮汐池，沃纳威人在此孵化卵。现在为了星际航行方便，亦可复制到人工池中。孵化后，沃纳威人幼年体较为好斗，会在池中相互蚕食；只有强者才能存活下来。

HDAWARI：哈达瓦里。大型咸水肉食动物，原产于伯拉纠，仅存的几种已知的捕食性动物之一，可以捕食成年的沃纳威人。与沃纳威人密切相关，但智力较低。

HEPTARCHY：七国联盟。旧日支配者的统治委员会。另见HIGHMOST。

HERESY OF THE FLESH：肉体异化。见TFEIR。

HIBERNACULUM：休眠之所。熵主义者的术语，指冷冻舱。

HIGH LFARR：高拉法尔。伯拉纠星球上一个著名的突出地形。温和的气候使其成为沃纳威人选择孵化池的理想地点。随后，由于在此发现了几处旧日支配者的遗址，被赋予了巨大的社会政治和宗教意义。在兵团成立和摄政形态登基前，是沃纳威秘密议会（后改为深海秘会）的所在地。

HIGHMOST：至高者。蓝色权杖的持有者，霸主的领袖。

HIVE MIND：蜂巢主脑。两个或多个大脑的精神—机械连接。一般情况下是通过主体植入物的持续光束保持同步来实现意识共享，确保内部、外部和本体感官刺激协调一致。建立蜂巢主脑常见的方法（非唯一）是完全交换先前的感官记忆。有效范围取决于信号带宽和对信息滞后的容忍程度。当物理距离超过最大容忍度时，往往会发现连接断裂。从目前的实验记录来看，蜂巢主脑最多有49个参与者，但实验很快就被禁止了，因为参与者产生了感官信息过载的强烈不适感。

HUNTER-SEEKER：猎杀者。用于监视和暗杀的小型无人机。

HYDROTEK CORP.：水特克公司。专门从事气态巨行星周围氢气的提取和提炼。在大多数恒星系中，水特克能量补给站都是补充燃油和反物质的主要空间站。

I

IDEALIS：理想态。由于种子能够随意改变形状/形态，沃纳威人认为它是柏拉图式的“理想”的肉体形式。

INARË：无效输入，未找到条目。

INTERPLANETARY DIPLOMA：星际文凭。简称IPD，全宇宙人类居住地唯一认可的教育学位证书。由斯图尔特世界的鲍氏大学与太阳系的几所高校合作监督。获得星际文凭必须学习大多数相关科目，包括法律、医学和所有主要科学。

INTERSTELLAR TRADE COMMISSION：星际贸易委员会。简称ITC，联盟负责监督星际间商业往来的部门。它的职责包括执行标准、协调关税和防止欺诈，以及提供贷款和资源来刺激全宇宙人类居住地的经济增长。

J

JELLY：水母。见WRANAUI。

K

KNOT OF MINDS：心灵之结。一般指相互联结、致力于同一目的的任意沃纳威群体，是庄严而神圣的结合。传统的结合方式是一个沃纳威人的触手/肢体缠绕其他同伴的触手/肢体。因此，心灵之结通常只有七个成员（主要取决于沃纳威人普通形态的触手数量），但心灵之结拓展出了更丰富的形式。在现代，沃纳威人可以直接通过低声近味建立心灵之结。但对这种结合方式普遍存在偏见，认为其约束力不如以肉体结合的方式。

本书中特指鱼群首领恩马尔及其同胞建立的组织，目的是反抗克汀的统治，维护理想态的安全，理想态后来与基拉·纳瓦雷兹结合。

L

LAMP LINES：灯草。海草状的生长物，在哀伤之界深处提供照明。

LAPSANG TRADING CORPORATION：正山贸易公司。星际联合企业，开始是一家商贸企业，后来转向殖民地的建立、资助、运营，如维兰德的高石市。公司总部设在斯图尔特世界，口号是“共创未来”。

LEAGUE OF ALLIED WORLDS：星际联盟。（法定）星际政府，在发现塔罗斯七号的大灯塔后成立。由以下部分组成：太阳系、半人马座α、印第安座ε、波江座ε和天鹅座61及以上恒星系周围的人类居住点。

LION CLAM：狮蛤。原产于埃多伦的动物。因其琥珀色外壳而闻名，用来制造深褐色的墨水。

LOADER BOT：装载机器人。半自动机器人，用于体力劳动。

LOWSOUND：低声。沃纳威人在其海洋中用于远距离交流的传音方式。类似于鲸鱼的歌声。

LOWSOUND FARSCENT：低声远味。传统上指沃纳威人在水中用于远距离通信的两种方法的结合。现在通常指亚光速（STL）或超光速（FTL）传输，如无线电。

LUTSENKO DEFENSE INDUSTRIES：卢岑科国防工业公司。一家位于俄罗斯的军火公司。

M

MACHINE BOSS：轮机长。见BOSS。

MAG-SHIELD：磁盾。指磁层双极电离等离子体环，用于保护飞船在星际旅行中免受太阳辐射，或指飞船重返大气层时采用的制动和热保护的磁流体动力系统。

MANYFORM：多形态。见SEED。

MARKOV BUBBLE：马尔可夫气泡。亚光速空间的球体，特定电磁场，能让亚光速粒子的物质通过流体时空膜进入超光速空间。

MARKOV DRIVE：马尔可夫引擎。反物质燃料机，可以实现超光速旅行。另见UNIFIED FIELD THEORY。

MARKOV，ILYA：伊利亚·马尔可夫。工程师和物理学家，在2107年构建了统一场理论，使现代超光速旅行成为可能。

MARKOV LIMIT：马尔可夫极限。与一个引力质量的极限距离，在该距离可维持一个马尔可夫气泡，从而转换到超光速航行。但大多数情况下指达到这一距离的地点。

MEDIBOT：医疗机器人。机器人助手，除了疑难杂症，还能够诊断和治疗多数疾病。医生依靠医疗机器人进行大部分手术。许多飞船选择不配备人类医生，主要考虑到节约成本，虽然雇用人类医生风险相对较小。

MEDIFOAM：医疗泡沫。带抗生素的无菌泡沫，可硬化成半柔性石膏。用于止血、固定骨折，当注射到体内时，可防止感染。

MILCOM：军用通信线路。联军司令部官方通信网络。

N

NANOASSEMBLER：纳米组装机。一种3D打印机，利用纳米机器人生产复杂的结构、机器以及生物结构（前提是有足够的材料储备），如肌肉、器官和植物种子。

NARU-CLASS：纳鲁级别。中等质量的沃纳威飞船，载有一定数量的部队，通常不超过三只鱿鱼、两三只爬虫、两三条鲷鱼。

NEARSCENT：近味。沃纳威人分泌的化学物质，用于交流，是传递语言和非语言信息的主要手段。

NEST OF TRANSFERENCE：转移之巢。沃纳威人将自身的记忆和基本大脑结构从一个躯体复制到另一个躯体的装置，也用于在原来的个体死亡后将储存的感知/记忆植入新的躯体里。另见TFEIR。

NIGHTMARES：梦魇。可自我生长的恶性赘生物，由种子和宿主之间不成功的结合产生（通常指当种子或宿主抑或两者都遭到损坏，无法得到适当修复时）。

NNAR：纳尔。原产于伯拉纠星球的珊瑚状生物，通常被沃纳威人用作装饰元素。有些品种的纳尔会分泌一种透明的涂层，对未成熟的沃纳威人会产生轻微的精神影响。

NORODON：诺拉登。快速起效的液体镇痛剂，适用于中度至重度疼痛。

NOVA ENERGIUM：新星基地。熵主义者的总部和主要研究实验室。位于辛扎尔附近。

NSARRO：萨罗。沃纳威人的长度单位，定义为一个沃纳威人可以在七冲中游过的距离。另见CYCLE和PULSE。

NUMBER SUPREME：至尊数。可以想象到的最大数字。根据拜数教徒的定义，至尊数是一切已知和未知的知识总和。相等的两部分中较重要的部分。神。

NUMENISIM：拜数教。以数字的神圣本质为教宗的宗教，由萨尔·霍克二世在火星上创立，创立时间大约在2165—2179年，拜数教很快在依赖新世界技术生存的移民和工人中获得了支持。该宗教的决定性特征是在火星的总部持续播报数字，通过实数列进行升序清点。

NUMINOUS FLANGE：神圣法兰。罗斯兰的地质构造奇观。抬升的花岗岩板块上布满了金矿脉。它是罗斯兰的旅游特色，以激发观光者的宗教狂热和生存危机而闻名。热门电视剧《阿德林》中故事的发生地，该剧男主角萨沙·彼得罗维奇在2249年底卷入了腐败丑闻，导致罗斯兰总督马克西姆·诺维科夫辞职，并任命审讯官奥洛夫接管。随后动乱时有发生，持续数年。

NWOR：独居蟹。多足咸水动物，原产于伯拉纠星球。它有类似甲壳类动物的外壳，杂食。因其独居的习性而闻名。

O

OLD ONES：旧日支配者。智慧种族，创造了种子、大灯塔以及在银河系猎户臂各处发现的众多其他技术文物。旧日支配者有着人类的外形，两对手臂，身高约两米。现今似乎已经灭绝。有证据显示，这一物种的演化非常先进，其存在早于一切已知的具有自我意识的物种。另见HIGHMOST和STAFF OF BLUE。

ORBITAL RING：轨道环。安置在行星周围的大型人工环。可大可小，但第一个环通常建在低轨道上。基本概念很简单：旋转的电缆绕着行星的赤道运行，非轨道运行的超导外壳包裹着电缆，可根据需要加速/减速电缆。外壳上可以建造太阳能电池板和建筑结构，包括空间站的太空升降舱。外壳/环的外表面的重力几乎是行星级别的。轨道环廉价而实用，可以将大量物质移入和移出轨道，人类和沃纳威人都在使用。

ORB OF CONVERSION：转换球。沃纳威人的超光速引擎，能将飞船从亚光速空间转换到超光速空间。

OROS FERN：欧洛斯蕨。原产于埃多伦的植物，绿黑色，叶子以盘绕状生长，宛如蕨菜（因此而得名）。

P

PACKET：信使飞船。无人驾驶、具有超光速能力的信使无人机。

PATTERN：图案。嵌入式指令，用于指导和设定种子的长期目标。

PDF：行星防御部队。当地军队，通常是平民，附属于某一星球。

PFENNIC：铜鱼。类似鱼的动物，原产于伯拉纠星球。因其肉有一股铜的味道而闻名。是沃纳威人的常见美食。

PLAINTIVE VERGE：哀伤之界。伯拉纠星海洋中的水下火山口，深海秘会的所在地。

PONDER UNION：庞德工会。以谷神星造船厂为基地的工人组织。

PREMIER：总理。星际联盟的首脑，由各组成国政府选举产生。

PRISONER：囚徒。对不是熵主义者的人的称呼，因为缺乏知识而被囚禁在垂死的宇宙中。

PSEUDO-INTELLIGENCE：伪智能体。令人信服的人类意识模拟系统。迄今为止，真正的人工智能比预期的更难创造（且更危险）。伪智能体是能执行有限功能的程序，但缺乏自我意识、创造力和内省能力。尽管它们有局限性，但事实证明它们在人类每个发展的领域几乎都提供了巨大的帮助，从驾驶飞船到管理城市。另见SHIP MIND。

PULSE：冲。沃纳威人的计时标准单位，相当于42秒。另见CYCLE。

Q

Q-DRIVE：量子储存棒。量子级别的记忆存储器。

QUESTANT：求知者。熵主义者，寻求将人类从热寂中拯救出来的人。

R

RD52：氢气冷却的卡萨巴榴弹炮，冷却至绝对零度。作为太空地雷使用。是人类早期研发的太空隐身武器。

REFORM HUTTERITES：改革哈特派。传统民族宗教哈特派的异端分支，现在人数远远超过原教派。改革哈特派不排斥使用现代技术，因为现代技术能让他们更好地追求人类扩展的目标，并建立他们对上帝创造万物这一说法的主张。但他们又贬低一切技术，如STEM针剂，他们认为这只是自私的个人需求。他们坚持在有条件的情况下以社区为主体进行生活。从他们定居之处的情况来看，他们的做法非常成功。与传统的哈特派不同，改革哈特派以服兵役闻名，尽管他们社会中的大多数人仍不赞成这种做法。

REMASS：残渣。从飞船后面排出的推进剂，通常为氢气。不要将它与燃料混淆，核火箭的燃料是通过熔化或分裂来加热残渣/推进剂的材料。

RETICULUM：内质网。沃纳威人使用的飞船内部网络。

RIPPLE：无效输入：未找到条目。

RM：保留标记。表示对某个术语、短语或符号的法律保护。

RSW7-MOLOTÓK：由卢岑科国防工业公司制造的卡萨巴榴弹炮。

RTC NEWS：RTC新闻。罗斯兰广播公司，天鹅座61的新闻推送频道。

RUSLAN：罗斯兰。在天鹅座61轨道上的岩石行星。联盟最新建立的殖民地之一，仅晚于维兰德。主要由俄罗斯利益集团控制。在天鹅座61A的伴星天鹅座61B周围的小行星带中有广泛的采矿作业。

S

SAMAN-SAHARI：《萨满－萨哈里》。低沉、缓慢的歌曲，源自法尔森联合体（在半人马座α殖民化的早期，在该恒星系周围的一个行星上建立的集体主义自由领地）。

SAN AMARO：圣阿马罗。一个拉美小国，地球上第一个太空升降舱建造的位置。

SAYA：撒雅。表示“确定”，直译更接近于“我很肯定”。罗斯兰的常用语。源自马来语。

SCOURGE：天祸。一种微生物，在被派遣至岩石行星黑石的34名人类调查员中，有27名因感染该微生物而死亡。

SCRAMROCK：激摇。后核裂变动力火箭时代出现的电子合成的氛围音乐种类，典型的做法是从各个气态巨行星的轨道环上采集无线电和等离子体波样本进行编曲。在2232年借由“冬树丛”乐队推广流行开来。

SCRATCH SEVEN：抓七。传统的太空牌游戏，目标是通过增加牌的价值来积累尽可能多的7或7的倍数（面牌按其数字价值计算）。

SEED：种子。有自组织性的遗传潜力。无尽虚空中的生命火花。

SEEKER：探索者。由旧日支配者创造的一种用作仆从的生命形式，目的是遏制和控制其他种族。在与生物体产生身体接触并注入其大脑后，探索者能直接控制生物体的行动。它高度智能，高度危险，其已知能力包括聚集大量受奴役的智慧种族的军队。

SEVEN MINUTES TO SATURN：《七分钟到土星》。2242年在半人马座α拍摄的战争电影，故事讲述了金星在扎恩攻势中企图脱离地球取得独立而失败的经过。

SEVENTH FLEET：第七舰队。星际联盟的编号舰队，总部设在火星旁的戴莫斯空间站（火卫二），隶属于联军司令部太阳系舰队，是联军司令部前沿部署的规模最大的舰队。

SFAR：斯法尔。沃纳威人的准许级别。高于斯芬，低于斯菲尔。

SHADOW SHIELD：阴影盾。位于反应堆和飞船主体之间的辐射屏蔽罩。由两层组成：中子屏蔽罩（通常是氢氧化锂）和γ射线屏蔽罩（钨或汞）。为了使空间站和船员处于防护罩投下的阴影中，飞船通常船头朝上停靠。

SHELL：外壳。沃纳威语，意为“飞船”，源自它们自己身体的甲壳。

SHIN-ZAR：辛扎尔。位于鲸鱼座τ轨道上的高重力星球。唯一拒绝加入联盟的主要殖民地，这也导致了当地的部队和联盟之间的武装冲突，双方都损失了大约数千条生命。值得注意的是，该地有大量的韩裔移民。另外，为了帮助移民适应比地球更强的重力，居民普遍进行了基因改造。主要改造之处：骨骼结构明显变粗，肺活量增加

（以弥补低氧水平），血红蛋白增加，通过抑制肌肽而增加肌肉质量，肌腱增加双倍，器官普遍增大。是遗传群体的不同演化。另见ENTROPISM。

SHIP CAT：船猫。飞船上的传统宠物，迷信的人非常重视船猫的存在及它们的生活条件。很多太空人会拒绝乘坐没有猫的飞船。不止一次有记录显示，有人在伤害（有意或无意）一只船猫后被杀害。

SHIP MIND：飞船主脑。超越人类身体限制的存在方式。将人类的大脑从人体中移出，放入生长基质中，并依靠营养物质来诱导大脑组织扩张和突触形成。飞船主脑的出现是多种因素的综合作用：人类渴望将自己的智力发挥到极限，同时未能成功开发出真正的人工智能，而飞船的尺寸越来越大，航天器普遍具有强大的破坏力。由一个人的大脑来监督一艘飞船的各项操作成为首选。然而，一个未经增强的人类大脑无法处理巨型飞船产生的大量感官信息。飞船越大，需要的人类大脑就越强大。

飞船主脑是人类中最聪明的存在，在某些情况下，也是思想最混乱的存在。培育飞船主脑的过程极为困难，而且人类已经注意到过程中会产生严重的精神副作用。

据推测，飞船主脑（无论在飞船上还是飞船外）对人类日常事务的控制，到达了极为偏执的程度。虽然飞船主脑的手段和方法有时可能并不公开透明，但其欲望与其他生物的欲望没有什么不同：长命百岁，多福多寿。①

SHOAL LEADER：鱼群首领。任何负责三支部队以上的沃纳威船长或指挥官，但通常只用来称呼等同于准将或海军上将级别的首领。

SJAM：SJAM火炮，又称“上帝之杖”。由钨棒制成的惰性弹丸，通过轨道投放。其概念由普尔内尔博士在20世纪发明，是动能武器的一种形式。当常规弹丸不实用时（如希望避免辐射），或当敌军具有反弹丸对抗措施的时候，军队会采用SJAM火炮。

SKINSUIT：防护服。通用的紧身防护服，加上头盔，可以作为宇航服、潜水设备和防寒装备。在敌对环境中是所有人的标准装备。

SMART FABRIC：智能织物。嵌入电子、纳米机械和其他增强装置

① 美国著名科幻剧集《星际迷航》里的经典台词。——译者注

的超材料。在适当的刺激下，能形成不同的形状。

S-PAC：机械操作机器，用于处理被隔离的材料。

SPACE ELEVATOR：太空升降舱。碳纤维运输带，从行星表面一直延伸到行星同步轨道以外的某处锚点（通常为小行星）。爬行器在运输带上上下下载物。

SPACER'S TAN：太空人的棕色皮肤。在飞船的全光谱灯光下度过数日和数月后，人类的皮肤必然会被晒黑，以避免季节性情绪紊乱、维生素D缺乏和其他一系列疾病。在原生的空间站居民和终身飞船居民中，这种皮肤尤其明显。

STAFF OF BLUE：蓝色权杖。由旧日支配者建造的指挥舱，具有重大的社会技术意义。

STAFF OF GREEN：绿色权杖。种子的碎片，被赋予了生命。

STELLARISTS：恒星派。联盟中几个主要政党之一，目前是执政党。由火星、金星和地球上的主要政府力量组成，发起了孤立主义运动。在与辛扎尔的冲突和大灯塔的发现后，获得了民众的巨大支持。另见CONSERVATION PARTY和EXPANSIONIST PARTY。

STELLAR SECURITY ACT：《星际安全法案》。星际联盟成立时通过的立法，该立法导致了联军司令部的成立，在发生外源性事件（如发现软刀）时，授予军队、情报部门和文职领导层全面的权力。

STEM SHOTS：STEM针剂。各类抗衰老的注射针剂，重振细胞活力，抑制诱变因子，恢复端粒长度，并使身体普遍恢复到相当于20岁左右的生理年龄。此后通常每20年重复一次。但不能阻止因年龄增长引起的耳朵、鼻子等处的软骨生长。

STEWART'S WORLD：斯图尔特世界。半人马座α轨道上的岩石行星，太阳系以外的第一个人类固定居住地。由奥特·斯图尔特发现并命名。生存环境较恶劣，因此定居者中的科学家群体比例高于普遍情况，他们的专业知识用于在恶劣的环境中生存。这也是为什么大量太空人来自斯图尔特世界；他们渴望找到一个环境更温和的生存之地。

STIMWARE：思提威。常用提神药物的几个品牌之一。该药含有两种不同的化合物：一种用于调整身体的昼夜节律，一种用于清除大脑中的代谢物（如β-淀粉样蛋白）。当睡眠不足时，服用此药可以防止神经退行性变，并保持高水平的精神/身体机能。但是睡眠的合成代谢状态是不可复制的，因此为了分泌生长激素和从日常压力中得到适当的恢复，平时最好还是正常睡眠。

STRAIGHT SWEEP：顺子。抓七中最高的自然牌，由四张K、两张Q和一张A组成，点数为77，分数为11。

STRIKE SHOAL HFARR：赫法尔突击队。沃纳威军队中被命名的舰队（每个兵团都有一支）。

SUNDERING：大分裂。由于沃纳威人发现了大量由旧日支配者制造的技术文物，包括种子和其他类似的生命形态，从而引发了灾难性的种族内战。该内战导致了特菲尔对肉体采取异端行为。当兵团之间争夺霸权时，沃纳威人也开展了一场雄心勃勃的扩张运动，殖民了许多恒星系。该内战几乎使沃纳威人濒临灭绝，部分原因是常规的战争，部分原因是唤醒了一个探索者，还有部分原因是无意中创造了腐坏者。沃纳威人的文明支离破碎，花了近三个世纪才得以完全恢复。另见RIPPLE和TFEIR。

T

TANGAGRIA：《唐戈利亚》。意大利博洛尼亚民歌，作曲者不详。

TESSERITE：特斯瑞特矿。阿德剌斯忒亚特有的矿物，与蓝锥矿相似，但更倾向于紫色。

TFEIR：特菲尔。沃纳威人的六支兵团之一。特菲尔以对自身肉体进行异化而闻名：通过转移之巢进行自我复制，不至于让自己的本体死亡。这被沃纳威人认为是一种傲慢的罪行，也是造成大分裂的主要因素。

THRESH：猛摇。起源于埃多伦农业社区的硬核金属摇滚乐，以使用农具作为乐器而著称。

THULE：图勒。又名空域之主，太空人信奉的神。源自拉丁语ultima Thule，意为"超越地图边界之地"。该词最初适用于太阳系中的一个跨海王星的小行星，后来用于广泛指代"未知物"，并由此人格化。在太阳系和其他地方的小行星矿工群体中，普遍流行信奉图勒。

TIGERMAUL：虎兽。大型猫科动物，原产于埃多伦。因其背上的倒刺、黄色的眼睛和高智商而闻名。

TORQUE ENGINE：扭矩引擎。由旧日支配者设计的发电机和推进引擎。用于为统一体提供动力，以及驱动旧日支配者设计的飞船。它的工作原理是“扭曲”流体时空膜，使其能够从超光速空间提取能量，尽管该空间的能量密度较低。这种扭曲也可以用来推动引擎穿过亚光速空间，主要通过弯曲或者形成一个用于超光速旅行的马尔可夫气泡来实现。

TOXOPAXIA：《托克斯帕夏》。一支流行的吉格舞[①]曲，来自太阳系周围的一个居住环。

TRANSLUMINAL ENERGY QUANTUM：超光速能量量子。简称TEQ，现实的最基本构成部分。一个普朗克长度为1、普朗克能量为1、质量为零的量子化实体。占据空间的每一个点，包括亚光速和超光速，以及分割两者的光速膜内。

TSURO：茨罗。旧日支配者用来召唤和控制种子的信号装置，通过一个调节的TEQ波前实现。

TWENTY-EIGHT G：卫星28G。围绕宙斯和阿德刺斯忒亚的轨道运行的几颗通信卫星之一。

U

UNITED MILITARY COMMAND：联军司令部。简称UMC，联盟的联合军事力量，由联盟各成员组成。其中许多国家的政府已经停止维持本国军队，而是将所有国防资源交给联军司令部。

UNIFIED FIELD THEORY：统一场理论。伊利亚·马尔可夫在2107年提出的理论，为超光速旅行（以及许多其他技术）提供了理论基础。

V

VANISHED：绝迹者。见OLD ONES。

① 吉格舞：一种活泼欢快的舞蹈，起源于16世纪的英国。——译者注

W

WEYLAND：维兰德。印第安座ε轨道上的殖民地行星。以传说中的北欧/日耳曼铁匠的名字命名。该行星上未发现本地生命形式。

WHIRLPOOL：旋涡。见GREAT BEACON。

WIRE SCAN：神经元扫描。对人类个体的植入物收集的一切数据进行具有侵入性质的深度扫描。考虑到神经元扫描使用的电信号强度以及该行为本身的私密性，通常会对被扫描者造成身心损害，有时甚至会导致大脑功能丧失。

WRANAUI：沃纳威人。外星智慧种族，起源于伯拉纠星球。具有高度复杂的生命周期，以及与人类同样复杂的、等级制的社会结构，由兵团和首领来统治。沃纳威人原本是一个依赖海洋繁衍的物种，但通过广泛使用人造躯体，已经适应了几乎所有的生存环境。沃纳威人具有侵略性和扩张性，鉴于它们的躯体可以替换，因此它们很少考虑个体的权利或安全。它们基于气味进行沟通的语言很难翻译成人类理解的语言。即使没有技术的发展，沃纳威人从生物学层面来说也是永生不死的；它们的遗传基体总是能恢复到未成熟的形态，对肉体进行更新，避免衰老。有证据表明，在久远的时代，沃纳威人可能被旧日支配者改造过基因。

Y

YANNI THE NEWT：《雅尼蝾螈》。罗斯兰流行的儿童娱乐节目，引发了购买宠物蝾螈的热潮。